国家出版基金资助项目

Projects Supported by the National Publishing Fund

国家出版基金项目
NATIONAL PUBLICATION FOUNDATION

钢铁工业协同创新关键共性技术丛书

主编 王国栋

高品质特殊钢电渣重熔技术

Electroslag Remelting Technology for High Quality Special Steel

姜周华 董艳伍 耿 鑫 刘福斌 著

北 京

冶 金 工 业 出 版 社

2024

内 容 提 要

本书介绍了高品质特殊钢电渣重熔技术，具体包括：电渣重熔基本原理、工艺及电渣钢质量控制理论、典型电渣钢性能、洁净度及凝固质量、可控气氛电渣重熔技术、特厚板坯电渣重熔、大型钢锭电渣重熔、半连续电渣重熔实心钢锭及空心钢锭新技术等。

本书可供相关企业的工程技术人员阅读，也可供高校冶金、材料学科相关专业本科生、研究生参考。

图书在版编目（CIP）数据

高品质特殊钢电渣重熔技术/姜周华等著 . —北京：冶金工业出版社，2021. 5（2024. 1 重印）

（钢铁工业协同创新关键共性技术丛书）

ISBN 978-7-5024-8745-4

Ⅰ. ①高… Ⅱ. ①姜… Ⅲ. ①特殊钢—电渣熔炼 Ⅳ. ①TF764

中国版本图书馆 CIP 数据核字（2021）第 027162 号

高品质特殊钢电渣重熔技术

出版发行	冶金工业出版社	电　话	（010）64027926
地　　址	北京市东城区嵩祝院北巷 39 号	邮　编	100009
网　　址	www. mip1953. com	电子信箱	service@ mip1953. com

责任编辑　卢　敏　美术编辑　彭子赫　版式设计　孙跃红
责任校对　王永欣　责任印制　禹　蕊

北京捷迅佳彩印刷有限公司印刷

2021 年 5 月第 1 版，2024 年 1 月第 2 次印刷

710mm×1000mm　1/16；43. 75 印张；853 千字；682 页

定价 **158. 00** 元

投稿电话　（010）64027932　投稿信箱　tougao@cnmip. com. cn
营销中心电话　（010）64044283
冶金工业出版社天猫旗舰店　yjgycbs. tmall. com
（本书如有印装质量问题，本社营销中心负责退换）

《钢铁工业协同创新关键共性技术丛书》
总　　序

　　钢铁工业作为重要的原材料工业，担任着"供给侧"的重要任务。钢铁工业努力以最低的资源、能源消耗，最低的环境、生态负荷，最高的效率和劳动生产率向社会提供足够数量且质量优良的高性能钢铁产品，满足社会发展、国家安全、人民生活的需求。

　　改革开放初期，我国钢铁工业处于跟跑阶段，主要依赖于从国外引进产线和技术。经过40多年的改革、创新与发展，我国已经具有10多亿吨的产钢能力，产量超过世界钢产量的一半，钢铁工业发展迅速。我国钢铁工业技术水平不断提高，在激烈的国际竞争中，目前处于"跟跑、并跑、领跑"三跑并行的局面。但是，我国钢铁工业技术发展仍然面临四大问题。一是钢铁生产资源、能源消耗巨大，污染物排放严重，环境不堪重负，迫切需要实现工艺绿色化。二是生产装备的稳定性、均匀性、一致性差，生产效率低，实现装备智能化，达到信息深度感知、协调精准控制、智能优化决策、自主学习提升，是钢铁行业迫在眉睫的任务。三是产品质量不够高，产品结构失衡，高性能产品、自主创新产品供给能力不足，产品优质化需求强烈。四是我国钢铁行业供给侧发展质量不够高，服务不到位。必须以提高发展质量和效益为中心，以支撑供给侧结构性改革为主线，把提高供给体系质量作为主攻方向，建设服务型钢铁行业，实现供给服务化。

　　我国钢铁工业在经历了快速发展后，近年来，进入了调整结构、转型发展的阶段。钢铁企业必须转变发展方式、优化经济结构、转换增长动力，坚持质量第一、效益优先，以供给侧结构性改革为主线，推动经济发展质量变革、效率变革、动力变革，提高全要素生产率，使中国钢铁工业成为"工艺绿色化、装备智能化、产品高质化、供给服务化"的全球领跑者，将中国钢铁建设成世界领先的钢铁工业集群。

2014年10月，以东北大学和北京科技大学两所冶金特色高校为核心，联合企业、研究院所、其他高等院校共同组建的钢铁共性技术协同创新中心通过教育部、财政部认定，正式开始运行。

自2014年10月通过国家认定至2018年年底，钢铁共性技术协同创新中心运行4年。工艺与装备研发平台围绕钢铁行业关键共性工艺与装备技术，根据平台顶层设计总体发展思路，以及各研究方向拟定的任务和指标，通过产学研深度融合和协同创新，在采矿与选矿、冶炼、热轧、短流程、冷轧、信息化智能化等六个研究方向上，开发出了新一代钢包底喷粉精炼工艺与装备技术、高品质连铸坯生产工艺与装备技术、炼铸轧一体化组织性能控制、极限规格热轧板带钢产品热处理工艺与装备、薄板坯无头/半无头轧制+无酸洗涂镀工艺技术、薄带连铸制备高性能硅钢的成套工艺技术与装备、高精度板形平直度与边部减薄控制技术与装备、先进退火和涂镀技术与装备、复杂难选铁矿预富集-悬浮焙烧-磁选（PSRM）新技术、超级铁精矿与洁净钢基料短流程绿色制备、长型材智能制造、扁平材智能制造等钢铁行业急需的关键共性技术。这些关键共性技术中的绝大部分属于我国科技工作者的原创技术，有落实的企业和产线，并已经在我国的钢铁企业得到了成功的推广和应用，促进了我国钢铁行业的绿色转型发展，多数技术整体达到了国际领先水平，为我国钢铁行业从"跟跑"到"领跑"的角色转换，实现"工艺绿色化、装备智能化、产品高质化、供给服务化"的奋斗目标，做出了重要贡献。

习近平总书记在2014年两院院士大会上的讲话中指出，"要加强统筹协调，大力开展协同创新，集中力量办大事，形成推进自主创新的强大合力"。回顾2年多的凝炼、申报和4年多艰苦奋战的研究、开发历程，我们正是在这一思想的指导下开展的工作。钢铁企业领导、工人对我国原创技术的期盼，冲击着我们的心灵，激励我们把协同创新的成果整理出来，推广出去，让它们成为广大钢铁企业技术人员手中攻坚克难、夺取新胜利的锐利武器。于是，我们萌生了撰写一部系列丛书的愿望。这套系列丛书将基于钢铁共性技术协同创新中心系列创新成果，以全流程、绿色化工艺、装备与工程化、产业化为主线，结合钢铁工业生产线上实际运行的工程项目和生产的优质钢材实例，系统汇集产学研协同创新基础与应用基础研究进展和关键共性技术、前沿引领技术、现代工程技术创新，为企业技术改造、转型升级、高质量发展、规划未来发展蓝图提供参考。这一想法得到了企业广大同仁的积极响应，全力支持及密切配合。冶金工业出版社的领导和编辑同志特地来到学校，热心指导，提出建议，商量出版等具体事宜。

国家的需求和钢铁工业的期望牵动我们的心，鼓舞我们努力前行；行业同仁、出版社领导和编辑的支持与指导给了我们强大的信心。协同创新中心的各位首席和学术骨干及我们在企业和科研单位里的亲密战友立即行动起来，挥毫泼墨，大展宏图。我们相信，通过产学研各方和出版社同志的共同努力，我们会向钢铁界的同仁们、正在成长的学生们奉献出一套有表、有里、有分量、有影响的系列丛书，作为我们向广大企业同仁鼎力支持的回报。同时，在新中国成立 70 周年之际，向我们伟大祖国 70 岁生日献上用辛勤、汗水、创新、赤子之心铸就的一份礼物。

中国工程院院士 王国栋

2019 年 7 月

前　言

　　高品质特殊钢是支撑国民经济建设、社会发展和国防现代化的重要基础材料，其产业关联度高、带动作用大、影响面广。长期以来，我国特殊钢行业承担着交通运输、能源、国防军工、航空航天、石油化工、机械制造等领域所需特殊钢材料的生产任务。近年来，载人航天、探月工程、大飞机、高速铁路、核能发电、超超临界火力发电等一大批国家重大工程的陆续实施，对高品质特殊钢材料的发展提出了前所未有的迫切需求。高品质特殊钢的研发，直接关系到这些重大工程的顺利实施，影响着国民经济和国防建设的长远发展。

　　特种冶金是制备高端特殊钢的重要手段，包括真空感应熔炼、电渣重熔、真空电弧重熔、等离子重熔及电子束熔炼等，其中电渣重熔是应用最为广泛、产量最高的特种冶金方法。电渣重熔产品广泛应用于航空、航天、核电、火电、水电、交通、石化和海洋工程等许多关乎国民经济及国家安全的重要领域。然而，随着经济和社会的发展，传统的电渣重熔技术在洁净度、凝固质量及锭型尺寸等方面已经无法满足材料的高洁净度、高均质化及铸锭大型化等方面的发展需求。近些年来开发的电渣重熔新工艺技术及应用，为高品质特殊钢和高端合金的制备提供了更广阔的发展空间。

　　2000 年年初，东北大学编写了《电渣冶金的物理化学及传输现象》一书，在随后 15 年左右的时间里，东北大学特殊钢冶金实验室在电渣冶金领域投入了大量物力和人力，进行了电渣重熔新理论、新工艺和新装备的研发和推广，实验室 50 余名硕士生和博士生参加了电渣冶金领域的科研工作，取得了一系列理论和应用成果。2015 年，由科学出版社出版了《电渣冶金学》一书，对前期工作进行了梳理和总结，但其中很多内容还不够完善。近几年来，我们对电渣重熔技术成果进一步梳理和提炼，将研究成果进一步提升，尤其是在电渣钢洁净度控制理论和凝固质量提升理论方面取得了重要原创性成果。为此，在前两本书的基础上，实验室团队编撰了这本书。

《高品质特殊钢电渣重熔技术》共分为 10 章，系统介绍了电渣重熔原理、特点、应用及未来发展趋势；电渣重熔洁净度及凝固质量控制理论；电渣重熔用熔渣的特点、要求及电渣重熔用渣系选择；电渣钢品种及性能；全密闭可控气氛电渣重熔技术；半连续电渣重熔实心及空心钢锭技术；特厚板坯电渣重熔技术；特大型钢锭电渣重熔技术等。

本书既重视电渣冶金学的基本原理，又反映电渣重熔技术的最新进展，具有很强的针对性和实用性。本书可作为钢铁冶金、有色冶金、冶金物理化学和材料等专业相关本科生、研究生的学习教材，也可供电渣重熔技术应用、电渣重熔设备制造及使用单位的工程技术人员参考。

本书的很多内容源于东北大学特殊钢实验室毕业博士和硕士研究生的工作，包括臧喜民、侯栋、陈旭、李万明、余嘉、曹海波、李星、于昂、刘辉、张文超、张炎杰、崔珊等，在此对同学们的工作表示衷心的感谢。

由于作者理论水平及实践经验所限，书中不妥之处恳请读者批评指正。

姜周华

2020 年 8 月

目　　录

1 概　　述

1.1　电渣重熔技术的基本原理

　　电渣冶金是金属及其合金的一种特殊熔炼方法。电渣冶金包括多种不同的技术和方法，但其核心技术是电渣重熔（Electroslag Remelting，简称 ESR）[1]。电渣重熔是集熔化、精炼、凝固于一体的特种熔炼方法，其基本原理如图 1-1 所示。

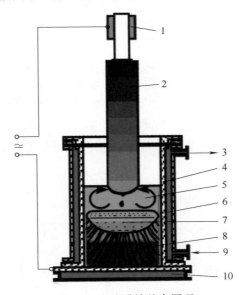

图 1-1　电渣重熔基本原理

1—电极夹具；2—自耗电极；3—冷却水出口；4—水冷结晶器；5—渣池；
6—凝固渣壳；7—金属熔池；8—凝固铸锭；9—冷却水入口；10—底水箱

　　一个完整的电渣重熔过程可以分为以下三个阶段[2~4]：

　　（1）第一阶段是引弧造渣阶段，即在水冷结晶器内放入引弧剂（固态导电渣，一般由特定比例的 CaF_2 和 TiO_2 混合物组成，或者是源于同钢种的车削），在自耗电极和水冷引锭底板之间通过引弧剂形成电流回路。由于在供电回路中引弧剂的电阻相对较大，占据了变压器二次电压的大部分压降，从而引弧剂中产生大量的焦耳热而被熔化形成液态小渣池，随着时间推移，渣池不断增大而形成电渣重熔所需要的渣池，并使渣池达到一定温度的过程。

（2）第二阶段是熔融渣池在电流通过条件下持续产生焦耳热并保持较高的温度，由于渣池的温度远高于金属的熔点，从而使自耗电极的端部逐渐加热熔化，熔化的金属汇聚成液滴，在重力作用下，金属熔滴从电极端头脱落，穿过渣池进入金属熔池。在正常重熔期，电流从电极进入渣池后，要通过金属熔池和凝固钢锭再由底水箱和短网返回到变压器，电流的大小是通过调节电极下降速度控制电极插入渣池的深度来实现的。熔滴穿过渣池后，在渣池下方形成金属熔池，同时在结晶器侧面及底水箱冷却水作用下金属熔池形成一定的温度梯度，熔池下方开始逐渐凝固，随着凝固前沿不断向上方金属熔池的法线方向推进形成持续的顺序结晶过程。

（3）第三阶段是大部分自耗电极均已熔化，整个重熔过程进入末期，此时金属熔池已经达到一定的深度。为了减小液态金属熔池自然凝固收缩产生的缩孔，需要减小供电功率，使自耗电极熔化速度下降，渣池的温度也逐渐降低，此时金属的凝固过程加快，金属熔池逐渐变小，该过程持续到自耗电极设定的剩余量。

由于在电极熔化、金属液滴形成、滴落过程中金属熔池内的金属和炉渣之间要发生一系列的物理化学反应，从而可去除金属中的有害杂质元素和非金属夹杂物[5,6]。钢锭由下而上逐渐凝固，金属熔池和渣池就不断向上移动，上升的渣池使结晶器内壁和钢锭之间形成一层薄而均匀的渣壳，它不仅使钢锭表面平滑光洁，而且降低了径向导热，有利于自下而上的顺序结晶，改善钢锭内部的结晶组织[7,8]。

1.2　电渣重熔技术的发展历史

事实上，早在 1892 年俄国斯拉维扬诺夫就在其著作中记述了电渣过程的原理[9]。欧美国家的研究人员论述电渣发展史一般追溯到美国霍普金斯（R. K. Hopkins）于 1940 年获得的"凯洛电铸锭"专利，由于独家封闭性生产，技术上若干问题未能解决，例如因管状电极包装合金掉块引起铸锭成分不均等而未获推广。霍普金斯作为 Kellogg 公司技术负责人，长期垄断这一技术，用于高速钢（M2、T1）和高温合金（Fe-16Cr-25Ni-6Mo）的小批量生产[10]。1959 年霍普金斯作为 Firth-Sterling 公司副总经理，新建 3 台 3.6t 电渣炉，变直接冶炼为重熔精炼，电渣炉依旧沿用直流电源，铸锭接负极，霍普金斯及其同事仍误认为重熔过程是"埋弧放电"而不是电渣过程[11]。

1953 年苏联 Вопошкевич 在电弧焊焊纵缝过程中发现电弧熄灭，其过程稳定，焊缝质量优异，由此发现了电渣焊。1953 年后经巴顿电焊研究院历时五年的开发研究，于 1958 年 5 月在米多瓦尔（Б. И. Медовар）等的领导下，在乌克兰扎波洛什市德聂泊尔特钢公司建成 0.5t 的 P909 型电渣炉 4 台，苏联电渣重熔工业拉开了序幕。

20世纪50年代由于钛合金的需要，美国真空电弧重熔生产能力快速扩张，生产能力达15.3万吨/年；60年代钛合金市场萧条，相当一部分真空电弧炉转为生产超级合金与优质合金钢。1959~1965年美国和西欧电渣重熔与真空电弧重熔之间展开了激烈的技术竞争，这场竞争持续七年之久。1965年西欧和美国冶金工作者做了全面和系统的研究，其结论是电渣重熔设备简单，生产费用低廉，操作方便，铸锭表面光洁，热塑性好，成材率高。电渣重熔在纯净度方面不亚于真空电弧重熔，去硫、去除非金属夹杂物均超过真空电弧重熔，仅去气（N、H、O）不及真空电弧重熔；而在铸锭结晶方面优于真空电弧重熔，铸锭组织的致密性、化学成分均匀性还超过真空电弧重熔，没有低倍缺陷，成品率高，见表1-1[1,12,13]。一些生产真空冶金设备著名的公司开始转向制造电渣炉，这些公司包括美国Consarc公司、联邦德国Loybold-Heraeus公司、英国Birlec公司、奥地利Bohler公司和日本真空株式会社等。

表1-1 英国资料对电渣重熔、真空电弧重熔的比较

比较指标		真空电弧重熔	电渣重熔
含氧量	普通钢	降低	降低少些
	沸腾钢	降低	降低
含氮量	溶解氮	降低	降低
	化合氮	实际不变	实际不变
含氢量	普通钢	降低	降低少些
	沸腾钢	降低	降低
含硫量		很少变化	用含CaO基渣可大量降低，对易切削钢可保持不变
非金属夹杂物		氧化物去除，硫化物不变	可去除氧化物、硫化物
化学均匀性		因成分在真空挥发而不均匀	均匀性提高
异相性		降低	降低
热塑性		高	更高
铸锭表面		需要加工	不需要加工
合格率		55%~65%	95%~100%
设备特性		直流电源，真空系统，运行可靠性差	交流电源，设备简单，运转可靠
生产费用		比电渣重熔高2~4倍	低

美国和西欧凭借其雄厚的经济实力及技术基础，促使电渣重熔技术在国际上迅速发展，其表现为：

（1）产量快速增长。1960年，电渣钢产量只有3万吨，到1965年就增长到了29万吨，1973年增长到80万吨，1988年增加到120万吨，而到了2008年已经达到 200 万吨，2018 年底已经能达到 300 万吨左右，如图 1-2 所示。

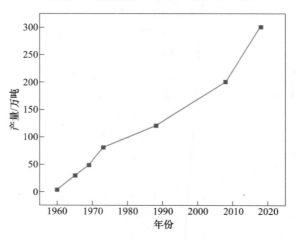

图 1-2　电渣钢产量的变化趋势

（2）锭重不断增加。随着电渣重熔技术的进步，电渣锭的锭重随着需求的提高而不断增大，1960 年电渣锭最大质量只有 12t，到 1970 年达到了 80t，1981年就达到了 200t，近年来国外发展到 250t，如图 1-3 所示。

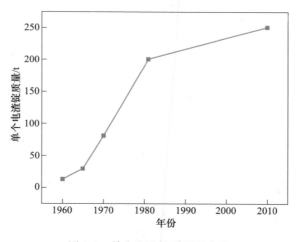

图 1-3　单个电渣锭质量的变化

（3）产品种类扩大。到 1985 年，采用电渣重熔技术生产的优质钢及超级合金钢有近 300 个牌号；另外，开始将电渣重熔技术用于有色金属（Al、Cu、Ti 合金）及贵金属（Ag 合金）的生产中。

（4）打破专业及行业的界限。1969 年苏联巴顿电焊研究院及美国卡内基-梅隆大学首次发布电渣熔铸消息[14]，1980 年巴顿电焊研究所推广了电渣熔铸异形铸件 ESC 和双极串联电渣焊 ESWB 两项新技术[15,16]，中国、日本、美国、联邦德国、加拿大相继在电渣熔铸上有突破[15,17]。电渣技术从焊接领域扩大到冶金领域，再扩大到铸造行业。

电渣钢产量继续增长，到 1988 年达到 120 万吨，第一代电渣炉开始更新。苏联及东欧国家电渣炉台数、生产能力及产量是严格保密的。但据发达国家的情报分析，苏联电渣钢产量为 40 万~45 万吨，东欧国家的产量为 4 万~5 万吨。到 1985 年底，西方工业电渣炉达 204 台，其中 38 台是 1975 年以后新建的。值得注意的是，此时美国 Erie 市 National Forge 公司 92t 电渣炉、韩国 Hundai 国际公司 92t 电渣炉、印度 88t 电渣炉、英国 British 钢铁公司 Scottish 分公司 50t 三相板坯电渣炉、中国台湾高雄台湾重型机器公司 30t 电渣炉、苏联 уШ-107 型多流电渣炉及电渣熔铸专用电渣炉 уШ-106 先后投产。

随着重熔锭型的扩大、电渣熔铸管件及异形铸件的出现，对金属质量要求日益严格，要求对生产过程进行严格控制，开始用计算机控制电渣炉作业。要进行控制必须有模型，研究电渣重熔过程的理论模型应运而生，包括：热传递模型、质量传递模型（以热力学模型、薄膜及渗透理论为基础的新传质模型）和热塑性模型。

一些生产超级合金的公司继续扩大生产能力，一批电渣炉相继建成并投产。如美国 Teledyne Allvac 公司建成 23t 电渣炉，Inco 合金国际公司 2 台电渣炉于 1986 年投产生产镍基合金、钴基合金及其他耐热合金板锭及圆锭，锭重 18t。1992 年 Consarc 公司制造的 100t 电渣炉在日本钢厂投产。

从美国电渣重熔生产的品种钢看，超级合金所占比重最大，电渣重熔钢总产量高达 52 万吨。具体为：碳钢及低合金钢 22%、工具钢及模具钢 27%、不锈钢及耐热钢 20%、镍基及钴基超级合金 31%，各厂产品结构相对稳定。

西欧与美国致力于电渣热封顶 BEST 法及电渣自熔模 MIKW 法生产大钢锭。乌克兰巴顿电焊研究所应用双极串联电渣焊、铸焊结合生产大毛坯，并研究电渣分批浇铸生产大锭。巴顿电焊研究所用电渣坩埚炉熔炼获得纯净钢水，与离心浇铸结合形成电渣离心浇铸，将钢水浇入耐用金属模，形成电渣耐用模浇铸。

1958 年，中国的冶金工作者将铁合金粉末涂在碳钢棒上作自耗电极，用高炉风管（铜制）作水冷结晶器，冶炼出合金工具钢，从此掌握了电渣重熔技术。1960 年工业电渣炉投入使用，并在许多工厂建立了电渣重熔车间。

随后对电渣重熔技术进行了大量的研究和探索，设计了单相单电极、单相双电极炉底导电式有衬电渣炉、三支自耗电极三相有衬电渣炉、密封式氩气保护电渣炉和双电极支臂连续抽锭电渣炉，通过炉底接零线解决了双极串联重熔时电极熔化不均匀的问题[18]。

1971 年冶金部钢铁研究院与武汉设计院合作设计了 15t 双极串联板坯电渣炉（5000kV·A），用于生产高质量板坯。1981 年设计创建了世界上最大的 200t

级电渣炉[19]，结晶器直径达 2.8m，若抽锭可生产 240t 的大锭，至今仍然是世界上最大的电渣炉之一。

1988 年 4 月在美国圣地亚哥召开的第 9 届国际真空冶金会议上，对 1961～1988 年全世界在特种熔炼做出突出贡献的 36 个单位授奖，其中中国有 3 个单位，5 名有突出贡献的个人获此殊荣。

东北大学经过多年的研究和实践，已申报了包括板坯电渣炉[20]、连铸式电渣炉[21]、导电结晶器[22]、加压电渣炉等多项电渣新装备方面的国家发明专利，开发了先进的控制方法和机械传动方式，已经具备了设计制造大型工业电渣炉的能力。1990 年以来，东北大学为多个厂家设计制造了圆锭、方锭和扁锭各种类型电渣炉 100 多台，其中包括 20t 单相单电极保护气氛电渣炉、26t 双极串联连铸式电渣炉和 50t 双极串联板坯电渣炉。此外，东北大学还在实验室进行了加压电渣炉的自主设计与开发，目前已经取得了实质性的进展。

21 世纪电渣重熔又有新突破，如真空电渣与加压电渣重熔、快速电渣重熔、电渣复合浇铸、电渣浇铸空心锭及电渣浇铸铸件等。

1.3　电渣重熔技术的特点

电渣重熔属于二次精炼方法，因此也叫做电渣精炼。自耗电极是其原料，也是被精炼的对象。自耗电极可由其他冶炼方法（如电弧炉、转炉或配炉外精炼、非真空感应炉、真空感应炉和真空自耗炉等）制备。电渣重熔的目的是在初炼的基础上进一步提纯钢、合金和改善铸锭的结晶组织，从而获得高质量的金属产品。与其他冶金方法相比，电渣重熔有以下特点：

（1）金属的熔化、浇铸和凝固均在一个较纯净的环境中实现。整个重熔过程始终在液态渣层下进行而与大气隔离，因而最大限度地减轻了大气对钢液的污染，减少了钢水的氢、氮的增加量和钢的二次氧化。另外，由于熔化和凝固均在水冷铜质结晶器中完成，因而没有普通冶炼方法中耐火材料容易沾污钢水的缺点。

（2）具有良好的冶金反应的热力学和动力学条件。电渣重熔过程中渣池温度通常在 1750℃ 以上，而电极下端至金属熔池中心区域的熔渣温度可达 1900℃ 左右[15]。因此，重熔过程中渣的过热度可达 600℃ 左右，钢液过热度可达 450℃ 左右，高温的熔池促进了一系列物理化学反应的进行。

良好的动力学条件还表现在电渣重熔过程中钢渣能充分接触。在电极熔化末端、熔滴滴落过程及金属熔池的三个阶段中钢渣接触面积可达 3200mm^2/g 以上[15]，反应进行得十分充分。同时在电磁力的作用下渣池被强烈搅拌、不断更新钢渣接触面，强化了冶金反应，促进了有害杂质元素和非金属夹杂物的去除。

（3）自下而上的凝固条件保证了重熔金属锭结晶组织均匀致密。在电渣重熔过程中电极的熔化和熔融金属的凝固是同时进行的。钢锭上始终有液态金属熔池和发热的渣池，既保温又有足够的液态金属填充凝固过程中因收缩产生的缩孔，可以有效地消除一般铸锭常见的疏松和缩孔等缺陷。同时金属液中的气体和夹杂也易于上浮，所以钢锭的组织致密均匀。

此外，由于结晶器中的金属受到底部和侧面强制水冷，冷却速度很大，使金属的凝固仅在很小体积内进行，使得固相和液相中的充分扩散受到抑制，减少了成分偏析并有利于夹杂物的重新分配。同时这种凝固方式可有效地控制结晶方向，可以获得趋于轴向的结晶组织。

（4）在水冷结晶器与钢锭之间形成的薄而均匀渣壳保证了重熔钢锭的表面光洁。在电渣重熔过程中，由于结晶器壁的强制冷却，使渣池侧面形成凝固渣壳。在合理的电渣工艺制度下，金属熔池具有圆柱部分。熔池在上升过程中由于金属液体上升接触到凝固的渣皮时会使部分凝固的渣皮重新熔化，使渣皮薄而均匀，金属在这层渣皮的包裹中凝固，电渣锭会十分光洁[23,24]。另外，渣皮的存在能减少径向传热，有利于形成轴向结晶条件。

1.4　高品质特殊钢及其在国民经济中的需求和应用

钢铁是工业社会发展不可或缺的重要材料之一，改革开放 40 多年来，中国的钢铁产量一直伴随着中国经济高速增长，如图 1-4 所示[25,26]。1980 年，中国粗钢产量仅为 3712 万吨，分别是日本和美国的 1/3 和 1/3 略强。然而，40 多年后的今天，中国钢铁工业已成为世界巨人，在产量上无人能及。2019 年，中国粗钢产量 9.963 亿吨，占全球粗钢产量的 53.31%。与此同时，日本与美国的粗钢产量分别为 9930t 和 8780 万吨左右，比 40 年前的产量反而有所下降。

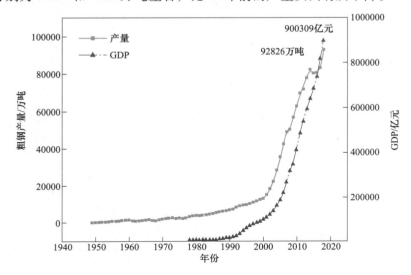

图 1-4　中国历年粗钢产量变化

特钢是相对普钢而言的，也称特种钢或特殊钢，一般是指具有特殊化学成分、采用特殊生产工艺、具备特殊微观组织、满足特殊需求的钢种[27]。与普钢相比，特钢具有更高的物理性能、化学性能、工艺性能或生物相容性等，因此高品质特钢在汽车、核电、军工以及高速铁路等重大装备制造、重大工程建设、国防先进武器和战略新兴产业中起到关键作用。

我国特殊钢行业的供需关系并不是均衡的，总体来说在中低端特殊钢方面是供大于求，而在高附加值特殊钢方面则是供不应求。除不锈钢外，以非合金钢和低合金钢为代表的特殊钢为低端特钢；以合金结构钢、轴承钢、弹簧钢为代表的合金钢为中端特钢；而以合金工模具钢、高速钢、高温合金钢、精密合金钢、耐蚀钢等为代表的高合金钢为高端特钢。目前我国特钢产量占钢材总产量比例较低。根据中国特钢企业协会数据，2016 年我国特殊钢产量约 3725.51 万吨，仅占我国 2016 年粗钢总产量的 4.61%；根据日本铁钢联盟 JISF 统计数据，2016 年日本特殊钢产量达 2403.40 万吨，占同期日本粗钢产量的 22.94%，是我国特钢占比的近 5 倍。根据 2012 年科技部编制的《高品质特殊钢科技发展"十二五"专项规划》显示，工业发达国家的特殊钢产量占粗钢总产量的比例普遍较高，2011 年美国和韩国已达 10% 左右，法国和德国达 15%~22%，瑞典则高达 45% 左右[28]。

在特殊钢中，有一小部分特钢属于高技术含量、高附加值的高端特殊钢，是制约一个国家高端领域发展的"卡脖子材料"，其制备技术及水平往往是体现国家工业化发展水平的重要标志，如图 1-5 所示。

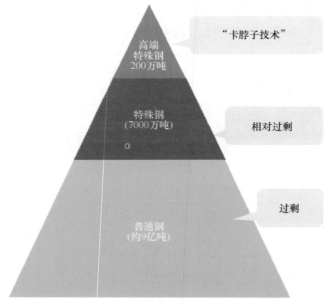

图 1-5 我国钢铁材料的结构及其产量

随着我国经济结构优化调整逐步深化，制造业不断转型升级，以国防工业、航空航天、核电工业、高速铁路及汽车工业等为代表的高端制造业迎来了快速、可持续发展，有望进一步拉动中高端特钢的需求，见表1-2。

表1-2 特钢在重点行业中的主要应用需求

下游产业	特钢主要应用需求	所需钢材品种
汽车工业	冲压模具、悬挂弹簧、轴承、传动轴、曲轴、凸轮和齿轮等	合金工具钢、弹簧钢、轴承钢、合金结构钢等
高速铁路	轮对及转向架、车轴及轴承、扣件及紧固件等	优质碳素结构钢、轴承钢、不锈钢、合金结构钢等
能源装备	回路管道、堆内构件、压力容器及蒸汽发生器、核级阀门、蒸汽轮机转子、叶片等	奥氏体不锈钢、合金结构钢等
军工产业	船用易焊接高强度钢、飞机起落架、航空涡扇发动机、航天火箭发动机等	超高强度钢、合金结构钢、高温合金等
动力机械	曲轴、杠杆、连杆、钩环、冲压模、拉伸模、冲头、刀具等	冷作、热作及塑料模具钢，高速钢，耐磨钢，合金结构钢等
化工装备	食品加工罐体、石油裂解、催化用容器、管道等	容器钢、不锈钢、低温钢、耐热钢等
海洋工程	海洋平台、储运、工艺管道、脱盐、换热器、油井管、钻探和桩腿等	不锈钢、耐蚀合金等
轨道交通	钢轨、车轮、轮毂、车轴、道岔轨、轴承、齿轮等	轴承钢、弹簧钢、耐蚀钢、耐候钢、合金结构钢等

1.5 电渣重熔在高品质特殊钢生产中的地位和作用

1.5.1 高品质特殊钢的生产流程

现代特殊钢生产的专业化分工越来越细，其生产企业基本可以划分为以下八种类型：

（1）生产航空、航天、核电、火电和军工等领域用合金钢和特种合金的特殊钢厂，一般配有电弧炉—炉外精炼—模铸—特种熔炼—锻造—热处理的生产流程。虽然有一部分产品可以不经过特种熔炼，但特种熔炼往往不可或缺。其中电弧炉吨位一般比较小，以20~30t居多，最大的是50t。特种熔炼往往包括真空感应熔炼（VIM）、电渣重熔（ESR）和真空自耗电弧重熔（VAR）。个别厂家可能会有等离子或电子束冷床炉、真空凝壳炉等特种熔炼设备，以及粉末冶金生产线。其产品包括航空航天用超高强度钢（比如飞机起落架，航空发动机用轴承、轴、齿轮等用钢）、火箭用外壳和发动机用钢、航空航天发动机和燃气轮机用高温合金、镍基耐蚀合金、特种不锈钢以及高端工模具钢等，其年产量一般不超过 20 万吨。国外典型企业为奥地利的伯乐钢厂，国内如宝武特种冶金有限公司、抚顺特钢等。

（2）精密合金厂可以是专业厂，也可以是第一类的特种冶金厂的一个车间。精密合金是具有特殊物理性能（如磁学、电学、热学等性能）的金属材料。绝大多数精密合金是以黑色金属为基的，只有少数是以有色金属为基的，通常包括磁性合金、弹性合金、膨胀合金、热双金属、电性合金、储氢合金、形状记忆合金、磁致伸缩合金等。精密合金通常要求超低碳并精确控制成分、脱气、提高纯净度等，所以高质量的产品往往采用真空感应炉熔炼，后续甚至配电渣重熔工序。采用电弧炉-LF-VD-立式或水平连铸是低成本大批量生产精密合金的新趋势。

（3）合金工具钢、高速工具钢和模具钢钢厂，其生产线与第一种企业类似，但特种熔炼一般只有电渣重熔，个别配置粉末冶金生产线；其生产规模更小，一般最大 5 万吨。后续加工设备配有锻造生产锻材；也有的配备轧钢生产线，生产扁平材、棒材或线材。

（4）不锈钢板带厂，一般为专业生产线，产量规模比较大，从几十万吨到超百万吨。以废钢和铁合金为原料的传统不锈钢生产企业通常采用电弧炉（槽式出钢）作为初炼炉，后续根据品种不同配备 AOD 或 AOD-VOD 精炼设备，即采用两步法冶炼工艺或三步法冶炼工艺（尤其适合于超低碳氮铁素体不锈钢的冶炼），后续是板坯连铸机、粗轧开坯和热连轧机组。除了不锈钢中厚板外，大部分不锈钢薄板和带材往往需要冷轧机组生产高质量的冷轧不锈钢板材或带材。新建的不锈钢企业往往采用高炉铁水（经脱硅和脱硫预处理）、以红土镍矿为原料采用回转窑-矿热炉生产镍铁水直接兑入 AOD 炉或转炉，配以小容量电弧炉或感应炉熔化铬铁也兑入 AOD 炉或转炉，这样将大幅度降低能耗并提高生产效率、降低生产成本。

（5）不锈钢型材、棒线材和管材厂，也可以成为专业生产线。其冶炼和连铸系统的配置与不锈钢板带厂类似，连铸采用方坯。其不同主要是后续压力加工设备。不锈钢型材配置型钢轧制线，棒线材加工与普碳钢和合金钢相似，但不锈钢的后续工序往往要考虑酸洗。不锈钢管材的生产可以是无缝管也可以是焊管，无缝管则以棒材为原料用穿管机生产，对于超级不锈钢则可以采用热挤压设备加工；焊管则用板材作为原料经成型焊接后生产，这类不锈钢厂产量较低，从几万吨到几十万吨不等。

（6）轴承钢、弹簧钢和合金结构钢厂，是目前多数特殊钢企业的类型，其产品主要用于机械制造，尤其是汽车制造用特殊钢，通常以轧制棒材为主，部分企业也有锻材。此类钢厂传统的冶炼流程以 "UHP-电弧炉（EBT）-LF-VD-CC" 方式为主，而目前很多企业采用高炉-转炉流程生产，精炼采用 RH 取代 VD，连铸采用立弯式或立式大方坯（或大断面矩形坯），进一步提升铸坯质量。后续的轧制大多采用两火或多火成材。

（7）合金钢线材及钢丝厂，可以是专业厂，也可以是第六类合金钢厂的一个分厂。其冶炼-连铸流程与第六类钢厂相似，只是连铸断面尺寸要小一些，但目前也有不少企业采用大断面连铸坯。高端线材由于对质量要求很高，尤其是表面质量，通常会采用多火成材，而且中间坯需要表面修磨。线材通常采用热轧生产，以盘卷线材生产方式为主，目前大多采用高速线材生产线，直径从 5.5mm 到 42mm 的线材大盘卷，冷镦钢、轴承钢、弹簧钢和硬线钢（如帘线钢）等是特殊钢线材的典型代表。汽车用零部件是线材的主要下游产品。钢丝厂则是采用线材盘卷通过冷拔加工生产尺寸更细，强度更高的产品。

（8）钢铁联合企业中兼产大型合金钢材的分公司，在钢铁企业兼并重组下逐渐增多。如果是产线相对独立的分公司则与前面的钢厂类型相似，但一些钢铁联合企业可以为合金钢分公司提供高炉铁水，后续配转炉或电弧炉。另外，有些炼钢厂在生产连铸板坯的同时，也配备大方坯连铸机生产特殊钢棒材，后续可以进一步加工成特殊钢线材或管材，使得特殊钢生产融合到整个联合企业中。

1.5.2 电渣重熔在高品质特殊钢生产中的地位和作用

特种冶金是区别于普通金属材料制备工艺过程的一类特殊的金属材料制备技术，特种冶金技术包括真空感应熔炼、电渣重熔、真空电弧重熔、等离子重熔以及电子束熔炼等特殊的熔炼手段。如图 1-6 所示，量大面广的普通特殊钢往往采用转炉或电弧炉流程生产，而高端特殊钢，尤其是特种合金往往采用特种冶金流程生产，而电渣重熔是最重要的特种冶金方法。如图 1-7 所示，一般来说真空感应熔炼用于初炼并制备出钢锭，钢锭随后要经过必要的二次熔炼，而少部分材料直接经过感应熔炼后得到最终铸锭。电渣重熔与真空电弧重熔、等离子重熔及电子束重熔同属于二次精炼手段。由于电渣重熔在普通大气条件下即可以进行熔炼操作，并且所制备材料具有成分均匀、金属纯净、组织致密、夹杂物细小且弥散分布等特点，因此电渣重熔技术比其他几种真空二次精炼技术的应用程度高、应用范围广，目前已经成为制备很多高端材料的终端冶炼工艺。

真空电弧重熔与等离子重熔、电子束重熔相比，其技术难度相对较低，目前对于易烧损材料、气体含量要求高的材料以及一些凝固质量要求非常高的材料也有较为广泛的应用。近些年采用特种冶金生产的特殊钢和特种合金产量每年在200 万吨左右，其中电渣重熔是应用最广泛的一种特种冶金方法，其产量占高端特殊钢的 90% 左右。由此可见，电渣重熔在特种冶金领域占有重要地位。

1.5.3 电渣钢应用领域

电渣重熔铸锭的特点是洁净度高，尤其是非金属夹杂物少且细小弥散分布，

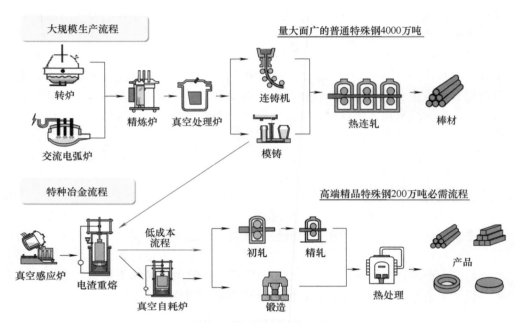

图 1-6　典型的特殊钢生产流程

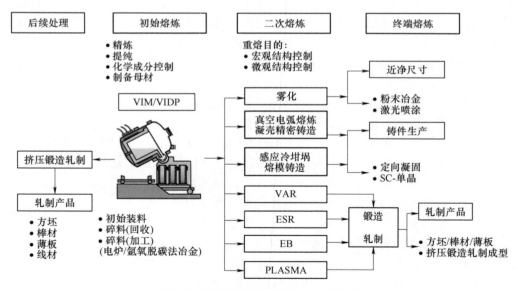

图 1-7　特种冶金的典型生产工艺流程

无明显的宏观成分偏析、缩孔、疏松等铸造缺陷，组织均匀、细化，微观偏析很小，碳化物均匀细小。因此，电渣钢和合金材料的性能优异，主要体现在优异的耐疲劳性、高温持久性能、冲击韧性（低温）、断裂韧性，具有高的等向性、良好的焊接性能（低温）、抗高温氧化、耐蚀性能和耐磨性。电渣重熔适用于生产服役条件苛刻（高温、高压、高速、重载、腐蚀）、凝固时偏析严重的大型钢锭，极易偏析和析出脆性相的高合金铸锭。模铸和连铸（大夹杂物和偏析）无法替代电渣重熔。

电渣重熔技术生产的钢种有碳素钢、合金结构钢、轴承钢、工具钢、模具钢、不锈钢、耐热钢、高温合金、精密合金、耐蚀合金、电热合金等 400 多个钢种，生产的钢锭包括圆锭、方锭、扁锭、空心锭及各种异型铸件。随着我国经济建设的发展，电渣钢广泛用于航空航天、火电、核电、水电、石化、交通、海工、冶金等行业；并且近些年来，这些行业不断向大型化、高速化和高端化的方向发展，需要大量大型的铸锻件，而电渣重熔成为制备这些大型铸锻件所需钢锭的重要冶炼方法。

1.6 新一代电渣重熔理论和技术

1.6.1 传统电渣重熔技术的局限性

如图 1-8 所示，传统电渣重熔设备和工艺存在短网布置不对称、大气下重熔、自耗电极熔化速度无法有效控制等固有缺点，导致其存在磁场不对称、热效率低、损耗较大、元素烧损、成分和组织均匀性差等问题。同时，传统电渣重熔工艺采用一炉一锭的间歇式生产方式，效率低；其渣系配比中氟化钙含量很高，达 70%，所以传统电渣重熔技术存在电耗高、污染重、成本高的缺点，洁净度

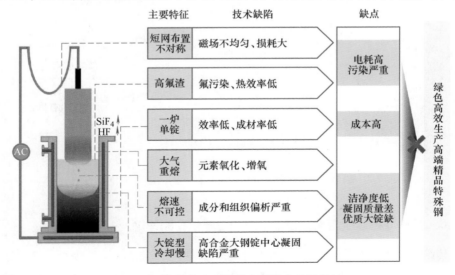

图 1-8　传统电渣重熔的主要特点及局限性

和凝固质量不能满足高性能特殊钢的质量要求。因此，开发绿色、高效和高品质的电渣重熔新技术是未来发展的必然趋势。

1.6.2　全参数过程稳定的洁净化理论

传统电渣重熔在大气下熔炼，造成电极氧化、气体渗透。随着自耗电极熔化，输入渣中的功率增加，渣温升高，渣钢氧化性增加，易氧化元素烧损加剧，钢锭质量持续恶化。由此提出一新思想：由于炉外精炼技术可以大幅度提高自耗电极洁净度，电渣重熔的主要任务已由精炼转变为防止金属被大气污染，因而需要采用全密闭气体保护；同时，通过控制全参数，使电渣全过程所有的冶金反应参数，如渣温、渣成分、熔池深度和钢渣氧化性等始终保持不变，从而保证冶金反应和凝固条件恒定，获得成分均匀和洁净度高的钢锭，这一新思想称为"全参数过程稳定"的洁净化理论（Constant State of All Parameters，CSP），如图1-9所示。

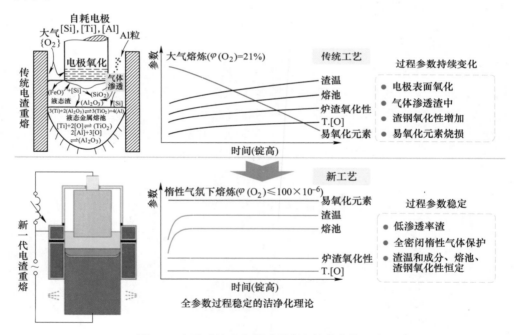

图 1-9　电渣重熔全参数过程稳定的洁净化理论

1.6.3　超快冷和最佳熔速下的浅平熔池均质化控制理论

传统电渣重熔理论认为，随着熔化速度增加，钢锭表面质量改善，但内部凝固质量恶化，造成内外质量控制的相互矛盾。通过研究发现了新规律：即电渣锭的局部凝固时间与熔化速度之间呈"V"字型关系，存在一个局部凝固时间最短的最佳熔速，而且其数值随冷却强度的提高向右下方移动。研究还进一步发现，传统电渣工艺的金属熔池形状呈"V"字型，如果能使熔池呈浅平状，即使在较低熔速下，表面质量也较高，这样就找到了一个更宽更快的熔速范围，保证钢锭质量"内外兼修"。这一新思想称为"超快冷和最佳熔速下浅平熔池均质化凝固理论"，即 SCOM-SP 均质化理论，如图 1-10 所示。

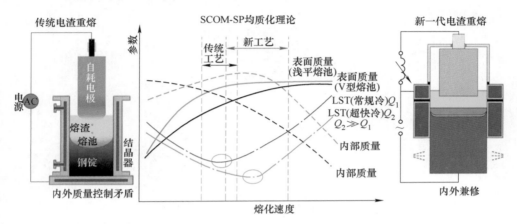

图 1-10　电渣重熔超快冷和最佳熔速下的浅平熔池均质化控制理论

1.6.4　新一代电渣重熔技术的基本特征

　　如图 1-11 所示，上述两个理论的实现途径：全密闭气氛保护和渣系优化实现洁净度控制；多电极布置和导电结晶器实现浅平熔池控制；多锥度结晶器和二次气雾冷却实现超快冷；最终通过最佳熔速的计算模型和基于电极插入深度的稳定控制实现电渣重熔整个过程的最佳熔速控制，从而实现电渣钢的洁净化和均质化生产。

1.7　电渣重熔技术的未来发展趋势

　　随着钢铁冶金技术的发展，特别是炉外精炼和连铸技术的发展，电渣重熔的技术和生产受到挑战。由于电渣重熔具有其他方法不可替代的技术特点，预计未来几十年中仍会在以下几个方面保持优势：

　　（1）电渣重熔克服了普通铸造方法结晶质量差的问题，即基本消除了偏析、疏松、缩孔等缺陷，因此对结晶质量要求严格的产品，采用电渣重熔方法生产仍是明智的选择。例如，在大型、特大型锻件用钢锭的生产中，普通铸锭方法生产的钢锭质量较差，难以满足质量要求。采用电渣重熔、电渣热封顶等电渣重熔技术可以保证产品的质量和可靠性，这些大锻件包括核电、火电的汽轮机转子、加

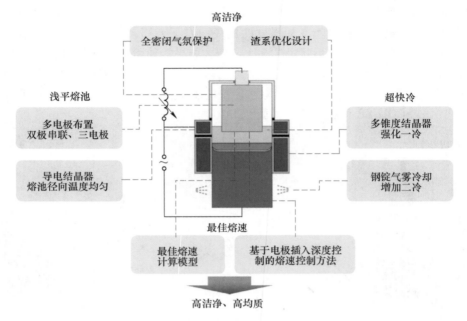

图 1-11　新一代电渣重熔的特征及实现途径

氢反应器、大型发电机护环及冷轧辊等。

（2）使用条件苛刻和重要用途的优质合金钢仍需要由电渣法生产。例如高温合金、精密合金、电热合金、航空轴承钢、特殊的工具钢、模具钢（包括具有镜面加工性能的塑料模具钢）等，由于对钢的洁净度和组织的均匀性要求很高，而且产品的批量又较小，难以用大规模的钢铁流程方式生产。

（3）电渣熔铸在生产各种异型铸件方面显示出强劲的生命力。普通铸造方法生产异型铸件质量差，用锻造方法生产的铸件的金属成材率很低、制造过程复杂、废品率高、成本高。电渣熔铸方法生产的铸件不仅质量可与锻件相当，而且生产过程简单，金属利用率很高（可生产出近终型毛坯），生产成本低。所以，在未来的几十年中电渣熔铸新产品将不断涌现。

（4）为了提升我国电渣产品的市场竞争力和附加值，未来需要进一步加强电渣重熔的应用基础理论研究，提高我国电渣重熔装备和工艺技术水平，加快老旧电渣炉设备的智能化改造升级，提高工艺和产品质量的稳定性。同时，加强新技术的开发和推广应用，为我国高端装备制造提供高质量的特殊钢和特种合金材料以及大型铸锻件，保障我国重大工程、重大装备以及军工国防建设的急需。

到 21 世纪中叶，电渣重熔技术的发展趋势可以概括为以下几个方面：

（1）深入开展理论研究，获得更多的基础理论数据。随着高端装备制造业对材料性能要求的不断提高，电渣产品的冶金质量也需要不断改善，急需电渣重熔基础理论的提升与支持。特别是在熔渣物理化学性能、渣-金之间的物理化学反应、渣池流动、温度场，以及熔池内金属流动、温度场、钢液凝固过程中溶质迁移行为和凝固组织控制等基础理论方面开展深入的研究是十分必要的。

（2）电渣重熔顺序凝固制备高品质和大型高合金铸锭。航空、重型燃气轮机、700℃以上先进超超临界火电机组等重大装备和重大工程对大型高合金铸锭提出了更高要求，电渣重熔是制备高合金铸锭的一种重要手段。但在电渣重熔工艺中金属熔池的深度与铸锭直径、电极熔化速度密切相关，随着钢锭直径加大金属熔池深度也相应加深，金属熔池的深度直接决定了两相区的宽度，进而决定了铸锭凝固的局部凝固时间和元素的偏析程度。电渣重熔过程中的金属熔池深度一般为结晶器直径的 $1/3 \sim 1/2$，直径越大，熔速越大，对应的金属熔池越深，枝晶间距越大，成分越容易偏析，尤其是电渣锭的中心，金属熔池较深，特别容易出现元素偏析。钢锭的合金含量越高，两相区越宽，非常容易出现元素偏析，而在铸锭中形成大尺寸脆性金属间化合物。锭型越大成分偏析倾向性越大，组织均匀度控制难度越大，这也是全世界仍然没有解决的一个难题。因此，开发低偏析的大型高合金电渣锭的新方法和新技术将是电渣重熔领域未来的重要发展方向之一。其中，基于导电结晶器和二次冷却技术的超快冷技术将是可能的技术选项。另外，旋转电极的电渣重熔技术由于能够改变重熔系统的温度场分布、降低金属熔池深度而减轻元素偏析倾向，是未来生产大型电渣钢锭的一项潜在的技术[29~31]。

（3）高洁净特殊钢和特种合金的电渣制备技术将不断发展。电渣重熔技术作为冶炼高温合金、精密合金、模具钢等优质钢锭的一种手段，以其优良的反应条件以及特殊的结晶方式有着其他炼钢方法所不能替代的优越性。航空、航天、军工等领域不断发展，要求特殊钢具有更高的强度和韧性、更持久的服役性能，这就需要降低钢中有害元素的含量，即提高钢的洁净度。因此，在保护气氛电渣重熔和真空电渣重熔技术的基础上进一步提高电渣重熔过程的纯净化熔炼效果也是重要的技术发展方向之一。

（4）提高生产效率和降低能耗的电渣新装备、新工艺和新技术的研制开发。间歇式的单件生产和能耗高是电渣重熔的主要短板。因此，将连铸技术与电渣重熔相结合的电渣连铸技术的完善和发展将是解决上述电渣重熔工艺短板的有效途径之一。另外，直接利用液态钢水进行连续电渣浇铸也是进一步值得探索的新工艺。

（5）电渣重熔新方法的探索和开发仍然方兴未艾。除了进一步完善和发展电渣熔铸、电渣热封顶、电渣钢水加热精炼等已有的电渣派生技术外，电渣表面复合技术生产双金属轧辊或多金属复合材料或梯度材料，基于电渣焊接的增材制造技术是未来有望产业化的技术方向。

（6）高性能电渣新产品研发和应用前景广阔。随着其他炼钢技术和特种熔炼技术的发展，部分电渣产品被其他冶金方法所取代。然而，由于电渣技术的不断进步，电渣技术的独特优点使得电渣重熔在生产高纯净、低偏析的高合金材料和超级合金材料方面有明显的质量和成本优势。电渣重熔在生产工模具钢、耐热钢和耐热合金、特种不锈钢、长寿命高可靠性轴承钢、大厚度板坯和用于核电、火电和水电的大型高合金铸锻件等产品方面仍然具有明显的竞争优势。采用加压电渣重熔生产高氮钢产品前景广阔，未来几年有望在高强无磁高氮护环钢、超级耐海水腐蚀用高氮奥氏体不锈钢，以及可用于制备航空轴承、高端刀具和压铸模具等产品的高氮马氏体不锈钢方面取得产业化应用。另外，电渣重熔在镍、铜及其合金等有色金属冶炼方面将是未来新的发展趋势。

（7）低氟或无氟环保型新渣系的开发和应用将更加广泛。长期以来，在电渣重熔渣系组元中 CaF_2 含量较高，以 ANF-6（70% CaF_2-30% Al_2O_3）为代表，该渣系成为电渣重熔中广泛采用的基本渣系，重熔过程中不但电耗较高，特别是重熔过程中挥发出的氟化物气体，如 HF、SiF_4、AlF_3 和 TiF_4 等，这些气体对大气造成污染。随着各国环境保护意识的提高，开发低氟或无氟环保型渣系，研究渣系的物理化学性能及其重熔过程中的物理化学反应将成为电渣重熔的重要课题。

（8）基于电渣重熔技术的 3D 打印用粉末制备和喷射成型技术。电渣重熔精炼钢水与雾化制粉技术相结合，即使用电渣重熔技术制备和提纯钢液，获得纯净液态金属，之后采用雾化制粉方法将液态金属雾化获得细小金属粉末，这样获得的金属粉末纯净、均匀致密，几乎无偏析，可用于粉末冶金的原料，也可以作为3D 打印金属粉末。在此基础上，与喷射成型技术相结合，通过调节喷射出金属流的喷射距离，可以用于直接制备铸锭，所获得的铸锭均匀、致密、无缩孔，偏析程度小[32]。

参 考 文 献

[1] 李正邦. 电渣冶金的理论与实践 [M]. 北京：冶金工业出版社，2010.
[2] 王岳. 电渣重熔过程磁场和渣池发热的数值模拟 [D]. 沈阳：东北大学，2008.
[3] 耿鑫，姜周华，刘福斌，等. 电渣重熔过程中夹杂物的控制 [J]. 钢铁，2009，44（12）：42~45，49.
[4] 任能. 电渣重熔过程的数值模拟 [C] // 第八届全国能源与热工学术年会论文集，中国金属学会能源与热工分会，2015：171~175.
[5] 汪瑞婷，李光强，王强，等. 电渣重熔过程夹杂物运动行为的数值模拟 [J]. 钢铁研究学报，2018，30（2）：104~112.
[6] 刘福斌，臧喜民，姜周华，等. 导电结晶器电渣重熔中非金属夹杂物的去除 [J]. 中国冶金，2010，20（5）：5~8.

［7］ 陈绍隆，姜兴渭 . 电渣重熔凝固过程的动态控制［J］. 东北工学院学报，1986，7（3）：25~31.

［8］ 王春光，葛锋，张玉碧，等 . 工艺参数对电渣重熔凝固过程的影响综述［J］. 铸造技术，2013，34（10）：1321~1323.

［9］ Sidorov M. Founder of welding metallurgy［J］. Metallurgist，1979，23（10）：733~736.

［10］ 李正邦 . 电渣冶金原理及应用［M］. 北京：冶金工业出版社，1996.

［11］ Nafaziger R H. The Electroslag Melting Process［M］. Bulletin：United States Bureau of Mmelting，1976.

［12］ 朱觉 . 电渣重熔与真空自耗比较［J］. 钢铁，1966，1（1）：14.

［13］ 姜周华，董艳伍，李花兵，等 . 特殊钢特种冶金技术的新发展［J］. 中国冶金，2011，21（12）：1~10.

［14］ 李正邦 . 电渣熔铸［M］. 北京：国防工业出版社，1981.

［15］ Paton B E，Medovar B I，Boiko G A. Electroslag Casting［M］. Kiev：Naukova Dumka，1980.

［16］ Paton B E，Medovar B I. Electroslag Metal［M］. Kiev：Naukova Dumka，1981.

［17］ 李正邦 . 电渣冶金与电渣熔铸在中国的发展［J］. 铸造，2004，53（11）：1~7.

［18］ 李正邦，傅杰 . 电渣重熔技术在中国的应用和发展［J］. 特殊钢，1999，4（2）：7~13.

［19］ 向大林 . 200t 级电渣炉的技术特点和产品评价［J］. 大型铸锻件，2004，105（3）：49~54.

［20］ 姜周华，余强，臧喜民，等 . 一种板坯电渣炉 . 中国专利，20071010096. X［P］，2009.

［21］ 姜周华，臧喜民，张天彪，等 . 连铸式电渣炉 . 中国专利，200620089551. 0［P］，2008.

［22］ 姜周华，臧喜民，张天彪 . 一种导电结晶器 . 中国专利，200720010214. 2［P］，2009.

［23］ 赵林，金东国，姜周华，等 . Mn18Cr18N 护环钢电渣重熔工艺的研究［J］. 大型铸锻件，1997，77（3）：22~27.

［24］ 姜周华，刘喜海，赵林，等 . Mn18Cr18N 护环钢电渣重熔技术开发［J］. 特殊钢，1999，20（增刊）：82~84.

［25］ https：//wenku. baidu. com/view/aa783f786529647d26285263. html.

［26］ https：//www. phb123. com/city/GDP/37736. html.

［27］ 王一德，唐荻，米振莉，等 . 中国特殊钢行业的发展现状及思考［J］. 钢铁，2013，48（7）：1~6.

［28］ http：//free. chinabaogao. com/yejin/201811/11153P5362018. html.

［29］ Chumanov I V，Chumanov V I. Technology for electroslag remelting with rotation of consumable electrode［J］. Metallurgist，2001，45（3-4）：125~128.

［30］ Chumanov I V，Matveeva M A，Sergeev D V. Influence of electrode rotation in electroslag remelting on the anisotropy of ingot properties［J］. Steel in Translation，2019，49（2）：77~81.

［31］ Shi X F，Chang L Z，Wang J J. Effect of mold rotation on the bifilar electroslag remelting process［J］. International Journal of Minerals，Metallurgy and Materials，2015，22（10）：1033~1042.

［32］ Carter W T，Jones R M F，Minisandram R S. Clean metal nucleated casting［J］. Journal of Materials Science，2004，39（12）：7253~7258.

2 电渣重熔过程冶金反应的热力学和动力学

2.1 电渣重熔过程冶金反应的热力学

2.1.1 电渣重熔过程冶金反应概述

冶金反应的热力学主要研究反应的可行性和方向性以及反应的平衡态。冶金反应能否自发进行主要取决于反应的吉布斯自由能变化（ΔG），吉布斯自由能等温度方程式为：

$$\Delta G = G^{\ominus} + RT\ln K \tag{2-1}$$

$\Delta G<0$，反应能自发正向进行；$\Delta G>0$，反应能自发反向进行；$\Delta G = 0$，反应达到平衡状态。由此可见，ΔG 负值越大，则该反应越倾向于反应的正向进行。

电渣重熔冶炼过程中，冶金反应是非常复杂的，主要包括渣池-金属熔池和渣池-空气等反应，如图 2-1 所示。在电渣重熔过程中，自耗电极表面未除净的氧化铁皮和新生成的氧化铁皮会进入渣池，使渣池中的 FeO 活度升高，钢中的一些活泼元素将会被氧化形成稳定氧化物，这些稳定氧化物将进入渣池中。采用保护气氛电渣炉可以防止自耗电极表面氧化反应的发生，降低了渣池的氧化性。此外，还可以向渣池中加入钙、铝和硅的合金进行脱氧[1]。

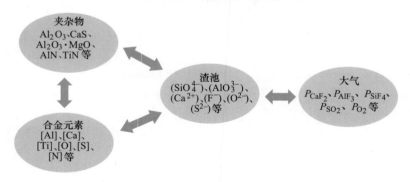

图 2-1 钢液、渣以及与大气环境之间的物理化学反应

自耗电极氧化反应：

$$2Fe + O_2 = 2FeO \tag{2-2}$$

添加合金脱氧反应：

$$[Ca] + (FeO) \Longrightarrow (CaO) + Fe \tag{2-3}$$

$$2[Al] + 3(FeO) \Longrightarrow (Al_2O_3) + 3[Fe] \tag{2-4}$$

$$[Si] + 2(FeO) \Longrightarrow (SiO_2) + 2[Fe] \tag{2-5}$$

另外，钢中活泼元素（Ti、稀土元素）会与渣池的组元发生反应，导致钢中活泼元素烧损。例如渣中 Al_2O_3 和钢中 Ti 反应：

$$2(Al_2O_3) + 3[Ti] \Longrightarrow 3(TiO_2) + 4[Al] \tag{2-6}$$

$$\Delta G = G^{\ominus} + RT\ln \frac{a^3_{(TiO_2)} \cdot a^4_{[Al]}}{a^2_{(Al_2O_3)} \cdot a^3_{[Ti]}} \tag{2-7}$$

此反应进行的方向不仅与反应温度有关，同时还与渣中 TiO_2、Al_2O_3 的活度和钢中 [Al]、[Ti] 活度有关。一般情况下，钢液中各合金元素的含量是确定的，因此钢中 [Al] 和 [Ti] 活度是确定的。那么，反应进行的方向主要取决于渣池中 TiO_2 和 Al_2O_3 的活度，通过调节渣池中其他组元的浓度可以控制两者的活度，进而控制反应进行的方向。

2.1.2 电渣重熔过程氧的来源及其控制

电渣重熔过程中氧的来源，主要与自耗电极中的原始氧含量、自耗电极表面在高温下生成的氧化铁皮、造渣材料中带入的不稳定氧化物以及大气向熔渣的供氧有关。

（1）自耗电极中的原始氧含量。周德光等[2]采用不同氧含量的自耗电极进行的电渣重熔实验表明：对于氧含量高（$w[O] > 30×10^{-6}$）的自耗电极，电渣重熔后电渣锭中的氧含量可以降低到 $15×10^{-6}$；而对于低氧含量（$w[O] < 10×10^{-6}$）的自耗电极，电渣重熔后电渣锭中的氧含量增高，其结果如图 2-2 所示。王昌生等[3]采用 GCr15 轴承钢进行的电渣重熔实验表明：分别采用自耗电极（$w[O]$）为 $10×10^{-6}$ 和 $5.87×10^{-6}$ 两个等级的目标钢种进行电渣重熔实验，电渣锭中的氧含量几乎没有差别，都处于 $15×10^{-6}$ 的水平。

从以上实验可以看出，采用氧含量较高的电极进行电渣重熔时，重熔过程是一个降氧的过程；采用氧含量较低的电极时，电渣重熔是一个增氧的过程。

（2）自耗电极表面生成的氧化铁皮。电渣重熔过程中，随着自耗电极不断下降，电极表面温度越来越高，氧化也越来越严重，直至接近熔渣附近时，氧化铁皮剥落进入渣池，增加了炉渣中的氧势，从而造成了易氧化元素的烧损及钢中氧含量的升高。

在通常情况下，电渣重熔时渣池上方温度分布不均匀，电极自上而下接近渣面时温度不断升高，自耗电极表面到结晶器壁温度逐渐降低，从而使得空气沿图 2-3 所示的方向流动，使得电极在大气下不断氧化。

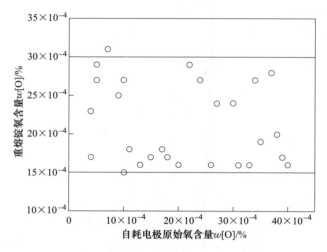

图 2-2　自耗电极中氧含量对重熔锭氧含量的影响

（3）造渣材料中带入的不稳定氧化物。电渣重熔过程中活泼的合金元素要被氧化，严重时合金成分容易超出上下限使得电渣锭报废。合金元素的氧化与它和氧的亲和力有关。从氧化物的标准生成自由能数据可以发现，元素与氧的亲和力大小按以下次序递减[4]：镧、钙、铈、铀、锆、钡、铝、镁、钛、硅、硼、钒、锰、铬、铁、钨、钴、锡、铅、锌、镍、铜。

因此，一般来讲，在电渣重熔过程中与氧亲和力大的元素容易被氧化，排在前面的相对较活泼的合金元素可以还原排在后面元素的氧化物。排在前面的元素其氧化物愈稳定，如

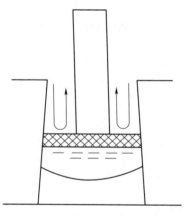

图 2-3　结晶器内气体流动情况

CaO、CeO、ZrO_2、BaO、Al_2O_3、MgO，在电渣过程中可被选为造渣组元。排在后面的氧化物，如 FeO、Cr_2O_3、MnO、SiO_2 则被看成渣中不稳定氧化物，将引起活泼合金元素的氧化，因而其含量受到严格限制。同时，要防止某一活泼元素的氧化，可以向渣中添加该元素的氧化物作为炉渣组元，并适当添加脱氧剂。

（4）电渣重熔过程中气氛中的氧通过渣层传氧的影响。渣池上方大气中的氧一直被看作是电渣重熔时金属中氧的一个重要来源。它通过熔化前电极的表面氧化和直接渗透渣层这两个途径而转入金属熔池，其传氧过程如图 2-4 所示[5]，气相中的氧是通过渣池中变价氧化物如 FeO、MnO 等来实现的。首先气相中的氧

传输至空气–熔渣界面上，低价的氧化物 FeO、MnO 被气相中的 O_2 氧化成高价氧化物 Fe_2O_3、Mn_2O_3 等。

$$2(FeO) + \frac{1}{2}O_2(g) = (Fe_2O_3) \qquad (2-8)$$

然后，空气–熔渣界面上的高价氧化物依靠浓度差向熔渣–钢液界面传输，在熔渣–钢液界面上高价氧化物又与金属作用转变成低价氧化物，从而使氧转入金属中。

$$(Fe_2O_3) + [Fe] = 3(FeO) \qquad (2-9)$$
$$(FeO) = [Fe] + [O] \qquad (2-10)$$

变价氧化物在熔渣传氧过程中充当氧的载体的角色。

电渣重熔过程中，由于电极氧化、熔渣传氧等使得渣中的氧势不断升高，因此对重熔过程中脱氧制度及脱氧剂的选择问题有大量报道。

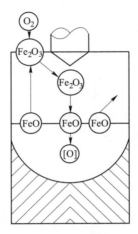

图 2-4　氧化铁传氧机理示意图

耿鑫等[6]采用熔渣–钢液界面处的摩尔浓度总量平衡、热力学平衡原则建立了电渣重熔过程中的脱氧热力学模型，并用该模型指导了 12Cr2Mo1R 钢的生产实践，建立了脱氧剂铝的加入量与元素含量变化的关系曲线。

侯栋等[7]采用炉渣分子离子共存理论、各物质的质量平衡、热力学平衡，建立了电渣重熔过程中的脱氧热力学模型。采用 Al、CaSi、CaSiBa 等脱氧剂对炉渣进行脱氧，分析了钢中各脱氧元素的含量变化，考察了各脱氧剂的脱氧能力。同时，基于该模型[8]研究了电渣重熔含铝钛易氧化元素的脱氧热力学问题，为保证电渣锭中钛含量的均匀性，找出了渣中 TiO_2 含量和铝脱氧剂加入量的关系。

Mitchell、魏季和等[9]基于电渣重熔过程中的化学反应及质量传输模型，分析了电渣重熔反应中 Al、Si、Mn、Cr 等体系的化学行为，重点研究了重熔过程中钙–铝脱氧的效果及关系。在惰性气体保护下，采用（CaF_2：CaO：Al_2O_3 = 50：20：30）的渣系，分别以 Al、Ca-Si、Al-Si 为脱氧剂，进行了 SAE4340 钢的电渣重熔试验。结果表明，熔渣中的不稳定氧化物 FeO 有着关键的作用。在低氧位下（$w(FeO) < 0.2\%$），采用钙脱氧时，由于反应 $3Ca + (Al_2O_3) = 2Al + 3(CaO)$ 的发生，使得电渣锭中的铝含量升高。

此外，史成斌等[10]也针对脱氧剂与不同气氛对 S136 钢的洁净度进行了研究，指出保护气氛与脱氧剂相结合的情况下可以使得电渣锭中的氧含量降到最低，同时洁净度也相应的提高。

2.1.3　电渣过程脱氧热力学模型

为了能够探索各个炉型下冶炼的电渣锭中 Al、Ti、Si 等元素随着渣系与脱氧制度的变化趋势，假设：金属熔渣之间的反应动力学良好，基本达到热力学平衡；金属和熔渣两相内，各反应物的浓度分布均匀。

2.1.3.1　反应平衡常数

在电渣重熔过程中，反应中存在 $Al+Al_2O_3$、$Si+SiO_2$、$Ti+TiO_2$、$Fe+FeO$ 四个体系，它们存在反应式（2-11）~式（2-13），各个反应之间相互达到热力学平衡。这三个反应的平衡常数与各组元和温度的关系见式（2-14）~式（2-16）。

$$[Al] + 1.5(FeO) \Longrightarrow (AlO_{1.5}) + 1.5[Fe] \tag{2-11}$$

$$[Si] + 2(FeO) \Longrightarrow (SiO_2) + 2[Fe] \tag{2-12}$$

$$[Ti] + 2(FeO) \Longrightarrow (TiO_2) + 2[Fe] \tag{2-13}$$

$$\lg K_{Al} = \lg \frac{a_{(AlO_{1.5})}}{a_{[Al]} \cdot a_{(FeO)}^{1.5}} = \lg \frac{\gamma_{(AlO_{1.5})} X_{(AlO_{1.5})}}{f_{[Al]}[Al] \cdot \gamma_{(FeO)}^{1.5} X_{(FeO)}^{1.5}} = \frac{22604}{T} - 6.3265$$

$$\tag{2-14}$$

$$\lg K_{Si} = \lg \frac{a_{(SiO_2)}}{a_{[Si]} \cdot a_{(FeO)}^2} = \lg \frac{\gamma_{(SiO_2)} X_{(SiO_2)}}{f_{[Si]}[Si] \cdot \gamma_{(FeO)}^2 X_{(FeO)}^2} = \frac{18100}{T} - 6.372 \tag{2-15}$$

$$\lg K_{Ti} = \lg \frac{a_{(TiO_2)}}{a_{[Ti]} \cdot a_{(FeO)}^2} = \lg \frac{\gamma_{(TiO_2)} X_{(TiO_2)}}{f_{[Ti]}[Ti] \cdot \gamma_{(FeO)}^2 X_{(FeO)}^2} = \frac{18372}{T} - 5.122 \tag{2-16}$$

式中　$\gamma_{(SiO_2)}$，$\gamma_{(AlO_{1.5})}$，$\gamma_{(TiO_2)}$，$\gamma_{(FeO)}$——渣中 SiO_2，$AlO_{1.5}$，TiO_2，FeO 的活度系数；

$X_{(SiO_2)}$，$X_{(AlO_{1.5})}$，$X_{(TiO_2)}$，$X_{(FeO)}$——渣中 SiO_2，$AlO_{1.5}$，TiO_2，FeO 的摩尔分数；

$f_{[Al]}$，$f_{[Si]}$，$f_{[Ti]}$——钢中 Al，Si，Ti 的活度系数。

平衡常数关系式（2-14）~式（2-16）可以转化为式（2-17）~式（2-19）。

$$\lg K_{Si} = \lg \frac{a_{(SiO_2)}}{a_{[Si]} \cdot a_{(FeO)}^2} = \lg \frac{a_{(SiO_2)}}{f_{[Si]}[Si] \cdot a_{(FeO)}^2} = \frac{18100}{T} - 6.372 \tag{2-17}$$

$$\lg K_{Al} = \lg \frac{a_{(Al_2O_3)}}{a_{[Al]}^2 \cdot a_{(FeO)}^3} = \lg \frac{a_{(Al_2O_3)}}{f_{[Al]}^2[Al]^2 \cdot a_{(FeO)}^3} = \frac{45208}{T} - 12.65 \tag{2-18}$$

$$\lg K_{Ti} = \lg \frac{a_{(TiO_2)}}{a_{[Ti]} \cdot a_{(FeO)}^2} = \lg \frac{a_{(TiO_2)}}{f_{[Ti]}[Ti] \cdot a_{(FeO)}^2} = \frac{18372}{T} - 5.122 \tag{2-19}$$

2.1.3.2　熔渣组元作用浓度

熔渣中各个组元的活度即作用浓度可通过炉渣分子离子共存理论求解得到，根据熔渣各个结构单元的质量平衡建立关系：

$$N_1 + N_2 + \cdots + N_7 + N_{c1} + N_{c2} + \cdots + N_{c36} = \sum N_i = 1 \tag{2-20}$$

$$w^o_{CaO}/M_{CaO}(1/3N_2 + N_{c26} + N_{c28} + N_{c30}) - w^o_{CaF_2}/M_{CaF_2}(0.5N_1 + N_{c1} + N_{c3} + 2N_{c5} + 3N_{c7} + 12N_{c8} + N_{c9} + N_{c10} + 3N_{c12} + N_{c13} + 3N_{c14} + 4N_{c15} + 3N_{c20} + N_{c21} + 2N_{c22} + 3N_{c23} + N_{c24} + 2N_{c25} + 3N_{c26} + N_{c27} + 11N_{c28} + N_{c29} + 3N_{c30}) = 0 \tag{2-21}$$

$$w^i_{Al_2O_3}/M_{Al_2O_3}(1/3N_2 + N_{c26} + N_{c28} + N_{c30}) - w^o_{CaF_2}/M_{CaF_2}(N_3 + N_{c3} + N_{c4} + N_{c7} + 7N_{c8} + 2N_{c9} + 6N_{c10} + 3N_{c11} + N_{c16} + N_{c24} + N_{c25} + 3N_{c26} + 7N_{c28} + 2N_{c31} + N_{c32}) = 0 \tag{2-22}$$

$$w^i_{SiO_2}/M_{SiO_2}(1/3N_2 + N_{c26} + N_{c28} + N_{c30}) - w^o_{CaF_2}/M_{CaF_2}(N_4 + N_{c1} + N_{c2} + N_{c5} + N_{c6} + 2N_{c11} + N_{c12} + 2N_{c20} + 2N_{c21} + 2N_{c22} + 2N_{c23} + 2N_{c24} + N_{c25} + N_{c27} + N_{c29} + 2N_{c30} + 5N_{c31} + N_{c33}) = 0 \tag{2-23}$$

$$w^i_{TiO_2}/M_{TiO_2}(1/3N_2 + N_{c26} + N_{c28} + N_{c30}) - w^o_{CaF_2}/M_{CaF_2}(N_5 + N_{c13} + 2N_{c14} + 3N_{c15} + N_{c16} + N_{c17} + 2N_{c18} + N_{c19} + N_{c29} + N_{c34} + N_{c35} + 2N_{c36}) = 0 \tag{2-24}$$

$$w^o_{MgO}/M_{MgO}(1/3N_2 + N_{c26} + N_{c28} + N_{c30}) - w^o_{CaF_2}/M_{CaF_2}(0.5N_6 + N_{c2} + N_{c4} + 2N_{c6} + N_{c17} + N_{c18} + 2N_{c19} + N_{c21} + N_{c22} + N_{c23} + N_{c27} + 2N_{c31}) = 0 \tag{2-25}$$

$$w^i_{FeO}/M_{FeO}(1/3N_2 + N_{c26} + N_{c28} + N_{c30}) - w^o_{CaF_2}/M_{CaF_2}(0.5N_7 + N_{c32} + 2N_{c33} + 2N_{c34} + N_{c35} + N_{c36}) = 0 \tag{2-26}$$

式中　　　　N_1，$\cdots$，N_7——CaO，CaF_2，Al_2O_3，SiO_2，TiO_2，MgO，FeO 的作用浓度；

$w^i_{Al_2O_3}$，$w^i_{SiO_2}$，$w^i_{TiO_2}$，w^i_{FeO}——界面处 Al_2O_3，SiO_2，TiO_2，FeO 的平衡质量分数；

N_{ci}——复杂原子的原子分数。

2.1.3.3 原子质量平衡常数

在渣-金反应过程中，其钢液侧和熔渣侧的 Si、Al、Ti 的总原子质量不变；熔渣中 O 的总原子质量也如此，因此建立了式（2-27）~式（2-30）。

$$\frac{w_{[Si]_i}}{M_{Si}} \times m_m + \frac{w_{(SiO_2)_i}}{M_{SiO_2}} \times m_s = \frac{w_{[Si]_o}}{M_{Si}} \times m_m + \frac{w_{(SiO_2)_o}}{M_{SiO_2}} \times m_s = \frac{w_{Si}}{M_{Si}} \tag{2-27}$$

$$\frac{w_{[Ti]_i}}{M_{Ti}} \times m_m + \frac{w_{(TiO_2)_i}}{M_{TiO_2}} \times m_s = \frac{w_{[Ti]_o}}{M_{Ti}} \times m_m + \frac{w_{(TiO_2)_o}}{M_{TiO_2}} \times m_s = \frac{w_{Ti}}{M_{Ti}} \tag{2-28}$$

$$\frac{w_{[Al]_i}}{M_{Al}} \times m_m + \frac{2w_{(Al_2O_3)_i}}{M_{Al_2O_3}} \times m_s = \frac{w_{(Al_{add})}}{M_{Al}} + \frac{w_{[Al]_o}}{M_{Al}} \times m_m + \frac{2w_{(Al_2O_3)_o}}{M_{Al_2O_3}} \times m_s = \frac{w_{Al}}{M_{Al}} \tag{2-29}$$

$$\frac{2w_{(TiO_2)_i}}{M_{TiO_2}} + \frac{2w_{(SiO_2)_i}}{M_{SiO_2}} + \frac{3w_{(Al_2O_3)_i}}{M_{Al_2O_3}} + \frac{w_{(FeO)_i}}{M_{FeO}} \tag{2-30}$$

$$= \frac{2w_{(TiO_2)_o}}{M_{TiO_2}} + \frac{2w_{(SiO_2)_o}}{M_{SiO_2}} + \frac{3w_{(Al_2O_3)_o}}{M_{Al_2O_3}} + \frac{w_{(FeO)_o}}{M_{FeO}} = \frac{w_o}{M_O}$$

式中，m_m 为钢液在一个时间间隔内的质量；m_s 为熔渣的质量；$w_{[Al]_o}$，$w_{[Si]_o}$，$w_{[Ti]_o}$ 为电极中 Al、Si、Ti 的质量分数；$w_{[Al]_i}$，$w_{[Si]_i}$，$w_{[Ti]_i}$ 为渣金界面处的钢中各物质的质量分数；w_{Ti}，w_{Si}，w_{Al}，w_o 为钢液和熔渣两相内的各元素的总原子量；$w_{(Al_2O_3)_o}$，$w_{(TiO_2)_o}$，$w_{(SiO_2)_o}$，$w_{(FeO)_o}$ 为初始渣系中各个组元的质量分数；$w_{(Al_2O_3)_i}$，$w_{(TiO_2)_i}$，$w_{(SiO_2)_i}$，$w_{(FeO)_i}$ 为渣金界面处熔渣中各组分的质量分数；M_{Si}，M_{SiO_2}，M_{Ti}，M_{TiO_2}，M_{Al}，$M_{Al_2O_3}$，M_{FeO}，M_O 分别为 Si、SiO$_2$、Ti、TiO$_2$、Al、Al$_2$O$_3$、FeO、O 的摩尔质量。

采用 Matlab 进行编程求解，能够得到渣金界面处 $w_{[Al]_i}$，$w_{[Si]_i}$，$w_{[Ti]_i}$ 和 $w_{(Al_2O_3)_i}$，$w_{(TiO_2)_i}$，$w_{(SiO_2)_i}$，$w_{(FeO)_i}$ 的质量分数，同时进行循环迭代，如图 2-5 所示，可得到电渣锭中各物质的质量分数随电渣锭高度的变化趋势。

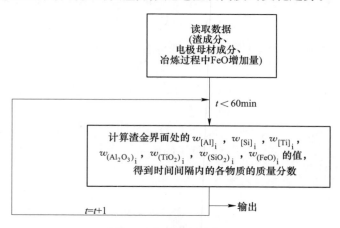

图 2-5　程序运行流程图

2.1.4　电渣过程硫容量模型

通常认为[11]，电渣重熔过程中脱硫反应主要发生在熔滴形成阶段的电极熔化末端。这是因为电极熔化末端的渣温最高，钢渣接触面积最大，达 3218mm^2/g。金属熔滴穿过渣层进入金属熔池的时间过于短暂，脱硫作用不大。金属熔池和渣池界面接触比面积小，由于反应时间较长，所以对脱硫也起一定作用。渣-金之间的脱硫反应可用下式表示：

$$[S] + (O^{2-}) \Longrightarrow (S^{2-}) + [O] \tag{2-31}$$

平衡常数：

$$K = \frac{a_{(S^{2-})} \cdot a_{[O]}}{a_{[S]} \cdot a_{(O^{2-})}} \tag{2-32}$$

$$\frac{a_{(S^{2-})}}{a_{[S]}} = K \frac{a_{(O^{2-})}}{a_{[O]}} \tag{2-33}$$

由式（2-33）可知，提高渣的碱度，降低金属中氧的浓度，有利于促使硫由金属向渣中转移。

当电渣重熔采用 CaF_2-Al_2O_3 渣系，钢中硫被大量去除，但渣中硫含量变化不大，而炉气内硫化物主要以 SO_2 形式存在，未发现氟硫化物或者氟硫氧化物存在[12]，所以硫自渣相向气相中转移，炉渣中的硫在渣-气界面再氧化，形成二氧化硫气体，即气化脱硫，这是电渣过程脱硫的重要特点。其反应是：

$$(S^{2-}) + \frac{3}{2}\{O_2\} = \{SO_2\} + (O^{2-}) \tag{2-34}$$

平衡常数：

$$K = \frac{p_{\{SO_2\}} \cdot a_{(O^{2-})}}{p_{\{O_2\}}^{3/2} \cdot a_{(S^{2-})}} \tag{2-35}$$

$$\frac{p_{\{SO_2\}}}{a_{(S^{2-})}} = K \frac{p_{\{O_2\}}^{3/2}}{a_{(O^{2-})}} \tag{2-36}$$

由式（2-36）可知，提高气相中的氧分压，降低渣碱度有利于气相脱硫。

由此可见，电渣重熔过程中脱硫过程由以下 5 个步骤组成：

（1）硫从金属熔体内部向钢-渣界面上迁移。
（2）钢-渣界面上发生脱硫反应。
（3）硫离开钢-渣界面向渣-气界面上迁移。
（4）在渣-气界面上硫被气相中的氧所氧化。
（5）硫的氧化产物离开渣-气界面排出到气相中。

1954 年 Richardson[13] 研究了渣-气间硫的平衡反应，认为渣中的硫可按下列各式以硫化物或硫酸盐的形式存在。

$$\frac{1}{2}S_2(g) + (O^{2-}) = \frac{1}{2}O_2(g) + (S^{2-}) \tag{2-37}$$

$$\frac{1}{2}S_2(g) + \frac{3}{2}O_2(g) + (O^{2-}) = (SO_4^{2-}) \tag{2-38}$$

$$K_2 = \frac{a_{(S^{2-})} \cdot p_{(O_2)}^{\frac{1}{2}}}{a_{(O^{2-})} \cdot p_{(S_2)}^{\frac{1}{2}}} \tag{2-39}$$

$$K_3 = \frac{a_{(SO_4^{2-})}}{a_{(O^{2-})} \cdot p_{(S_2)}^{\frac{1}{2}} \cdot p_{(O_2)}^{\frac{1}{2}}} \tag{2-40}$$

对于 ESR 熔体而言，由于渣中氧分压较低，因而一般采用硫化物容量 $C_{(S)}$；也有研究者应用下式的分子理论的渣气平衡反应来定义分子硫容量 $C'_{(S)}$

$$\frac{1}{2}S_2 + (CaO) \Longrightarrow (CaS) + \frac{1}{2}O_2(g) \tag{2-41}$$

$$C'_{(S)} = x_{(CaS)} \left(\frac{p_{(O_2)}}{p_{(S_2)}}\right)^{\frac{1}{2}} = K_S \frac{a_{(CaO)}}{\gamma_{(CaS)}} \tag{2-42}$$

对于熔渣的硫容量有光学碱度模型、KTH 模型以及 Flory 模型。

2.1.4.1　光学碱度模型

冶金学惯用碱度反映炉渣的脱硫能力。在科研和生产中经常使用基于分子理论的碱度和离子理论的过剩碱度，总结出了相应的经验公式[14~16]。但是这些公式只适用有限的范围，因此把碱度的定义置于足够坚实的理论基础之上是冶金学者努力奋斗的目标之一。

A　光学碱度的定量计算

a　以紫外吸收光谱频率计算

炉渣的光学碱度测定是在氧化物中掺入少量能直接反映该氧化物给出电子能力的金属离子。这些离子具备稳定的 $d^{10}s^2$ 构形，外层电子轨道（s^6）上具有一对电子的离子，如 Ti^+、Pb^{2+}、Bi^{3+} 等。将少量的这些离子加入炉渣中，由于氧的电子贡献导致了电子在 $6s\sim6p$ 轨道之间的跃迁。跃迁时形成紫外吸收光谱，如果以 Pb^{2+} 为指示离子，在不受其他离子干扰时自由 Pb^{2+} 的紫外吸收光谱频率是 $60700cm^{-1}$，而在 CaO 基体中 Pb^{2+} 的紫外吸收光谱频率下降为 $29700cm^{-1}$。如果选定 CaO 的光学碱度为 1，这样只要测出熔渣中 Pb^{2+} 的紫外吸收光谱频率 ν，就可以得到熔渣的光学碱度：

$$\Lambda_{(Pb^{2+})} = \frac{60700 - \nu}{60700 - 29700} = \frac{60700 - \nu}{31000} \tag{2-43}$$

同理也可以得到用 Ti^+ 和 Bi^{3+} 作指示离子的光学碱度：

$$\Lambda_{(Bi^{3+})} = \frac{56000 - \nu}{28800} \tag{2-44}$$

$$\Lambda_{(Ti^{3+})} = \frac{55300 - \nu}{18300} \tag{2-45}$$

b 以 pauling 电负性计算通过大量光学碱度的测定

对于金属氧化物的光学碱度与 pauling 电负性归纳出了以下关系：

$$\Lambda = 0.75/(x - 0.25) \tag{2-46}$$

也有文献把 Λ 写成：

$$\Lambda = 0.74/(x - 0.26) \tag{2-47}$$

式中　x——氧化物的电负性。

c 以平均电子密度计算

由于炉渣大多不透明，难以用光学方法测量，而且冶金炉渣中常见的过渡族元素是变价的，电负性只适用于恒定价元素，上述两种方法已不适用，因此又提出了用阴阳离子间的平均电子密度（D）来取代元素的电负性的确定光学碱度的方法。采用光声率谱法测量平均电子密度，得出修正的光学碱度公式：

$$\Lambda = 1/1.34(D + 0.6) \tag{2-48}$$

式中　D——阴、阳离子间的平均电子密度。

$$D = a \times Z/r^3 \tag{2-49}$$

式中　a——阴离子的物性参数，对氧化物，该值为 1；

　　　Z——阳离子的化合价；

　　　r——阴、阳离子间的距离。

利用式（2-48）不但可以计算出变价金属氧化物的光学碱度，还可以计算出氯化物和氟化物的光学碱度。表 2-1 是这几种计算光学碱度方法给出的推荐值，由该表可以看出 Sommerville 方法相对是比较准确的。

表 2-1　几种计算方法的光学碱度值

氧化物	Pauling 电负性法	平均电子密度法	Young 法	Sommerville 法
K_2O	1.40	1.15	1.40	1.40
Na_2O	1.15	1.10	1.15	1.15
BaO	1.15	1.08	1.15	1.15
SrO	1.07	1.04	1.10	
Li_2O	1.00	1.05		1.00
MgO	0.78	0.92	0.78	0.78
TiO_2	0.61	0.64	0.65	0.61
Al_2O_3	0.61	0.68	0.60	0.61
MnO	0.59	0.95	0.98	1.21
Cr_2O_3	0.55	0.69	0.70	
FeO	0.51	0.93	1.03	1.03

氧化物	Pauling 电负性法	平均电子密度法	Young 法	Sommerville 法
Fe_2O_3	0.48	0.69	0.81	0.70
SiO_2	0.48	0.47	0.46	0.48
B_2O_3	0.42	0.42		0.42
P_2O_5	0.40	0.38	0.40	0.40
SO_3	0.33	0.29	0.33	0.33
CaF_2	0.43	0.67	0.43	
MgF_2		0.51		
BaF_2		0.78		
$MgCl_2$		0.62		
$CaCl_2$		0.72		
NaCl		0.68		
NaF		0.67		
CaO	1.00	1.00		

B　光学碱度与硫容量的关系

炉渣的硫容量是反映炉渣脱硫能力的一个直接而有效的指标，但在实际的冶金生产过程中，不可能每次都通过实验来测定该值，光学碱度恰好提供了计算硫容量的科学依据。

Sosinsky 和 Sommerville 对 1500℃ 时的 7 个渣系、183 组数据进行回归分析，给出了硫容量与光学碱度的关系式，计算结果如图 2-6 所示。

$$\lg C_{(S)} = 12.6\Lambda - 12.3 \tag{2-50}$$

从图 2-6 中可以看出，光学碱度与硫容量的对数在 1500℃ 下基本是呈线性关系。

Sommerville 又发现温度对光学碱度也有影响，于是将温度加入关系式中，从而得到温度和光学碱度与硫容量的回归式：

$$\lg C_{(S)} = \frac{22690 - 54640\Lambda}{T} + 43.6\Lambda - 25.2 \tag{2-51}$$

2.1.4.2　KTH 模型

瑞典皇家工学院（KTH）提出了一种计算多组分熔渣硫容量的模型[17]（KTH 模型），采用 Temkin 理论来描述离子熔体结构。由前述气-渣反应的硫容

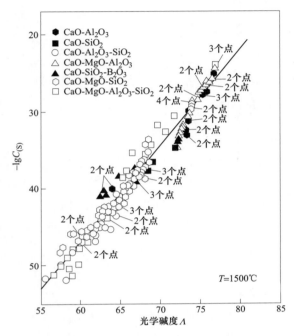

图 2-6　1500℃下光学碱度与硫容量对数的关系

量的定义式 $\Lambda_{(Pb^{2+})} = \dfrac{60700-\nu}{60700-29700} = \dfrac{60700-\nu}{31000}$ 可得：

令 $K_1 = \exp\left(-\dfrac{\Delta G^{\ominus}}{RT}\right)$ 及 $\dfrac{a_{(O^{2-})}}{f_{(S^{2-})}} = \exp\left(-\dfrac{\xi}{RT}\right)$

可将 $C_{(S)}$ 表示为：

$$C_{(S)} = \exp\left(\frac{-\Delta G^{\ominus} - \xi}{RT}\right) \tag{2-52}$$

即：
$$RT\ln C_{(S)} = -\Delta G^{\ominus} - \xi$$

式中　$\Delta G^{\ominus}$——吉布斯自由能变化，而 ξ 依赖于具体的体系，是温度和成分的函数。

2.1.4.3　Flory 模型

Pelton 等[18]将此模型引入酸性渣的计算中，该模型按照 $X_{(SiO_2)} \leqslant 1/3$ 及 $X_{(SiO_2)} \geqslant 1/3$ 将渣分为碱性渣和酸性渣，利用氧化物的活度间接计算渣系的硫容量，发现 $SiO_2\text{-}Al_2O_3\text{-}CaO\text{-}MgO\text{-}FeO\text{-}MnO\text{-}TiO_2$ 渣的实测硫容量与模型计算值符合很好。但是该模型的准确性是建立在氧化物活度精确性的基础上的，模型的选用性受到一定的影响。

2.1.5　电渣重熔过程磷含量的控制

磷元素属于偏析倾向比较强的元素，在凝固和加热过程中，容易在晶界偏聚，可能会导致钢材出现冷脆问题，所以需要尽可能地降低其在钢中的含量。

2.1.5.1　电渣过程磷的反应

A　碱性渣氧化脱磷

根据离子理论，在一般炼钢氧势条件下，渣-金之间的脱磷反应，可用下式表示：

$$2[P] + 5[O] + 3(O^{2-}) = 2(PO_4^{3-}) \tag{2-53}$$

平衡常数：

$$K = \frac{a_{(PO_4^{3-})}^2}{a_{[P]}^2 \cdot a_{[O]}^5 \cdot a_{(O^{2-})}^3} \tag{2-54}$$

磷在渣-金之间的分配比：

$$L_P = \frac{w_{(PO_4^{3-})}}{w_{[P]}} = \left(K \cdot \frac{f_{[P]}^2 \cdot a_{[O]}^5 \cdot a_{(O^{2-})}^3}{f_{(PO_4^{3-})}^2} \right)^{1/2} \tag{2-55}$$

由此可知，强化渣-金之间氧化脱磷的热力学条件是：

(1) 高碱度渣（$a_{(O^{2-})}$ 高）。

(2) 高氧化性（$a_{[O]}$ 高）。

(3) 适当增加渣量。

(4) 低反应温度（上述脱磷反应为放热反应，$\Delta H < 0$）。

B　还原脱磷

为避免钢液中的 Cr、Mn、Ti 等易氧化合金元素的氧化烧损，还可以采用极低氧势条件下的还原脱磷，其化学反应式可表述为：

$$3M(s) + 2[P] = (M_3P_2) \tag{2-56}$$

其中，M 是脱磷剂，一般用二价金属 Ca、Ba 等，相应的离子反应式为：

$$3M(s) = 3(M^{2+}) + 6e \tag{2-57}$$

$$2[P] + 6e = 2(P^{3-}) \tag{2-58}$$

两式合并：

$$3M(s) + 2[P] = 3(M^{2+}) + 2(P^{3-}) \tag{2-59}$$

另外，考虑到生产成本等问题，一般用脱磷剂 M 的化合物（如 CaC_2、Ca-Si 合金、Ca-Al 合金）来代替脱磷剂 M。当然，如果采用化合物替代，就可能会引入杂质元素，需要进一步处理，比如用 CaC_2 代替 M 时，主要的脱磷反应为：

$$3CaC_2(s) + 2[P] = (Ca_3P_2) + 6[C] \tag{2-60}$$

可以看出，在用 CaC_2 脱磷的过程中会引入 C 元素，所以在冶炼特定钢种时需要注意这方面的问题。

C 气化脱磷

在一般炼钢的氧势条件下，熔渣中的磷以（PO_4^{3-}）的形式存在，所以气-渣之间的脱磷反应，可用下式表示：

$$2(PO_4^{3-}) \Longrightarrow P_2(g) + \frac{5}{2}O_2(g) + 3(O^{2-}) \tag{2-61}$$

平衡常数：

$$K = \frac{(p_{P_2}/p^\ominus)(p_{O_2}/p^\ominus)^{5/2}a_{(O^{2-})}^3}{a_{(PO_4^{3-})}^2} \tag{2-62}$$

式中 $p^\ominus$——标准大气压。

磷在气-渣之间的分配：

$$\frac{p_{P_2}/p^\ominus}{w_{(PO_4^{3-})}^2} = K \cdot \frac{f_{(PO_4^{3-})}^2}{(p_{O_2}/p^\ominus)^{5/2}a_{(O^{2-})}^3} \tag{2-63}$$

由此可知，在一般炼钢氧势条件下，强化气-渣之间脱磷的热力学条件是：

（1）低碱度渣（$a_{(O^{2-})}$ 低）。

（2）低氧分压（p_{O_2} 低）。

另外，在极低的氧势条件下，熔渣中的磷以（P^{3-}）的形式存在，所以气-渣之间的脱磷反应，可用下式表示：

$$2(P^{3-}) + \frac{3}{2}O_2(g) \Longrightarrow P_2(g) + 3(O^{2-}) \tag{2-64}$$

平衡常数：

$$K = \frac{(p_{P_2}/p^\ominus)a_{(O^{2-})}^3}{(p_{O_2}/p^\ominus)^{3/2}a_{(P^{3-})}^2} \tag{2-65}$$

磷在气-渣之间的分配：

$$\frac{p_{P_2}/p^\ominus}{w_{(P^{3-})}^2} = K \cdot \frac{(p_{O_2}/p^\ominus)^{3/2}f_{(P^{3-})}^2}{a_{(O^{2-})}^3} \tag{2-66}$$

由此可知，在极低氧势条件下，强化气-渣之间脱磷的热力学条件是：

（1）低碱度渣（$a_{(O^{2-})}$ 低）。

（2）高氧分压（p_{O_2} 低）。

综上所述，电渣重熔过程中脱磷过程由以下 5 个步骤组成：

（1）磷从金属熔体内部向渣-金界面上迁移。

（2）渣-金界面上发生脱磷反应。

（3）磷离开渣-金界面向气-渣界面上迁移。

（4）在气-渣界面上磷转化为气态 P_2。

（5）气态 P_2 离开气-渣界面进入到气相中。

另外，与脱硫反应类似，直观地看，强化渣-金之间脱磷的热力学条件和强化气-渣之间脱磷的热力学条件似乎存在一定的矛盾。但实际上，渣-金之间脱磷和气-渣之间脱磷对熔渣碱度和氧分压的要求并不是简单的矛盾关系，电渣重熔总的脱磷率是由上述多个因素综合作用的结果。

2.1.5.2　影响电渣重熔过程脱磷反应的因素

上一小节的内容已经说明，影响电渣重熔过程脱磷反应的因素包括温度、渣料、气氛等。而相关的实验和研究[19]表明，要想在电渣重熔过程脱磷，一般需要同时满足以下条件：

（1）高碱度渣。

（2）高氧化性渣。

（3）防止从熔渣向金属回磷（低温操作等）。

电渣重熔用渣料一般都是高碱度渣，所以该条件基本可以满足。但是随着碱度升高，电渣重熔的熔炼温度也会升高；高氧化性渣方面，常用的渣料中 FeO 含量都比较低，所以难以满足；温度方面，由于电渣重熔的温度高，所以非常不利于脱磷。

在实际生产中，为降低电渣重熔铸锭中的磷含量，首先要采用低磷渣料，尤其需要注意萤石中的杂质，因为渣料中的磷主要来自萤石；其次，可在渣料中添加部分 BaO，用于提高渣料的碱度[20]。表 2-2 为采用 CaF_2-BaO 渣系电渣重熔时脱磷的效果[11]。

表 2-2　CaF_2-BaO 渣系的脱磷效果

钢种	电极中磷含量（质量分数）/%	钢锭中磷含量（质量分数）/%		
		尾部	中部	头部
20	0.029	0.010	0.015	0.020
00Cr13	0.054	0.012	0.017	0.026
1Cr18Ni9Ti	0.022	0.007	0.010	0.010

由表 2-2 中数据可以看出，在渣料中添加部分 BaO 后，可以在一定程度上改善电渣重熔过程的脱磷能力，尤其是在重熔初期温度较低时，脱磷效果较好。但是随着重熔的进行，渣料的脱磷能力持续下降，甚至会出现回磷现象。

另外，可以通过气-渣之间的脱磷反应来提高电渣重熔过程的脱磷能力，此时可采用全密闭可控气氛电渣重熔的方式来控制反应体系的冶炼气氛，从而改善脱磷反应的条件。

2.1.6 电渣重熔过程氢的行为

氢也是钢中一种有害元素，它会引发白点、气泡、针孔、氢脆以及纵向表面裂纹，因此要防止钢中增氢。

渣池中的 FeO 是影响钢锭中氢含量的主要因素。电渣重熔过程中通过钢渣增氢的反应可以用如下方程式来表示[21]：

$$\{H_2O\} + Fe === (FeO) + 2[H] \tag{2-67}$$

$$a_{[H]} = \left(K \cdot \frac{p_{H_2O}/p^{\ominus}}{a_{(FeO)}} \right)^{1/2} \tag{2-68}$$

假设氢在渣中以（OH^-）离子形式存在。在渣-气氛界面处：

$$\{H_2O\} + (O^{2-}) === 2(OH^-) \tag{2-69}$$

另外，电解反应也可能存在于渣-气氛界面处：

$$\{H_2O\} + e === [H] + (OH^-) \tag{2-70}$$

$$2\{H_2O\} + \{O_2\} + 4e === 4(OH^-) \tag{2-71}$$

$$2(OH^-) + 2e === \{H_2\} + 2(O^{2-}) \tag{2-72}$$

在渣-金属界面处存在反应：

$$2(OH^-) + 2e === 2(O^{2-}) + 2[H] \tag{2-73}$$

$$[H] + [O] + e === (OH^-) \tag{2-74}$$

反应式（2-73）和反应式（2-74）可以用电化学反应，也可以用下列反应来平衡：

$$Fe === (Fe^{2+}) + 2e \tag{2-75}$$

$$(Fe^{2+}) === (Fe^{3+}) + e \tag{2-76}$$

因此，渣池-金属的总反应式为：

$$2(OH^-) + Fe === (Fe^{2+}) + 2(O^{2-}) + 2[H] \tag{2-77}$$

$$2(OH^-) + (Fe^{2+}) === Fe + 2[O] + 2[H] \tag{2-78}$$

$$2(OH^-) + 2(Fe^{2+}) === 2(Fe^{3+}) + 2[O^{2-}] + 2[H] \tag{2-79}$$

$$2(OH^-) + 2(Fe^{3+}) === 2(Fe^{2+}) + 2[O] + 2[H] \tag{2-80}$$

氢含量的增加被某个界面处反应所限制，并涉及其他速率控制过程。与渣池中氧化铁相关的反应表明，炉渣-金属界面是重要的反应位置。

影响增氢的因素包括以下几个方面。

2.1.6.1 渣系

图 2-7 是不同渣系与电极极性与渣中 FeO 的关系[21]。FeO 的活度会随着 CaF_2 渣系中 CaO 含量的增加而减小，那么根据式（2-68）可知，渣池中 FeO 含量相同的情况下，渣池中 CaO 含量的增加往往会导致重熔钢锭中 [H] 的增加，

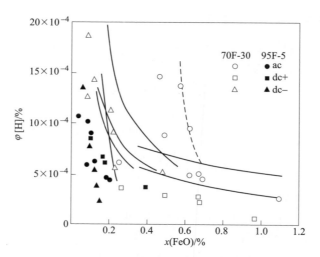

图 2-7　采用不同渣系和不同电极极性时钢锭氢含量与渣池中氧化亚铁含量的关系

70%CaF₂-30%CaO 渣系会比 95%CaF₂-5%CaO 渣系使钢锭中增加更多的氢；其原因在于 CaO 更容易吸收空气中的水蒸气，经过烘烤之后的含 CaO 渣中依然含有未完全分解的含氢化合物。CaO 含量越高，渣中氧活度越高，因此反应式（2-69）即空气中水蒸气更容易与渣中氧离子进行反应生成［OH⁻］。

2.1.6.2　气氛和气氛温度

在渣池中 FeO 含量相同的情况下，不论是将电极作为交流电的一极还是作为直流电的负极，［H］是随着氩气饱和温度的增加而逐渐增加的。表 2-3 中结果显示，采用无水氩气气氛冶炼钢锭的氢含量会明显低于在饱和水蒸气氩气气氛下冶炼的钢锭，但是其内部氢含量依然高于电极内部氢含量（2.5×10⁻⁴%）。尽管在熔炼气氛中没有氢的来源，但在化渣过程中，实验室气氛参与反应使氢进入渣池中。通过大气条件下冶炼与氩气保护下冶炼的钢锭进行对比，发现保护气氛有助于控制钢中的［H］。

表 2-3　渣中 CaO 含量及供电模式对渣中（FeO）及钢中［H］的影响

序号	供电模式	$w(CaO)/\%$	$\varphi[H]/\%$	$w(FeO)/\%$
1	交流电	30	$2.7×10^{-4}$	0.45
2	交流电	5	$3.6×10^{-4}$	0.20
3	交流电	5	$3.0×10^{-4}$	0.71
4	直流正极	20	$3.8×10^{-4}$	0.91
5	直流正极	5	$3.9×10^{-4}$	0.62

序号	供电模式	$w(CaO)/\%$	$\varphi[H]/\%$	$w(FeO)/\%$
6	直流正极	5	2.5×10^{-4}	0.60
7	直流正极	5	4.5×10^{-4}	0.83
8	直流负极	30	1.5×10^{-4}	0.35
9	直流负极	30	2.7×10^{-4}	0.70
10	直流负极	20	4.0×10^{-4}	0.76
11	直流负极	5	4.2×10^{-4}	0.53
12	直流负极	5	5.7×10^{-4}	0.16

2.1.6.3 供电模式

渣中 CaO 含量超过 20%时[21]，FeO 的活度系数基本与温度无关，采用 70F-30 渣冶炼钢锭时，自耗电极分别作为交流电的一极、直流电正极或者直流电负极三种供电模式造成渣池温度的差异不会影响氢含量。图 2-8 中供电模式导致［H］增加状况不一致的原因在于电化学反应或者增强的离子运动，或者两者皆有。根据反应式（2-69），自耗电极为直流正极时，自耗电极的温度较高有助于电化学反应的进行，运动到电极附近的（OH^-）将使平衡方程（2-72）向右进行。自耗电极为（直流负极）时，较低的自耗电极温度会使界面处的反应变慢，但是电位会使（OH^-）从电极附近被移除。

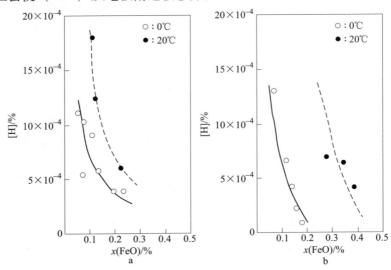

图 2-8 不同供电模式下氩气饱和温度和渣中（FeO）对氢含量的影响

a—交流；b—直流

在金属熔池-渣池界面处，自耗电极采用直流正极有利于增氢，采用直流负极情况则相反。图 2-8 中实验结果显示，直流正极会使钢锭增氢最多，交流电使钢锭增氢次之，直流负极使钢锭增氢最少。

2.1.7　电渣重熔含铝钛钢种的渣系研究

钢中的活泼元素 Al、Ti 在电渣重熔高温冶炼过程中容易被氧化，严重时会超出成分要求的上下限使得电渣锭报废。特别是在进行"高钛低铝"型钢种的渣系设计时，除了降低渣中不稳定氧化物 FeO、Cr_2O_3、MnO、SiO_2 等含量，防止 Al、Ti 等元素被氧化外，还应充分考虑渣中各组元之间相互作用而导致的组元活度系数的改变，从而引起的电渣重熔过程中铝钛含量的变化，如向渣中添加 TiO_2 以防止 Ti 烧损。因此，找出适用于"高钛低铝"型钢种新型适用渣尤为重要。

苏联 ANF-21 渣（$50\%CaF_2+25\%Al_2O_3+25\%TiO_2$）用于电渣重熔含钛钢种时，可以限制脱硫反应，主要用于电渣重熔含铝钛的易切削钢[22]。美国 G. K. 巴特在电渣重熔 18% Ni 的马氏体时效钢时，采用 $70\%CaF_2+20\%Al_2O_3+10\%TiO_2$ 渣获得了良好的电渣锭。日本在电渣重熔含铝钛的钢种时，通常采用 $55\%CaF_2+35\%Al_2O_3+10\%TiO_2$ 的渣系。Pateisky[23]研究了钛、铝、硅与氧之间的平衡关系。根据得到的研究结果，可以确定加入渣中二氧化钛的质量并以此实现钛在整个锭中的均匀分布。同时发现要保证金属中的钛含量必须相应地提高金属中的铝含量。随着渣中二氧化钛含量的增加，电渣锭中的钛含量也逐渐升高。在相同的铝含量下，随着渣中 TiO_2 含量的提高，可以提高电渣锭中的钛含量。

侯栋[24]通过渣金平衡试验，研究了炉渣碱度、CaO 含量以及渣池温度对 1Cr21Ni5Ti 钢铝钛含量的影响规律。该钢成分见表 2-4，试验所选用渣系及温度见表 2-5。

表 2-4　1Cr21Ni5Ti 钢的成分　　　　　　（质量分数,%）

元素	C	Si	Mn	Cr	Ni	Ti	Al
成分	0.12	0.63	0.53	20.5	5.11	0.62	0.06

表 2-5　ESR 用渣系的化学成分及实验温度

渣系	渣系成分（质量分数）/%					实验温度/℃
	CaF_2	Al_2O_3	CaO	MgO	TiO_2	
S0	65	20	0	10	5	1550
S1	60	20	5	10	5	1550

渣系	渣系成分（质量分数）/%					实验温度/℃
	CaF_2	Al_2O_3	CaO	MgO	TiO_2	
S2	59	20	10	5	6	1550
S3	49	20	20	5	6	1550
S0	65	20	0	10	5	1600

对每组 10min、20min、30min、40min 用所取的 1 号、2 号、3 号、4 号钢样变化进行分析，如图 2-9 所示，且将 4 号钢样成分和渣样成分记录于表 2-6 中。

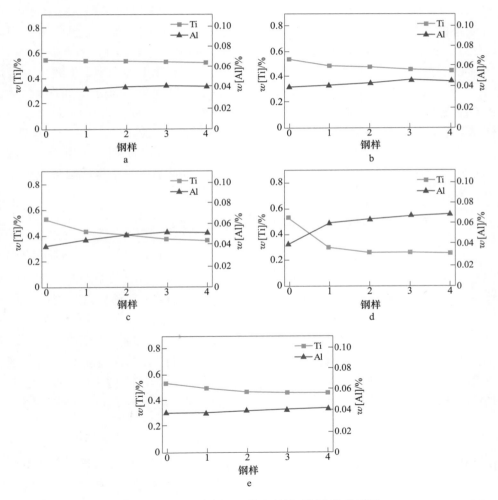

图 2-9 不同渣系下的铝钛含量随时间变化关系图

a—S0 1550℃；b—S1 1550℃；c—S2 1550℃；d—S3 1550℃；e—S0 1600℃

表 2-6　每炉次实验中的 4 号钢样和渣样成分

实验	钢样成分（质量分数）/%		渣样成分（质量分数）/%	
	Al	Ti	Al_2O_3	TiO_2
S0（1550℃）	0.040	0.52	19.48	5.02
S1（1550℃）	0.045	0.45	18.55	5.69
S2（1550℃）	0.051	0.36	17.22	7.53
S3（1550℃）	0.068	0.25	16.82	8.48
S0（1600℃）	0.042	0.46	18.63	5.51

从图 2-9 中可以得出，渣中 CaO 含量的变化对钢中铝钛含量产生重要影响。S0 渣系能抑制铝钛元素烧损，终点铝钛含量与初始含量接近；由于 S2 渣系中 CaO 含量的增加，导致了铝含量升高，但是钛含量降低。在 S3 和 S2 渣系中 CaO 含量逐渐增加时，同时提高 TiO_2 至 6%，铝钛含量变化更加剧烈；上述结果表明，当增加渣中 CaO 含量时，容易造成"烧钛增铝"现象。通过渣金平衡的热力学原理可以得到：增加渣中的 CaO 含量，使得渣中的 TiO_2 和 Al_2O_3 的活度系数发生了变化，从而引起钢中铝和钛含量呈不同的变化趋势。

对比图 2-9a、e，在采用同种渣系 S0 情况下，当温度升高时，出现"烧钛增铝"的现象，这是因为温度的变化对铝钛之间的热力学反应平衡常数造成了影响，从而引起了钢中铝和钛含量的变化。

2.1.8　电渣重熔渣系组元活度的研究及其计算模型

许多研究学者对电渣重熔中的 CaF_2-Al_2O_3、CaF_2-Al_2O_3-CaO、CaF_2-Al_2O_3-SiO_2、CaF_2-Al_2O_3-MgO、CaF_2-Al_2O_3-CaO-MgO 等渣系的组元活度进行了测定，并绘制了相关活度的相图[25~29]，但是唯独缺少含氧化钛的渣系的活度研究。

炉渣理论研究主要包括物理参数模型、结构模型和热力学参数模型。目前在电渣重熔冶金反应研究中应用最多的是热力学参数模型，其主要是通过假设炉渣中存在某些微观结构单元，并假设这些单元服从正规则溶液模型[30]、熔渣规则溶液模型[31]、熔渣二次正规则溶液模型[32]、完全离子溶液模型等。下面主要介绍广泛用于钢铁冶金领域的完全离子溶液模型、分子-离子共存理论模型。

2.1.8.1　完全离子溶液模型

1946 年，Темкин 提出了完全离子溶液模型。其主要的假设为熔渣完全由离子构成，没有电中性的质点出现，离子在熔渣中的分布完全是统计的无序的状态；完全离子溶液在形成的过程中，其混合熔应为零，$\Delta H_m = 0$；同时，离子完全混合时，虽然异号离子不能彼此交换位置，但不同离子之间可以完全混合，而使得熔体的熵增加。

对于可近似为完全离子溶液的熔渣，组元的活度等于它们组成的离子摩尔分数的乘积：

$$a_{MO} = x_{M^{2+}} x_{O^{2-}} \quad \text{或} \quad a_{M_xO_y} = (x_{M^{(2y/x)+}})^x (x_{O^{2-}})^y \tag{2-81}$$

完全离子溶液模型忽视了离子电荷符号相同，而种类及大小不同时静电势的差别，因而完全离子溶液和实际熔渣的性质就有差别。经过实验证明，这种模型仅适用于 SiO_2 质量分数小于 11% 的高碱度熔渣（其内 SiO_2 为最简单的络离子 SiO_4^{4-}）[33]。但在 SiO_2 质量分数较高时（10% ~ 30%），实际溶液[34,35] 已经和完全离子溶液有较大的差别。

2.1.8.2 炉渣分子-离子共存理论模型

炉渣分子-离子共存理论模型最早由丘依考教授提出[36]，其原名为考虑未分解化合物的炉渣离子理论。该理论认为：熔渣在熔融态的高温下呈分子和离子的共存态，例如：对于 $CaO\text{-}Al_2O_3$ 二元熔渣，高温下熔渣是由 Ca^{2+}、O^{2-}、Al_2O_3、$CaO \cdot Al_2O_3$、$3CaO \cdot Al_2O_3$、$12CaO \cdot 7Al_2O_3$、$CaO \cdot 2Al_2O_3$ 等组成的理想溶液。CaO 与 Al_2O_3 的作用浓度可看做是渣中这些复杂分子相互作用后，游离态的 CaO 与 Al_2O_3 的含量。此模型随后经过我国的张鉴教授进行修正，让这一理论成为一套完整的模型体系，将其重新命名为炉渣结构的共存理论。

此模型是通过查阅渣系相图，在确定渣系的结构单元（包括简单离子和分子化合物）后，利用复杂分子的生成热力学平衡和质量守恒列出相关方程式，构成渣系中各个简单离子、分子和复杂分子的作用浓度的计算模型，应用该模型即可计算不同成分和温度下熔渣中各组元的作用浓度。

杨学民[37] 利用作用浓度计算模型推导计算了 $CaO\text{-}SiO_2\text{-}MgO\text{-}FeO\text{-}MnO\text{-}Al_2O_3\text{-}CaF_2$ 渣系，运用这种理论描述了渣-金之间的硫、磷的分配比问题。张波[38] 计算了 $CaO\text{-}SiO_2\text{-}Al_2O_3\text{-}FeO\text{-}CaF_2\text{-}La_2O_3\text{-}Nb_2O_5\text{-}TiO_2$ 渣系，研究了稀土渣系中各组元的作用浓度随 La_2O_3 的变化规律。梁小平[39] 计算了 $CaO\text{-}SiO_2\text{-}MgO\text{-}Al_2O_3\text{-}FeO\text{-}CaF_2\text{-}MnO$ 多元含氟渣系的各组元的作用浓度，进一步验证了模型的准确性。姜周华[40] 利用该模型计算了 $CaO\text{-}SiO_2\text{-}Al_2O_3\text{-}CaF_2\text{-}MgO\text{-}TiO_2$ 渣系的各个组元的作用浓度，提出了渣中 CaO 组元对 Al_2O_3 和 TiO_2 活度的影响规律，从而解决了电渣重熔过程中渣系设计的相关问题。为了提高抽锭式结晶器生产 718 合金的渣壳的润滑性及高温强度，在渣中加入适量的 SiO_2，但是 SiO_2 增多容易烧损 Al 和 Ti 元素。尹彬[41] 根据分子-离子共存理论建立 $CaF_2\text{-}CaO\text{-}Al_2O_3\text{-}MgO\text{-}TiO_2\text{-}SiO_2$ 渣系的热力学模型，得出能够抑制 Al、Ti 元素烧损的渣系成分（质量分数）：Al_2O_3 含量为 20% ~ 25%、CaO 含量为 25% ~ 30%、TiO_2 含量为 4% ~ 6%、MgO 含量为 1% ~ 4%、CaF_2 含量为 50% ~ 60%、SiO_2 含量为 0% ~ 1%。

　　侯栋通过炉渣的分子-离子共存理论的作用浓度模型[42~45]对 1Cr21Ni5Ti 渣系的活度进行分析并验证试验结果，从而为含铝钛钢渣系的设计提供理论基础。

　　钢中的 Ti 和 Al 存在下列反应关系：

$$3[Ti] + 2(Al_2O_3) \Longleftrightarrow 4[Al] + 3(TiO_2) \tag{2-82}$$

$$\lg K = \lg \frac{a_{[Al]}^4 \cdot a_{(TiO_2)}^3}{a_{[Ti]}^3 \cdot a_{(Al_2O_3)}^2} = \lg \frac{f_{[Al]}^4 [Al]^4}{f_{[Ti]}^3 [Ti]^3} + \lg \frac{a_{(TiO_2)}^3}{a_{(Al_2O_3)}^2} = -\frac{35300}{T} + 9.94 \tag{2-83}$$

$$\lg \frac{a_{(TiO_2)}^3}{a_{(Al_2O_3)}^2} = -\frac{35300}{T} + 9.94 - \lg \frac{f_{[Al]}^4 [Al]^4}{f_{[Ti]}^3 [Ti]^3} \tag{2-84}$$

其中，活度系数 f_i 的计算见式（2-6）。相应地，所用到的一阶相互作用系数列于表 2-7 中[27]。二阶相互作用系数 $r_{Al}^C = -0.004$，$r_{Al}^{Al} = -0.0011 + 0.17/T$，$r_{Al}^{Si} = -0.0006$，$r_{Al}^{Ni} = 0.000164$，$r_{Ti}^{Ti} = -0.001$，$r_{Ti}^{Ni} = 0.0005$。

$$\lg f_i = \sum (e_i^j w[j] + r_i^j w[j]^2) \tag{2-85}$$

表 2-7　研究中所用到的钢液的相互作用系数

e_i^j	C	Si	Mn	P	S	Al	Ti	Cr	Ni
Al	0.091	0.056	0.035	0.033	0.035	0.08	0.004	0.03	—
Ti	-0.19	-0.025	-0.043	-0.0064	-0.27	0.0037	0.013	0.055	0.009

　　根据式（2-84）、式（2-85）和表 2-4 中目标钢种的化学成分，计算得到最适用于 1Cr21Ni5Ti 钢的渣系的 $\lg(a_{(TiO_2)}^3/a_{(Al_2O_3)}^2)$ 值在 1550℃ 下应该是 -3.01，在 1600℃ 下应该是 -2.58。为了进一步从热力学角度对实验结果进行验证，采用炉渣的分子-离子共存理论的作用浓度模型，需要对 S0 ~ S3 渣系中的 $\lg(a_{(TiO_2)}^3/a_{(Al_2O_3)}^2)$ 值进行计算，并对结果进行讨论分析，以便更好地对含铝钛钢种进行渣系设计。

2.1.8.3　熔渣组元的作用浓度

　　熔渣是由简单离子和氧化硅、硅酸盐、铝酸盐等分子组成的。根据相图[46]查出 CaF_2-Al_2O_3-CaO-MgO-TiO_2 的结构单元见表 2-8。

表 2-8　CaO-CaF_2-Al_2O_3-SiO_2-MgO-TiO_2-FeO 渣系中离子、简单分子和复杂分子的结构和摩尔数

项目	分子-离子的结构体	序号	结构体的摩尔量 n_i/mol	结构体的作用浓度 N_i（无量纲）
简单离子（4个）	$Ca^{2+} + O^{2-}$	1	$n_1 = n_{Ca^{2+}, CaO} = n_{O^{2-}, CaO}$	$N_1 = \dfrac{2n_1}{\sum n_i} = N_{CaO}$

续表 2-8

项目	分子-离子的结构体	序号	结构体的摩尔量 n_i/mol	结构体的作用浓度 N_i（无量纲）
简单离子（4个）	$Ca^{2+}+2F^{2-}$	2	$n_2=n_{Ca^{2+},CaF_2}=2n_{F^-,CaF_2}$	$N_2=\dfrac{3n_2}{\sum n_i}=N_{CaF_2}$
	$Mg^{2+}+O^{2-}$	6	$n_6=n_{Mg^{2+},MgO}=n_{O^{2-},MgO}$	$N_6=\dfrac{2n_6}{\sum n_i}=N_{MgO}$
	$Fe^{2+}+O^{2-}$	7	$n_7=n_{Fe^{2+},FeO}=n_{O^{2-},FeO}$	$N_7=\dfrac{2n_7}{\sum n_i}=N_{FeO}$
简单分子（3个）	Al_2O_3	3	$n_3=n_{Al_2O_3}$	$N_3=\dfrac{n_3}{\sum n_i}=N_{Al_2O_3}$
	SiO_2	4	$n_4=n_{SiO_2}$	$N_4=\dfrac{n_4}{\sum n_i}=N_{SiO_2}$
	TiO_2	5	$n_5=n_{TiO_2}$	$N_5=\dfrac{n_5}{\sum n_i}=N_{TiO_2}$
复杂分子（36个）	$CaO\cdot SiO_2$	c1	$n_{c1}=n_{CaO\cdot SiO_2}$	$N_{c1}=\dfrac{n_{c1}}{\sum n_i}=N_{CaO\cdot SiO_2}$
	$MgO\cdot SiO_2$	c2	$n_{c2}=n_{MgO\cdot SiO_2}$	$N_{c2}=\dfrac{n_{c2}}{\sum n_i}=N_{MgO\cdot SiO_2}$
	$CaO\cdot Al_2O_3$	c3	$n_{c3}=n_{CaO\cdot Al_2O_3}$	$N_{c3}=\dfrac{n_{c3}}{\sum n_i}=N_{CaO\cdot Al_2O_3}$
	$MgO\cdot Al_2O_3$	c4	$n_{c4}=n_{MgO\cdot Al_2O_3}$	$N_{c4}=\dfrac{n_{c4}}{\sum n_i}=N_{MgO\cdot Al_2O_3}$
	$2CaO\cdot SiO_2$	c5	$n_{c5}=n_{2CaO\cdot SiO_2}$	$N_{c5}=\dfrac{n_{c5}}{\sum n_i}=N_{2CaO\cdot SiO_2}$
	$2MgO\cdot SiO_2$	c6	$n_{c6}=n_{2MgO\cdot 5SiO_2}$	$N_{c6}=\dfrac{n_{c6}}{\sum n_i}=N_{2MgO\cdot 5SiO_2}$
	$3CaO\cdot Al_2O_3$	c7	$n_{c7}=n_{3CaO\cdot Al_2O_3}$	$N_{c7}=\dfrac{n_{c7}}{\sum n_i}=N_{3CaO\cdot Al_2O_3}$
	$12CaO\cdot 7Al_2O_3$	c8	$n_{c8}=n_{12CaO\cdot 7Al_2O_3}$	$N_{c8}=\dfrac{n_{c8}}{\sum n_i}=N_{12CaO\cdot 7Al_2O_3}$
	$CaO\cdot 2Al_2O_3$	c9	$n_{c9}=n_{CaO\cdot 2Al_2O_3}$	$N_{c9}=\dfrac{n_{c9}}{\sum n_i}=N_{CaO\cdot 2Al_2O_3}$
	$CaO\cdot 6Al_2O_3$	c10	$n_{c10}=n_{CaO\cdot 6Al_2O_3}$	$N_{c10}=\dfrac{n_{c10}}{\sum n_i}=N_{CaO\cdot 6Al_2O_3}$

项目	分子-离子 的结构体	序号	结构体的摩尔量 n_i/mol	结构体的作用浓度 N_i（无量纲）
复杂 分子 （36 个）	$3Al_2O_3 \cdot 2SiO_2$	c11	$n_{c11} = n_{3Al_2O_3 \cdot 2SiO_2}$	$N_{c11} = \dfrac{n_{c11}}{\sum n_i} = N_{3Al_2O_3 \cdot 2SiO_2}$
	$3CaO \cdot SiO_2$	c12	$n_{c12} = n_{3CaO \cdot SiO_2}$	$N_{c12} = \dfrac{n_{c12}}{\sum n_i} = N_{3CaO \cdot SiO_2}$
	$CaO \cdot TiO_2$	c13	$n_{c13} = n_{CaO \cdot TiO_2}$	$N_{c13} = \dfrac{n_{c13}}{\sum n_i} = N_{CaO \cdot TiO_2}$
	$3CaO \cdot 2TiO_2$	c14	$n_{c14} = n_{3CaO \cdot 2TiO_2}$	$N_{c14} = \dfrac{n_{c14}}{\sum n_i} = N_{3CaO \cdot 2TiO_2}$
	$4CaO \cdot 3TiO_2$	c15	$n_{c15} = n_{4CaO \cdot 3TiO_2}$	$N_{c15} = \dfrac{n_{c15}}{\sum n_i} = N_{4CaO \cdot 3TiO_2}$
	$Al_2O_3 \cdot TiO_2$	c16	$n_{c16} = n_{Al_2O_3 \cdot TiO_2}$	$N_{c16} = \dfrac{n_{c16}}{\sum n_i} = N_{Al_2O_3 \cdot TiO_2}$
	$MgO \cdot TiO_2$	c17	$n_{c17} = n_{MgO \cdot TiO_2}$	$N_{c17} = \dfrac{n_{c17}}{\sum n_i} = N_{MgO \cdot TiO_2}$
	$MgO \cdot 2TiO_2$	c18	$n_{c18} = n_{MgO \cdot 2TiO_2}$	$N_{c18} = \dfrac{n_{c18}}{\sum n_i} = N_{MgO \cdot 2TiO_2}$
	$2MgO \cdot TiO_2$	c19	$n_{c19} = n_{2MgO \cdot TiO_2}$	$N_{c19} = \dfrac{n_{c19}}{\sum n_i} = N_{2MgO \cdot TiO_2}$
	$3CaO \cdot 2SiO_2$	c20	$n_{c20} = n_{3CaO \cdot 2SiO_2}$	$N_{c20} = \dfrac{n_{c20}}{\sum n_i} = N_{3CaO \cdot 2SiO_2}$
	$CaO \cdot MgO \cdot 2SiO_2$	c21	$n_{c21} = n_{CaO \cdot MgO \cdot 2SiO_2}$	$N_{c21} = \dfrac{n_{c21}}{\sum n_i} = N_{CaO \cdot MgO \cdot 2SiO_2}$
	$2CaO \cdot MgO \cdot 2SiO_2$	c22	$n_{c22} = n_{2CaO \cdot MgO \cdot 2SiO_2}$	$N_{c22} = \dfrac{n_{c22}}{\sum n_i} = N_{2CaO \cdot MgO \cdot 2SiO_2}$
	$3CaO \cdot MgO \cdot 2SiO_2$	c23	$n_{c23} = n_{3CaO \cdot MgO \cdot 2SiO_2}$	$N_{c23} = \dfrac{n_{c23}}{\sum n_i} = N_{3CaO \cdot MgO \cdot 2SiO_2}$
	$CaO \cdot Al_2O_3 \cdot 2SiO_2$	c24	$n_{c24} = n_{CaO \cdot Al_2O_3 \cdot 2SiO_2}$	$N_{c24} = \dfrac{n_{c24}}{\sum n_i} = N_{CaO \cdot Al_2O_3 \cdot 2SiO_2}$
	$2CaO \cdot Al_2O_3 \cdot SiO_2$	c25	$n_{c25} = n_{2CaO \cdot Al_2O_3 \cdot SiO_2}$	$N_{c25} = \dfrac{n_{c25}}{\sum n_i} = N_{2CaO \cdot Al_2O_3 \cdot SiO_2}$
	$3CaO \cdot 3Al_2O_3 \cdot CaF_2$	c26	$n_{c26} = n_{3CaO \cdot 3Al_2O_3 \cdot CaF_2}$	$N_{c26} = \dfrac{n_{c26}}{\sum n_i} = N_{3CaO \cdot 3Al_2O_3 \cdot CaF_2}$

项目	分子-离子的结构体	序号	结构体的摩尔量 n_i/mol	结构体的作用浓度 N_i（无量纲）
复杂分子（36个）	$CaO \cdot MgO \cdot SiO_2$	c27	$n_{c27} = n_{CaO \cdot MgO \cdot SiO_2}$	$N_{c27} = \dfrac{n_{c27}}{\sum n_i} = N_{CaO \cdot MgO \cdot SiO_2}$
	$11CaO \cdot 7Al_2O_3 \cdot CaF_2$	c28	$n_{c28} = n_{11CaO \cdot 7Al_2O_3 \cdot CaF_2}$	$N_{c28} = \dfrac{n_{c28}}{\sum n_i} = N_{11CaO \cdot 7Al_2O_3 \cdot CaF_2}$
	$CaO \cdot SiO_2 \cdot TiO_2$	c29	$n_{c29} = n_{CaO \cdot SiO_2 \cdot TiO_2}$	$N_{c29} = \dfrac{n_{c29}}{\sum n_i} = N_{CaO \cdot SiO_2 \cdot TiO_2}$
	$3CaO \cdot 2SiO_2 \cdot CaF_2$	c30	$n_{c30} = n_{3CaO \cdot 2SiO_2 \cdot CaF_2}$	$N_{c30} = \dfrac{n_{c30}}{\sum n_i} = N_{3CaO \cdot 2SiO_2 \cdot CaF_2}$
	$2MgO \cdot 2Al_2O_3 \cdot 5SiO_2$	c31	$n_{c31} = n_{2MgO \cdot 2Al_2O_3 \cdot 5SiO_2}$	$N_{c31} = \dfrac{n_{c31}}{\sum n_i} = N_{2MgO \cdot 2Al_2O_3 \cdot 5SiO_2}$
	$FeO \cdot Al_2O_3$	c32	$n_{c32} = n_{FeO \cdot Al_2O_3}$	$N_{c32} = \dfrac{n_{c32}}{\sum n_i} = N_{FeO \cdot Al_2O_3}$
	$2FeO \cdot SiO_2$	c33	$n_{c33} = n_{2FeO \cdot SiO_2}$	$N_{c33} = \dfrac{n_{c33}}{\sum n_i} = N_{2FeO \cdot SiO_2}$
	$2FeO \cdot TiO_2$	c34	$n_{c34} = n_{2FeO \cdot TiO_2}$	$N_{c34} = \dfrac{n_{c34}}{\sum n_i} = N_{2FeO \cdot TiO_2}$
	$FeO \cdot TiO_2$	c35	$n_{c35} = n_{FeO \cdot TiO_2}$	$N_{c35} = \dfrac{n_{c35}}{\sum n_i} = N_{FeO \cdot TiO_2}$
	$FeO \cdot 2TiO_2$	c36	$n_{c36} = n_{FeO \cdot 2TiO_2}$	$N_{c36} = \dfrac{n_{c36}}{\sum n_i} = N_{FeO \cdot 2TiO_2}$

在数学模型中，对各结构单元的符号进行简化，b_1、b_2、b_3、b_4、b_5、b_6、b_7 分别代表 CaO、CaF_2、Al_2O_3、SiO_2、TiO_2、MgO 和 FeO 的摩尔分数。

确定熔渣的结构单元后，将炉渣熔体视作理想溶液，单离子和分子间存在着动态平衡反应，其化学方程式见表2-9。根据熔渣的结构单元的反应平衡和质量平衡建立熔渣的作用浓度计算模型。

表 2-9 形成复杂分子的化学反应

化 学 反 应	$\Delta G_i^{\ominus}/\text{J} \cdot \text{mol}^{-1}$	参考文献	N_i
$(Ca^{2+}+O^{2-}) + (SiO_2) = (CaO \cdot SiO_2)$	$-21757-36.819T$	62	$N_{c1} = K_{c1}N_1N_4$
$(Mg^{2+}+O^{2-}) + (SiO_2) = (MgO \cdot SiO_2)$	$23849-29.706T$	62	$N_{c2} = K_{c2}N_4N_6$
$(Ca^{2+}+O^{2-}) + (Al_2O_3) = (CaO \cdot Al_2O_3)$	$59413-59.413T$	62	$N_{c3} = K_{c3}N_1N_3$

化 学 反 应	$\Delta G_i^{\ominus}/\mathrm{J}\cdot\mathrm{mol}^{-1}$	参考文献	N_i
$(\mathrm{Mg}^{2+}+\mathrm{O}^{2-})+(\mathrm{Al}_2\mathrm{O}_3)=\!=\!=(\mathrm{MgO}\cdot\mathrm{Al}_2\mathrm{O}_3)$	$-18828-6.276T$	62	$N_{c4}=K_{c4}N_3N_6$
$2(\mathrm{Ca}^{2+}+\mathrm{O}^{2-})+(\mathrm{SiO}_2)=\!=\!=(2\mathrm{CaO}\cdot\mathrm{SiO}_2)$	$-102090-24.267T$	62	$N_{c5}=K_{c5}N_1^2N_4$
$2(\mathrm{Mg}^{2+}+\mathrm{O}^{2-})+(\mathrm{SiO}_2)=\!=\!=(2\mathrm{MgO}\cdot\mathrm{SiO}_2)$	$-56902-3.347T$	62	$N_{c6}=K_{c6}N_4N_6^2$
$3(\mathrm{Ca}^{2+}+\mathrm{O}^{2-})+(\mathrm{Al}_2\mathrm{O}_3)=\!=\!=(3\mathrm{CaO}\cdot\mathrm{Al}_2\mathrm{O}_3)$	$-21757-29.288T$	62	$N_{c7}=K_{c7}N_1^3N_3$
$12(\mathrm{Ca}^{2+}+\mathrm{O}^{2-})+7(\mathrm{Al}_2\mathrm{O}_3)=\!=\!=(12\mathrm{CaO}\cdot7\mathrm{Al}_2\mathrm{O}_3)$	$617977-612.119T$	62	$N_{c8}=K_{c8}N_1^{12}N_3^7$
$(\mathrm{Ca}^{2+}+\mathrm{O}^{2-})+2(\mathrm{Al}_2\mathrm{O}_3)=\!=\!=(\mathrm{CaO}\cdot2\mathrm{Al}_2\mathrm{O}_3)$	$-16736-25.522T$	62	$N_{c9}=K_{c9}N_1N_3^2$
$(\mathrm{Ca}^{2+}+\mathrm{O}^{2-})+6(\mathrm{Al}_2\mathrm{O}_3)=\!=\!=(\mathrm{CaO}\cdot6\mathrm{Al}_2\mathrm{O}_3)$	$-22594-31.798T$	62	$N_{c10}=K_{c10}N_1N_3^6$
$3(\mathrm{Al}_2\mathrm{O}_3)+2(\mathrm{SiO}_2)=\!=\!=(3\mathrm{Al}_2\mathrm{O}_3\cdot2\mathrm{SiO}_2)$	$-4354.27-10.467T$	62	$N_{c11}=K_{c11}N_3^3N_4^2$
$3(\mathrm{Ca}^{2+}+\mathrm{O}^{2-})+(\mathrm{SiO}_2)=\!=\!=(3\mathrm{CaO}\cdot\mathrm{SiO}_2)$	$-118826-6.694T$	84,85	$N_{c12}=K_{c12}N_1^3N_4$
$(\mathrm{Ca}^{2+}+\mathrm{O}^{2-})+(\mathrm{TiO}_2)=\!=\!=(\mathrm{CaO}\cdot\mathrm{TiO}_2)$	$-79900-3.35T$	86	$N_{c13}=K_{c13}N_1N_5$
$3(\mathrm{Ca}^{2+}+\mathrm{O}^{2-})+2(\mathrm{TiO}_2)=\!=\!=(3\mathrm{CaO}\cdot2\mathrm{TiO}_2)$	$-207100-11.35T$	86	$N_{c14}=K_{c14}N_1^3N_5^2$
$4(\mathrm{Ca}^{2+}+\mathrm{O}^{2-})+3(\mathrm{TiO}_2)=\!=\!=(4\mathrm{CaO}\cdot3\mathrm{TiO}_2)$	$-292880-17.573T$	86	$N_{c15}=K_{c15}N_1^4N_5^3$
$(\mathrm{Al}_2\mathrm{O}_3)+(\mathrm{TiO}_2)=\!=\!=(\mathrm{Al}_2\mathrm{O}_3\cdot\mathrm{TiO}_2)$	$-25270+3.924T$	86	$N_{c16}=K_{c16}N_3N_5$
$(\mathrm{Mg}^{2+}+\mathrm{O}^{2-})+(\mathrm{TiO}_2)=\!=\!=(\mathrm{MgO}\cdot\mathrm{TiO}_2)$	$-26400+3.14T$	86	$N_{c17}=K_{c17}N_5N_6$
$(\mathrm{Mg}^{2+}+\mathrm{O}^{2-})+2(\mathrm{TiO}_2)=\!=\!=(\mathrm{MgO}\cdot2\mathrm{TiO}_2)$	$-27600+0.63T$	86	$N_{c18}=K_{c18}N_5^2N_6$
$2(\mathrm{Mg}^{2+}+\mathrm{O}^{2-})+(\mathrm{TiO}_2)=\!=\!=(2\mathrm{MgO}\cdot\mathrm{TiO}_2)$	$-25500+1.26T$	86	$N_{c19}=K_{c19}N_5N_6^2$
$3(\mathrm{Ca}^{2+}+\mathrm{O}^{2-})+2(\mathrm{SiO}_2)=\!=\!=(3\mathrm{CaO}\cdot2\mathrm{SiO}_2)$	$-236814+9.623T$	86	$N_{c20}=K_{c20}N_1^3N_4^2$
$(\mathrm{Ca}^{2+}+\mathrm{O}^{2-})+(\mathrm{Mg}^{2+}+\mathrm{O}^{2-})+2(\mathrm{SiO}_2)=\!=\!=(\mathrm{CaO}\cdot\mathrm{MgO}\cdot2\mathrm{SiO}_2)$	$-80333-51.882T$	62	$N_{c21}=K_{c21}N_1N_4^2N_6$
$2(\mathrm{Ca}^{2+}+\mathrm{O}^{2-})+(\mathrm{Mg}^{2+}+\mathrm{O}^{2-})+2(\mathrm{SiO}_2)=\!=\!=2(\mathrm{CaO}\cdot\mathrm{MgO}\cdot\mathrm{SiO}_2)$	$-73638-63.597T$	62	$N_{c22}=K_{c22}N_1^2N_4^2N_6$
$3(\mathrm{Ca}^{2+}+\mathrm{O}^{2-})+(\mathrm{Mg}^{2+}+\mathrm{O}^{2-})+2(\mathrm{SiO}_2)=\!=\!=3(\mathrm{CaO}\cdot\mathrm{MgO}\cdot\mathrm{SiO}_2)$	$-205016-31.798T$	62	$N_{c23}=K_{c23}N_1^3N_4^2N_6$
$(\mathrm{Ca}^{2+}+\mathrm{O}^{2-})+(\mathrm{Al}_2\mathrm{O}_3)+2(\mathrm{SiO}_2)=\!=\!=(\mathrm{CaO}\cdot\mathrm{Al}_2\mathrm{O}_3\cdot2\mathrm{SiO}_2)$	$-4184-73.638T$	62	$N_{c24}=K_{c24}N_1N_3N_4^2$
$2(\mathrm{Ca}^{2+}+\mathrm{O}^{2-})+(\mathrm{Al}_2\mathrm{O}_3)+(\mathrm{SiO}_2)=\!=\!=(2\mathrm{CaO}\cdot\mathrm{Al}_2\mathrm{O}_3\cdot\mathrm{SiO}_2)$	$-116315-38.911T$	62	$N_{c25}=K_{c25}N_1^3N_3N_4$
$3(\mathrm{Ca}^{2+}+\mathrm{O}^{2-})+3(\mathrm{Al}_2\mathrm{O}_3)+(\mathrm{Ca}^{2+}+2\mathrm{F}^-)=\!=\!=(3\mathrm{CaO}\cdot3\mathrm{Al}_2\mathrm{O}_3\cdot\mathrm{CaF}_2)$	$-44492-73.15T$	85,87	$N_{c26}=K_{c26}N_1^3N_2N_3^3$
$(\mathrm{Ca}^{2+}+\mathrm{O}^{2-})+(\mathrm{Mg}^{2+}+\mathrm{O}^{2-})+(\mathrm{SiO}_2)=\!=\!=(\mathrm{CaO}\cdot\mathrm{MgO}\cdot\mathrm{SiO}_2)$	$-124683+3.766T$	84	$N_{c27}=K_{c27}N_1N_4N_6$
$11(\mathrm{Ca}^{2+}+\mathrm{O}^{2-})+7(\mathrm{Al}_2\mathrm{O}_3)+(\mathrm{Ca}^{2+}+2\mathrm{F}^-)=\!=\!=(11\mathrm{CaO}\cdot7\mathrm{Al}_2\mathrm{O}_3\cdot\mathrm{CaF}_2)$	$-228760-155.8T$	85	$N_{c28}=K_{c28}N_1^{11}N_2N_3^7$

化 学 反 应	$\Delta G_i^{\ominus}/\mathrm{J} \cdot \mathrm{mol}^{-1}$	参考文献	N_i
$(\mathrm{Ca}^{2+}+\mathrm{O}^{2-})+(\mathrm{SiO}_2)+(\mathrm{TiO}_2)=\!=\!=(\mathrm{CaO}\cdot\mathrm{SiO}_2\cdot\mathrm{TiO}_2)$	$-114683+7.32T$	86	$N_{c29}=K_{c29}N_1N_4N_5$
$3(\mathrm{Ca}^{2+}+\mathrm{O}^{2-})+2(\mathrm{SiO}_2)+(\mathrm{Ca}^{2+}+2\mathrm{F}^-)=\!=\!=(3\mathrm{CaO}\cdot2\mathrm{SiO}_2\cdot\mathrm{CaF}_2)$	$-255180-8.2T$	62,87	$N_{c30}=K_{c30}N_1^3N_2N_4^2$
$2(\mathrm{Mg}^{2+}+\mathrm{O}^{2-})+2(\mathrm{Al}_2\mathrm{O}_3)+5(\mathrm{SiO}_2)=\!=\!=(2\mathrm{MgO}\cdot2\mathrm{Al}_2\mathrm{O}_3\cdot5\mathrm{SiO}_2)$	$-14422-14.808T$	62	$N_{c31}=K_{c31}N_3^2N_4^5N_6^2$
$(\mathrm{Fe}^{2+}+\mathrm{O}^{2-})+(\mathrm{Al}_2\mathrm{O}_3)=\!=\!=(\mathrm{FeO}\cdot\mathrm{Al}_2\mathrm{O}_3)$	$-59204+22.343T$	85	$N_{c32}=K_{c32}N_3N_7$
$2(\mathrm{Fe}^{2+}+\mathrm{O}^{2-})+(\mathrm{SiO}_2)=\!=\!=(2\mathrm{FeO}\cdot\mathrm{SiO}_2)$	$-9395-0.227T$	84	$N_{c33}=K_{c33}N_4N_7^2$
$2(\mathrm{Fe}^{2+}+\mathrm{O}^{2-})+(\mathrm{TiO}_2)=\!=\!=(2\mathrm{FeO}\cdot\mathrm{TiO}_2)$	$-33913.08+5.86T$	86	$N_{c34}=K_{c34}N_5N_7^2$
$(\mathrm{Fe}^{2+}+\mathrm{O}^{2-})+(\mathrm{TiO}_2)=\!=\!=(\mathrm{FeO}\cdot\mathrm{TiO}_2)$	$68320-43.965T$	86	$N_{c35}=K_{c35}N_5N_7$
$(\mathrm{Fe}^{2+}+\mathrm{O}^{2-})+2(\mathrm{TiO}_2)=\!=\!=(\mathrm{FeO}\cdot2\mathrm{TiO}_2)$	-16188.703	86	$N_{c36}=K_{c36}N_5^2N_7$

根据熔渣各个结构单元的质量平衡建立关系：

$$N_1 + N_2 + \cdots + N_7 + N_{c1} + N_{c2} + \cdots + N_{c36} = \sum N_i = 1 \qquad (2\text{-}86)$$

$$b_1 = (0.5N_1 + N_{c1} + N_{c3} + 2N_{c5} + 3N_{c7} + 12N_{c8} + N_{c9} + N_{c10} + 3N_{c12} + N_{c13} +$$
$$3N_{c14} + 4N_{c15} + 3N_{c20} + N_{c21} + 2N_{c22} + 3N_{c23} + N_{c24} + 2N_{c25} + 3N_{c26} + N_{c27} +$$
$$11N_{c28} + N_{c29} + 3N_{c30}) \sum n_i = n_{\mathrm{CaO}}^{\circ} \qquad (2\text{-}87)$$

$$b_2 = (1/3N_2 + N_{c26} + N_{c28} + N_{c30}) \sum n_i = n_{\mathrm{CaF}_2}^{\circ} \qquad (2\text{-}88)$$

$$b_3 = (N_3 + N_{c3} + N_{c4} + N_{c7} + 7N_{c8} + 2N_{c9} + 6N_{c10} + 3N_{c11} + N_{c16} + N_{c24} +$$
$$N_{c25} + 3N_{c26} + 7N_{c28} + 2N_{c31} + N_{c32}) \sum n_i = n_{\mathrm{Al}_2\mathrm{O}_3}^{\circ} \qquad (2\text{-}89)$$

$$b_4 = (N_4 + N_{c1} + N_{c2} + N_{c5} + N_{c6} + 2N_{c11} + N_{c12} + 2N_{c20} + 2N_{c21} + 2N_{c22} +$$
$$2N_{c23} + 2N_{c24} + N_{c25} + N_{c27} + N_{c29} + 2N_{c30} + 5N_{c31} + N_{c33}) \sum n_i = n_{\mathrm{SiO}_2}^{\circ}$$
$$(2\text{-}90)$$

$$b_5 = (N_5 + N_{c13} + 2N_{c14} + 3N_{c15} + N_{c16} + N_{c17} + 2N_{c18} + N_{c19} +$$
$$N_{c29} + N_{c34} + N_{c35} + 2N_{c36}) \sum n_i = n_{\mathrm{TiO}_2}^{\circ} \qquad (2\text{-}91)$$

$$b_6 = (0.5N_6 + N_{c2} + N_{c4} + 2N_{c6} + N_{c17} + N_{c18} + 2N_{c19} + N_{c21} +$$
$$N_{c22} + N_{c23} + N_{c27} + 2N_{c31}) \sum n_i = n_{\mathrm{MgO}}^{\circ} \qquad (2\text{-}92)$$

$$b_7 = (0.5N_7 + N_{c32} + 2N_{c33} + 2N_{c34} + N_{c35} + N_{c36}) \sum n_i = n_{\mathrm{FeO}}^{\circ} \qquad (2\text{-}93)$$

式中，$\sum n_i$ 为平衡时各结构单元总的物质的量；$N_i(i=1, 2, \cdots, 7)$ 分别为 CaO，CaF_2，$\mathrm{Al}_2\mathrm{O}_3$，$\mathrm{SiO}_2$，$\mathrm{TiO}_2$，MgO，FeO 的作用浓度；$n_{\mathrm{CaO}}^{\circ}$，$n_{\mathrm{CaF}_2}^{\circ}$，$n_{\mathrm{Al}_2\mathrm{O}_3}^{\circ}$，$n_{\mathrm{SiO}_2}^{\circ}$，$n_{\mathrm{TiO}_2}^{\circ}$，$n_{\mathrm{MgO}}^{\circ}$，$n_{\mathrm{FeO}}^{\circ}$ 分别为 CaO、CaF_2、$\mathrm{Al}_2\mathrm{O}_3$、$\mathrm{SiO}_2$、$\mathrm{TiO}_2$、MgO、FeO 的物

质的量。

应用 Matlab 对 N_1、N_2、N_3、N_4、N_5、N_6、N_7 的高次非线性方程组进行求解，即可得到各物质的作用浓度。

2.1.8.4　计算结果分析及应用

在表 2-10 中，S0（1550℃）渣系的 $\lg(a^3_{(TiO_2)}/a^2_{(Al_2O_3)})$ 的值为 -2.99 与用式（2-84）计算的理想值 -3.01 基本相等，这说明此反应接近平衡状态，而试验中 Al、Ti 含量不随冶炼时间变化即达到渣金平衡状态，因此模拟结果与实验结果相吻合，证实了该模型的可靠性；从 S1 到 S3，CaO 的增加，$\lg(a^3_{(TiO_2)}/a^2_{(Al_2O_3)})$ 值不断减小则意味着正向反应进行趋势更大，而试验结果和预测结果一致，Al 增加，Ti 烧损。由此可见，CaO 对 Al_2O_3 和 TiO_2 的活度产生重要影响，所以下面对渣中 CaO 的作用机理进行深入的分析。

表 2-10　基于分子-离子共存理论计算得到的 $\lg(a^3_{(TiO_2)}/a^2_{(Al_2O_3)})$ 值

渣系	重量百分比/%						$\lg(a^3_{(TiO_2)}/a^2_{(Al_2O_3)})$
	CaF_2	Al_2O_3	CaO	MgO	TiO_2	SiO_2	
S0(1550℃)	64.2	20	0	10	5	0.8	-2.99
S1(1550℃)	59.2	20	5	10	5	0.8	-3.92
S2(1550℃)	58.2	20	10	5	6	0.8	-4.56
S3(1550℃)	48.2	20	20	5	6	0.8	-5.70
S0(1600℃)	64.2	20	0	10	5	0.8	-2.96

S2 渣系在 1550℃下的组成物中含 Al 和 Ti 元素的主要复合物是 $CaO \cdot TiO_2$，$CaO \cdot Al_2O_3$ 和 $MgO \cdot Al_2O_3$。因此，计算了不同 CaO 含量的渣中 Al_2O_3，TiO_2，$CaO \cdot TiO_2$，$CaO \cdot Al_2O_3$ 和 $MgO \cdot Al_2O_3$ 的作用浓度如图 2-10 所示。随着 CaO 含量的

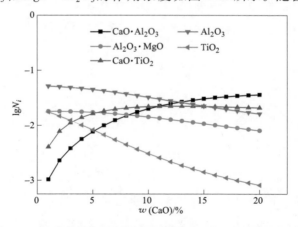

图 2-10　渣成分中各组元的作用浓度随 CaO 含量的变化关系

增加,根据表 2-9 中的反应 N_{c3} 和 N_{c13} 可以得到,渣中 CaO・TiO$_2$ 和 CaO・Al$_2$O$_3$ 的作用浓度显著增加,同时使 TiO$_2$ 和 Al$_2$O$_3$ 的作用浓度降低,最终使 TiO$_2$ 的作用浓度相对于 Al$_2$O$_3$ 而言大大降低,导致渣系的 $\lg(a_{(\text{TiO}_2)}^3/a_{(\text{Al}_2\text{O}_3)}^2)$ 值随着 CaO 的增加而降低,如图 2-11 所示。根据式(2-82)得到“烧钛增铝”现象的发生。因此,为了保证钢中的 Ti 含量不被烧损,在增加渣中 CaO 含量时也应当适量增加 TiO$_2$ 的含量,但有文献指出[47]:过多的 TiO$_2$ 会使渣的物化性能降低,成本提高。因此,含低 CaO 的渣系更适合冶炼“高钛低铝”型的 1Cr21Ni5Ti 钢种。

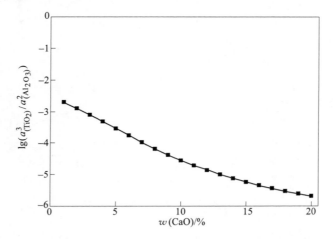

图 2-11 $\lg(a_{(\text{TiO}_2)}^3/a_{(\text{Al}_2\text{O}_3)}^2)$ 随渣中 CaO 含量的变化

根据式(2-83)、式(2-84)和炉渣的分子-离子共存理论,计算了在同一渣系下的不同渣金平衡温度的 $\lg([\text{Ti}]^3/[\text{Al}]^4)$ 值,并研究了钢中 $\lg([\text{Ti}]^3/[\text{Al}]^4)$ 的值随温度 T 的变化关系,如图 2-12 所示,可以看到 S0 渣系在 1550℃ 下比 1600℃ 下具有更好的保钛效果。温度越高,$\lg([\text{Ti}]^3/[\text{Al}]^4)$ 的值越小,促进了渣金平衡实验时钢中“烧钛增铝”现象的发生。

为了方便地绘制渣系设计图,需要引入熔渣中各个组元的活度系数 γ,其以熔渣的纯液态为标态。根据上述的分子-离子共存理论得到了 S0、S1、S2、S3 渣系中各个组元的作用浓度 N_i,组元的活度系数可以通过 $\gamma_i = N_i/X_i$ 求解得到。因此,式(2-83)可以用式(2-94)表示。

$$\lg \frac{x_{(\text{TiO}_2)}^3}{x_{(\text{Al}_2\text{O}_3)}^2} = \lg \frac{[\text{Ti}]^3}{[\text{Al}]^4} + \lg \frac{f_{[\text{Ti}]}^3 \cdot \gamma_{(\text{Al}_2\text{O}_3)}^2}{f_{[\text{Al}]}^4 \cdot \gamma_{(\text{TiO}_2)}^3} - \frac{35300}{T} + 9.94 \qquad (2\text{-}94)$$

式中 $\gamma_{(\text{TiO}_2)}$,$\gamma_{(\text{Al}_2\text{O}_3)}$——渣中 TiO$_2$ 和 Al$_2$O$_3$ 的活度系数;

$x_{(\text{TiO}_2)}$,$x_{(\text{Al}_2\text{O}_3)}$——渣中 TiO$_2$ 和 Al$_2$O$_3$ 的摩尔分数。

根据式(2-94),获得了渣中 $\lg(x_{(\text{TiO}_2)}^3/x_{(\text{Al}_2\text{O}_3)}^2)$ 的值随目标钢中 $\lg([\text{Ti}]^3/$

$[Al]^4$)的值的变化规律,如图 2-13 所示。其中 S0~S3 的实验成分点可根据表 2-6 中的终钢以及终渣的实验数据获得,可以看到实验结果与计算结果基本相符合。因此,在给定目标钢中的铝钛含量时,可根据图 2-13 确定目标渣系下的 CaO 含量,同时根据 $lg(x^3_{(TiO_2)}/x^2_{(Al_2O_3)})$ 值在确定 Al_2O_3 含量后,可以计算得到渣中 TiO_2 的添加量。

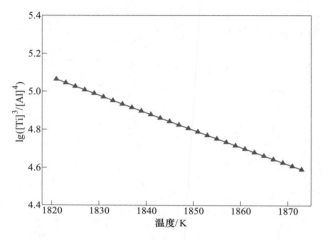

图 2-12　$lg([Ti]^3/[Al]^4)$ 随温度的变化

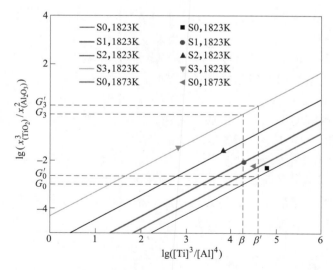

图 2-13　$lg(x^3_{(TiO_2)}/x^2_{(Al_2O_3)})$ 随 $lg([Ti]^3/[Al]^4)$ 的变化规律

　　考虑到在实际的电渣重熔大生产中,电极母材中的铝钛含量会在一定范围内波动,从而使得液态金属与渣系接触的过程中,会导致沿电渣锭轴向产生铝钛成分的不均匀现象。因此，重熔渣系必须具有良好的能力使得 Al+Al$_2$O$_3$ 和 Ti+TiO$_2$ 体系之间以最快速度达到热力学平衡。从图 2-13 中分析得到，电极中铝钛含量的波动使得 lg([Ti]^3/[Al]^4) 值从 β 变化到 β'，S0 渣系在 1550℃ 下的 lg($x^3_{(TiO_2)}$/ $x^2_{(Al_2O_3)}$) 值会从 G_0 波动到 G_0'，意味着 lg($x^3_{(TiO_2)}$/$x^2_{(Al_2O_3)}$) 会从 10^{G_0} 波动到 $10^{G_0'}$。与此同时，S3 渣系中的 lg($x^3_{(TiO_2)}$/$x^2_{(Al_2O_3)}$) 从 10^{G_3} 波动到 $10^{G_3'}$。从图 2-13 中可以看到，S0 渣系的 lg($x^3_{(TiO_2)}$/$x^2_{(Al_2O_3)}$) 值的改变量 ($G_0' - G_0$) 近似等于 S3 渣系的 lg($x^3_{(TiO_2)}$/ $x^2_{(Al_2O_3)}$) 改变量 ($G_3' - G_3$)，因此根据 10^x 幂函数的特性，有 ($10^{G_3'} - 10^{G_3}$) > ($10^{G_0'} -$ 10^{G_0}) 的数值结果。当电极中的铝钛含量波动时，S0 的 lg($x^3_{(TiO_2)}$/$x^2_{(Al_2O_3)}$) 的值变化幅度比 S3 小，给出了强有力的证明：S0 渣系具有更好的控钛能力，尤其是在电渣重熔初期，能够很快达到铝钛热力学平衡，降低了沿电渣锭轴向的铝钛含量不均匀性的程度。总而言之，采用低 CaO 的渣系和低渣温的冶炼工艺更有利于电渣重熔"高钛低铝"型的 1Cr21Ni5Ti 不锈钢。

2.2 电渣重熔过程中冶金反应的动力学

2.2.1 电渣过程电极氧化的动力学研究

当金属处于高温的氧化环境中，气体氧分子接触金属表面发生物理吸附，并在金属晶格内扩散、吸附或溶解。当金属和氧的亲和力较大，氧在晶格内溶解度达到饱和时，则在金属表面上进行氧化物的形核与长大[48]。晶核横向生长形成连续的氧化膜，膜沿垂直于表面的方向生长使得氧化膜的厚度增加。在连续的氧化膜形成之后，膜的生长可用以下三个步骤来进行描述[49]：

（1）物理吸附。氧分子向氧化膜界面扩散，并在金属表面发生物理吸附。

（2）相界反应。在氧和金属氧化膜界面，吸附的氧分子电离成为氧阴离子；在氧化膜和金属界面，氧化膜的形成元素电离成为金属阳离子；总的反应方程式为：

$$2a\text{M} + b\text{O}_2 =\!=\!= 2\text{M}_a\text{O}_b \tag{2-95}$$

（3）粒子扩散。金属阳离子通过氧化膜向氧气和氧化膜界面迁移；或者氧负离子通过氧化膜向氧化膜和金属界面迁移；或者两种离子同时在氧化膜中向相反的方向扩散。

在电渣重熔过程中，自耗电极靠近渣池部分的温度很高，在大气条件下进行冶炼时与氧气发生高温氧化形成氧化铁皮，并随着电极的不断下降将氧化铁皮带入渣中，使渣中的氧势增高，进而造成电渣重熔过程中易氧化元素的烧损。

2.2.1.1 电极氧化的热重法实验研究

实验采用 1Cr21Ni5Ti 不锈钢，恒温连续氧化实验在空气中进行，实验温度分别为 800℃、900℃、1000℃、1100℃、1200℃，实验设备采用马弗炉。在每个实验温度下，将称量后的五组样品放入预热后的氧化铝坩埚中并置于目标温度下进行静态氧化，每个样品的氧化时间分别为 20min、40min、60min、80min、100min；将氧化后的样品称重，并计算单位面积质量的增加量。采用 X 射线衍射（XRD）仪对每个温度下氧化 100min 时样品的高温氧化膜进行物相结构分析；然后采用扫描电镜和能谱分析仪（SEM-EDS）对每个温度下氧化 100min 时样品的氧化膜的截面进行形貌观察及成分分析。

2.2.1.2　1Cr21Ni5Ti 不锈钢的氧化反应分析

1Cr21Ni5Ti 不锈钢中主要含有 Fe、Cr、Ni、Mn、Si、Ti、Al 等元素，根据热力学参数及原理[50,51]，计算了各种金属元素在不同温度下生成氧化物的吉布斯自由能 $\Delta G^{\ominus}$ 值，并绘制 $\Delta G^{\ominus}\text{-}T$ 曲线，如图 2-14 所示，图中说明 Al、Ti、Si、Cr、Mn、Fe、Ni 元素都与氧具有一定的亲和能力，在一定温度下都会发生氧化反应。

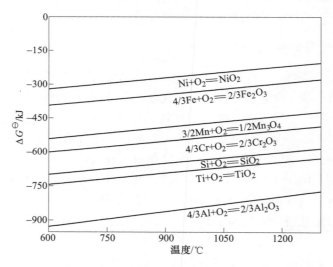

图 2-14　氧化过程中各反应 $\Delta G^{\ominus}$ 随温度变化曲线

图 2-15 为在 800℃、1000℃、1100℃和 1200℃下氧化 100min 时试样的 XRD 图谱。从图 2-15 中可看出，在 800℃和 1000℃下，试样表面的 XRD 图谱中出现了 Fe-Cr 基体衍射峰和（Fe,Cr）$_2$O$_3$、Fe$_2$O$_3$ 氧化层峰，说明实验生成的氧化膜较薄或者氧化膜还未完全覆盖合金表面。在 1100℃和 1200℃下，试样表面的 XRD 图谱中几乎没有 Cr-Fe 基体衍射峰的存在，氧化膜已完全覆盖合金表面，根据图谱显示表层氧化膜的主要物相为（Fe,Cr）$_2$O$_3$、Fe$_2$O$_3$。

为进一步探索该钢种的氧化膜的形成机制，对不同温度下氧化 100min 时试样氧化膜的截面进行了 SEM-EDS 分析，结果如图 2-16 所示。

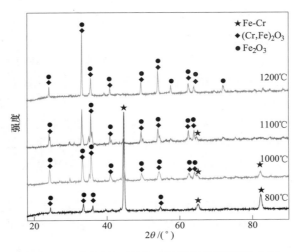

图 2-15 不同温度下的终点试样氧化膜 XRD 分析

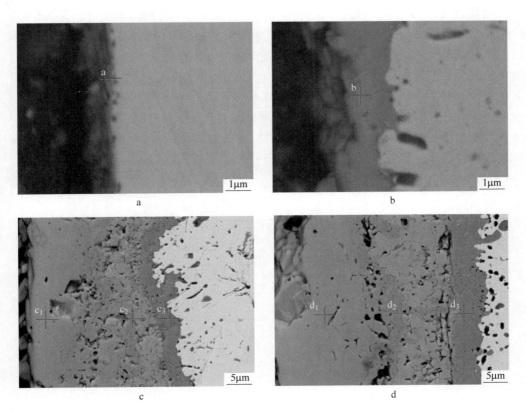

图 2-16 不同温度下试样氧化膜截面 SEM 形貌

a—800℃；b—1000℃；c—1100℃；d—1200℃

从图 2-16a 中可以看出，对于 800℃ 下氧化的试样，由于氧化温度较低，因此氧化膜完整，且未出现开裂现象。从表 2-11 中的能谱分析可以看出：氧化膜的 a 点处同时存在 Fe、Cr、Ti、Si、Mn 以及 O 元素，根据图 2-14 中的 $\Delta G^{\ominus}$-T 热力学曲线可知，1Cr21Ni5Ti 不锈钢在高温环境下发生氧化反应时，活泼的 Al、Ti、Si 元素优先与氧元素结合，反应生成 Al_2O_3、TiO_2、SiO_2，然后依次是 Cr、Mn、Fe 等元素。由于钢中 Cr 含量很高，因此，表层主要为 $(Fe,Cr)_2O_3$ 氧化膜；图 2-16b 中在 1000℃ 下氧化的试样，根据 XRD 和 EDS 结果可知：随着温度的升高，在生成初始氧化膜 $(Fe,Cr)_2O_3$ 后，基体中的铁离子溶于氧化膜中并扩散使得氧化膜中的铁含量增多。

通过图 2-16c、d 和表 2-11 可得，在 1100℃ 和 1200℃ 下试样的氧化膜主要分为三层：连续致密的 Fe_2O_3 外层膜、多孔洞的 $(Fe,Cr)_2O_3$ 中间层和连续致密的 Cr_2O_3 内层。

对于图 2-16d 中 1200℃ 下氧化的试样，结合 EDS 和 XRD 分析，对氧化膜的生长机理可作如下定性描述：在氧化初期，根据热力学分析 O 先与 Cr 反应形成 Cr_2O_3，当基体表面生成连续的氧化膜后，基体中的铁离子溶于 Cr_2O_3 并迅速扩散形成 $(Fe,Cr)_2O_3$ 氧化层，在钢的表面形成某一厚度的保护性 $(Fe,Cr)_2O_3$ 膜；继续氧化，氧化膜明显分为两层，内层为致密连续的 Cr_2O_3 层，外层为疏松多孔的 $(Fe,Cr)_2O_3$ 层，这种内外两层的结构易于分离，外层易于剥落；随着氧化时间的延长，铁离子经过内层扩散至表面形成灰蓝色 Fe_2O_3 外层，而铬元素通过中间层的扩散要缓慢得多，可能富集于基体/氧化膜界面附近，氧离子经过各层氧化膜内扩散至界面处，造成基体/氧化膜处发生了内氧化现象，形成了最内层以 Cr_2O_3 为主的氧化膜。

表 2-11　在图 2-16 中试样不同位置的化学成分　　（质量分数，%）

点分析	Fe	Cr	O	Ti	Si	Mn	Ni
a	9.83	53.70	11.14	2.03	4.13	6.06	—
b	21.62	39.91	31.68	6.79	—	—	—
c_1	79.64	1.31	18.03	—	1.03	—	—
c_2	49.36	11.33	23.13	—	—	—	16.18
c_3	5.41	59.61	32.51	1.44	1.03	—	—
d_1	71.97	—	28.04	—	—	—	—
d_2	48.54	10.73	29.07	—	—	—	11.66
d_3	3.315	62.41	31.88	2.40	—	—	—

2.2.1.3　1Cr21Ni5Ti 钢氧化动力学分析

图 2-17 为 1Cr21Ni5Ti 钢在不同温度下的氧化动力学曲线。从图 2-17 中可以

看出，试样的单位面积的质量增加量随着氧化时间的延长、氧化温度的升高而增加，且随着时间的延长试样的质量增加速率不断减小，氧化曲线近似遵循抛物线规律。根据 Kofstad 的理论，金属高温氧化动力学的表达式[52~54]为：

$$\Delta W^2 = K_P \cdot t + C \tag{2-96}$$

式中　ΔW——单位面积上的质量变化，mg/cm^2；

　　　K_P——抛物线速率常数，$mg^2/(cm^4 \cdot h)$；

　　　t——氧化时间，h；

　　　C——积分常数，一般为零。

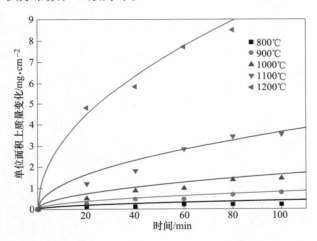

图 2-17　不同温度下 1Cr21Ni5Ti 的氧化动力学曲线

对各温度下的氧化曲线进行拟合，计算结果见表 2-12。K_P 满足 Arrhenius[55,56] 定律，表示如下：

$$K_P = A \cdot \exp\left(-\frac{Q}{RT}\right) \tag{2-97}$$

式中　Q——各钢种的激活能，J/mol；

　　　T——温度，K；

　　　A——模型常数。

将式（2-97）两边取对数得：

$$\ln K_P = \ln K_0 + \frac{-Q}{R} \cdot \frac{1}{T} \tag{2-98}$$

表 2-12　钢种在不同温度下的动力学曲线常数

温度/℃	800	900	1000	1100	1200
$K_P/mg^2 \cdot cm^{-4} \cdot h^{-1}$	0.1	0.4	1.6	8.0	60.0

根据热重实验和表 2-12 中的结果，把氧化速率常数 K_P 和对应的温度 T 带入式（2-98），可以拟合出该钢种的激活能 Q。这样，根据钢种的激活能值就可以计算出某一钢种在特定温度下经过一段时间的氧化后单位面积上的氧化铁皮增重 ΔW。根据热重实验的结果，按上述方法拟合出 1Cr21Ni5Ti 的激活能如图 2-18 所示。

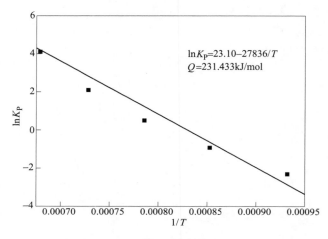

图 2-18   1Cr21Ni5Ti 钢的激活能拟合曲线

通过拟合得到 1Cr21Ni5Ti 钢的激活能为 231.433kJ/mol，同时得到 K_P 随温度的变化关系：

$$K_P = \exp\left(23.10 - \frac{27837}{T}\right) \tag{2-99}$$

需要说明的是，式（2-99）只适用于 1Cr21Ni5Ti 在空气气氛下的加热氧化过程。如果计算在氩气保护气氛下的氧化速率常数与温度的关系，在进行热重实验时需要控制炉内气氛，得到相应氧含量下的氧化动力学曲线。

2.2.1.4 电极氧化动力学分析

在电渣重熔过程中，由于自耗电极不同位置距离渣面的高度不同，离渣面越远所受到的渣面的辐射热逐渐减少，电极的温度不断降低。根据文献中[57]对电极温度的测量以及模拟结果，可得到电极表面温度随渣面不同高度的变化关系，如图 2-19 所示。同时进行拟合得到电极的温度分布符合指数函数：

$$T = 46^{(z+0.33)} + 450 \tag{2-100}$$

式中 z——距离渣面高度，m。

在电渣重熔过程中，随着电极的不断插入，电极温度不断升高；但在某一高度上的温度可以认为是恒定的，整个电极温度可以看作是若干微小的温度梯度叠

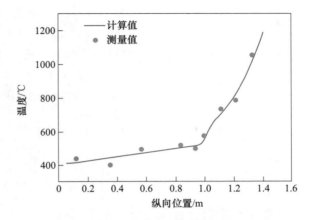

图 2-19 自耗电极温度测量值和拟合曲线

加而成的。假设在一定的温度区间内，温度的变化是以微小的单元来增大的，由于恒温条件下的氧化动力学曲线满足抛物线规律，将变温条件下的电极氧化增重分解为若干的微小单元来计算其总和，即可以计算出在变温条件下的氧化增重量。变温条件下的氧化动力学模型可以表示为：

$$\Delta W^2 = \int K_{P,t} \mathrm{d}t \tag{2-101}$$

式中 $K_{P,t}$ ——不同温度的氧化速率常数，$\mathrm{mg}^2/(\mathrm{cm}^4 \cdot \mathrm{h})$；

$\mathrm{d}t$ ——不同的时间段。

距离渣面越远，渣面向电极辐射和传导的热量越少，电极的温度越低；当温度低于450℃后，电极的氧化进行得较缓慢。设电极端部温度为1477℃，电极插入渣池深度为4cm，以温度为450℃到电极底部（1477℃）的这段电极高度 h 作为研究对象，电极高度 h 约为1.49m。在电渣重熔过程中，电极插入速率为 v，因此电极每个微元体到达底部所经历的时间与高度的关系为：

$$h = v \cdot t \tag{2-102}$$

电极的温度分布拟合曲线为：

$$T = 46^{h+0.33} + 450 \tag{2-103}$$

式中 h ——电极高度，m；

v ——电极下降速率，m/h；

t ——时间，h。

由于电极熔化速率为66kg/h，经折算得到电极的下降速率 v 为3m/h。

根据该钢种不同温度下的氧化速率常数式（2-99），以及电极的温度分布关系式（2-103），整理得到电极在电渣重熔中的下降区间内微元体的氧化速率常数为：

$$K_{P,t} = \exp\left(23.10 - \frac{27837}{46^{3t+0.33} + 450 + 273}\right) \tag{2-104}$$

因此，电极中的每个微元体从 $t=0$ 时刻到进入渣面的 ΔW_i^2 可表示为：

$$\Delta W_i^2 = \int_0^{\frac{h}{v}} K_{P,t} dt = \int_0^{0.5} \exp\left(23.10 - \frac{27837}{46^{3t+0.33} + 450 + 273}\right) dt \tag{2-105}$$

记　　　　　　$f(h) = \exp\left(23.10 - \frac{27837}{46^{3t+0.33} + 450 + 273}\right)$

用 Simpson 式近似处理，得到电极的每个微元体的氧化量：

$$\Delta W = \left\{\frac{b-a}{6}\left[f(a) + 4f\frac{a+b}{2} + f(b)\right]\right\}^{1/2} \approx 15 \text{mg/cm}^2 \tag{2-106}$$

式中　a, b——分别为微元体中插值计算时的具体数值。

整个自耗电极表面的氧化增重 w 应为：

$$w = \Delta W \cdot C \cdot h \tag{2-107}$$

式中　w——电极的氧化增重，mg；

　　　C——电极周长，cm；

　　　h——电极下降的高度，cm。

据此，建立了电渣重熔过程中的电极氧化增重模型，针对熔速为 66kg/h 直径为 60mm 的电极，其单位面积的 FeO 增加速率为 $I_{FeO} = 0.068 \text{g/cm}^2$。

2.2.2　电渣重熔过程中元素传质的动力学模型

2.2.2.1　1Cr21Ni5Ti 钢电渣重熔过程中元素的传质模型

电渣重熔过程中抑制活泼金属元素的烧损是关注的热点内容。侯栋[24]基于薄膜理论和渗透理论，建立了一个全新的电渣重熔中合金元素的传质模型。该模型能够准确预测钢锭和熔渣内成分沿轴向的变化，为优化工艺参数提供了理论依据。

首先，为了简化模型计算特做出下列假设：

（1）在熔渣-金属相界面处以很大的速率发生化学反应，并且反应瞬间达到热力学平衡。

（2）在熔渣-金属相内部为组元的扩散过程，满足渗透理论，假设渣相与液膜之间的相对运动为无摩擦运动。

（3）在熔滴进入到金属熔池后，各元素进行均匀化过程，且金属熔池和固态金属之间不存在较大的成分差别。

渣中难以避免的含有 SiO_2、FeO、Cr_2O_3、MnO 等不稳定氧化物，重熔 1Cr21Ni5Ti 钢时，存在 $Al+Al_2O_3$、$Si+SiO_2$、$Ti+TiO_2$、$Cr+Cr_2O_3$、$Mn+MnO$、$Fe+FeO$ 多相反应。渣中 Cr_2O_3、MnO 含量很低，且其吉布斯自由能远远小于其他反

应，所以将传质模型可以简化为 $Al+Al_2O_3$、$Si+SiO_2$、$Ti+TiO_2$、$Fe+FeO$ 体系之间的化学反应，其熔渣-金属体系可能存在下列化学反应：

$$2[Al] + 3(FeO) \Longrightarrow (Al_2O_3) + 3[Fe] \tag{2-108}$$

$$[Ti] + (SiO_2) \Longrightarrow (TiO_2) + [Si] \tag{2-109}$$

$$[Si] + 2(FeO) \Longrightarrow (SiO_2) + 2[Fe] \tag{2-110}$$

$$[Ti] + 2(FeO) \Longrightarrow (TiO_2) + 2[Fe] \tag{2-111}$$

$$3[Si] + 2(Al_2O_3) \Longrightarrow 3(SiO_2) + 4[Al] \tag{2-112}$$

$$3[Ti] + 2(Al_2O_3) \Longrightarrow 3(TiO_2) + 4[Al] \tag{2-113}$$

考虑到上述反应在熔渣-金属界面处达到热力学平衡，可简化为线性无关的三个反应，且为方便计算铝的传质过程，将 $AlO_{1.5}$ 引入以简化传质方程，因此得到式（2-114）~ 式（2-119）。

$$[Al] + 1.5(FeO) \Longrightarrow (AlO_{1.5}) + 1.5[Fe] \tag{2-114}$$

$$[Si] + 2(FeO) \Longrightarrow (SiO_2) + 2[Fe] \tag{2-115}$$

$$[Ti] + 2(FeO) \Longrightarrow (TiO_2) + 2[Fe] \tag{2-116}$$

$$\lg K_{Al} = \lg \frac{a_{(AlO_{1.5})}}{a_{[Al]} \cdot a_{(FeO)}^{1.5}} = \lg \frac{\gamma_{(AlO_{1.5})} X_{(AlO_{1.5})}}{f_{[Al]}[Al] \cdot \gamma_{(FeO)}^{1.5} X_{(FeO)}^{1.5}} = \frac{22604}{T} - 6.3265 \tag{2-117}$$

$$\lg K_{Si} = \lg \frac{a_{(SiO_2)}}{a_{[Si]} \cdot a_{(FeO)}^{2}} = \lg \frac{\gamma_{(SiO_2)} X_{(SiO_2)}}{f_{[Si]}[Si] \cdot \gamma_{(FeO)}^{2} X_{(FeO)}^{2}} = \frac{18100}{T} - 6.372 \tag{2-118}$$

$$\lg K_{Ti} = \lg \frac{a_{(TiO_2)}}{a_{[Ti]} \cdot a_{(FeO)}^{2}} = \lg \frac{\gamma_{(TiO_2)} X_{(TiO_2)}}{f_{[Ti]}[Ti] \cdot \gamma_{(FeO)}^{2} X_{(FeO)}^{2}} = \frac{18372}{T} - 5.122 \tag{2-119}$$

式中 $\gamma_{(SiO_2)}$，$\gamma_{(AlO_{1.5})}$，$\gamma_{(TiO_2)}$，$\gamma_{(FeO)}$——渣中 SiO_2，$AlO_{1.5}$，TiO_2，FeO 的活度系数；

$X_{(SiO_2)}$，$X_{(AlO_{1.5})}$，$X_{(TiO_2)}$，$X_{(FeO)}$——渣中 SiO_2，$AlO_{1.5}$，TiO_2，FeO 的摩尔分数；

$f_{[Al]}$，$f_{[Si]}$，$f_{[Ti]}$——钢中 Al，Si，Ti 的活度系数。

这些反应在熔渣-金属界面处同时发生，并且达到总的平衡。因此，假设 $[Al]+(Al_2O_3)$、$[Si]+(SiO_2)$、$[Ti]+(TiO_2)$、$[Fe]+(FeO)$ 这四个体系在渣金界面处以很快的速度达到热力学平衡，而组元的传质过程为其限制性环节。随着冶金反应的进行，四个体系相互作用发生传质现象，形成穿过熔渣-金属的物质流，其物质流传输的简单示意图如图 2-20 所示。

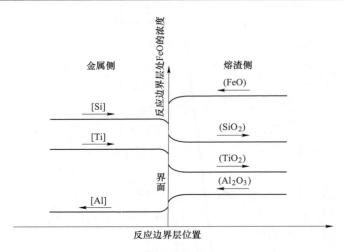

图 2-20　复杂体系的传质模型

由于各组元之间是非稳态传质，因此应用薄膜理论和渗透理论进行讨论，将会用到下列参数：

C_i^m：金属相内 i 物质在某一时刻的摩尔浓度，mol/m^3；

C_{iO}^w：熔渣相内 iO 物质的某一时刻的摩尔浓度，mol/m^3；

$C_i^{m,o}$：金属相内 i 物质的平均摩尔浓度，mol/m^3；

$C_{iO}^{w,o}$：熔渣相内 iO 物质的平均摩尔浓度，mol/m^3；

D_i^m：金属相内 i 物质的摩尔扩散系数，m^2/s；

D_{iO}^w：熔渣相内 iO 物质的摩尔扩散系数，m^2/s；

$L_i = \dfrac{C_{iO}^w}{C_i^m}$：在金属-熔渣界面处 i 物质的分配系数。

根据薄膜理论和渗透理论，熔渣-金属相内各物质的非稳态传质过程可用如下方程式表示：

$$\frac{\partial C_i^m}{\partial \tau} = D_i^m \frac{\partial^2 C_i^m}{\partial x^2} \tag{2-120}$$

$$\frac{\partial C_{iO}^w}{\partial \tau} = D_{iO}^w \frac{\partial^2 C_{iO}^w}{\partial x^2} \tag{2-121}$$

根据菲克第二定律的描述，考虑到传质过程中初始的边界层条件，获得以下边界层方程：

当 $\tau = 0$、$-\infty < x < 0$ 时，有以下方程：

$$C_i^m \big|_{\tau=0} = C_i^{m,o} \tag{2-122}$$

当 $\tau = 0$、$0 < x < \infty$ 时，有以下方程：

$$C_{iO}^w \big|_{\tau=0} = C_{iO}^{w,o} \tag{2-123}$$

当 $\tau>0$、$x=0$ 时，有以下方程：

$$D_i^{\mathrm{m}} \frac{\partial C_i^{\mathrm{m}}}{\partial x}\bigg|_{x=0} = D_{i\mathrm{O}}^{\mathrm{w}} \frac{\partial C_{i\mathrm{O}}^{\mathrm{w}}}{\partial x}\bigg|_{x=0} \qquad (2\text{-}124)$$

$$C_{i\mathrm{O}}^{\mathrm{w}} = L_i C_i^{\mathrm{m}} \qquad (2\text{-}125)$$

当 $\tau>0$、$x=\infty$ 时，有以下方程：

$$C_i^{\mathrm{m}}\big|_{x=\infty} = C_i^{\mathrm{m},\mathrm{o}} \qquad (2\text{-}126)$$

$$C_{i\mathrm{O}}^{\mathrm{w}}\big|_{x=\infty} = C_{i\mathrm{O}}^{\mathrm{w},\mathrm{o}} \qquad (2\text{-}127)$$

根据以上分析，并采用薄膜-渗透理论的基本分析方法，对式（2-120）和式（2-121）进行求解得到：

$$\frac{C_{i(x,\tau)}^{\mathrm{m}} - C_{i(0,\tau)}^{\mathrm{m}}}{C_i^{\mathrm{m},\mathrm{o}} - C_{i(0,\tau)}^{\mathrm{m}}} = \mathrm{erf}\!\left(2\,\frac{x}{\sqrt{D_i^{\mathrm{m}}\tau}}\right) \qquad (2\text{-}128)$$

$$\frac{C_{i\mathrm{O}(x,\tau)}^{\mathrm{w}} - C_{i\mathrm{O}(0,\tau)}^{\mathrm{w}}}{C_{i\mathrm{O}}^{\mathrm{w},\mathrm{o}} - C_{i\mathrm{O}(0,\tau)}^{\mathrm{w}}} = \mathrm{erf}\!\left(2\,\frac{x}{\sqrt{D_{i\mathrm{O}}^{\mathrm{w}}\tau}}\right) \qquad (2\text{-}129)$$

根据菲克第二定律，对式（2-128）和式（2-129）进行求解得到：

$$\left(\frac{\partial C_i^{\mathrm{m}}}{\partial x}\right)_{x=0} = \frac{1}{\sqrt{\pi D_i^{\mathrm{m}}\tau}}\left(C_i^{\mathrm{m},\mathrm{o}} - C_{i(0,\tau)}^{\mathrm{m}}\right) \qquad (2\text{-}130)$$

$$\left(\frac{\partial C_{i\mathrm{O}}^{\mathrm{w}}}{\partial x}\right)_{x=0} = \frac{1}{\sqrt{\pi D_{i\mathrm{O}}^{\mathrm{w}}\tau}}\left(C_{i\mathrm{O}(0,\tau)}^{\mathrm{w}} - C_{i\mathrm{O}}^{\mathrm{w},\mathrm{o}}\right) \qquad (2\text{-}131)$$

最后，在金属侧组元 i 的扩散流密度和熔渣侧组元 $i\mathrm{O}$ 的扩散流密度可通过以下公式求解：

$$J_i^{\mathrm{m}}\big|_{x=0} = -D_i^{\mathrm{m}}\left(\frac{\partial C_i^{\mathrm{m}}}{\partial x}\right)_{x=0} = \frac{\sqrt{D_i^{\mathrm{m}}}}{\sqrt{\pi\tau}}\left(C_{i(0,\tau)}^{\mathrm{m}} - C_i^{\mathrm{m},\mathrm{o}}\right) \qquad (2\text{-}132)$$

$$J_{i\mathrm{O}}^{\mathrm{w}}\big|_{x=0} = -D_{i\mathrm{O}}^{\mathrm{w}}\left(\frac{\partial C_{i\mathrm{O}}^{\mathrm{w}}}{\partial x}\right)_{x=0} = \frac{\sqrt{D_{i\mathrm{O}}^{\mathrm{w}}}}{\sqrt{\pi\tau}}\left(C_{i\mathrm{O}}^{\mathrm{w},\mathrm{o}} - C_{i\mathrm{O}(0,\tau)}^{\mathrm{w}}\right) \qquad (2\text{-}133)$$

$$J_i^{\mathrm{m}}\big|_{x=0} = J_{i\mathrm{O}}^{\mathrm{w}}\big|_{x=0} \qquad (2\text{-}134)$$

通过求解式（2-132）~ 式（2-134），得到不稳态扩散中 i 组元的瞬时扩散流密度式（2-135）：

$$j\big|_{x=0} = \frac{\sqrt{D_i^{\mathrm{m}}}}{\sqrt{\pi\tau}}\left(C_i^{\mathrm{m},\mathrm{o}} - C_{i(0,\tau)}^{\mathrm{m}}\right) = \frac{\sqrt{D_{i\mathrm{O}}^{\mathrm{w}}}}{\sqrt{\pi\tau}\left(1 + L_i \cdot \sqrt{\dfrac{D_{i\mathrm{O}}^{\mathrm{w}}}{D_i^{\mathrm{m}}}}\right)}\left(L_i C_i^{\mathrm{m},\mathrm{o}} - C_{i\mathrm{O}}^{\mathrm{w},\mathrm{o}}\right)$$

$$(2\text{-}135)$$

将 i 组元的瞬时扩散流密度式（2-135）进行化简，求解得到 i 组元的平均扩散流密度：

$$\bar{j} = \frac{1}{\tau_k} \cdot \int_0^{\tau_k} j\mathrm{d}\tau = \frac{1}{\dfrac{\sqrt{\pi\tau}}{2\sqrt{D_i^m}} + \dfrac{1}{L_i} \cdot \dfrac{\sqrt{\pi\tau}}{2\sqrt{D_{iO}^w}}} \left(C_i^{m,o} - \frac{C_{iO}^{w,o}}{L_i} \right) \tag{2-136}$$

考虑到金属侧 Al、Ti、Si 的浓度以及熔渣侧的 Al_2O_3、SiO_2、TiO_2、FeO 在渣金界面处达到了热力学平衡，引入界面处 FeO 的摩尔浓度 $C_{(FeO)}^*$ 来体现 Al + Al_2O_3、Si + SiO_2、Ti + TiO_2 和 Fe + FeO 体系间在渣-金界面处的热力学平衡状态。因此，L_i 可通过 $\Omega_i C_{(FeO)}^{*n}$ 来表示，得到以下方程式：

$$j_{Ti} = k_{Ti}^* \left(C_{[Ti]} - \frac{C_{(TiO_2)}}{\Omega_{Ti} C_{(FeO)}^{*2}} \right) \tag{2-137}$$

$$j_{Al} = k_{Al}^* \left(C_{[Al]} - \frac{C_{(AlO_{1.5})}}{\Omega_{Al} C_{(FeO)}^{*1.5}} \right) \tag{2-138}$$

$$j_{Si} = k_{Si}^* \left(C_{[Si]} - \frac{C_{(SiO_2)}}{\Omega_{Si} C_{(FeO)}^{*2}} \right) \tag{2-139}$$

$$j_{FeO} = k_{Fe,s} \left(C_{(FeO)} - C_{(FeO)}^* \right) \tag{2-140}$$

$$\frac{1}{k_i^*} = \frac{1}{k_i} + \frac{1}{k_{iO_n} \Omega_i C_{(FeO)}^{*n}} \tag{2-141}$$

$$k_i = \frac{\sqrt{\pi\tau}}{2\sqrt{D_i^m}} \tag{2-142}$$

$$k_{iO} = \frac{\sqrt{\pi\tau}}{2\sqrt{D_{iO}^w}} \tag{2-143}$$

$$\Omega_i = K_i \cdot \frac{100^n M_i}{\rho_m \rho_s \sum \dfrac{w_{iO_n}}{M_{iO_n}}} \frac{\gamma_{(FeO)}^n f_i}{\gamma_{iO_n}} \tag{2-144}$$

式中　M_i，M_{iO_n}——钢中组分 i 和渣中组分 iO_n（SiO_2，$AlO_{1.5}$，TiO_2，FeO）的摩尔质量；

　　γ_{iO_n}，w_{iO_n}——渣中组分 iO_n 的活度系数和质量分数；

　　K_i——式（2-117）~ 式（2-119）中的反应平衡常数；

　　ρ_m——钢液的密度，7.2g/cm³；

　　ρ_s——熔渣的密度，2.6g/cm³；

　　k_i^*——元素 i 的综合传质系数；

　　k_i，k_{iO_n}——元素 i 在钢液和熔渣中的传质系数。

在渣-金界面处 FeO 的摩尔浓度 $C_{(FeO)}^*$ 可通过式（2-137）~ 式（2-144）以及根据传输过程中氧的质量守恒方程（2-145）进行方程组的求解得到。

$$2j_{Ti} + 1.5j_{Al} + 2j_{Si} - j_{FeO} = 0 \tag{2-145}$$

在求解得到 $C_{(FeO)}^*$ 后，可得到传质模型如下：

$$- dC_{[Ti]}/dt = j_{Ti}\frac{A}{V_m} = \frac{A}{V_m}k_{Ti}^*\left(C_{[Ti]} - \frac{C_{(TiO_2)}}{\Omega_{Ti}C_{(FeO)}^{*2}}\right) \tag{2-146}$$

$$- dC_{[Al]}/dt = j_{Al}\frac{A}{V_m} = \frac{A}{V_m}k_{Al}^*\left(C_{[Al]} - \frac{C_{(AlO_{1.5})}}{\Omega_{Al}C_{(FeO)}^{*1.5}}\right) \tag{2-147}$$

$$- dC_{[Si]}/dt = j_{Si}\frac{A}{V_m} = \frac{A}{V_m}k_{Si}^*\left(C_{[Si]} - \frac{C_{(SiO_2)}}{\Omega_{Si}C_{(FeO)}^{*2}}\right) \tag{2-148}$$

考虑到在电极端部熔滴形成、滴落至熔池的时间间隔内液态金属的体积（V_m）远远小于熔渣的体积（V_s），在这段时间间隔内熔渣中氧化物的浓度变化极小，因此得到式（2-149），传质方程可以简化为式（2-150）。

$$C_{iO}^w = C_{iO}^{w,o} + V_m/V_s(C_i^{m,o} - C_i^m) \approx C_{iO}^w \tag{2-149}$$

$$\ln\frac{C_i^m - \dfrac{C_{iO}^{w,o}}{\Omega_i C_{(FeO)}^{*n}}}{C_i^{m,o} - \dfrac{C_{iO}^{w,o}}{\Omega_i C_{(FeO)}^{*n}}} = -\frac{A}{V_m}k_S t_e \tag{2-150}$$

式中 k_S——传质系数；

t_e——传质时间。

因此，根据式（2-150）的分析，式（2-146）~式（2-148）可以变形为式（2-151）~式（2-153），且熔渣中成分的变化可以用式（2-154）~式（2-157）表示：

$$C_{Ti}^m = \exp\left(-\frac{A}{V_m}k_{Ti}^* t_e\right) \times \left(C_{Ti}^{m,o} - \frac{C_{TiO_2}^{w,o}}{\Omega_{Ti}C_{(FeO)}^{*2}}\right) + \frac{C_{TiO_2}^{w,o}}{\Omega_{Ti}C_{(FeO)}^{*2}} \tag{2-151}$$

$$C_{Si}^m = \exp\left(-\frac{A}{V_m}k_{Si}^* t_e\right) \times \left(C_{Si}^{m,o} - \frac{C_{SiO_2}^{w,o}}{\Omega_{Si}C_{(FeO)}^{*2}}\right) + \frac{C_{SiO_2}^{w,o}}{\Omega_{Si}C_{(FeO)}^{*2}} \tag{2-152}$$

$$C_{Al}^m = \exp\left(-\frac{A}{V_m}k_{Al}^* t_e\right) \times \left(C_{Al}^{m,o} - \frac{C_{AlO_{1.5}}^{w,o}}{\Omega_{Al}C_{(FeO)}^{*1.5}}\right) + \frac{C_{AlO_{1.5}}^{w,o}}{\Omega_{Al}C_{(FeO)}^{*1.5}} \tag{2-153}$$

$$dC_{(TiO_2)} = \frac{V_m}{V_s}(C_{Ti}^{m,o} - C_{Ti}^m) \tag{2-154}$$

$$dC_{(SiO_2)} = \frac{V_m}{V_s}(C_{Si}^{m,o} - C_{Si}^m) \tag{2-155}$$

$$dC_{(Al_2O_3)} = \frac{V_m}{2V_s}(C_{Al}^{m,o} - C_{Al}^m) \tag{2-156}$$

$$dC_{(FeO)} = 2dC_{(TiO_2)} + 3dC_{(Al_2O_3)} + 2dC_{(SiO_2)} \tag{2-157}$$

为了求得传质方程中所需的数据和估算出电渣锭中化学成分的变化，所需的数据可分为以下几类：

（1）热力学数据：电极端部、熔滴滴落、熔池三个传质阶段过程钢液中的活度系数 f，熔渣的活度系数 γ 以及温度的分布。

（2）动力学数据：电极端部、熔滴滴落、熔池三个传质过程中每个组元的传质系数和传质时间。

（3）几何数据：电极端部、熔滴滴落、熔池三个传质阶段的体积、面积。

2.2.2.2　传质动力学模型中的参数

A　各阶段温度和活度系数的求解

1Cr21Ni5Ti 不锈钢的液相线温度可通过 Thermo-calc 计算得 $T = 1457℃$。根据大量的参考文献[58]以及工业实践可以得到：电极端部的温度一般高于钢种的液相线温度 $20\sim30℃$，因此假设电极端部的渣金反应温度为 $1477℃$。根据文献[58]报道的电渣炉中的熔池-熔渣处的温度，将熔池与熔渣接触面的渣金反应温度假设为 $1677℃$。在熔滴滴落穿过渣层阶段时，其温度变化幅度较大；为方便模型的建立，将其假定为熔池-熔渣界面处的温度，因此设熔滴滴落过程中，金属熔滴与熔渣界面处的反应平均温度为 $1677℃$。

熔渣中的活度系数 γ 可根据炉渣分子-离子共存理论的作用浓度模型进行求解。根据该理论的基本要求，渣中各个组分可通过 $b_1 = n^\circ_{CaO}$、$b_2 = n^\circ_{CaF_2}$、$b_3 = n^\circ_{Al_2O_3}$、$b_4 = n^\circ_{SiO_2}$、$b_5 = n^\circ_{TiO_2}$、$b_6 = n^\circ_{MgO}$、$b_7 = n^\circ_{FeO}$ 进行表示。根据熔渣各个结构单元的质量平衡，采用 Matlab 软件中的 fsolve 进行求解，得到熔渣中各个组分的作用浓度。根据渣中各个组分的作用浓度和摩尔分数的比值可求解得到该组分的活度系数，如式（2-158）所示。

$$\gamma_i = \frac{N_i}{X_i} \tag{2-158}$$

钢液侧的各个元素的活度系数 f 的求解以亨利定律为标态，通过式（2-159）进行求解，其中 Al 和 Ti 的相互作用系数见表 2-7。相关 Si 的一阶相互作用系数见表 2-13，二阶相互作用系数 $r^{Si}_{Si} = (-0.0055 + 6.5/T)$，$r^{Cr}_{Si} = 0.00043$。

$$\lg f_i = \sum (e^j_i w[j] + r^j_i w[j]^2) \tag{2-159}$$

表 2-13　本节中所用到的钢液的相互作用系数

e^j_i	C	Si	Mn	P	S	Al	Ti	Cr
Si	0.18	0.103	-0.0146	0.09	0.066	0.058	1.23	-0.004

B　电极端部各个参数的分析

为了测得电渣重熔过程中电极端部的形貌，在重熔结束后快速提起电极，得到电极端部的形貌，如图 2-21 和图 2-22a 所示，对电极部分可近似认为是圆锥体，测得电极端部的 θ 角为 50°。

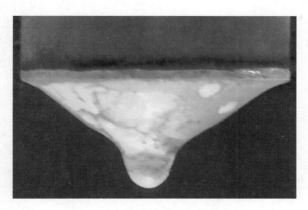

图 2-21　电渣重熔后的电极端部图

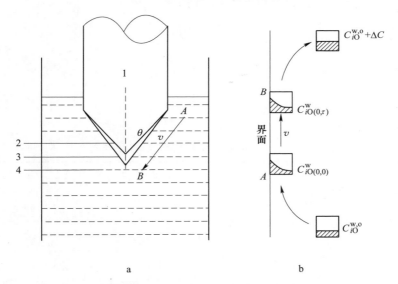

a　　　　　　　　　　　　　　b

图 2-22　在渣金界面处熔渣和金属微元体的传质示意图
a—金属薄膜与熔渣接触反应；b—熔渣与金属微元体的传质
1—自耗电极；2—金属薄膜；3—界面；4—熔渣

因此，电极端部的渣金反应面积可通过式（2-160）计算得到。

$$A = \frac{\pi \times R_{\mathrm{E}}^2}{\sin\theta} = 36.91\,\mathrm{cm}^2 \tag{2-160}$$

式中　R_{E}——电极端部的半径。

根据式（2-151）~式（2-153），还需要得到电极端部的金属体积和反应时间，然而至今还无法准确得到其体积和反应时间。通过式（2-151）～式（2-153）可以看出，只要求出 V_m/t_e 的比值即可，其比值是指在金属薄膜停留的 t_e 时间段内所熔化的金属体积，与电极熔化速率相等价，因此可用式（2-161）表示。

$$\frac{V_m}{t_e} = \frac{1000 \times W_m}{3600 \times \rho_m} = 2.55 \mathrm{cm}^3/\mathrm{s} \qquad (2\text{-}161)$$

式中　W_m——电极的熔化速率，kg/h；

　　　　ρ_m——金属的密度，g/cm^3。

基于渗透理论，在渣金界面处的金属和熔渣可以看作是无限数量的液体微元体，如图 2-22b 所示，熔渣-金属的接触时间 τ 可以表示为每一个微元体以速率 v（电极端部处的熔渣相对电极端部的运动速率，根据文献［58］设定为 10cm/s）从 A 到 B 间的位移 d_{AB} 进行传质：$\tau = d_{AB}/v$。因此，k_i^m 和 k_{iO}^w 可通过式（2-162）和式（2-163）进行计算，相关的扩散系数列于表 2-14。

$$k_i^m = 2\frac{\sqrt{D_i^m v}}{\sqrt{\pi d_{AB}}} \qquad (2\text{-}162)$$

$$k_{iO}^w = 2\frac{\sqrt{D_{iO}^w v}}{\sqrt{\pi d_{AB}}} \qquad (2\text{-}163)$$

表 2-14　传质模型中相关的扩散系数[58,59]

温度/℃	温度/K	扩散系数/cm^2 · s^{-1}						
		D_{Si}	D_{Al}	D_{Ti}	D_{SiO_2}	$D_{Al_2O_3}$	D_{TiO_2}	D_{FeO}
1477	1750	1.5×10^{-5}	1.5×10^{-5}	1.5×10^{-5}	7.1×10^{-6}	7.1×10^{-6}	2.7×10^{-5}	2.7×10^{-5}
1500	1773	2.7×10^{-5}	2.7×10^{-5}	2.7×10^{-5}	7.8×10^{-6}	7.8×10^{-6}	3.0×10^{-5}	3.0×10^{-5}
1525	1798	4.4×10^{-5}	4.4×10^{-5}	4.4×10^{-5}	9.0×10^{-6}	9.0×10^{-6}	3.5×10^{-5}	3.5×10^{-5}
1650	1923	5.7×10^{-4}	5.7×10^{-4}	5.7×10^{-4}	3.5×10^{-5}	3.5×10^{-5}	6.0×10^{-5}	6.0×10^{-5}
1665	1938	7.7×10^{-4}	7.7×10^{-4}	7.7×10^{-4}	4.2×10^{-5}	4.2×10^{-5}	7.2×10^{-5}	7.2×10^{-5}
1677	1950	9.2×10^{-4}	9.2×10^{-4}	9.2×10^{-4}	5.0×10^{-5}	5.0×10^{-5}	8.0×10^{-5}	8.0×10^{-5}

综上所述，电极端部处的传质系数、平均面积、体积/反应时间比可以求出，所得结果列于表 2-15。

表 2-15 电渣重熔过程中传质模型涉及的传质系数、平均面积/体积比和反应时间

动力学参数	反应位置		
	薄膜-熔渣	熔滴-熔渣	熔池-熔渣
$k_{Si}/cm \cdot s^{-1}$	0.0070	0.22	0.013
$k_{SiO_2}/cm \cdot s^{-1}$	0.0048	0.051	0.0031
$k_{Al}/cm \cdot s^{-1}$	0.0070	0.22	0.013
$k_{Al_2O_3}/cm \cdot s^{-1}$	0.0048	0.051	0.0031
$k_{Ti}/cm \cdot s^{-1}$	0.0070	0.22	0.013
$k_{TiO_2}/cm \cdot s^{-1}$	0.0094	0.065	0.0038
$k_{FeO}/cm \cdot s^{-1}$	0.0094	0.065	0.0038
反应面积/cm²	36.91	8.38	141.03
液态金属体积/cm³		0.35	399.57
面积/体积/cm⁻¹		24	0.35
反应时间/s		0.19	
体积/反应时间比/cm³·s⁻¹	2.55	1.84	

C 金属熔滴处的各个参数的分析

据参考文献［58］的描述，假定电极端部与金属熔池间的距离为6cm，得到熔滴穿过渣池的时间 t_d 为0.19s，熔滴的平均速率为31cm/s。根据熔渣流速的情况，由此产生金属熔滴与炉渣的相对运动速率增加量近似为10cm/s，能够得到金属熔滴与渣的相对流速为41cm/s。

考虑到熔滴滴落过程的特点，可采用渗透理论对整个滴落过程中的金属熔滴和熔渣之间的不稳态传质进行处理。将渣金界面处的金属熔滴和熔渣近似处理为无数个的熔体微元，从 A 到 B 以速率 v（熔滴滴落处的熔渣和熔滴间的相对流速）进行传质，如图2-23所示。因此，k_i^m 和 k_{iO}^w 可通过式（2-162）和式（2-163）进行计算，相关的扩散系数列于表2-14。熔滴的面积、体积可通过上述参考文献的测量结果而得到，相关的计算结果列于表2-15。

D 金属熔池处的各个参数的分析

考虑到熔池处的传质过程，采用薄膜-渗透理论对熔池处的传质过程进行处理，根据渗透理论的特点，将渣金界面处的金属熔池和熔渣近似处理为无数的熔体微元，从 A 到 B 以速率 v（在金属熔池与熔渣的界面处的相对流速可根据文献［58］估算为1cm/s）进行传质，如图2-24所示。

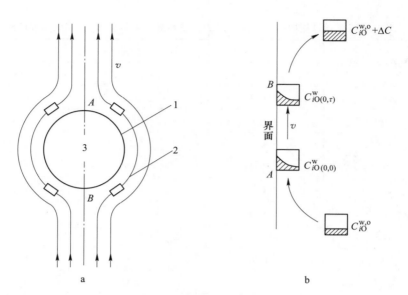

图 2-23　熔滴滴落处的传质过程
a—熔滴与熔渣界面接触；b—熔滴与熔渣界面传质
1—界面；2—熔渣；3—熔滴

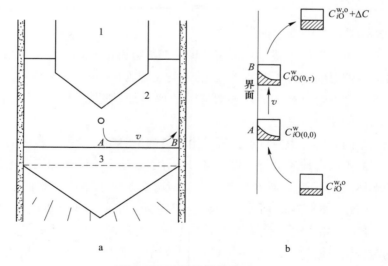

图 2-24　熔池处的传质过程
a—金属熔池处熔滴与熔渣接触；b—熔滴与熔渣之间传质过程
1—自耗电极；2—熔渣；3—金属熔池

　　因此，k_i^{m} 和 $k_{i\mathrm{O}}^{\mathrm{w}}$ 可通过式（2-162）和式（2-163）进行计算，相关的扩散系数列于表 2-14，相关的传质系数等参数计算结果列于表 2-15。

正如参考文献［58］描述的那样，金属熔池的形状由两部分组成，一部分为圆柱体，另一部分近似为一圆锥体。假定圆柱体部分的高度 h_1 为 15mm，球缺高度 h_2 为 40mm，结晶器半径 R_C 为 67mm。因此，熔池处的渣-金接触面积可通过下式进行求解：

$$A = \pi R_C^2 = 141.03\text{cm}^2 \qquad (2\text{-}164)$$

熔池处的圆柱体的体积可通过下式进行求解：

$$V_{\text{cylinder}} = \pi R_C^2 h_1 = 211.54\text{cm}^3 \qquad (2\text{-}165)$$

圆锥部分的体积可通过下式进行求解：

$$V_{\text{cone}} = \pi R_C^2 h_2/3 = 188.03\text{cm}^3 \qquad (2\text{-}166)$$

因此，熔池处的面积/体积比为：

$$\left(\frac{A}{V}\right)_{\text{Pool}} = \left(\frac{\pi R_C^2}{V_{\text{cylinder}} + V_{\text{cone}}}\right)_{\text{Pool}} = \frac{141.03}{399.57} = 0.35\text{cm}^{-1} \qquad (2\text{-}167)$$

根据以上讨论，现已具备求解该动力学模型所必需的全部条件。相关的参数列于表 2-15 中。

基于上述分析结果，将传质模型应用于电极端部金属薄膜、熔滴滴落过程、金属熔池三个反应阶段，依次计算电渣重熔过程中每个熔滴从形成、滴落穿过渣池到熔池处的各反应位置的成分变化。在每个反应位置处需要先计算出熔渣-金属界面处 FeO 的摩尔浓度 $C^*_{(\text{FeO})}$，进而对各个组元的传质过程进行求解，如图 2-25 所示。

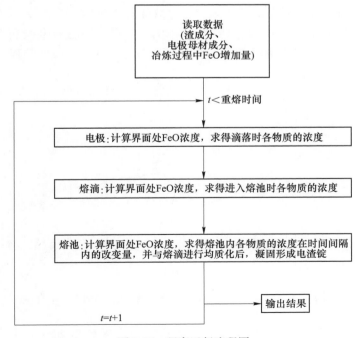

图 2-25 程序运行流程图

在处理电极端部的薄膜位置时，其初始浓度可取电极材料的成分；对于熔滴位置，其初始浓度可取熔滴从电极端部刚脱离金属薄膜时的成分；对于金属熔池部分，取重熔过程中某一瞬间开始的测量值。由于熔滴进入熔池后仍经历了很长时间的传质过程，因此电渣锭的成分必然不同于熔滴的成分。在计算过程中，要考虑金属熔滴滴落进入熔池后对熔池中各个合金元素的化学成分的影响。

2.3　热力学和动力学模型的计算结果

2.3.1　电渣过程中脱氧的热力学计算结果

铝、硅、镁、稀土等都对钢中氧含量具有一定的控制能力，当同时采用铝和镁脱氧时，铝和镁具有联合控氧作用，其反应式为：

$$[Mg] + 2[Al] + 4[O] \Longrightarrow MgO \cdot Al_2O_3(s) \tag{2-168}$$

化学反应平衡时：

$$\lg a_{[Mg]} a_{[Al]}^2 a_{[O]}^4 = -\frac{69660}{T} + 15.96 \tag{2-169}$$

以 GCr15 为研究钢种可得：

$$\lg[Mg][Al]^2[O]_{Steel}^4 = -\frac{64257}{T} + 15.1862 \tag{2-170}$$

由此可得到铝、镁对钢中氧含量的影响，如图 2-26 所示。从图 2-26 中可以看出，相同 Mg 质量分数下，钢中氧质量分数随着 Al 质量分数的升高而降低，说明熔炼时在钢中允许的 Al 质量分数范围内提高 Al 质量分数有利于获得更低的氧质量分数，且在铝脱氧后加入镁可使钢中氧质量分数降低到极低的程度。

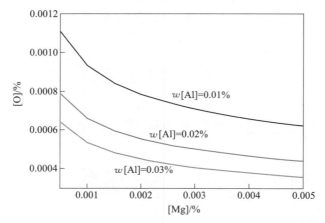

图 2-26　GCr15 钢中不同铝质量分数下镁含量与氧含量的比较

通过热力学计算 Fe80%Ni 合金脱氧过程，得出氧势图如图 2-27 所示。从图

2-27 中可以看出，在相同条件下，与常见的脱氧剂 Al、C、Si 相比，Ce、Mg 有更好的脱氧能力，可以在较少的加入量下便获得很好的脱氧效果，尤其是 Ce，能将合金中的氧脱除至极低的含量。

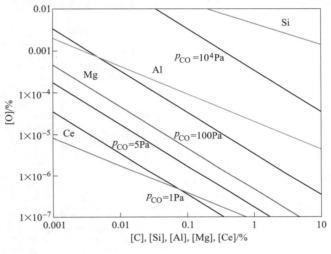

图 2-27 Fe80%Ni 合金氧势图

2.3.2 钢中铝、钛、硅元素的控制

为了研究电渣重熔过程中渣系成分对电渣锭中铝、钛、硅含量的影响，实验过程采用了三组渣系 S1、S2 和 S3，成分见表 2-16，实验中每一炉次的渣量为 3.2kg。自耗电极的长度为 2000mm，直径为 60mm。采用固定式结晶器，固态渣启动的电渣重熔操作工艺，其结晶器平均直径为 134mm。电流、电压和结晶器出水温度均分别稳定在 3000A、38V 和 25℃，重熔速率约为 66kg/h。

表 2-16 ESR 渣的化学成分 （质量分数,%）

渣系	CaF$_2$	CaO	Al$_2$O$_3$	TiO$_2$	MgO
S1	61.5	5	20	3.5	10
S2	53.5	18	20	3.5	5
S3	58	5	20	7	10

其中 S1 和 S3 为低 CaO 渣系，加入了 5% 的 CaO 以促进金属电极在电渣重熔中的脱硫反应。电渣重熔中向水冷结晶器内通入纯度为 99% 的氩气，流量控制在 80L/min（标态），整个重熔过程进行 30min。采用 S1、S2、S3 渣系进行的实验分别记为 Exp. A、Exp. B 和 Exp. C，其相应的电渣锭记为 Ingot-1、Ingot-2 和 Ingot-3。在实验 Exp. C 中，通电后的前 13min 内，向渣中额外的加入 200g TiO$_2$；

在整个30min的电渣重熔过程中，加入20g的脱氧剂铝粉。电渣重熔试验结束后，沿电渣锭底部到顶部每隔2cm进行铝、钛、硅含量的分析见表2-17；冶炼过程中分别在电渣锭高度为5cm、9cm、13cm、17cm、21cm、25cm、29cm处吸取熔渣后检测得到渣样中Al_2O_3、TiO_2、SiO_2的氧化物含量见表2-18。

表 2-17　采用各个渣系下电渣锭的化学成分

电渣锭高度 /cm	化学成分（质量分数）/%								
	Exp. A/Ingot-1			Exp. B/Ingot-2			Exp. C/Ingot-3		
	Si	Al	Ti	Si	Al	Ti	Si	Al	Ti
1	0.62	0.053	0.39	0.58	0.078	0.44	0.62	0.041	0.53
3	0.64	0.061	0.41	0.62	0.093	0.40	0.61	0.045	0.58
5	0.63	0.070	0.44	0.61	0.085	0.40	0.62	0.043	0.59
7	0.64	0.071	0.44	0.63	0.087	0.41	0.64	0.042	0.59
9	0.67	0.075	0.45	0.66	0.11	0.44	0.64	0.041	0.58
11	0.67	0.086	0.49	0.65	0.12	0.48	0.65	0.039	0.58
13	0.67	0.090	0.49	0.65	0.12	0.47	0.64	0.038	0.57
15	0.66	0.084	0.51	0.66	0.11	0.49	0.64	0.038	0.57
17	0.66	0.078	0.53	0.67	0.10	0.49	0.65	0.041	0.60
19	0.64	0.075	0.52	0.66	0.11	0.51	0.64	0.048	0.60
21	0.66	0.070	0.52	0.67	0.092	0.50	0.67	0.040	0.59
23	0.65	0.076	0.53	0.65	0.091	0.51	0.64	0.036	0.61
25	0.67	0.071	0.57	0.67	0.095	0.54	0.66	0.033	0.58
27	0.66	0.073	0.54	0.66	0.086	0.55	0.67	0.039	0.63
29	0.68	0.070	0.57	0.69	0.089	0.53	0.65	0.040	0.60

表 2-18　各组实验中吸取熔渣的化学成分

电渣锭高度 /cm	化学成分（质量分数）/%								
	Exp. A			Exp. B			Exp. C		
	Al_2O_3	TiO_2	SiO_2	Al_2O_3	TiO_2	SiO_2	Al_2O_3	TiO_2	SiO_2
5	17.81	4.41	1.07	17.56	4.36	1.26	19.91	8.93	1.32
9	17.72	5.15	1.21	17.24	4.97	1.38	19.95	11.84	1.36
13	17.51	5.23	1.16	16.97	5.82	1.53	19.90	13.16	1.41
17	17.29	5.76	1.13	16.86	6.13	1.57	20.11	13.79	1.66
21	17.35	6.05	1.02	16.71	6.46	1.42	20.07	13.81	1.84
25	17.05	6.17	1.14	16.65	6.68	1.63	20.06	13.75	1.91
29	17.00	6.34	1.04	16.32	7.05	1.66	20.21	14.33	1.95

从表 2-17 中可以看出，电渣重熔过程中的渣系及重熔工艺对电渣锭从底部到顶部的各合金元素的含量有重要的影响，同时这也是 $Al+Al_2O_3$，$Si+SiO_2$，$Ti+TiO_2$ 和 $Fe+FeO$ 体系之间的传质过程。为了研究电渣重熔过程中的各元素再分配规律，建立起适用于本实验过程中 1Cr21Ni5Ti 不锈钢的合金元素的传质模型。

2.3.2.1 传统工艺下铝钛含量研究

在重熔过程中，随着大气对自耗电极的氧化，使渣中不稳定氧化物不断增加，造成金属中活泼元素的烧损。假设整个电渣重熔过程中的熔速始终保持在 66kg/h，FeO 的生成量 I_{FeO} 可通过式（2-171）进行求解，因此得到了 FeO 的单位时间内生成量与重熔时间的关系，如图 2-28 所示。

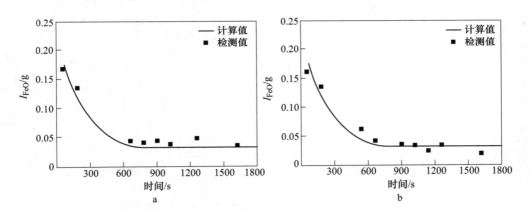

图 2-28 FeO 增加速率与冶炼时间的关系

a—Exp. A；b—Exp. B

$$I_{FeO} = W_m \cdot M_{FeO}\left(\frac{2 \times [Si]_{Ele.}}{M_{Si}} + \frac{2 \times [Ti]_{Ele.}}{M_{Ti}} + \frac{1.5 \times [Al]_{Ele.}}{M_{Al}} - \right.$$
$$\left. \frac{2 \times [Si]_{Ingot}}{M_{Si}} - \frac{2 \times [Ti]_{Ingot}}{M_{Ti}} - \frac{1.5 \times [Al]_{Ingot}}{M_{Al}}\right) \quad (2\text{-}171)$$

式中　W_m——重熔速率；

　　　M_i——物质 i 的摩尔质量；

　　　$[i]_{Ele.}$——自耗电极中物质 i 的质量分数；

　　　$[i]_{Ingot}$——电渣锭中物质 i 的质量分数。

图 2-29～图 2-31 根据建立的动力学传质模型模拟了 Exp. A 和 Exp. B 电渣锭中铝、钛、硅含量沿电渣锭从底部到顶部的轴向变化量，与实验中的成分变化量进行了比对分析，其结果符合良好。

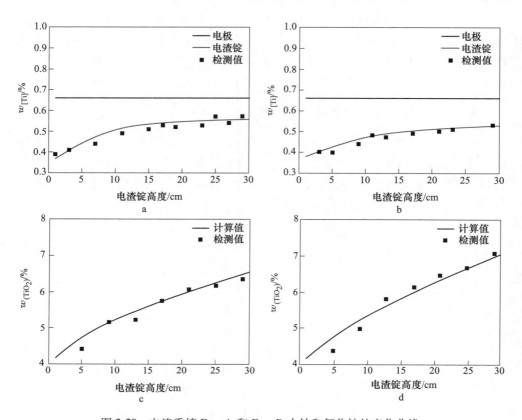

图 2-29　电渣重熔 Exp. A 和 Exp. B 中钛和氧化钛的变化曲线

a—Exp. A 钛含量；b—Exp. B 钛含量；c—Exp. A 氧化钛含量；d—Exp. B 氧化钛含量

　　如图 2-29a、b 所示，在 Exp. A 中钛的氧化烧损相对于 Exp. B 中的较轻。比较 S1 和 S2 渣系可以看到，尽管 S1 渣系的 $\lg(x^3_{(TiO_2)}/x^2_{(Al_2O_3)})$ 值非常接近于 S2，由于两个渣系具有不同的 CaO 含量改变了 TiO_2 和 Al_2O_3 的活度系数，从而导致电渣锭具有不同的铝、钛含量。

　　如图 2-30a、b 所示，在 Exp. A 和 Exp. B 中，铝含量在熔炼初期的前 13min 内呈增长的趋势，当到达 13min 后，铝含量的增加量呈逐步降低的趋势。这是由于在前 13min 内电渣重熔是一个升温的过程，升温使得反应的平衡常数 $\lg K$ 增加了，从而导致熔炼前期的铝含量呈增加趋势。当到达 13min 后，整个电渣重熔的温度体系几乎趋近于稳定，其温度变化范围变小，从而使得 $\lg K$ 为固定值，电渣锭中的铝含量随着渣中 TiO_2 的不断增加而降低。

　　从图 2-31c、d 中看到，尽管 S2 渣中的 SiO_2 含量高于 S1 中的含量，在 Exp. A 和 Exp. B 中电渣锭的硅含量差别不大。相对于 TiO_2 和 Al_2O_3，渣中的 CaO 可以大大降低 SiO_2 的活度系数，三个组分之间的碱度大小排列 $SiO_2 < TiO_2 <$

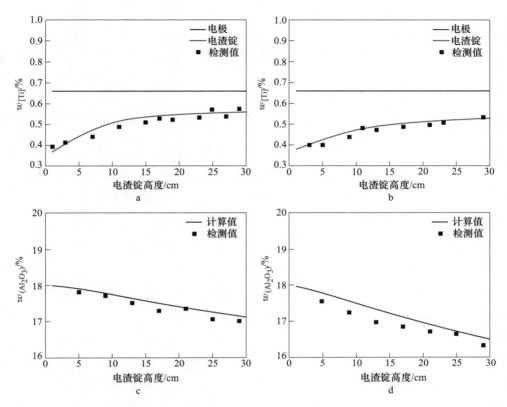

图 2-30　电渣重熔 Exp. A 和 Exp. B 中铝和氧化铝的变化曲线

a—Exp. A 铝含量；b—Exp. B 铝含量；c—Exp. A 氧化铝含量；d—Exp. B 氧化铝含量

Al_2O_3 的规律，也能够很好地说明 CaO 对这三个组分的影响规律，SiO_2 相对于其他两个组分更易与 CaO 结合，从而使其自身的活度系数大大降低。当增加 CaO 含量时，可以使渣中的不稳定氧化物 SiO_2 的杂质含量有较宽的范围。因此，当冶炼"高钛低铝高硅"型钢种时，应降低渣中 CaO 的含量；当冶炼"高钛低铝低硅"型钢种时，除应降低渣中 CaO 的含量外，还需严格控制渣中 SiO_2 的杂质含量；当冶炼"高钛高铝低硅"型钢种时，应增加 CaO 的含量，从而保证钢中的铝、钛不被渣中的 SiO_2 杂质所烧损。

从图 2-31 可以得到：在电渣重熔初期，电渣锭中的硅含量随着渣中 FeO 含量的降低而逐渐升高，当到达电渣锭的 4cm 处时，由于渣中有大量的 SiO_2，渣中的 SiO_2 被钢中的 Ti 还原进入钢中，从而导致了电渣锭中的硅含量高于电极中的硅含量；当到达峰值后，随着渣中氧势的逐渐增加，电渣锭中的硅含量开始降低；当降低到最低点时，反应式（2-109）在剩余的重熔过程中始终达到了热力学平衡，电渣锭中的硅含量和钛含量呈逐步增加的趋势，其趋势为缓慢地接近于

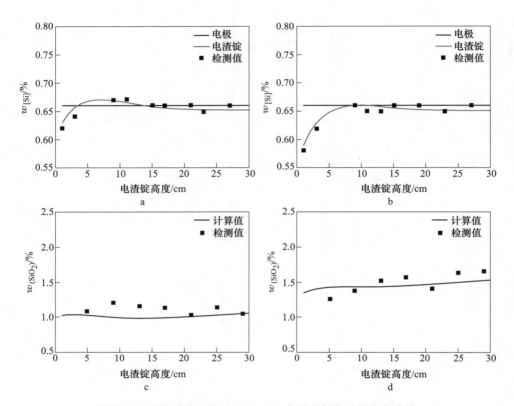

图 2-31　电渣重熔 Exp. A 和 Exp. B 中硅和氧化硅的变化曲线

a—Exp. A 硅含量；b—Exp. B 硅含量；c—Exp. A 氧化硅含量；d—Exp. B 氧化硅含量

电极的成分，这时主要发生反应式（2-110）~ 反应式（2-113），硅和钛同时还原氧化铝和氧化铁的过程。

2.3.2.2　铝钛成分均匀性的控制技术

从表 2-14 中可以看到，Exp. C 中的铝、钛含量变化很小。基于传质动力学模型，建立 Exp. C 中各合金元素的成分变化图。在 Exp. C 中，存在少量的铝、钛、硅合金元素被氧化的现象，假设 Exp. C 中的脱氧剂铝粉全部用于脱除渣中的 FeO，渣中没有溶解的铝（$[Al]_{in\ slag}$）渗入金属熔池中，脱氧剂铝粉全部氧化为渣中的 Al_2O_3，在传质模型中作为渣中 Al_2O_3 增量的输入值。根据式（2-171）计算可得到与铝、钛、硅合金元素总烧损量相当的 FeO 增量，如图 2-32 所示。

基于传质动力学模型，计算得到了电渣锭中钛、铝、硅的变化规律，如图 2-33a、图 2-34a 和图 2-35a 所示。熔渣中 TiO_2、Al_2O_3、SiO_2 的变化规律如图 2-33b、图 2-34b 和图 2-35b 所示。

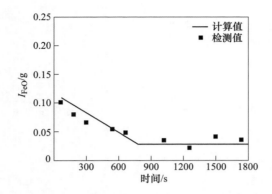

图 2-32 渣中 FeO 含量增加速率与冶炼时间的关系

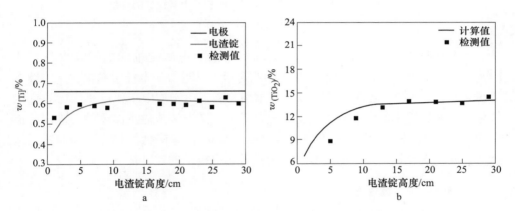

图 2-33 Exp. C 和模拟下电渣锭中钛和渣中氧化钛的含量

a—钛含量；b—氧化钛含量

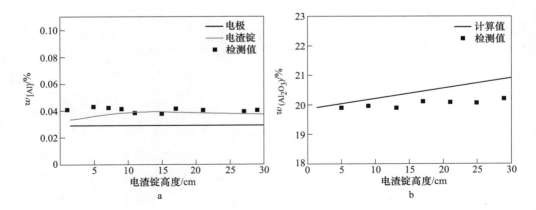

图 2-34 Exp. C 和模拟下电渣锭中铝和渣中氧化铝的含量

a—铝含量；b—氧化铝含量

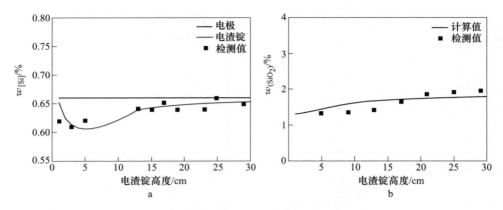

图 2-35　Exp. C 和模拟下电渣锭中硅和渣中氧化硅的含量

a—硅含量；b—氧化硅含量

如图 2-33a 和图 2-34a 所示，在 Exp. C 中沿着电渣锭轴向的铝钛含量均比 Exp. A 和 Exp. B 中的均匀。电渣锭中的铝含量非常近似于电极中的铝含量，钛含量在 0.6% ~ 0.7% 之间波动。在电渣重熔初期，由于渣中不稳定氧化物 FeO 的氧化，使电渣锭中的钛和硅含量低于电极母材。随着熔渣体系温度的升高以及渣中 TiO$_2$ 的不断补加，电渣锭中的硅含量在前 5min 内呈降低的趋势，当到达最低点后，硅含量开始呈上升的趋势，逐渐接近于电极中的硅含量。

2.3.3　钢中 S 含量控制

硫是钢中一种极其有害的元素，通过前面组元活度模型及动力学模型[60]，研究了 CaF$_2$-Al$_2$O$_3$-CaO-TiO$_2$-MgO 渣系中 CaO 含量对电渣冶炼 1Cr21Ni5Ti 钢脱硫的影响，渣系的化学成分见表 2-19。

表 2-19　渣系的化学成分　　　　　　　　　　（质量分数,%）

渣系	CaF$_2$	Al$_2$O$_3$	CaO	MgO	TiO$_2$
S1	65	17	5	9	4
S2	54	17	20	5	4

电渣重熔过程中脱硫反应用下列反应表示：

$$(Ca^{2+} + O^{2-}) + [S] \rightleftharpoons (Ca^{2+} + S^{2-}) + [O] \tag{2-172}$$

$$\Delta G_{m,CaS}^{\ominus} = 105784.6 - 28.723T \tag{2-173}$$

$$(Mg^{2+} + O^{2-}) + [S] \rightleftharpoons (Mg^{2+} + S^{2-}) + [O] \tag{2-174}$$

$$\Delta G_{m,CaS}^{\ominus} = 203604.6 - 35.023T \tag{2-175}$$

在渣-钢达到平衡情况下，反应式（2-172）和反应式（2-174）的分配比

$L_{S,CaO}$和$L_{S,MgO}$可用方程（2-176）来表示：

$$L_{S,CaO+MgO} = \frac{(S)_{CaS} + (S)_{MgS}}{[S]} = 16(\Delta K_{CaS}^{\ominus}N_{CaO} + \Delta K_{MgS}^{\ominus}N_{MgO}) \sum n_i \times \frac{f_{[S]}}{a_{[O]}}$$

$$(2-176)$$

熔渣中 CaO 和 MgO 的活度 N_{CaO} 和 N_{MgO} 可以采用 2.1.8 节中电渣重熔组元活度计算模型进行计算。渣–钢界面氧的活度 $a_{[O]}$ 取决于活泼金属元素，因此需要分析 Al+Al$_2$O$_3$ 和 Ti+TiO$_2$ 体系的反应式（2-6）。

图 2-36 是 Ti 和 Al 含量随电渣锭高度变化。采用含 5% CaO S1 渣池冶炼电渣锭 E1 中 Al 含量明显低于含 20% CaO S2 渣池冶炼电渣锭 E2，前者的 Ti 含量明显低于后者。不论采用 S1 渣系还是 S2 渣系，电渣锭中的 Ti 含量是随电渣锭高度而降低的，Al 含量则呈现相反的趋势。因此，可以通过 Ti+TiO$_2$ 反应式（2-177）来计算 $a_{[O]}$。

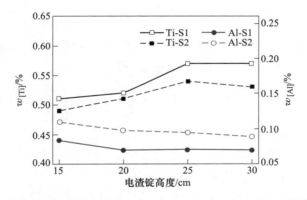

图 2-36 采用不同渣系时电渣锭内 Al 和 Ti 含量随高度变化

$$[Ti] + 2[O] \rightleftharpoons (TiO_2) \tag{2-177}$$

$$\Delta G_{m,TiO_2}^{\ominus} = -659880 + 229T(J/mol) \tag{2-178}$$

$$a_{[O]}^2 = \frac{N_{TiO_2}}{[Ti] \cdot f_{[Ti]} \cdot \exp(-\Delta G_{m,TiO_2}^{\ominus}/RT)} \tag{2-179}$$

TiO$_2$ 在熔渣中的活度 N_{TiO_2} 可以通过分离动力学 IMCT 进行计算。活度系数 f 通过方程式（2-178）进行计算，一阶相互作用系数和二阶相互作用系数表示为[61]：

$$\lg f_i = \sum (e_i^j w[j] + r_i^j w[j]^2) \tag{2-180}$$

那么通过式（2-173）、式（2-175）、式（2-178）~式（2-180）得到参数求解 L_S，见表 2-20。

表 2-20　理论传质系数、L_S、面积、体积以及反应时间

项　目	反应位置		
	薄膜/渣池	熔滴/渣池	熔池/渣池
$k_{[S]}/\mathrm{cm \cdot s^{-1}}$	0.021	0.12	0.023
$k_{(S)}/\mathrm{cm \cdot s^{-1}}$	0.035	0.14	0.027
$L_{S,\mathrm{slag\,S1}}$	168	40	40
$L_{S,\mathrm{slag\,S2}}$	794	161	161
反应面积/$\mathrm{cm^2}$	36.91	8.38	141.03
液态金属体积/$\mathrm{cm^3}$	—	0.35	399.57
比表面积/$\mathrm{cm^{-1}}$	—	24	0.35
反应时间/s	—	0.19	—
体积/反应时间/$\mathrm{cm^3 \cdot s^{-1}}$	2.55	1.84	—

2.3.3.1　脱硫质量传输模型计算结果

脱硫质量传输模型计算了熔滴形成、熔滴滴落穿过渣池以及金属熔池-渣池三个阶段的脱硫反应，最终铸锭中的硫含量 w_S^m 为：

$$w_S^m = \left(w_S^{m,o} - \frac{w_S^{w,o}}{L_S} \right) \times \exp\left(-\frac{A}{V_m} k_S t \right) + \frac{w_S^{w,o}}{L_S} \tag{2-181}$$

式中　$w_S^{m,o}$ ——金属相中硫元素的质量分数；

　　　$w_S^{w,o}$ ——渣中硫元素的质量分数；

　　　k_S ——硫元素综合传质系数；

　　　A ——金属-渣池界面的面积；

　　　V_m ——液相金属的体积；

　　　t ——渣-金属界面反应时间。

由表 2-20 可知，电极端部金属薄膜与渣池处的 L_S 高于熔滴-渣池和熔池-渣池界面处的 L_S。金属-渣的化学反应温度越低，L_S 越大，这意味着电渣重熔过程中低渣温度有助于深脱硫。

脱硫质量传输计算模型与 2.1.8 节中介绍的模型原理相似，因此本节不再详细介绍。图 2-37 是实验和模拟的钢和渣中 S 含量沿电渣锭高度方向的变化对比。

图 2-37 中实验所得电渣锭和渣池中的 S 含量与质量传输模型计算结果一致。尽管 S2 渣池中的 L_S 是 S1 渣系的 4 倍，电渣锭 E1 的 S 含量仅比电渣锭 E2 低 2 倍。质量传输模型显示采用 S1 和 S2 渣系，金属液膜形成过程脱硫分别占脱硫总量 35% 和 31%，硫在熔滴滴落过程中脱硫分别占脱硫总量的 32% 和 35%，渣-金属熔池反应脱硫分别占 33% 和 34%。

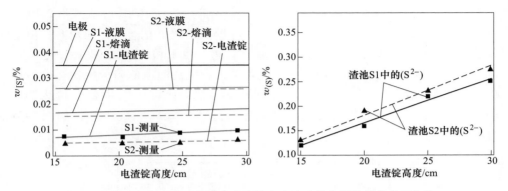

图 2-37 电极、液膜、熔滴、电渣锭和渣池硫的含量沿其高度的变化

2.3.3.2 自耗电极中硫含量对脱硫的影响

假设自耗电极中硫含量分别为 $40 \times 10^{-4}\%$，$80 \times 10^{-4}\%$ 和 $160 \times 10^{-4}\%$。经过传质模型计算得到电渣锭和渣池中硫含量随电渣锭高度的变化如图 2-38 所示。

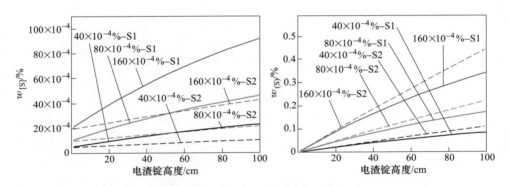

图 2-38 采用不同硫含量的自耗电极时电渣锭和渣中硫含量沿其高度的变化

由于 S2 渣系的硫分配比高于 S1 渣系，所以采用 S2 冶炼的电渣锭 E2 内部硫含量明显低于采用 S1 冶炼的电渣锭 E1。电极含硫 $40 \times 10^{-4}\%$ 时，采用 S1 渣冶炼的电渣锭硫含量低于 $10 \times 10^{-4}\%$ 的高度只有 210mm，此时渣池中的硫含量为 0.0223%；采用 S2 渣冶炼的电渣锭硫含量低于 $10 \times 10^{-4}\%$ 的高度为 890mm，此时渣池中的硫含量为 0.099%。自耗电极中硫含量 $80 \times 10^{-4}\%$ 时，无论是 S1 还是 S2 渣系，电渣锭中的硫含量很难低于 $10 \times 10^{-4}\%$。由于电渣重熔初始阶段渣池的硫含量很低，所以电渣锭 E1 和电渣锭 E2 内的硫含量是相同的。

$$w_S^m \approx w_S^{m,o} \cdot \exp\left(-\frac{A}{V_m}k_s t\right) \tag{2-182}$$

当 $w_S^{w,o}/L_S$ 很低时，式（2-181）可以简化为式（2-182）。从式（2-182）可以看出，当自耗电极中硫含量、熔速、电极直径和结晶器尺寸固定时，由于分子动力学局限（如质量传递系数、反应时间、面积和体积），钢锭中的硫含量有一个极小值。即使降低渣池中的硫含量或者提高渣池的硫分配比，电渣锭中的硫含量也不能进一步降低。基于传质模型，计算了采用硫含量为 $80 \times 10^{-4}\%$ 和 $160 \times 10^{-4}\%$ 自耗电极进行电渣重熔过程中 $L_S/w_{(S)}$ 的关系，如图 2-39 所示。

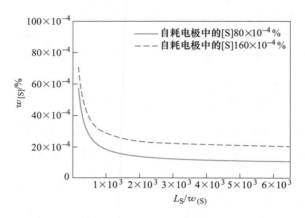

图 2-39　电渣锭中硫含量随质量传输模型计算得到的 $L_S/w_{(S)}$ 变化

很明显，采用含硫量为 $80 \times 10^{-4}\%$ 的自耗电极冶炼时，电渣锭中的硫含量不会低于 $10 \times 10^{-4}\%$；当自耗电极中硫含量为 $160 \times 10^{-4}\%$ 时，电渣锭内硫含量不会低于 $20 \times 10^{-4}\%$。因此，为了获得硫含量低于 $10 \times 10^{-4}\%$ 的电渣锭，自耗电极内硫含量必须低于 $80 \times 10^{-4}\%$，并且渣池具有大的硫分配比。

基于式（2-182），自耗电极熔化每个过程中反应面积是一致的，但是根据式（2-161）可知，V_m/t_e 是与电极熔化速率有关的。计算自耗电极（S 含量 $40 \times 10^{-4}\%$）熔速为 66kg/h、78kg/h 和 90kg/h 时电渣锭硫含量随其高度变化。从图 2-40a 可知，熔速越快，电渣锭中硫含量越高。用 S2 渣系并且采用氩气保护冶炼时，上述三种熔速下硫含量低于 $10 \times 10^{-4}\%$ 的电渣锭高度分别为 890mm，707mm 和 515mm，此时渣池中硫含量分别为 0.099%，0.078% 和 0.056%。

电渣锭从头部到底部的 S 含量均匀性需要控制好，以保证最终的产品质量。比如，内燃机曲柄的钢材的硫含量需要控制在 0.005% ~ 0.020%。S136 模具钢要求硫含量控制在 0.05% ~ 0.10%。根据图 2-40 分析，如果电渣锭内部质量要求 S 含量为 $(10 \sim 20) \times 10^{-4}\%$，那么自耗电极内硫含量要低于 $160 \times 10^{-4}\%$。为了保证硫含量沿电渣锭轴向高度的均匀性，CaO 应该持续不断地加入渣池中来降低电渣

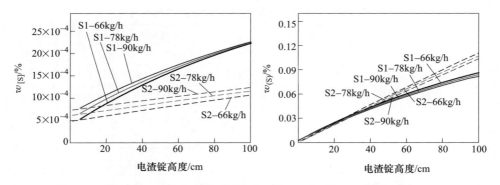

图 2-40 不同熔速下电渣锭和渣池中的硫含量随其高度的变化

锭中硫含量。比如，如果电渣锭要求硫含量低于 $50×10^{-4}\%$，采用含硫量为 $160×10^{-4}\%$ 的自耗电极冶炼时，根据图 2-40 应当采用含有 0.14% 硫含量的 S1 渣，在电渣重熔冶炼过程中额外的 CaO 添加速率应该为 3.1kg/t。在图 2-41b 中渣池的硫含量随着电渣锭高度是逐渐增加的，同时在图 2-41a 中硫含量沿电渣锭高度均是 $50×10^{-4}\%$。逐渐向熔渣中加入 CaO 使渣池的 L_S 变得越来越大，这有助于改善 S 含量沿电渣锭高度的均匀性。

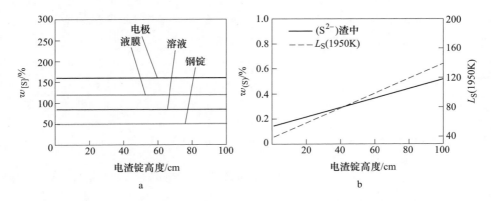

图 2-41 向渣池中不断加入 CaO 时电渣锭和渣池中硫含量随其高度的变化

此外，硫元素在金属侧和渣池侧的质量传输阻力通过方程 (2-183)[62] 求得，见表 2-21。

$$\frac{1}{k_S} = \frac{1}{k_S^m} + \frac{\rho_m}{\rho_S k_S^w L_S} \tag{2-183}$$

式中 ρ_m——液态金属密度，$7.2g/cm^3$；

ρ_S——熔渣密度，$2.6g/cm^3$。

表 2-21　S 元素在钢和渣池中的质量传输阻力

反应位置	金属传质阻力	渣 S1 中传质阻力	渣 S2 中传质阻力
	$\dfrac{1}{k_m}$	$\dfrac{\rho_m}{\rho_S k_S^w L_S}$	$\dfrac{\rho_m}{\rho_S k_S^w L_S}$
薄膜	46. 88	0. 47	0. 10
熔滴	8. 27	0. 49	0. 12
熔池	43. 34	2. 58	0. 64

在表 2-21 中可见，采用 S1 渣冶炼时，三个反应阶段中硫在金属中的质量传输阻力均比采用 S2 渣冶炼时大。硫传输的决定性阶段位于金属一侧。因此，在确定自耗电极中的硫含量、熔速和渣池成分的情况下，应当改善金属一侧硫传输条件，其中一条就是添加钙。

陈希春等[63]采用 CAF60 渣电渣重熔冶炼 GH4169 合金，分别进行了大气下、氩气保护下添加钙三炉次实验。渣池的硫含量低于 0.035% 并且硫分配比高于 157，自耗电极中硫含量为 $18×10^{-4}$%。大气下冶炼，电渣锭中 S 含量降低至 $6×10^{-4}$%；氩气保护下冶炼，电渣锭中 S 含量降低至 $7×10^{-4}$%。这两种情况下电渣锭中硫含量是热力学平衡条件下的 3 倍（$0.035\%/L_S = 2×10^{-4}$%）。在电渣重熔过程中，不断添加金属钙，金属熔池中 Ca 含量不断上升，尽管渣池中硫含量高达 0.04%，电渣锭中硫含量会降低至 $3×10^{-4}$%，金属熔池中 Ca 含量的增加会加快硫传输，这样会有效地降低电渣锭中的硫含量。

参 考 文 献

[1] Reyes-carmoda F, Mitchell A. Deoxidation of ESR slags [J]. ISIJ International, 1992, 32 (4)：529~537.

[2] 周德光，许卫国，王平，等. 轴承钢电渣重熔过程中氧的控制及作用研究 [J]. 钢铁，1998, 33 (3)：13~17.

[3] 王昌生，刘胜国，许明德，等. 降低电渣重熔 GCr15 钢的氧含量 [J]. 特殊钢，1997, 18 (3)：31~35.

[4] 姜周华. 电渣冶金的物理化学及传输现象 [M]. 沈阳：东北大学出版社，2000.

[5] 李正邦，张家雯，林功文，等. 电渣重熔译文集 2 [M]. 北京：冶金工业出版社，1999.

[6] 耿鑫，李星，姜周华，等. 大型板坯电渣重熔过程的脱氧热力学模型 [J]. 东北大学学报，2013, 34 (8)：1132~1135.

[7] 侯栋，姜周华，董艳伍，等. 电渣重熔中脱氧剂种类影响炉渣脱氧的热力学分析 [J]. 东北大学学报，2016, 37 (5)：668~672.

[8] 侯栋，董艳伍，姜周华，等. 含铝钛合金电渣重熔中的渣系设计及脱氧热力学 [J]. 东

北大学学报，2015，36（11）：1591~1595.

［9］ 米切尔，卡蒙纳，魏季和，等. 电渣过程中的脱氧［J］. 西安建筑科技大学学报（自然科学版），1982（4）：53~61.

［10］ Shi C B, Chen X C, Guo H J, et al. Assessment of oxygen control and its effect on inclusion characteristics during electroslag remelting of die steel［J］. Steel Research International，2012，83（5）：472~486.

［11］ 李正邦. 电渣熔铸［M］. 北京：冶金工业出版社，1981.

［12］ 储少军，刘海洪，郭照光. 电渣过程熔渣气态脱硫的研究［J］. 化学冶金，1991，12（1）：87~94.

［13］ Richardson F D, Fincham C J B. Sulphur in silicate and aluminates slags［J］. Journal of the Iron and Steel Institute，1954，178（9）：4.

［14］ Mitehell F, Sieemna D, Ingrma M D, et al. Optieal basieiyt of metallurglcal slgas：New computer based system for data visualization and aalysis［J］. Ironmaking and Steelmaking，1997，24（4）：306~320.

［15］ Sosinssky D, Sonunevrille I. The composition and temperature dependengce of the sulfide capacity of metallurgieal slags［J］. Metallurgical and Materials Transactions B，1986，17（2）：331~337.

［16］ Young R, Duffy J, Hassall G, et al. Use of optical basicity concept for determining phoshphours and sulphur slag-metal partitions［J］. Ironmaking and Steelmaking，1992，19（3）：201~219.

［17］ Nilsson R, Sichen D, Seehtarman S. Estimation of sulphide capacities of multi-component silicate melts［J］. Scandinavian Journal of Metallurgy，1996，25（3）：128~134.

［18］ Pelton D, Eriksson G, Romero-Serrnao A. Caleulation of sulfide capacities of multicomponent slags［J］. Metallurgical and Materials Transactions B，1993，24（5）：817~825.

［19］ 王宾，陈涛，李艳丽. 电渣重熔渣系选择的工艺探索［J］. 四川冶金，2001（5）：3~6.

［20］ 吴彬，姜周华，董艳伍，等. 电渣重熔过程钢的洁净度控制［J］. 辽宁科技大学学报，2018，41（5）：341~350.

［21］ Pocklington D N. Hydrogen pick-up during electroslag refining［J］. Journal of the Iron and Steel Institute，1973，211（6）：419~425.

［22］ Nafaziger R H. The Electroslag Melting process［M］. Bulletin：United States Bureau of Melting，1976.

［23］ Pateisky G. The reaction of titanium and silicon with Al_2O_3-CaO-CaF_2 slags in the ESR process［J］. Journal of Vacuum Science & Technology，1972，9（6）：1318~1323.

［24］ 侯栋. 电渣重熔含铝钛不锈钢的冶金反应和成分控制研究［D］. 沈阳：东北大学，2017.

［25］ 毛裕文. 冶金熔体［M］. 北京：冶金工业出版社，1994.

［26］ Ban S, Hino M, Nagasaka T. Thermodynamics of CaO-based slags for refining of high purity steels［J］. The Japan Institute of Metals，1995，59（2）：86~100.

［27］ Hino M, Kinoshita S, Ehara Y, et al. Activity measurement of the constitutents in secondary steelmaking slag. In：Iss of AIME ed. Proc. of 5th Intern. Conf. on Molten slags［C］. Sydney：

Fluxes and Salts，1997：53.

[28] 陈崇禧，赵文祥. CaF_2 基熔渣中 MgO 的活度 [J]. 金属学报，1983，19（1）：1~8.

[29] 张子青，周继程，邹元燨，等. $CaO-SiO_2-Al_2O_3$ 熔渣中 CaO 的活度 [J]. 金属学报，1986，22（3）：76~84.

[30] Rawers J C，Dunning J S，Asai G，et al. Characterization of stainless steels melted under high nitrogen pressure [J]. Metallugical and Materials Transanction A，1992，23（7）：2061~2068.

[31] 杨学民，郭占成，王大光，等. 熔渣规则溶液模型的发展及其在冶金物理化学中应用的综述（二）[J]. 上海金属，1995，17（2）：1~6.

[32] 李连福，姜茂发，王文忠. 熔渣二次正规溶液模型 [J]. 钢铁研究学报，1997，9（2）：57~61.

[33] 黄希祜. 钢铁冶金原理 [M]. 北京：冶金工业出版社，2006.

[34] 李文超. 冶金与材料物理化学 [M]. 北京：冶金工业出版社，2001.

[35] Ohta H，Suito H. Activities of SiO_2 and Al_2O_3 and activity coefficients of Fe_tO and MnO in $CaO-SiO_2-Al_2O_3-MgO$ slags [J]. Metallurgical and Materials Transactions B，1998，29（1）：119~129.

[36] Andrew J H. Nitrogen in iron [J]. Carnegie Scholarship Memoirs，1912，4（11）：236~245.

[37] Yang X M，Shi C B，Zhang M，et al. A thermodynamic model for prediction of iron oxide activity in some FeO-containing slag systems [J]. Steel Research International，2012，83（3）：244~258.

[38] 张波，姜茂发，元捷. $CaO-SiO_2-Al_2O_3-FeO-CaF_2-La_2O_3-Nb_2O_5-TiO_2$ 渣系的活度计算模型 [J]. 东北大学学报，2010，32（4）：525~528.

[39] 梁小平，金杨，王雨. RH 精炼渣高熔点相作用浓度对粘渣的影响 [J]. 过程工程学报，2009，9（2）：324~328.

[40] Jiang Z H，Hou D，Dong Y W，et al. Effect of slag on titanium，silicon and aluminum content in superalloy during electroslag remelting [J]. Metallurgical and Materials Transactions B，2016，47（2）：1465~1474.

[41] 尹彬. Inconel718 高温合金电渣重熔过程中铝钛元素的烧损控制 [D]. 鞍山：辽宁科技大学，2019.

[42] Yang X M，Jiao J S，Ding R C，et al. A thermodynamic model for calculating sulphur distribution ratio between $CaO-SiO_2-MgO-Al_2O_3$ ironmaking slags and carbon saturated hot metal based on the ion and molecule coexistence theory [J]. ISIJ International，2009，49（12）：1828~1837.

[43] Yang X M，Shi C B，Zhang M，et al. A thermodynamic model of sulfur distribution ratio between $CaO-SiO_2-MgO-FeO-MnO-Al_2O_3$ slags and molten steel during LF refining process based on the ion and molecule coexistence theory [J]. Metallugic and Materials Transactions B，2011，42（11）：1150~1180.

[44] Yang X M，Shi C B，Zhang M，et al. A thermodynamic model of phosphate capacity for $CaO-SiO_2-MgO-FeO-Fe_2O_3-MnO-Al_2O_3-P_2O_5$ slags equilibrated with molten steel during a top-bottom combined blown converter steelmaking process based on the ion and molecule coexistence theory

［J］. Metallugical and Materials Transaction B, 2011, 42（10）: 951~2011.

［45］ Yang X M, Duan J P, Shi C B, et al. A thermodynamic model of phosphorus distribution ratio between CaO-SiO$_2$-MgO-FeO-Fe$_2$O$_3$-MnO-Al$_2$O$_3$-P$_2$O$_5$ slags and molten steel during a top-bottom combined blown converter steelmaking process based on the ion and molecule coexistence theory ［J］. Metallugical and Materials Transaction B, 2011, 42（8）: 738~770.

［46］ 德国钢铁工程师协会. 渣图集［M］. 王俭, 译. 北京: 冶金工业出版社, 1989.

［47］ 陈崇喜, 王涌, 傅杰, 等. 高钛低铝高温合金电渣重熔中钛烧损的研究［J］. 金属学报, 1981, 17（1）: 50~57.

［48］ 刘睿. Cr23Ni13 钢的高温氧化动力学及其组织变化研究［J］. 哈尔滨: 哈尔滨工程大学, 2005.

［49］ 杨曙娇. 超超临界汽轮机叶片用钢的抗高温氧化性能［J］. 哈尔滨: 哈尔滨工程大学, 2011.

［50］ 梁英教, 车荫昌. 无机物热力学数据手册［M］. 沈阳: 东北大学出版社, 1993.

［51］ Ohtsuka S, Ukai S, Fujiwara M, et al. Nano-structure control in ODS martensitic steels by means of selecting titanium and oxygen contents［J］. Journal of Physics and Chemistry of Solids, 2005, 66（4）: 571~575.

［52］ 李铁藩. 金属高温氧化和热腐蚀［M］. 北京: 国防工业出版社, 2002.

［53］ Hussain N, Shahid K A, Khan I H, et al. Oxidation of high-temperature alloys at elevated temperature in air［J］. Oxidation of Metals, 1994, 41（4）: 251~278.

［54］ 张光也, 郭建亭, 叶恒强. NiAl-30.9Cr-3Mo-0.1DY 合金的围观结构与高温氧化行为［J］. 航空材料学报, 2005, 25（2）: 6~11.

［55］ 戚正风. 固态金属中的扩散与相变［M］. 北京: 机械工业出版社, 1998.

［56］ Saeki I, Konno H, Furuichi R, et al. The effect of the oxidation atmosphere on the initial oxidation of type 430 stainless steel at 1273K［J］. Corrosion Science, 1998, 40（2）: 191~200.

［57］ 董艳伍. 电渣重熔过程凝固数学模拟及新渣系研究［D］. 沈阳: 东北大学, 2008.

［58］ Fraser M E, Mitchell A. Mass transfer in the electroslag process: Part 1 mass-transfer model ［J］. Ironmaking & Steelmaking, 1976, 3（5）: 279~287.

［59］ Wei J H, Mitchell A. Changes in composition during AC ESR［J］. Acta Metallurgica Sinica, 1984, 20（5）: 261~279.

［60］ Hou D, Jiang Z H, Dong Y W, et al. Mass transfer model of desulfurization in the electroslag remelting process［J］. Metallurgical and Materials Transactions B, 2017, 48（1）: 1885~1897.

［61］ Karasev A, Suito H. Quantitative evaluation of inclusion in deoxidation of Fe-10 mass pct Ni alloy with Si, Ti, Al, Zr, and Ce［J］. Metallurgical and Materials Transactions B, 1999, 30（4）: 249~257.

［62］ Okuyama G, Yamaguchi K, Takeuchi S, et al. Effect of slag composition on the kinetics of formation of Al$_2$O$_3$-MgO inclusions in aluminum killed ferritic stainless steel［J］. ISIJ International, 2000, 40（2）: 121~128.

［63］ 陈希春, 王飞, 史成斌, 等. 电渣重熔工艺对 GH4169 脱硫的影响［J］. 钢铁研究学报, 2012, 24（12）: 11~16.

3 电渣重熔过程多场耦合的数学模拟

3.1 电渣重熔过程数学模拟概述

电渣重熔过程中涉及电磁场、流场、温度场和浓度场等多物理场，而且各物理场之间会互相影响，即多场耦合[1]。金属熔滴和渣/熔池界面的运动会显著改变电磁场的分布，电磁场的改变又会影响焦耳热和洛伦兹力的产生，进而影响温度场、流场和浓度场的分布。电渣重熔铸锭最显著的特征之一就是顺序凝固的组织，而均匀的化学成分则是另一重要特征[2~6]。电渣重熔过程中耦合的多物理场会影响最终铸锭的凝固组织和化学成分。为了优化工艺参数，改善电渣重熔铸锭的凝固质量，研究多物理场对重熔过程的影响显得尤其重要。近几十年来，国内外研究人员开发了大量的数学模型来研究重熔过程中多物理场耦合传输现象，包括电磁场、流场、温度场和浓度场等。

3.1.1 电磁场

电渣重熔过程不包含任何电弧现象[7]，电流在渣池中产生的焦耳热是重熔过程唯一的热源。电流与自感磁场作用产生的电磁力是驱动渣池和金属熔池流动的主要驱动力之一。因此，准确地计算出电磁场的分布是电渣重熔过程数值模拟的关键。计算电磁场得到的焦耳热和电磁力分别作为能量和动量守恒方程的源项，以求解温度场和流场。电渣重熔过程中的电磁场一般可用两种方法求解：一种是基于磁场强度的方法[8~10]，另一种是基于电势-磁矢势法[11,12]。

推导磁场强度的传输方程时，通常需要做出以下假设[13]：（1）电渣重熔过程处于高温条件下，忽略磁化现象；（2）渣池和金属熔池中的磁雷诺数较小，忽略流动对电磁场的影响；（3）位移电流和传导电流相比可以忽略；（4）假设重熔体系为轴对称。虽然忽略了渣池和金属熔池流动产生的感应磁场，但是金属熔滴以及渣/熔池界面的运动仍然会显著影响电磁场的分布。因此，基于磁场强度的方法特别适合求解有固定相界面的问题。

Patel 等通过分离变量的方法，采用 Fourier-Bessel 级数得到磁场强度传输方程的解析解[9]，研究了电极、渣池和铸锭中的电流密度、电压和焦耳热的分布，发现电流从电极环形面进入渣池的比例随着电极插入深度的增加而呈抛物线增加，电压和焦耳热随着插入深度的增加而呈线性降低。Hugo 等基于磁场强度的方法，计算了电极、渣池、铸锭和结晶器中的电流密度和焦耳热分布[10]，指出渣壳的厚度和电导率会显著地影响结晶器电流的大小，增大渣壳的电导率或减小渣壳的厚度均使结晶器的电流增加。在国内，魏季和等最早采用磁场强度的方法研究了电流大小、填充比和电极端部形状对磁场大小和分布的影响[14]，发现电极端部形状会显著地影响磁场强度的大小和分布。张伟军等利用磁场强度法，研究了重熔过程中的电磁场和焦耳热分布[15]，在电极和铸锭中观察到了明显的集肤效应现象。

电势-磁矢势法求解电磁场时需要分别求解电场和磁场的守恒方程，电场和磁场的守恒方程通过源项进行耦合。与磁场强度法相比，电势-磁矢势法通常需要花费更多的计算资源，但是它在求解有移动相界面的电磁场时更加稳定和准确[13]。因此，需要考虑金属熔滴滴落和渣/熔池界面波动对电磁场的影响时通常采用电势-磁矢势法。Kharicha 等建立了 3D 全尺寸模型，采用电势-磁矢势法求解熔滴滴落和渣/熔池界面运动过程中的电磁场[16,17]，发现熔滴滴落过程中，电流倾向于从金属熔滴流过，造成金属熔滴表面的电流密度迅速增大，如图3-1所

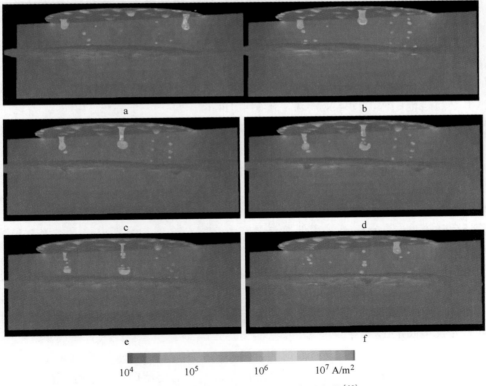

$$10^4 \qquad 10^5 \qquad 10^6 \qquad 10^7 \ \text{A/m}^2$$

图 3-1　熔滴滴落过程中电流密度的变化[16]

a—T_0-0.15s；b—T_0；c—T_0+0.075s；d—T_0+0.1s；e—T_0+0.135s；f—T_0+0.26s

示。需要注意的是，这种计算非常耗时，在不考虑铸锭凝固的前提下，使用 24 核的 CPU 求解 5s 的流动过程所需的时间长达 6 个月。姜周华等采用电势法求解了渣池中的电势和焦耳热分布[18]，计算结果和前人的测量结果吻合良好。李宝宽等建立了 3D 有限元模型[19]，使用电势-磁矢势法求解电磁场，考察了相位角、电极插入深度和电流频率等因素对电磁力和焦耳热密度分布的影响。

电磁场的准确求解对电渣重熔过程数值模拟的结果非常重要，因此应根据研究对象合理地选择电磁场的求解方法。

3.1.2 流场

渣池和金属熔池的流动主要受电磁力和浮力驱动。渣池中的涡流具有强烈的搅拌作用，能够使渣池的温度场分布更加均匀。金属熔池中的流动一般弱于渣池中的流动，不会引起枝晶的大量破碎，因此电渣锭的组织一般为柱状晶[20]。金属熔池中的流动还和宏观偏析有关，一般认为宏观偏析是由枝晶间液体的流动引起的[21,22]。此外，流动还会影响各组分在渣池和金属熔池中的质量传输系数，进而影响化学反应的速率[20]。因此，准确地计算渣池和金属熔池的流动对预测铸锭的凝固组织和化学成分非常重要。

Dilawari 和 Szekely 等在电渣重熔过程流场计算方面做出了开创性的工作，通过预先假设金属熔池形状，在不考虑浮力的前提下，首次计算了渣池和金属熔池的流场[23]，发现渣池和金属熔池中仅有一个逆时针方向的涡流，同时还指出渣池和金属熔池中的流动均为湍流。随后，Dilawari 等进一步完善了模型，考虑了浮力的影响，发现浮力会显著改变渣池和金属熔池中的流动特征[24]。Kreyenberg 等同时考虑电磁力和浮力，研究了渣池中的流动[25]，认为浮力驱动的自然对流与渣/熔池界面的过热度有关，过热度较低时会抑制自然对流。

电渣重熔过程是在高温环境下操作，而且熔渣和结晶器等均是不透明材质，难以直接观察渣池和金属熔池的流动。因此，有学者尝试使用物理模拟的方法来验证数学模型。Campbell 采用低熔点的有色金属合金作为自耗电极，在 KCl-LiCl 透明溶液中进行物理模拟实验，首次直接观察了重熔过程中的一些物理现象[26]，但是没有获得渣池的流动速度，无法直接用于验证模型。Choudhary 等采用水银来模拟熔渣的流动[27]，通过拍照的方法测量了水银在电磁驱动的流体中的流速，并和数值模拟结果进行比较，发现两者吻合较好，同时还指出水银的最大流速与电流的大小成正比。

在早期的研究中[24,25,27]，渣池和金属熔池中的流场通过求解流函数和涡量传输方程得到。这种方法难以拓展到三维模型，而且需要使用边界条件来耦合渣池和金属熔池的流场计算结果，难以真实地模拟出金属熔池的形状。Ferng 等将电渣重熔单元看作一个整体，在各个界面处使用特殊的处理方法，通过求解原始的质量、动量和能量守恒方程得到了更加真实的金属熔池形状，并指出金属熔池中的湍流混合强度大于渣池[28]，这与 Dilawari 等的计算结果刚好相反[23]。Jardy 等通过直接求解电磁场、质量和动量守恒方程，研究了渣池中的焦耳热、电流密度和流场的分布特征[29]，发现渣池中的流动与填充比有关，增大填充比将导致渣池中由浮力驱动的涡流开始变得显著。

　　电渣重熔过程中，熔渣和金属的电导率一般相差 3 个数量级。电流穿过渣/金界面时，电流的方向会发生突变，使用交流电时这种突变会更加显著。渣/金界面处电流方向的改变，将导致电磁力在渣/金界面附近出现不连续的变化，进而引起渣/金界面的波动。Kharicha 等通过耦合电磁场和多相流模型（VOF）的方法研究了渣/金界面的运动[31]，发现电流频率对渣/熔池界面的波动有显著影响，频率为 50Hz 时波动的振幅可达 2.5cm，如图 3-2 所示[30]。此外，Kharicha 等还研究了气/渣界面的波动[32]，模拟结果表明：电极插入深度较浅时，气/渣界面的波动导致气体进入电极端部下方，重熔单元的电阻将发生显著的变化。

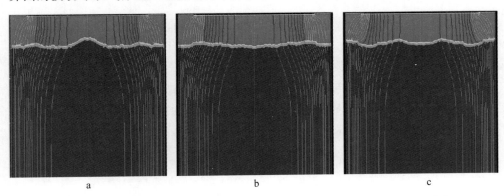

图 3-2　不同时刻渣/熔池界面的位置和电流的流线（电流频率为 50Hz）[30]

a—0s；b—0.2s；c—0.5s

　　金属熔滴的滴落是电渣重熔过程的一个重要现象，滴落过程中会引起质量、动量和能量的传输，对于最终重熔锭的凝固质量和化学成分有重要意义，因此一直是研究人员重点关注的问题。Kharicha 等建立了 3D 模型[33]，忽略重熔过程中的热量传输，通过电磁场和流场的耦合求解研究了金属熔滴的滴落过程，模拟的滴落过程如图 3-3 所示，发现熔滴的滴落会引起渣池内电阻的变化，同时还指出渣池内电阻的变化与界面张力有关。界面张力较大时，渣池内的电阻发生周期性的变化；而界面张力较小时，渣池内的电阻几乎保持恒定。

　　在国内，魏季和等采用求解流函数和涡量传输方程的方法，研究了电渣重熔过程中渣池的流场特征[34]，并考虑了电极形状、电流和填充比等因素的影响，模拟结果表明：电极端部锥角对渣池流场的影响比电流大小和填充比的影响更显

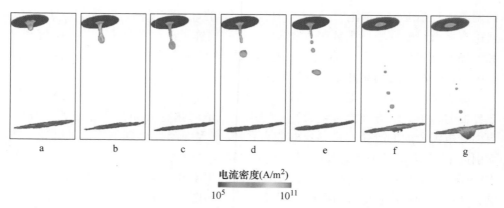

电流密度(A/m²)

10^5 　　　　　　10^{11}

图 3-3　金属熔滴和渣/熔池界面的运动[33]

a～c—金属熔滴源的形成；d, e—金属熔滴的形成与脱离；f, g—渣/金界面的变形

著。刘福斌等针对电渣重熔过程建立了三维准稳态的数学模型[35]，采用商业软件 ANSYS 研究了渣池的流动，模拟的速度场与文献中的实验结果吻合较好，同时还提出了一个无量纲准数来表示渣池中的环流特性。

　　钟云波等建立了耦合电磁场和流场的 3D 数学模型，在不考虑温度场影响的前提下，研究了横向磁场对重熔过程中金属熔滴行为的影响[36,37]，并利用物理模拟实验验证了模型，模拟结果表明：施加横向磁场后，电极下方的液态金属将受到方向周期性变化的横向电磁力的作用，最后被破碎成尺寸更加细小的金属熔滴，导致渣-金界面面积显著增加，如图 3-4 所示。

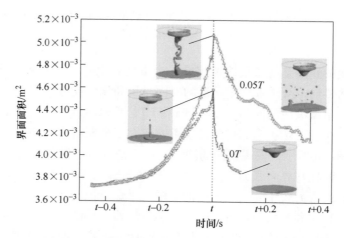

图 3-4　外部横向磁场对渣-金界面面积的影响[36]

3.1.3　温度场

电渣重熔过程中电极的温度分布决定着电极的熔化速率和表面发生的氧化反应速率。渣池中的温度分布会影响渣池中发生的化学反应的热力学条件，进而影响铸锭中的化学成分。铸锭中的温度分布决定了金属熔池形状和局部凝固时间，最终会影响铸锭的凝固组织。因此，电渣重熔体系中温度场的准确计算对预测铸锭中的凝固组织和化学成分非常重要。

铸锭温度场与金属熔池形状和凝固参数之间联系紧密，因此铸锭的温度分布一直是研究人员广泛关注的问题。Maulvault 等建立了准稳态的二维热传导模型，采用有效导热系数来考虑金属熔池中对流对传热的影响，预测了铸锭的金属熔池形状，计算结果与实验测量的温度分布吻合较好[38]。Ballantyne 等将铸锭温度场的计算考虑为瞬态问题[39]，耦合了渣池温度场的稳态计算结果，通过有限差分的方法模拟了铸锭的温度分布，同时还预测了铸锭的二次枝晶间距，确定了某一尺寸铸锭的最佳熔速。Carvajal 等针对电渣重熔 Al-4.5%Cu 合金过程，忽略渣池的温度场分布，通过在熔池顶部施加抛物线型的温度分布，模拟了铸锭的温度分布[40]。

电极的温度决定了电极的熔速和发生在电极表面的化学反应，因此学者们对电极的温度分布也进行了很多研究。Mendrykowski 等针对小尺寸的电渣重熔单元，基于热流沿一维轴向传输的假设，建立了描述电极温度分布的数学模型，计算结果表明电极通过热辐射吸收的热量可以忽略不计[41]。Mitchell 等计算了电极的稳态温度分布，计算结果和实验测量值吻合较好，同时还指出电极在空气中生成的氧化物厚度约为 10^{-6} m[42]。

上述文献虽然都计算了电极的温度分布，但是没有得到电极端部的熔化形貌。Tacke 等通过求解电极的稳态热传导方程得到电极的温度分布，并采用试位法（regula-falsi formula）确定了电极端部的形貌，计算值和实验结果吻合较好[43]。然而，模型中假设渣池的温度或渣池向电极传热的热量保持恒定，没有耦合渣池的温度场。Kharicha 等通过耦合渣池的温度场进一步拓展了 Tacke 等的模型[44,45]，计算了电极的端部形貌和熔化速率，但是求解过程非常不稳定。为了获得稳定的求解过程，Karimi-Sibaki 等引入电极插入深度来控制电极的下降速度，忽略熔滴的形成和滴落过程，使用动网格的方法来表示电极端部形貌的变化[46]，模拟结果与 Tacke 等的实验结果基本一致，如图 3-5 所示。

近年来出现了一批电渣重熔新工艺，比如双极串联电渣重熔、电渣液态浇铸等，有学者尝试针对这些新工艺进行温度场的模拟研究，为新工艺的开发提供理论依据。李宝宽等建立 3D 有限元模型，耦合求解电磁场和温度场的守恒方程，采用有效导热系数考虑金属熔池中的流动对传热的影响，考察了电极插入深度、

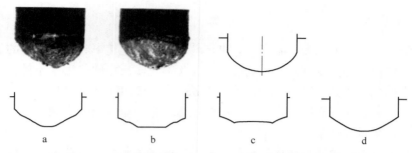

图 3-5　模拟的电极端部形貌（下排）和实验结果（上排）[46]

a—I=1.4kA，U=35V；b—I=1.8kA，U=25V；c—I=1.5kA，U=29V；d—I=1.9kA，U=32V

渣池高度、电流对渣池和铸锭的温度场的影响，图 3-6 为电极的插入深度对温度场的影响[47]。董艳伍等针对电渣液态浇铸工艺，建立了耦合电磁场和温度场的数学模型，忽略液态金属穿过渣池过程中的热交换，研究了渣池和铸锭的温度场分布[48]，模拟结果与工业实验中的测量结果吻合较好。

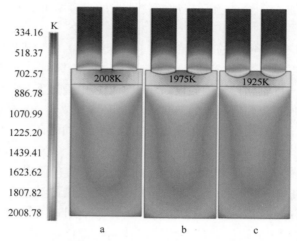

图 3-6　电极插入深度对温度场分布的影响[47]

a—0.01m；b—0.02m；c—0.05m

　　虽然电渣重熔过程中能够通过控制工艺参数减轻甚至消除宏观偏析，但是随着铸锭直径的增大，宏观偏析缺陷仍然难以避免。有学者尝试利用铸锭的温度分布来预测其中的宏观偏析，以获得能够生产出无偏析铸锭的操作参数。Ridder 等针对电渣重熔 Ni-27%Mo 和 Sn-15%Pb 合金过程，忽略金属熔池中的流动，考虑了凝固收缩和重力对宏观偏析的影响，将部分实验结果作为模型的输入参数，利用热流模型计算的温度场预测糊状区的压力降、枝晶间液体的流速以及各溶质的浓度，计算的合金元素的浓度分布与实验结果吻合较好[49]。Jeanfils 等基于铸锭的瞬态温度场，不考虑金属熔池中的流动，利用谢尔模型计算了电渣重熔 Waspaloy 合金铸锭中的宏观偏析，模拟得到元素的宏观偏析趋势与实验结果基本一致[50]。

铸锭的凝固组织也和温度场有关，由于电渣重熔过程中的热流具有方向性，所以铸锭中的凝固组织一般以柱状枝晶为主。有学者利用铸锭的温度场来模拟其中晶粒的生长，探究工艺参数对铸锭凝固组织的影响。饶磊等忽略渣池流动和熔滴对金属熔池的影响，建立了一个耦合宏观温度场和晶粒生长的全模型，研究了熔速对电渣重熔铸锭凝固组织的影响，发现较小的熔速有利于柱状枝晶沿轴向生长[51]。李宝宽等采用有限元法首先在较粗的网格上计算铸锭的宏观温度场，然后再将网格进一步细分使用元胞自动机法模拟微观组织演变，模拟的枝晶生长方向与实验结果吻合良好[52]。王晓花等不考虑金属熔池的流动，采用有效导热系数考虑流动对传热的影响，建立了耦合有限差分-元胞自动机法的数学模型，研究了铸锭动态生长过程中凝固组织的演变[53]，发现提高渣池温度会导致柱状晶粗化，减小铸锭表面细晶区厚度。

3.1.4 电磁场-流场-温度场耦合模型

电渣重熔过程的数值模拟涉及电磁场、流场、温度场和浓度场的耦合求解。在早期的研究中，受限于计算机求解能力和数值计算理论的发展，在电渣重熔过程的数值模拟研究中通常需要大量的假设，优先考虑最关注的物理场，对其他物理的影响进行简化处理。近年来，有学者建立了电渣重熔过程多物理场耦合的数学模型，用于预测操作参数对铸锭金属熔池形状、局部凝固时间和枝晶间距等参数的影响，其中大部分仍以电磁场-流场-温度场的耦合模拟研究为主。耦合浓度场的研究仍然较少，这部分将在后面叙述。

Dilawari 等通过假设金属熔池形状为平面，首次建立了电渣重熔过程电磁场、流场和温度场的耦合数学模型，金属熔滴传输的热量以源项的形式考虑，研究了渣池和金属熔池中的流场和温度场分布，模拟结果表明：浮力对渣池和金属熔池中的流动特征有显著影响，同时还指出渣池和金属熔池中的流动均为湍流[24]。

Choudhary 等在 Dilawari 的基础上进一步发展了模型，通过耦合准稳态的渣池的流场和温度场，采用有效导热系数来考虑金属熔池流动对传热的影响，首次计算了金属熔池的形状[54]，计算的金属熔池形状与实验结果吻合较好，同时还利用建立的模型研究了电极插入深度、填充比和电流大小等参数对电极熔速、流场和温度场的影响。

早期的模型在处理金属熔池时，有的假设金属熔池的形状，有的采用有效导热系数来考虑金属熔池中流动对传热的影响，这些假设都会影响金属熔池形状的模拟结果。Ferng 等对电渣重熔整体建立单区域模型，通过直接求解质量、动量和能量守恒方程获得渣池和金属熔池中的流场和温度场，利用迭代法得到了更加贴近实际的金属熔池形状，计算结果和实验结果吻合良好，同时还比较了电源类型对渣和金属熔池流动的影响[28]。

Kelkar 等针对电渣重熔 718 合金过程建立了一个二维轴对称的全模型[55]，使用复数形式表示交流电的磁场传输方程，速度场通过求解质量和动量守恒方程获得，湍流黏度使用标准的双方程 k-ε 模型计算，金属熔滴的影响以源项的形式考虑，模拟得到的金属熔池形状与实验结果吻合较好；随后还进一步完善了模型，预测了铸锭凝固过程中的局部凝固时间和瑞利数，如图 3-7 所示，甚至还包含了夹杂物的运动轨迹[56,57]。

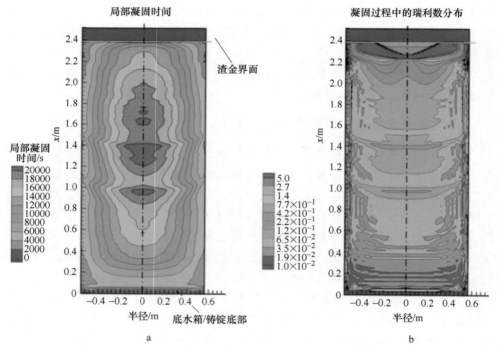

图 3-7　模型预测的局部凝固时间（a）和瑞利数（b）[57]

Patel 等利用开发的 COMPACT-ESR 软件计算了工业规模电渣重熔过程中的电磁场、流场和温度场，模拟得到的金属熔池形状与实验结果吻合较好，模拟结果表明：渣池中的流动是高度的湍流而金属熔池中的流动接近于层流，预测了一些感兴趣的冶金参数，比如局部凝固时间、冷却速率、二次枝晶间距和瑞利数等，指出最大瑞利数出现在铸锭的中心和 1/2 半径之间，同时还考察了合金属性对模拟的温度场的影响[58]。

Kharicha 等建立了二维轴对称的稳态数学模型，利用商业软件 Fluent 耦合求解电磁场、流场和温度场的守恒方程，引入金属熔滴对熔池的影响深度来考虑金属熔滴的影响，研究了结晶器电流和交流电频率对流场和温度场的影响，发现50Hz 的交流电能导致电磁力在渣/熔池界面出现不连续的变化，但是对熔池形状的影响较小；当结晶器电流存在时，渣池中的流动更强烈，金属熔池中的圆柱段高度增加[59]。

Weber 等建立了一个二维轴对称的瞬态数学模型[60]，使用网格劈裂技术模拟铸锭的连续生长，采用 SIMPLEC 算法求解压力与速度的耦合关系，研究了电渣重熔过程中电磁场、流场和温度场的耦合传输现象，计算的熔池形状与测量结果吻合较好；同时还考察了填充比对重熔过程的影响，发现电流恒定时填充比越大电极的熔速越低，如图 3-8 所示。

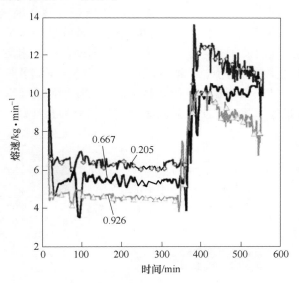

图 3-8 填充比对熔速的影响[60]

电渣重熔过程涉及熔渣和金属两相，是典型的多相流动问题。在大多数研究中，金属熔滴一般都是简化处理，通常以质量、动量和能量源项的形式来考虑金属熔滴的影响。随着多相流模型的发展，有研究者尝试用耦合多相流模型的方法来直接模拟金属熔滴的滴落过程。Rückert 等利用商业软件 Fluent，采用 Volume of Fraction（VOF）模型跟踪渣/金界面，研究了电渣重熔过程中的多相流现象，模拟结果表明：金属熔滴滴落时首先在电极中心形成一个较大的熔滴源，在电磁力、重力和界面张力的作用下，电极下方的熔滴源随后被拉成细长的金属流，最后较大的金属熔滴从颈缩处断开进入金属熔池，剩下的液态金属被破碎成许多细小的金属熔滴[61,62]。

　　王强等建立了实验室规模电渣重熔过程的 3D 瞬态数学模型[63~65]，电磁场方程采用用户自定义标量方程（UDS）加载到 Fluent 中，渣/金界面使用 VOF 模型追踪，利用商业软件 Fluent 耦合求解电磁场、流场和温度场的守恒方程，研究了电流大小、渣池高度和电极插入深度等参数对渣池和金属熔池中的流场和温度场的影响，计算得到的渣池温度和金属熔池形状与实验结果吻合良好。

　　Kharicha 等针对工业规模的电渣重熔过程建立了 3D 全尺寸的多相流-磁流体动力学耦合模型[66]，计算域只包含一层熔渣和一层钢液，渣面辐射的热损失使用 P1 辐射模型计算，渣/金界面使用 VOF 模型追踪，模拟结果表明：渣池中的流动受熔滴滴落的影响显示出高端湍流的特征，金属熔池中的流动具有非轴对称的特点；同时还指出对于工业规模的电渣重熔过程，使用 2D 轴对称的模型已经足够预测出比较准确的金属熔池形状[67]。

　　为了克服工业规模电渣重熔过程 3D 全尺寸模拟计算耗时的问题，N. Giesselmann 等通过耦合不同网格大小和时间步长的多区域模型来减少计算时间[68]。求解金属熔滴的运动时使用比较小的网格尺寸和时间步长，求解铸锭的温度场时使用较大的网格尺寸和时间步长，多区域模型中还涉及不同软件和不同模型之间的数据传递，求解过程比较复杂。作者利用建立的模型研究了 718 合金的重熔过程，计算的金属熔池形状和二次枝晶间距与实验结果吻合良好，如图 3-9 所示。

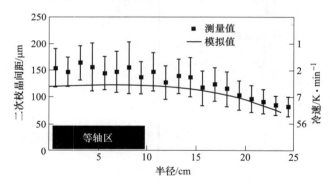

图 3-9　实验和计算得到的二次枝晶间距和冷却速率[68]

　　王晓花等建立了一个 3D 全尺寸的准稳态数学模型[2]，利用 ANSYS EMAG 软件计算电磁场，然后将计算的电磁力和焦耳热以源项的形式添加到动量和能量守恒方程中，使用 Fluent 进行温度场和流场的求解，研究了电渣重熔过程中的多相流动现象以及铸锭的凝固，模拟的金属熔池形状与实验结果吻合较好，计算得到的金属熔滴的最终速度、半径和停留时间等参数与经验公式的计算结果基本一致。

　　电渣重熔过程中，除了液态金属凝固形成铸锭，熔渣也会在结晶器壁面上凝固形成渣壳。渣壳的形成对铸锭的表面质量和内部质量有非常重要的影响，但是目前关于电渣重熔过程渣壳的数值模拟研究仍然较少。Kharicha 等针对渣池区域建立了二维轴对称的数学模型，通过耦合求解电磁场、流场和温度场的守恒方程以及凝固模型，研究了结晶器电流对渣壳厚度的影响[69]，模拟结果表明：在电流相同的条件下，结晶器电流会导致结晶器壁面上渣壳厚度增加。Hugo 等同时考虑渣池和铸锭区域，建立了电渣重熔过程多物理场的数学模型，利用流函数在整个计算域内直接求解电磁场的分布，在电流相同的条件下研究了结晶器电流对渣壳厚度的影响，模拟结果与 Kharicha 等的类似[70]。Yanke 等忽略渣壳与熔渣之间电导率的差异，采用 VOF 模型追踪渣/金界面，通过耦合求解电磁场、流场、温度场以及浓度场的守恒方程研究了结晶器直径和电流大小对渣壳厚度的影响，发现渣壳的厚度变化对计算的熔速和熔池深度有显著的影响[71]。

上述关于渣壳模拟的研究基本都是直接模拟渣壳的形成过程，需要耗费较大的计算资源，不适合工业规模电渣重熔过程渣壳形成的研究。Kharicha 等根据渣壳界面处能量守恒的特点建立了 1D 渣壳模型[72]，采用渣壳模型根据计算的温度场直接计算结晶器壁面上的渣壳厚度，计算的渣壳厚度再以边界条件的形式耦合到流场和温度场的计算中，模拟结果表明：渣壳中产生的焦耳热对渣壳厚度有重要的影响。

针对电渣重熔新工艺比如多电极电渣重熔和电渣液态浇铸等，也有学者尝试建立电磁场-流场-温度场的耦合数学模型研究新工艺中的多物理场现象，为新工艺的开发提供理论依据。董艳伍等研究了四电极电渣重熔过程中电磁场、流场和温度场的分布，考察了渣池高度、电极插入深度和填充比对铸锭熔池深度的影响，指出四电极比单电极更有利于获得浅平的金属熔池形状[73]。李宝宽等针对三电极三相电渣重熔过程，建立了顺序耦合的数学模型，电磁场使用有限元软件 ANSYS 求解，计算的电磁力和焦耳热通过用户自定义函数（UDF）添加到动量和能量守恒方程的源项中，流场和温度场使用 Fluent 求解，研究结果表明：多电极布置有利于渣池中焦耳热和温度的均匀分布[74,75]。

姜周华等使用 Fluent 软件模拟了电渣液态浇铸复合轧辊过程中的电磁场、流场和温度场的分布，研究了操作电压和浇铸温度等参数对辊芯温度分布的影响[76]。董艳伍等针对单电源双回路电渣重熔过程建立电磁场-流场-温度场的耦合数学模型，研究了上电源和下电源两种布置方式对渣池和铸锭温度场的影响，发现使用上电源更有利于获得浅平的金属熔池[77,78]。刘福斌等建立了电渣重熔空心钢锭的数学模型，研究了重熔过程中的电磁场、流场和温度场的分布，模拟得到的金属熔池形状与工业实验测量结果吻合较好[79,80]。

3.1.5 浓度场

铸锭化学成分的均匀性一直是研究人员普遍关注的一个问题。随着铸锭尺寸的增加，电渣锭凝固过程中的宏观偏析将变得更加严重，尤其是针对两相区较宽的钢种或合金。此外，渣池中的不稳定氧化物比如 FeO、SiO_2 等将和金属中的活泼元素发生反应，导致元素的烧损。为了优化工艺参数，提高铸锭化学成分的均匀性，有学者尝试使用数学模型的方法来预测铸锭中的浓度场。建立浓度场的数学模型时，一般需要在电磁场-流场-温度场的基础上进一步耦合组分传输方程。根据研究对象的不同，电渣重熔过程浓度场的数学模型可以分为宏观偏析和渣/金反应动力学两类。

铸锭凝固过程中的宏观偏析一般是由液相和固相之间的相对运动引起的[81,82]。前人在研究宏观偏析时发现了大量的数学模型，有局部溶质再分配方程[83]，基于混合理论的连续介质模型[84,85]，体积平均模型[86,87]，体积平均的两相模型[88]和多相模型[89]等。目前，模拟电渣重熔过程铸锭的宏观偏析时，以连续介质模型应用得最广泛。

Cefalu 等通过求解耦合的电磁场、流场、温度场以及组分传输方程和凝固模型，研究了电渣重熔 Ni-Cr-Mo 合金中的宏观偏析现象，同时还研究了熔速和结晶器直径对宏观偏析、局部凝固时间和金属熔池形状的影响，模拟结果表明：铸锭中的宏观偏析与熔速紧密相关[90]。

Fezi 等基于连续介质理论建立了描述电渣重熔过程铸锭宏观偏析的数学模型[91]，包含了电磁场、流场、温度场、浓度场的守恒方程以及凝固模型，采用达西定律描述糊状区内的流动，元素的微观偏析行为使用杠杆规则表示，使用 VOF 模型追踪渣/金界面，铸锭的连续生长采用动网格技术处理，研究了渗透率常数、电流大小、电极的初始成分和结晶器直径对铸锭宏观偏析的影响，发现计算的宏观偏析明显大于实验结果，这可能与渗透率模型的选取有关。

王强等针对实验室规模的电渣重熔过程，建立了 3D 瞬态数学模型预测不锈钢电极重熔过程中 C 和 Ni 的宏观偏析行为[92,93]，研究了电流大小和填充比对铸锭宏观偏析的影响，模拟 C 元素的浓度分布如图 3-10 所示，模拟结果表明：增大电流和填充比会加重铸锭的宏观偏析程度[94]，

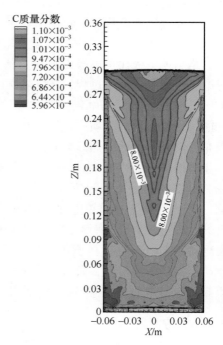

图 3-10　铸锭中碳的分布[93]

同时还提出了两个无量纲准数来表示溶质浮力和热浮力对金属熔池流动的影响，发现金属熔池上部主要受热浮力驱动，而下部主要受溶质浮力和电磁力驱动。

早期研究电渣重熔过程元素烧损的平衡模型，通常都忽略组分的质量传输过程，而且还假设渣池的温度保持不变，这显然导致模型过于简化[20]。Fraser 等考虑了组分的质量传输以及渣池温度分布的差异，针对电极/渣池界面、熔滴/渣池界面和渣/熔池界面分别建立了各组分的传质动力学模型，在不同的反应位置分别使用不同的反应温度、质量传输系数和界面面积等模型参数，通过顺序耦合的方式模拟了电渣重熔低碳钢中锰元素的浓度分布，计算结果表明：铸锭中锰的损失由渣池中的质量传输环节控制[95]。

王强等通过耦合电磁场-流场-温度场-组分传输的守恒方程以及动力学模型，建立了电渣重熔过程脱硫的数学模型[96]，同时考虑了化学反应和电化学反应对脱硫的影响，研究了电渣重熔过程中硫的传输行为，模型计算的脱硫效率与实验结果吻合较好，如图 3-11 所示。为了考虑气相脱硫反应，还建立了气-渣-金三相动力学模型[97]，发现考虑气相脱硫后，模拟的脱硫效率由 71% 增加到 88%，同时还研究了电流大小和电极极性对脱硫效率的影响[98,99]。

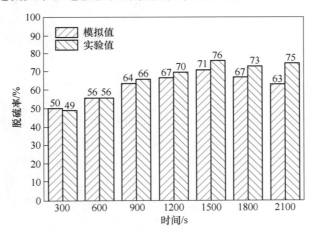

图 3-11　模拟和实验得到的脱硫率的比较[96]

王强等建立了描述电渣重熔过程氧传输的数学模型，同时考虑了化学反应和电化学反应对铸锭中氧含量的影响，渣中的氧化反应仅考虑 Fe 元素，忽略其他元素比如 Si、Al 与氧的反应，研究了电渣重熔过程中氧的传输行为，模拟结果表明：铸锭中最终的氧含量是由化学反应和电化学反应共同决定的[100,101]。

黄雪池等在王强的基础上进一步拓展了模型，考虑了钢中 Fe、Si、Mn 和 Al 与 O 的反应以及气/渣界面处气相向渣池传输氧的过程[102,103]，同时还考虑了电极表面生成的 FeO 对氧传输的影响，计算结果表明：电极表面生成的 FeO 是渣中 FeO 的主要来源，随着渣中 FeO 含量的增加，金属熔池中的氧含量先增加然后趋于平缓。

　　WEN 等建立了描述电渣重熔过程稀土镧浓度分布的数学模型，忽略渣中其他元素的化学反应，通过耦合求解电磁场、流场、温度场和浓度场的守恒方程以及渣/金反应动力学模型，研究了稀土元素镧的收得率[104]。作者使用 $60\%CaF_2+30\%La_2O_3+8\%CaO+2\%Al_2O_3$ 渣系重熔含稀土镧 0.036%（质量分数）的电极，实验中稀土镧的收得率为 33%，模拟的收得率为 37.5%，两者吻合较好。

　　Karimi-Sibaki 等基于有限体积法建立了 1D 模型求解 Poisson-Nernst-Planck（PNP）方程[105]，电化学反应采用著名的 Butler-Volmer 公式表示，研究了电渣重熔过程发生在熔渣中的离子传输和发生在渣/金界面的电化学反应。模拟结果表明：电场是由不发生电化学反应的离子控制的。在低电流密度时，只有 Fe^{2+} 会发生氧化还原反应，而其他离子如 Ca^{2+}、F^- 和 O^{2-} 不会发生电化学反应。提高电流密度，也没有发现 Fe^{3+} 的生成和 Ca^{2+} 的还原。

　　目前，电渣重熔过程浓度场的研究仍然较少，为了发展出预测准确度较高的数学模型，浓度场需要和其他多物理场一起耦合计算。此外，计算浓度场涉及的一些模型参数还存在较大的不确定性，比如渣/金反应中元素的活度、质量传输系数等，这些都会影响模型的计算结果。因此，在浓度场模型的建立方面还需要做大量的工作。

3.1.6　组织演变

　　Ridder 等[106] 在 1978 年研究了电渣重熔稳定状态下的溶质偏析和热流，Sindo Kou 等[107] 对电渣重熔过程旋转钢锭时产生的偏析问题进行了研究。但他们没有考虑固-液两相区，忽略了液相线温度以上金属熔池的流动，同时也忽略了电磁力对流动的影响。

　　2004 年 Cefalu 等[108] 建立了电渣重熔 Ni-Cr-Mo 合金偏析的数学模型，模型考虑了物质传输和交流电磁感应的流动、传热、凝固之间的耦合，并分析了不同钢锭直径和熔速对宏观偏析、局部凝固时间和熔池形状的影响。

　　Nastac 等[109] 用 MonteCarlo 法实现了同时求解元胞自动机模型与有限元模型，模拟了 INCONEL718 合金电渣重熔钢锭的微观组织，并在实验中得到了验证，该算法后来被植入 ProCAST 软件模块中。

　　尧军平等[110] 采用元胞自动机法，借助 MATLAB 软件，对电渣重熔钢锭的微观组织进行数值模拟研究，模拟结果与实验结果吻合较好；同时研究了渣池温度、侧面换热系数、底部换热系数对金属熔池形状和凝固过程中晶粒取向的影响，为实际生产提供了理论依据。

　　李宝宽等[111] 应用元胞自动机法建立了电渣重熔钢锭组织结构的计算模型，

建立了基于高斯分布的连续形核模型和生长模型，并将计算区域进一步划分为粗网格和细网格系统，在粗网格系统计算温度场，在细网格系统采用元胞自动机法（CA）对钢液凝固进行形核和生长计算；后来又应用有限元与元胞自动机耦合的方法建立了电渣重熔 H13 钢锭的多场耦合模型[112]，并与实验对比验证了模型的准确性，同时还讨论了不同的渣温、凝固速度、形核密度、最大过冷度对凝固组织形貌的影响。

梁强、陈希春等[113]建立了二维轴对称稳态电渣重熔过程的数学模型，求解了不同电流条件下 GH4169 合金电渣重熔过程中的温度场，根据温度场预测金相组织，并且用瑞利数（Rayleigh 数）作为黑斑判据预测黑斑形成的可能性。模拟结果表明：从重熔钢锭的中心到边缘，局部凝固时间、枝晶间距和瑞利数随冷却速率增大逐渐减小；当电流小于 4kA 时，凝固参数随电流增大而减小，电流大于 4kA 后，其凝固参数不再随电流改变；熔池深度随电流的增大而加深，模拟结果与硫印实验吻合较好，验证了模型的可靠性。

饶磊等[114]模拟了电渣重熔 5CrNiMo 钢凝固过程的宏观和微观组织的演变过程，模拟结果显示：在凝固过程中形成了细柱状晶区、柱状晶区竞相生长转变区、粗大柱状晶区、柱状晶向等轴晶转变区以及粗大的等轴晶区；同时，还计算了二次枝晶间距和枝晶生长角度，并与实验结果进行了对比，从而验证了该模型的准确性。

王晓花等[115]基于元胞自动机法建立了集合宏观传热、微观形核和枝晶生长的数学模型，预测电渣重熔过程中钢锭凝固组织的演变过程。为了节省计算空间和时间，采用移动的元胞结构，定义动态的计算域。以电渣重熔 30Cr1Mo1V 钢为模拟对象，将模拟得到的枝晶生长形貌与重熔钢锭的枝晶生长形貌对比验证了该模型。最后，研究了熔化速度对晶粒结构的影响，研究结果表明：熔化速度越快，柱状晶晶粒越细小，且柱状晶的生长方向更趋近于轴上生长；渣池温度越高，柱状晶晶粒越细小，钢锭底部和侧壁的细晶层越薄，如图 3-12 所示。

沈厚发等[116]以宏观偏析数学模型在钢锭铸造过程中的应用为主，阐明了宏观偏析的机理及影响因素，归纳了已有的几类宏观偏析模型，还进行了大型电渣重熔钢锭宏观偏析数值模拟研究工作，包括开发的多元多相宏观偏析数学模型 36t 钢锭铸造中的应用，以及多包变成分合浇工艺的数值模拟。实验结果表明，模拟结果与实测吻合较好，进而说明所开发的多元多相宏观偏析模型能够较准确地预测钢锭中产生的宏观偏析。

雷洪等[117]在凝固传热数学模型基础上，采用正态分布形核模型和二维偏心生长模型，模拟了电渣重熔钢锭重新凝固过程温度场及其凝固组织的生长情况，电渣重熔钢锭以倒"V"形的柱状晶为主，中心和底部为等轴晶，模拟结果与实验结果符合良好。随着渣温的升高，熔池变得深且宽；随着侧壁换热系数的增

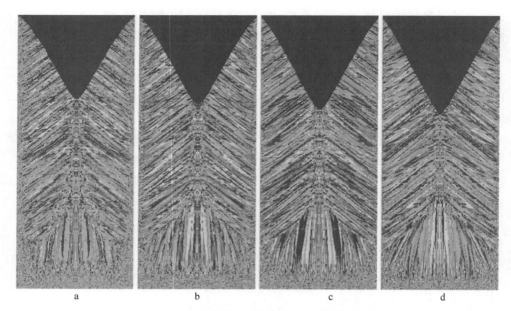

图 3-12　渣池温度对铸锭凝固组织的影响

a—1833K；b—1873K；c—1913K；d—1953K

大，熔池深度变浅；随着重熔速率的减小，熔池深度也逐渐变浅；较低的渣池温度、较大的对流换热系数有利于等轴晶形成，而重熔速度对凝固组织的影响不大。

汪瑞婷等[118]采用有限体积法建立了电渣重熔过程三维非稳态数学模型，在考虑电磁场、渣金两相流场、温度场的基础上，还有在凝固组织上运用欧拉-拉格朗日方法，跟踪夹杂物在电渣重熔过程中的运动轨迹和去除情况。

闫宏光等[119]对电渣重熔结晶器建立二维轴对称模型，采用有限元法对熔炼过程中的温度场、凝固场进行求解，同时采用元胞自动机法与有限元法耦合的算法求解钢锭微观组织。研究电渣重熔过程中，熔炼电流变化对电渣重熔过程中熔池深度、温度场、凝固场和微观组织的影响。此外，在模拟过程中引入电磁场，研究电磁搅拌对电渣重熔钢锭的微观组织的影响。

3.2　电渣重熔过程多物理场耦合数学模拟

3.2.1　基本假设

电渣重熔过程涉及的物理现象十分复杂，而且还相互耦合，对于有些现象本质的认识也还不完善。因此，难以在一个数学模型中同时包含所有的物理现象，而且目前的计算能力也不支持所有的物理现象同时求解。为了简化模型，节约计算时间，本节建立数学模型时做出了如下假设：

（1）计算域中只包含熔渣和金属部分，将电极、气相、结晶器和底水箱等部分定义在技术区域之外。

（2）假设渣/熔池界面和气/渣界面为平面[23,24]。

（3）除了浮力项中的密度外，假设熔渣和金属的其他物性参数均为常数，不随温度发生变化[27]。

（4）熔渣和金属都看作是不可压缩的牛顿流体[63]。

（5）忽略铸锭凝固中产生的收缩，凝固收缩形成的气隙对铸锭散热的影响采用综合对流传热系数表示[71]。

3.2.2 控制方程

3.2.2.1 电磁场方程

电渣重熔过程中，电流从自耗电极进入渣池，经铸锭和底水箱回到变压器后构成了一个导电回路。电流在电渣重熔炉周围产生磁场，电流与磁场作用会产生驱动渣池和金属熔池流动的电磁力。电流在渣池中产生的焦耳热是整个重熔体系的热源。电渣重熔过程中的电磁场现象可以用麦克斯韦方程组来表示，构成这一电磁场基本方程组的变量为 4 个场矢量：电场强度 E（V/m），磁感应强度 B（T），电位移矢量 D（C/m^3）和磁场强度 H（A/m），以及两个源量：电流密度 J（A/m^2）和电荷密度 q（C/m^3）。麦克斯韦方程组的微分形式为：

（1）法拉第感应定律：

$$\nabla \times E = -\frac{\partial B}{\partial t} \tag{3-1}$$

（2）安培环路定律：

$$\nabla \times H = J + \frac{\partial D}{\partial t} \tag{3-2}$$

（3）高斯定律：

$$\nabla \cdot D = q \tag{3-3}$$

（4）高斯磁定律：

$$\nabla \cdot B = 0 \tag{3-4}$$

式（3-1）~式（3-4）中有 6 个独立变量（E，D，H，B，J，q），但是只有四个方程。为了得到确定的解，还需要以下四个本构方程。

$$B = \mu_0 H \tag{3-5}$$

$$D = \varepsilon E \tag{3-6}$$

$$J = \sigma(E + v \times B) \tag{3-7}$$

$$\nabla \cdot J + \frac{\partial q}{\partial t} = 0 \tag{3-8}$$

式中　μ_0——磁导率，H/m；

　　　ε——介电常数，F/m；

　　　σ——电导率，S/m；

　　　$\boldsymbol{v}$——速度，m/s；

　　　t——时间，s。

　A　电势–磁矢势法

电渣重熔过程中，金属熔滴穿过渣池时会引起相分布的变化，进而引起渣池中电导率分布的变化。因此，电渣重熔过程中的电磁场是相分布的函数。电势–磁矢势法在求解有相边界移动问题的电磁场时更加的稳定和精确。研究金属熔滴的行为时，通常都选用电势–磁矢势法，需要同时求解电标量势 ϕ 和磁矢势 $\boldsymbol{A}$ 的守恒方程。

Dilawari 曾计算过电渣重熔过程中的磁雷诺数[23]，熔渣和金属中磁雷诺数的数量级分别为 10^{-4} 和 10^{-2}。由于熔渣和金属中的磁雷诺数远小于 1，所以可以忽略熔渣和金属流动对电磁场的影响。式（3-7）可化简为：

$$\boldsymbol{J} = \sigma \boldsymbol{E} \tag{3-9}$$

电场强度 $\boldsymbol{E}$ 可表示为：

$$\boldsymbol{E} = -\frac{\partial \boldsymbol{A}}{\partial t} - \nabla \varphi \tag{3-10}$$

电流密度 $\boldsymbol{J}$ 表示为：

$$\boldsymbol{J} = -\sigma \nabla \varphi - \sigma \frac{\partial \boldsymbol{A}}{\partial t} \tag{3-11}$$

电流密度 $\boldsymbol{J}$ 由两项构成，第一项为外加电流，第二项为磁场在导体中感应产生的涡流。在交流场中，涡流的瞬态项不应该被忽略，甚至在直流电场中求解多相流动的问题时也不应该被忽略[13]。

在电渣重熔过程中，式（3-8）可简化为[11,63]：

$$\nabla \cdot \boldsymbol{J} = 0 \tag{3-12}$$

将式（3-11）代入式（3-12）可得到电标量势的控制方程：

$$\nabla \cdot (\sigma \nabla \varphi) = -\nabla \cdot \left(\sigma \frac{\partial \boldsymbol{A}}{\partial t}\right) \tag{3-13}$$

磁矢势 $\boldsymbol{A}$ 与磁感应强度 $\boldsymbol{B}$ 满足如下关系：

$$\boldsymbol{B} = \nabla \times \boldsymbol{A} \tag{3-14}$$

在电渣重熔过程中，位移电流和传导电流相比几乎可以忽略[70]，式（3-2）可简化为：

$$\nabla \times \boldsymbol{H} = \boldsymbol{J} \tag{3-15}$$

将式（3-14）代入式（3-15）得：

$$\nabla \times \left(\frac{\nabla \times \boldsymbol{A}}{\mu_0} \right) = \boldsymbol{J} \tag{3-16}$$

为了获得唯一解，还需要引入库伦规范：

$$\nabla \cdot \boldsymbol{A} = 0 \tag{3-17}$$

式（3-16）利用库伦规范进一步化简后得到磁矢势 $\boldsymbol{A}$ 的控制方程：

$$\nabla^2 \boldsymbol{A} = -\mu_0 \boldsymbol{J} \tag{3-18}$$

本节建立的均是二维轴对称模型，因此磁矢势 $\boldsymbol{A}$ 仅有 A_r 和 A_z 两个分量：

$$\nabla^2 A_r = \frac{A_r}{r^2} - \mu_0 J_r \tag{3-19}$$

$$\nabla^2 A_z = -\mu_0 J_z \tag{3-20}$$

在二维轴对称模型中，磁感应强度 $\boldsymbol{B}$ 仅有周向的一个分量 B_θ：

$$B_\theta = \frac{\partial A_r}{\partial z} - \frac{\partial A_z}{\partial r} \tag{3-21}$$

电磁力和焦耳热可分别表示为：

$$\boldsymbol{F} = \boldsymbol{J} \times \boldsymbol{B} \tag{3-22}$$

$$Q_j = \frac{\boldsymbol{J} \cdot \boldsymbol{J}}{\sigma} \tag{3-23}$$

B　磁场强度法

电渣重熔过程的模拟中，不考虑金属熔滴的行为时，渣/金两相具有稳定的相界面，此时电磁场的分布可通过求解磁场强度的传输方程得到。磁场强度的传输方程中仅有磁场强度 $\boldsymbol{H}$ 一个变量，模型求解和边界条件均比较简单，可以极大地减少计算量，节约求解时间。目前，磁场强度法在电渣重熔过程电磁场的计算中仍然广泛应用。

将式（3-7）代入式（3-1）中可得：

$$\nabla \times \left(\frac{\boldsymbol{J}}{\sigma} - \boldsymbol{v} \times \boldsymbol{B} \right) = -\frac{\partial \boldsymbol{B}}{\partial t} \tag{3-24}$$

如前所述，在电渣重熔过程中，位移电流和传导电流相比可以忽略，将式（3-15）代入式（3-24）中得到磁场强度的传输方程。

$$\nabla \times \left(\frac{\nabla \times \boldsymbol{H}}{\sigma} \right) = \mu_0 \nabla \times (\boldsymbol{v} \times \boldsymbol{H}) - \mu_0 \frac{\partial \boldsymbol{H}}{\partial t} \tag{3-25}$$

电渣重熔的熔渣和金属中的磁雷诺数远小于 1，因此渣池和金属的流动对电磁场的影响可以忽略[23]，式（3-25）可简化为：

$$\nabla \times \left(\frac{\nabla \times \boldsymbol{H}}{\sigma} \right) = -\mu_0 \frac{\partial \boldsymbol{H}}{\partial t} \tag{3-26}$$

在二维轴对称模型中，$H_z = H_r = \frac{\partial}{\partial \theta} = 0$，式（3-26）可进一步化简为：

$$\frac{\partial}{\partial z}\left(\frac{1}{\sigma}\frac{\partial H_\theta}{\partial z}\right) + \frac{\partial}{\partial r}\left[\frac{1}{\sigma r}\frac{\partial(rH_\theta)}{\partial r}\right] = \mu_0\frac{\partial H_\theta}{\partial t} \tag{3-27}$$

将式（3-27）展开为：

$$\frac{1}{r}\frac{\partial}{\partial r}\left(r\frac{\partial H_\theta}{\partial r}\right) + \frac{\partial}{\partial z}\left(\frac{\partial H_\theta}{\partial z}\right) - \frac{H_\theta}{r^2} + \frac{J_z}{\sigma}\frac{\partial\sigma}{\partial z} - \frac{J_r}{\sigma}\frac{\partial\sigma}{\partial r} = \sigma\mu_0\frac{\partial H_\theta}{\partial t} \tag{3-28}$$

需要注意的是，式（3-28）仅适用于电导率梯度相对较小的情况。在渣壳形成的研究中，磁场强度的传输方程需要对包含液渣、金属和渣壳的整个区域求解。渣壳与液渣和金属的电导率相差较大，式（3-28）已不再适合电磁场的求解。因此，Hugo 等提出以电磁流函数 rH_θ 作为磁场传输方程的变量，把各种材质的电导率包含在磁场传输方程的扩散系数中，这样所有的界面条件在相邻介质的界面上全部自动考虑[10]。最终的磁场传输方程为：

$$\frac{1}{r}\frac{\partial}{\partial r}\left(r\frac{1}{r\sigma}\frac{\partial(rH_\theta)}{\partial r}\right) + \frac{\partial}{\partial z}\left[\frac{1}{r\sigma}\frac{\partial(rH_\theta)}{\partial z}\right] - \frac{1}{r^2\sigma}\frac{\partial(rH_\theta)}{\partial r} = \mu_0\frac{\partial H_\theta}{\partial t} \tag{3-29}$$

电渣重熔过程通常采用交流电操作，式（3-29）等号右侧的时间项无法忽略。为了消除式（3-29）中的时间项，对于正弦交流电，磁场可用相量表示：$H_\theta = \boldsymbol{H}_\theta e^{j\omega t}$。$\boldsymbol{H}_\theta$ 为复振幅，仅是坐标（r，z）的函数。式（3-29）可化简为：

$$\frac{1}{r}\frac{\partial}{\partial r}\left[r\frac{1}{r\sigma}\frac{\partial(r\boldsymbol{H}_\theta)}{\partial r}\right] + \frac{\partial}{\partial z}\left[\frac{1}{r\sigma}\frac{\partial(r\boldsymbol{H}_\theta)}{\partial z}\right] - \frac{1}{r^2\sigma}\frac{\partial(r\boldsymbol{H}_\theta)}{\partial r} = \mu_0 j\omega\boldsymbol{H}_\theta \tag{3-30}$$

式中　ω——角频率，Hz；

　　　j——虚数单位。

已知 $\boldsymbol{H}_\theta = \boldsymbol{H}_{\theta\mathrm{Re}} + j\boldsymbol{H}_{\theta\mathrm{Im}}$，式（3-30）可分别写成实部和虚部两部分：

$$\frac{1}{r}\frac{\partial}{\partial r}\left[r\frac{1}{r\sigma}\frac{\partial(r\boldsymbol{H}_{\theta\mathrm{Re}})}{\partial r}\right] + \frac{\partial}{\partial z}\left[\frac{1}{r\sigma}\frac{\partial(r\boldsymbol{H}_{\theta\mathrm{Re}})}{\partial z}\right] - \frac{1}{r^2\sigma}\frac{\partial(r\boldsymbol{H}_{\theta\mathrm{Re}})}{\partial r} = -\mu_0\omega\boldsymbol{H}_{\theta\mathrm{Im}}$$

$$\tag{3-31}$$

$$\frac{1}{r}\frac{\partial}{\partial r}\left[r\frac{1}{r\sigma}\frac{\partial(r\boldsymbol{H}_{\theta\mathrm{Im}})}{\partial r}\right] + \frac{\partial}{\partial z}\left[\frac{1}{r\sigma}\frac{\partial(r\boldsymbol{H}_{\theta\mathrm{Im}})}{\partial z}\right] - \frac{1}{r^2\sigma}\frac{\partial(r\boldsymbol{H}_{\theta\mathrm{Im}})}{\partial r} = \mu_0\omega\boldsymbol{H}_{\theta\mathrm{Re}}$$

$$\tag{3-32}$$

式中　$\boldsymbol{H}_{\theta\mathrm{Re}}$，$\boldsymbol{H}_{\theta\mathrm{Im}}$——复振幅 $\boldsymbol{H}_\theta$ 的实部，虚部。

在计算得到磁场强度的分布后，电流密度可分别表示为：

$$\mathrm{Re}[\boldsymbol{J}_r] = -\frac{\partial(\boldsymbol{H}_{\theta\mathrm{Re}})}{\partial z} \tag{3-33}$$

$$\mathrm{Im}[\boldsymbol{J}_r] = -\frac{\partial(\boldsymbol{H}_{\theta\mathrm{Im}})}{\partial z} \tag{3-34}$$

$$\mathrm{Re}[\boldsymbol{J}_z] = \frac{1}{r}\frac{\partial(r\boldsymbol{H}_{\theta\mathrm{Re}})}{\partial r} \tag{3-35}$$

$$\text{Im}[\boldsymbol{J}_z] = \frac{1}{r}\frac{\partial(r\boldsymbol{H}_{\theta\text{Im}})}{\partial r} \tag{3-36}$$

式中　$\boldsymbol{J}_r$，$\boldsymbol{J}_z$——电流密度的复振幅 $\boldsymbol{J}$ 在 r 和 z 方向的分量；

　　　　Re——实部；

　　　　Im——虚部。

时均的焦耳热可表示为：

$$Q_\text{j} = \frac{\text{Re}[\boldsymbol{J}_r]^2 + \text{Im}[\boldsymbol{J}_r]^2 + \text{Re}[\boldsymbol{J}_z]^2 + \text{Im}[\boldsymbol{J}_z]^2}{2\sigma} \tag{3-37}$$

时均的电磁力 $\boldsymbol{F}$ 在 r 和 z 方向上的分量可分别表示为：

$$F_r = -\frac{\mu_0}{2}(\text{Re}[\boldsymbol{J}_z]\boldsymbol{H}_{\theta\text{Re}} + \text{Im}[\boldsymbol{J}_z]\boldsymbol{H}_{\theta\text{Im}}) \tag{3-38}$$

$$F_z = \frac{\mu_0}{2}(\text{Re}[\boldsymbol{J}_r]\boldsymbol{H}_{\theta\text{Re}} + \text{Im}[\boldsymbol{J}_r]\boldsymbol{H}_{\theta\text{Im}}) \tag{3-39}$$

3.2.2.2　多相流动

电渣重熔过程中涉及熔渣和金属熔池的流动，是典型的多相流动问题。渣池和金属熔池的流动通过求解质量和动量守恒方程得到，熔渣和金属之间的相界面使用多相流模型进行追踪。前人的研究结果表明，渣池和金属熔池中的流动都属于湍流流动，还需要使用湍流模型来计算湍流黏度。

A　质量守恒方程

流体流动过程中遵循的质量守恒方程可表示为：

$$\frac{\partial \rho}{\partial t} + \nabla\cdot(\rho\boldsymbol{v}) = S_\text{m} \tag{3-40}$$

式中　ρ——密度，kg/m^3；

　　　$\boldsymbol{v}$——速度，m/s；

　　　t——时间，s。

式（3-40）是质量守恒方程的通用形式。S_m 表示相间质量传输引起的质量源项和其他自定义的源项。

当流动过程达到稳态时，式（3-40）可化简为：

$$\nabla\cdot(\rho\boldsymbol{v}) = S_\text{m} \tag{3-41}$$

B　动量守恒方程

电渣重熔过程中，描述熔渣和金属熔池流动的动量守恒方程为：

$$\frac{\partial}{\partial t}(\rho\boldsymbol{v}) + \nabla\cdot(\rho\boldsymbol{v}) = -\nabla p + \nabla\cdot[\mu(\nabla\boldsymbol{v} + \nabla\boldsymbol{v}^T)] + \rho_0\boldsymbol{g}\beta(T - T_0) + \boldsymbol{F} + \boldsymbol{F}_\text{d} \tag{3-42}$$

式中　　p——压力，Pa；

　　　　μ——黏度，Pa·s；

　　　　$\boldsymbol{g}$——重力加速度，m/s^2；

　　　　β——线（膨）胀系数，K^{-1}；

　　　　T_0——参考温度，K；

　　　　$\boldsymbol{F}$——电磁力，N/m^3；

　　　　$\boldsymbol{F}_d$——糊状区内枝晶对枝晶间液体的阻力，N/m^3。

　　模拟铸锭两相区内枝晶间液体流动的方法包括伪黏度法（pseudo-viscosity method），速度停止法（velocity "switch-off" method）和多孔介质方法（porous medium approach）。在上述这些方法中，多孔介质法可以更真实地体现出枝晶对枝晶间液体流动的阻力，因此该方法常用于模拟糊状区内枝晶间液体的流动。糊状区内枝晶对枝晶间液体流动的阻力 $\boldsymbol{F}_d$ 可用如下公式表示：

$$\boldsymbol{F}_d = -\mu \frac{\boldsymbol{v}}{K} \tag{3-43}$$

式中　　K——糊状区的渗透率，m^2。

　　糊状区内的渗透率 K 使用 Blake-Kozeny 公式表示：

$$K = \frac{d_1^2}{180} \frac{f_1^3}{(1-f_1)^2} \tag{3-44}$$

式中　　d_1——一次枝晶臂间距，m；

　　　　f_1——液相分数。

　　C　湍流模型

　　Dilawari 等通过计算渣池和金属熔池中的湍流黏度比发现电渣重熔过程中渣池和金属熔池的流动均属于湍流流动[23]。因此，在求解电渣重熔过程中的流动问题时一般需要使用湍流模型，其中标准 k-ε 模型被广泛采用。需要注意的是，标准 k-ε 模型是基于流动是充分发展的湍流的假设推导的，仅对充分发展的湍流有效。李宝宽等曾指出，电渣重熔过程中，熔滴滴落时引起的雷诺数的变化在 2600~9800 之间[103]。对于低雷诺数的流动，标准 k-ε 模型的适应性较差，而 RNG k-ε 模型提供了一个通过分析推导的差分公式来计算低雷诺数流动区域的有效黏度，因此 RNG k-ε 模型在处理雷诺数变化范围较大的流动时比标准 k-ε 模型更精确和可靠。本节采用 RNG k-ε 双方程模型来计算湍流黏度。

　　RNG k-ε 湍流模型是使用统计技术（也叫重整化群理论）从瞬时的纳维-斯托克斯方程中推导出来的，具体的公式形式如下：

$$\frac{\partial}{\partial t}(\rho k) + \frac{\partial}{\partial x_i}(\rho k v_i) = \frac{\partial}{\partial x_j}\left(\alpha_k \mu_{\text{eff}} \frac{\partial k}{\partial x_j}\right) + G_k + G_b - \rho\varepsilon - Y_M + S_k \tag{3-45}$$

$$\frac{\partial}{\partial t}(\rho\varepsilon) + \frac{\partial}{\partial x_i}(\rho\varepsilon v_i) = \frac{\partial}{\partial x_j}\left(\alpha_\varepsilon\mu_{\text{eff}}\frac{\partial\varepsilon}{\partial x_j}\right) + C_{1\varepsilon}\frac{\varepsilon}{k}(G_k + C_{3\varepsilon}G_b) - C_{2\varepsilon}\rho\frac{\varepsilon^2}{k} - R_\varepsilon + S_\varepsilon$$

$$(3-46)$$

式中　k——湍动能，m^2/s^2；

$\quad\quad\varepsilon$——湍动能耗散率，m^2/s^3；

$\quad\quad G_k$——由平均速度梯度产生的湍动能，m^2/s^2；

$\quad\quad G_b$——由浮力产生的湍动能，m^2/s^2；

$\quad\quad Y_M$——在可压缩湍流中体积膨胀起伏对湍流耗散率的影响，m^2/s^3；

α_k，α_ε——针对 k 和 ε 的有效普朗特数的导数；

$C_{1\varepsilon}$，$C_{2\varepsilon}$——模型参数 $C_{1\varepsilon} = 1.42$，$C_{2\varepsilon} = 1.68$；

$\quad\quad C_{3\varepsilon}$——模型参数，体现浮力对耗散率的影响，$C_{3\varepsilon} = \tanh\left|\dfrac{v}{u}\right|$。

S_k，S_ε——用户自定义的源项。

RNG k-ε 模型方程和标准 k-ε 模型最主要的区别是在湍动耗散率 ε 的传输方程中引入了 R_ε。

$$R_\varepsilon = \frac{C_\mu\rho\eta^3(1 - \eta/\eta_0)\varepsilon^2}{(1 + \beta\eta^3)k}$$

$$(3-47)$$

式中，$\eta = Sk/\varepsilon$，$\eta_0 = 4.38$，$\beta = 0.012$。

该项的加入使 RNG k-ε 模型比标准 k-ε 模型对快速应变和流线曲率的影响更为敏感，因此在雷诺数范围较宽的流动中表现更好。

对于低雷诺数流动的区域，湍流黏度的计算公式为：

$$d\left(\frac{\rho^2 k}{\sqrt{\varepsilon\mu}}\right) = 1.72\frac{\boldsymbol{v}}{\sqrt{\boldsymbol{v}^3 - 1 + C_v}}d\boldsymbol{v}$$

$$(3-48)$$

式中，$\boldsymbol{v} = \mu_{\text{eff}}/\mu$，$C_v \approx 100$。

对于高雷诺数流动的区域，湍流黏度的计算公式为：

$$\mu_t = \rho C_\mu\frac{k^2}{\varepsilon}$$

$$(3-49)$$

式中，$C_\mu = 0.0845$。

在铸锭的糊状区内，枝晶不仅会阻碍枝晶间液体的流动，还会引起湍动能和湍动耗散率的变化。糊状区内枝晶对湍流的影响可用源项表示，其形式和糊状区内的动量源项类似。

$$S_k = -\frac{\mu}{K}k$$

$$(3-50)$$

$$S_\varepsilon = -\frac{\mu}{K}\varepsilon$$

$$(3-51)$$

　　壁面的存在会极大地影响湍流。大量的实验表明，近壁区域可以分为三层。最内层，也叫黏性底层，流动几乎是层流，分子黏度对动量、能量和质量的传输起着非常重要的作用；最外层叫做完全湍流层，分子黏度和湍流黏度相比可以忽略；在这两层之间还存在一个过渡层，分子黏度和湍流黏度的影响基本相当。在近壁区域，湍流模型已经不再适用。因此，本节使用标准壁函数来处理近壁区域的湍流流动。

D　多相流模型

a　多相流模型简介

　　相是指物质的状态，一般情况下，物质有气相、液相和固相三种状态。多相流通常指流动区域内包含两种或两种以上的相。在工业领域，多相流动现象普遍存在，比如燃烧室、旋风分离器、流化床和泥浆流等。目前，在工业领域有两种常用的方法来模拟多相流动现象，一种是欧拉-拉格朗日法，另一种是欧拉-欧拉法。

　　在欧拉-拉格朗日法中，流体相被看作是连续介质，使用纳维-斯托克斯方程进行求解，离散相的求解是通过在计算的流场中跟踪大量的颗粒或气泡实现的。离散相与流体相之间可以进行动量、能量和质量的交换。欧拉-拉格朗日法特别适合求解离散相占据较小体积分数的问题，比如喷雾干燥、煤和液体燃料燃烧和颗粒流动等，但是不适合模拟液-液混合流动和流化床，或者说任何离散相的体积分数不能被忽略的过程都不适合用欧拉-拉格朗日法模拟。在冶金过程中，有学者利用欧拉-拉格朗日法模拟夹杂物的运动和钢包中氩气搅拌等现象。

　　在欧拉-欧拉法中，不同的相在数学上均被看作是可以互相贯穿的连续介质。因为某一相的体积不可能被其他相挤占，所以引入了相的体积分数这个概念。相的体积分数在空间和时间上是连续分布的函数，并且所有相的体积分数相加应等于 1。在欧拉-欧拉法中，通常有三种不同的多相流模型：Volume of Fraction（VOF）模型，Mixture 模型和 Eulerian 模型。

　　VOF 模型是一种表面跟踪技术，主要用来跟踪两种或多种不可互溶的流体的界面。在 VOF 模型中，所有的相共享一套守恒方程，在整个计算域的每个单元中每一相的体积分数都需要跟踪。如果两相之间的速度或温度相差较大时，会影响相界面附近的速度或温度的计算精度。VOF 模型对相间的作用力考虑比较简单，仅考虑了相界面上的表面张力[1]。VOF 模型适用于分层流动、自由表面流和充型等过程。

　　Mixture 模型适用于含有颗粒的多相流动，所有的相都被看作是互相贯穿的连续介质。Mixture 模型中需要求解针对混合相的守恒方程，并通过指定相对速度来描述离散相的运动，也可以不指定相对速度来模拟均匀的多相流动。Mixture 模型允许各相以不同的速度运动，适用于模拟颗粒输运、气泡流、颗粒沉积和旋风分离器等过程。

与 VOF 模型和 Mixture 模型相比，Eulerian 模型更加复杂，它需要针对每一相建立守恒方程进行求解，各相之间通过压力和相间交换系数进行耦合。耦合的方式还和模型中涉及的相的类型有关，固-液流动和液-液流动的耦合方法不一样。Eulerian 模型用于模拟鼓泡塔，颗粒悬浮和流化床等过程。如果相间的作用力还不清晰，或者需要节约计算时间，可以使用 Mixture 模型代替 Eulerian 模型。

电渣重熔过程中，电极端部受热熔化形成金属液膜，液态金属在电磁力、界面张力和重力的作用下汇聚成金属熔滴，最终离开电极端部穿过渣池，进入金属熔池。熔渣和金属均是互不相溶的流体，而且渣池和金属熔池之间有清晰的相界面，因此本节采用 VOF 模型追踪熔渣和金属的相界面。

b VOF 模型理论

在 VOF 模型中，通过引入相的体积分数 α 来表示相的分布。对于第 q 相，其体积分数可用如下公式计算：

$$\frac{\partial \alpha_q}{\partial t} + \nabla \cdot (\alpha_q \boldsymbol{v}) = 0 \qquad (3-52)$$

$$\sum_{q=1}^{n} \alpha_q = 1 \qquad (3-53)$$

当控制单元完全被 q 相占据时，$\alpha_q = 1$；当控制单元中没有 q 相存在时，$\alpha_q = 0$；当控制单元中被 q 相和其他相共同占据时，$0 < \alpha_q < 1$。每一个控制单元中，所有相的体积分数之和应等于 1。相界面的形状使用分段线性的几何重构算法表示。

流体内部分子对其表面分子的吸引力将导致液体表面产生表面张力，它将使液体表面收缩。因此，熔渣和金属间的表面张力对金属熔滴的形成非常重要。在本节中，使用连续表面力模型来考虑两相之间的表面张力。计算的表面张力通过散度理论转化为体积力后作为源项添加到动量守恒方程。

在 VOF 模型中，所有的相共享一套守恒方程，因此守恒方程中涉及的物性参数均是混合相的混合属性，与每个控制单元中各相的体积分数有关。在两相模型中，混合属性可通过各相的体积分数插值得到。

$$\phi = \phi_1 \alpha_1 + (1 - \alpha_2) \phi_2 \qquad (3-54)$$

式中　ϕ——混合属性，比如密度、黏度、电导率、导热系数等；

ϕ_1，ϕ_2——相 1 和相 2 的属性。

3.2.2.3 能量守恒方程

电渣重熔过程中，熔渣和铸锭的温度场分布通过求解焓的守恒方程得到。

$$\frac{\partial}{\partial t}(\rho H) + \nabla \cdot (\rho H \boldsymbol{v}) = \nabla \cdot (\lambda_{\text{eff}} \nabla T) + Q_j \qquad (3-55)$$

式中　　H——焓，J/kg；

　　　λ_{eff}——有效导热系数，W/(m·K)；

　　　T——温度，K；

　　　Q_j——焦耳热，W/m³。

H 由显焓和潜热两部分构成：

$$H = h + \Delta H \tag{3-56}$$

$$h = h_{\text{ref}} + \int_{T_{\text{ref}}}^{T} C_p \mathrm{d}T \tag{3-57}$$

$$\Delta H = f_1 L \tag{3-58}$$

式中　　h——显焓，J/kg；

　　　h_{ref}——参考焓，J/kg；

　　　T_{ref}——参考温度，K；

　　　C_p——定压热容，J/(kg·K)；

　　　f_1——液相分数；

　　　L——凝固潜热，J/kg。

铸锭的液相分数由杠杆定律计算：

$$f_1 = \frac{T - T_{\text{L}}}{T_{\text{L}} - T_{\text{S}}} \tag{3-59}$$

式中　　T_{L}——液相线温度，K；

　　　T_{S}——固相线温度，K。

3.2.2.4　组分守恒方程

电渣重熔过程中，液态金属中的化学组分通过湍流和分子扩散向渣/金界面迁移，然后在渣/金界面上发生渣/金反应，从而去除有害元素。重熔过程中，熔渣或金属中组分的传输过程可用如下公式表示：

$$\frac{\partial}{\partial t}\left(\rho\,\frac{C_i}{100}\right) + \nabla \cdot \left(\rho \boldsymbol{v}\,\frac{C_i}{100}\right) = \nabla \cdot \left[\rho D_{\text{eff},i}\left(\nabla \frac{C_i}{100}\right)\right] + S_i \tag{3-60}$$

式中　　C_i——熔渣或金属中组分 i 的局部质量分数；

　　　$D_{\text{eff},i}$——组分 i 的有效质量扩散系数，m²/s；

　　　S_i——组分 i 在界面上的质量传输速率，kg/(m³·s)。

3.2.3　动网格技术

电渣重熔过程中，随着电极的熔化，金属熔滴不断汇聚在金属熔池，导致金属熔池的液面高度增加。为了考虑铸锭的连续生长，本节使用了动网格技术。使用动网格时，所有的守恒方程都需要根据网格的移动速度进行相应修改。在动网格模型中，任意变量 ξ 的守恒方程的积分形式为：

$$\frac{\mathrm{d}}{\mathrm{d}t}\int_V \rho\xi\mathrm{d}V + \int_\Omega \rho\xi(\boldsymbol{v} - \boldsymbol{v}_{\mathrm{mesh}}) \cdot \mathrm{d}\boldsymbol{S} = \int_\Omega \Gamma\,\nabla\xi \cdot \mathrm{d}\boldsymbol{S} + \int_V S_\xi\mathrm{d}V \tag{3-61}$$

式中　V——控制单元的体积，m^3；

　　　$\boldsymbol{v}$——流体的速度，$\mathrm{m/s}$；

　$\boldsymbol{v}_{\mathrm{mesh}}$——网格的移动速度，$\mathrm{m/s}$；

　　　Γ——扩散系数，m^2/s；

　　　Ω——控制单元的面；

　　　S——面积向量；

　　　S_ξ——源项。

式（3-61）中的时间项考虑了控制单元体积的变化，单元体积的变化速率可用网格移动速度表示：

$$\frac{\partial V}{\partial t} = \int_\Omega \boldsymbol{v}_{\mathrm{mesh}} \cdot \mathrm{d}\boldsymbol{S} = \sum_j^{n_f} \boldsymbol{v}_{\mathrm{mesh},j} \cdot \boldsymbol{S}_j \tag{3-62}$$

式中　n_f——控制单元中面的个数；

　$\boldsymbol{v}_{\mathrm{mesh},j}$——控制单元中的面的移动速度，$\mathrm{m/s}$；

　　　$\boldsymbol{S}_j$——面 j 的面积向量。

动网格技术中，网格更新的算法可分为三类：光顺法、动态铺层法和重构法。在本节中，为了保证计算精度使用的都是结构网格，而且网格的运动都是简单的线性运动，所以选用了动态铺层法。本质上，动态铺层法涉及移动边界邻近网格单元的生成或消失。使用动态铺层法时，需要设定理想单元高度 h_{ideal}。当单元的高度 $h > (1 + a_{\mathrm{s}})h_{\mathrm{ideal}}$ 时，该单元将分裂成两个单元，一个单元的高度为 h_{ideal}，另一个单元的高度为 $a_{\mathrm{s}}h_{\mathrm{ideal}}$，$a_{\mathrm{s}}$ 叫做网格的分裂因子。随后，边界继续移动，相邻单元的高度继续增加。当满足网格分裂条件时，网格再次分裂成两个单元，如此循环往复，最终导致计算域扩大。除了网格的分裂因子外，还有一个叫做网格的坍塌因子 a_{c}。当网格单元的高度 $h < a_{\mathrm{c}}h_{\mathrm{ideal}}$ 时，该层单元将和邻近的单元合并成一层网格单元。

在本节中移动的边界包括电极/渣池界面、自由渣面、渣/熔池界面，渣池区域也随着移动边界以一定的速度做刚体运动。网格运动过程中，渣池内部没有新的网格生成，仅在渣/熔池界面下方有新的网格不断生成来表示铸锭区域的连续生长。边界和渣池区域的移动速度等于重熔稳定后铸锭的上涨速度 v_{c}，可用如下公式表示：

$$v_{\mathrm{mesh}} = v_{\mathrm{c}} = \frac{m}{\rho\pi r_{\mathrm{m}}^2} \tag{3-63}$$

式中　m——电极的熔化速率，$\mathrm{kg/s}$；

ρ——铸锭的密度，kg/m^3；

r_m——结晶器的半径，m。

3.2.4　金属熔滴的处理

在电渣重熔过程的数值模拟研究中，对于金属熔滴的处理一般有三种方式：第一种是在渣/金界面施加热通量边界条件，仅考虑熔滴向金属熔池的热量传输现象，忽略质量和动量的传输[24,40,54]；第二种是在渣/金界面处添加质量、动量和能量源项，考虑金属熔滴引起的质量、动量和能量传输[55,60,71]；第三种是直接模拟金属熔滴穿过渣池的过程，将电极/渣池界面作为质量或速度入口，使用多相流模型追踪渣/金界面[63,64]。在本节中，根据研究对象的不同，选用了不同的处理方法。

需要直接模拟金属熔滴的行为时，采用第三种方法。将电极/渣池界面作为质量或速度入口，质量或速度大小由熔速决定。采用 VOF 模型跟踪渣/金界面，并考虑渣/金两相之间的界面张力。熔滴穿过渣池过程中，与渣池发生了热量和动量的交换，最终金属熔滴以一定的速度和过热度进入金属熔池。直接模拟金属熔滴的形成过程时，该模型能更准确地考虑金属熔滴的影响，但缺点是计算时间长，尤其是在三维模型的计算中。

在渣壳形成的模拟研究中，采用第二种方法，通过在渣/熔池界面处添加质量、动量和能量的源项来考虑金属熔滴的影响。

金属熔滴引起的质量源项可表示为：

$$S_{mass} = \frac{m}{V_m} \tag{3-64}$$

式中　m——电极的熔速，kg/s；

　　　V_m——位于电极端部下方和渣/金界面相邻网格单元的体积，m^3。

金属熔滴引起的动量源项可表示为：

$$S_{momentum} = \frac{m\boldsymbol{v}_t}{V_m} \tag{3-65}$$

式中　$\boldsymbol{v}_t$——金属熔滴穿过渣/金界面时的速度，m/s。

金属熔滴带给金属熔池的热量可分为两部分，一部分是显热，另一部分是潜热。因此，金属熔滴引起的能量源项可表示为：

$$S_{energy} = \frac{mh_d}{V_m} \tag{3-66}$$

$$h = \int_{T_{ref}}^{T_f} C_p dT + L \tag{3-67}$$

式中　h_d——金属熔滴带入金属熔池的热量，J/kg；

　　　T_f——金属熔滴穿过渣/金界面时的温度，K；

T_{ref}——参考温度，K；

L——金属的潜热，J/kg。

金属熔滴穿过渣池时从熔渣中吸收了热量，使金属熔滴的过热度增加。为了保持系统的能量守恒，这部分热量将从渣池中减去。渣池中的能量源项为：

$$S_{heat} = - \frac{m C_p \Delta T}{V_s} \qquad (3\text{-}68)$$

式中　C_p——定压热容，J/(kg·K)；

ΔT——金属熔滴的过热度，K；

V_s——电极下方的渣池体积，m³。

熔滴穿过渣/金界面时的温度和速度可以通过 Dilawari 和 Szekely 等提出的经验公式计算得到[24]。熔滴的最终速度和温度都与熔滴的大小有关。实验室规模的电渣重熔过程，电极的直径较小，熔滴的直径与电极的直径有关，Campbell 提出可用如下公式计算熔滴半径 r_d[26]：

$$r_d = \left(\frac{1.5 \gamma R_e}{g \Delta \rho} \right)^{1/3} \qquad (3\text{-}69)$$

式中　γ——渣金两相的界面张力，N/m；

R_e——电极的半径，m；

g——重力加速度，m/s²；

$\Delta \rho$——熔渣与金属之间的密度差，kg/m³。

假设渣池相对于金属熔滴静止，且金属熔滴的形状为球形。金属熔滴在渣池中的运动可用如下公式描述：

$$\frac{4}{3} \pi r_d^3 \left(\rho_d + \frac{\rho}{2} \right) \frac{dv}{dt} = \frac{4}{3} \pi r_d^3 \Delta \rho g - C_D \pi r_d^2 \rho \frac{v^2}{2} \qquad (3\text{-}70)$$

式中　ρ_d——金属熔滴的密度，kg/m³；

ρ——熔渣的密度，kg/m³；

C_D——阻力系数；

$\Delta \rho$——熔渣与金属之间的密度差，kg/m³。

式（3-70）经整理后得：

$$\frac{dv}{v^2 - a^2} = - \frac{3}{8} \frac{C_D}{r_d} \frac{\rho}{\rho_d + 0.5 \rho} dt \qquad (3\text{-}71)$$

$$a^2 = \frac{8}{3} \frac{\Delta \rho}{\rho} \frac{g r_d}{C_D} \qquad (3\text{-}72)$$

对式（3-71）积分后可得：

$$v = \sqrt{\frac{A}{B}} \frac{e^{2\sqrt{AB}t} - 1}{e^{2\sqrt{AB}t} + 1} \qquad (3\text{-}73)$$

$$A = \frac{\Delta\rho}{\rho_d + 0.5\rho}g \tag{3-74}$$

$$B = \frac{3}{8}\frac{C_D}{r_d}\frac{\rho}{\rho_d + 0.5\rho} \tag{3-75}$$

当时间 t 趋近于 $+\infty$ 时，由式（3-73）可知，金属熔滴的最终速度 v_t 为：

$$v_t = \sqrt{\frac{A}{B}} \tag{3-76}$$

根据式（3-76），式（3-73）可改写为：

$$v = v_t \frac{e^{Ct} - 1}{e^{Ct} + 1} \tag{3-77}$$

$$Ct = \frac{2A}{v_t} \tag{3-78}$$

由于 C_D 未知，Dilawari 和 Szekely 用下面两个变量来表示熔滴的最终速度 v_t。

$$Y = C_D We P_d^{0.15} \tag{3-79}$$

$$X = (Re_d / P_d^{0.15}) + 0.75 \tag{3-80}$$

式中 We——韦伯数，$We = \dfrac{v_t^2 D_d \rho}{\gamma}$；

$\quad\quad P_d$——系数，$P_d = \dfrac{\rho\gamma^3}{g\mu^4}\dfrac{\rho}{\Delta\rho}$；

$\quad\quad Re_d$——熔滴雷诺数，$Re_d = \dfrac{v_t D_d \rho}{\mu}$；

$\quad\quad D_d$——熔滴的直径，m；

$\quad\quad \mu$——熔渣的黏度，Pa·s。

从式（3-71）和式（3-72）可得到：

$$C_D = \frac{4}{3}\frac{\Delta\rho}{\rho}\frac{gD_d}{v_t^2} \tag{3-81}$$

将式（3-81）代入式（3-79）中可得：

$$Y = \frac{4}{3}\frac{gD_d^2\Delta\rho}{\gamma}P_d^{0.15} \tag{3-82}$$

变量 Y 和 X 有如下关系：

$$X = (0.75Y)^{0.784} \quad 2 < Y \leqslant 70 \tag{3-83}$$

$$X = (22.22Y)^{0.422} \quad Y > 70 \tag{3-84}$$

将计算的 X 代入式（3-80），再根据熔滴雷诺数 Re_d 的定义可得：

$$v_t = \frac{\mu}{D_d\rho}(X - 0.75)P_d^{0.15} \tag{3-85}$$

熔滴穿过渣/金界面时的最终速度 v_t 确定后，代入式（3-65）就可得到熔滴引起的动量源项。计算熔滴引起的能量源项时，还需要确定熔滴穿过渣/金界面时的最终温度 T_f。为了估算金属熔滴的最终温度，需要知道熔滴穿过渣池所需的时间 τ。电极端部到熔池界面的距离 s 与熔滴穿过渣池的时间 τ 满足如下关系：

$$s = \int_0^\tau v \mathrm{d}t \tag{3-86}$$

将式（3-77）代入式（3-86）得：

$$\frac{(1 + \mathrm{e}^{C\tau})^2}{4\mathrm{e}^{C\tau}} = \mathrm{e}^{Cs/v_t} \tag{3-87}$$

通过求解式（3-87），金属熔滴穿过渣池的时间 τ 为：

$$\tau = \frac{v_t}{2A}\ln\left[(m - 1) + \sqrt{m^2 - 2m}\right] \tag{3-88}$$

$$m = 2\mathrm{e}^{2As/v_t^2} \tag{3-89}$$

金属熔滴与渣池之间的热量传输可以用熔滴与渣池之间的传热系数 h 和渣池的平均温度 T_b 来描述：

$$\frac{4}{3}\pi r_d^3 \rho_d C_{p,s} \frac{\mathrm{d}T}{\mathrm{d}t} = h(T_b - T)4\pi r_d^2 \tag{3-90}$$

式中 $C_{p,s}$——熔渣的定压热容，$\mathrm{J/(kg \cdot K)}$。

初始条件为：$t=0$ 时，$T=T_L$，T_L 为电极的液相线温度。

对式（3-90）积分可得：

$$T_f = T_b - (T_b - T_L)\mathrm{e}^{-S\tau} \tag{3-91}$$

$$S = \frac{3h}{r_d C_p \rho_d} \tag{3-92}$$

金属熔滴与渣池之间的传热系数 h 可用如下公式表示：

$$h = \frac{0.8k}{D_d}\left(\frac{D_d v_{av}\rho}{\mu}\right)^{0.5}\left(\frac{C_{p,s}\mu}{k}\right)^{1/3} \tag{3-93}$$

式中 k——渣的导热系数，$\mathrm{W/(m \cdot K)}$；

v_{av}——熔滴穿过渣池的平均速度（s/τ），$\mathrm{m/s}$。

电极端部下方渣池的平均温度 T_b 可表示为：

$$T_b = \frac{\int_V \rho C_{p,s} T \mathrm{d}V}{\int_V \rho C_{p,s} \mathrm{d}V} \tag{3-94}$$

3.2.5 电极的熔化速度

电渣重熔过程中电极的熔化速度（简称：熔速）是最重要的工艺参数之一。

通常，熔速与金属熔池的深度呈线性关系，较大的熔速导致金属熔池深度增加，恶化铸锭的凝固质量，而较小的熔速容易导致铸锭出现表面缺陷。在很大程度上，熔速决定了最终铸锭的内部质量和表面质量。因此，在电渣重熔过程的数值模拟中准确地预测出电极的熔速，对提高模拟结果的可靠性和优化工艺参数、为生产实践提供指导具有重要意义。

电渣重熔过程中电极的熔速与渣池向电极传输的热通量有关，通过对电极端部建立热平衡方程，可以估算电极的熔化速度。渣池向电极端部传输的热通量 q 可以分为两个部分：第一部分是通过热传导的方式用于加热电极的显热 q_{sensible}，第二部分是熔化电极所需的潜热 q_{latent}。

$$q = q_{\text{sensible}} + q_{\text{latent}} \tag{3-95}$$

渣池向电极端部传输的热通量 q 根据渣池中的温度分布求得。

q_{latent} 与电极熔速的关系如下：

$$q_{\text{latent}} = \frac{mL}{S_{\text{electrode}}} \tag{3-96}$$

式中　L——凝固潜热，J/kg；

　　　m——电极的熔化速率，kg/s；

　　$S_{\text{electrode}}$——电极端部的横截面积，m^2。

通过热传导的方式传输给固体电极的显热 q_{sensible} 可用如下公式表示：

$$q_{\text{sensible}} = -k_e \frac{\partial T}{\partial z} \tag{3-97}$$

式中　k_e——电极的导热系数，W/(m·K)；

　　$\partial T / \partial z$——固体电极端部的温度梯度，K/m。

Yanke 等建立了一个 1D 热传导模型计算固体电极的温度分布，然后根据固体电极端部的温度梯度使用式（3-97）计算 q_{sensible}[120]。当重熔过程达到稳定后，固体电极端部附近的温度分布也达到稳态。为了简化求解，仅考虑固体电极在轴向的热传导，在本节中 q_{sensible} 使用如下公式进行估算：

$$q_{\text{sensible}} = -k_e \frac{\Delta T}{\Delta z} \tag{3-98}$$

式中　ΔT——固体电极端部的任一温度差，在本节中取金属的液相线和固相线温度之差，K；

　　Δz——固体电极端部温度变化 ΔT 时所间隔的距离，m。

实际计算中，首先附初始值 $q_{\text{latent}} = 0.1 q_{\text{sensible}}$，计算电极的温度分布；随后用式（3-98）计算 q_{sensible}；最后用式（3-95）和式（3-96）更新 q_{latent} 和熔速。反复迭代更新，直至收敛（$\Delta q_{\text{sensible}} \leqslant 1\%$，电极计算域任一单元温度变化 $\leqslant 1 \times 10^{-4}℃$）。

3.2.6　边界条件

　　边界条件是指在求解域的边界上指定的所求解的变量值或其一阶导数随位置、时间的变化规律。边界条件的确定是数值模拟研究中最重要的环节之一，合理的边界条件有利于获得可靠的模拟结果，增强计算的稳定性。对于瞬态计算的问题，还需要初始条件。边界条件一般通过实验测量或理论分析确定，也可以直接从文献中获得。本节建立的数学模型，需要求解电磁场、动量、能量和组分的守恒方程，分别涉及电磁场、流场、温度场和浓度场的边界条件。本节中需要指定的边界如图 3-13 所示，所使用的边界条件将在下面详细描述。

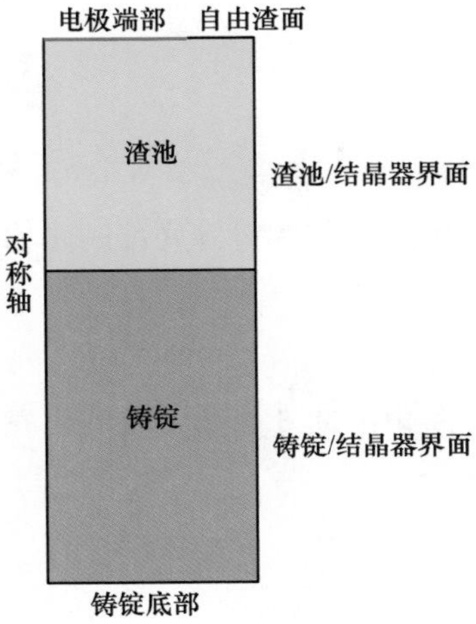

图 3-13　计算域及边界

3.2.6.1　电磁场边界条件

A　电势-磁矢势法

电极端部的电磁场边界条件为：

$$- \sigma \frac{\partial \varphi}{\partial z} = \frac{I}{\pi R_e^2} \tag{3-99}$$

$$\frac{\partial A_z}{\partial z} = \frac{\partial A_r}{\partial z} = 0 \tag{3-100}$$

式中　I——电流大小，A；

　　　R_e——电极的半径，m。

自由渣面处的电磁场边界条件为：

$$\frac{\partial \varphi}{\partial z} = 0 \tag{3-101}$$

$$\frac{\partial A_z}{\partial z} = \frac{\partial A_r}{\partial z} = 0 \tag{3-102}$$

结晶器壁面处的电磁场边界条件为：

$$\frac{\partial \varphi}{\partial z} = 0 \tag{3-103}$$

$$\frac{\partial A_z}{\partial z} = - \mu_0 \frac{I}{2\pi R_m}, \quad A_r = 0 \tag{3-104}$$

式中　R_m——铸锭的半径，m。

铸锭底部的电磁场边界条件为：

$$\varphi = 0 \tag{3-105}$$

$$\frac{\partial A_z}{\partial z} = \frac{\partial A_r}{\partial z} = 0 \tag{3-106}$$

B　磁场强度法

电极端部和铸锭底部的磁场强度的边界条件为：

$$\frac{\partial \hat{H}_\theta}{\partial z} = 0 \tag{3-107}$$

自由渣面处磁场强度的边界条件为：

$$\hat{H}_\theta = \frac{\hat{I}}{2\pi r} \tag{3-108}$$

式中　$\hat{I}$——电流的复振幅，A；

　　　r——到对称轴的距离，m。

结晶器壁面上，结晶器绝缘时有：

$$\hat{H}_\theta = \frac{\hat{I}}{2\pi R_m} \tag{3-109}$$

当考虑结晶器壁面上的电流时，使用自然边界条件。

3.2.6.2　流场边界条件

为了模拟金属熔滴的形成和滴落过程，电极端部边界设为质量或速度入口；模拟渣壳的形成过程时，电极端部边界设为无滑移壁面。

自由渣面处流场的边界条件为：

$$\frac{\partial v_r}{\partial r} = \frac{\partial v_z}{\partial z} = 0 \tag{3-110}$$

结晶器壁面为无滑移壁面：

$$v_r = v_z = 0 \tag{3-111}$$

需要模拟铸锭的连续生长过程时，铸锭底部为无滑移壁面，否则铸锭底部设为出流边界。

3.2.6.3　温度场边界条件

电极端部和渣池接触时受热熔化形成金属液膜，因此电极端部的温度假设为金属的液相线温度。

自由渣面与空气之间的对流和辐射散热使用综合对流传热系数考虑：

$$q_c = h(T - T_a) \tag{3-112}$$

式中　h——自由渣面与空气之间的综合对流传热系数，$W/(m^2 \cdot K)$；

　　　T——渣面的温度，K；

　　　T_a——空气的温度，K。

假设渣池区域的渣壳与结晶器接触良好，没有气隙生成[120]，渣池与结晶器冷却水之间的传热主要包括以下几个部分：（1）渣壳；（2）铜结晶器；（3）结晶器与冷却水之间的对流传热。渣池与冷却水之间的传热可用综合对流传热系数 h_{max} 表示[121]：

$$h_{max} = \frac{1}{\delta_s/k_s + \delta_m/k_m + 1/h_w} \tag{3-113}$$

式中　δ_s——渣壳的厚度，m；

　　　k_s——渣壳的导热系数，$W/(m \cdot K)$；

　　　δ_m——铜结晶器的厚度，m；

　　　k_m——铜结晶器的导热系数，$W/(m \cdot K)$；

　　　h_w——结晶器与冷却水之间的对流传热系数，$W/(m^2 \cdot K)$。

液态金属在凝固过程中发生收缩，铸锭表面会远离结晶器壁面，气隙将在铸锭与结晶器之间生成，这就导致铸锭的热量会通过热传导和热辐射向结晶器散失。此时，铸锭与结晶器冷却水之间的传热包括：（1）渣壳；（2）气隙；（3）铜结晶器；（4）结晶器与冷却水之间的对流传热。假设铸锭在径向上完全凝固后形成的最大气隙约为1mm[120]，此时铸锭与结晶器冷却水之间的传热用综合传热系数 h_{min} 表示：

$$h_{min} = \frac{1}{\delta_s/k_s + 1/(h_r + h_c) + \delta_m/k_m + 1/h_w} \tag{3-114}$$

式中　h_r，h_c——气隙间的辐射和热传导传热系数，$W/(m^2 \cdot K)$。

金属熔池靠近结晶器壁面的圆柱段区域，假设没有气隙形成，综合传热系数使用 h_{max} 表示。铸锭从开始凝固到径向完全凝固的区域，综合传热系数用 h_{max} 和 h_{min} 插值得到。

随着铸锭高度增加，底水箱对铸锭的冷却作用减小。假设底水箱不考虑气隙的存在[142]，因此铸锭底部的综合传热系数仍然用 h_{max} 表示。

3.2.6.4　浓度场边界条件

电极端部作为液态金属的质量入口，各组分的含量设置为电极中的初始含量。

自由渣面、结晶器壁面和铸锭底部浓度场的边界条件为：

$$\frac{\partial C_i}{\partial n} = 0 \tag{3-115}$$

3.2.7 模型求解

本节基于商业软件 Fluent，结合二次开发的用户自定义程序，针对电渣重熔过程，建立了包含电磁场、流场、温度场和浓度场的多物理场耦合数学模型。电磁场方程和组分传输方程使用用户自定义标量方程（UDS）添加到 Fluent，并和其他守恒方程一起耦合求解。求解电磁场方程得到的电磁力和焦耳热通过用户自定义函数（UDF）分别添加到动量和能量守恒方程的源项中。描述铸锭和渣池中各组分渣/金反应速率的动力学模型通过 UDF 添加到模型中。渣/金界面使用 VOF 模型追踪，铸锭的连续生长使用动网格技术考虑。

为了求解建立的数学模型，首先需要采用控制体积法对各物理场的守恒方程进行离散，转化为可数值求解的代数方程。对任一标量 φ 的传输方程在控制体积上积分可得：

$$\int_V \frac{\partial \rho\varphi}{\partial t}\mathrm{d}V + \oint \rho\varphi\boldsymbol{v} \cdot \mathrm{d}\boldsymbol{A} = \oint \Gamma_\varphi \, \nabla\varphi \cdot \mathrm{d}\boldsymbol{A} + \int_V S_\varphi \mathrm{d}V \tag{3-116}$$

式中　ρ——密度；

$\quad\quad\boldsymbol{v}$——速度矢量；

$\quad\quad\boldsymbol{A}$——面积矢量；

$\quad\quad\Gamma_\varphi$——φ 的扩散系数；

$\quad\quad\nabla\varphi$——φ 的梯度；

$\quad\quad S_\varphi$——源项。

式（3-116）在任一给定的控制单元上的离散形式为：

$$\frac{\partial \rho\varphi}{\partial t}V + \sum_f^{N_{\text{faces}}} \rho_f \boldsymbol{v}_f \varphi_f \cdot \boldsymbol{A}_f = \sum_f^{N_{\text{faces}}} \Gamma_\varphi \, \nabla\varphi_f \cdot \boldsymbol{A}_f + S_\varphi V \tag{3-117}$$

式中　N_{faces}——控制单元上的面的个数；

$\quad\quad\varphi_f$——φ 在面 f 上的值；

$\quad\quad\rho_f \boldsymbol{v}_f \cdot \boldsymbol{A}_f$——面 f 上的质量通量；

$\quad\quad\boldsymbol{A}_f$——面 f 的面积矢量；

$\quad\quad\nabla\varphi_f$——$\varphi$ 在面 f 上的梯度；

$\quad\quad V$——控制单元的体积。

离散的标量传输方程式（3-117）可改写成线性方程的形式：

$$a_P\varphi = \sum_{nb} a_{nb}\varphi_{nb} + b \tag{3-118}$$

式中　b——常数；

下标 nb——相邻的控制单元；

a_P，a_{nb}——标量 φ，φ_{nb} 的线性化系数。

各物理量的守恒方程按照式（3-116）～式（3-118）离散后，利用商业软件 Fluent 14.5 进行迭代求解。电渣重熔过程中的熔渣和金属均是不可压缩流体，流速也远小于声速，因此选用 Fluent 里的压力基耦合求解器求解，具体的求解流程图如图 3-14 所示。压力-速度的耦合关系使用 PISO 算法求解。除了动量和压力的守恒方程使用二阶迎风格式离散外，其余方程均使用一阶迎风格式离散。模型采用瞬态求解，动量和湍流守恒方程的收敛残差为 10^{-4}，其余传输方程的残差设置为 10^{-6}，只有当所有传输方程的残差都小于设定值后才开始下一时间步的计算。

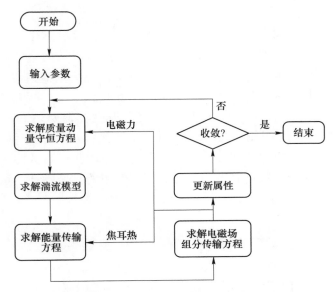

图 3-14 压力基耦合求解计算流程图

3.2.8 金属熔滴对电渣重熔过程电磁场、流场和温度场的影响

金属熔滴穿过渣池的过程中会显著改变渣池中电导率的分布，进而影响电磁力和焦耳热的分布，最终影响重熔单元中的温度场和流场。目前，金属熔滴对电磁场影响的处理可以分为两种：第一种是忽略金属熔滴对电磁场的影响[2,61,97]，第二种是考虑金属熔滴对电磁场的影响[16,63,68]。电磁场的准确计算是电渣重熔过程的数值模拟研究获得可靠结果的前提。虽然这两种处理方式都有比较广泛的应用，但是这两种处理方式对最终模拟的温度场、流场和铸锭凝固的影响还不清楚。到目前为止，还没有对这两种处理方式的模拟结果进行对比研究的报道。为了获得可靠的模拟结果，有必要研究金属熔滴对重熔过程中电磁场、流场和温度场的影响，为金属熔滴行为的模拟研究提供模型选择的依据。

本节建立了二维轴对称的数学模型，由于模型中涉及相边界的移动，所以求解电磁场时选用了更稳健的电势-磁矢势法。金属熔滴的运动和渣/金界面使用 VOF 模型追踪。铸锭的凝固使用焓-多孔介质模型考虑，液相分数使用杠杆定律计算。利用建立的模型，在考虑和不考虑金属熔滴对电磁场影响的情况下分别进行模拟研究，详细地比较了不同的电磁场处理方式对金属熔滴的运动过程及熔滴基本信息的影响。此外，还比较了对渣池和金属熔池的流动和温度分布的影响。

3.2.8.1　模型参数

本节建立了二维轴对称的几何模型，如图 3-15a 所示。计算域包括渣池和铸锭区域，且铸锭高度约是其半径的 2.5 倍，因此可以认为重熔过程已达到准稳态。电极端部作为液态金属的质量入口，铸锭底部为出流边界。使用 ICEM-CFD 软件划分网格，为了提高模型的求解精度和收敛速度，所有的网格均为正四边形的结构化网格，如图 3-15b 所示。通常报道的金属熔滴的尺寸一般在 $1 \sim 10$mm 之间[122]，为了追踪金属熔滴的运动过程，所划分网格的尺寸为 1mm。由第 3.2.1 节中的模型假设可知，模型使用的物性参数除了浮力项中的密度外，其余的模型参数均假设为常数。模型使用的具体物性参数和几何参数见表 3-1 和表 3-2。

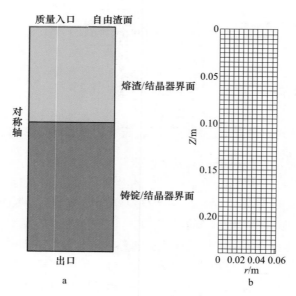

图 3-15　模型的几何形状与网格划分

a—几何模型；b—网格模型

表 3-1 熔渣和金属（304 不锈钢）的物性参数[54,58,63]

物性参数	数值	
	熔渣	金属
密度/kg·m⁻³	2800	7900
黏度/Pa·s	0.02	0.006
潜热/kJ·kg⁻¹	—	271
质量热容/J·kg⁻¹·K⁻¹	1255	752
导热系数/W·m⁻¹·K⁻¹	10.46	30
电导率/Ω⁻¹·m⁻¹	270	714000
热线（膨）胀系数/K⁻¹	$2.5×10^{-4}$	$1×10^{-4}$
液相线温度/K	1550	1740
固相线温度/K	—	1700

表 3-2 模拟使用的操作参数和几何尺寸

	项　　目	数值
参数	电极半径/mm	40
	结晶器半径/mm	62
	渣高/mm	90
操作参数	电流（DC）/A	2000
	自由渣面的传热系数/W·m⁻²·K⁻¹	188
	自由渣面的辐射系数	0.6
	渣/结晶器界面的传热系数/W·m⁻²·K⁻¹	580
	铸锭/结晶器界面的传热系数/W·m⁻²·K⁻¹	590
	渣/金界面张力/N·m⁻¹	0.9
	熔速/kg·h⁻¹	36

3.2.8.2 金属熔滴对电磁场的影响

本节进行两个算例的计算，Case1 考虑金属熔滴对电磁场的影响，Case2 忽略金属熔滴对电磁场的影响。图 3-16 为考虑金属熔滴对电磁场的影响时，金属熔滴运动过程中电磁场量的变化。从图 3-16 中可以看出，t_1 时刻，液态金属在电极端部形成液膜，液膜在电磁力、重力和表面张力的作用下不断地向电极中心汇聚，形成一个熔滴源。电流从电极端部进入渣池，然后从铸锭底部流出。磁感应强度在铸锭中几乎呈线性分布，从结晶器壁面到中心逐渐减小。电极边缘处的电流密度最大，因此磁感应强度的最大值出现在电极边缘附近，约为 0.0065T。

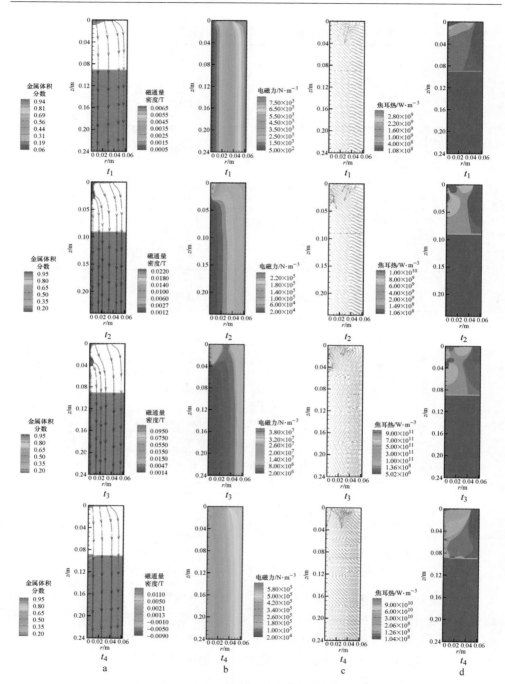

图 3-16　Case1 中金属熔滴运动时电磁场量的变化

a—相分布和电流路径；b—磁感应强度；c—电磁力；d—焦耳热

t_1~t_4—不同时刻

电流和磁场相互作用产生了驱动渣池和金属熔池流动的电磁力，轴向的电流和磁场作用后产生径向的电磁力，而径向的电流产生轴向的电磁力。除了自由渣面下方的电磁力有径向的分量外，其余电磁力的方向均沿径向指向对称轴。铸锭中的电磁力从其表面到中心逐渐减小，最大的电磁力出现在电极边缘，约为 $7500N/m^3$。电流在渣池中产生的焦耳热是整个重熔体系的热源，图 3-16 中的 t_1 时刻，大部分焦耳热在电极端部下方的渣池中产生。电极边缘和液膜中心处的电流密度较大，因此具有较高的焦耳热密度，最大的焦耳热密度出现在电极边缘附近，约为 $2.8 \times 10^9 W/m^3$。

随着液态金属在电极端部下方不断汇聚，在重力、界面张力和电磁力的作用下，金属熔滴发生了颈缩现象，如图 3-16 中的 t_2 时刻所示。由于电流会优先从电阻较小的路径流过，所以金属熔滴中流过的电流增加。电流向金属熔滴的聚集会引起磁感应强度分布的改变，磁感应强度的最大值出现在细长的金属流附近，约为 0.022T。同时金属熔滴附近的电磁力也急剧增大，最大的电磁力约为 $2.2 \times 10^5 N/m^3$。金属熔滴附近的电磁力分别有轴向和径向两个方向的分量，径向的电磁力会产生箍缩效应[11,17]，而轴向的电磁力会加速熔滴的运动。由于金属熔滴中流过的电流增加，所以熔滴附近的焦耳热密度也明显增大，最大的焦耳热密度出现在金属熔滴的头部，约为 $1.0 \times 10^{10} W/m^3$。

图 3-16 中的 t_3 时刻，金属熔滴从颈缩处断开，磁感应强度在颈缩处达到了极大值，约为 0.095T。金属熔滴颈缩处的最大电磁力约为 $3.8 \times 10^7 N/m^3$，最大焦耳热密度约为 $9.0 \times 10^{11} W/m^3$。第一滴较大的金属熔滴从颈缩处断开后，在重力的作用下继续向下运动，最后穿过渣/金界面进入金属熔池，如图 3-16 中的 t_4 时刻所示。电极下方剩余的液态金属被电磁力粉碎成分散、细小的金属熔滴，这些小熔滴附近的电流方向发生改变，产生了方向相反的磁场。电极下方的液态金属滴落后，电流聚集的程度减小，因此磁感应强度、电磁力和焦耳热密度的最大值都相应减小。

电渣重熔过程渣池中的电阻根据电导率的空间分布而动态调整，是渣池中相分布的函数[66]。图 3-17 是考虑金属熔滴对电磁场的影响时，渣池内的电阻波动随时间的变化。渣池内电阻的波动可根据焦耳热用式（3-119）和式（3-120）计算得到。

从图 3-17a 可看出，渣池内电阻的波动具有一定的周期性，电阻波动的周期为 1.38s。在本研究中，电阻的波动是由熔滴的滴落引起的，熔滴滴落的周期应该和电阻波动的周期一致，因此熔滴滴落的周期也为 1.38s。

$$R(t) = \frac{1}{I^2} \int Q(x,t) \mathrm{d}V \tag{3-119}$$

$$\delta R(t) = \left[R(t) - \frac{1}{2\tau} \int_{-\tau}^{\tau} R(t) \mathrm{d}t \right] / R(t) \tag{3-120}$$

式中　$\delta R(t)$ ——电阻；

　　　$R(t)$ ——电阻偏差。

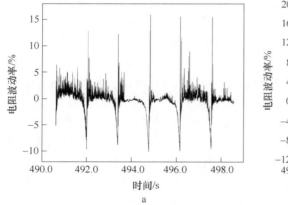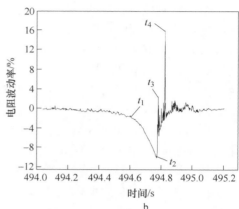

图 3-17　Case1 中渣池内电阻波动随时间的变化

a—渣池内电阻波动随时间的变化；b—电阻在一个周期内的波动

熔滴滴落的一个周期内渣池电阻的波动如图 3-17b 所示。t_1 时刻，液态金属在电极端部汇聚，并在电极中心形成一个熔滴源。随着电极端部液态金属的逐渐汇聚，在重力、电磁力和界面张力的作用下，电极中心的熔滴源被逐渐拉长，出现了颈缩现象。在熔滴拉长的过程中，电流倾向于从液态金属中流过，渣池中的电阻持续减小。t_2 时刻，金属熔滴流的长度达到最大，渣池中的电阻也达到最小值。t_3 时刻，金属熔滴从颈缩处断开，第一滴较大的金属熔滴脱离电极端面，渣池中的电阻迅速增大。t_4 时刻，第一滴较大的金属熔滴穿过渣池进入金属熔池，对金属熔池界面造成冲击导致熔池界面变形，渣池中的电阻达到最大。随后，电极端部下方剩余的液态金属被电磁力粉碎成分散、细小的金属熔滴，它们连续地通过渣/金界面时也会造成渣池内电阻的小幅波动。渣池里的小熔滴全部穿过渣/熔池界面后，熔池界面逐渐恢复平静，渣池中的电阻又恢复到平均值。

图 3-18 为不考虑金属熔滴对电磁场的影响时电磁场量的分布。图 3-18a 为电流密度矢量，电流从电极端部进入渣池后产生了径向的电流分量，且随着轴向距离的增加迅速减小，到达渣/金界面时径向电流几乎可以忽略。由于没有考虑金属熔滴对电磁场的影响，所以金属熔滴的运动不会影响电流路径的变化。电磁场计算时使用的是直流电，铸锭中没有观察到集肤效应。电流密度的最大值出现在电极边缘，约为 $4.5 \times 10^5 \mathrm{A/m^2}$。铸锭中的磁感应强度几乎呈线性分布，从铸锭表面到中心逐渐减小，如图 3-18b 所示。最大的磁感应强度出现在电极边缘，约为 0.0065T。

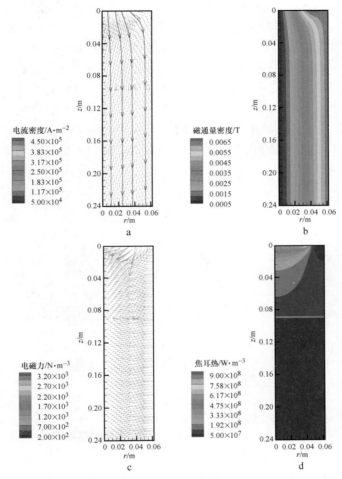

图 3-18　Case2 中电磁场量的分布

a—电流密度；b—磁感应强度；c—电磁力；d—焦耳热

图 3-18c 为电磁力（洛伦兹力）矢量，除了自由渣面下方的电磁力有轴向的分量外，其余电磁力的方向均沿径向指向对称轴。铸锭中的电磁力从表面到中心逐渐减小，与 Patel 等的计算结果基本一致[58]。焦耳热的分布如图 3-18d 所示，从图中可以看出，大部分焦耳热产生于电极端部下方的渣池中，最大的焦耳热位于电极边缘，约为 $9×10^8$ W/m^3。在 VOF 模型中，当两相的电导率相差较大时，会影响相界面附近的计算结果，因此相界面附近出现了较大的电流密度和焦耳热密度。

图 3-19 为不考虑金属熔滴对电磁场的影响时金属熔滴的滴落过程。t_1 时刻，液态金属在电极端部形成一层液膜，并在电磁力、重力和界面张力的作用下向中

心汇聚形成了一个较大的熔滴源如图 3-19a 所示。随着液态金属在电极端部逐渐汇聚，电极中心处的熔滴源在重力的作用下被拉长，出现了颈缩现象，如图 3-19b 中的 t_2 时刻所示。不考虑金属熔滴对电磁场的影响时，电流没有向金属熔滴流中汇聚。由于金属熔滴附近的电磁力非常微弱，所以液态金属在重力的作用下被拉成一条细长的液态金属流，不能及时从颈缩处断开。直到金属熔滴流快接近渣/金界面时，第一滴较大的金属熔滴才从颈缩处断开，脱离电极端部，如图 3-19c 中的 t_3 时刻所示。t_4 时刻，第一滴较大的金属熔滴穿过渣/金界面进入金属熔池，电极端部下方剩余的液态金属由于速度的差异分散成细小的金属液滴穿过渣池，如图 3-19d 所示。

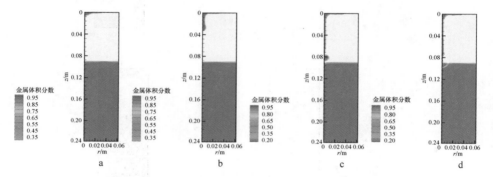

图 3-19　Case2 中金属熔滴的滴落过程

a—t_1 时刻；b—t_2 时刻；c—t_3 时刻；d—t_4 时刻

　　不考虑金属熔滴对电磁场的影响时，熔滴附近的电磁力较小，金属熔滴不能及时从颈缩处断开，容易在渣池中"搭桥"，导致重熔过程短路。Rückert 等在模拟中也发现了类似的现象[62]，如图 3-20 所示。考虑金属熔滴对电磁场的影响时，电流向金属熔滴中汇聚，金属熔滴附近的电磁力显著增大，导致金属熔滴及时从颈缩处断开，避免了短路现象的发生。从这两种情况的模拟结果可看出，考虑金属熔滴对电磁场的影响时，模拟结果能够比较真实地反映金属熔滴在渣池中的运动过程。因此，当金属熔滴的运动行为是重点研究的对象时，不应忽略金属熔滴对电磁场的影响。

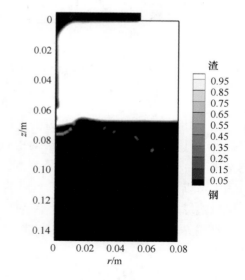

图 3-20　Rückert 模拟的金属熔滴的运动[62]

3.2.8.3 金属熔滴对流场的影响

考虑金属熔滴对电磁场的影响时计

算的速度场（Case1）如图 3-21 所示。t_1 时刻，熔滴源在电极端部的中心形成，渣池中的流动被两个方向相反的涡流控制，一个是电磁力驱动的逆时针方向的涡流，另一个是浮力驱动的顺时针方向的涡流；渣池中的最大速度出现在对称轴附近，约为 0.08m/s，金属熔池中仅有一个顺时针方向的涡流。t_3 时刻，金属熔滴在重力、电磁力和界面张力的作用下出现了颈缩现象；由于电流向金属熔滴汇聚，所以金属熔滴附近的电磁力迅速增大；电磁力有轴向和径向两个方向的分量，径向的电磁力产生箍缩效应，轴向的电磁力将加速金属熔滴的运动，因此熔滴颈缩处的瞬时速度高达 2.70m/s。t_4 时刻，第一滴较大的金属熔滴到达渣/金界面，熔滴的速度约为 0.40m/s。

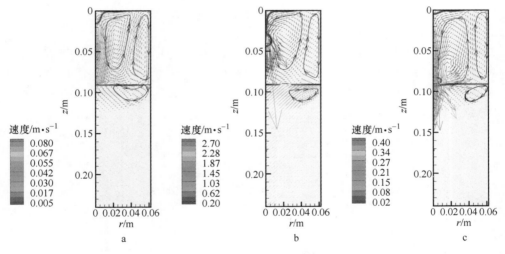

图 3-21　Case1 中的速度场

a—t_1 时刻；b—t_3 时刻；c—t_4 时刻

图 3-22 为不考虑金属熔滴对电磁场的影响时计算的速度场（Case2）。t_1 时刻，熔滴源在电极端部的中心形成，渣池中的流动形态和 Case1 中的类似，同时被两个方向相反的涡流控制，金属熔池中的流动仍然被顺时针方向的涡流控制。t_3 时刻，在重力和界面张力的作用下，金属熔滴发生了颈缩现象。金属熔滴颈缩处的速度仅为 0.39m/s，远小于 Case1 中的速度，这是因为金属熔滴附近的电磁力非常微弱。t_4 时刻，金属熔滴颈缩处的速度约为 0.34m/s，第一滴较大的金属熔滴穿过渣-熔池界面时的速度仅为 0.29m/s。

图 3-23 为金属熔滴的速度与轴向距离的关系。Case1 中，金属熔滴的速度随

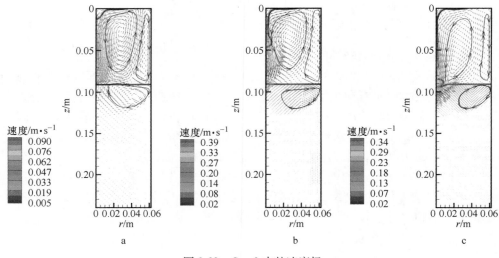

图 3-22　Case2 中的速度场

a—t_1 时刻；b—t_3 时刻；c—t_4 时刻

着轴向距离的增加逐渐增大至 0.4m/s，最终金属熔滴以 0.4m/s 的速度穿过渣/金界面进入金属熔池。Case2 中，金属熔滴的速度随着轴向距离的增加逐渐增大至 0.36m/s，然后金属熔滴继续向熔池界面运动，最终以 0.29m/s 的速度穿过渣/金界面。

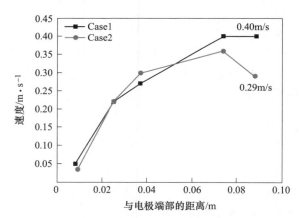

图 3-23　金属熔滴的速度与轴向距离的关系

Dilawari 和 Szekely 等提出可用式（3-121）计算金属熔滴的最终速度[61]，其中参数 C_D 的计算方法见 3.2.4 节。计算出的金属熔滴的最终速度为 0.44m/s，与 Case1 中金属熔滴的最终速度非常接近，而 Case2 中金属熔滴穿过渣/熔池界面的速度明显小于通过式（3-121）计算的最终速度。这主要是因为 Case2 中没有考虑金属熔滴对电磁场的影响，金属熔滴在重力和界面张力的作用下被拉成细长的液态金属流，直到金属熔滴快接近渣/熔池界面时才从颈缩处断开，而式（3-121）是根据斯托克斯公式针对单独的球形颗粒推导的。因此，式（3-121）并不适合描述 Case2 中金属熔滴的运动。

$$
\begin{cases}
v_\text{t} = \sqrt{A/B} \\
A = \left[\Delta\rho/(\rho_\text{d} + 0.5\rho)\right]g \\
B = 3/8\ \dfrac{C_\text{D}}{r_\text{d}}\ \dfrac{\rho}{\rho_\text{d} + 0.5\rho}
\end{cases}
\tag{3-121}
$$

电极熔化形成的金属熔滴尺寸与渣/金界面张力、电极的半径和渣/钢之间的密度差有关。对于实验室规模的电渣重熔过程，电极的尺寸较小，Campbell 等推荐使用式（3-122）计算金属熔滴的半径[26]。Case1 和 Case2 中模拟得到的较大金属熔滴的半径分别为 7mm 和 6mm，通过式（3-122）计算得到的熔滴的半径为 6.3mm。由此可见，数值模拟的熔滴尺寸和式（3-121）的计算结果符合较好。此外，Kharicha 等建立 3D 模型研究了熔滴的运动过程，发现较大熔滴的当量直径一般在 10~15mm 之间，小熔滴的直径在 1~4mm 之间[66]。本研究中得到的结果和 Kharicha 等的模拟结果也基本一致。

$$
r_\text{d} = \left(\frac{1.5\gamma R_\text{e}}{g\Delta p}\right)^{1/3}
\tag{3-122}
$$

3.2.8.4　金属熔滴对温度场的影响

图 3-24 为 Case1 和 Case2 中计算的温度场分布。从图 3-24 中可以看出，高温区位于电极边缘下方的渣池中，Case1 中的最高温度约为 2158K，而 Case2 中的最高温度为 2123K。电极端部下方的金属熔滴的初始温度较低，需要从相邻的渣池中吸收热量，因此电极端部附近的熔渣温度明显较低。渣池中存在两个方向相反的涡流，强烈的湍流混合使大部分渣池的温度分布较为均匀。由于结晶器中冷却水的强制冷却，所以结晶器壁面附近区域中的温度梯度较大。Case1 和 Case2 中金属熔池的最高温度分别为 1967K 和 1950K。

图 3-25 为金属熔滴的温度与轴向距离的关系。在 Case1 和 Case2 中，金属熔滴的温度随着与电极端部距离的增加而增大，且前期温度升高得较快，在渣/熔池界面附近区域温度变化比较平缓。从图 3-25 中可以看出，不考虑金属熔滴对电磁场的影响时，金属熔滴穿过渣/熔池界面时的最终温度为 2018K，而考虑金属熔滴对电磁场的影响时熔滴的最终温度为 1981K。

Dilawari 和 Szekely 等利用熔渣和渣池界面的传热系数 h，用式（3-123）计算金属熔滴的最终温度[24]，传热系数 h 的计算见第 3.2.4 节。表 3-3 列出了由经验

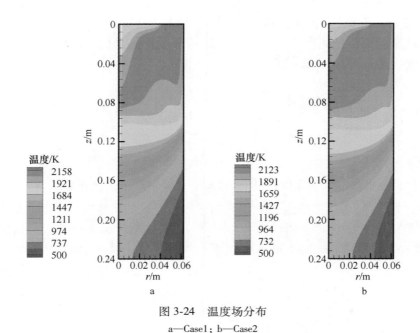

图 3-24　温度场分布

a—Case1；b—Case2

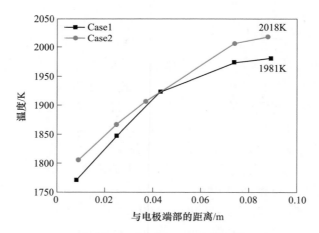

图 3-25　金属熔滴的温度与轴向距离的关系

公式和数值模拟得到的熔滴的最终温度和停留时间。Case1 和 Case2 中渣池的平均温度分别为 2049K 和 2019K，使用经验公式计算的熔滴的最终温度分别为 1830K 和 1821K，而模拟得到的熔滴的最终温度分别是 1981K 和 2018K。由此可见，Case2 中金属熔滴与熔渣之间基本达到了热平衡。

$$\frac{4}{3}\pi r_d^3 \rho_d C_{p,s} \frac{dT}{dt} = h(T_b - T)4\pi r_d^2 \tag{3-123}$$

表 3-3 金属熔滴的最终温度和停留时间

项目	渣池平均温度 /K	经验公式计算结果		模拟结果	
		停留时间/s	最终温度/K	停留时间/s	最终温度/K
Case1	2049	0.26	1830	0.46	1981
Case2	2019	0.26	1821	0.68	2018

从式（3-123）中可以看出，金属熔滴的最终温度与渣池的平均温度 T_b、渣/金界面传热系数 h 和熔滴在渣池中的停留时间 t 有关。在本研究中，可以认为 Case1 和 Case2 中熔滴与熔渣之间的传热系数 h 近似相等，熔滴的最终温度仅与渣池的平均温度 T_b 和熔滴在渣池中的停留时间 t 有关。从表 3-3 可以看出，虽然 Case1 中的渣池平均温度较高，但是模拟的熔滴的最终温度反而更低，这说明熔滴在渣池中的停留时间对熔滴温度的影响更大，在后面的讨论中主要考虑熔滴在渣池中的停留时间这个因素。

金属熔滴的滴落可以分为两个阶段，第一个阶段是液态金属在电极端部下方的汇聚和颈缩，第二个阶段是金属熔滴从颈缩处断开到进入金属熔池。通常，第一阶段花费的时间比第二阶段更长。使用经验式（3-123）计算熔滴的最终温度时，熔滴在渣池中的停留时间由斯托克斯公式计算得到，大约为 0.26s。需要注意的是，由于忽略了金属熔滴滴落时在第一阶段所花费的时间，所以由斯托克斯公式计算的停留时间明显小于模拟得到的停留时间。因此，由经验公式（3-123）计算的熔滴的最终温度比数值模拟得到的最终温度低 100~200K。此外，case1 中，由于熔滴附近的电磁力会加速金属熔滴的滴落，所以金属熔滴在渣池中的停留时间仅为 0.46s，而 Case2 中金属熔滴的停留时间为 0.68s。因此，Case2 中金属熔滴的最终温度比 Case1 中的高 37K。

图 3-26 为渣/熔池界面温度的分布。Case1 中的最高界面温度为 1990K，而 Case2 中的最高界面温度为 1960K。由于铸锭边缘的冷却速率大于铸锭中心的冷却速率，所以 Case1 和 Case2 中的界面温度均从铸锭中心到表面逐渐降低。此外，Case1 中的界面温度在整体上都略高于 Case2 中的界面温度，这主要是因为 Case1 中渣池的平均温度要比 Case2 中的高约 30K。

图 3-27 为铸锭的液相分数，图 3-28 为金属熔池的形状。从图中可以看出，考虑金属熔滴对电磁场的影响时，模拟的铸锭的金属熔池深度更浅，液相线和固相线的深度分别为 33mm 和 39mm；不考虑金属熔滴对电磁场的影响时，模拟的金属熔池的深度增加，液相线和固相线的深度分别为 39mm 和 45mm。和 Case1 相比，Case2 分别增大 18% 和 15%。

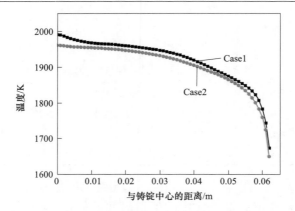

图 3-26   渣/金属熔池界面温度的分布

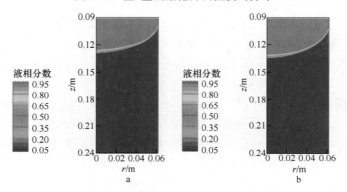

图 3-27   铸锭的液相分数

a—Case1；b—Case2

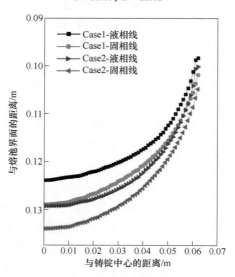

图 3-28   金属熔池形状

金属熔池的大小和形状同时受到热量的输入速率和散热速率的影响。金属熔池的热源包含两部分，一部分是金属熔滴带来的热量，另一部分是渣池与金属熔池之间的对流传热。在 case1 和 case2 中，渣/熔池界面处的对流热流量可通过对渣池区域进行热平衡分析得到，经计算两者的热流量基本相当，约为 30kW。此外，两个算例中铸锭的冷却条件也保持相同，因此铸锭的金属熔池深度主要与金属熔滴带入的热量有关，从图 3-24 可知，Case1 中金属熔滴的最终温度较小，因此金属熔滴带入熔池的热量小于 Case2 中带入的热量，所以 Case2 中的金属熔池深度增加。

3.2.9 电渣重熔过程渣壳的动态形成机制与热流分配现象

3.2.9.1 模拟条件

本章建立了二维轴对称的几何模型。初始的计算域如图 3-29 所示，初始计算域包含一层熔渣和液态金属，以及凝固在结晶器壁面上厚度为 2mm 的初始渣壳。在本章所有的算例中，初始条件都保持相同。熔渣和液态金属的初始高度为 0.04m，初始温度为 1900K，渣壳的初始温度为 500K。铸锭的材质为 AISI 304 不锈钢，渣系的化学成分为 $70\% CaF_2 + 15\% CaO + 15\% Al_2O_3$。由于使用 Boussinesq 假设考虑浮力的影响，所以浮力项中熔渣和金属的密度均为温度的函数。熔渣的电导率也是温度的函数，其他物性参数均假设为常数。模拟时具体使用的模型参数和物性参数见表 3-1 和表 3-2。

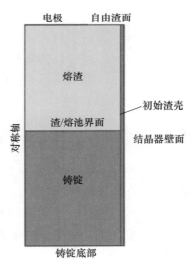

图 3-29　初始时刻的计算域

3.2.9.2 多物理场耦合行为

图 3-30 为 $t = 300s$ 时计算的电渣重熔过程中电磁场量的分布。磁场强度的分布如图 3-30a 所示，磁场强度的最大值出现在电极角部，约为 $8.5 \times 10^3 A/m$。铸锭中磁场强度沿径向几乎呈线性分布，从铸锭表面到对称轴逐渐减小，而沿轴向的变化几乎可以忽略，这表明铸锭中的电流以轴向分布为主。电流密度矢量如图 3-30b 所示，由于没有考虑结晶器电流的存在，电流从电极底部进入渣池，然后从铸锭底部流出。电流密度的最大值出现在电极角部，约为 $1.3 \times 10^6 A/m^2$。由于渣壳的电导率较小，所以电渣重熔过程的数值模拟研究中普遍假设结晶器绝缘[79,92,123]。从图 3-30b 可看出，尽管结晶器壁面上渣壳中的电流密度较小，但仍

具有一定的导电能力，因此结晶器壁面绝缘的假设需要合理地使用。

图 3-30c 为焦耳热分布，从图中可以看出焦耳热主要产生于电极下方的渣池中，最大值出现在电极角部，约为 $5.2 \times 10^9 \mathrm{W/m^3}$。此外，结晶器壁面上形成的渣壳中也有焦耳热生成，其中渣池底部的渣壳较厚，生成的焦耳热密度约为 $1.9 \times 10^8 \mathrm{W/m^3}$。渣壳中的焦耳热对界面处的热流分配以及渣壳的厚度都有重要影响。电磁力（洛伦兹）力矢量如图 3-30d 所示，铸锭区域的电磁力均沿径向指向对称轴，且从铸锭表面到对称轴逐渐减小。在电极底部和自由渣面下方的渣池区域，电磁力有沿轴向向下的分量，最大电磁力出现在电极的角部，约为 $7.6 \times 10^3 \mathrm{N/m^3}$。

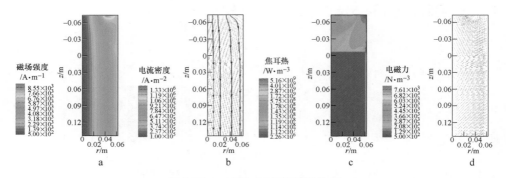

图 3-30　$t = 300\mathrm{s}$ 时电磁场量分布

a—磁场强度；b—电流密度矢量；c—焦耳热；d—电磁力矢量

速度场分布如图 3-31 所示。从图 3-31 中可以看出，渣池中存在两个方向相反的涡流。电极下方逆时针方向的涡流由电磁力驱动，而结晶器壁面附近顺时针方向的涡流由浮力驱动。渣池中的最大速度出现在对称轴附近，约为 0.08m/s。液态金属在浮力的作用下，沿着渣/熔池界面向结晶器壁面流动，随后又沿着凝固前沿向铸锭中心移动，到达铸锭中心后在浮力的作用下开始向上流动，形成了一个顺时针方向的涡流。金属熔池中的最大速度出现在靠近结晶器壁面的渣/熔池界面附近，约为 0.01m/s。

温度场分布如图 3-32 所示。渣池中的高温区位于电极下方，其最高温度约为 2100K，这是因为电极下方的焦耳热密度较大，而且正处于渣池逆时针方向涡流的中心，对流传热能力较弱。由于电极的升温和熔化需要不断地从渣池吸收热量，所以电极/渣池界面下方的渣池温度明显较低。渣池在两个方向相反的涡流的作用下，温度分布比较均匀。金属熔池在顺时针方向涡流的作用下，温度分布也较为均匀，其最高温度约为 1877K。Mitchell 等在研究中指出金属熔池中的过热度约为 150K[124]，本模型计算的结果为 137K，两者吻合较好。结晶器壁面附近具有较高的温度梯度，电渣重熔体系中的大部分热量都被结晶器中的冷却水带走。

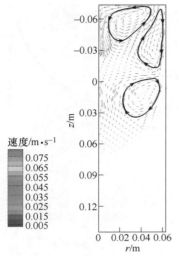
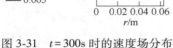
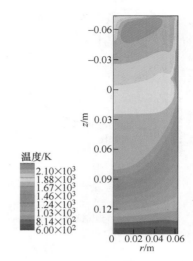

图 3-31 *t* = 300s 时的速度场分布　　　图 3-32 *t* = 300s 时的温度场分布

铸锭生长过程中金属熔池形状的变化如图 3-33 所示。电渣重熔过程初期，由于铸锭底部的强烈水冷，金属熔池底部形状浅平，如图 3-33a、b 所示；随着熔炼过程进行，渣/熔池界面的对流传热和金属熔滴带来的热量使金属熔池的温度升高，铸锭底部的冷却逐渐减弱，金属熔池底部的深度逐渐增加，如图 3-33c~e 所示；当金属熔池的液固相线深度达到稳定时，形成了抛物线型的金属熔池形状，如图 3-33f 所示。液相线和固相线的深度分别为 78mm 和 87mm，最大的两相区宽度约为 9mm。金属熔池中的圆柱段高度约为 12mm，有利于获得光洁的铸锭表面。

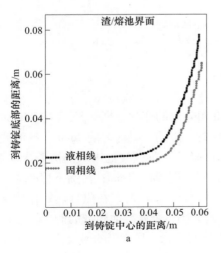
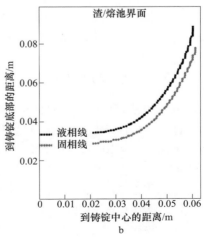

a　　　　　　　　　　　　　b

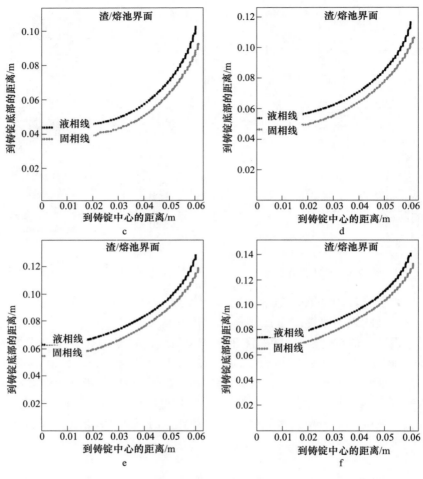

图 3-33　金属熔池形状

a—50s；b—100s；c—150s；d—200s；e—250s；f—300s

3.2.9.3　渣壳的动态形成机制

图 3-34 为电渣重熔过程中混合相的液相分数的变化，图 3-35 为相应时刻结晶器壁面上渣壳厚度的变化。初始时刻 $t=0$s 时，假设一层均匀的 2mm 厚的渣壳凝固在结晶器壁面上。$t=10$s 时，由于渣池温度降低，所以渣池区域的渣壳厚度增加。在金属熔池区域，过热的液态金属使渣壳厚度减小到 1.7mm；铸锭下部的渣壳也被过热的液态金属局部熔化，导致渣壳厚度减小。$t=20$s 时，在焦耳热的作用下，渣池温度上升，渣池上部区域的渣壳厚度开始减小；金属熔池区域的渣壳厚度进一步减小到 1mm，铸锭下部渣壳的不均匀熔化导致了波纹状渣壳的形成。

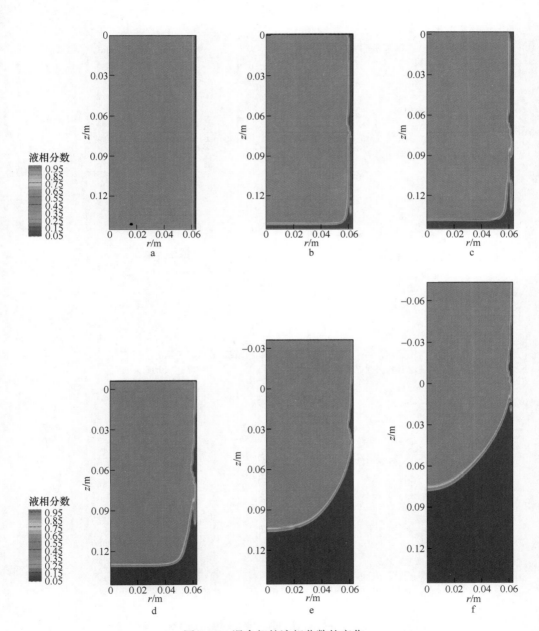

图 3-34　混合相的液相分数的变化

a—$t=0$s；b—$t=10$s；c—$t=20$s；d—$t=30$s；e—$t=150$s；f—$t=300$s

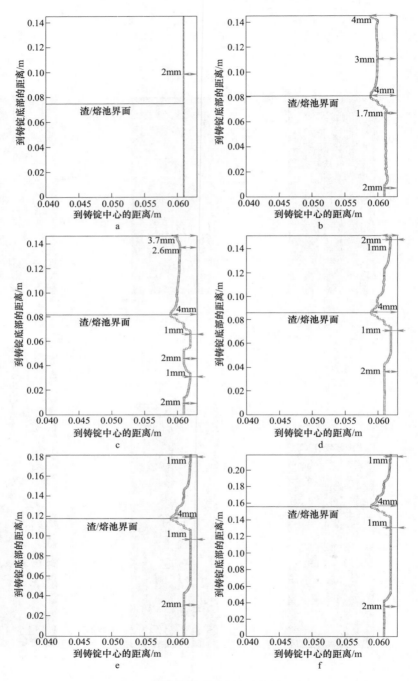

图 3-35　结晶器壁面上渣壳厚度的变化

a—$t=0$s；b—$t=10$s；c—$t=20$s；d—$t=30$s；e—$t=150$s；f—$t=300$s

$t=30$s 时，自由渣面附近的渣壳厚度最薄，约为 1mm。随着到自由渣面距离的增加，渣池/结晶器界面上的渣壳厚度也随之增大，并在渣池底部达到最大，约为 4mm。铸锭下部的液态金属完全凝固后，波纹状的渣壳消失，渣壳的厚度仍为 2mm。此时，渣池和铸锭区域的渣壳厚度基本达到稳定。随着熔炼过程的进行，金属熔池界面不断上涨，渣池底部的渣壳被过热的液态金属局部重熔，导致金属熔池区域的渣壳厚度逐渐减小，最终液态金属在 1mm 厚的渣壳的包裹中凝固，而渣池区域的渣壳在不断地熔化和凝固过程中达到动态平衡。通过控制工艺参数，使铸锭周围的渣壳薄而均匀，将有利于铸锭获得良好的凝固质量。

图 3-36 为结晶器壁面上距铸锭底部 0.125m 处的渣壳厚度随时间的变化。从图 3-36 中可以看出，$t=0$s 时，渣壳的厚度等于初始厚度，约为 2mm。在重熔初期，渣池的温度降低，该位置处的渣壳厚度逐渐增加到 3.2mm。随后，渣池温度开始升高，渣壳厚度逐渐减小到 1.7mm。在熔炼过程中，铸锭高度不断增加，该位置与自由渣面的距离也逐渐增加，因此该位置处渣壳的厚度逐渐增大。当渣池底部经过该位置时，渣壳厚度达到最大，约为 4mm。当金属熔池经过该位置时，过热的液态金属使渣壳局部重熔，渣壳厚度逐渐减小至 1mm。最终，该处的液态金属完全凝固后，渣壳的厚度不再发生变化。

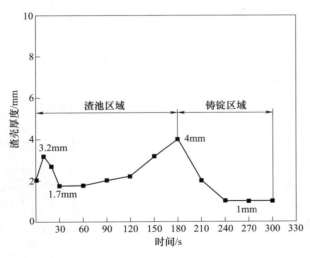

图 3-36　结晶器壁面上距铸锭底部 0.125m 处渣壳厚度随时间的变化

3.2.9.4　热流分配现象

电渣重熔过程中，电极受热熔化的同时，液态金属在水冷铜结晶器中逐渐凝固，整个过程始终伴随着热量的产生和释放。电渣重熔过程中各界面处热流分配的示意图如图 3-37 所示。热量的主要来源是渣池中产生的焦耳热 Q_j，而热量的支出主要包括以下几个部分：（1）形成金属熔滴所需的热量 Q_{se}；（2）熔滴穿过渣池吸收的热量 Q_d；（3）电极散失的热量 Q_{ea}；（4）自由渣面散失的热量 Q_a；（5）渣池侧壁向结晶器散失的热量 Q_{sm}；（6）铸锭侧壁向结晶器散失的热量 Q_{im}；（7）铸锭底部向底水箱散失的热量 Q_{bm}；（8）铸锭储存的显热 Q_s。它们满足以下关系：

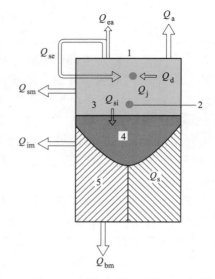

$$Q_j = Q_{se} + Q_d + Q_{ea} + Q_a + Q_{sm} + Q_{si} \tag{3-124}$$

$$Q_{si} + Q_{se} + Q_d = Q_{im} + Q_{bm} + Q_s \tag{3-125}$$

图 3-37　电渣重熔系统热流分配示意图
1—电极；2—金属熔滴；3—熔渣；
4—金属熔池；5—铸锭

式中　Q_{si}——渣池向金属熔池对流传输的热量。

Q_{se} 和 Q_d 可分别用式（3-126）和式（3-127）计算得到。

$$Q_{se} = m \cdot (\int_{T_{ref}}^{T_L} C_p \mathrm{d}T + L) \tag{3-126}$$

$$Q_d = m \cdot \int_{T_L}^{T_L + \Delta T} C_p \mathrm{d}T \tag{3-127}$$

式中　T_L——金属的液相线温度，K；

　　　ΔT——金属熔滴穿过渣/熔池界面时的过热度，K；

　　　m——电极的熔化速率，kg/s。

Q_{si} 和 Q_s 通过式（3-124）和式（3-125）求得，其他值均为模型计算结果。

计算 Q_{se} 和 Q_d 时还需要电极的熔化速率，在本研究中，熔速由第 3.2.5 节中的电极熔速计算模型得到。熔滴的过热度使用第 3.2.4 节中的经验公式计算。针对 AISI 304 不锈钢材质，在式（3-98）中，当 Δz（固体电极端部温度变化 ΔT 时间隔的距离）取为 3mm 时计算的熔速约为 79kg/h，与文献中实验测量的熔速吻合较好[125]，如图 3-38 所示。本研究中没有计算电极的温度分布，电极向周围空气散失的热量无法估算。由于这部分热量占总输入功率的比例较低，因此对渣池区域进行热平衡计算时忽略 Q_{ea}。

电渣重熔系统中热流分配的计算结果见表 3-4。从表 3-4 中可以看出，用于熔化电极形成金属熔滴的热流量约为 29.5kW，占总输入功率的 26.8%。一般认为该比值就是电渣重熔过程的热效率。由此可知，电渣重熔过程中的热效率较

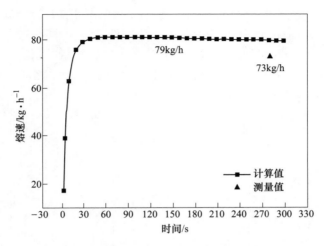

图 3-38 计算的熔速与实验测得的熔速的比较

低。金属熔滴在穿过渣池的过程中还会继续从渣池吸收热量，这部分热流量约为 2.4kW，占总输入功率的 2.2%。自由渣面通过对流与辐射散失的热流量约为 7.8kW。提高电极的填充比，可以减少这部分热流量的损失，从而提高系统的热效率。渣池向结晶器壁面散失的热流量约为 30.8kW，占总输入功率的 28.0%。渣池向结晶器壁面散失的热流量与渣池高度有关，渣池高度增加，渣池与结晶器壁面的接触面积增大，向结晶器散失的热流量也增加。

表 3-4 ESR 过程的热流分配计算结果

项目	热流量 /kW	占输入功率的百分数/%	项目	热流量 /kW	占输入功率的百分数/%	项目	热流量 /kW	占输入功率的百分数/%
Q_{se}	29.5	26.8	Q_{sm}	30.8	28.0	Q_{bm}	6.0	5.4
Q_d	2.4	2.2	Q_{si}	39.5	35.9	Q_s	22.1	20.1
Q_a	7.8	7.1	Q_{im}	43.3	39.5	Q_{input}	110.0	100

电渣重熔过程中，金属熔池的热源包含两部分：一部分是金属熔滴带来的热量，另一部分是渣池与金属熔池之间的对流传热。根据式（3-124）的计算结果可知，渣/熔池界面处的对流传热流量约为 39.5kW，占总输入功率的 35.9%，而金属熔滴带入的热流量约占总输入功率的 29%。由此可见，在实验室规模的电渣重熔过程中，两者所占的比例大致相当。铸锭壁面向结晶器散失的热量约为 43.3kW，占总输入功率的 39.5%。铸锭中存储的显热约占总输入功率的 20.1%。

图 3-39 为计算的热流与文献 [126] 中测量结果的比较。从图中 3-39 可以看出，金属熔滴从渣池中吸收的热量 $Q_{se}+Q_d$ 和铸锭侧面散失的热量 Q_{im} 所占总输入功率的比例分别为 29% 和 39.5%（计算值），而实验测量的结果分别为 25% 和

42.7%，两者之间吻合良好。实验测量的渣池向结晶器散失的热流量约占总输入功率的 43%，而计算的热流量仅占总输入功率的 28%，两者之间的偏差较为明显。在高温环境下，熔渣物性参数的测量比较困难，测量的精度也难以保证，因此本研究中所使用的物性参数由文献得到。Q_{sm} 与实验结果之间的偏差可能与熔渣在高温下不可靠的物性参数有关[13,20]。

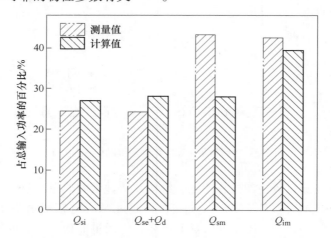

图 3-39　计算的热流与文献中实验测量的热流量的比较[125,126]

图 3-40 为 $t=300s$ 时结晶器壁面上的热通量的变化。在渣池顶部，结晶器壁面上的渣壳较薄，渣池中的热量向结晶器传输时的热阻较小，因此结晶器壁面上的热通量出现了第一个极大值。随着到自由渣面距离的增加，从图 3-35 可知，渣池/结晶器界面上渣壳的厚度逐渐增加，因此结晶器壁面上的热通量逐渐降低。

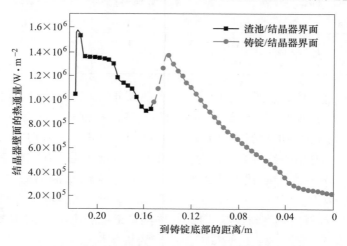

图 3-40　$t=300s$ 时结晶器壁面上热通量的变化

在渣池底部，由于渣壳的厚度最大，所以结晶器壁面上的热通量达到了一个极小值。在金属熔池区域，过热的液态金属使渣壳局部重熔，渣壳厚度逐渐减小，因此结晶器壁面上的热通量逐渐增大，直至达到第二个极大值。在金属熔池以下的区域，铸锭已完全凝固，随着轴向距离的增加，铸锭表面的温度降低，结晶器壁面上的热通量也逐渐降低。

图 3-41 为渣池向结晶器散失的热流量随时间的变化。重熔初期，渣池的温度较低，结晶器壁面上的渣壳较厚，渣池向结晶器散失的热流量较小。随着熔炼过程的进行，渣池的温度升高，结晶器壁面上的渣壳厚度逐渐减小，渣池向结晶散失的热量逐渐增加。$t = 60s$ 时，渣池/结晶器界面上的渣壳厚度基本达到稳定，渣池向结晶器散失的热流量达到最大，约为 34kW。随后，渣池向结晶器散失的热流量随着时间增加而缓慢降低。这是因为随着铸锭的连续生长，铸锭周围不断有新的渣壳生成，导致渣池的高度降低，进而引起渣池中产生的焦耳热和渣池向结晶器散热的面积减小。

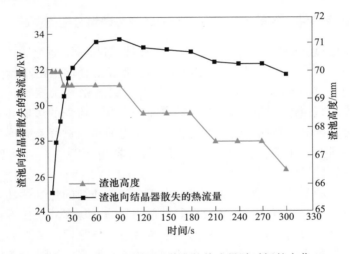

图 3-41　渣池向结晶器散失的热流量随时间的变化

图 3-42 为铸锭向结晶器和底水箱散失的热流量随时间的变化。重熔初期，在底水箱和结晶器的冷却作用下，铸锭的温度降低，因此铸锭向结晶器和底水箱散失的热流量都降低。由于结晶器壁面上有一层初始渣壳存在，所以铸锭向结晶器散失的热流量小于向底水箱散失的热流量。随着铸锭高度的增加，铸锭向底水箱散失的热流量逐渐减少。然而，铸锭向结晶器散失的热流量随着其锭高度增加而增大，这主要是因为铸锭与结晶器壁面的接触面积随着其高度增加而增大。

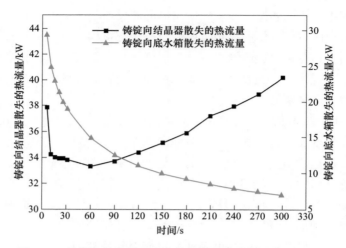

图 3-42   铸锭向结晶器和底水箱散失的热流量随时间的变化

3.2.10   同功率条件下结晶器电流对渣壳厚度及热通量分配的影响

在电渣重熔过程的数值模拟研究中，一般假设结晶器壁面绝缘，不考虑结晶器电流的存在[2,24,127]。Kharicha 等指出电流穿过渣壳的径向电阻小于或者基本等于电流垂直地穿过渣池时的电阻[69]。当结晶器和底水箱直接接触时，电流有可能会穿过渣壳，直接进入结晶器。结晶器电流的存在对渣壳的形成和界面处的热流分配有显著的影响。然而，到目前为止，关于电渣重熔过程渣壳形成的研究仍然较少，有些研究为了简化模型直接忽略了结晶器电流[60,71,120]，有些则在相同电流的条件下比较了结晶器电流对渣壳厚度的影响[69,70]。

在电流相同的条件下，结晶器电流的出现会降低渣池的焦耳热功率，从而影响渣壳的形成过程。截至目前，还没有研究在相同输入功率的条件下比较结晶器电流对渣壳厚度的影响。此外，在相同功率条件下，结晶器电流对界面处热流分配的影响也未见报道。为了控制电渣重熔过程的渣壳厚度，加深对重熔体系中热量传输的理解，有必要对结晶器电流的影响进行更加深入的研究。因此，本节利用 3.2.9 节中验证的模型在相同输入功率的条件下，详细地分析考虑结晶器电流时的多物理场分布特征，比较结晶器电流对渣壳厚度和界面处热通量分配的影响。

3.2.10.1   模拟条件

本研究中使用二维轴对称的几何模型，模型使用的物性参数和操作条件等参数见表 3-5 和表 3-6。初始条件和 3.2.9 节中的基本一致，但是操作参数和边界条件与 3.1 节略有不同。

表 3-5　模拟时使用的熔渣和金属的物性参数[60,71,92]

参　数	熔渣	金属
密度/kg·m^{-3}	2800	7900
黏度/Pa·s	0.02	0.006
潜热/kJ·kg^{-1}	470	271
质量热容/J·kg^{-1}·K^{-1}	1255	752
导热系数/W·m^{-1}·K^{-1}	10.46	30.52
电导率/Ω^{-1}·m^{-1}	液态 270	714000
	渣壳 2	
线（膨）胀系数/K^{-1}	9×10^{-5}	1×10^{-4}
液相线温度/K	1620	1740
固相线温度/K	1570	1700

表 3-6　模拟使用的几何尺寸和操作条件等参数

参　数		数值
几何尺寸	电极半径/mm	40
	结晶器半径/mm	63
	渣池高度/mm	70
操作条件	电流/A	式（3-128）
	输入功率/kW	110
	频率/Hz	50

　　结晶器电流存在时，渣池的输入功率会降低，为了实现相同功率的操作条件，电流的大小根据渣池的输入功率使用电流控制函数式（3-128）自动调节。

$$I = \begin{cases} I - \Delta I & P_t \geqslant 1.02P_0 \\ I + \Delta I & P_t \leqslant 0.98P_0 \end{cases} \tag{3-128}$$

式中　I——电流的大小，A；

　　　ΔI——电流的变化量，A；

　　　P_t——瞬时输入功率，kW；

　　　P_0——目标功率，kW。

　　在本研究中，目标功率为 110kW，瞬时输入功率允许在±2% 的范围内波动。为了保证电磁场计算的收敛性，ΔI 应不大于 0.01A。

　　在本研究中，针对考虑和不考虑结晶器电流的两种情况，分别计算了两个算例。一个算例假设结晶器壁面绝缘，不考虑结晶器电流的存在，结晶器壁面上的磁场边界条件使用安培环路定律表示；另一个算例考虑结晶器电流的存在，结晶器壁面和铸锭底部均使用自然边界条件，电流在重熔体系中根据电阻的大小自动选择电流的路径。具体的边界条件设置见 3.2.6 节。

3.2.10.2　相同功率条件下结晶器电流对多物理场计算结果的影响

图 3-43 为电流密度矢量的分布。从图 3-43a 中可以看出，不考虑结晶器电流时，电流直接从电极进入渣池，然后从铸锭底部流出。此外，结晶器壁面上的渣壳中仍有电流流过。由于渣壳的电导率较小，所以渣壳中的电流密度和熔渣中的相比明显减小。渣池中的最大电流密度出现在电极边缘，约为 1.3×10^6 A/m²。在输入功率相同的条件下，考虑结晶器电流时，计算的电流密度分布如图 3-43b 所示。电流从电极进入渣池，根据电阻的大小自由选择路径。从图 3-43b 中可以看出，一部分电流穿过渣壳流向结晶器，另一部分从铸锭底部流出。此外，电流倾向于从渣池区域穿过渣壳进入结晶器，而不是从金属熔池区域进入结晶器，这是因为电流进入铸锭区域后再穿过渣壳进入结晶器的电阻明显大于直接从铸锭底部流出时的电阻。为了保证输入功率相同，考虑结晶器电流时，从电极流入的电流会增加，因此渣池中的最大电流密度增大到 2.1×10^6 A/m²。

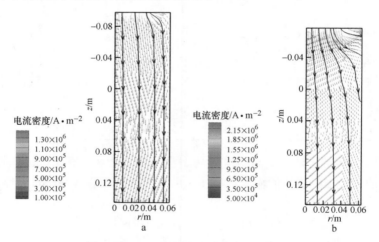

图 3-43　$t = 330$s 时电流密度矢量的分布

a—不考虑结晶器电流；b—考虑结晶器电流

图 3-44 为焦耳热的分布。不考虑结晶器电流时，计算的焦耳热分布如图 3-44a所示。焦耳热主要分布在电极下方的渣池中，最大的焦耳热密度出现在电极边缘，约为 4.2×10^9 W/m³。渣池底部的渣壳较厚，由于渣壳中仍有少量电流流过，所以渣池底部的渣壳中也有明显的焦耳热生成。考虑结晶器电流时，计算的焦耳热分布如图 3-44b 所示。从图 3-44b 中可以看出，渣池中的焦耳热分布与

不考虑结晶器电流时的分布明显不同，焦耳热主要产生于渣池的上部，最大焦耳热密度出现在电极边缘，约为 $1.0 \times 10^{10} \, \text{W/m}^3$。由于有部分电流从渣池区域直接穿过渣壳进入结晶器，所以结晶器壁面附近有大量的焦耳热生成，这会显著影响渣壳的厚度和结晶器壁面上的热流分配。

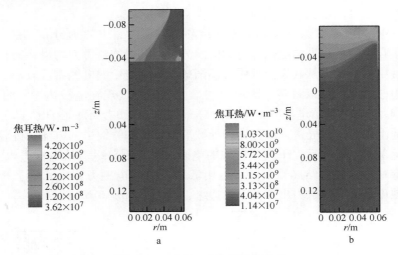

图 3-44　$t = 330\text{s}$ 时的焦耳热分布

a—不考虑结晶器电流；b—考虑结晶器电流

图 3-45 为磁场强度的分布。不考虑结晶器电流时，磁场强度的分布如图 3-45a 所示，铸锭中最大的磁场强度出现在其表面，然后从表面到中心沿径向逐渐

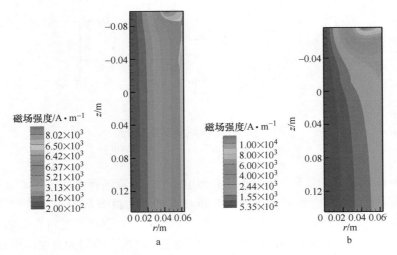

图 3-45　$t = 330\text{s}$ 时磁场强度的分布

a—不考虑结晶器电流；b—考虑结晶器电流

减小。渣池中的最大磁场强度出现在电极边缘，约为 $8.0×10^3$ A/m。考虑结晶器电流时，磁场强度的分布如图 3-45b 所示。从图中可以看出，结晶器电流存在时，磁场强度的分布发生了明显的改变。由于大部分电流从渣池区域直接穿过渣壳进入结晶器，所以渣池区域的磁场强度明显大于铸锭区域的磁场强度。渣池中的最大磁场强度出现在电极边缘，约为 $1.0×10^4$ A/m。

图 3-46 为电磁力的分布。不考虑结晶器电流时，电磁力分布如图 3-46a 所示，除了自由渣面下方的电磁力有轴向的分量，其余的电磁力均沿径向指向对称轴。铸锭中的电磁力从其表面到中心逐渐减小，渣壳中的电流密度较小，所以渣壳中的电磁力几乎可以忽略。渣池中的最大电磁力出现在电极边缘，约为 $7.5×10^3$ N/m³。考虑结晶器电流时，电磁力分布如图 3-46b 所示，由于大部分电流直接从渣池上部穿过渣壳进入结晶器，导致渣池底部和铸锭中的电流密度较小，所以渣池上部的电磁力远大于其他区域的电磁力。大部分电流从电极进入渣池后，沿径向穿过渣壳流入结晶器，所以自由渣面下方的电磁力方向几乎平行于对称轴。渣池中最大的电磁力出现在电极边缘，约为 $1.55×10^4$ N/m³。

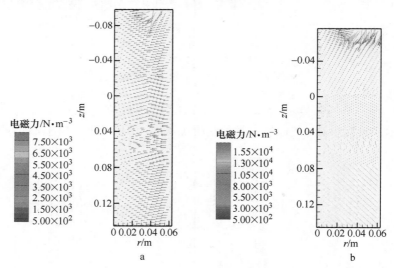

图 3-46　$t=330$s 时电磁力的分布

a—不考虑结晶器电流；b—考虑结晶器电流

图 3-47 为速度场分布。不考虑结晶器电流时，计算的速度场分布如图 3-47a 所示。从图中可以看出，计算的速度场分布与文献中的报道基本一致[58,62]。渣池中的流动被两个方向相反的涡流控制，电极下方为电磁力驱动的逆时针方向的涡流，结晶器壁面附近为浮力驱动的顺时针方向的涡流。渣池中的最大流速出现在对称轴附近，约为 0.08m/s。金属熔池中的液态金属沿着渣/熔池界面流向结晶器壁面，再向下沿着凝固前沿向铸锭中心流动，形成了一个顺时针方向的涡流。

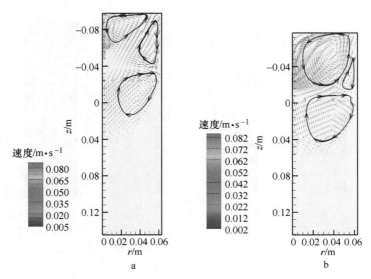

图 3-47　$t=330$s 时的速度场分布
a—不考虑结晶器电流；b—考虑结晶器电流

考虑结晶器电流时，计算的速度场分布如图 3-47b 所示，由于渣池中电磁力分布的差异，所以渣池中的流动主要被逆时针方向的涡流控制，仅在靠近结晶器壁面处的渣池底部存在一个顺时针方向的涡流。在相同功率条件下，虽然结晶器电流改变了熔渣的流动形态，但是渣池中的最大速度仍然出现在对称轴处，其大小也与不考虑结晶器电流时的基本相同。金属熔池中的电磁力较小，其流动仍然被浮力驱动的顺时针方向的涡流控制。

图 3-48 为 $t=330$s 时渣池和金属熔池中的湍流黏度比。不考虑结晶器电流时，计算的湍流黏度比如图 3-48a 所示，渣池底部靠近对称轴附近的湍流黏度比约为 25，渣池其他区域中的湍流黏度比较小。金属熔池中的湍流黏度比明显大于渣池中的湍流黏度比，最大的湍流黏度比出现在渣/金界面附近约为 210。考虑结晶器电流时，计算的湍流黏度比如图 3-48b 所示，渣池和金属熔池中的最大湍流黏度比分别为 50 和 320。这表明在相同功率条件下，考虑结晶器电流后，渣池和金属熔池中的湍流混合更加强烈，有利于渣池和金属熔池温度分布的均匀。

在本研究中，计算的金属熔池中的湍流混合强度大于渣池中的湍流混合强度，与 Ferng 等得到的结果类似[28]。然而，有部分文献认为渣池中的湍流流动比金属熔池中的强烈，金属熔池中的流动近乎是层流[55,58,60]。这种矛盾可能与渣/熔池界面的处理有关，上述的研究将渣池区域和金属熔池区域单独求解，然后再通过边界条件将渣池和金属熔池区域进行耦合，而 Ferng 等将整个重熔体系当作一个计算域进行求解，他们认为这种处理方式可以获得更加真实的速度场和湍流属性[28]。本研

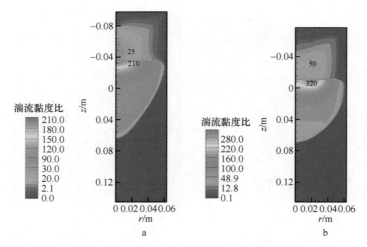

图 3-48　t=330s 时渣池和金属熔池中的湍流黏度比

a—不考虑结晶器电流；b—考虑结晶器电流

究采用了和 Ferng 等类似的处理方式，因此得到了和 Ferng 等类似的结果。

　　图 3-49 为 t=330s 时计算的温度场分布。不考虑结晶器电流时，计算的温度场分布如图 3-49a 所示。渣池中的高温区位于电极下方，最高渣温约为 2300K，渣池底部的温度场出现了明显的分层。考虑结晶器电流时，计算的温度场分布如图 3-49b 所示。由于渣池中的流动主要被逆时针方向的涡流控制，湍流混合的强

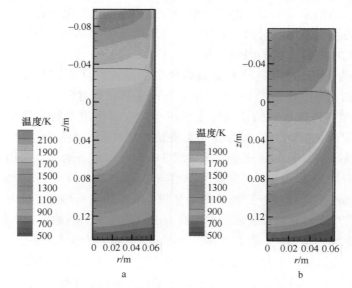

图 3-49　t=330s 时的温度场分布

a—不考虑结晶器电流；b—考虑结晶器电流

度增加，如图 3-48b 所示，因此渣池中的温度分布更加均匀。渣池中的最高温度和不考虑结晶器电流时的相比降低了 250K。图 3-50 为渣/熔池界面的温度分布。从图 3-50 中可以看出，渣/熔池界面的温度均从铸锭中心到表面沿径向逐渐降低。在相同功率条件下，考虑结晶器电流时，渣池的温度分布更加均匀，使得渣/熔池界面的温度高于不考虑结晶器电流时的界面温度。较高的渣/熔池界面温度有利于结晶器壁面上渣壳的局部重熔，从而减小铸锭表面渣壳的厚度。

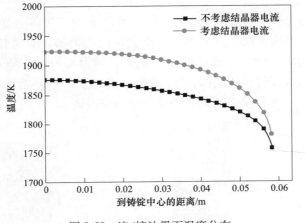

图 3-50　渣/熔池界面温度分布

图 3-51 为计算的金属熔池形状。从图 3-51 中可以看出，计算的金属熔池形

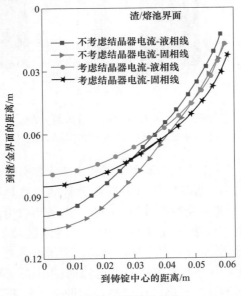

图 3-51　金属熔池形状

状均为抛物线型。不考虑结晶器电流时，金属熔池的液相线和固相线深度分别为 98.6mm 和 105.7mm，铸锭中心的两相区宽度为 7.1mm。在相同功率条件下，考虑结晶器电流后，金属熔池的液相线和固相线深度分别减小到 79.0mm 和 84.6mm，两相区的宽度为 5.5mm。由此可见，在相同功率条件下，结晶器电流的存在会减小金属熔池的深度，使金属熔池形状变得浅平。

3.2.10.3　相同功率条件下结晶器电流对渣壳厚度的影响

图 3-52 为 $t=330\mathrm{s}$ 时液相分数的分布。图 3-53 为结晶器壁面上渣壳厚度的变化。不考虑结晶器电流时，随着到自由渣面距离的增加，渣池/结晶器界面上的渣壳厚度逐渐增大，并在渣池底部达到最大，约为 4.8mm。随着金属熔池的上涨，过热的液态金属将渣池底部较厚的渣壳局部重熔，金属熔池区域的渣壳厚度逐渐减小到 2mm，最终液态金属在渣壳的包裹中凝固。

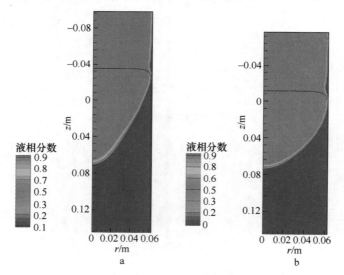

图 3-52　$t=330\mathrm{s}$ 时液相分数的分布

a—不考虑结晶器电流；b—考虑结晶器电流

在相同功率条件下，考虑结晶器电流时，由于大部分电流从渣池区域直接穿过渣壳进入结晶器，所以结晶器壁面附近有大量的焦耳热生成，如图 3-44b 所示，导致结晶器壁面上的渣壳厚度减小。因此，随着到自由渣面距离的增加，渣池/结晶器界面上的渣壳厚度会先减小后增大，渣池区域最小的渣壳厚度约为 1mm，渣池底部的渣壳厚度约为 4.8mm。此外，考虑结晶器电流时，渣池区域的渣壳厚度在整体上都要小于不考虑结晶器电流时的渣壳厚度。考虑结晶器电流时，由于渣/熔池界面的温度更高，所以结晶器壁面上的渣壳被液态金属局部熔化的程度更严重，导致铸锭表面的渣壳厚度从 2mm 减小到 1.2mm。

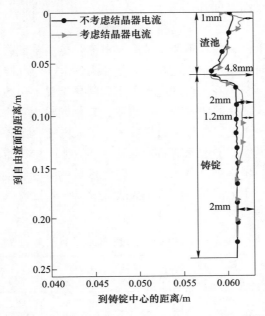

图 3-53 t = 330s 时结晶器壁面上渣壳厚度的变化

3.2.10.4 相同功率条件下结晶器电流对热流分配的影响

图 3-54 为计算的电极熔化速率。不考虑结晶器电流时，渣池中的温度较高，计算的熔速较大，约为 98kg/h。随着熔炼进行，渣池高度减小，渣池向结晶器散失的热量也相应减少，因此计算的电极熔速有增大的趋势。在相同功率条件下，

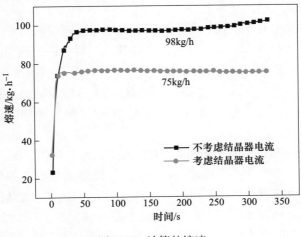

图 3-54 计算的熔速

考虑结晶器电流时，渣池/结晶器界面上的渣壳厚度减小，渣池区域的径向散热损失增加，渣池的最高温度和不考虑结晶器电流相比降低了 250K，因此计算的熔速降低到 75kg/h。

相同功率条件下，考虑和不考虑结晶器电流时热流分配的计算结果见表 3-7。不考虑结晶器电流时，用于熔化电极形成金属熔滴的热流量约为 36.5kW，占输入功率的比例为 33.2%。在相同功率条件下，考虑结晶器电流时，用于形成金属熔滴的热流约占输入功率的 25.9%。这表明，在相同输入功率的条件下，结晶器电流的存在会降低电渣重熔过程中的热效率，增大电耗。此外，结晶器电流还会影响渣池的径向热损失。不考虑结晶器电流时，渣池向结晶器散失的热量约占总输入功率的 29.3%。考虑结晶器电流时，渣池区域的渣壳厚度减小，有利于增强渣池的径向散热，因此渣池向结晶器散失的热量占输入功率的比例增大到 34.7%。

表 3-7 $t=330\text{s}$ 时热流分配的计算结果

项目		热流量/kW	占输入功率的比例/%	项目	热流量/kW	占输入功率的比例/%	项目	热流量/kW	占输入功率的比例/%
不考虑结晶器电流	Q_{se}	36.5	33.2	Q_{sm}	32.2	29.3	Q_s	7.2	6.5
	Q_d	3.2	2.9	Q_{im}	57.3	52.1	Q_{si}	30.6	27.8
	Q_a	7.5	6.8	Q_{bm}	5.8	5.3	Q_{input}	110.0	100
考虑结晶器电流	Q_{se}	28.5	25.9	Q_{sm}	38.2	34.7	Q_s	7.6	6.9
	Q_d	2.4	2.1	Q_{im}	49.9	45.3	Q_{si}	34.5	31.4
	Q_a	6.4	5.8	Q_{bm}	4.9	4.4	Q_{input}	110.0	100

铸锭向结晶器散失的热流不仅与其表面的渣壳厚度有关，还和铸锭与结晶器的接触面积有关。在相同功率条件下，不考虑结晶器电流时，虽然铸锭表面的渣壳较厚，但是它与结晶器的接触面积也大，最终导致铸锭向结晶器散失的热流占总输入功率的比例达到 52.1%；而考虑结晶器电流时，铸锭向结晶器散失的热流量仅占总输入功率的 45.3%。在相同功率条件下，考虑结晶器电流时，由于渣/熔池界面的温度较高，所以渣池通过对流向金属熔池传输的热流量较高，约占总输入功率的 31.4%；而不考虑结晶器电流时，渣/熔池界面处的热流量仅占总输入功率的 27.8%。

图 3-55 为 $t=330\text{s}$ 时结晶器壁面上的热通量分布。从图 3-55 中可以看出，在相同功率条件下，考虑和不考虑结晶器电流时，结晶器壁面上的热通量分布基本类似，都存在两个峰值。自由渣面下方，渣池的温度较高，结晶器壁面上的渣壳厚度较小，因此热通量出现了第一个峰值。随着轴向距离的增加，渣池温度降低，渣壳的厚度也随之增加，结晶器壁面上的热通量随着渣壳厚度增加而减小，

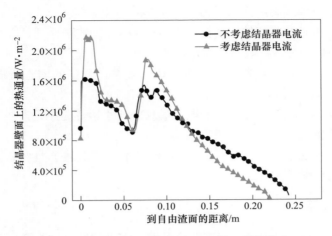

图 3-55　$t = 330\,\mathrm{s}$ 时结晶器壁面上热通量的分布

并在渣池底部达到一个极小值。在金属熔池区域，过热的液态金属将渣壳局部重熔，结晶器壁面上的热通量随着渣壳厚度减小而逐渐增大，因此热通量出现了第二个峰值。随着轴向距离的进一步增加，结晶器壁面上的热通量又逐渐降低。

在相同功率条件下，考虑结晶器电流时，渣池区域的渣壳厚度较小，因此渣池/结晶器界面处的热通量大于不考虑结晶器电流时的热通量。在金属熔池区域，考虑结晶器电流时，结晶器壁面上的渣壳厚度更小，所以结晶器壁面上的热通量大于不考虑结晶器电流时的热通量。在完全凝固的铸锭区域，考虑结晶器电流时，结晶器壁面上的热通量小于不考虑结晶器电流时的热通量。

3.3　电渣重熔过程基于多物理场耦合的溶质分布模拟

本节以镍基高温合金 GH4169 凝固过程中溶质再分配为研究对象，采用 UDF 自编程数值模拟方法，基于二维轴对称 T 型结构有限元模型，借助于 ANSYS 商业软件中 Fluent 模块，利用实验测得的数据，实现不同铸钢锭尺寸、不同电流和不同冶炼工艺下钢锭凝固过程的模拟计算。

3.3.1　基本假设

（1）模型包括 T 型结晶器中的熔渣和液态金属，不考虑短网、自耗电极、空气、结晶器和底水箱部分。

（2）假设电渣重熔过程中的电极头水平，且不考虑电极在熔渣中的浸入深度。

（3）计算开始于已经稳定的电渣重熔过程，直至补缩阶段结束，电渣炉启动阶段不考虑在内。

（4）将熔渣和金属液体都视为不可压缩的牛顿流体。

（5）将熔渣和金属液的密度都采用 Boussinesq 方式来计算，因为计算中要考虑热浮力，其余的物性参数则认为是常数。

（6）不考虑流入结晶器中的电流，认为重熔过程中的固态渣皮具有良好的电绝缘性。

（7）忽略熔渣与金属液之间的电化学反应，重熔过程中元素烧损也不考虑。

（8）忽略钢锭凝固时的体积收缩。

（9）模型考虑了 Nb、Mo、C、Cr 和 Fe 五种主要元素，且忽略了偏析过程中元素之间的相互作用。

3.3.2　模型体系

本节采用有限体积法建立传统电渣重熔二维 T 型轴对称非稳态多物理场耦合数学模型。为了保证计算精度，模型网格全部采用四边形结构。通过简化麦克斯韦方程组来求得适用于电渣重熔体系的磁场运输方程。采用电势法计算出电磁力和焦耳热的分布，并将两者与熔渣和金属两相的动量和能量方程耦合。此外，还考虑了电渣炉内的电磁力、热浮力和溶质浮力的相互作用。该模型中采用 VOF 两相流模型来描述熔渣和液态金属之间的动量与热量变化。

针对熔渣金属液之间的动量和能量交换，本节建立了两相共享连续性方程、纳维-斯托克斯方程和能量方程，采用 RNG 湍流模型计算湍流黏度。在基本模型的基础上，再加入传质方程，由于溶质在固态金属和液态金属中溶解度不同，所以会在凝固前沿出现溶质分布不均匀现象。利用 Lever 算法处理了凝固前沿溶质再分配，考虑溶质在固相中的扩散以及液相中的对流和扩散。利用动态网格技术模拟重熔过程中钢锭的生长，同时考虑电渣锭定向凝固的特点，建立了糊状区各向异性渗透系数。

3.3.3　溶质传输控制方程

体系电磁场、流场和温度场控制方程见 3.2.2 节。

电渣锭的宏观偏析现象采用连续介质模型来研究。本节采用 Bennon 和 Ineropera 提出的介质模型。首先构建电渣重熔二维非稳态轴对称宏观偏析数学模型，基本方程包括动量、能量、质量和溶质守恒方程。模型中引入了湍流动能和湍动能耗散率守恒方程。相对于普通铸锭，电渣重熔钢锭具有凝固速度快和定向凝固的特点，所以需补充适用于该过程的本构关系、热力学关系和微观模型。

3.3.3.1　溶质传输与再分配控制方程

由连续介质模型可知，凝固中溶质的运动方程为：

$$\frac{\partial}{\partial t}(\rho c_i) + \nabla \cdot (\rho v c_i) = \nabla \cdot (\rho f_1 D_{i,l} \nabla c_i) + S \tag{3-129}$$

$$S = \nabla \cdot [\rho f_1 D_{i,l} \nabla(c_{i,l} - c_i)] - \nabla[\rho(v - v_s)(c_{i,l} - c_i)] +$$
$$\nabla \cdot [\rho(1 - f_1)D_{i,s} \nabla(c_{i,s} - c_i)] \tag{3-130}$$

$$c_{i,l} = \frac{c_i}{1 + (1 - f_1)(k_i - 1)} \tag{3-131}$$

$$c_{i,s} = k_i c_{i,l} \tag{3-132}$$

溶质传输的对流扩散方程（3-129），其中源项的具体表达式见式（3-130），第一项表示的是溶质在液相中的扩散；第二项表示的是固相和液相的相对运动引起的溶质扩散，这里固相速度等于零；第三项则代表溶质在固相中的扩散。式中 c_i 为计算域的单元体中平均溶质浓度；$c_{i,l}$ 为单元体内液相中的溶质浓度；$c_{i,s}$ 为单元体内固相中的溶质浓度；$D_{i,l}$，$D_{i,s}$ 表示溶质在液相中和固相中的扩散系数。

模型中采用 Lever 算法计算凝固前沿溶质的再分配行为。该算中单元体内平均溶质浓度单元体内液相中溶质浓度和单元体内固相中的溶质浓度存在以下关系式：

式（3-132）中为各元素在凝固界面处的溶质平衡分配系数，在这里假设凝固界面处保持局部组分平衡。另外，在求解液相率 f_1 时使用的凝固界面处温度可以表示为：

$$T^* = T_{\text{melt}} + \sum_{i=0}^{N_s - 1} m_i \frac{c_i}{k_i + f_1(1 - k_i)} \tag{3-133}$$

式中，k_i 为平衡分配系数。从式（3-133）中可以得知，界面处的温度与元素的物性相关，而且随凝固过程不断变化，相分界面处的溶质浓度也会发生变化。当溶质浓度升高时，相界面处的温度是降低的，因为元素的液相线斜率 m_i 为负值。

3.3.3.2 溶质两相流控制方程

连续性方程和纳维-斯托克斯方程共同决定熔渣和金属液体流动的速度：

$$\frac{\partial \rho}{\partial t} + \nabla \cdot (\rho v) = 0 \tag{3-134}$$

$$\frac{\partial(\rho v)}{\partial t} + \nabla(\rho v + v) = -\nabla p + \nabla \cdot [\mu_1(\nabla v + \nabla v^{\text{T}})] + F_{\text{st}} + F_e + F_t + F_s + F_d \tag{3-135}$$

式中　F_{st}——表面张力；

　　　F_e——洛伦兹力；

　　　F_t——热浮力；

　　　F_s——溶质浮力；

F_{d}——糊状区阻力。

$$F_{t} = \rho_{ref} g \sum \beta_{T}(T - T_{ref}) \tag{3-136}$$

$$F_{s} = \rho_{ref} g \sum \beta_{s}^{i}(c_{1}^{i} - c_{0}^{i}) \tag{3-137}$$

金属熔池的湍流流动比渣池高很多，为了提高计算精度且能够很好地描述弱湍流流动。溶质传输选择 RNG k-ε 湍流模型：

$$\frac{\partial(\rho k)}{\partial t} + \nabla \cdot (\rho k v) = \nabla \cdot (\alpha_{k}\mu_{eff} \nabla k) + G_{k} + G_{b} - \rho\varepsilon - Y_{M} + S_{k}$$
$$\tag{3-138}$$

$$\frac{\partial(\rho\varepsilon)}{\partial t} + \nabla \cdot (\rho\varepsilon v) = \nabla \cdot (\alpha_{\varepsilon}\mu_{eff} \nabla \varepsilon) + C_{1\varepsilon}\frac{\varepsilon}{k}(G_{k} + G_{3\varepsilon}G_{b}) - C_{2\varepsilon}\rho\frac{\varepsilon^{2}}{k} - R_{\varepsilon} + S_{\varepsilon}$$
$$\tag{3-139}$$

相比 k-ε 湍流模型，RNG k-ε 为湍流 Prandtl 提供了一个解析公式 R_{ε}（3-140）和一个考虑雷诺数低的流动黏性公式（3-142）。

$$R_{\varepsilon} = \frac{C_{\mu}\rho\eta'^{3}(1 - \eta'/\eta_{0})}{1 + \beta\eta'^{3}}\frac{\varepsilon^{2}}{k} \tag{3-140}$$

$$d\left(\frac{\rho^{2}k}{\sqrt{\varepsilon\mu_{1}}}\right) = 1.72\frac{\hat{v}}{\sqrt{\hat{v}^{3} - 1 + C_{v}}}d\hat{v} \tag{3-141}$$

$$\hat{v} = \frac{\mu_{eff}}{\mu_{1}} \tag{3-142}$$

3.3.4　物性参数与工艺参数

本节所采用模型为 ϕ320mm/250mm，利用 GH4169 电极进行模拟验证，验证准确后，观察元素宏观偏析行为。基于该模型比较电流大小和钢锭尺寸对其影响，以确定最佳工艺参数。

模型中涉及 GH4169 合金成分见表 3-8，表 3-9 为 GH4169 与所选渣系相关物性参数，表 3-10 为数值模拟相关工艺参数。本节考虑了合金中 5 种主要元素，包括 Nb、Mo、C、Cr 和 Fe。这 5 种元素相关物性参数见表 3-11。

表 3-8　GH4169 电极化学成分　　　　　　（质量分数，%）

C	Nb	Fe	Cr	Al	Si	Mo	Ti	Mn	Ni
0.07	5.10	18.60	17.31	0.58	0.08	3.02	0.95	0.06	Bal.

表 3-9 GH4169/渣的物性参数

物 理 量	GH4169 物性参数	渣物性参数
密度(液)/kg · m^{-3}	7676	2800
热容/J · kg^{-1} · K^{-1}	725	1255
固/液相线温度/℃	1290/1360	—
热导率/W · m^{-1} · K^{-1}	27.91	10.46
凝固潜热/J · kg^{-1}	2.7×10^5	—
电导率/Ω^{-1} · m^{-1}	7.2×10^5	313
共晶温度/℃	1138	—
磁导率/H · m^{-1}	1.25710^{-6}	1.256×10^{-6}
线(膨)胀系数/K^{-1}	1.63×10^{-4}	1×10^{-4}
黏度/kg · (m · s)$^{-1}$	0.006	0.025
相对分子质量	混合	28.966

表 3-10 电渣重熔过程工艺参数

T 型结晶器直径/mm	钢锭直径/mm	电极直径/mm	渣池深度/mm	电流/A
330	250	200	110	4300
330	250	200	110	3500
330	250	200	110	5000
840	650	500	200	13000
330(导电)	250	200	110	4300

表 3-11 各元素物性参数

元素	C	Cr	Nb	Mo	Fe
溶质膨胀系数/%$^{-1}$	1.10×10^{-2}	3.97×10^{-3}	6.85×10^{-4}	1.92×10^{-3}	5.3×10^{-2}
液相溶质扩散系数/m^2 · s^{-1}	2×10^{-9}	2×10^{-9}	2×10^{-9}	2×10^{-9}	2×10^{-9}
液相线斜率/K · %$^{-1}$	$m_i = \dfrac{T_{\text{Eut}} - T_{\text{melt}}}{Y_{i,\text{Eut}}}$				
溶质分配系数	0.23	1.2	0.3	0.87	1.3

3.3.5　计算流程图

T型结晶器电渣重熔镍基合金的数值模拟，利用软件 ICEM（CFD）划分网格，建立二维 T 型轴对称瞬态模型。采用动态网格劈裂生长技术模拟钢锭连续生长，利用电势法求解电磁场，VOF 两相流模型追踪渣/金界面。采用 Lever 算法计算溶质再分配模型，通过实验检测数据进行拟合对比。具体计算流程图如图 3-56 所示。

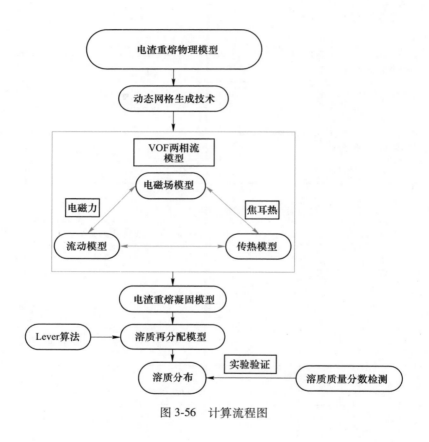

图 3-56　计算流程图

3.3.6　实验验证方法

为了更好地说明 GH4169 宏观偏析规律，同时也为数值模拟的检验收集准确数据，利用如图 3-57 所示 T 型结晶器电渣重熔冶炼所得 GH4169 电渣锭进行实验验证。利用直读光谱仪对 1/2 钢锭剖面进行打点测量，测量位置如图 3-58 所示，具体工艺参数见表 3-12。

图 3-57　T 型结晶器电渣重熔
a—熔炼过程；b—钢锭

图 3-58　GH4169 直
读检测点位置

表 3-12　T 型结晶器电渣重熔工艺参数

T 型结晶器直径/mm	钢锭直径/mm	电极直径/mm	渣池深度/mm	电流/A
330（ESR）	250	200	110	4300
330（CCM-ESR）	250	200	110	4300

3.3.7　电渣重熔 GH4169 过程溶质分布

3.3.7.1　元素质量分布

图 3-59 为传统结晶器 1500s 时溶质元素宏观偏析分布图。此时，自耗电极材质还未发生变化，所以元素浓度等于元素的名义浓度。因为 Nb、Mo、C 元素的溶质平衡分配系数都小于 1，根据溶质平衡再分配系数的公式（3-143）得知，液态金属中的 Nb、Mo、C 元素的浓度都要高于已经凝固的元素浓度；反之，Cr 和 Fe 的溶质平衡分配系数都大于 1，所以 Cr 和 Fe 已经凝固的地方会出现少量富集现象，这与模拟结果正好符合。

$$C_{\mathrm{S}} = K_{\mathrm{p}} C_{\mathrm{L}} \tag{3-143}$$

此外，在结晶器底部有一长条区域的溶质浓度较高，接近于给定元素的名义浓度。这是由于在结晶器底部，冷水箱的冷却速度很快，液态金属来不及发生偏析就已凝固。

图 3-60 为传统结晶器电渣重熔 2800s 时溶质元素宏观偏析分布图。对于 Nb、Mo 元素来说，钢锭上部浓度大于下部浓度，外侧浓度大于内侧浓度。在钢锭生

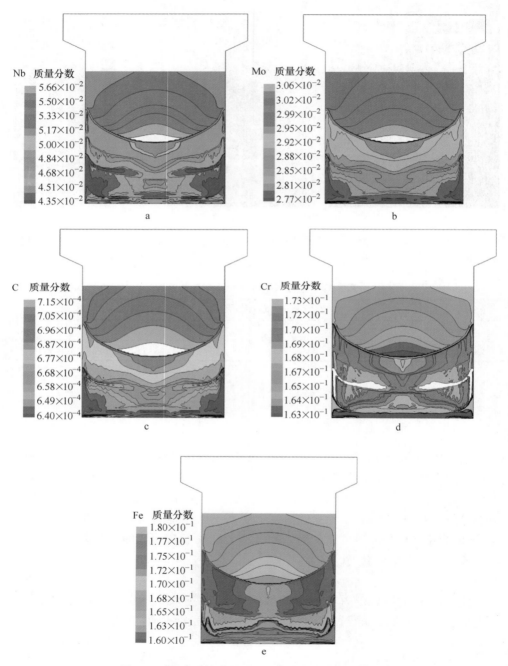

图 3-59　电渣重熔过程 1500s 各种元素的宏观偏析

a—Nb；b—Mo；c—C；d—Cr；e—Fe

长凝固过程中，Nb、Mo 元素先凝固的质量浓度小于名义浓度，促使底部出现负偏析现象。受热浮力和溶质浮力的作用，凝固时固相排出的溶质被带入到液相区，导致液相区域元素浓度富集，促使钢锭上部发生正偏析。随着凝固的进行，钢锭不断长高，靠近结晶器侧壁的金属液体受到强冷的作用，向下运动至钢锭底部。随后受热浮力和溶质浮力的作用，金属液体又向上运动，最后顺着弧状的凝固前沿汇聚到金属熔池底部。因为在钢锭中心处温度下降效果没有结晶器侧壁好，所以在钢锭中心处会出现部分元素富集区使得其中部的浓度大于外侧的浓度。

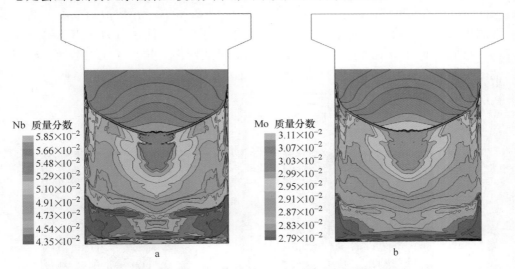

图 3-60 电渣重熔过程 2800s 时 Nb、Mo 元素的宏观偏析

a—Nb；b—Mo

图 3-61 为传统结晶器电渣重熔 2800s 时 C 元素宏观偏析分布图。由于 C 元

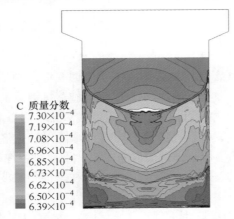

图 3-61 电渣重熔过程 2800s 时 C 元素的宏观偏析

素与其他元素本身属性不同，C 元素是易偏析，即使其含量相对较少，其分布与 Nb、Mo 元素分布规律基本相似。在凝固生长过程中，C 元素浓度等值线不断向下扭曲，与径向方向的夹角不断变大；这是因为溶质平衡分配系数小的元素都聚集在液相中，液态金属密度增加，凝固前沿（糊状区）流速变大，熔池加深，形成了 C 元素的运动分布规律。

图 3-62 为传统结晶器电渣重熔 2800s 时的 Fe、Cr 元素的质量分布，因为 Fe 元素是基体元素，性质和镍元素的性质基本相似。即使 Fe 元素的名义浓度 18.6%，它的偏析特性也不会很明显。高浓度的 Cr 元素，在熔池内随着流动向四周扩散，当运动到结晶器侧壁时，受到冷却的金属液体在重力作用下向下运动，与低浓度的 Cr 元素混合随后在热浮力和溶质浮力的拉动下向上运动。至熔池的中上部，然后流向熔池四周，如此反复。

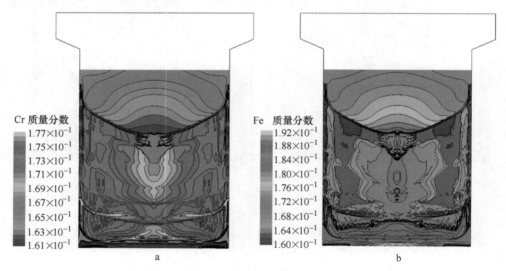

图 3-62   电渣重熔过程 2800s 时 Cr 和 Fe 元素的宏观偏析
a—Cr；b—Fe

图 3-63 为 Nb 元素宏观偏析云图，由于考虑补缩的原因，Nb 元素最高浓度值出现在最后凝固的补缩处。图 3-64 为传统电渣重熔钢锭上 Nb 元素在其中心线和 1/2 半径处（$R/2$）的浓度计算值与实验值的对比；可以看出模拟计算数值与实验数值分布规律基本相似，且实验值均比计算值更贴近名义浓度，偏析较小；误差主要出现在钢锭的下部，下部的误差主要源于换热条件的变化，由于凝固会造成钢锭的收缩。通过数据对比得出，Nb 元素在钢锭中心波动较大，在钢锭$R/2$处偏析波动较小。

图 3-65 为传统电渣重熔钢锭完全凝固时 Mo 元素的宏观偏析云图，结合图 3-66 数据分析可知，在钢锭中心线处计算值均比实验值大，且 Mo 元素在钢锭底

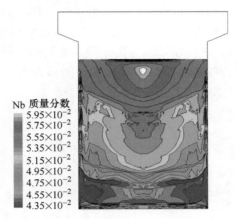

图 3-63 电渣重熔过程中 Nb 元素的宏观偏析

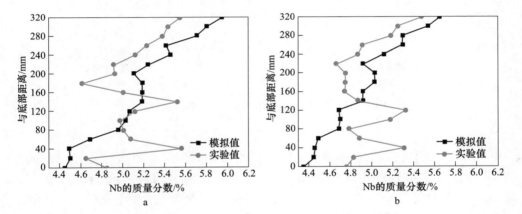

图 3-64 电渣重熔过程中 Nb 元素的宏观偏析对比

a—中心线；b—$R/2$

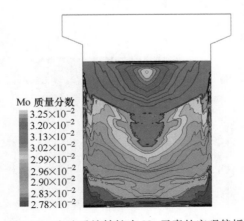

图 3-65 电渣重熔铸锭中 Mo 元素的宏观偏析

部是负偏析、在上部是正偏析；在钢锭 $R/2$ 处计算值和实验值分布规律相似，但是，Mo 元素基本都是正偏析，且钢锭底部和顶部的数值均比计算值大，这与 Mo 元素的溶质分配系数有关，在模拟中溶质分配系数是个定值。同 Nb 元素偏析一样，Mo 元素在钢锭中心线的偏析波动比在 $R/2$ 处波动大。在钢锭上部 Mo 元素主要发生正偏析、在下部发生负偏析，但是在钢锭 $R/2$ 处，Mo 元素的正偏析现象远远大于在其中心线处。

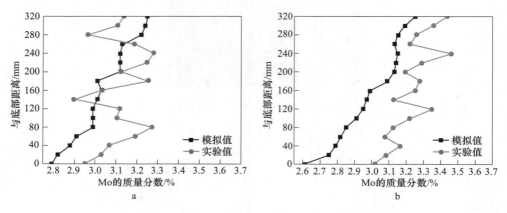

图 3-66　电渣重熔铸锭中 Mo 元素宏观偏析对比

a—中心线；b—$R/2$

图 3-67 为传统电渣重熔完全凝固时钢锭内 C 元素的宏观偏析云图，结合图 3-68 计算值与实验值对比分析可知，C 元素在钢锭中心线和在 $R/2$ 处的分布趋势一致。模拟计算的 C 元素在钢锭底部发生负偏析、在顶部发生正偏析。由于实验所使用的是 T 型石墨环结晶器，所以 C 元素在实验冶炼时会发生增碳反应。

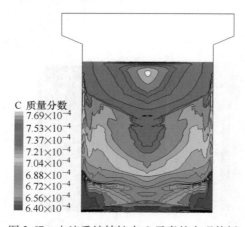

图 3-67　电渣重熔铸锭中 C 元素的宏观偏析

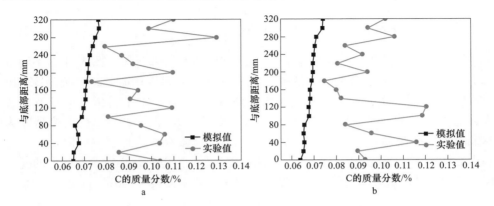

图 3-68 电渣重熔铸锭中 C 元素宏观偏析对比

a—中心线；b—R/2

　　图 3-69 为传统电渣重熔 Cr、Fe 元素完全凝固时宏观偏析图。因为 Fe、Ni 元素的本身属性很相似，都属于基体元素，偏析较小。在钢锭补缩最后阶段，受换热系数的变化，会发生少量的负偏析。钢锭底部发生微小的正偏析是因为初始凝固时，材质流动较小，还未完全流动就已经凝固。由于 GH4169 是 Ni-Cr-Fe 基，受元素溶质分配系数的影响，Cr 元素偏析相对 Fe 元素较大。Cr 元素主要在钢锭 R/2 处发生正偏析，这是因为 Cr 元素受热浮力影响较大，较高浓度的 Cr 元素受钢锭侧壁冷却作用，在重力驱动下向钢锭底部运动，与低浓度 Cr 元素混合，在热浮力作用下向上运动至熔池。由于 Cr 元素溶质平衡分配系数大于 1，所以 Cr 元素会优先存在于固相中。

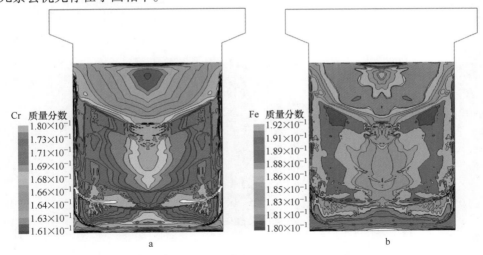

图 3-69 电渣重熔铸锭中 Cr、Fe 元素的宏观偏析

a—Cr；b—Fe

3.3.7.2　重熔电流对宏观偏析的影响

图 3-70 所示为不同重熔电流下 Nb 元素宏观偏析分布云图。图 3-71 为不同电流下 Nb 元素在不同位置处宏观偏析波动的对比。在钢锭中心处，电流为 3500A 时，Nb 元素最大正偏析最小；电流为 5000A 时，Nb 元素正偏析最大且波动较大；电流为 4300A 时，Nb 元素的正偏析与负偏析均是最小的。在钢锭高度为 240mm 时，受流动和金属熔池形状的影响，Nb 元素会富集加剧然后降低，但是在中心区域主要还是发生正偏析。在钢锭 $R/2$ 处，当电流较小时，电磁力的搅动能力相对较弱，促使 Nb 元素容易发生负偏析；电流较大时，Nb 元素波动较大。

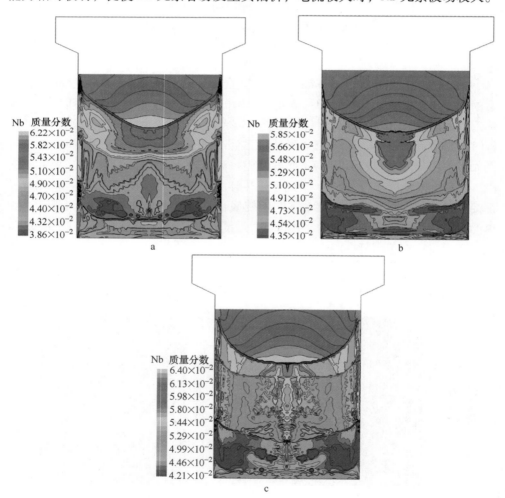

图 3-70　电渣重熔过程不同电流下 Nb 元素宏观偏析

a—3500kA；b—4300kA；c—5000kA

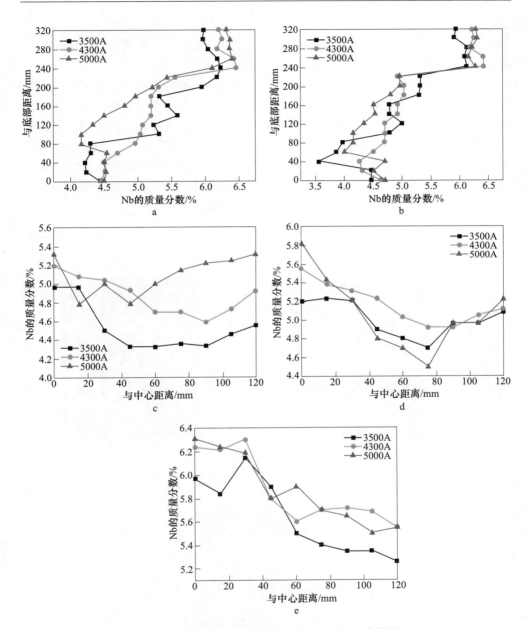

图 3-71　电渣重熔过程不同重熔电流 Nb 元素偏析

a—中心线；b—R/2；c—钢锭高度 100mm；d—钢锭高度 200mm；e—钢锭高度 300mm

当钢锭高度为 100mm 和 200mm 时，此时钢锭已经完全凝固。电流为 4300A 时，Nb 元素浓度更趋向于名义浓度，低电流下 Nb 元素负偏析区域变大；高电流下 Nb 元素正偏析区域增大。在钢锭高度 300mm 时，从中心处沿着半径方向测量数据；此时，熔池还处于纯液态状态，Nb 元素浓度均大于名义浓度，随着电流的增加 Nb 元素富集的浓度呈增大趋势。Nb 元素偏析曲线呈下降趋势是因为熔池形状是 "U" 形的，已有部分金属溶液逐渐凝固。

由图 3-72 可知，虽然重熔电流不同，但是 Mo 元素的偏析规律是不随电流改变而发生变化。结合图 3-73 可知，在钢锭底部 Mo 元素发生负偏析、顶部发生正偏析。当电流为 4300A 时，Mo 元素在钢锭中心和 $R/2$ 处的偏析波动最小。当钢锭高为 100mm 和 200mm 时，4300A 下的 Mo 元素偏析波动最小，且电流越大 Mo 元素正偏析越大，电流小，Mo 元素在钢锭外侧的负偏析区域增大。钢锭高为 300mm 时，Mo 元素受熔池形状的影响会有一部分高浓度 Mo 元素聚集在熔池底部；电流较小时，产生的热浮力相对较小，受影响较小。

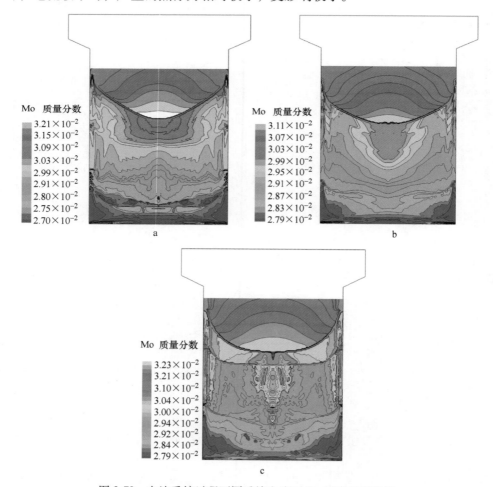

图 3-72 电渣重熔过程不同重熔电流下 Mo 元素宏观偏析
a—3500A；b—4300A；c—5000A

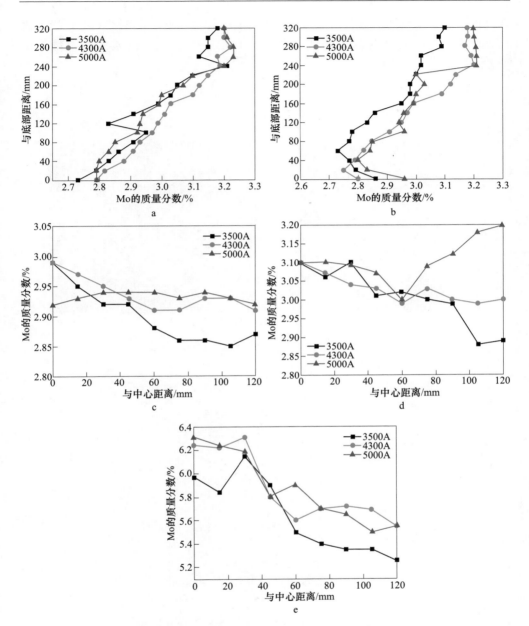

图 3-73 电渣重熔过程不同重熔电流 Mo 元素偏析

a—中心线；b—$R/2$；c—钢锭高度 100mm；d—钢锭高度 200mm；e—钢锭高度 300mm

图 3-74 所示为不同重熔电流下 C 元素宏观偏析分布云图。图 3-75 为不同电流下 C 元素在不同位置处宏观偏析波动的对比。可以看出，由于 C 元素属于易偏析元素，电流较小时，在钢锭中心处富集不是很明显。随着电流的增大，C 元素

在钢锭中心正偏析区域显著增大。C 元素的负偏析主要集中在钢锭底部，当电流为 5000A 时，C 元素的富集区域会散落在钢锭各个区域，造成钢锭质量严重变差。

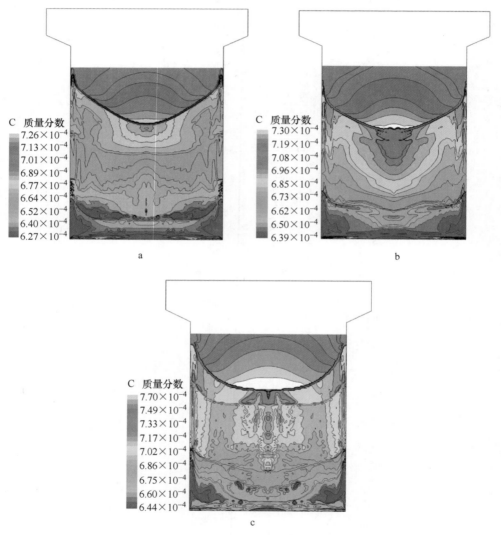

图 3-74　ESR 不同重熔电流下 C 元素宏观偏析
a—3500A；b—4300A；c—5000A

由图 3-76 可知，Cr 元素主要在钢锭的中下部发生正偏析，当电流越大时，正偏析区域显著增大。Cr 元素在熔池底部发生负偏析，因为 Cr 元素溶质平衡再分配系数大于 1，故溶质浮力将低浓度 Cr 元素托起至熔池底部，利用循环水冷却

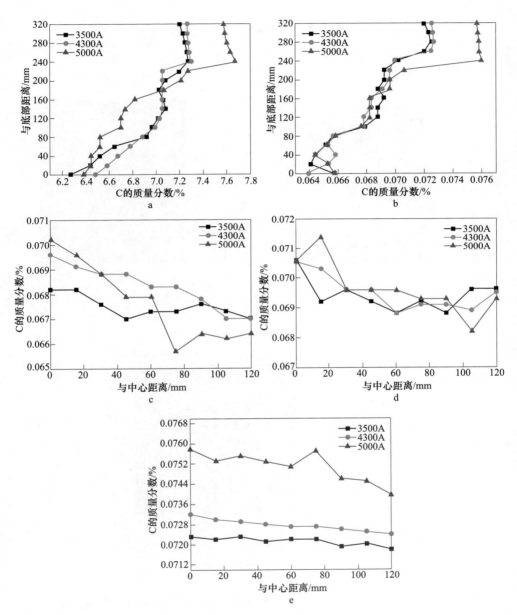

图 3-75　不同重熔电流 C 元素偏析

a—中心线；b—$R/2$；c—钢锭高度 100mm；d—钢锭高度 200mm；e—钢锭高度 300mm

作用，如此往复运动。电流越大溶质热浮力越大，存留在钢锭底部的低浓度 Cr
元素越少。

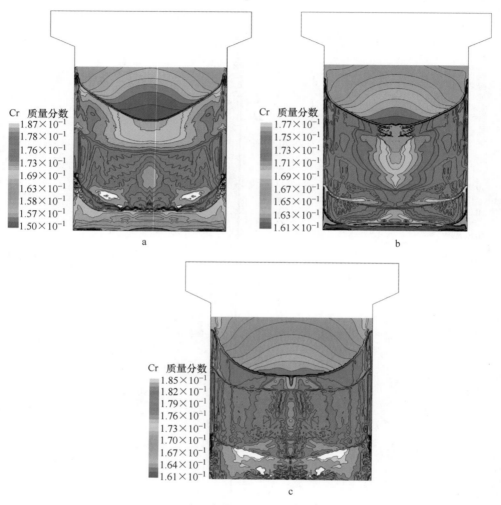

图 3-76　电渣重熔过程不同重熔电流下 Cr 元素宏观偏析
a—3500A；b—4300A；c—5000A

图 3-77 为不同重熔电流下 Fe 元素宏观偏析分布规律图，Fe 是基体元素，在 GH4169 合金中 Fe 元素的性质与镍元素类似，几乎不发生偏析。因为 Fe 的溶质平衡再分配系数大于 1，所以 Fe 元素富集现象会出现在钢锭底部。与 Cr 元素不同的是 Fe 元素的负偏析不出现在熔池底部，电流为 3500A 时，Fe 元素的负偏析出现在钢锭中下部；电流 4300A 时，Fe 元素的负偏析出现在钢锭的 $R/2$ 处；当电流为 5000A 时，Fe 元素的负偏析区域会散落在钢锭的各个区域内。

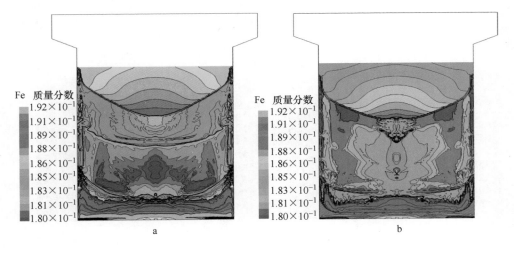

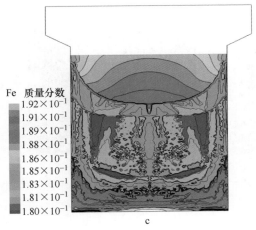

图 3-77 电渣重熔过程不同重熔电流下 Fe 元素宏观偏析

a—3500A；b—4300A；c—5000A

3.3.7.3 钢锭尺寸对宏观偏析的影响

图 3-78 和图 3-79 为 ϕ650mm 钢锭各元素的宏观偏析分布，其偏析规律与前面算例的偏析行为分布规律类似，但偏析程度因钢锭尺寸的变大而加剧。

图 3-80 为 ϕ650mm 钢锭各元素的最大正偏析比和最大负偏析比，根据式（3-144）计算出在钢锭中心线各元素的正负偏析比。与 T 型结晶器电渣重熔对比得出，在 GH4169 合金中 Nb、Mo 元素偏析最大，C 元素名义浓度虽然低，但是偏析程度仅次于 Nb、Mo 元素。Cr 元素虽然名义浓度为 17.3%，但是偏析不是很大，Fe 元素基本不发生偏析现象。偏析比 M 计算如下：

$$M = \frac{C - C_0}{C_0} \tag{3-144}$$

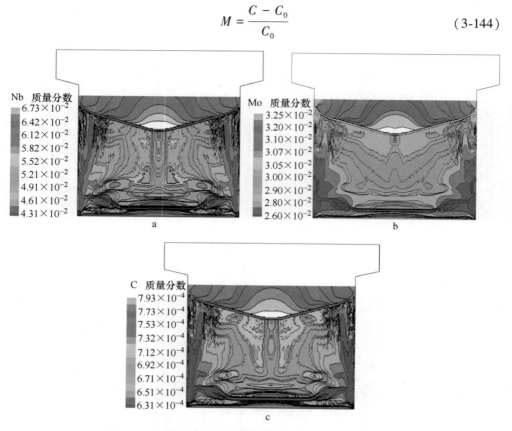

图 3-78　ϕ650mm 电渣重熔铸锭中 Nb、Mo、C 宏观偏析

a—Nb；b—Mo；c—C

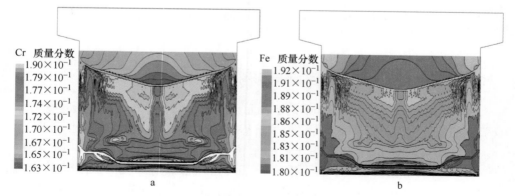

图 3-79　ϕ650mm 电渣重熔铸锭中 Cr、Fe 宏观偏析

a—Cr；b—Fe

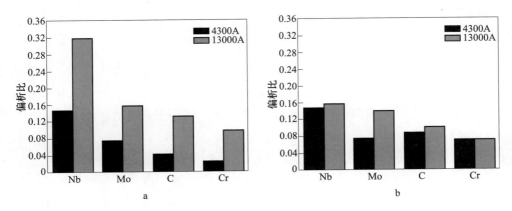

图 3-80　钢锭中不同元素偏析比对比
a—正偏析比；b—负偏析比

3.4　加压电渣重熔过程氮传输行为的数值模拟

加压电渣重熔过程中可能存在两种不同的氮的传输机制：（1）气相中的氮先溶解在熔渣中，然后通过渣/金反应进入钢液中，在后面的讨论中这种机制称作机制1；（2）氮气直接和电极端部的液膜反应导致铸锭增氮，在后面的讨论中这种机制称作机制2。

加压电渣重熔是在全封闭的体系中进行冶炼，难以在熔炼过程中直接取样分析熔渣或钢液中的氮含量。此外，加压电渣重熔是一个高温熔炼过程，其恶劣的环境和不透明的材质导致难以直接观察气/渣界面的波动。因此，基于前面提出的两种传输机制，利用数值模拟的方法研究氮气压力和电极插入深度对铸锭中氮含量的影响，并与实验结果进行比较，以验证新提出的传输机制的合理性。

为了模拟加压电渣重熔过程中氮的传输行为，本研究建立了一个2D轴对称的瞬态数学模型。该模型主要包含两个模块：一个是CFD模块，另一个是传质动力学模块。其中，CFD模块需要同时求解电磁场、流场、温度场和浓度场的守恒方程。求解各物理场所需的基本假设、控制方程和边界条件见3.2节。因此，以下主要描述传质动力学模块的建立。

3.4.1　传质动力学模块

3.4.1.1　氮的传输机制1

加压电渣重熔过程中，由于气相中的氧分压较高，氮在渣中化学溶解的溶解度非常小，因此忽略熔渣中化学溶解的氮。在氮的传输机制1中，N_2首先以物理溶解的方式溶解进熔渣，然后通过渣/金反应传输到钢液，其传输过程可分别用反应式（3-145）和式（3-146）表示。

$$N_2(g) \Longrightarrow (N_2)_{slag} \tag{3-145}$$

$$\frac{1}{2}(N_2)_{slag} \Longrightarrow [N]_{metal} \tag{3-146}$$

$$\Delta G^{\ominus}_{7.15} = 3600 + 23.9T(J/mol) \tag{3-147}$$

钢液中氮的质量分数与熔渣中的氮分压有关，可用下式表示：

$$[N] = \frac{\sqrt{p_{N_2}}}{f_N} e^{\frac{-\Delta G^{\ominus}_{7.15}}{RT}} \tag{3-148}$$

为了模拟氮的传输机制1，需要知道氮在渣中的物理溶解度与氮气压力之间的关系。Martinez 等研究氮在 CaF_2-CaO 渣系中的物理溶解度时曾指出，渣中氮的物理溶解度与氮气压力的平方根成正比[128]。因此，根据他们的实验数据，回归出了 CaF_2-CaO 渣系中氮的物理溶解度与氮气压力的关系：

$$lg(N_2) = \frac{1}{2}(lg p_{N_2} - lg12) + lg0.01 \tag{3-149}$$

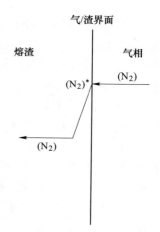

图 3-81　氮在气/渣界面
附近的浓度梯度示意图

尽管该关系是根据 CaF_2-CaO 渣系的数据得到的，在本研究中仍然可以使用该关系式，一方面是缺乏氮在 60%CaF_2+20%CaO+20%Al_2O_3 渣系中的物理溶解度数据；另一方面是本研究仅需要获得铸锭中氮含量的相对大小，以验证新提出的传输机制的合理性，并不需要准确预测铸锭中的氮含量。

A　气/渣界面

加压电渣重熔过程中，气相中的质量传输一般可以忽略[129,130]，因此气/渣界面附近氮的浓度分布如图 3-81 所示。气相中的氮物理溶解在渣中的速率仅由渣池中的质量传输控制，可用下式表示：

$$\frac{dn_N}{dt} = k_s \cdot \frac{A_{gas\text{-}slag}}{M_N} \cdot \rho_s \cdot [(N_2)^* - (N_2)] \tag{3-150}$$

式中　n_N——氮原子的物质的量，mol；

　　　k_s——氮在渣中的质量传输系数，m/s；

　$A_{gas\text{-}slag}$——气/渣界面的面积，m^2；

　　　M_N——氮原子的摩尔质量，kg/mol；

　　　ρ_s——熔渣的密度，kg/m^3；

　$(N_2)^*$——氮在熔渣中与氮气压力 p_{N_2} 平衡的物理溶解度，质量分数，%；

　(N_2)——熔渣中氮的质量分数，%。

在氮的传输机制1的数值模拟中，为了获得熔渣中氮的浓度分布，需要针对熔渣求解氮的组分守恒方程。氮在气/渣界面处质量传输的速率，通过 UDF 添加到描述熔渣中氮的浓度分布的组分守恒方程的源项中，其源项的形式可表示为：

$$S = \rho_s k_s \frac{A_{\text{gas-slag}}}{V_s} [(N_2)^* - (N_2)] \tag{3-151}$$

式中 V_s——渣池的体积，m^3。

B 渣/金界面

渣/金界面处，熔渣中物理溶解的氮分子与液态金属接触时按照反应式（3-146）向钢液传输。加压电渣重熔过程中，熔渣的过热度高达几百摄氏度，假设在高温条件下渣/金反应速率足够快，能瞬间达到热力学平衡[131~133]，渣/金界面附近氮的浓度分布如图 3-82 所示。渣/金反应的速率由熔渣和金属中的质量传输速率共同决定，熔渣和金属中的质量传输速率可分别表示为：

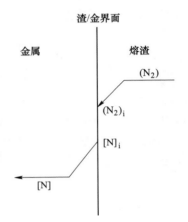

图 3-82 渣/金界面附近氮的浓度分布示意图

$$\frac{\mathrm{d}n_N}{\mathrm{d}t} = k_s \cdot \frac{A_{\text{slag-metal}}}{M_N} \cdot \rho_s \cdot \{ (N_2) - (N_2)_i \} \tag{3-152}$$

$$\frac{\mathrm{d}n_N}{\mathrm{d}t} = k_m \cdot \frac{A_{\text{slag-metal}}}{M_N} \cdot \rho_m \cdot \{ [N]_i - [N] \} \tag{3-153}$$

式中 n_N——氮原子的物质的量，mol；

$A_{\text{slag-metal}}$——渣/金界面面积，m^2；

(N_2)——渣中氮分子的质量分数，%；

$(N_2)_i$——渣/金界面处渣池中氮的质量分数，%；

ρ_m——金属的密度，kg/m^3；

k_m——氮在金属中的质量传输系数，m/s；

$[N]_i$——渣/金界面处金属中氮的质量分数，%；

$[N]$——金属中氮的质量分数，%。

基于渣/金界面处的化学反应能瞬间达到平衡的假设，渣/金界面处熔渣和金属中氮的质量分数满足如下关系：

$$L = \frac{(N_2)_i}{[N]_i} \tag{3-154}$$

式中 L——氮在渣/金界面处的平衡分配比。

根据式（3-154），式（3-152）和式（3-153）可分别改写为：

$$\frac{\mathrm{d}n_N}{\mathrm{d}t} = k_s \cdot \frac{A_{\text{slag-metal}}}{M_N} \cdot \rho_s \cdot \{(N_2) - L[N]_i\} \tag{3-155}$$

$$\frac{\mathrm{d}n_N}{\mathrm{d}t}L = k_m \cdot \frac{A_{\text{slag-metal}}}{M_N} \cdot \rho_m \cdot \{L[N]_i - L[N]\} \tag{3-156}$$

质量传输过程达到平衡时，氮从渣池向渣/金界面质量传输的速率应等于氮从渣/金界面向液态金属质量传输的速率。将式（3-155）和式（3-156）相加，经整理后，渣/金反应的速率可表示为：

$$\frac{\mathrm{d}n_N}{\mathrm{d}t} = k_{\text{eff}} \cdot \frac{A_{\text{slag-metal}}}{M_N} \cdot \rho_s \cdot \{(N_2) - L[N]\} \tag{3-157}$$

$$k_{\text{eff}} = \frac{k_s k_m \rho_m}{k_m \rho_m + L k_s \rho_s} \tag{3-158}$$

式中　k_{eff}——氮在熔渣和金属中传输时的综合质量传输系数，m/s。

将式（3-147）~式（3-149）代入式（3-154）中，氮在渣/金界面处的平衡分配比 L 可表示为：

$$L = \frac{0.01f_N}{\sqrt{12}\,\mathrm{e}^{\frac{-(3600+23.9T)}{RT}}} \tag{3-159}$$

氮在熔渣和金属中的质量传输系数 k_s 和 k_m 可根据湍流特征，使用 Kolmogorov 理论计算得到[134]：

$$k_m = aD_m^{0.5}\left(\frac{\varepsilon}{\nu}\right)^{0.25} \tag{3-160}$$

$$k_s = aD_s^{0.5}\left(\frac{\varepsilon}{\nu}\right)^{0.25} \tag{3-161}$$

式中　a——常数取为 0.4；

D_m, D_s——氮在金属和熔渣中的扩散系数，m²/s；

ε——湍动能，m²/s³；

ν——动力黏度，m²/s。

为了获得金属中氮的浓度分布，需要针对金属求解氮的组分守恒方程。渣/金反应的速率通过 UDF 添加到描述金属中氮的浓度分布的组分守恒方程的源项中，其源项的形式为：

$$S = \rho_s k_{\text{eff}} \frac{A_{\text{slag-steel}}}{V_m}\{(N_2) - L[N]\} \tag{3-162}$$

式中　V_m——渣/金界面处控制单元中金属的体积。

为了保证质量守恒，金属中增加的氮应从渣中扣除。因此，渣池中相应组分守恒方程的源项为：

$$S = -\rho_s k_{\text{eff}} \frac{A_{\text{slag-steel}}}{V_s} \{ (N_2) - L[N] \} \tag{3-163}$$

式中 V_s——渣/金界面处控制单元中熔渣的体积。

3.4.1.2 氮的传输机制 2

氮的传输机制 2 的示意图如图 3-83 所示。如果气/渣界面保持静止，圆锥形的电极端部浸没在熔渣中，如图 3-83a 所示。如果电极端部处的渣液面处于波峰时，熔渣将电极端部完全包裹，电极端部将与气相完全隔绝，阻碍钢液吸氮，如图 3-83b 所示。如果电极端部处的渣液面处于波谷时，电极端部下方的部分液膜将和气相直接接触，导致钢液吸氮，如图 3-83c 所示。降低电极的插入深度，电极端部下方将有更多的液膜暴露在气相中，增大气/金反应的面积，促进吸氮反应的发生。

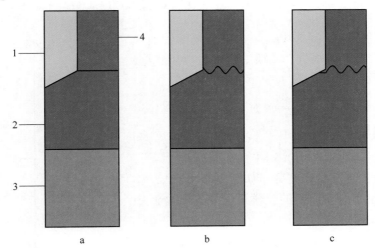

图 3-83 氮的传输机制 2 的示意图

a—静止的气/渣界面；b—电极端部完全被熔渣包裹；c—部分电极端部暴露在气相中
1—电极；2—熔渣；3—铸锭；4—氮气

气/渣界面的波动同时受到电极运动、渣/熔池界面波动和渣池流动的影响，但是国内外学者对气/渣界面波动的研究较少，难以直接给出气/渣界面的波动函数。因此，在本研究中，假设气/渣界面的波动符合正弦函数。

$$Z(t) = d_1 \sin(2\pi f t) \tag{3-164}$$

式中 f——气/渣界面的波动频率，在本研究中取为 1；

d_1——气/渣界面波动的振幅。

振幅 d_1 是通过对熔炼后的电极进行测量得到的，测量的示意图如图 3-84 所示。在本研究中，d_1 测量的平均值为 4mm，d_2 为电极的插入深度。

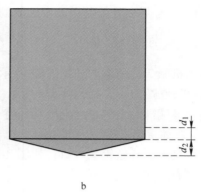

a   b

图 3-84 电极端部形貌（a）和渣液面波动振幅测量（b）示意图

在氮的传输机制 2 中，氮与电极端部的液膜发生反应导致铸锭增氮，本质上仍然可以用气/金反应来表示：

$$\frac{1}{2}N_2(g) === [N]_{metal} \qquad (3\text{-}165)$$

加压电渣重熔过程中，由于气相中的压力和温度较高，因此不考虑气相中的质量传输[129,130]，气/金界面附近氮的浓度分布如图 3-85 所示。气/金反应的速率由界面处的化学反应速率和金属中的质量传输速率共同决定[135,136]。

界面处的化学反应速率可表示为：

$$J_c = k_c(p_{N_2} - p_{N_2}^i) \qquad (3\text{-}166)$$

$$k_c = \frac{k_{c0}}{1 + 300 \cdot a_{[O]} + 130 \cdot a_{[S]}} \qquad (3\text{-}167)$$

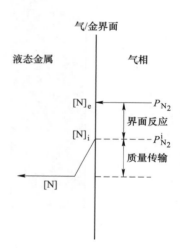

图 3-85 气/金界面附近氮的浓度分布示意图

式中 J_c——界面处的化学反应速率，$mol/(m^2 \cdot s)$；

k_c——化学反应速率常数，$mol/(m^2 \cdot s \cdot Pa)$；

k_{c0}——未受表面活性元素 O 和 S 污染的纯铁液的化学反应速率常数，$mol/(m^2 \cdot s \cdot Pa)$；

p_{N_2}——气相中的氮气压力，Pa；

$p_{N_2}^i$——与界面浓度 $[N]_i$ 平衡的氮气压力，Pa；

$a_{[O]}$，$a_{[S]}$——钢液表面氧和硫的活度。

钢液中氮的质量传输速率为：

$$J_m = k_m \frac{\rho_m([N]_i - [N])}{M_N} \tag{3-168}$$

式中 J_m——液相中氮的质量传输速率，$mol/(m^2 \cdot s)$。

当氮的质量传输过程达到稳态时，气/金反应的速率 $J = J_c = J_m$。式（3-168）可化简为：

$$[N]_i = \frac{M_N \cdot J}{k_m \rho_m} + [N] \tag{3-169}$$

$[N]_i$ 与 $p_{N_2}^i$ 之间满足如下关系：

$$[N]_i = \sqrt{p_{N_2}^i} A \tag{3-170}$$

$$A = \frac{e^{\frac{-(3600 + 23.9T)}{8.314T}}}{f_N} \tag{3-171}$$

将式（3-169）～式（3-171）联立起来，可得：

$$p_{N_2}^i = \frac{1}{A^2}\left(\frac{M_N \cdot J}{k_m \rho_m} + [N]\right)^2 \tag{3-172}$$

将式（3-172）代入式（3-166）可得：

$$J = k_c\left\{p_{N_2} - \frac{1}{A^2}\left(\frac{M_N \cdot J}{k_m \rho_m} + [N]\right)^2\right\} \tag{3-173}$$

将式（3-173）整理后可得到一个关于气/金反应速率 J 的一元二次方程：

$$aJ^2 + bJ + c = 0 \tag{3-174}$$

$$a = \left(\frac{M_N}{k_m \rho_m}\right)^2 \tag{3-175}$$

$$b = \frac{A^2}{k_c} + \frac{2M_N}{k_m \rho_m}[N] \tag{3-176}$$

$$c = [N]^2 - A^2 p_{N_2} \tag{3-177}$$

求解式（3-174）后可得到气/金反应的速率 J，然后通过 UDF 添加到描述金属中氮的浓度分布的组分守恒方程的源项中，其源项的形式为：

$$S = a \frac{M_N \cdot A_{gas\text{-}metal} \cdot J}{V_m} \tag{3-178}$$

式中 $A_{gas\text{-}metal}$——气/金界面面积，m^2；

　　　a——修正系数，用于考虑假设的气/渣界面波动函数对模拟结果造成的偏差。

3.4.2 模型求解

本研究建立的数学模型主要包含两个模块：CFD 模块和动力学模块，整个数学模型求解的流程图如图 3-86 所示。CFD 模块中，电磁场、流场、温度场和浓度场的守恒方程使用有限体积法进行离散，然后利用商业软件 Fluent 14.5 进行耦合求解。动力学模块使用 UDF 添加到 Fluent 中。CFD 模块计算的温度、各组分的浓度、湍流特征和相体积分数等信息通过 UDF 传输给动力学模块，然后动力学模块根据相应的参数进行各组分传质速率的计算，最后将计算的传质速率通过 UDF 返回给 CFD 模块，以实现 CFD 模块和动力学模块的耦合计算。在氮的传输机制 2 的模拟中，计算域只包括渣池和铸锭区域，气相与液膜的接触通过气/渣界面波动函数控制。模拟所用的操作参数和物性参数见表 3-13 和表 3-14。

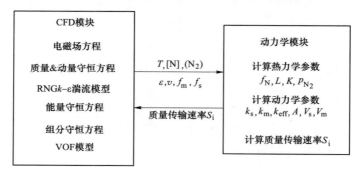

图 3-86　CFD 和动力学模块耦合求解流程图

表 3-13　模拟使用的几何尺寸

电极直径/mm	70
结晶器直径/mm	156
氮气压力/MPa	0.078
电极插入深度/mm	20
电流/kA	16~17

表 3-14　模拟使用物性参数[59,63,71]

物 性 参 数	熔渣	金属
密度/kg·m⁻³	2800	7900
黏度/Pa·s	0.02	0.06
热容/J·kg⁻¹·K⁻¹	1255	752
组分的扩散系数/m²·s⁻¹	7.0×10^{-11}	7.0×10^{-9}
电导率/Ω⁻¹·m⁻¹	300	714000
导热系数/W·m⁻¹·K⁻¹	10.46	30.52
线（膨）胀系数/K⁻¹	9.0×10^{-5}	1.0×10^{-4}
潜热/kJ·kg⁻¹	—	271
液相线/K	—	1740
固相线/K	—	1700

3.4.3　模拟结果和讨论

3.4.3.1　氮的传输机制 1

图 3-87 为在不同的电极插入深度的条件下，基于氮的传输机制 1 模拟的铸锭中氮的质量分数的分布。从图 3-87 中可以看出，电极插入深度为 20mm 和 5mm 时，铸锭中氮的最大质量分数均为 0.044%，与电极中氮的初始质量分数一致。这表明液态金属按照氮的传输机制 1 从气相中吸收的氮含量几乎可以忽略，而且电极插入深度的变化对铸锭中的氮含量没有显著的影响。

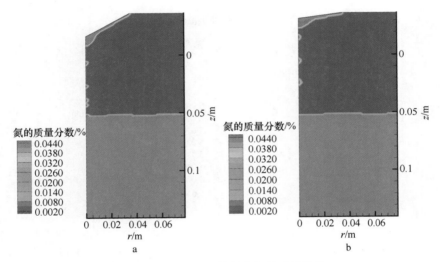

图 3-87　$t = 500s$ 时铸锭中氮的质量分数

a—1.2MPa，20mm；b—1.2MPa，5mm

图 3-88 为铸锭中氮的质量分数在 $R/2$ 处沿轴向的分布。随着铸锭高度的增加，铸锭中氮的质量分数先减小后增加，最终稳定在 0.044% 左右。这是因为在重熔初期，熔渣中物理溶解的氮较少，渣/金界面处渣池侧的氮分压低于金属侧的氮分压，因此液态金属中的氮向渣池传输，导致铸锭中氮的质量分数降低。在气/渣界面和渣/金界面共同向渣池传输的作用下，渣池中氮的平均质量分数逐渐增加，如图 3-89a 所示。同时，气/渣界面处渣池侧的氮分压逐渐增大，导致金属熔滴向熔渣传输的速率逐渐减小，因此铸锭中氮的质量分数开始增加，最终稳定在 0.044% 左右。这是因为氮的质量传输过程基本达到稳定时，氮在气/渣界面处的质量传输速率非常小，如图 3-89b 所示，这表明氮在渣/金界面处的质量传输速率也非常小，所以金属熔滴穿过渣池的过程中氮含量几乎没有变化。

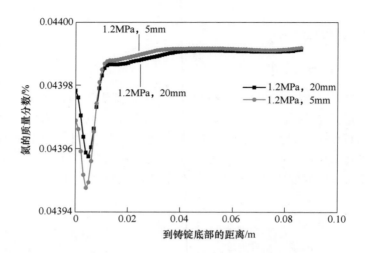

图 3-88　$t=500\mathrm{s}$ 铸锭中氮含量在 1/2 半径处沿高度方向的变化

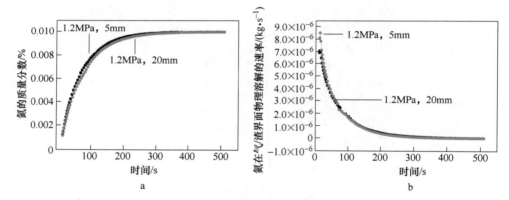

图 3-89　熔渣中氮的质量分数和气/渣面处氮的传质速率
a—熔渣中氮的质量分数；b—气/渣面处氮的传质速率

　　在气-渣-金三相传质过程中，熔渣中的质量传输一般是限制性环节[129]。根据组分在熔渣中的传质系数（$10^{-5}\sim 10^{-6}\mathrm{m/s}$）[129,130]，假设气/渣界面处氮的质量分数为氮在熔渣中的物理溶解度，利用式（3-150）估算出氮在气/渣界面处的最大传质速率约为 $4.3\times 10^{-8}\mathrm{kg/s}$。传质过程达到稳态时，铸锭中氮的质量分数最大可增加 0.0004%，而这远小于重熔时铸锭中实际增加的氮含量。

　　不管是数值模拟结果还是估算结果都表明，液态金属按照氮的传输机制 1 从气相中吸收的氮含量几乎可以忽略。这主要是因为氮在渣中的质量传输速率非常小，熔渣中的质量传输是限制性环节，这与前人的结论是一致的[137~139]。然而，本研究的实验结果表明，在氮气压力为 1.2MPa 的条件下，电极插入深度为

20mm 或 5mm 时，铸锭中的氮含量均有明显增加。由此可见，模拟结果与实验结果之间明显矛盾。此外，在实验中发现减小电极的插入深度会显著增加铸锭中的氮含量；而数值模拟结果表明：减小电极的插入深度对铸锭中的氮含量没有显著影响，这也与实验结果矛盾。综上所述，新提出的氮的传输机制 1 并不能解释加压电渣重熔过程中铸锭增氮的现象。

3.4.3.2 氮的传输机制 2

基于氮的传输机制 2，模拟的铸锭中氮的质量分数的分布如图 3-90 所示。为了使模拟结果和实验结果吻合较好，式（3-178）中的修正系数 a 取 0.6。从图 3-90 中可以看出，铸锭底部氮的质量分数较小，随着铸锭高度增加，其氮的质量分数逐渐增加，最终达到稳定，这种现象主要与模拟的初始条件有关。初始时刻，计算域中钢液的初始高度为 50mm，钢液中氮的初始质量分数为 0.044%。当

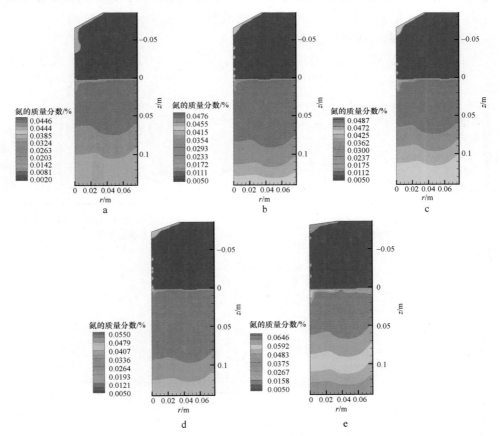

图 3-90 $t = 1200s$ 时铸锭中的氮含量

a—0.1MPa，20mm；b—0.8MPa，20mm；c—1.2MPa，20mm；d—1.2MPa，13mm；e—1.2MPa，5mm

高氮含量的金属熔滴进入金属熔池后，将和金属熔池中低氮含量的液态金属混合，导致金属熔池中氮的质量分数随着铸锭高度增加而逐渐增大，最终达到稳定。

电极插入深度为 20 mm，氮气压力由 0.1MPa 增加到 0.8 MPa 时，铸锭中氮的质量分数由 0.0446% 增大到 0.0476%。当氮气压力进一步增加到 1.2MPa 时，铸锭中氮的质量分数达到 0.0487%。氮气压力为 1.2MPa，电极插入深度由 20mm 降低到 13mm 时，铸锭中氮的质量分数由 0.0487% 增大到 0.055%。当电极插入深度进一步减小到 5 mm 时，铸锭中氮的质量分数达到 0.0646%。

从模拟结果可以看出，增大氮气压力和减小电极的插入深度都将有利于铸锭增氮，这与实验得到的规律基本一致。这是因为电极插入深度保持不变时，气相和电极端部下方液膜的接触面积也会不变，增加氮气压力会增大氮质量传输的驱动力，从而增大氮质量传输的速率。氮气压力保持不变时，电极的插入深度减小，气/渣界面的波动导致电极端部更多的液膜暴露在气相中，从而增大气/金反应的面积，提高氮的质量传输速率。

图 3-91 为模拟结果与实验结果的比较。从图 3-91 中可以看出，氮气压力为

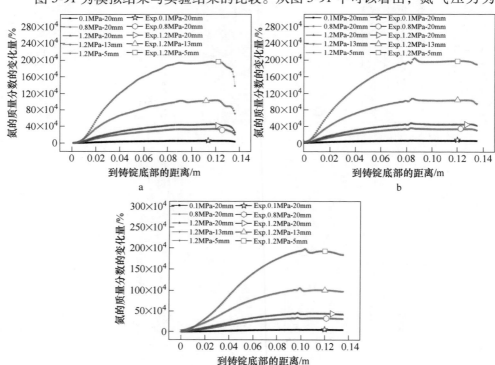

图 3-91　模拟结果与实验结果的比较

a—中心；b—1/2 半径处；c—边缘

0.1MPa、电极插入深度为 20mm 和氮气压力为 1.2MPa、电极插入深度为 13mm 这两个实验条件下，模拟结果与实验结果符合较好。然而，其余实验条件下模拟的结果都明显小于实验结果。这可能是由于在不同实验条件的模拟中都使用了相同的气/渣界面波动函数。尽管模拟的绝对值与实验结果之间存在一定偏差，但是模拟的氮气压力和电极插入深度对铸锭中氮含量的影响规律与实验结果基本一致。这表明新提出的氮的传输机制 2 能较好地解释加压电渣重熔过程中铸锭增氮的现象。如果使用更加合理的气/渣界面波动函数，能更准确地预测铸锭中的氮含量。

3.5 电渣重熔过程基于多物理场耦合的组织模拟

在电渣重熔过程中，钢锭的传热行为直接影响着它的凝固组织。探究工艺参数对铸锭组织结构的影响规律和控制方法，对于控制电渣重熔空心锭质量和加工后最终产品的使用性能具有重要意义。数学模拟结合实验是分析钢锭凝固过程的一种有效方法。本节通过采用移动传热边界方法，建立了基于元胞自动机法（CA）和有限单元法（FE）耦合技术（CAFE 法）的三维凝固组织模型，研究了从重熔开始到稳定阶段的金属熔池变化情况，模拟了重熔过程中钢锭的晶粒生长以及结构的演化过程，计算模拟并分析了电渣重熔空心钢锭的微观组织演变规律和枝晶生长规律，重现了重熔过程中由结晶器壁面的细小等轴晶向其内部定向生长柱状晶的过程。

建立了钢种为 ZG06Cr13Ni4Mo 的电渣钢锭模型，模拟计算得到了该钢锭凝固的全过程，并通过电渣重熔 ZG06Cr13Ni4Mo 的实验验证该模型，将模拟计算得到的金属熔池形状、枝晶生长形貌、二次枝晶间距（SDAS）与实验结果相对比，验证了该模型的准确性。

3.5.1 基本原理

CAFE 法是一种元胞自动机技术和有限元技术相耦合的方法，首先采用有限元法计算铸锭的宏观温度场，然后采用元胞自动机方法计算微观组织结构变化。通过这种方法能够很好地预测凝固过程中柱状晶和等轴晶结构、柱状晶与等轴晶的转变、晶体结构的演变等过程。将有限元（FE）热流计算与 CA 模型（Cellular Automaton，CA）耦合起来分析预测柱状晶和等轴晶的形核与长大进行计算，该计算方法已被植入到 ProCAST 软件中[140,141]。在凝固模拟过程中，它基于形核的物理机理和晶体生长动力学理论，用随机性原理来处理晶核分布和结晶方向，从而模拟凝固过程的微观组织，这使得它很适合于描述自由枝晶、柱状晶的形成及柱状晶与等轴晶之间的转化。本节基于 ProCAST 商业软件对电渣重熔空心钢锭凝固组织进行模拟计算，采用移动边界法对逐渐上涨的固-液界面进行时间和空间上的描述，从而模拟钢锭逐层生长形成的微观组织。

3.5.2　基本假设

对电渣重熔的边界条件和相关物性参数简化如下：

（1）由重熔开始直到稳定的过程，假定渣池的温度均匀。

（2）假设钢锭侧表面渣壳厚度均匀。

（3）金属熔池内的对流传热问题通过有效导热系数来体现。

（4）在凝固组织计算中未考虑缩松和缩孔的形成。

3.5.3　控制方程

3.5.3.1　传热模型

电渣重熔是一个随着自耗电极逐渐熔化，钢锭也同时凝固形成的过程；在熔炼的不同阶段内，结晶器内的热量分布也随时间不断的变化，这种情况下的凝固是一个非稳态传热过程。虽然金属熔池中存在对流传热，由于在此模拟中描述金属熔池的流动现象十分困难，因此为了简化模拟过程，重点进行微观组织模拟的计算；在此模型中简化了传热模型并重新计算熔池的温度场，以热传导方程来描述整个钢锭的传热，而对流的影响则用有效导热系数来体现。对于三维直角坐标体系，主导方程为[108]：

$$\rho C_p \frac{\partial T}{\partial t} = \frac{\partial}{\partial x}\left(k\frac{\partial T}{\partial x}\right) + \frac{\partial}{\partial y}\left(k\frac{\partial T}{\partial y}\right) + \frac{\partial}{\partial z}\left(k\frac{\partial T}{\partial z}\right) + S_T \tag{3-179}$$

$$V_z = \frac{\partial z}{\partial t} = \frac{M_z}{\rho A_z} \tag{3-180}$$

$$\frac{\partial T}{\partial t} = \frac{\partial T}{\partial z} \cdot \frac{\partial z}{\partial t} = V_z \frac{\partial T}{\partial z} \tag{3-181}$$

式中　ρ——密度，kg/m^3；

$\quad C_p$——质量热容，$J/(kg \cdot K)$；

$\quad T$——温度，K；

$\quad k$——导热系数，$W/(m \cdot K)$；

$\quad V_z$——渣-金界面上涨速度，m/s；

$\quad M_z$——电极熔化速度，kg/s；

$\quad A_z$——钢锭横截面积，m^2；

$\quad S_T$——凝固潜热，J/kg。

在固、液两相区，假定金属凝固潜热在其内部按温度均匀释放，于是作为内热源 S_T 可表示为：

$$S_T = \begin{cases} -\dfrac{V_z \rho \Delta H}{T_1 - T_s} \dfrac{\partial T}{\partial z} & T_s \leqslant T \leqslant T_1 \\ 0 & T < T_s \text{ 或 } T > T_1 \end{cases} \tag{3-182}$$

式中　T_1——液相线温度，K；

　　　T_s——固相线温度，K；

　　　ΔH——热熔的变化，J。

金属熔池的流动作用，通过增加熔池的导热系数来体现，将此导热系数称为有效导热系数：

$$k_{\text{eff}} = F k_1 \tag{3-183}$$

式中　k_{eff}——有效导热系数；

　　　k_1——金属熔池的导热系数；

　　　F——经验计算系数，取值范围 2~5。

3.5.3.2　形核模型

由 Rappaz 和 Gandin[142] 提出的连续形核模型中的晶粒密度与过冷度关系如公式（3-184），忽略液相流动对形核的影响：

$$\frac{\mathrm{d}n}{\mathrm{d}(\Delta T)} = \frac{n_{\max}}{\sqrt{2\pi} \cdot \Delta T_\sigma} \exp\left[-\frac{1}{2}\left(\frac{\Delta T - \Delta T_{\max}}{\Delta T_\sigma}\right)^2 \right] \tag{3-184}$$

在某一过冷度下晶粒密度可以用下式计算：

$$n(\Delta T) = \int_0^{\Delta T} \frac{\mathrm{d}n}{\mathrm{d}(\Delta T)} \mathrm{d}(\Delta T) \tag{3-185}$$

式中　n——晶粒密度，m^{-2}（面形核密度），m^{-3}（体形核密度）；

　　ΔT——过冷度，K；

　$n_{\max}$——最大形核密度，m^{-2}（面形核密度），m^{-3}（体形核密度）；

　ΔT_σ——标准偏差，K；

$\Delta T_{\max}$——最大形核过冷度，K。

3.5.3.3　枝晶生长模型

枝晶尖端过冷度通常由以下四部分组成：

$$\Delta T = \Delta T_c + \Delta T_t + \Delta T_k + \Delta T_r \tag{3-186}$$

式中　ΔT_c——成分过冷度，K；

　　　ΔT_t——过冷度，K；

　　　ΔT_k——动力学过冷度，K；

　　　ΔT_r——曲率过冷度，K。

一般情况下，其中 ΔT_c 成分过冷度起主要作用，后三个过冷度很小，影响并不大，通常计算中将其忽略[143]，因此可将尖端生长速度 v 与 ΔT 之间的简化关系式为：

$$v = a_2 \Delta T^2 + a_3 T^3 \tag{3-187}$$

3.5.3.4　溶质扩散模型

溶质扩散模型忽略了液相中的自然对流，固相与液相的扩散控制方程如下[144,145]：

$$\frac{\partial C_1}{\partial t} = \frac{\partial}{\partial x}\left(D_1 \frac{\partial C_1}{\partial x}\right) + \frac{\partial}{\partial y}\left(D_1 \frac{\partial C_1}{\partial y}\right) + \frac{\partial}{\partial z}\left(D_1 \frac{\partial C_1}{\partial z}\right) + C_1(1 - k_0)\frac{\partial f_s}{\partial t} \tag{3-188}$$

$$\frac{\partial C_s}{\partial t} = \frac{\partial}{\partial x}\left(D_s \frac{\partial C_s}{\partial x}\right) + \frac{\partial}{\partial y}\left(D_s \frac{\partial C_s}{\partial y}\right) + \frac{\partial}{\partial z}\left(D_s \frac{\partial C_s}{\partial z}\right) \tag{3-189}$$

式中　D_1——液相的溶质扩散系数，m^2/s；

　　　D_s——固相的溶质扩散系数，m^2/s；

　　　k_0——平衡分配系数；

　　　f_s——固相分率。

在固-液界面局部平衡和溶质守恒可表达为[146]：

$$C_s^* = k_0 C_1^* \tag{3-190}$$

$$v_n^* C_1^* (k_0 - 1) = \left[-D_1\left(\frac{\partial C_1}{\partial x} + \frac{\partial C_1}{\partial y} + \frac{\partial C_1}{\partial z}\right) + D_s\left(\frac{\partial C_s}{\partial x} + \frac{\partial C_s}{\partial y} + \frac{\partial C_s}{\partial z}\right) \right] \cdot n$$

$$\tag{3-191}$$

式中　C_s^*——固相界面的平衡浓度，质量分数，%；

　　　C_1^*——液相界面的平衡浓度，质量分数，%；

　　　v_n^*——界面移动速度，m/s；

　　　n——固液相界面的法线方向并指向液相。

界面平衡温度 T^* 包括溶质过冷和曲率过冷，可由下式估算得到[147]：

$$T^* = T_1 + m_0(C_1^* - C_0) - \Gamma \kappa f(\varphi, \theta) \tag{3-192}$$

式中　　T_1——液相平衡温度，K；

　　　　C_0——初始浓度，质量分数，%；

　　　　m_0——液相线斜率，℃/%；

　　　　Γ——Gibbs-Thomson 系数，K·m；

　　　　κ——界面曲率；

　$f(\varphi, \theta)$——描述界面能各向异性的函数；

　　　　θ——晶向；

　　　　φ——生长角度。

3.5.4　模拟流程

　　本节首先采用 Solid Work 软件进行实体建模，导入到 Pro CAST 中的 Meshing 中进行网格的划分，在 Pro CAST 中设置相关的参数，如熔化速度、初始条件以及边界条件等运行参数，还要设置凝固热力学、动力学等材料参数，用 Data CAST 进行格式的转换后开始使用求解器计算，首先进行宏观温度场的计算，可以在 Viewcast 中查看温度场的后处理结果；若要模拟计算微观组织生长，首先需要在 CAFE 模块前处理中设置相关的形核参数，如形核参数，a_2、a_3、n_{max}，枝晶生长动力学参数 ΔT_σ、ΔT_{max}，然后激活 CAFE 模块对凝固组织进行数值模拟，最后在后处理中查看并提取和处理结果，本节模拟凝固组织的具体流程图如图 3-92 所示。

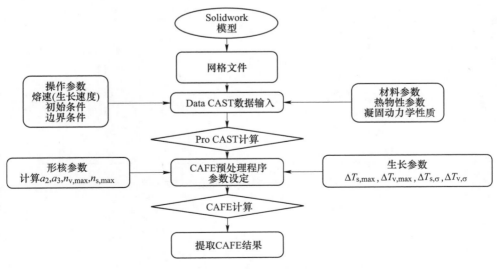

图 3-92　模拟凝固组织流程图

3.5.5　ZG06Cr13Ni4Mo 电渣钢锭模型的建立及相关参数的计算

3.5.5.1　模型建立

本节研究的电渣钢锭为圆柱体，空间是三维轴对称模型，为了简化计算，取整个圆柱体的 1/12 作为研究对象，如图 3-93 所示。首先在 Solid Work 软件中进行实体建模，建立一个三维有限元轴对称的几何模型，模型的钢种是低碳马氏体不锈钢 ZG06Cr13Ni4Mo，模型的相关参数见表 3-15。

3.5.5.2　初始条件及边界条件

在凝固的初始阶段，假设初始温度是钢的液相线温度，边界条件分为渣-金界面、轴对称中心、钢锭侧面和底面见表 3-16。

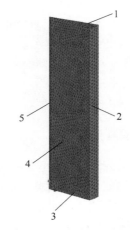

图 3-93　划分网格的有限元实体模型
1—渣-金界面；2—钢锭侧面；
3—钢锭底面；4—纵剖面；5—中心对称轴

表 3-15　几何模型相关参数

参　　数	数值
钢锭半径/ m	0.13
钢锭高度/ m	1.05
固相线温度/ ℃	1494
液相线温度/ ℃	1416
凝固潜热/ J·kg^{-1}	2.61×10^5
熔化速率/ mm·s^{-1}（渣-金界面上涨速度）	0.13
渣池平均温度/ K	1920
渣-金界面的传热系数/ W·m^{-2}·K^{-1}	500
钢锭底部温度/K	400
钢锭底部换热系数/W·m^{-2}·K^{-1}	300

表 3-16　数学模型初始条件及边界条件

初始条件或边界条件	控制方程
渣-金界面	$-k\dfrac{\partial T}{\partial z} = h_{sm}(T_{sl} - T)$
对称轴中心	$\dfrac{\partial T}{\partial r} = 0$

初始条件或边界条件	控制方程
纵剖面	绝热
钢锭侧面	$h_{la}=f(z)$
钢锭底面	$-k\dfrac{\partial T}{\partial z}=h_b(T-T_b)$

注：T_{sl}，T_b 分别表示渣池的平均温度和结晶器底部冷却水的平均温度；h_{sm}、h_{la} 和 h_b 分别表示渣-金界面的传热系数、钢锭侧面的传热系数和底部的传热系数；k 代表钢锭导热系数。

　　钢锭侧面的传热系数 h_{la} 是一个随到渣/金界面的高度而变化的函数 $f(z)$，如图 3-94 所示。在金属熔池部分的温度最高，钢锭不会发生凝固，金属熔池与结晶器之间也不会产生气隙，且金属熔池侧面直接与结晶器接触，传热系数较大；随着远离渣-金界面，在结晶器的冷却作用下钢液温度迅速下降，钢锭侧面开始凝固，钢锭与结晶器之间开始产生气隙，气隙降低了结晶器的冷却作用，传热系数快速下降；随着钢锭的进一步凝固，由于其凝固收缩而产生的气隙不断增大，传热系数继续缓慢下降，最后逐渐趋于平稳。

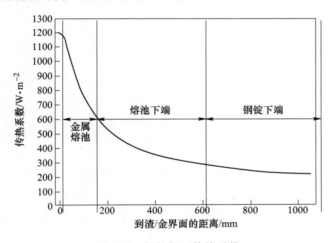

图 3-94　钢锭侧面传热系数

3.5.5.3　材料物性参数的计算

　　本研究中的 ZG06Cr13Ni4Mo 低碳马氏体不锈钢可被分解成 Fe-C，Fe-Mn，Fe-Cr，Fe-Si，Fe-Ni，Fe-Mo 多个二元合金系，该钢种的物性参数根据 Pro CAST 热力学数据库采用 Scheil model 计算模型得出，导热系数、黏度、热焓、密度随温度变化关系如图 3-95 所示，计算得出 ZG06Cr13Ni4Mo 钢的液固相线温度为 $T_l=1494℃$，$T_s=1416℃$。

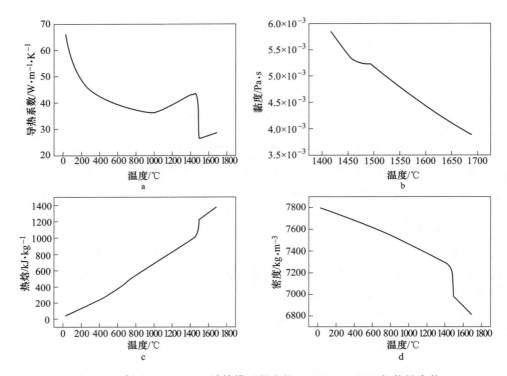

图 3-95 采用 Scheil model 计算模型得出的 ZG06Cr13Ni4Mo 钢物性参数

a—导热系数；b—黏度；c—热焓；d—密度

3.5.5.4 形核参数的计算

元胞自动机法采用连续形核的方法来处理液态金属的非均质形核现象，采用高斯分布函数描述形核质点密度与温度分布的关系，晶粒生长的模型考虑了枝晶生长动力学和择优生长方向<100>晶向，枝晶生长动力学系数的计算参数见表 3-17[148,149]。

表 3-17 枝晶生长动力学系数的计算参数

元素	成分（质量分数）/%	平衡分配系数	液相线斜率/℃·%$^{-1}$	液相扩散系数/m^2·s^{-1}	Gibbs-Thomson 系数/K·m
C	0.018	0.200	-136.36	$7.9×10^{-9}$	$3.0×10^{-7}$
Mn	0.400	0.797	-200.00	$2.0×10^{-9}$	$3.0×10^{-7}$
Cr	12.57	0.752	-12.19	$5.0×10^{-9}$	$3.0×10^{-7}$
Si	0.280	0.829	-750.00	$2.4×10^{-9}$	$3.0×10^{-7}$

续表 3-17

元素	成分（质量分数）/%	平衡分配系数	液相线斜率 /℃·%⁻¹	液相扩散系数 /m²·s⁻¹	Gibbs-Thomson 系数/K·m
Ni	4.830	0.916	−187.50	$3.0×10^{-9}$	$3.0×10^{-7}$
Mo	0.670	0.377	−48.38	$3.0×10^{-9}$	$3.0×10^{-7}$

由 ASTM 标准 $N_v = 0.8N_A^{3/2} = 0.5659N_L$ 计算得出最大晶粒密度 n_{max}，根据表 3-17 计算得出枝晶尖端生长系数 a_2 和 a_3，最大过冷度 ΔT_{max} 和标准偏差过冷度 ΔT_σ，由于钢锭表面和熔体中形核条件存在差异，因此分别用面形核和体形核参数来描述，具体参数见表 3-18。

表 3-18 形核和枝晶生长参数

形核	a_2	a_3	n_{max}	ΔT_{max}	ΔT_σ
面形核	0	$7.19×10^{-6}$	$1.5×10^8$	1	0.1
体形核	0	$7.19×10^{-6}$	$3×10^{10}$	2	0.1

3.5.5.5 二次枝晶间距（SDAS）的计算

局部凝固速度 v_r 的矢量方向垂直于固相线的法线方向，固液相线的位置和形状是随时间变化的，局部凝固速度 v_r 也随之变化，局部凝固速度 v_r 与渣/金界面上升速度 v_z 之间的夹角 θ 也随之变化，如图 3-96 所示。当进入电渣重熔稳定阶段后，渣-金界面上升速度 v_z 是固定不变的，而渣-金界面上升速度 v_z 取决于已知的重熔速率，因此可通过渣-金界面上升速度 v_z 来计算局部凝固速度 v_r，两者的关系如下式：

$$v_r = \frac{v_z}{\cos\theta} \tag{3-193}$$

式中　v_r——局部凝固速度，mm/s；

　　　v_z——渣/金界面的上升速度，mm/s；

　　　θ——局部凝固界面的法线方向与垂直方向的夹角。

计算出某一点的局部凝固速度 v_r 后，通过追踪该点上固液两相区的距离 X 来计算局部凝固时间 LST，两者关系如下式[150]：

$$LST = \frac{X}{v_r} \tag{3-194}$$

式中　X——固液两相区距离，mm；

　　　v_r——局部凝固速度，mm/s。

二次枝晶间距与局部凝固时间的关系如下式：

$$\lg\lambda = \beta_1 + \beta_2\lg LST \tag{3-195}$$

式中　λ——二次枝晶间距，μm；

β_1，β_2——合金组分参数，对于 ZG06Cr13Ni4Mo 钢种，β_1 和 β_2 分别取 1.16588 和 0.1856[151]。

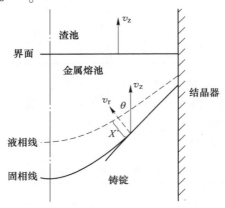

图 3-96　凝固面和凝固速度示意图

3.5.6　ZG06Cr13Ni4Mo 电渣钢锭凝固组织模拟结果及验证

3.5.6.1　钢锭凝固过程模拟结果

电渣重熔过程中钢锭在不同时刻的凝固组织如图 3-97 所示。

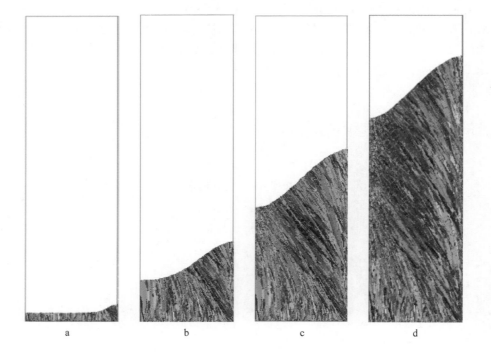

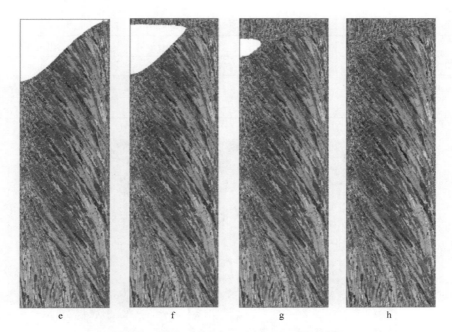

图 3-97　电渣重熔 ZG06Cr13Ni4Mo 凝固过程

a—t=600s；b—t=2000s；c—t=4000s；d—t=6500s；e—t=8000s；
f—t=9800s；g—t=10000s；h—t=10200s

在熔炼的初期，迅速在底水箱和结晶器表面形成很薄的一层细等轴晶区，此时金属熔池形状浅平；随着凝固高度的增加，热量从底水箱大量传出，径向具有较大的温度梯度，底面出现柱状晶区，如图 3-97a、b 所示。随着熔炼的进行，渣-金界面不断上升，金属熔池深度也随着不断增大，钢锭两边出现呈有倒 V 形的柱状晶区。当凝固高度达到钢锭直径的 1.5 倍时，熔池的形貌基本不再发生明显的变化，说明渣-金界面的上升速度与凝固速度达到平衡，如图 3-97c、d 所示。当熔炼进入末期，随着柱状晶的生长，热量逐渐散失，钢锭的熔池中的熔体温度不断下降，此时的散热已经失去了方向性，所以晶粒在熔体中自由生长，最终形成了等轴晶，如图 3-97e、f 所示。熔炼结束后，钢锭顶部由于受到渣池的保温作用而凝固较为缓慢，其顶部散热主要靠渣池向空气的热辐射，所以在钢锭凝固的最后形成了从顶部向下生长的柱状晶，如图 3-97g、h 所示。

3.5.6.2　ZG06Cr13Ni4Mo 电渣钢锭凝固模型验证

本节采用电渣重熔工艺制备的低碳马氏体不锈钢 ZG06Cr13Ni4Mo 作为对比验证对象。电渣重熔制备实验所用材料及具体工艺参数见表 3-19。电渣重熔设备及重熔得到的钢锭如图 3-98 所示。

表 3-19 电渣重熔工艺参数

渣系	熔速/kg·h^{-1}	电压/V	电流/kA
70%CaF$_2$-30%Al$_2$O$_3$	195.6	58	4.6
电极直径/mm	电极插入深度/mm	渣池深度/mm	结晶器直径 /mm
170	40	160	260

图 3-98 电渣重熔设备（a）及重熔钢锭（b）

A 金属熔池形状及枝晶生长形貌

分别取电渣锭金属熔池部位、距底端 120mm 和 730mm 处的纵截面，各截面经磨床处理后，用 FeCl$_3$、HCl 和 C$_2$H$_5$OH 的混合溶液腐蚀，显示出枝晶形貌。图 3-99 为钢锭凝固组织的试验观察与数值计算结果的对比。模拟计算得到的金属熔池深度为 176mm，枝晶生长角度为 38.6°；经测量实际金属熔池深度为160mm，枝晶生长角度为 39°。然后，还对比了距底端 120mm 和 730mm 处纵截面的柱状晶形貌及其生长方向，两者基本吻合。由此说明，模拟计算结果在晶粒结构、柱状晶生长方向及其等轴晶转变方面与实验结果基本相符合。

B 二次枝晶间距

二次枝晶间距可表征溶质的偏析程度以及组织的致密性，是决定电渣重熔凝固质量的重要参数。减小二次枝晶间距能有效地减轻枝晶间偏析和显微缩孔，提高组织的致密性。因此，通过对实验测量二次枝晶间距与数值模拟计算得出的二

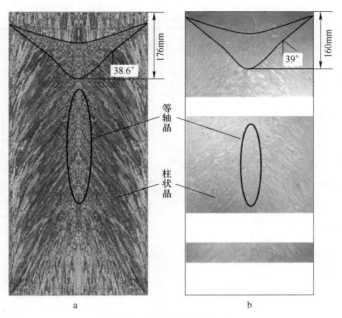

图 3-99　钢锭凝固组织对比

a—模拟结果；b—实测结果

次枝晶间距相对比来验证模型的准确性。

首先分别在距电渣锭底端 100mm、700mm 和 1050mm 处的中心、$R/4$ 处、$R/2$ 处、$3R/4$ 处和边缘处切取 10mm×10mm×5mm 的试样（R 为半径），如图 3-100 所示。

所有试样经砂纸湿磨后抛光，进行电解腐蚀。应用金相显微镜（OM）结合 Image-Pro Plus 6.0 分析软件测量得到二次枝晶间距，表 3-20 为电渣锭二次枝晶间距测量结果。电渣钢锭中二次枝晶间距最大值为 44.98μm，最小值为 31.13μm。采用同样的取样和测量方法，得到电极中二次枝晶间距最大值为 89.75μm，最小值为 64.09μm。由此可见，电渣重熔后的电渣锭二次枝晶间距均几乎减小了 50%，这是由于电渣重熔过程中金属凝固自下而上，凝固引起的收缩可由液态金属补充，减少疏松的产生，组织更加致密。树枝晶的生成可归结于凝固界面的溶质偏析，电渣重熔过程中冷却速度大，溶质扩散时间短，二次枝晶间距小。通过二次枝晶间距的比较，可以明显地体现出电渣重熔在提高组织致密性和成分均匀性的作用。

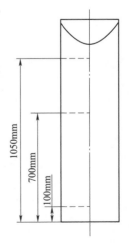

图 3-100　电渣锭取样示意图

表 3-20　电渣锭二次枝晶间距实测值

高度/mm	径向位置/μm				
	0	1/4 半径	1/2 半径	3/4 半径	半径
100	43.21	42.00	39.99	34.56	31.84
700	44.98	42.24	39.64	34.68	32.10
1050	44.87	42.31	40.96	34.90	31.13

　　根据电渣锭温度分布的数值模拟结果，可获得固相线和液相线，在实验试样相对应的位置取点计算得到两相区宽度，根据第 3.5.5.5 节中公式（3-193）～式（3-195），计算所取试样处的局部凝固时间和二次枝晶间距，将数值模拟结果与实际测量结果相对比，如图 3-101 所示。

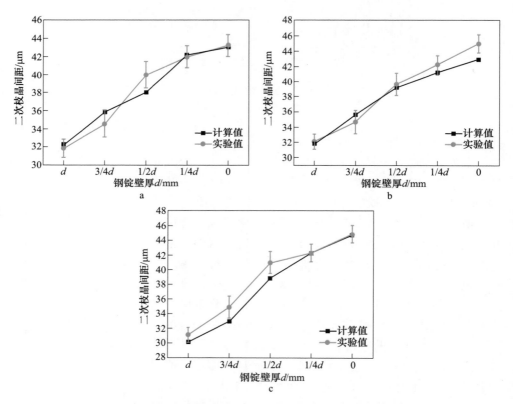

图 3-101　钢锭不同高度的二次枝晶间距实测结晶与模拟计算结果的对比

a—距离底部高度 $H=100$mm；b—距离底部高度 $H=700$mm；c—距离底部高度 $H=1050$mm

　　从钢锭中心到边缘的二次枝晶间距逐渐减小，这是由于钢锭边缘的冷却强度大，局部凝固时间短，因而二次枝晶间距小；随着与边缘距离的增加，冷却速度逐渐下降，局部凝固时间延长，二次枝晶间距也随之逐渐增大。将二次晶间距的计算值与实测值相比较，可以看出：从边缘到中心，二次枝晶间距都是逐渐增加的，两者的趋势一致，且模拟计算结果在实验测量值的范围内，这说明模拟计算结果与实验结果基本一致。

从金属熔池形状、枝晶生长形貌、二次晶间距的实验结果和组织模拟结果对比分析表明，两者结果基本吻合，从而验证了本数值模拟方法的准确性和可行性。

参 考 文 献

[1] 王强. 联合循环汽轮机转子电渣重熔过程中热物理行为的研究. [D]. 沈阳：东北大学, 2016.

[2] Wang X, Li Y. A comprehensive 3D mathematical model of the electroslag remelting process [J]. Metallurgical and Materials Transactions B, 2015, 46 (4): 1837~1849.

[3] Dong Y W, Jiang Z H, Cao Y L, et al. Effect of slag on inclusions during electroslag remelting process of die steel [J]. Metallurgical and Materials Transactions B, 2014, 45 (4): 1315~1324.

[4] Arh B, Podgornik B, Burja J. Electroslag remelting: a process overview [J]. Materials and Technology, 2016, 50: 971~979.

[5] Jiang Z H, Hou D, Dong Y W, et al. Effect of slag on titanium, silicon, and aluminum contents in superalloy during electroslag remelting [J]. Metallurgical and Materials Transactions B, 2016, 47 (2): 1465~1474.

[6] Ballantyne A S. Heat flow in consumable electrode remelted ingots [D]. Canada: University of British Columbia, 1978.

[7] Stovpchenko G, Lisova L, Goncharov I, et al. Physico-chemical properties of the ESR slags system CaF_2-Al_2O_3-(MgO, TiO_2) [J]. Journal of Achievements in Materials and Manufacturing Engineering, 2018, 89 (2): 64~72.

[8] Dilawari A H, Szekely J. A mathematical model of slag and metal flow in the ESR process [J]. Metallurgical Transactions B, 1977, 8 (1): 227~236.

[9] Patel A D. Electrode immersion depth effects in the ESR process. Proceedings of the 2011 International Symposium on Liquid Metal Processing and Casting [C]. Nancy: LMPC 2011, 2011: 25.

[10] Hugo M, Dussoubs B, Jardy A, et al. Impact of the solidified slag skin on the current distribution during electroslag remelting. Proceedings of the 2013 International Symposium on Liquid Metal Processing & Casting [C]. Switzerland: Springer, 2013: 79~85.

[11] Kharicha A, Wu M, Ludwig A, et al. Simulation of the electric signal during the formation and

departure of droplets in the electroslag remelting process [J]. Metallurgical and Materials Transactions B, 2016, 47 (2): 1427~1434.

[12] Kharicha A, Wu M, Ludwig A. Variation of the resistance during the electrode movement in the electroslag remelting process. Proceedings of the 2013 International Symposium on Liquid Metal Processing & Casting. Springer [C]. Switzerland: Springer, 2013: 145~150.

[13] Kharicha A, Karimi-Sibaki E, Wu M, et al. Review on modeling and simulation of electroslag remelting [J]. Steel Research International, 2018, 89 (1): 1700100.

[14] 魏季和, 任永莉. 电渣重熔体系内磁场的数学模拟 [J]. 金属学报, 1995, 31 (14): 51~60.

[15] Zhang W, Wang Z, Wang B, et al. An 2d analysis of electromagnetic and joule heating distribution in electroslag remelting process [J]. Journal of Iron and Steel Research International, 2012, 19 (1): 953~956.

[16] Kharicha A, Ludwig A, Wu M. 3D simulation of the melting during an industrial scale electroslag remelting process. Proceedings of the 2011 International Symposium on Liquid Metal Processing & Casting [C]. Nancy: LMPC 2011, 2011: 41~48.

[17] Kharicha A, Ludwig A, Wu M. Droplet formation in small electroslag remelting processes. Proceedings of the 2011 International Symposium on Liquid Metal Processing and Casting [C]. Nancy: LMPC 2011, 2011: 113~119.

[18] 姜周华, 姜兴渭. 电渣重熔系统渣池发热分布的数学模型 [J]. 东北大学学报 (自然科学版), 1988, 9 (1): 63~69.

[19] Li B, Wang F, Tsukihashi F. Current, magnetic field and joule heating in electroslag remelting processes [J]. ISIJ International, 2012, 52 (7): 1289~1295.

[20] Hernandez-Morales B, Mitchell A. Review of mathematical models of fluid flow, heat transfer, and mass transfer in electroslag remelting process [J]. Ironmaking & steelmaking, 1999, 26 (6): 423~438.

[21] Ridder S D, Kou S, Mehrabian R. Effect of fluid flow on macrosegregation in axi-symmetric ingots [J]. Metallurgical Transactions B, 1981, 12 (3): 435~447.

[22] Bennon W D, Incropera F P. A continuum model for momentum, heat and species transport in binary solid-liquid phase change systems—I. Model formulation [J]. International Journal of Heat and Mass Transfer, 1987, 30 (10): 2161~2170.

[23] Dilawari A H, Szekely J. A mathematical model of slag and metal flow in the ESR process [J]. Metallurgical Transactions B, 1977, 8 (1): 227~236.

[24] Dilawari A H, Szekely J. Heat transfer and fluid flow phenomena in electroslag refining [J]. Metallurgical Transactions B, 1978, 9 (1): 77~87.

[25] Kreyenberg J, Schwerdtfeger K. Stirring velocities and temperature field in the slag during electroslag remelting [J]. Archiv für das Eisenhüttenwesen, 1979, 50 (1): 1~6.

[26] Campbell J. Fluid flow and droplet formation in the electroslag remelting process [J]. JOM, 1970, 22 (7): 23~35.

[27] Choudhary M, Szekely J, Medovar B I, et al. The velocity field in the molten slag region of

ESR systems: a comparison of measurements in a model system with theoretical predictions [J]. Metallurgical Transactions B, 1982, 13 (1): 35~43.

[28] Ferng Y M, Chieng C C, Pan C. Numerical simulations of electro-slag remelting process [J]. Numerical Heat Transfer, 1989, 16 (4): 429~449.

[29] Jardy A, Ablitzer D, Wadier J F. Magnetohydronamic and thermal behavior of electroslag remelting slags [J]. Metallurgical Transactions B, 1991, 22 (1): 111~120.

[30] Kharicha A, Wu M, Ludwig A, et al. Influence of the frequency of the applied AC current on the electroslag remelting process. CFD Modeling and Simulation in Materials Processing [C]. New Jersey: John Wiley & Sons, 2012: 139~146.

[31] Kharicha A, Schützenhöfer W, Ludwig A, et al. Influence of the slag/pool interface on the solidification in an electro-slag remelting process [J]. Materials Science Forum, 2010, 649: 229~236.

[32] Kharicha A, Wu M, Ludwig A. Variation of the resistance during the electrode movement in the electroslag remelting process. Proceedings of the 2013 International Symposium on Liquid Metal Processing & Casting [C]. Switzerland: Springer, 2013: 145~150.

[33] Kharicha A, Wu M, Ludwig A, et al. Simulation of the electric signal during the formation and departure of droplets in the electroslag remelting process [J]. Metallurgical and Materials Transactions B, 2016, 47 (2): 1427~1434.

[34] 魏季和, 任永莉. 电渣重熔体系内熔渣流场的数学模拟 [J]. 金属学报, 1994, 30 (23): 481~490.

[35] 刘福斌, 姜周华, 臧喜民, 等. 电渣重熔过程渣池流场的数学模拟 [J]. 东北大学学报 (自然科学版), 2009, 30 (7): 1013~1017.

[36] Wang H, Zhong Y, Dong L, et al. Coupled 3D numerical model of droplet evolution behaviors during the magnetically controlled electroslag remelting process [J]. JOM, 2018, 70 (12): 2917~2926.

[37] Wang H, Zhong Y, Li Q, et al. Visualization study on the droplet evolution behaviors in electroslag remelting process by superimposing a transverse static magnetic field [J]. ISIJ International, 2016, 56 (2): 255~263.

[38] Maulvault M A. Temperature and heat flow in the electroslag remelting process: [D]. Cambrudge: Massachusetts Institute of Technology, 1971.

[39] Ballantyne A S. Heat flow in consumable electrode remelted ingots [D]. Vancouver: University of British Columbia, 1978.

[40] Carvajal L F, Geiger G E. An analysis of the temperature distribution and the location of the solidus, mushy, and liquidus zones for binary alloys in remelting processes [J]. Metallurgical and Materials Transactions B, 1971, 2 (8): 2087.

[41] Mendrykowski J, Poveromo J J, Szekely J, et al. Heat transfer and the melting process in electroslag remelting: Part I. The behavior of small electrodes [J]. Metallurgical and Materials Transactions B, 1972, 3 (7): 1761~1768.

[42] Mitchell A, Joshi S, Cameron J. Electrode temperature gradients in the electroslag process [J].

Metallurgical Transactions, 1971, 2 (2): 561~567.

[43] Tacke K H, Schwerdtfeger K. Melting of ESR electrodes [J]. Archiv für das Eisenhüttenwes-en, 1981, 52 (4): 137~142.

[44] Kharicha A, Ludwig A, Wu M. On melting of electrodes during electroslag remelting [J]. ISIJ International, 2014, 54 (7): 1621~1628.

[45] Kharicha A, Ludwig A, Wu M. Thermal state of the electrode during the electroslag remelting process. Proceedings of the 2011 International Symposium on Liquid Metal Processing & Casting [C]. Nancy: LMPC 2011, 2011: 73.

[46] Karimi-Sibaki E, Kharicha A, Bohacek J, et al. A dynamic mesh-based approach to model melting and shape of an ESR electrode [J]. Metallurgical and Materials Transactions B, 2015, 46 (5): 2049~2061.

[47] Li B, Wang B, Tsukihashi F. Modeling of electromagnetic field and liquid metal pool shape in an electroslag remelting process with two series-connected electrodes [J]. Metallurgical and Materials Transactions B, 2014, 45 (3): 1122~1132.

[48] Dong Y, Jiang Z, Medovar L, et al. Temperature distribution of electroslag casting with liquid metal using current conductive ring [J]. Steel Research International, 2013, 84 (10): 1011~1017.

[49] Ridder S D, Reyes F C, Chakravorty S, et al. Steady state segregation and heat flow in ESR [J]. Metallurgical Transactions B, 1978, 9 (3): 415~425.

[50] Jeanfils C L, Chen J H, Klein H J. Modeling of Macrosegregation in Electroslag Remelting of Superalloys. Proceedings of the Superalloys [C]. Pittsburgh: ASM, 1980: 119.

[51] Rao L, Zhao J, Zhao Z, et al. Macro-and microstructure evolution of 5CrNiMo steel ingots during electroslag remelting process [J]. Journal of Iron and Steel Research International, 2014, 21 (7): 644~652.

[52] Li B, Wang Q, Wang F, et al. A coupled cellular automaton-finite-element mathematical model for the multiscale phenomena of electroslag remelting H13 die steel ingot [J]. JOM, 2014, 66 (7): 1153~1165.

[53] Wang X, Li Y. Numerical simulation of solidification structure of ESR ingot using cellular au-tomaton method [J]. Metallurgical and Materials Transactions B, 2015, 46 (2): 800~812.

[54] Choudhary M, Szekely J. The modeling of pool profiles, temperature profiles and velocity fields in ESR systems [J]. Metallurgical transactions B, 1980, 11 (3): 439~453.

[55] Kelkar K M, Patankar S V, Mitchell A. Computational modeling of the electroslag remelting (ESR) process used for the production of ingots of high-performance alloys. Proceeding in International Symposium on Liquid metal Processing and Casting [C]. Pittsburgh: ASM International, 2005: 137~144.

[56] Kelkar K M, Patankar S V, Srivatsa S K, et al. Computational modeling of electroslag remelting (ESR) process used for the production of high-performance alloys. Proceedings of the 2013 International Symposium on Liquid Metal Processing & Casting. Switzerland: Springer, 2013: 3~12.

[57] Kelkar K M, Connell C J. A computational model of the electroslag remelting (ESR) process and Its application to an industrial process for a large diameter superalloy ingot. Proceedings of the 9th International Symposium on Superalloy 718 & Derivatives: Energy, Aerospace, and Industrial Applications [C]. Switzerland: Springer, 2018: 243~261.

[58] Patel A D, Kelkar K M. New insights into the electroslag remelting process using mathematical modeling [J]. Proceeding of Modeling of Casting, Welding, and Advanced Solidification Processes-XII. Pittsburgh: TMS, 2009: 69~76.

[59] Sibaki E K, Kharicha A, Wu M, et al. A numerical study on the influence of the frequency of the applied AC current on the electroslag remelting process. Proceedings of the 2013 International Symposium on Liquid Metal Processing & Casting [C]. Switzerland: Springer, 2013: 13~19.

[60] Weber V, Jardy A, Dussoubs B, et al. A comprehensive model of the electroslag remelting process: description and validation [J]. Metallurgical and materials transactions B, 2009, 40 (3): 271~280.

[61] Rückert A, Pfeifer H. Numerical modelling of the electroslag remelting process. Metal [C]. Hradec nad Moravicí: Metal 2007, 2007: 2~8.

[62] Rückert A, Pfeifer H. Mathematical modelling of the flow field, temperature distribution, melting and solidification in the electroslag remelting process [J]. Magnetohydrodynamics, 2009, 45 (4): 527~533.

[63] Wang Q, He Z, Li B, et al. A general coupled mathematical model of electromagnetic phenomena, two-phase flow, and heat transfer in electroslag remelting process including conducting in the mold [J]. Metallurgical and Materials Transactions B, 2014, 45 (6): 2425~2441.

[64] Wang Q, Li B. Numerical investigation on the effect of slag thickness on metal pool profile in electroslag remelting process [J]. ISIJ International, 2016, 56 (2): 282~287.

[65] Wang Q, Zhao R, Fafard M, et al. Three-dimensional magnetohydrodynamic two-phase flow and heat transfer analysis in electroslag remelting process [J]. Applied Thermal Engineering, 2015, 80: 178~186.

[66] Kharicha A, Ludwig A, Wu M. 3D simulation of the melting during an electro-slag remelting process. EPD Congress [C]. New York: John Wiley & Sons, 2011: 770~778.

[67] Karimi-Sibaki E, Kharicha A, Bohacek J, et al. On validity of axisymmetric assumption for modeling an industrial scale electroslag remelting process [J]. Advanced Engineering Materials, 2016, 18 (2): 224~230.

[68] Giesselmann N, Rückert A, Eickhoff M, et al. Coupling of multiple numerical models to simulate electroslag remelting process for Alloy 718 [J]. ISIJ International, 2015, 55 (7): 1408~1415.

[69] Kharicha A, Schützenhöfer W, Ludwig A, et al. On the importance of electric currents flowing directly into the mould during an ESR process [J]. Steel Research International, 2008, 79 (8): 632~636.

[70] Hugo M, Dussoubs B, Jardy A, et al. Influence of the mold current on the electroslag remelting

process [J]. Metallurgical and Materials Transactions B, 2016, 47 (4): 2607~2622.

[71] Yanke J, Fezi K, Trice R W, et al. Simulation of slag-skin formation in electroslag remelting using a volume-of-fluid method [J]. Numerical Heat Transfer Part A: Applications, 2015, 67 (3): 268~292.

[72] Kharicha A, Sibaki E K, Wu M, et al. Contribution of the mould current to the ingot surface quality in the electroslag remelting process. Proceedings of the 2013 International Symposium on Liquid Metal Processing & Casting [C]. Switzerland: Springer, 2013: 95~99.

[73] Dong Y, Jiang Z, Liu H, et al. Simulation of multi-electrode ESR process for manufacturing large ingot [J]. ISIJ International, 2012, 52 (12): 2226~2234.

[74] Ren N, Li B K, Li L M, et al. Numerical investigation on the fluid flow and heat transfer in electroslag remelting furnace with triple-electrode [J]. Ironmaking & Steelmaking, 2018, 45 (2): 125~134.

[75] Wang F, Xiong Y, Li B, et al. A sequence-coupled mathematical model of magneto-hydrody-namic two-phase flow and heat transfer in a triplex-electrode electroslag remelting furnace [J]. Steel Research International, 2019, 90 (6): 1800481.

[76] Jiang Z, Cao Y, Dong Y, et al. Numerical simulation of the electroslag casting with liquid metal for producing composite roll [J]. Steel Research International, 2016, 87 (6): 699~711.

[77] Dong Y, Jiang Z, Cao H, et al. A novel single power two circuits electroslag remelting with current carrying mould [J]. ISIJ International, 2016, 56 (8): 1386~1393.

[78] Dong Y, Hou Z, Jiang Z, et al. Study of a single-power two-circuit ESR process with current-carrying mold: mathematical simulation of the process and experimental verification [J]. Metallurgical and Materials Transactions B, 2018, 49 (1): 349~360.

[79] Liu F B, Jiang Z H, Li H B, et al. Mathematical modelling of electroslag remelting P91 hollow ingots process with multi-electrodes [J]. Ironmaking & Steelmaking, 2014, 41 (10): 791~800.

[80] Chen X, Liu F, Jiang Z, et al. Mathematical modeling of ESR process for hollow ingot with current supplying mould [J]. Journal of Iron and Steel Research International, 2015, 22 (3): 192~199.

[81] Schneider M C, Beckermann C. A numerical study of the combined effects of microsegregation, mushy zone permeability and fllow, caused by volume contraction and thermosolutal convection, on macrosegregation and eutectic formation in binary alloy solidification [J]. International Journal of Heat and Mass Transfer, 1995, 38 (18): 3455~3473.

[82] Schneider M C, Beckermann C. Formation of macrosegregation by multicomponent thermosolutal convection during the solidification of steel [J]. Metallurgical and Materials Transactions A, 1995, 26 (9): 2373~2388.

[83] Flemings M C. Our understanding of macrosegregation: past and present [J]. ISIJ International, 2000, 40 (9): 833~841.

[84] Bennon W D, Incropera F P. A continuum model for momentum, heat and species transport in

binary solid-liquid phase change systems—I. model formulation [J]. International Journal of Heat and Mass Transfer, 1987, 30 (10): 2161~2170.

[85] Poirier D R, Heinrich J C. Continuum model for predicting macrosegregation in dendritic alloys [J]. Materials Characterization, 1994, 32 (4): 287~298.

[86] Ganesan S, Poirier D R. Conservation of mass and momentum for the flow of interdendritic liquid during solidification [J]. Metallurgical Transactions B, 1990, 21 (1): 173~181.

[87] Beckermann C, Viskanta R. Double-diffusive convection during dendritic solidification of a binary mixture [J]. Physicochemical Hydrodynamics, 1988, 10 (2): 195~213.

[88] Ni J, Beckermann C. A volume-averaged two-phase model for transport phenomena during solidification [J]. Metallurgical Transactions B, 1991, 22 (3): 349~361.

[89] Wu M, Ludwig A, Kharicha A. A four phase model for the macrosegregation and shrinkage cavity during solidification of steel ingot [J]. Applied Mathematical Modelling, 2017 (41): 102~120.

[90] Cefalu S. Modeling of electroslag remelting of Ni-Cr-Mo alloys [A]. Multiphase Phenomena and CFD Modeling and Simulation in Materials Processes [C]. Pittsburgh: TMS, 2004: 279~280.

[91] Fezi K, Yanke J, Krane M J M. Macrosegregation during electroslag remelting of alloy 625 [J]. Metallurgical and Materials Transactions B, 2015, 46 (2): 766~779.

[92] Wang Q, Wang F, Li B, et al. A three-dimensional comprehensive model for prediction of macrosegregation in electroslag remelting ingot [J]. ISIJ International, 2015, 55 (5): 1010~1016.

[93] Wang Q, He Z, Li G, et al. Numerical investigation on species transport in electroslag remelting dual alloy ingot [J]. Applied Thermal Engineering, 2016 (103): 419~427.

[94] Wang Q, Li B. Numerical investigation on the effect of fill ratio on macrosegregation in electroslag remelting ingot [J]. Applied Thermal Engineering, 2015 (91): 116~125.

[95] Fraser M E. Mass transfer aspects of AC electroslag remelting [D]. Canada: University of British Columbia, 1974.

[96] Wang Q, He Z, Li G, et al. Numerical investigation of desulfurization behavior in electroslag remelting process [J]. International Journal of Heat and Mass Transfer, 2017 (104): 943~951.

[97] Wang Q, Li G, He Z, et al. A three-phase comprehensive mathematical model of desulfurization in electroslag remelting process [J]. Applied Thermal Engineering, 2017 (114): 874~886.

[98] Wang Q, Liu Y, He Z, et al. Numerical analysis of effect of current on desulfurization in electroslag remelting process [J]. ISIJ International, 2017, 57 (2): 329~336.

[99] Wang Q, Liu Y, Wang F, et al. Numerical study on the effect of electrode polarity on desulfurization in direct current electroslag remelting process [J]. Metallurgical and Materials Transactions B, 2017, 48 (5): 2649~2663.

[100] Wang Q, Li G, Gao Y, et al. A coupled mathematical model and experimental validation of

oxygen transport behavior in the electroslag refining process ［J］. Journal of Applied Electrochemistry, 2017, 47 （4）: 445~456.

［101］ Wang Q, Wang F, Li G, et al. Simulation and experimental studies of effect of current on oxygen transfer in electroslag remelting process ［J］. International Journal of Heat and Mass Transfer, 2017 （113）: 1021~1030.

［102］ Huang X, Li B, Liu Z. Three dimensional mathematical model of oxygen transport behavior in electroslag remelting process ［J］. Metallurgical and Materials Transactions B, 2018, 49 （2）: 709~722.

［103］ Huang X, Li B, Liu Z. A coupled mathematical model of oxygen transfer in electroslag remelting process ［J］. International Journal of Heat and Mass Transfer, 2018 （120）: 458~470.

［104］ Wen T, Zhang H, Li X, et al. Numerical simulation on the oxidation of lanthanum during the electroslag remelting process ［J］. JOM, 2018, 70 （10）: 2157~2168.

［105］ Karimi-Sibaki E, Kharicha A, Wu M, et al. Toward modeling of electrochemical reactions during electroslag remelting process ［J］. Steel Research International, 2017, 88 （5）: 1700011.

［106］ Ridder S D. , Reyes F C. , Chakravorty S, et al. Steady State Segregation and Heat Flow in ESR ［J］. Met. Trans. , 1978, 9 （9B）: 415~425.

［107］ Sindo Kou, David R. Poirier, Merton C. Flemings. Macrosegregation in Rotated Remelted Ingots ［J］. Met. Trans. , 1978, 12 （9B）: 711~719.

［108］ Cefalu S A, Vanevery K J, Krane M J M. Modeling of electroslag remelting of Ni-Cr-Mo alloys ［J］. Multiphase Phenomena and CFD Modeling and Simulation in Materials Processes, 2004: 279~288.

［109］ Nastac L, Sundarra J S, Yu K O, et al. The stochastic modeling of solidification structures in alloy 718 remelt ingots ［J］. JOM, 1998, 50 （3）: 30.

［110］ 尧军平, 张磊, 李海敏. 电渣熔铸钢锭微观组织的模拟研究 ［J］. 铸造技术, 2008, 29 （12）: 1670~1673.

［111］ 李宝宽, 陈明秋, 王芳, 等. 电渣重熔钢锭组织结构的元胞自动机法模拟, 2011 年全国高品质特殊钢生产技术研讨会文集 ［C］. 北京: 中国金属学会, 2011: 128~137.

［112］ Baokuan Li, Qiang Wang, Fang Wang, et al. A Coupled Cellular Automaton-Finite-Element Mathematical Model for the Multiscale Phenomena of Electroslag Remelting H13 Die Steel Ingot ［J］. JOM, 2014, 66 （7）: 1153~1165.

［113］ 梁强, 陈希春, 任昊, 等. 电流对 GH4169 合金电渣重熔凝固过程参数影响的数值模拟研究 ［J］. 航空材料学报, 2012, 32 （3）: 29~34.

［114］ Rao Lei, Zhao Jianhua, Zhao Zhanxi, et al. Macro- and Microstructure Evolution of 5CrNiMo Steel Ingots during Electroslag Remelting Process ［J］. Journal of iron and steel research, international, 2014, 21 （7）: 644~652.

［115］ Wang X H, Li Y. Numerical Simulation of Solidification Structure of ESR Ingot Using Cellular Automaton Method ［J］. Meta. Mater. Trans. B, 2015, 46B （4）: 800~812.

［116］ 沈厚发, 陈康欣, 柳百成. 钢锭铸造过程宏观偏析数值模拟 ［J］. 金属学报, 2018,

54（2）：151~160.

［117］ 张赫，雷洪，耿佃桥，等. 电渣重熔过程中传热及凝固组织的数值模拟［J］. 工业加热，2013，42（6）：42~46.

［118］ 汪瑞婷. 电渣重熔过程中夹杂物运动行为以及电极氧化的数值模拟［D］. 武汉：武汉科技大学，2018.

［119］ 闫宏光. 双合金汽轮机转子电渣重熔接续制备及微观组织模拟研究［D］. 沈阳：东北大学，2015.

［120］ Yanke J M. Numerical modeling of materials processes with fluid-fluid interfaces ［D］. West Lafayette：Purdue University，2013.

［121］ 陈旭. 电渣重熔空心钢锭过程的数学模拟和试验研究［D］. 沈阳：东北大学，2016.

［122］ Polishko G, Stovpchenko G, Medovar L, et al. Physicochemical comparison of electroslag remelting with consumable electrode and electroslag refining with liquid metal ［J］. Ironmaking & Steelmaking，2019，46（8）：789~793.

［123］ Dong Y W, Jiang Z H, Fan J X, et al. Comprehensive mathematical model for simulating electroslag remelting ［J］. Metallurgical and Materials Transactions B，2016，47（2）：1475~1488.

［124］ Mitchell A. Solidification in remelting processes ［J］. Materials Science and Engineering：A，2005，413：10~18.

［125］ 姜周华，董艳伍，耿鑫，等. 电渣冶金学［M］. 北京：科学出版社，2015：2~5.

［126］ 姜周华，姜兴渭，梁连科，等. 电渣重熔过程传热特性的实验研究［J］. 东北大学学报（自然科学版），1988，9（2）：184~189.

［127］ Wang Q, Rong W, Li B. Effect of power control function on heat transfer and magnetohydrodynamic two-phase flow in electroslag remelting furnace ［J］. JOM，2015，67（11）：2705~2713.

［128］ Martinez E, Sano N. Nitrogen solubilities in CaO-CaF_2 melts ［J］. Steel Research International，1987，58（11）：485~490.

［129］ Ono-Nakazato H, Usui T, Morisawa S. Rate of nitrogen desorption from CaO-Al_2O_3 melts to gas phase ［J］. Metallurgical and Materials Transactions B，2002，33（3）：393~401.

［130］ Tsukihashi F, Oktay E, Fruehan R J. The nitrogen reaction between carbon saturated Iron and Na_2O-SiO_2 slag：Part Ⅱ. Kinetics ［J］. Metallurgical Transactions B，1986，17（3）：541~545.

［131］ Jonsson L, Sichen D, Jönsson P. A new approach to model sulphur refining in a gas-stirred ladle-a coupled CFD and thermodynamic model ［J］. ISIJ International，1998，38（3）：260~267.

［132］ Ono-Nakazato H, Matsui A, Miyata D, et al. Effect of aluminum, titanium or silicon addition on nitrogen removal from molten iron ［J］. ISIJ International，2003，43（7）：975~982.

［133］ Cao Q, Nastac L, Pitts-Baggett A, et al. Numerical investigation of desulfurization kinetics in gas-stirred ladles by a quick modeling analysis approach ［J］. Metallurgical and Materials Transactions B，2018，49（3）：988~1002.

[134] Lou W, Zhu M. Numerical simulation of desulfurization behavior in gas-stirred systems based on computation fluid dynamics-simultaneous reaction model (CFD-SRM) coupled model [J]. Metallurgical and Materials Transactions B, 2014, 45 (5): 1706~1722.

[135] Yu S, Miettinen J, Louhenkilpi S. Modeling study of nitrogen removal from the vacuum tank degasser [J]. Steel Research International, 2014, 85 (9): 1393~1402.

[136] Gaye H, Huin D, Riboud P V. Nitrogen alloying of carbon and stainless steels by gas injection [J]. Metallurgical and Materials Transactions B, 2000, 31 (5): 905~912.

[137] Stein G, Menzel J, Choudhury A. Industrial manufacture of massively nitrogen-alloyed steels in a pressure ESR furnace [J]. Steel Times, 1989, 217 (3): 148~150.

[138] Stein G, Menzel J. High pressure electroslag remelting-a new technology of steel refining [J]. International Journal of Materials and Product Technology, 1995, 10 (3): 478~488.

[139] Bartosinski M, Magee J H, Friedrich B. Improving the chemical homogeneity of austenitic and martensitic stainless steels during nitrogen alloying in the pressure electro slag remelting (PESR) process. 1st International Conference on Ingot Casting: Rolling and Forging [C]. Aachen: TEM A, 2012: 1~8.

[140] Nastac L, Stefanescu D M. Macrotransport-solidification kinetics modeling of equiaxed dendritic growth: Part I Model develop-ment and discussion [J]. Metallurgical and Materials Transactions A, 1996, 27 (12): 4061.

[141] Nastac L, Stefanescu D M. Macrotransport-solidification kinetics modeling of equiaxed dendritic growth: Part II Computation problems and validation on INCONEL 718 superalloy castings [J]. Metallurgical and Materials Transactions A, 1996, 27 (12): 4075.

[142] Rappaz M, Gandin C A. Probabilistic modelling of microstructure formation in solidification processes [J]. Acta Materialias, 1993, 41 (2): 345~360.

[143] Martorano M A, Beckermann C, Gandin C A. A solutalinterac-tion mechanism for the columnar-to-equiaxed transition in alloy solidification [J]. Acta. Materialias, 2003, 34 (8): 1657.

[144] Rappaz M, Thevoz P. Solute diffusion model for equiaxed dendritic growth [J]. Acta Materialias, 1987, 35 (7): 1487~1497.

[145] Zhu M F, Hong C P, Chang Y A. Computational Modeling of Microstructure Evolution in Solidification of Aluminum Alloys [J]. Metallurgical and Materials Transactions B, 2007, 38 (4): 517~524.

[146] Nastac L. Numerical modeling of solidification morphologies and segregation patterns in cast dendritic alloys [J]. Acta Materialias, 1999, 47 (17): 4253~4262.

[147] Dilthey U, Pavlik V, Reichel T. Mathematical Modelling of Weld Phenomena [M]. The Institute of Materials, U. K: The University of Cambridge, 1997: 88.

[148] Ishida H, Natsume Y, Ohsasa K. Numerical simulation of solidi-fication structure formation in high Mn steel casting using cellular automaton method [J]. ISIJ International, 2008, 48 (12): 1728.

[149] Okane T, Umeda T. Eutectic growth of unidirectionally solidified Fe-Cr-Ni alloy [J]. ISIJ In-

ternational，1998，38（5）：454.

［150］ Flemings M C. Solidification processing ［J］. Metallurgical and Materials Transactions B，1974，5（10）：2121～2134.

［151］ 马麒丰. 电渣熔铸低碳马氏体不锈钢内部质量与力学性能研究 ［D］. 沈阳：东北大学，2012.

4 电渣重熔过程铸锭质量控制理论和技术

由于电渣钢具有成分均匀、组织致密、夹杂物细小且弥散分布及力学性能优异等诸多优点，电渣重熔广泛应用于多种高端特殊钢和特种合金的制备。电渣炉的炉型结构和布置形式很多，主要受生产要求、厂房条件及产品质量要求等影响，炉头有悬臂式、龙门式和框架式结构，按照电极布置有单电极、双极串联以及三电极三相电渣炉等。无论哪种形式的电渣炉，其工艺参数对钢锭质量的控制至关重要，合理的选择工艺参数是获得优质钢锭的重要前提。事实上，在电渣重熔的多种工艺参数中，各种工艺参数之间存在一定的耦合和依赖关系，因而单一的工艺参数对电渣重熔过程顺行和钢的质量产生不同程度的影响，同时单个参数的变化也会受到其他参数的制约作用，最终电渣重熔过程的顺行和钢质量的优劣主要取决于系统中所有工艺参数的协调配合。

4.1 电渣重熔用渣概述

4.1.1 电渣重熔用渣组成及其特点

通常，电渣重熔用熔渣既包含氟化物也含有氧化物。电渣重熔用熔渣主要以氟化物、CaO 和 Al_2O_3 为主，氟化物常用的为 CaF_2，来源于萤石矿（或氟石矿）。重熔低熔点合金及有色金属时，有时也采用 MgF_2、NaF、BaF_2 等成分。渣系的氧化物组成包括 CaO、Al_2O_3、MgO、SiO_2、TiO_2、BaO、MnO 等，其主要来源为石灰、工业氧化铝粉、镁砂、石英砂、钛白粉等。各种组元在渣系中分别发挥着不同的作用[1]。

氟化物不仅可以与其他成分组成渣系，还可以单独作为渣系使用。氟化物能降低渣的熔点、黏度和表面张力，促进炉渣流动，使渣和金属很好地分离，促进冶炼过程脱硫、脱磷。例如，和其他组元相比，CaF_2 的电导率较高，纯 CaF_2 在 1650℃时电导率达 $4.54\Omega^{-1}\cdot cm^{-1}$；渣中的 CaF_2 含量较高时，熔炼过程中 CaF_2 会与渣中其他组元发生反应放出有害气体和烟尘，造成环境污染。

$$3CaF_2 + Al_2O_3 \Longrightarrow 3CaO + 2AlF_3 \uparrow \qquad (4-1)$$

$$2CaF_2 + TiO_2 \Longrightarrow TiF_4 \uparrow + 2CaO \qquad (4-2)$$

$$2CaF_2 + 2H_2O \Longrightarrow 4HF \uparrow + 2CaO \qquad (4-3)$$

$$4HF + SiO_2 \rightleftharpoons SiF_4 \uparrow + 2H_2O \tag{4-4}$$

$$2CaF_2 + SiO_2 \rightleftharpoons SiF_4 \uparrow + 2CaO \tag{4-5}$$

$$CaS + 2CaF_2 + 4Fe_2O_3 \rightleftharpoons 3CaO + 8FeO + SF_4 \uparrow \tag{4-6}$$

MgF_2、BaF_2 等氟化物的性能类似 CaF_2，在渣中可作为助熔剂，以降低渣的液相线温度、黏度、表面张力和电导率。特别是重熔有色金属时，当炉渣的熔点需要降低到比使用 CaF_2 更低时使用氟化镁。在 CaF_2、MgF_2 和 BaF_2 三种成分中，CaF_2 工业高纯度原料来源丰富，价格最便宜。

CaO 是钢铁冶金中最常用的碱性氧化物，渣中加入 CaO 将大大增加渣的碱度，提高脱硫效率。在 CaO 加入量为 40% 情况下，脱硫率最高可达到 85% 以上；而且 CaO 的加入能够降低渣的电导率。但是 CaO 吸水性强，易带入氢和氧，造成钢增氢增氧。

Al_2O_3 能明显降低渣的电导率，减少电耗，提高生产率。例如 90%CaF_2 + 10%Al_2O_3 渣系，在 1650℃ 时，电导率为 $3.34\Omega^{-1} \cdot cm^{-1}$；如果 Al_2O_3 增加到 30%，电导率将为 $1.75\Omega^{-1} \cdot cm^{-1}$。但是渣中 Al_2O_3 增加，将使渣的熔化温度和黏度升高，并将降低渣的脱硫效果，也会使重熔过程难以建立和稳定。一般 Al_2O_3 的含量不大于 40%。

渣中含有适当的 MgO 将会在渣池表面形成一层半凝固膜，可防止渣池吸氧及渣中变价氧化物向金属熔池传递供氧，从而使铸锭中的氧、氢、氮含量降低，同时这层凝固膜可减少渣表面向大气辐射的热损失。但是 MgO 容易使熔渣的黏度提高，所以渣中 MgO 含量一般不超过 15%。

渣中加入少量 SiO_2，可以降低渣的熔点，提高渣的高温塑性，使铸锭表面光洁，对于抽锭电渣工艺有利。SiO_2 也能降低渣的电导率，减少电耗，提高生产率。SiO_2 的加入还可以改变钢中夹杂物的形态，由铝酸盐夹杂变为硅酸盐夹杂，使钢材易于加工变形。但是，渣中 SiO_2 含量过多，会提高渣的氧化性，对 Al 和 Ti 等易氧化元素有显著的烧损作用。

在重熔含钛的钢及合金时，渣中加入一定量的 TiO_2 可以抑制钢中钛的烧损。但 TiO_2 是变价氧化物，它对金属熔池起传递供氧作用，加入过多 TiO_2 也会对钢的成分产生影响。另外，常采用 CaF_2-TiO_2 型导电渣或者 CaF_2-TiO_2-CaO-SiO_2 作引燃剂。

4.1.2　电渣重熔用渣物理化学性质

熔融渣池是电渣重熔过程的热量来源，渣池肩负着把输入的电能转化为热能、具有调整金属化学成分、提纯净化的功能。在铸锭和结晶器之间还有一层凝固的渣壳，渣壳具有绝缘作用，防止电流分流，提高电效率。此外，有研究者认为：渣壳还具有隔热作用，可以使重熔体系的热流主要向底水箱传导，使铸锭趋向于轴向结晶，提高凝固质量；如果从这个角度考虑，渣壳越厚，这一效果越好。但也有研究者认为，薄渣壳，能够加强径向散热，从而减小金属熔池和两相区宽度，提高凝固前沿的温度梯度，减小枝晶间距，对改善铸锭显微组织更为有利。由此可见，熔渣在电渣重熔过程中发挥着重要的作用，这些作用又与炉渣的物理化学性质有关，日本学者荻野和已[2]总结了电渣重熔过程中和渣有关的现象与炉渣性质的关系，如图4-1所示。

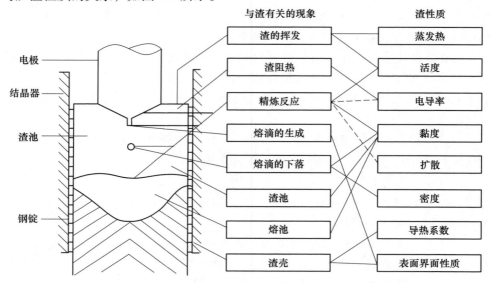

图4-1　ESR过程中和渣有关的现象与渣性质的关系

4.1.2.1　熔化温度

电渣重熔的渣系熔化温度可以用相图来表示，相图是用来表示材料物相状态与温度和成分关系的综合图形，其所表示的物相状态是平衡状态。在电渣重熔过程中通常要求渣的熔化温度应比精炼的金属或合金的熔点或液相线低 $100 \sim 200\,^{\circ}\mathrm{C}$。对于电渣重熔钢和铁而言，渣的熔化温度应在 $1250 \sim 1400\,^{\circ}\mathrm{C}$ 之间。另外，在实际操作温度下炉渣的化学稳定性也是重要的，因为渣成分的改变将导致其物理化学性质的变化，这种变化对电渣重熔过程有好的也有坏的影响。电渣重熔过程中由于固态渣皮的形成，渣池的渣量不断减少，从保证操作过程稳定性的角度考虑，应保持渣的成分及其物理化学性质的稳定，这样其组成首先应选择共晶或同分化合物[3]。如果熔渣成分不在共晶点上，先凝固的渣皮中高熔点组元的含量往往偏高，从而导致炉渣成分的不断变化。在电渣重熔过程中，由于组元的挥发或化学反应导致的气体挥发生成更多的 CaO，这也是导致成分变化的原因之一[4,5]。渣成分的变化对其性质及重熔过程的影响首先要基于相图进行分析。

关于电渣重熔渣系的相图，科研工作者自电渣重熔技术诞生以来开展了大量的研究工作，包括氟化物单一组元，氟化物和氧化物所组成的二元系、三元系以及少量的四元系相图。另外，也包括一些纯氧化物组元系的相图。但对于多组元的渣系，相图的资料相对较少，主要是由于组元多，想做出相图工作量非常大，而且由于组元太多的影响，数据准确性也不如简单组成的渣系。

目前，电渣重熔过程中最经典的二元系渣系是 CaF_2-Al_2O_3 渣系，其相图如图 4-2 所示[6]。

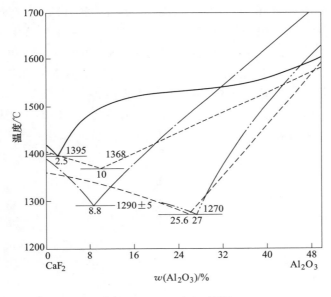

图 4-2 CaF_2-Al_2O_3 相图

对于该二元系的相图，不同研究者测定的结果相差很大，产生这种结果的原因主要有：一是使用的原料纯度不同；二是在测量过程由于化学反应使渣系的成分发生变化。其中，后者是最主要的因素。因为在高温下要发生反应式（4-1）和式（4-2）而生成少量的 CaO 和气体，从而使被测体系由二元变成了三元系（CaF_2-Al_2O_3-CaO）。Tovmachenko 等用质谱仪测量表明，在 70% CaF_2-30% Al_2O_3 熔体上方的气相中有 $AlF_3(g)$，$CaF_2(g)$，$Al_2O_3(g)$，Ca(g) 和 Al(g) 存在，其中 AlF_3 占优势。严格地说，该体系相图的测定只能在双密封的容器中进行，但有些研究者则在敞口容器中进行。由于对实验过程控制水平的差异，因此必然造成实验结果的差异。

Mills 等[7,8]认为图中实线表示的数据是可靠的，这是基于 Zhmoidin 和 Gatteri 的测量结果，即以 2.5% Al_2O_3 为低共晶点，温度为 1395℃。我国电渣工作者[9]认为由郭祝昆和严东生测定的结果比较可靠，低共熔点的成分为 8.8% Al_2O_3（质量分数），温度为（1290±5）℃，目前来看这组数据相对比较可靠和符合实际。

电渣重熔最初确定的渣系为 70%CaF$_2$-30%Al$_2$O$_3$，即 ANF-6 渣（俗称"三七渣"），而且一直到现在仍广泛应用。当初确定成分的依据是该渣系的低共熔点组成在 27% Al$_2$O$_3$ 处，共晶温度为 1270℃[10,11]。如果以郭祝昆等测得的相图为依据，当 ANF-6 渣从高温冷却至约 1540℃时，固态 Al$_2$O$_3$ 开始析出，继续冷却时液相中的 Al$_2$O$_3$ 含量不断减少，当温度达到（1290±5）℃，即低共熔点时，开始析出 CaF$_2$ 和 Al$_2$O$_3$ 共晶体。从这个意义上讲，采用 ANF-6 渣进行电渣重熔时，钢锭表面形成的渣皮中 Al$_2$O$_3$ 含量一定高于 30%。陈艳梅等[12]在现场调研的结果恰好说明了这一点，现场使用三七渣重熔 GH136，重熔后渣中出现了一定的 CaO 含量。从生产实践中发现，渣皮中的 Al$_2$O$_3$ 含量通常在 60% 以上，这一事实证明了低共熔点靠近 CaF$_2$ 侧的事实。但 Al$_2$O$_3$ 含量是渣皮中的平均含量，熔渣在凝固过程中也会发生类似金属凝固时的偏析现象。

CaF$_2$-Al$_2$O$_3$-CaO 渣系是电渣重熔最常用的渣系之一，Mills[7]在总结大量前人研究工作的基础上推荐了如图 4-3 所示的相图，初晶区如图 4-4 所示。在这个体

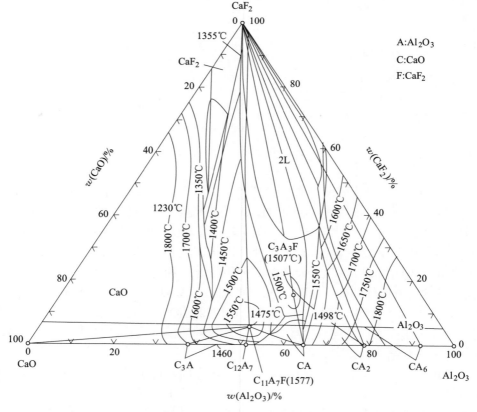

图 4-3　CaF$_2$-Al$_2$O$_3$-CaO 相图

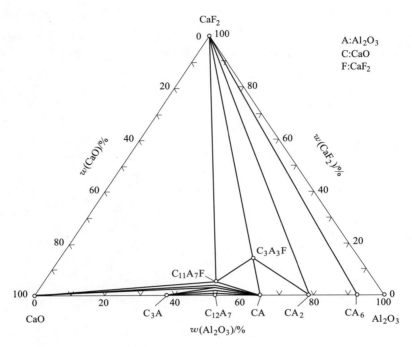

图 4-4　CaF_2-Al_2O_3-CaO 体系的初晶面

系中有 7 种化合物：CaO · $6Al_2O_3$（CA_6，异分熔点为 1860℃），CaO · Al_2O_3（CA，同分熔点为 1602℃），3CaO · Al_2O_3（C_3A，异分熔点为 1535℃），12CaO · $7Al_2O_3$（$C_{12}A_7$，同分熔点为 1415℃），11CaO · $7Al_2O_3$ · CaF_2（$C_{11}A_7F_1$，同分熔点为 1577℃）和 3CaO · $3Al_2O_3$ · CaF_2（$C_3A_3F_1$，同分熔点为 1507℃）。另外，还存在一个不互相溶的液液两相共存区。

　　在 CaF_2-CaO-Al_2O_3 三元系中，在 CaF_2 和 $C_{12}A_7$ 直线附近的液相线温度较低，通常低于 1500℃，而且越靠近 CaF_2 方向液相线温度越低，初晶成分在靠近 CaF_2 侧以 CaF_2 为主，靠近 $C_{12}A_7$ 侧以 $C_{11}A_7F_1$ 为主，这两个初晶化合物熔点均较低。由于这条线附近 CaO：Al_2O_3 = 1：1（质量比），所以大多按此原则设计三元渣系。

　　以 CaF_2 为基的四元系相图有：CaF_2-Al_2O_3-CaO-MgO[13]，CaF_2-Al_2O_3-CaO-SiO_2，CaF_2-Al_2O_3-MgO-SiO_2 和 CaF_2-CaO-FeO_x-SiO_2 等[8]，而无氟渣的四元系由于硅酸盐等其他学科的需要资料相对较多。

　　四元相图的表述通常是以固定某个组元百分含量的前提下，以其他三个组元的伪三元系形式画出的。图 4-5 给出了含 10% MgO 的 CaO-Al_2O_3-SiO_2-MgO 相图[6,14]。如果给出不同的 Al_2O_3 含量即可得到不同的 CaF_2-Al_2O_3-CaO-MgO 四元相图，如图 4-6 所示，图 4-7 和图 4-8 分别为 $10\%Al_2O_3$，$20\%Al_2O_3$ 和 $40\%Al_2O_3$ 含量的 CaF_2-Al_2O_3-CaO-MgO 四元相图。图 4-9 为 $10\%Al_2O_3$ 含量的 CaF_2-Al_2O_3-CaO-SiO_2 相图，从图中可以根据钢种情况为合理的渣系选择提供参考[8]。

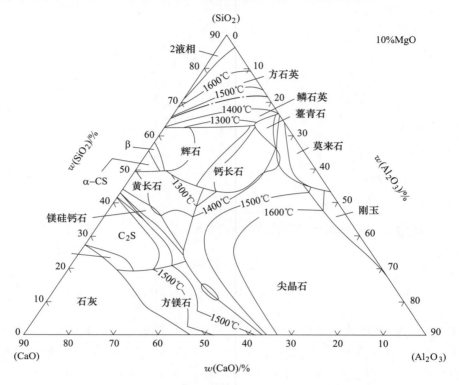

图 4-5　MgO 含量为 10% 的 CaO-Al_2O_3-SiO_2-MgO 相图

4.1.2.2　黏度

黏度是流体的力学性质之一。液体流动时所表现出的黏滞性，是流体各部分质点在流动时所产生的内摩擦力的结果。在液体内部，如果以垂直于流动方向为 x 轴，液层面积为 S，两个液层间的速度梯度为 dv/dx，则两个液层间的内摩擦力 F 可用下式表示：

$$F = \eta \frac{dv}{dx} S \tag{4-7}$$

$$\eta = \frac{F}{S} \bigg/ \frac{dv}{dx} \tag{4-8}$$

式（4-7）、式（4-8）称为牛顿黏度公式，其中 η 是黏度系数或称为黏度。黏度系数表示在单位速度梯度下，作用在单位面积的液体层上的切应力。遵从

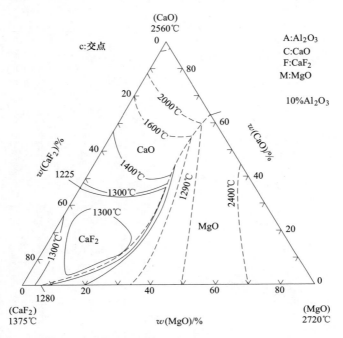

图 4-6 Al₂O₃ 含量为 10% 的 CaF₂-Al₂O₃-CaO-MgO 相图

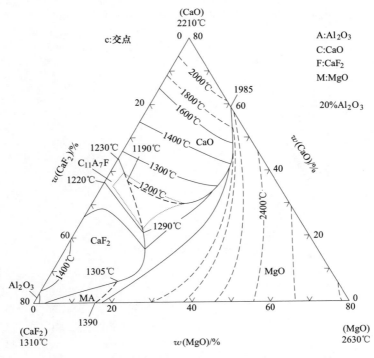

图 4-7 Al₂O₃ 含量为 20% 的 CaF₂-Al₂O₃-CaO-MgO 相图

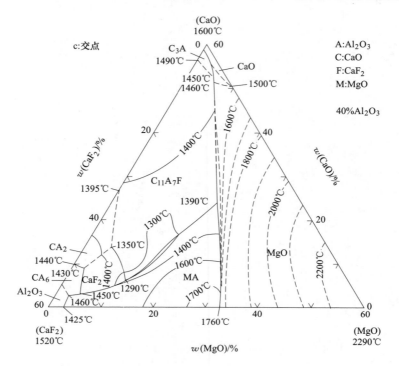

图 4-8　Al$_2$O$_3$ 含量为 40% 的 CaF$_2$-Al$_2$O$_3$-CaO-MgO 相图

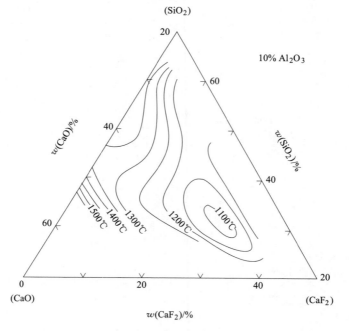

图 4-9　Al$_2$O$_3$ 含量为 10% 的 CaF$_2$-Al$_2$O$_3$-CaO-SiO$_2$ 相图

式（4-7）的流体叫做牛顿流体，当流体中有悬浮物或弥散物时称为非牛顿流体。

电渣重熔时，液态金属从自耗电极上掉落需要克服一个适当的力的作用，对于单一金属熔滴，即要克服熔渣的黏度大小的力，可以用 Stokes 公式描述如下：

$$\eta = \frac{k r_d^2 \Delta\rho}{v} \tag{4-9}$$

式中　r_d——金属熔滴的半径；

　　　k——常数；

　　　v——熔滴的末速度；

　　　$\Delta\rho$——液态金属与熔渣的密度差。

在电渣重熔过程中，黏度的大小直接影响由电磁力和热对流作用所引起的渣池的运动速度。所以黏度将影响气体从渣中和渣钢界面的排出，黏度越小，渣池运动越剧烈，对产生气体的反应就越有利；黏度越高，金属熔滴在熔融渣池中停留的时间越长，有利于渣-金间的化学反应。

影响熔渣黏度的因素主要是温度和成分组成。在熔体中存在着控制黏度值的束缚力，当温度升高时，其束缚力减小，导致黏度值下降，而这种束缚力反映了熔体中各种性质的总和。

熔渣黏度与温度的关系可以用指数规律表示：

$$\eta = \eta_0 \exp(E_\eta / RT) \tag{4-10}$$

式中　E_η——黏度活化能。

黏度活化能是质点从一平衡位置移到另一平衡位置所需最小能量或移动中需克服的能量。

酸性渣的黏度随着温度下降平缓地增大，这样的熔渣也称作长渣。碱性渣在高温区域时，温度降低黏度稍有增大，但降至一定温度时黏度突然急剧增大，这种类型的熔渣称作短渣。酸性渣中硅氧阴离子聚合程度大，结晶能力差，即使冷却到液相线温度以下仍能保持过冷液体的状态。因此酸性渣温度降低时，质点活动能力逐渐变差，黏度只是平缓上升；而碱性渣结晶性能强，在接近液相线温度时有大量晶体析出，熔渣变成非均相，黏度迅速增大。

虽然研究者开发了一些模型用于计算熔渣的熔体黏度，但对于电渣重熔用氟化物含量较高，尤其是组元较多时，其适用性和准确性还有待进一步考证。熔渣的黏度通常可以通过测量的方法得到，熔渣黏度的测量一般使用旋转柱体法、内柱体扭摆振动法和落球法[15]。

4.1.2.3　电导率

电渣重熔过程中熔融渣池的导电性质对产品质量和电耗有十分重要的影响。通常物质的导电性质是用电导或电导率来表示。

电导和电导率的定义：当一稳恒电流通过一个导体时，其电流和施于导体两端的电压成正比，即：

$$I = GU \tag{4-11}$$

其中，比例常数 G 与温度、压力及导体的性质和形状有关，叫做该物质的电导，它的单位是 Ω^{-1}。上述公式即为欧姆定律的一种表达方式。如果写成微分形式，则有：

$$j = \kappa E \tag{4-12}$$

式中　E——电场强度，V/cm；

　　　j——电流密度矢量，A/cm^2；

　　　κ——该物质的电导率，Ω^{-1}/cm。

物质的电导和电导率的关系如下：

$$G = \kappa \cdot \frac{1}{\int_l \frac{\mathrm{d}l}{S}} \tag{4-13}$$

对等截面导体　　　　$$G = \kappa \cdot \frac{S}{l} \tag{4-14}$$

式中　S——导体的截面积，cm^2；

　　　l——导体的长度，cm。

因此，电导率是单位面积单位长度导体所具有的电导，它表示物质导电能力的大小。根据上述定义，在 ESR 过程中重熔电流与熔渣电导率之间有以下关系：

$$I = \frac{US\kappa}{l} \tag{4-15}$$

式中　U——渣池两端的电压降，V；

　　　S——渣池的有效导电面积，cm^2；

　　　κ——熔池的电导率，Ω^{-1}/cm；

　　　l——电极与金属熔池的间距，简称极间距，cm。

从式（4-15）可知，在 I，U，S 一定的条件下，极间距 l 的大小与熔渣的电导率成正比。电导率越小，极间距越小，则电极下方熔渣的发热密度越大，熔渣温度也越高，电极的熔化速度也越大，生产率提高，电耗降低；过小的极间距，会导致金属熔滴滴落过程发生瞬间短路，导致重熔过程的不稳定，而且会导致熔池深度加大，影响结晶质量。如果熔渣电导率太大，会使极间距太大，不仅渣池温度低，渣池侧面热损失加大，而且导致电极离开渣池表面形成明弧现象。因此，为了满足电渣重熔过程的操作稳定性和产品质量要求，熔渣的电导率要有一个适宜的范围。另外，为了保持适当的极间距，电参数的选择要与熔渣的电导率相匹配，即电导率小的熔渣要适当增加重熔电压；反之，则应降低电压，增加电流。

4.1.2.4 密度

炉渣的密度对电渣重熔过程有比较重要的影响。电极端头上的金属液滴能被分离下来，这是由于重力克服了界面张力的结果。球形金属液滴的末速度与金属熔体和熔渣间密度差 $\Delta\rho$ 的关系可以用 Stokes 公式来描述。当给定一个 $\Delta\rho$ 较小的渣时，将导致金属熔滴有一个小的末速度和在渣中长的停留时间。由于化学反应导致金属熔滴和渣组成的变化，$\Delta\rho$ 值很小时，则有利于形成半径大的熔滴（即表面/体积之比相对变小），理想的状态是大的 $\Delta\rho$ 值（易形成半径小的熔滴）和高的黏度值（易得到低末速度的金属熔滴）。

了解渣的密度与温度的关系是很重要的，这个关系可决定电渣重熔过程开始时所需要的固体渣量，以实现在操作温度下产生所要求的渣池深度，因为渣池深度可决定一定电流下最佳的回路电阻。

4.1.2.5 表面张力和界面张力

位于与气相接触的液体或固体表面上的质点比其内部的质点具有更高的能量，因其配位数未得到满足，原子间的相互作用力不平衡，这种单位表面积上的过剩能量就成为表面自由能。它有力图缩小表面、降低过剩能量的趋势，也就是说，液体表面有收缩的趋势，可设想沿液体表面存在着使液体表面积收缩的张力，称为表面张力。

液体的表面张力和其组成的结构键型有关，以氟化物为基的 ESR 熔渣通常比氧化物的表面张力小。纯 CaF_2 在 1600℃下的表面张力为 285mN/m[16]。图 4-10 表

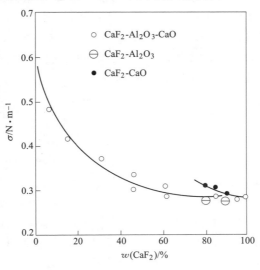

图 4-10 1823K 时 CaF_2 为基渣的表面张力

示 CaF$_2$ 含量对熔渣表面张力的影响。其中 CaO-Al$_2$O$_3$-CaF$_2$ 三元系中当 CaO/Al$_2$O$_3$ 质量比为 1.0 时，其表面张力随 CaF$_2$ 含量的增加显著降低，但当 CaF$_2$ 含量大于 60%，其表面张力几乎不变。这可能是因为在氧化物渣系中加入 CaF$_2$ 使（—O$^-$···Ca^{2+}···O$^-$—）结构变成（—O$^-$···Ca^{2+}···F$^-$—）结构造成的。

表面张力的测定方法有很多，一般可以将这些方法分为动态法和静态法两大类[15]。动态法主要有毛细管波法、旋滴法[17]和振荡射流法[18]。静态法有气泡最大压力法、滴重（体积）法、静滴法、拉筒法、激光衍射法[19]和电磁悬浮法[20]等。对于高温熔体主要的测量方法为静态法，常用的为气泡最大压力法、滴重（体积）法、静滴法、拉筒法。

陶然[21]在传统电渣重熔用高氟渣（70% CaF$_2$-30% Al$_2$O$_3$，60% CaF$_2$-20% CaO-20% Al$_2$O$_3$）和中氟渣（40% CaF$_2$-30% CaO-30% Al$_2$O$_3$）基础上，研究添加其他组元成分（MgO，SiO$_2$ 等）对渣系表面张力的影响规律。

研究结果发现，各种渣系的表面张力都随着温度的升高而降低，随着 MgO 含量在 10%~30% 范围内的增加而增加，随着 MgO 含量在 0~8% 范围内的增加而下降。SiO$_2$ 含量对表面张力的影响在三组渣系中都表现出相同规律，即随着其含量的升高，渣的表面张力降低。

随着 CaF$_2$ 含量的增加表面张力减小，当 CaO/Al$_2$O$_3$ 质量比为 1 时，CaF$_2$ 含量大于 60%，其表面张力几乎不随 CaF$_2$ 含量的增加改变。可能的原因是 F$^-$ 与 Ca^{2+} 之间的结合力小于 Ca^{2+} 与 O^{2-} 之间的结合力[22]。CaO、Al$_2$O$_3$ 含量的增加会导致表面张力的增加[23]。

两个凝聚相的接触面上质点之间出现的张力称为界面张力，相应地此单位面积上的过剩能量称为界面自由能。图 4-11 为气-液-固三相间的润湿情况。当液滴处于平衡时，三相接触点的三个张力达到平衡，液体的表面张力 σ_2 与固-液之间的接触面夹角 θ 称为接触角，用来量度液-固两相之间的润湿程度。

由图 4-11 中三个张力的平衡关系可得：

$$\sigma_1 = \sigma_{12} + \sigma_2 \cos\theta \tag{4-16}$$

$$\cos\theta = \frac{\sigma_1 - \sigma_{12}}{\sigma_2} \tag{4-17}$$

由式（4-17）可见，界面张力（σ_{12}）越大，则 $\cos\theta$ 越小，即 θ 越大，因而润湿程度越小；相反，界面张力越小，润湿程度就越大。

金属熔滴在电极端部和滴落穿过渣池时，都有非金属夹杂物通过液相界面排出的过程，因此熔渣的表面特性是非常重要的因素。当金属与熔渣之间的界面张力较大时会显著地影响传质过程[24]。钢液和夹杂物的界面张力越大、熔渣和夹杂物的界面张力越小，则夹杂物就越容易被熔渣吸附。钢液与渣之间的界面张力大，渣与钢之间的浸润性就差，钢液中就越不易有夹渣的现象，同样钢液也不易

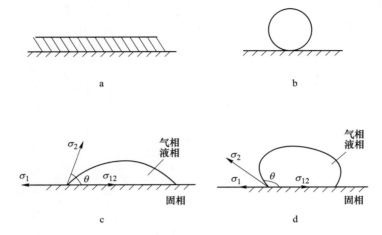

图 4-11　在气相下液体对固体的润湿

a—完全润湿（$\theta=0$）；b—完全不润湿（$\theta=180°$）；c—能润湿（$\theta<90°$）；d—润湿不良（$\theta>90°$）

σ_{12}—固液间的界面张力；σ_1—固体的表面张力；σ_2—液体的表面张力

进入渣中，金属的收得率也会提高。钢中非金属夹杂物的聚合、排出与钢、渣与夹杂物这三者相互之间的界面张力有直接关系。夹杂物到达渣金界面时，去除夹杂物需要的热力学条件为：

$$(\sigma_{钢-杂} + \sigma_{钢-渣}) > \sigma_{渣-杂} \tag{4-18}$$

式中　$\sigma_{钢-杂}$——钢液与夹杂物之间的表面张力；

　　　$\sigma_{钢-渣}$——钢液与渣之间的表面张力；

　　　$\sigma_{渣-杂}$——渣与夹杂物之间的表面张力。

夹杂物从钢中完全转移到渣中需要的热力学条件为：

$$\sigma_{钢-杂} > (\sigma_{渣-杂} + \sigma_{钢-渣}) \tag{4-19}$$

图 4-12 示出了在 1600℃下三种电渣重熔渣系与钢液间的界面张力。在 CaO-Al_2O_3-CaF_2 三元系中当 $m_{(CaO)}/m_{(Al_2O_3)}$ 质量比为 1 时，随着 CaF_2 含量的增加界面张力稍有增加，而 CaF_2-CaO 渣系则随 CaO 含量的增加界面张力显著降低。

4.1.2.6　导热

在研究电渣重熔过程中传热行为时学者们最关心的数据之一就是渣池及钢锭表面固态渣的导热系数，它对渣池的热损失特别是径向热损失影响很大，渣池中产生热量的 30%~40% 传入金属溶池，另外 40%~60% 则直接传入结晶器。所以，研究电渣重熔渣系的导热系数，以便在电渣重熔过程中，在确保钢锭质量和过程稳定前提下，选用低导热系数渣系是节约能源的有效途径之一。

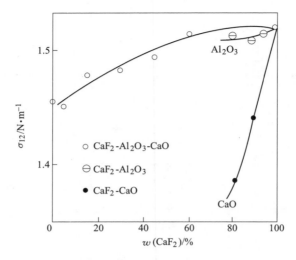

图 4-12   1873K 时钢液与 CaF_2 为基渣的界面张力

表 4-1 是采用水冷铜管热流法测得的几种含氟渣系导热系数，其具体的渣系成分见表 4-2[25]。图 4-13 是不同研究者得到导热数据对比，从数据结果可以看出，各研究者得出的结果基本吻合，尤其是在温度较高的区间，数据基本一致。图中 SlagA 和 SlagB 是 Plotkowski 等[26]研究时所采用的渣系，SlagA 的成分为 40% CaF_2-30%CaO-30%Al_2O_3，SlagB 的成分为 60% CaF_2-13%CaO-13%Al_2O_3-5%MgO-9%TiO_2，该研究者还在研究过程中对固态渣皮的气孔率进行了分析，研究表明：靠近结晶器内壁的气孔率相对偏高，气孔率会对固态渣皮的导热产生一定的影响。

表 4-1   几种含氟渣系导热系数测量结果

S1		S2		S3		S4		S5	
T/K	$\lambda/W \cdot m^{-1} \cdot K^{-1}$	T/K	$\lambda/W \cdot m^{-1} \cdot K^{-1}$	T/K	$\lambda/W \cdot m^{-1} \cdot K^{-1}$	T/K	$\lambda/W \cdot m^{-1} \cdot K^{-1}$	T/K	$\lambda/W \cdot m^{-1} \cdot K^{-1}$
707	0.932	702.5	1.039	700.5	1.203	708	1.444	704.5	1.738
751	0.975	742	1.072	741.5	1.247	753.5	1.520	751.5	1.773
802.5	1.036	803.5	1.106	769.5	1.299	780.5	1.593	783	1.825
848	1.072	850	1.134	805	1.329	822.5	1.624	821	1.964
882	1.119	881	1.162	842.5	1.192	857.5	1.694	858.5	1.892
917	1.367	912.5	1.207	873.5	1.431	882	1.730	883	1.945
959	1.206	961.5	1.408	920.5	1.493	906.5	1.780	908.5	2.015
1007.5	1.258	1003	1.295	943.5	1.537	940	1.817	938	2.073
1043	1.302	1046.5	1.346	975.5	1.579	977.5	1.866	985.5	2.107

S1		S2		S3		S4		S5	
T/K	$\lambda/W \cdot m^{-1} \cdot K^{-1}$	T/K	$\lambda/W \cdot m^{-1} \cdot K^{-1}$	T/K	$\lambda/W \cdot m^{-1} \cdot K^{-1}$	T/K	$\lambda/W \cdot m^{-1} \cdot K^{-1}$	T/K	$\lambda/W \cdot m^{-1} \cdot K^{-1}$
1085.5	1.368	1080.5	1.414	1020.5	1.653	1028	1.920	1033.5	2.067
1127.5	1.412	1116.5	1.463	1070.5	1.855	1073.5	1.971	1078.5	2.196
1167	1.480	1153	1.302	1114	1.751	1122	2.020	1120	2.225
1204.5	1.513	1184.5	1.559	1172.5	1.823	1173	2.077	1177.5	2.278
1254.5	1.430	1248	1.626	1227	1.876	1221.5	2.272	1231.5	2.452
1308	1.610	1275.5	1.652	1269.5	1.910	1280.5	2.168	1285.5	2.379
1353.5	1.638	1327	1.710	1322.5	1.959	1331	2.201	1333	2.426
1406	1.648	1380	1.766	1375	2.017	1383.5	2.261	1382.5	2.491
1451.5	1.666	1442	1.810	1437.5	2.043	1442	2.300	1436	2.558

表4-2 渣系成分

渣 系	成分（质量分数）/%			光学碱度
	CaF_2	Al_2O_3	CaO	
S1	30	35	35	0.894
S2	40	30	30	0.940
S3	50	25	25	0.985
S4	60	20	20	1.029
S5	70	15	15	1.073

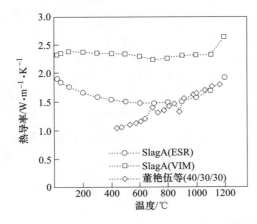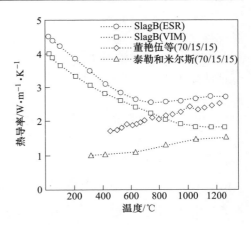

图4-13 不同研究者得到的渣系导热数据对比

4.1.3 渣系选择原则

电渣重熔渣系、配比和渣量的选择，对电渣钢的冶金质量、熔炼技术经济指标以及环境保护具有重大的影响。为了满足各项技术经济指标的要求，必须从熔点、电导、黏度、碱度、表面张力、热容、蒸汽压、透气度等各项物理化学性质进行综合考虑，才能选出合理的渣系，具体考虑以下一些原则[9]：

（1）为了保证电渣过程稳定，减少渣的挥发损失，渣的沸点应高于电渣重熔或熔铸的渣池温度，通常重熔合金钢时渣的沸点应≥2000℃。不含高蒸汽压的组元时，合金钢（2000℃时）组元蒸汽压通常应不大于6666Pa(50mmHg)。

（2）为了保证铸锭成型，要求渣的熔点低于重熔金属熔点。熔渣成分力求选在低熔共晶点附近，这样可减少渣皮凝固时的液析现象，防止渣成分变化及渣皮过厚。通常渣的熔点应低于重熔金属熔点100~200℃。

（3）熔渣应具有较高的比电阻 ρ，能产生足够热量，保证金属熔化、过热及精炼的进行，以提高电渣重熔电效率，降低比电耗，一般要求在2000℃时电导率 $\kappa \leqslant 3\Omega^{-1}/\text{cm}$。

（4）熔渣应具有良好流动性，以保证高温下渣池热对流，使铸锭或铸件径向温度均匀，保证去气脱硫等物化反应进行，在1800℃时黏度 $\eta \leqslant 0.05\text{Pa} \cdot \text{s}$。

（5）熔渣不应含有不稳定氧化物（FeO、MnO等）及变价氧化物（Me_xO_y），以防止金属增氧、元素烧损。

（6）为了保证重熔过程良好脱硫，熔渣应具有较高的碱度（$B>1$，$B = CaO/(SiO_2+Al_2O_3)$，质量比）。若重熔含硫易切削钢，要求保证达到钢中含硫量时，则用酸性渣，其碱度 $B<1$。

（7）在高温下熔渣应对非金属夹杂物具有良好的湿润、吸附及溶解能力。

（8）渣在固态具有一定抗湿性，不易发生水合作用，高温液态具有较小的透气性，渣中自由氧离子（O^{2-}）活度应控制在一定限度内。

（9）在电渣重熔及电渣熔铸过程中，铸件或铸锭与结晶器相对移动时，为保证渣皮不破裂，获得良好铸锭表面质量，要求渣皮在高温（600~1200℃）时具有一定的强度和塑性。

（10）渣和重熔金属膨胀系数之差应较大，以保证渣皮易于脱除。

（11）熔渣应尽量不析出或少析出氟，避免危及操作人员健康，造成污染环境的有害气体和灰尘。

（12）使用当地资源丰富、价格低廉的原料。

4.2　渣系对电渣过程及电渣钢质量的影响

4.2.1　渣系成分演变及其对电渣过程的影响

在电渣重熔的过程中，熔融渣池起着重要的作用。对于不同的钢种，选择与之匹配的渣系能够提高钢锭的冶金质量，降低冶炼电耗、提高生产效率，减少对环境的污染[27]。

电渣重熔的整个过程都与渣系有密不可分的关系，即使是使用同一成分的渣系，在电渣重熔过程中成分也会不断发生变化。电渣重熔的渣系中以 CaF_2 为基渣的渣系是最常见的，应用范围最广。因为 CaF_2 基渣失重、在实际生产过程中熔渣也具有挥发性等特点，国内外专家学者研究了基渣失重和氟化物挥发速率与温度的关系。陈艳梅等[28]通过回归实验对含氟渣系的熔化温度、失重率及物相进行检测分析，认为渣系失重率与熔化温度密切相关，建立了渣系失重率与各组元之间的回归方程。巨建涛等[29]和梁洪铭等[30]使用同步热分析仪对 CaF_2-SiO_2-CaO 三元渣系的失重率进行测定，研究发现：在 $1373 \sim 1573K$ 和 $1573 \sim 1773K$ 两个阶段，第一阶段由于渣系未完全熔化，微粒的扩散是限制性环节，渣中的 SiO_2 和 CaO 相结合成多种高熔点化合物，从而减少了 SiO_2 与 CaF_2 相结合的机会，减弱了炉渣的失重；第二阶段由于渣系中液相越来越多，反应生成物微粒形核长大过程是限制性环节，熔渣开始熔化，熔渣中的 CaF_2 与 SiO_2 的活度增加，渣系中氧化物与氟化物发生反应，形成 SiF_4、AlF_3 等气体挥发物，造成熔渣急剧失重，导致含氟渣系成分不断发生变化，从而导致炉渣熔点、黏度、电导率等物理化学性质也随之变化，影响电渣冶金过程的稳定性和产品质量。通过向渣中适当添加 Al_2O_3、CaO、SiO_2 等成分能够满足实际的冶炼要求。

在电渣重熔生产的过程中，随着过程的不断进行，渣池内部的温度会逐渐升高，王珺等[31]根据 XRF 分析发现：渣池中 CaF_2 随着熔炼时间的增加先降低之后变化趋于稳定。这是由于 CaF_2 的挥发以及铝脱氧等导致渣池熔渣中氟化物的挥发以及靠近结晶器一侧渣壳的非平衡凝固引起的组分偏析，使成分发生变化。这种变化会使熔渣的黏度提高，降低熔渣的流动性以及渣壳的润滑性，可能会导致漏钢漏渣的发生，此时应该向渣中加入少量的 SiO_2，以此使熔渣具有良好的力学性能，重熔锭具有良好的表面质量，同时避免冶炼过程漏钢和漏渣。CaF_2 能降低熔渣的熔点、黏度和表面张力，提高熔渣的流动性，进而改善冶金动力学的条件，促进夹杂物和有害元素的去除。渣中 Al_2O_3 含量先上升，之后变化趋于稳定。Al_2O_3 能明显降低渣的电导率，降低电耗，提高生产率。渣中 CaO 含量随着熔炼时间的变化先增加之后趋于稳定。加入 CaO 将大大增加渣的碱度，提高脱硫效率。冶炼初期 FeO 含量较高，采用加铝脱氧，使渣中氧化铁含量下降并趋于稳定。SiO_2 的含量在冶炼过程中不断增加。在重熔含钛钢及合金时，渣中加入一定量的 TiO_2 可以抑制钢中钛的烧损。

图 4-14[32]是大气条件下电渣重熔 CrNiMo 低合金钢过程中采用铝脱氧时炉渣成分的变化曲线，可以看出，重熔初期炉渣中各种组元成分波动较大，随后成分趋于稳定。炉渣成分的波动，也会导致化学反应程度的不同。采用铝脱氧时，重熔初期钢中的 Si 会发生烧损而减少，之后 Si 含量逐渐增加并趋于稳定。

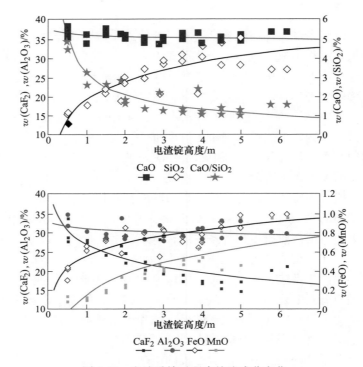

图 4-14　电渣重熔过程中炉渣成分变化

4.2.2　渣系对电渣洁净度的影响

　　电渣重熔产品主要特点之一就是洁净度高，非金属夹杂物的控制是电渣重熔的关键工艺技术，非金属夹杂物的多少与渣系有紧密的联系。渣系的碱度、配比等都会对电渣钢中非金属夹杂物产生重要的影响，这将在 4.4 节中进行介绍。

　　电渣重熔过程对脱硫的作用主要表现在两个方面：（1）熔融炉渣的固化脱硫作用，主要与渣系的碱度有关，一般渣系的碱度越高脱硫能力越强。这里所说的碱度不能单纯理解为普通炼钢的二元碱度，而更多地是指电渣重熔使用的碱度为光学碱度[1]。（2）气化脱硫作用，即钢中的 S 在渣-金界面与渣系中的 O^{2-} 结合，形成 SO_2 气体挥发去除。另外，渣系中的 S 也会与 CaF_2 发生反应生成 SF_4 去除。

　　电渣重熔过程渣中 CaO 含量随着熔炼时间的变化先增加之后趋于平缓。当渣中的 CaO 含量增加时，可以提高渣料的碱度，故能提高炉渣的脱硫率。当 CaO 含量在以 CaF_2 为基的渣中比例达 30% 时，脱硫率可达 80%，如图 4-15 所示。

　　电渣重熔过程一般不能脱磷，可以采取特殊措施，包括使用含有 BaO、Ca 或 CaC_2 的炉渣去除钢中的磷。但是，实际脱磷效果并不明显，如果想要实现电渣重熔脱磷必须满足：

（1）提供磷氧化用的高氧化渣。

（2）高碱度渣以使转移进熔渣中的磷结合成稳定的化合物。

（3）防止从熔渣向金属中回磷（包括低操作温度等）。

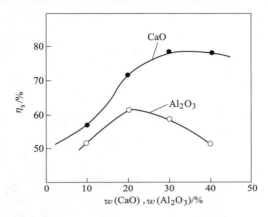

图 4-15　添加 CaO 与 Al_2O_3 对 CaF_2 渣系脱硫能力的影响

高碱度渣料可通过添加 CaO 获得，但会造成电渣重熔操作温度较高，从而使磷向金属内转移。王宾等[33]通过变换渣系配比，研究了电渣过程对脱磷的影响，研究发现：无论采用何种渣系配比磷含量几乎不变，甚至还有增加的可能。通过对各种渣系的探索发现，无论是什么配比渣系对脱磷的作用是微乎其微，如果配比控制不好，在高温环境下还可能起到相反的作用，一般不能指望通过渣系的作用来脱磷，而是应该通过控制造渣原料，尤其是萤石中的磷含量来防止电渣重熔钢锭增磷。

电渣重熔用渣系对钢中氢含量也有重要的影响，尤其是采用含有较高 CaO 含量的渣系进行电渣重熔后，钢中的氢含量往往较高。

电渣渣系中加入 CaO 可引起氢的溶解度增大，增大氢的渗透率。其原因是熔渣中的 CaO 会发生裂解反应：

$$CaO \Longrightarrow Ca^{2+} + O^{2-} \tag{4-20}$$

由于 O^{2-} 浓度的增大，促使 $H_2O(g)$ 转变成 $(OH)^-$，而使渣中增氢。另外，CaO 的吸水性强，实验前，渣虽然经烘烤仍很难完全去除渣中存在的一些水合物，并且熔渣在高温下也具有一定的水蒸气吸收和溶解能力，渣中含有 CaO 时这种倾向性更大。图 4-16 是氢在渣和铁熔体中的分配系数，可见渣系中 CaO 含量越高，氢在渣金间的分配系数越高。如果在保护气氛条件下，即没有外界的氢源源不断地加入电渣重熔体系中，高 CaO 含量的渣系有利于降低金属的氢含量。然而，大多数电渣重熔是在大气条件下进行，熔炼气氛中的水蒸气会源源不断地进入熔渣中，这样反而不利于钢中氢含量的控制。

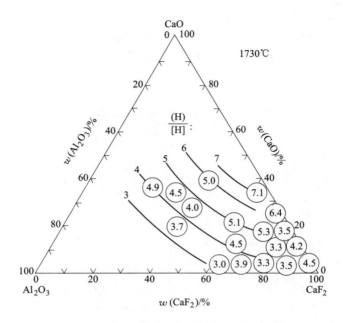

图 4-16　氢在渣和铁熔体中的分配系数

4.2.3　渣系对电渣钢表面质量的影响

电渣钢表面质量的影响因素有很多，包括填充比、渣量、抽锭速度、渣系、供电制度、熔速、水冷却强度等。在实际生产时需要综合考虑各方面的影响，从而对电渣钢的表面质量进行优化。

在电渣重熔的实际生产过程中，不可避免地存在不同程度的表面缺陷，比如凹陷、波纹、腰带、渣痕、渣沟等。王文洋等[34]通过调整供电制度，提高渣层下部的温度，来熔化护锭板面上形成的凝固渣层，这样就保证电渣锭与护锭板之间无夹渣。同时，在渣池中形成环形小熔池，小熔池上边缘对渣层表面有加工润滑作用，有效避免了电渣锭尾部表面蛤蟆皮缺陷的产生。通过采用高电压低电流的供电制度来快速提升渣池表面渣温，熔化结晶器内壁与渣层上表面形成的渣线，可以防止电渣锭形成渣沟、渣疤痕等缺陷。

渣皮厚度是影响电渣重熔锭表面质量的重要因素之一。当渣皮厚度保持不变或变化很小，则锭表面成型较好且光滑；当锭表面的某一部分渣皮厚度发生剧变时，则在该部位发生渣沟、重皮和漏渣等表面缺陷。这就要求在电渣重熔过程中，尤其是抽锭电渣过程中要使用具有适当低的黏度及良好的黏度稳定性的渣系。渣系黏度低而稳定性好的渣，可获得厚度均匀的渣皮，从而有利于钢锭表面质量的提高；反之，渣黏度随温度变化产生突变，当渣池中温度场变化时，渣皮就会突然增厚或变薄，锭表面则易出现渣沟、波纹、重皮和漏渣等表面缺陷[35]。

林军福等[36]使用五元渣冶炼 MC5 轧辊电渣锭，发现产品的表面产生大量渣沟群，如图 4-17 所示。

a   b

图 4-17　电渣锭表面产生的渣沟群
a—电渣锭底部渣沟；b—较严重的渣沟

根据初步推断，缺陷的产生原因是渣中的 Al_2O_3 含量不足导致的，所以设计了表 4-3 中的实验。

表 4-3　不同渣量的电渣锭表面质量的探伤结果

钢种	渣量/kg	Al_2O_3（质量分数）/%	钢锭表面情况	探伤结果
MC5	280	25	从冒口下 800mm 至冒口有渣沟群	合格
MC5	295	28.8	从冒口下 600mm 至冒口有渣沟群	合格
MC5	280	25	从冒口下 500mm 至冒口，距下部 500mm 有渣沟群	合格
MC5	280	25	从冒口下 600mm 至冒口 有渣沟群	合格
MC5	280	30.3	从冒口下 300mm 至冒口 有渣沟群	合格
MC5	280	30.4	从冒口下 300mm 至冒口 有渣沟群	合格
MC5	280	33	表面光滑良好	合格
MC5	280	33	表面光滑良好	合格
MC5	300	35	表面光滑良好	合格
MC5	300	35	表面光滑良好	合格

增加 Al_2O_3 含量比例后，钢锭表面由存在渣沟群变得光滑良好，表面质量获得改善。另外，渣量对表面质量也有一定的影响，在实际生产过程中选择合适的渣量也是保证表面质量的因素之一。

液态渣池受到冷却而从结晶器表面收缩，形成最初的渣壳。高温液态熔渣运动到固液界面时，渣壳可能返熔，其作用是使渣壳表面变得光滑。同时，金属熔池中的圆柱段部分在不断地上升，由于金属的熔点高于渣，且液态金属有一定的过热度，因此当金属液接触到凝固的渣皮时会使部分凝固的渣皮重新熔化，使渣皮薄而均匀，金属在这层渣皮的包裹中凝固，电渣锭表面会十分光滑[37]。另外，叶苗尔雅年科[38]证明，根据金属在弯月面形成点之下或者之上开始凝固，可以判断形成光滑的还是褶皱的铸锭表面。为了使铸锭表面光滑，弯月面的底部和凝固发生点之间必须有一个适当的距离，即要有一个圆柱状的金属熔池。

金属液体温度不足时，金属熔液在渣-金属界面附近处已经凝固，随着液面的上升渣皮并不能重新熔化，因而局部形成弯曲的渣壳；随着渣壳变厚，冷却强度降低，金属液体的温度升高，在上升过程中又使凝固的渣壳部分重新熔化，形成局部薄渣壳。上述过程往复进行造成内表面的渣皮呈现波纹状，钢锭表面也随之形成波纹状。因此，金属熔池边缘温度是获得光滑电渣锭的基本条件。

在保证供电参数情况下，炉渣物理性质对金属熔池形状有很大影响。熔点低、黏度小和导热系数大的炉渣有利于改善电渣锭的表面质量：一方面，这样的渣系传热效果好，渣池温度分布比较均匀，特别是径向的热流较大，在高温液态渣池的冲刷作用下，凝固的渣壳变薄；另一方面，熔点低的渣壳在金属液体上升的过程中，容易被加热至部分重新熔化，从而形成薄而均匀的渣皮，最终使钢锭的表面质量得到改善。

由于 CaF_2 含量较高的炉渣（如 ANF-6）具有较低的熔点、小的黏度和大的导电性，通常钢锭表面质量较好。而以 CaO-Al_2O_3 为基渣中，特别是含 SiO_2，TiO_2 的渣系，由于黏度大、导热性差，通常钢锭表面质量相对较差。通过合理选择炉渣成分并优化工艺参数，能获得比较满意的电渣锭表面质量。

4.2.4　渣系对电渣重熔技术经济指标的影响

渣系对电渣重熔生产的产品质量、生产效率、经济性具有十分重要的影响。在实际生产中应根据不同的钢种和用户的技术要求，选择不同的渣系进行电渣重熔生产，从而达到优质、高产、低耗的目标，使电渣重熔取得更好的经济效益。

电渣重熔过程的电效率 η_E 和热效率 η_H 根据式（4-21）和式（4-22）进行计算：

$$\eta_E = \frac{P_S}{P_T} = \frac{R_S}{R_S + R_\Sigma} \tag{4-21}$$

$$\eta_H = \frac{P_{eff}}{P_S} \qquad (4\text{-}22)$$

式中　P_S——渣池的输入功率；

　　　P_T——变压器的输出功率；

　　　P_{eff}——熔化电极所需功率；

　　　R_S——渣池的电阻；

　　　R_Σ——渣池以外的系统电阻。

　　那么，电渣重熔总能量利用率为：

$$\eta = \eta_E \cdot \eta_H \qquad (4\text{-}23)$$

式中　η——总的能量利用率；

　　η_E，η_H——电效率和渣池的热效率。

　　提高电效率和渣池的热效率均有利于提高系统的总能量利用率，从而降低重熔电耗、提高生产率。从式（4-21）可知，提高渣池的电阻和降低短网电阻可以提高电效率。渣池的热效率与很多因素有关，但从本质上讲，它主要取决于熔化电极的吸热速度和向渣池周围的散热速度。换言之，渣池中的温度分布以及炉渣的绝热性质是渣池热效率的主要决定因素。电极附近发热密度高，从而使该区域的渣温高，而其他部位的发热密度低，渣温低则热效率高。对炉渣的绝热性质而言，黏度低和导热系数低的渣不利于渣池向周围散热，有利于提高渣池的热效率。

　　电渣重熔是依靠渣池通过电流时产生的渣阻热熔化和精炼自耗电极金属，得到的液态金属在水冷结晶器中凝固成型的过程。所以在生产过程中会有很大的电耗，通过降低电耗手段可以大大地降低生产成本。电耗的影响因素有渣系成分，渣量和电导率等。

　　在熔渣各种性质中，电导率是影响电耗的主要因素之一。如图 4-18 所示，随着渣中 CaF_2 含量的减少，Al_2O_3 含量的增加，熔渣电导率明显提高，渣池温度和生产率均提高，因此单位电耗呈现下降的趋势。当采用低氟渣和无氟渣进行电渣重熔时，由于渣系的电导率很低，为了保证操作顺利，要适当减小电流或提高电压[4,39,40]。那么，极间距将会减小，但是有一定限度，间距过短就会影响熔滴滴落过程钢-渣反应时间。例如在电渣重熔实验中，当电压均为 40V 时，采用含 70%CaF_2-30%Al_2O_3 低阻渣时重熔电流为 2750A，极间距为 55mm；采用含 15% CaF_2-30%CaO-50%Al_2O_3-5%MgO 高阻渣时，重熔电流仅为 2000A，极间距仅为 40mm。因此，后者渣阻比前者渣阻提高 37.5%，从电效率公式（4-21）可知，电效率相应提高；后者比前者减少极间距 15mm，从而使电极下部区域渣池的发热密度增加，渣池的热量集中于电极末端，导致电极熔化速度提高，热效率增加。

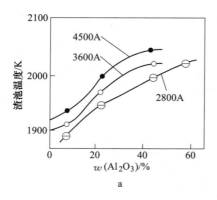 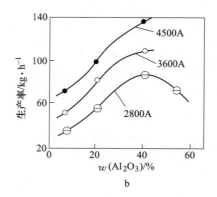

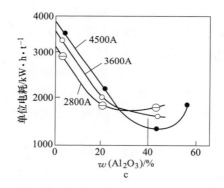

图 4-18　采用 $CaF_2\text{-}Al_2O_3$ 渣时的渣池温度，生产率和电耗

a—渣池温度；b—生产率；c—单位电耗

王宾等[33]采用不同的渣系进行电渣重熔实验发现，随着渣系中 Al_2O_3 含量升高，渣的电导率降低，生产率提高，单位时间电耗减少；当渣系中 Al_2O_3 含量增加到 40% 以上时生产率反而下降，电耗增加。

林军福等[36]发现，电渣车间直径 800mm 结晶器一直使用 370kg 的 70∶30 渣系冶炼辊坯，据近年统计结果，电耗 1804kWh/t；将渣量调整到 340kg 后，电耗降至 1659kWh/t；使用 320kg 的 "45F/25/3/25/2" 五元预熔渣时，电耗为 1722kWh/t；当渣量降至 280kg 时，电耗降至 1550kWh/t。

凝固渣壳的导电性质是影响系统能量利用率的重要因素之一。通常氟化钙含量较高的渣系在固态时也具有一定的导电能力。实验均证明[41,42]，导电较好的固态渣皮会有很大一部分电流从结晶器流过，造成结晶器壁附近渣温升高，传热阻力减小，渣池温度的径向损失增加。

4.3 电渣重熔的工艺参数及其对电渣钢质量的影响

4.3.1 电渣钢的基本工艺参数

经典的电渣重熔炉是悬臂式单相固定电渣炉，其主要结构包括电极、立柱、横臂、结晶器以及底水箱等，这些是电渣重熔炉不可或缺的单元，一般称为电渣炉的"几何参数"。电渣炉的吨位大小则由结晶器的尺寸（一般结晶器是圆筒形，具体包括直径和高度）决定，而自耗电极的尺寸则根据电渣炉的吨位和结晶器直径进行设计。自耗电极直径与结晶器直径的比值称为直径充填比，自耗电极截面面积与结晶器截面面积的比值称为面积充填比，充填比在一定程度上对冶金质量及工艺参数的选择与制定有很大的影响。

电渣重熔过程中，渣池本身是一个纯欧姆电阻 R_S，除了渣池的电阻，大电流回路即大电流导线的电阻也必须考虑，它们被界定为 R_V。另外，在交流设备上，由于电流生产的感生磁场而产生的感应电阻，即感抗，定义为 R_X，其等效电路如图4-19所示。

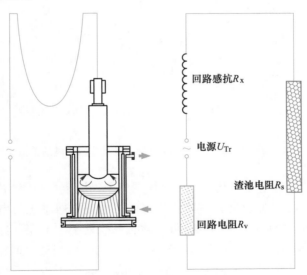

电源 U_{Tr}

回路感抗 R_X

渣池电阻 R_S

回路电阻 R_V

图 4-19　电渣重熔系统的等效电路

电渣重熔过程中电流通过自耗电极进入渣池后，熔渣生成的焦耳热是整个体系的能量来源，电渣过程通过电极端头浸入渣池的深度来调整电压和电流，从而调节渣池以及整个重熔系统的热场分布，并最终影响铸锭的凝固质量。电极插入渣池的深度不同，表现在电极端部与金属熔池的距离不同，图4-20为100mm直径的电极在240mm直径的结晶器中重熔时，不同电压和电流状态下电极与渣-金界面之间距离的相互关系。图 4-20 中还显示了渣池的各种电压和电流以及恒渣电阻的恒功率等值线；从图中可以看出，渣池恒功率输入时，可获得电极端头和金属熔池之间的各种距离，该距离由电压与电流之间的比率确定。另外，图 4-20 中也可以看出，一个定常数比值 $R = U/I$ 可以导致不同的电极距离值，因为在这种情况下，渣池的输入功率仍然可以变化，导致了渣池的变温。

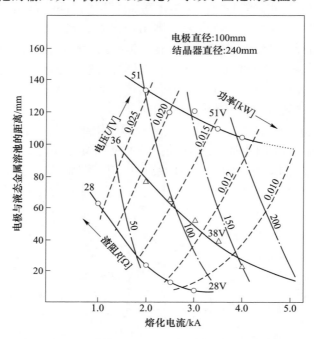

图 4-20　电流电压、电极端头与金属熔池距离的关系

以图 4-19 的等效电路为基础，可以得到整个电渣重熔系统的电气特性曲线。如图 4-21 所示，图中所涉及的各种参数构成了电渣重熔系统的电气参数，其中当电流为"0"时，称为系统的空载点，此时系统处于"开路"状态。在功率因素与变压器表观输出功率相交处，变压器的有功功率达到最大值，此时功率因数为 $\cos\varphi = 0.707$，对应的电流值为 I_0。另外，从图 4-21 中可以看出，变压器输出有功功率最大值点并不是渣池获得功率的最大值点，而渣池获得功率最大值点对应的电流值要小于变压器最大有功功率对应的电流值，其电流值为 I_1。当电流值小于 I_1 时，随着变压器输出电流的增加，渣池的输入功率不断增加；而当电流值大于 I_1 时，虽然电流增大，实际输入渣池的功率反而降低，主要原因是无功功率损耗增大。

电压对熔化速度的影响相对较小，虽然电压增加，由于极间距增加，局部发热密度没有变化，渣池径向温度梯度减小，侧面热损失增加，所以往往熔化速度

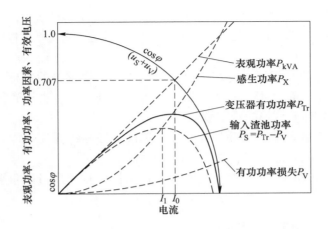

图 4-21 电渣重熔系统的电气特性曲线

增加不多，熔池深度也增加不多，电耗相对增加。

从以上分析可知，电流值 I_1 为系统的最佳电流值，这个供电电流能够在最大限度地提高生产率同时，产生尽量小的电耗，可以说在能够保证产品质量的条件下，电流值 I_1 为电渣重熔系统的最经济电流。

另外，电渣重熔过程所涉及的参数还包括金属熔池的形状和尺寸、自耗电极的熔化速度、渣池温度、钢锭表面的渣皮厚度、冷却水出口水温、液态金属的局部凝固时间等，这些参数常被称为电渣重熔过程的"目标参数"，即这些参数都是直接与铸锭质量有密切关联的参数，这些目标参数受几何参数和电气参数的影响，参数彼此之间也存在着一定的依存关系。比如，渣池温度、熔化速度、金属熔池形状和尺寸之间，自耗电极是依靠吸收渣池的焦耳热来提升自身温度，从而产生熔化过程，因此渣池温度高低也代表了自耗电极的熔化速度；而自耗电极熔化后形成的液态熔滴温度和滴落频率，则会影响金属熔池的整体温度分布，从而影响其形状和尺寸，相互之间存在因果关系。各参数的具体意义如下：

（1）金属熔池形状及尺寸。金属熔池形状及尺寸决定了钢液的凝固条件，一般金属熔池越浅平，铸锭凝固质量越好。

（2）极间距离。重熔过程所设置的工艺参数往往与极间距离、电极插入深度以及渣池深度等相匹配，极间距离在一定程度上影响过程控制的稳定性，对金属熔池形状及尺寸以及重熔过程的经济性有一定的影响。

（3）电极熔化速度。电极熔化速度越快，金属熔池往往越深。控制电极的熔化速度，对金属熔池深度控制可以起到关键的作用。

（4）渣池温度。电极熔化速度实际上体现的就是渣池的温度，渣池温度越高，熔化速度越快。

（5）渣皮厚度。渣皮厚度对铸锭凝固质量也有重要的影响，一般薄渣皮有利于铸锭表面和内部质量的提高，而渣皮过厚则相反。渣皮厚度体现了工艺参数设置的合理性。

（6）冷却水出口温度。冷却水出口温度也是一个重要的目标参数，一般冷却水出口温度不应超过 45℃；否则容易使冷却水结垢，也会导致结晶器壁面温度过高，壁面产生蒸汽影响冷却效果和结晶器寿命。

（7）局部凝固时间。局部凝固时间是钢液从液相线温度到固相线温度的时间，局部凝固时间越短，钢液的凝固质量越好。

（8）二次枝晶间距。二次枝晶间距是衡量铸锭凝固质量的重要指标，二次枝晶间距越小，元素显微偏析程度越小，铸锭质量越好。

4.3.2　充填比对电渣钢质量的影响

电渣重熔的各种工艺参数均会对电渣钢质量产生一定的影响，即电渣钢最终质量是各种工艺参数叠加作用的结果，而各种工艺参数的优化匹配是长期以来科技工作者一直探寻的目标。在结晶器尺寸固定的条件下，随着电极直径的增加，产生明显变化的是电极末端的形状由圆锥形→平面（甚至凹面）转变，如图4-22所示。

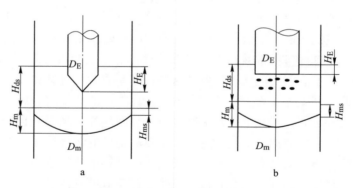

图 4-22　两种电极直径下的电极末端与熔池形状

a—小直径；b—大直径

当电极直径较小时（小充填比），电极表面受渣面的辐射热量较多，而且由于集肤效应，电极表面的电流密度很大；较小电极时，渣池热对流冲刷是造成电极端部呈圆锥形的主要原因。

随着充填比的增加，电极表面受渣面的辐射热流明显减小，交流电的集肤效应减弱，渣池的温度分布趋于均匀。电磁搅拌对电极末端的冲刷作用减弱，使得电极端部沿半径方向的温度分布趋于均匀化，导致了电极末端形状呈平面甚至凹面。研究表明，随着充填比的增加，更多的能量用于加热和熔化自耗电极，熔速有所增加，电效率提高，电耗也有所降低，如图 4-23 所示。但是，充填比过大时，由于渣池电压降低、电流增加，导致短网功率损失增加，电效率下降，电耗增加，熔速反而下降。因此，对于一定的设备和工艺条件下存在一个最佳的充填比。

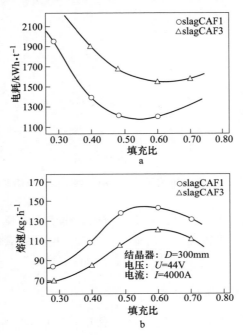

图 4-23 充填比与熔速和能耗的影响

a—电耗；b—熔速

4.3.3 供电参数对电渣钢质量的影响

电渣重熔技术对元素偏析、凝固组织控制等方面的独特优势主要是通过结晶器的强制水冷、渣系及供电参数调控自耗电极熔化速度，从而调控铸锭凝固前沿的局部凝固时间实现的，其中供电参数的调控占有较大的权重。

4.3.3.1 对元素烧损的影响

电流的电压升高，渣温升高，元素氧化加重，但电压升高会更加明显，因为电压升高，电极埋入深度减少，电极插入深度与电极、电渣钢中氧和氮的关系如图 4-24 所示。

4.3.3.2 对夹杂物去除的影响

一般来讲，电流的电压升高，渣温升高，加强了炉渣去除夹杂物的动力学条

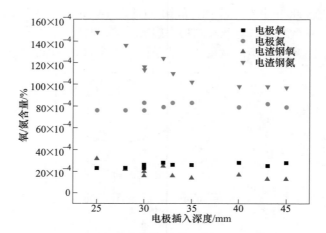

图 4-24　电极插入深度对电渣过程氧氮含量的影响

件，但是这种作用是有限的。电流、电压过高，由于渣温高，使渣池的传氧能力增加；而且电压增加，电极埋入深度减小，增加了电极的氧化条件，使钢中夹杂物有增加的趋势。

4.3.3.3　对铸锭表面的影响

在电流基本不变的情况下，电压增加意味着增加渣池能量输入和极间距增加，使得渣池温度分布均匀化，渣池径向散热增加，金属熔池圆柱段的高度增加，使电渣锭的表面质量改善。

如图 4-25 所示，电压提高 5V，表面质量改善 1 级。

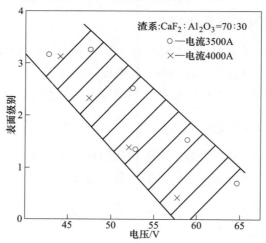

图 4-25　电压对 ESR 钢锭表面质量的影响

电流对表面质量的影响较小，在渣温和熔化速度偏低的情况下，增加电流则有利于改善表面质量；但电流增加过大，造成电压过低，极间距太小，使渣池侧面温度太低，反而不利于表面质量的控制。

4.3.3.4 对结晶质量的影响

在渣系和渣量一定的前提下，电流电压的大小直接影响电极的熔化速度和金属熔池的深度。一般来说，电流对熔化速度和熔池深度的影响较大，图4-26是电流对金属熔池深度的影响，从图中可以看出，随着电流的增加，金属熔池深度显著增加[43]。

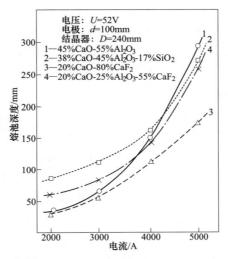

图 4-26 金属熔池深度与供电电流的关系

4.4 电渣重熔过程夹杂物控制理论及技术

钢的洁净度是评价其冶金质量的一个关键性因素，钢中的非金属夹杂物是评价钢的洁净度的重要标准。钢中非金属夹杂物的数量、大小、形状和分布，及其本身的物理化学性质与钢材的差别，均会对钢材的性能产生一定程度的影响。

电渣钢中夹杂物控制作为"全参数过程稳定的洁净化理论"的一部分，在该理论中占据重要的地位，对电渣钢质量影响意义深远。非金属夹杂物是钢中非金属元素（O、S、P、N、C）与其他元素形成的化合物，往往对钢的性能产生不利影响。非金属夹杂物与基体金属的物理和化学性能，如弹性、塑性及热膨胀性等都有很大的差别，在受力过程中，非金属夹杂物不能随金属的变形而变形，变形大的金属就会在变形小的夹杂物周围产生塑性流动；在它们之间的连接处应力分布不均匀，出现了应力集中，随着应力急剧升高，就会导致微裂纹的发生。微裂纹为材料的破坏提供了受力薄弱区，加速了塑性破裂的过程[44]。

4.4.1　电渣重熔过程夹杂物的去除及控制理论

4.4.1.1　电渣重熔过程夹杂物去除机理

尽可能地降低非金属夹杂物是金属材料制备过程中的控制目标，长期以来一直也是科研工作者和企业生产者关注的重要内容之一。在普通冶炼中，钢液脱氧之后非金属夹杂物通过聚集长大上浮排出，夹杂物在金属熔池中上浮速度可以用 Stokes 公式描述如下：

$$v = \frac{2(\rho_1 - \rho_2)gr^2}{9\eta} \tag{4-24}$$

式中　v——反应物上浮速度，cm/s；

ρ_1——静态钢液的密度，在 1600℃时约为 7.06g/cm^3；

ρ_2——夹杂物的平均密度，约为 3.0g/cm^3；

g——重力加速度，可取 9.8m/s^2；

r——夹杂物的半径，假定其为球形；

η——钢水的黏度，在 1600℃时约为 20000Pa·s。

在电渣重熔过程中，夹杂物的去除过程和去除机理与普通冶炼大不相同。电渣重熔集自耗电极的熔化、精炼凝固于一体，由于其过程的复杂性，对重熔过程中夹杂物的去除机理存在一定的分歧。电渣重熔技术诞生早期，一些研究者认为，电渣过程去除夹杂物与普通炼钢过程无异，夹杂物的去除仍然是依靠夹杂物在金属熔池中的浮升作用。

金属熔池中的夹杂物上浮到渣-金界面从而被排出的过程中，夹杂物的去除率主要取决于其上浮速度。根据 Stokes 公式（4-24）计算 SiO_2-Al_2O_3 夹杂物在钢液中的上浮速度与直径 D 的关系，如图 4-27 所示。从图 4-27 中可以看出，在计

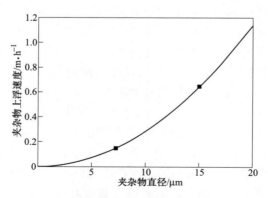

图 4-27　金属熔池中夹杂物上浮速度与其直径关系

算条件下，当重熔速度为 0.15m/h 时，其夹杂物的直径 $D \geqslant 7.25\mu m$ 才能上浮排出；当重熔速度为 0.65m/h 时，其夹杂物的直径 $D \geqslant 15\mu m$ 才能上浮排除[45]。由此可见，仅有足够大的夹杂物可以从金属熔池中上浮排出。

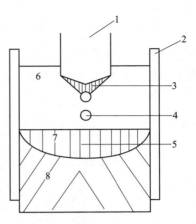

图 4-28　电渣重熔过程夹杂物去除的三个阶段
1—自耗电极；2—结晶器；3—第一阶段；
4—熔滴，第二阶段；5—第三阶段；
6—渣池；7—金属熔池；8—钢锭

之后，国内外冶金工作者对传统电渣重熔过程中非金属夹杂物去除机理进行了大量的研究，认为自耗电极端部熔滴的形成、熔滴滴落穿过渣池、金属熔池中非金属夹杂物的上浮三个阶段均可脱除非金属夹杂物，如图 4-28 所示。

傅杰等[46]证实，电渣重熔过程中去除钢中非金属夹杂物主要发生在电极末端的熔化区域，此后李正邦等[9]在电渣重熔过程中突然中断电流，然后将自耗电极迅速提出渣面，用金相法统计电极端头熔化区及未熔化区以及铸锭中夹杂物的数量和分布，为了提高试验的准确性，还采用放射性同位素方法研究了电渣重熔过程去除夹杂的规律。研究表明，电渣重熔总的去除率约为 86%，而在电极熔化至熔滴形成阶段去除率达到 53% 以上，熔滴在穿过渣池滴落至熔池过程中去除率为 28%，而金属熔池中夹杂物上浮过程中去除率只有 5%。

关于电渣重熔去除非金属夹杂物主要发生在电极末端熔滴形成阶段，可以从以下几个方面进一步分析其原因：

（1）自耗电极沿表面逐层熔化，熔化的金属沿锥面形成一层薄膜，薄膜厚度远远小于熔滴半径及金属熔池深度。其渣-金接触面积又较熔滴大，而且在逐渐熔化的过程中，绝大多数夹杂物都可能和熔渣接触并进行反应。研究结果表明，在自耗电极端部熔滴形成过程中钢渣接触的比面积最大，约为熔滴滴落过程的 67 倍，约为金属熔池的 12400 倍[47]。

（2）自耗电极端部的电流密度非常大，所以该区域温度高，形成的金属熔滴过热度高，有利于夹杂物的分解扩散。

（3）自耗电极端部熔滴形成的时间较熔滴滴落时间长，尽管不如金属熔池和渣池界面作用的时间长；但是综合考虑接触面积和作用时间，电极熔化端头熔滴形成过程依然是夹杂去除最有利的阶段。

（4）自耗电极端部熔滴形成过程是最先和熔渣接触并发生反应的过程，钢中原始夹杂物含量最高，所以夹杂物更容易被去除。

4.4.1.2　电渣重熔过程夹杂物控制理论

电渣重熔过程自耗电极中夹杂物的去除、最终铸锭中夹杂物的形成与氧的传输密切相关，如图 4-29 所示[48]。

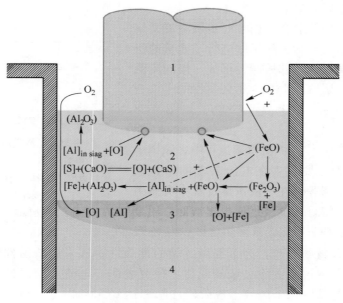

图 4-29　电渣重熔构成氧的传输示意图

1—自耗电极；2—渣池；3—金属熔池；4—凝固的电渣锭

在现有炼钢水平和铸造技术条件下，自耗电极中的氧含量已经可以控制的很低，比如连铸轴承钢中氧含量有的企业已经可以控制在 $(4 \sim 6) \times 10^{-4}\%$，即使稍差也不会高于 $10 \times 10^{-4}\%$；而电渣重熔后钢中氧含量普遍在 $(12 \sim 20) \times 10^{-4}\%$ 范围，是一个增氧的过程，即经过电渣重熔后电渣钢中夹杂物较自耗电极是增加的，这主要是冶炼过程充填比、渣系等其他因素影响造成的，其中气氛环境是造成电渣钢增氧的最重要原因之一。

众所周知，炼钢用熔渣的氧势是衡量渣系氧化能力的重要标志，当使用高氧化性的渣系炼钢时，钢中氧含量往往较高。而常规电渣重熔在大气下熔炼，自耗电极表面暴露在大气下而氧化，尤其是靠近渣池表面的自耗电极表面温度很高，被氧化程度更高；随着重熔进行，这些氧化物进入熔渣，从而引起熔渣的氧化性增强，最终造成电渣钢中的氧和夹杂物含量增加。针对传统电渣过程存在的这个弊端，一般采用以下两种方式解决：一是向熔渣中加入 Al、SiCa、BaCaSi 等脱氧剂进行熔渣氧势的控制，可以在一定程度上减轻电渣钢增氧问题，但其效果受脱氧剂加入量、加入方式、冶金反应及工艺参数的相互匹配关系影响；二是采用全密闭保护气氛，避免外界大气中的氧对电渣过程的影响，这也是最为有效的方法。

脱氧是大气下电渣重熔经常采用的方法，其对电渣钢中的氧及夹杂物的影响体现在两个阶段，一是电渣重熔过程中的脱氧，二是自耗电极制备过程中的终脱氧制度。

电渣重熔过程脱氧主要是控制熔融渣池中的氧势，即控制熔渣中 FeO 的含量，FeO 的来源是电极表面的氧化以及渣料本身所含有的氧化亚铁，这个过程属于扩散脱氧过程。

扩散脱氧是在电渣重熔过程中将脱氧剂加入到熔融渣池中，其主要反应可以描述为：

$$x[\text{M}]_{\text{slag}} + y(\text{FeO}) === (\text{M}_x\text{O}_y) + y[\text{Fe}] \tag{4-25}$$

扩散脱氧的优点是脱氧产物在炉渣中，很少污染钢液，但扩散反应发生在渣-钢界面，传质速度慢，从而使脱氧速度慢。

FeO 对钢中氧含量的影响如图 4-30 所示[48]，渣中 FeO 含量越高，钢中氧含量越高，因此需要加入脱氧剂，降低熔渣中 FeO 含量。事实上，当电渣重熔过程中加入的脱氧剂在渣中全部参与反应、而钢液中又没有脱氧元素时，则钢中的 O 含量主要受渣中 FeO 含量控制。然而，大多数的情况是，钢中含有一定量的脱氧元素，此时电渣钢中最终氧含量受钢中脱氧元素及渣中 FeO 含量的双重控制，并且钢中最终脱氧元素的含量对氧含量及夹杂物形成的影响最大，如图 4-31 所示[49]。

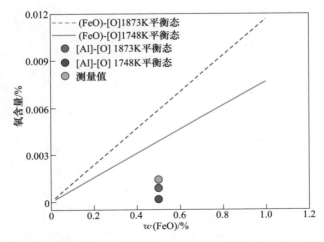

图 4-30　渣中 FeO 与钢中 O 含量的关系以及 Al 与氧的平衡关系

采用全密闭保护气氛条件进行电渣重熔时，自耗电极不存在氧化问题。如果

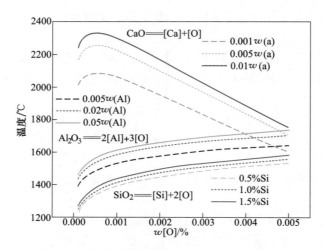

图 4-31   钢中脱氧元素与 O 含量和温度的关系

渣料中 FeO 含量较低，重熔过程基本不再需要脱氧，而此时电渣钢中夹杂物的控制仅受熔渣对自耗电极中夹杂物的吸收和溶解影响。因此，此时渣系对电渣钢中非金属夹杂物的控制发挥着至关重要的作用。

图 4-32[32] 是不同渣系重熔 AISI304 不锈钢中氧含量与气氛中氧分压的关系，从图中可以看出，在渣系固定条件下，重熔气氛中氧分压越高，电渣钢中氧含量越高，因此采用全密闭保护气氛降低熔炼气氛中氧分压是降低钢中氧含量的有效

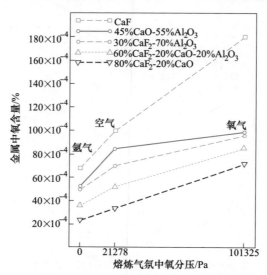

图 4-32   不同渣系重熔 AISI304 不锈钢中
氧含量与气氛中氧分压的关系

方法。另外，在相同的氧分压条件下，不同的渣对应的电渣钢中氧含量也不同，这主要与这些渣系本身的界面性质以及其吸收溶解夹杂物的能力有关。图4-33是三种不同渣系对工业氧化铝棒（模拟夹杂物）的吸收溶解速率结果。可见，多组元渣系对氧化铝夹杂物的吸收溶解能力明显好于二元渣系，这主要与渣系和夹杂物之间的反应有关。

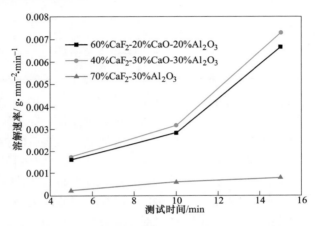

图4-33　不同渣系对氧化铝夹杂物的溶解速率

4.4.2　含氟渣系对钢中夹杂物的吸收溶解机理

在电渣重熔过程中，熔渣除了具有发热、精炼、成型、绝热保温、防止钢液二次氧化的作用外，更重要的作用就是吸收钢中上浮的非金属夹杂物。通常认为，钢液中的非金属夹杂物会经历初始形核、碰撞、聚集、长大、上浮，最后被熔渣吸收溶解等过程[50]。因此，钢液中夹杂物的最终去除程度取决于熔渣对夹杂物的吸收溶解能力，多位学者[51,52]研究发现：熔渣的温度、碱度、黏度、化学成分等诸多因素均会影响其对夹杂物的吸收溶解能力。

在洁净钢生产过程中，夹杂物的控制始终是至关重要的课题。为了彻底除去钢液中各种非金属夹杂物，研究非金属夹杂物在各种渣系中的溶解行为显得尤为重要。而电渣重熔过程所使用的渣系与普通的精炼渣不同，主要是含氟渣系，其对钢中夹杂物的吸收溶解机理与普通的氧化物渣系有较大区别。另外，氧化铝夹杂物是钢中非常常见的一种夹杂物。因此，研究含氟渣系中氧化铝夹杂物的溶解机理是非常有意义的。

于昂等[53,54]通过夹杂物溶解实验，研究了电渣重熔用二元、五元含氟渣系中氧化铝夹杂物的溶解吸收机理。实验中使用的工业氧化铝模拟夹杂物，其物相组成及含量见表4-4，实验中使用渣系组成见表4-5。

表 4-4　溶解实验用工业氧化铝物相组成及含量　　（质量分数，%）

成分	Al_2O_3	$CaAl_{12}O_{19}$	$MgAl_2O_4$	SiO_2
含量	87.3	8.5	3.57	1.40

表 4-5　实验渣系组成　　（质量分数，%）

渣系	CaF_2	CaO	Al_2O_3	MgO	SiO_2
五元渣系	50	20	20	5	5
二元渣系	70	0	30	0	0

　　研究方法是：将一定尺寸的氧化铝夹杂物的颗粒投入到熔渣中，经过一定时间后，在熔渣中取样迅速冷却，在凝固的渣样中即可发现未完全溶解的氧化铝颗粒。图 4-34a 为氧化铝颗粒投入液态的五元实验渣系 20s 之后的扫描电镜图，可以看出，熔渣主体与氧化铝主体的颜色明显不同，两者之间有明显的分界面。

　　图 4-34b 是将图 4-34a 中虚线方框区域放大后的图像，这是氧化铝夹杂物和五元渣系之间典型的溶解边界层。图 4-34b 中虚线之间的区域是一个明显的过渡区域，颜色与其他部分不同。另外，通过对不同时间渣样的分析，发现夹杂物颗粒随反应时间的延长而溶解，边界层向颗粒内部移动。

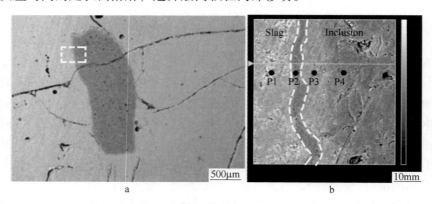

图 4-34　S1 渣系中氧化铝颗粒的典型形貌（a）与边界层放大图像（b）

　　表 4-6 列出了图 4-34b 中 P1~P4 四个位置的能谱分析结果。从表 4-6 中可以看出，P1 点为熔渣的主体，P4 点为氧化铝夹杂物的主体，P2 点和 P3 点位于熔渣主体和氧化铝夹杂物主体之间的边界层中。P2 点中的 Mg、Al 和 O 含量高，这可能是形成了 $MgO \cdot Al_2O_3$ 的结果；P3 点成分则较为复杂，Al、Ca、Si、O、F 含量均较高，可能包含氟化物、氧化铝以及硅酸盐等。氧化铝和熔渣的边界层上存在中间相，这意味着氧化铝并没有直接溶解到熔渣中，而是先形成一些中间相，然后这些中间相再溶解到熔渣中。

表 4-6 样品中 P1~P4 点能谱分析结果

元 素		位 置			
		P1	P2	P3	P4
原子分数 /%	O	12.5	44.2	38.6	45.5
	F	31.4	—	9.8	—
	Mg	3.0	16.1	0.7	1.0
	Al	8.6	37.3	26.4	50.4
	Si	0.5	0.4	5.0	0.5
	Ca	4.1	2.0	19.6	2.6

为了进一步研究氧化铝夹杂物在含氟渣系中的溶解机理，在图 4-34b 中垂直于边界层进行了线扫描，各元素的含量变化曲线如图 4-35 所示。

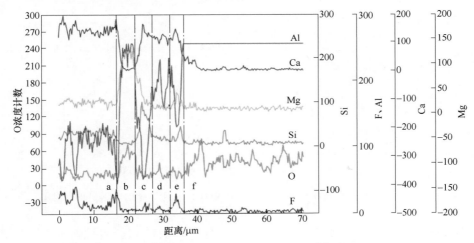

图 4-35 S1 渣中氧化铝颗粒与固体渣边界层的线扫描图像

由图 4-35 可以看出，a 区域各种元素含量维持稳定，且与五元渣系的组成基本一致，所以将该区域视为熔渣主体。f 区域 Al 含量恒定，F、Ca、Mg 和 Si 含量较低，所以将该区域视为夹杂物主体。而在 b、c、d 和 e 区域中 Al、Mg、Si、Ca、O、F 的含量发生突变，所以将这部分区域作为溶解边界层，这说明液态渣中夹杂物的溶解和离子的扩散是同时发生的。

其中，e 区域是最内层的反应层，F 和 Ca 含量较高，说明液态渣中 Ca^{2+} 和 F^- 向夹杂的扩散速度比其他组分快。从图 4-34 和图 4-35 得到的结果可以推断，该区域可能发生了以下反应。

$$3CaF_2 + Al_2O_3 \rightleftharpoons 3CaO + 2AlF_3 \tag{4-26}$$

$$xCaO + yAl_2O_3 \rightleftharpoons xCaO \cdot yAl_2O_3 \tag{4-27}$$

反应式 (4-27) 中，$xCaO \cdot yAl_2O_3$ 中 x 与 y 的具体比例，取决于各组分的含量。

d 区域的 Al、Ca 含量较高，而 F、Mg、Si 含量较低，说明可能存在铝酸钙。b 区域的主要成分是 $MgO \cdot Al_2O_3$ 尖晶石，此外还有少量 $CaO \cdot Al_2O_3$ 尖晶石。c 区域似乎是铝酸钙为主的 d 区域和尖晶石为主的 b 区域之间的过渡区，其中 Ca 和 Si 的变化趋势相似，先升后降，Al 先降后升，其成分较为复杂，只能推断可能存在 $CaO \cdot 6Al_2O_3$、$CaO \cdot 2Al_2O_3$、$CaO \cdot Al_2O_3$、$12CaO \cdot 7Al_2O_3$ 和 $3CaO \cdot Al_2O_3$。从 c 区域到 b 区域可能发生以下反应：

$$xCaO \cdot yAl_2O_3 + yMgO + xSiO_2 \Longrightarrow yMgO \cdot Al_2O_3 + xCaO \cdot SiO_2 \quad (4\text{-}28)$$

综上所述，氧化铝夹杂物在电渣重熔用 $CaF_2\text{-}Al_2O_3\text{-}CaO\text{-}MgO\text{-}SiO_2$ 渣系中的溶解机理与传统炼钢的溶解机理（氧化铝夹杂物先与 MgO 反应生成 $MgO \cdot Al_2O_3$，然后由 Ca 取代 $MgO \cdot Al_2O_3$ 夹杂物中的 Mg 在 $MgO \cdot Al_2O_3$ 表面形成 $CaO \cdot Al_2O_3$ 外壳）不同，其溶解机理示意图如图 4-36 所示。

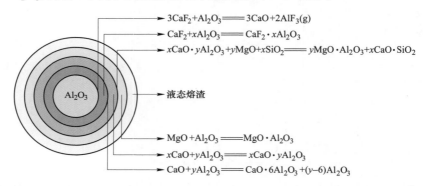

图 4-36　氧化铝夹杂物在 $CaF_2\text{-}Al_2O_3\text{-}CaO\text{-}MgO\text{-}SiO_2$ 渣系中的溶解机理示意图

图 4-37 示出了夹杂物和二元渣系之间溶解边界层的扫描电镜图像，以及用

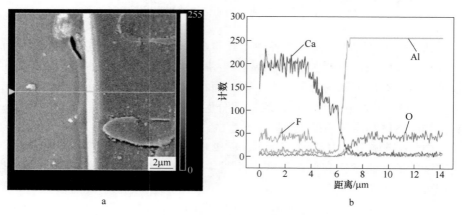

图 4-37　氧化铝夹杂物与二元渣系之间溶解边界层的
扫描电镜图像（a）以及边界层的线扫描结果（b）

扫描电镜对边界层的线扫描结果。可见，炉渣主体与氧化铝主体的颜色明显不同，边界非常清晰；得到了与五元渣系类似的结果，但比五元渣系中夹杂物的溶解要容易。溶解过程中只有 $CaO \cdot 6Al_2O_3$ 存在，这是由反应式（4-26）和式（4-27）引起的。另外，还可以进一步说明，图 4-35 中 c 区域中 Si 的来源是由炉渣中的 SiO_2 扩散到夹杂物中，而不是由夹杂物中的 SiO_2 扩散而来；因为在实验中，基于相同的氧化铝夹杂物颗粒，图 4-37 中未发现 Si，氧化铝夹杂物在 $CaF_2\text{-}Al_2O_3$ 二元渣系中的溶解机理如图 4-38 所示。

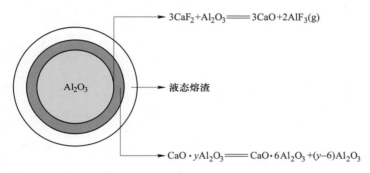

图 4-38 氧化铝夹杂物在 $CaF_2\text{-}Al_2O_3$ 渣系中的溶解机理示意图

4.4.3 电渣重熔过程夹杂物控制技术及实例

电渣重熔对夹杂物的去除和控制受诸多因素影响，包括钢种、自耗电极中原始夹杂物水平、渣系、充填比、供电参数、脱氧制度等，各因素的影响权重也不是一成不变的，会随着具体的炉型、具体操作而发生变化。炉型会影响到夹杂物主要原因是，炉子的短网结构会影响到渣池和金属熔池的流动状态，进而影响到夹杂物在其中的运动，从而对其发生冶金反应和去除产生重要影响。另外，冶炼气氛环境也是不容忽视的一个重要因素，近年来逐渐引起冶金工作者的重视。冶炼气氛环境主要是控制气氛中的氧分压，在氧分压极低的情况下，自耗电极和炉渣的氧化供氧得到控制，这时电渣钢中夹杂物的控制主要由自耗电极中原始夹杂物含量、类型以及渣系成分决定。

事实上，电渣重熔技术诞生早期阶段，电渣过程确实是一个去除夹杂物的过程，而且效果相当显著。但随着精炼、模铸及连铸技术的发展，使电渣重熔用自耗电极中无论氧含量还是夹杂物含量都得到了降低，此时，电渣重熔对夹杂物的控制任务已经不是简单的去除，而且如果避免过程增氧、避免电渣钢中夹杂物增多的一个过程。以下将对近年来电渣重熔夹杂物的相关成果进行总结，对相关技术和影响因素进行简单分析，为电渣重熔过程夹杂物的控制提供参考。

4.4.3.1　电渣重熔过程夹杂物的去除

当自耗电极中氧含量较高时，经过电渣重熔后，其中的夹杂物去除效果非常明显，这种效果不仅表现在电渣重熔前后夹杂物的变化上，也表现在氧含变化上。成田贵一等研究了 GCr15 轴承钢自耗电极中氧含量为 $31×10^{-4}\%$ 和 $40×10^{-4}\%$ 时，电渣重熔前后钢中氧含量的变化，见表 4-7[4,55]。

表 4-7　电渣重熔前后钢中氧含量的变化

项　目		成田贵一渣系试验结果				
		$CaO \cdot Al_2O_3$	$CaO \cdot Al_2O_3$-MgO	$CaO \cdot Al_2O_3$-MgO-CaF_2	$CaO \cdot Al_2O_3$-CaF_2	CF_2-Al_2O_3
配比（质量分数）/%	CaF_2			20	20	70
	Al_2O_3	50	47	38	36	30
	CaO	50	47	37	44	
	MgO		6	5		
氧含量/%	重熔前	$31×10^{-6}$	$31×10^{-6}$	$31×10^{-6}$	$31×10^{-6}$	$40×10^{-6}$
	重熔后	$18×10^{-6}$	$20×10^{-6}$	$15×10^{-6}$	$15×10^{-6}$	$24×10^{-6}$

从表 4-7 中可以看出，经过电渣重熔后，钢中氧含量都有所降低，而氧在钢中主要以氧化物的形态存在，即电渣重熔后钢中的夹杂物得到明显地去除。

Burja 等[49]采用 $40.1\% CaF_2$-$33.1\% CaO$-$22.2\% Al_2O_3$-$1.5\% MgO$-$2.8\% SiO_2$ 渣系开展了电渣重熔 H11 钢中夹杂物去除的研究，25t 重的自耗电极采用工业电渣炉重熔生产出 $\phi 1000mm×4000mm$ 的电渣锭，并在自耗电极及钢锭的多个部位取样分析进行研究。其夹杂物分析结果如图 4-39 所示，可以看出自耗电极中各种

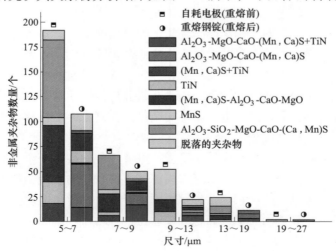

图 4-39　电渣重熔前后夹杂物的转变情况

类型、各种尺寸的夹杂物经过重熔后都得到了大幅度去除,并且 MnS 夹杂物大部分被去除,硅酸盐类夹杂物被完全去除,夹杂物中 MgO 明显降低。

另外,使用 29.3%CaF$_2$-30.5CaO-34.5%Al$_2$O$_3$-3.8%MgO-1.9%SiO$_2$ 渣系保护气氛条件下重熔 8Cr17MoV 可以使自耗电极中 O 含量由 58×10^{-4}% 降低至 40×10^{-4}%[56]。严格控制渣中 FeO 含量在 0.1%~0.3%水平,可以使自耗电极中 O 含量由 13×10^{-4}% 降低至 $(8 \sim 12) \times 10^{-4}$%[57]。

电渣重熔技术不仅能够去除钢中的非金属夹杂物,还能够去除工业纯铝中的夹杂物,陈冲等[58,59]采用 KCl-NaCl-Na$_3$AlF$_6$ 熔体开展了电渣重熔去除纯铝中夹杂物的研究,结果表明:工业纯铝中夹杂物去除率随着电渣重熔电极熔化速率的减小而不断提高,最高去除率达到了 97.6%。

4.4.3.2 脱氧及渣系对电渣钢中氧含量及夹杂物的影响

研究表明[60],当渣中加入 SiO$_2$、同时采用 Al 脱氧情况下,电渣重熔过程夹杂物的演变,结果表明:渣中加入 SiO$_2$ 可以降低钢中 Si 的烧损,加入 Al 脱氧可以使钢中夹杂物由 CaO-Al$_2$O$_3$-SiO$_2$-MgO 大部分转变为 CaO-Al$_2$O$_3$-MgO 和 MgAl$_2$O$_4$ 夹杂物,仅有少于 30%保持原成分。

捷克 Rehak 等[61]以冷轧辊用 CSN19.426 钢为研究对象,开展了电极制备过程终脱氧对电渣钢中夹杂物的影响研究。自耗电极采用电弧炉制造,采用两种脱氧方法:第一种用 Ca-Si 脱氧,加入量为 2.25kg/t;第二种用 Al 脱氧,加入量为 1.15kg/t。试验采用了三种电渣重熔渣系:碱性渣、中性渣和酸性渣三类。表 4-8 列出了试验渣的化学成分。试验用电渣炉变压器容量为 150kW,最大锭重 60kg。

表 4-8 ESR 渣的化学成分 （质量分数,%）

渣号	渣性质	CaF$_2$	CaO	Al$_2$O$_3$	SiO$_2$	MgO	MnO
I	碱性	—	50	50	—	—	—
F		35	20	30	—	15	—
C		80	20	—	—	—	—
L		60	20	20	—	—	—
S	中性	50	30	—	20	—	—
D		70	—	30	—	—	—
B		100	—	—	—	—	—
K	酸性	38	10	15	20	7	10
R		55	10	10	25	—	—
P		55	5	20	20	—	—

表 4-9 和表 4-10 为不同渣系和脱氧制度下,电渣重熔前后氧化物和硫化物夹

表 4-9　渣系及脱氧制度对 CSN19.426 钢氧化物夹杂的影响

脱氧剂	电极与渣号	总量（面积）/%	夹杂个数/个·mm^{-2}	平均面积/μm^2	夹杂尺寸比例/%		
					0~3μm^2	3~6μm^2	>6μm^2
Ca-Si	电极	0.036	31	12.84	59.20	25.09	15.71
	I	0.046	46	9.98	63.72	22.12	14.16
	F	0.028	69	4.03	86.35	11.70	1.95
	C	0.014	32	4.41	84.93	11.72	3.35
	L	0.035	43	8.05	70.53	21.32	8.15
	S	0.010	32	2.98	90.00	8.33	1.67
	D	0.030	57	5.17	74.29	20.99	4.72
	B	0.019	49	3.83	86.54	10.99	2.47
	K	—	—	—	—	—	—
	R	0.020	70	2.83	90.23	8.81	0.96
	P	0.036	98	3.62	88.89	10.01	1.10
Al	电极	0.024	33	7.27	65.24	22.32	12.44
	I	0.010	27	3.73	84.42	12.56	3.02
	F	0.023	24	9.56	67.43	19.43	13.14
	C	0.025	81	3.17	87.46	10.87	1.67
	L	0.020	47	4.17	82.18	15.23	2.59
	S	0.014	34	3.92	78.52	19.53	1.95
	D	0.026	71	3.58	83.17	14.37	2.46
	B	0.024	57	4.16	79.01	18.48	2.51
	K	0.023	48	4.91	73.78	21.17	6.05
	R	0.043	68	6.24	74.56	19.72	5.72
	P	0.032	72	4.46	80.48	16.14	3.38

杂的数量和尺寸的变化情况。在 Ca-Si 脱氧条件下采用中性的 S 渣（50%CaF$_2$-30%CaO-20%SiO$_2$）重熔时，钢中氧化物夹杂和硫化物夹杂的数量少而且尺寸小；采用酸性的 R 渣（55%CaF$_2$-10%CaO-10%Al$_2$O$_3$-25%SiO$_2$）重熔也获得较好的结果；采用碱性 I 渣（50%CaO-50%Al$_2$O$_3$）重熔时，氧化物夹杂和硫化物夹杂数量较多而且尺寸较大。采用 Al 脱氧时，酸性渣重熔没有优势，无论是氧化物夹杂和硫化物夹杂数量和尺寸均略高于碱性渣。其实酸性渣重熔的最大特点是夹杂物类型改变。从表 4-11 可见，在 Ca-Si 脱氧条件下，含有 SiO$_2$ 组元的渣系（S，R，P 渣）重熔时夹杂物组成中 SiO$_2$ 含量较高，即生成了塑性的硅酸盐夹杂，脆性的铝酸盐夹杂明显减少。当自耗电极采用 Al 脱氧时，夹杂物仍然以 Al$_2$O$_3$ 或铝酸盐为主。因此，自耗电极采用 Ca-Si 脱氧并用含 SiO$_2$ 的中性或酸性渣电渣重熔，不仅可以得到以硅酸盐为主的塑性夹杂，而且氧化物和硫化物的数量和尺寸均明显减少。

表 4-10 渣系及脱氧制度对钢中硫化物夹杂的影响

脱氧剂	电极与渣号	总量（面积）/%	夹杂个数/个·mm⁻²	平均面积/μm²	夹杂尺寸比例/%		
					0~3μm²	3~6μm²	>6μm²
Ca-Si	电极	0.063	71	8.87	62.92	17.21	19.78
	I	0.057	98	5.81	80.79	13.40	5.81
	F	0.044	117	3.76	86.49	11.20	2.31
	C	0.024	110	2.18	95.31	3.82	0.87
	L	0.027	65	4.15	86.13	9.74	4.13
	S	0.021	40	5.25	78.10	20.55	1.35
	D	0.042	71	5.91	74.13	20.03	5.84
	B	0.045	119	3.78	80.41	17.31	2.28
	K	—	—	—	—	—	—
	R	0.029	131	2.21	92.17	7.02	0.81
	P	0.053	96	5.52	74.46	22.33	3.21
Al	电极	0.057	45	12.66	59.06	12.80	28.14
	I	0.046	153	3.00	86.45	11.18	2.37
	F	0.044	169	2.60	93.24	4.81	1.95
	C	0.035	92	3.80	84.82	13.29	1.89
	L	0.032	84	3.80	85.55	10.80	3.56
	S	0.030	155	1.93	93.57	5.29	1.14
	D	0.040	102	3.92	84.00	13.23	2.77
	B	0.031	46	6.87	67.68	26.45	5.87
	K	0.085	126	6.74	71.14	21.24	7.62
	R	0.060	110	5.45	79.46	14.89	5.65
	P	0.069	115	6.00	77.18	14.88	7.94

表 4-11 电极和 ESR 钢锭中氧化物夹杂的平均成分 （质量分数,%）

脱氧剂	电极与渣号	夹杂物成分			
		Al_2O_3	SiO_2	CaO	MgO
Ca-Si	电极	58.48	5.36	19.46	16.69
	I	86.41	0.34	3.20	10.05
	F	86.76	0.39	4.42	8.44
	L	87.40	0.57	6.95	5.09
	S	39.38	53.47	5.03	2.12
	D	90.82	1.04	4.61	3.53
	B	27.28	68.57	2.41	1.74
	R	25.15	71.36	2.53	0.96
	P	31.74	62.25	3.02	2.99

续表 4-11

脱氧剂	电极与渣号	夹杂物成分			
		Al_2O_3	SiO_2	CaO	MgO
	电极	92.25	—	2.32	5.43
	I	84.91	—	—	15.09
	F	86.83	—	1.41	11.76
	L	99.16	—	0.17	0.67
Al	S	90.06	—	0.09	9.85
	D	97.41	—	0.20	2.39
	B	92.43	—	—	7.57
	R	90.18	8.83	0.12	0.87
	P	91.22	—	0.16	8.62

张家雯等[62]也进行了电渣重熔 GCr15 轴承钢的试验研究，其结果见表 4-12；研究时分别考虑了自耗电极脱氧和电渣重熔过程脱氧，分别称为预脱氧和终脱氧，考察了 CaF_2-CaO-Al_2O_3 三元渣系、CaF_2-CaO-Al_2O_3-SiO_2 四元渣系和 CaF_2-CaO-Al_2O_3-SiO_2-MgO 五元渣系的不同影响。结果表明，酸性渣电渣重熔 Si-Ca，

表 4-12　不同脱氧制度不同渣系电渣重熔前后钢中夹杂物类型

电极母材（电渣重熔前）		电渣重熔后					
		三元渣系		四元渣系		五元渣系	
预/终脱氧	夹杂物类型	夹杂物类型与级别	塑性夹杂占比/%	夹杂物类型与级别	塑性夹杂占比/%	夹杂物类型与级别	塑性夹杂占比/%
Al/Al	Al_2O_3 CaO · Al_2O_3	—	—	铝钙氧化物点状 1 级，较多的 TiN	0	铝钙氧化物<1 级，少量 TiN，TiNC	0
Si-CaAl/Al-Mn-S	Al_2O_3 CaO · Al_2O_3 3MnO · Al_2O_3 · 3SiO_2	MnS 硅酸盐，铝钙氧化物<1 级	70	铝钙氧化物<1 级	0	—	—
Si-Ca/Si-Ca	MnO · Al_2O_3 · SiO_2 MnO · SiO_2	MnS 硅酸盐少量，TiN，TiNC1~1.5 级	80	MnS 硅酸盐少量，TiN<1 级	83	MnS 硅酸盐少量，铝钙氧化物及 TiN	66
Si-Ca/Si-Fe	MnO · Al_2O_3 · SiO_2	MnS 硅酸盐 1~1.5 级	89	MnS 硅酸盐少量，TiN<1 级	75	MnS 硅酸盐少量，铝钙氧化物及少量 TiN	65
Si-Ca/Le-Ce	MnO · Al_2O_3 · SiO_2	MnS 硅酸盐<1 级少量 TiN	80	—	—	—	—

Si-Fe 脱氧自耗电极时，可以使重熔后钢中夹杂物控制为塑性。

　　图 4-40[63] 是炉渣碱度对电渣钢平均氧含量的影响，炉渣碱度越高，钢中 O 含量越低，这主要是因为 SiO_2 属于不稳定氧化物，在电渣重熔过程中 SiO_2 起到了传递供氧的作用。另外，如图 4-41 是大量研究得到的电渣重熔 304 不锈钢时，在碱度为 10 的条件下，不同 CaF_2/Al_2O_3 质量比和 CaO/Al_2O_3 质量比对钢中氧含量的影响，并且影响十分复杂。按照此结果，要想获得最低的氧含量，渣系中 CaF_2/Al_2O_3 质量比值为 1 是最佳配比。

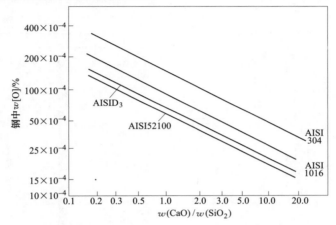

图 4-40　炉渣碱度对电渣钢平均氧含量的影响

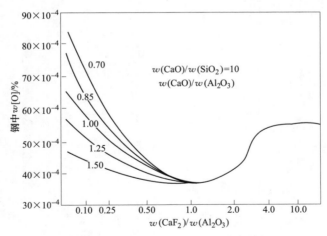

图 4-41　渣系成分对钢中 O 含量的影响

4.4.3.3　渣系及气氛环境对电渣重熔钢中夹杂物的影响

　　本书作者曾对不同的充填比、熔炼气氛以及渣系开展研究，选择的钢种为 Cr5 系轧辊用钢，具体试验条件见表 4-13，重熔后电渣钢中夹杂物的检测结果如

图 4-42 所示。由试验结果可以看到，经电渣重熔后，原始电极中硅酸盐夹杂与硫化物夹杂基本去除，钢中夹杂物以镁铝尖晶石及氧化铝为主。

表 4-13　重熔工艺条件

编　号	渣　　　系	电极直径/mm	气　　　氛
图 4-42a	50%CaF$_2$-20%CaO-5%MgO-20%Al$_2$O$_3$-5%SiO$_3$	200	氩气
图 4-42b	50%CaF$_2$-20%CaO-5%MgO-20%Al$_2$O$_3$-5%SiO$_3$	150	大气
图 4-42c	50%CaF$_2$-20%CaO-5%MgO-20%Al$_2$O$_3$-5%SiO$_3$	200	大气
图 4-42d	70%CaF$_2$-30%Al$_2$O$_3$	200	大气
图 4-42e	70%CaF$_2$-30%Al$_2$O$_3$	150	大气

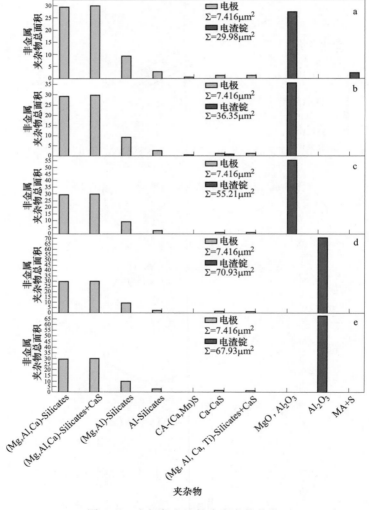

图 4-42　电极与电渣锭中夹杂物分类

图 4-43 为工厂采用不同试验条件下 Cr5 电渣锭中 CaO-MgO-Al₂O₃ 系夹杂物成分分析情况。

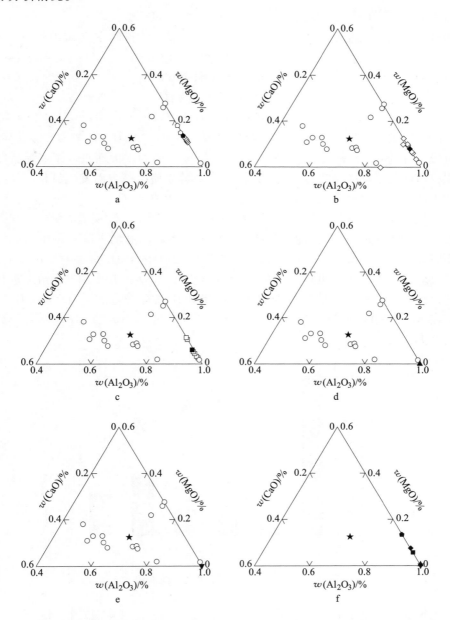

图 4-43　五种冶炼条件下电渣锭中 CaO-MgO-Al₂O₃ 系夹杂物成分

a~e—表 4-13 中 5 种工艺条件下夹杂物成分；f—5 种工艺条件下夹杂物平均成分的汇总对比图

（图中图例为 a~e 工艺条件下夹杂物平均成分）

　　研究表明，原始电极中主要为 CaO-MgO-Al₂O₃-SiO₂ 系夹杂及氧硫复合夹杂。图 4-44 中的 a 和 c 相比，c 中的夹杂物主要为 MgO·Al₂O₃ 及 Al₂O₃，在大气气氛下冶炼的 c，因钢中溶解氧增加，由反应式[55,64]（4-29）、式（4-30）的热力学数据可知，在相同温度下，反应式（4-29）更容易发生并且生成 Al₂O₃。

$$2[\text{Al}] + 3[\text{O}] =\!=\!= \text{Al}_2\text{O}_3 \tag{4-29}$$

$$\lg K = 20.63 - 64900/T \tag{4-30}$$

$$[\text{Mg}] + [\text{O}] =\!=\!= \text{MgO} \tag{4-31}$$

$$\lg K = 4.28 + 4700/T \tag{4-32}$$

　　图 4-44 中，b 和 c 相比，其夹杂物主要为 MgO·Al₂O₃ 及 Al₂O₃，采用大直径电极冶炼的 c，大充填比电渣重熔由于电极横断面的增大而减少了渣池暴露的面积；但增大了电极暴露在空气中的面积，更容易使电极表面发生氧化，从而使钢液中的全氧含量升高，在钢液冷凝过程更容易生成 Al₂O₃。

　　采用二元渣系进行冶炼，如图 4-44 中的 d 和 e 所示，发现电渣锭中为典型的 Al₂O₃ 夹杂物。在金属熔池冷却及结晶过程中，随着温度的下降，钢中氧的溶解度不断减少，此时有过饱和的氧析出。当钢液与渣中 Al₂O₃ 接触时，由于氧化-还原反应使 [Al] 的活度提高，Al 与 O 化合生成 Al₂O₃。在采用五元渣系进行冶炼时，因渣中含有一定量 CaO 及 MgO，因此渣中具有一定的 [Mg]、[Ca] 活度，在 Al₂O₃ 生成后与钢中的 O 形成 MgO、CaO，并与生成的 Al₂O₃ 结合形成相应类型夹杂物。

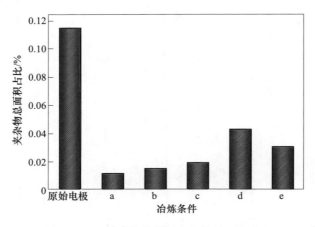

图 4-44　五种冶炼条件下夹杂物总面积占比

　　电极及电渣钢中夹杂物总量及最大夹杂物直径如图 4-44 和图 4-45 所示。从这两个图中可以看到，经过电渣重熔后钢锭中夹杂物的数量及尺寸均有明显的下降，夹杂物的面积占比较原始电极下降均超过一半以上，而最大尺寸由原始电极中的接近 40μm 降至 5~8μm。采用多元渣系后，夹杂物去除率达到 83.1%，同

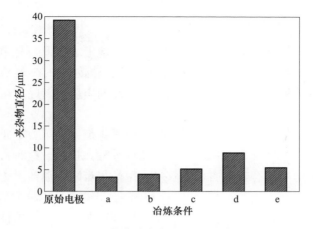

图 4-45　五种冶炼条件下最大夹杂物尺寸

时采用保护气氛和多元渣系更高，夹杂物去除率达到 89.8%。

　　对比 a、b、c 与 d、e 五种冶炼条件，即对比在五元渣系与二元渣系冶炼后 Cr5 的夹杂物统计结果可见，五元渣系对夹杂物的去除效果好于二元渣系，这一结果与渣-金平衡实验的金相统计结果较为一致。采用氩气保护冶炼的 a 条件下夹杂物尺寸最小。采用小充填比冶炼的 b、e 与同渣系冶炼的较大填充比的 c、d 相比，夹杂物含量及尺寸略有降低。

　　图 4-46 为在五种冶炼工艺下，电极及钢锭中不同尺寸区间内的夹杂物面积占比。对比可知，二元渣系对尺寸大于 3μm 夹杂物的吸收效果较差，这一结果与最大夹杂物尺寸统计结果相符，进一步验证五元渣系相较二元渣系对夹杂物，特别是较大尺寸夹杂物的吸附效果更好。

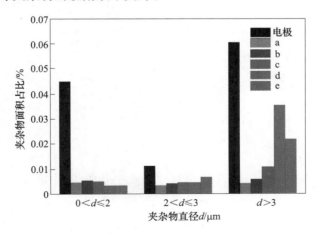

图 4-46　不同夹杂物当量直径下夹杂物面积占比

4.4.3.4 全密闭保护气氛

采用普通电渣重熔工艺冶炼合金时，由于渣池上方以及自耗电极直接与空气接触，所以在熔炼过程中容易增氢增氧，还可能导致 Al、Ti 等易氧化元素的烧损。在重熔对气体敏感性高或易氧化元素含量高的金属材料时，采用保护性气氛电渣炉是一种有效的方式。

传统的保护性气氛电渣炉，气氛保护罩位于排烟罩的下方，重熔过程中是凭借惰性气体比空气的密度大，从而覆盖渣池来进行保护的。这种方法对防止空气通过渣池向铸锭中增氢有非常明显的效果，但是很难防止渣池上方自耗电极表面的氧化烧损[65]。

本书作者通过 FLUENT 软件，研究了某厂 20t 传统板坯保护性气氛电渣炉排烟口的抽风速度、氩气的喷吹角度（与竖直方向的夹角）及喷吹流量对保护效果的影响，结果表明[66]：在氩气喷吹角度和流量不变的前提下，随排烟口抽风速度增加，氩气在电极和烟罩壁之间以及渣面附近的浓度降低，保护区域减小；当排烟口抽风速度和氩气流量不变时，随氩气喷吹角度增大，氩气在电极附近流动性加强，其浓度升高，保护区域增大；当排烟口的抽风速度和氩气喷吹角度不变时，随氩气喷吹流量增大，氩气在电极和渣池附近浓度增加，保护区域增大，但是氩气流量不应该过大，否则其利用率会下降。

新型保护性气氛电渣炉如图 4-47 所示，采用完全封闭的保护罩将自耗电极和结晶器上口进行保护，该方法保护效果好，不仅可以防止空气向铸锭中增氢，

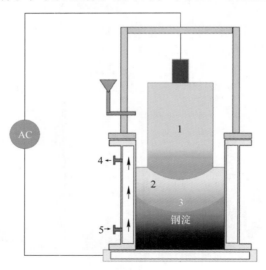

图 4-47　全密闭保护性气氛电渣重熔炉示意图
1—自耗电极；2—熔渣；3—熔池；4—出水；5—进水

而且也防止铸锭增氢，可以有效地防止铸锭出现白点等凝固缺陷。另外，该方法可以有效地防止易氧化元素的氧化烧损问题，减轻化学元素偏析，保证铸锭头尾化学成分的一致性，全密闭保护气氛电渣重熔的实施效果将在本书第6章中介绍。

4.5 电渣钢凝固质量控制技术

4.5.1 凝固理论与工程应用进展

凝固科学可以划分为凝固理论与工程两部分[67]。凝固科学已成为冶金和材料科学与工程的一个重要的学科分支和基础，成为了一个学科领域[68]。凝固理论与工程重要进展历程见表4-14。

表4-14 凝固理论与工程重要进展历程

年　代	作　者	研　究　成　果
1925年	Bridgemam	通过控制过冷度获得单晶
1926~1929年	Volmer 和 Weber	提出均质形核理论，成为现代经典形核理论的基础
1922年	Gulliver	非平衡杠杆法则，表达无固相扩散时溶质分配
1940年	Chvorinov	引入了铸件模数的概念，建立了求解铸件凝固层厚度和凝固时间的数学方程，导出了著名的平方根定律
1949~1950年	Turnbull 和 Fisher	液-固相变中的形核理论
1953年	Jackson 和 Chalmers 等	溶质再分配与成分过冷理论
1951~1960年	Burton、Jackson 和 Cahn 等	发展了固-液界面结构模型与生长机制理论
1963年	Chalmers	提出了型壁晶粒脱落与游离理论；通过分析移动的固-液界面处于热平衡和溶质平衡，解释了定向凝固中的界面失稳现象
1966年	Hunt 和 Jackson	J-H 经典共晶生长理论
1969年	McDonald 和 Hunt	在模拟实验方面首先取得进展
1970年	Mehrabian、Keane 和 Flemings	在微观尺度上运用热平衡和溶质平衡分析，发展了用于描述溶质偏析和其他微观结构特征的模型
1970~1975年	Glickman 和 Kurz	创立定向凝固过程枝晶生长理论
20世纪60~70年代	—	凝固组织控制工艺快速发展，出现外场作用下凝固、定向凝固、单晶生产、快速凝固等系列新工艺
1982年	Aziz	提出快速凝固过程溶质截留理论
1992年	Kurz 和 Trivedi	快速枝晶生长理论和快速共晶生长理论
近年	西北工业大学	发现了凝固组织形态选择的时间相关性和历史相关性的现象
近几年	中科院沈阳金属研究所	在超高温条件下，研究非晶形成规律时，发现了新的亚稳定相和具有分形结构的自组织

　　凝固是温度控制的相变，其进程取决于温度场和热流方向。凝固过程的控制是通过对各种传输过程以及物理场的控制实现的。在凝固过程中，可控制的主要传输过程包括传热、传质和动量传输。此外，也可通过变重力场、电磁场等实现凝固过程的控制[69]。凝固过程控制的目标就是为了获得具有预期凝固组织的优质产品。

4.5.2　电渣重熔过程凝固特点

　　影响材料性能最重要的因素之一就是其组织特征，而材料的凝固组织主要受材料成分、冷却速率和冷却方式等控制。电渣重熔技术特点在本书1.3节中已详细介绍。随着自耗电极母材制备技术的发展，电渣重熔技术的主要目的已从最初的脱硫、去除夹杂物，转移到对凝固组织的控制。

　　传统电渣重熔过程金属凝固条件的基本特点可以归纳为以下内容：

　　（1）"以小（尺寸）制大，边熔化边凝固"；仅有很少量（相对于全部质量）新熔滴不断加入凝固钢液，保障了凝固条件的稳定性，易实现成分均匀、组织均匀铸锭的制备。

　　（2）"底水箱强冷，渣壳侧壁弱保温"，使热流分配、组织生长趋于轴向，避免穿晶、夹杂物在结晶交界处析出。

　　（3）渣池传热和电极金属熔滴不断带入的热量，不断向铸锭上表面供热，保障了凝固前沿温度稳定性和铸锭光洁表面形成条件。

　　（4）"高温度梯度，低结晶生长速度"，进行定向的顺序结晶。

　　（5）金属熔池上面的渣池，构成了热的保温帽，使铸锭头部没有缩孔，并为施行补缩工艺提供基础。

　　总之，电渣重熔的重要特点就是支配结晶的条件，特别有利于具有良好机械性能的组织产生。图4-48为模铸与电渣重熔特大型锭碳偏析和枝晶间距比较。从图可以看出，与普通方法浇铸的钢锭相比，由于电渣锭凝固过程中温度梯度（G）大于常规模铸温度梯度，因此，使电渣钢锭的元素偏析程度和枝晶间距远远小于模铸，电渣锭具有更加致密均质的凝固组织。

　　电渣重熔钢锭优异的凝固组织优势随着锭型尺寸加大而减小，但对于大型锭和特大型锭仍有重要意义，即使是边缘凝固组织的改进也是非常重要和有利的。这种改进也是电渣重熔技术制备特厚板（详见本书第9章）和特大型锭（详见本书第10章）的突出优势所在。

　　本书第3章已讨论了推进的凝固前沿形状（金属熔池形状）在决定整个显微组织（内部质量）和光洁铸锭（表面质量）中的重要作用，经常用来表明显微结构的形成；大量的电渣重熔数学模型围绕着构建"工艺参数-金属熔池形状"之间的定量关系进行了研究，并取得了一定成果（详见本书3.1节）。现代电渣

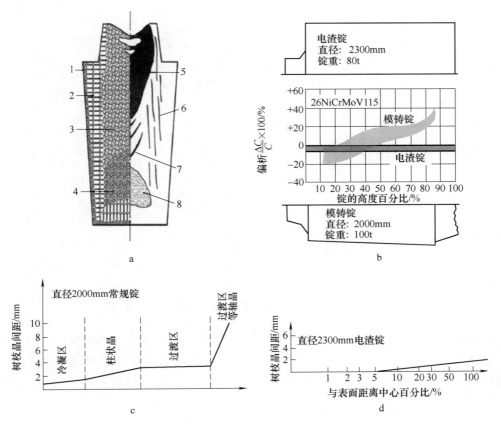

图 4-48 模铸与电渣重熔特大型锭的碳偏析和枝晶间距比较[70]

a—模铸锭；b—偏析情况对比；c—模铸锭枝晶分布；d—电渣锭枝晶分布
1—细晶层；2—柱状晶区；3—树枝状等轴晶区；4—球状等轴晶区；
5—正偏析区；6—A 形偏析；7—V 形偏析；8—负偏析区

重熔炉的控制特点也是以电极熔化率和渣阻为被调量、以重熔电流和电极进给速度为中间量，进而控制金属熔池深度和形状。但从本质上说，电渣重熔凝固的显微组织取决于两相区的凝固条件。

图 4-49 为凝固界面及组织结构演变与凝固条件（冷却速率 R 和温度梯度 G）的对应关系。对于一给定的合金，温度梯度 G 和凝固速率 V 是确定该合金凝固后的组织尺寸和形态的主要参数。一定的 G/V 值（图中左下到右下的斜线）代表了一定的微观组织形态（平面状、胞状、柱状和等轴枝状）；而不同的 $G \cdot V$ 值（即冷却速率 R，图中左上到右下的斜线）则表明这些组织的尺寸是不变的（如二次枝晶间距 λ_2）[71]。

在电渣重熔凝固过程中，铸锭中心（凝固条件最差处）的冷却速率为 4.3～

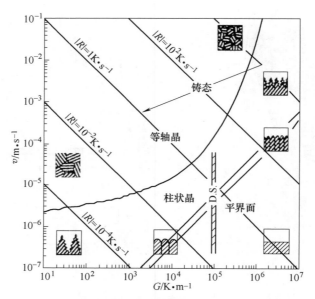

图 4-49 单相合金凝固组织随温度梯度和凝固速率的变化趋势

30K/min（对应铸锭直径为 1000~200mm）[72]。Niimi[73]对直径 1500mm 电渣锭解剖分析，指出其中心冷却速率为 0.8K/min，是模铸锭中心冷却速率的 1.5 倍。Takada 对直径为 750mm 的 Ni-Cr-Mo-V 电渣锭解剖分析，得到的凝固参数见表 4-15。

表 4-15 电渣重熔典型的凝固参数[74]

与电渣锭表面距离/mm	$G/K \cdot m^{-1}$	$V/m \cdot min^{-1}$	$G/V/K \cdot min \cdot m^{-2}$
30	1.54×10^4	2.35×10^{-3}	6.55×10^6
150	3.0×10^3	2.45×10^{-3}	1.22×10^6
300	1.9×10^3	2.72×10^{-3}	7.0×10^5

传统电渣重熔温度参数与电参数之间是存在一定特定关系的，G 和 V 由热通量和金属的热性质而相互关联着。如：当熔化速度过大，金属熔池深度增加，两相区宽度也随着增加，温度梯度降低。此外，从局部凝固时间（LST）的角度来看，存在一个局部凝固时间最短的最佳熔速（见图 1-10）。针对这一特点，对于一个给定材料，可以给出最高的允许熔化速度和最大锭的尺寸标准。

随着电渣重熔新技术的不断出现，相关的凝固过程也不断地被深入研究。如导电结晶器技术，改变了传统电渣重熔过程中温度参数与电效率之间的特定关系，大大增强了控制渣池和熔池之间热量分配的能力[75]。本书 1.6.3 节中"超快冷和最佳熔速下的浅平熔池均质化控制理论"也是在导电结晶器技术运用的基础上，再次对冷却条件进行了深入控制，以实现对凝固组织更加简单、节约、高效地控制。振动电极[76]和旋转电极电渣重熔技术[77]，可改变熔滴的滴落频率、熔滴大小和熔滴带入熔池内热量的分布状态，进而改变金属熔池形状、控制凝固。

流动也是凝固过程的重要影响因素，对枝晶臂的熔断和温度梯度的降低有重要影响。冶金工作者不断尝试将各种新工艺与电渣重熔技术相结合，以实现特殊目的冶炼、熔体流动和凝固控制。如有些学者研究了外场作用（电磁场[78~81]、超声波振动[82]和脉冲电流）下的电渣重熔凝固过程。此外，孕育剂变性处理[83]的引入也引起了一定的兴趣。

4.5.3 电渣重熔凝固质量控制方法

4.5.3.1 构建"工艺参数-金属熔池形状"定量关系

在电渣重熔过程中金属熔池的形状和大小会直接影响铸锭的凝固结晶过程，从而影响其质量。而金属熔池的形状和大小与电极熔化条件以及工艺参数有着密切的关系，随着电流的增加，即随着电极下降速度的增加，金属熔池的特点如图 4-50 所示。电极下降速度加快，金属熔池深度增加，导致金属液凝固结晶条件改变，使晶粒的生长方向接近于径向，这种电渣锭的组织与普通钢锭相近，因此要选用适当的冶炼电流，即合适的电极下降速度，从而保证电渣锭具有理想的轴向结晶。

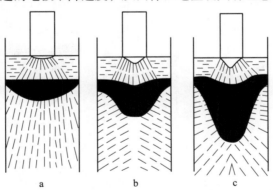

图 4-50　随着电极下降速度的增加电极熔化和
金属熔池形状变化的特点
a—低速；b—中速；c—高速

金属熔池形状与电压的关系如图 4-51 所示。随着电压的升高，金属熔池趋于扁平，晶粒的生长方向逐渐接近于轴向，熔池温度分布更加均匀，从而提高了铸锭表面质量。但是过度提高电压可能会导致电极插入深度过浅，破坏电渣重熔过程，产生电弧。

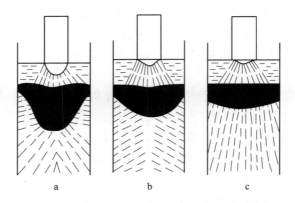

图 4-51　增加电压时电极熔化和金属熔池形状变化特点
a—低电压；b—中等电压；c—高电压

　　金属熔池形状与渣量的关系如图 4-52 所示。其他参数不变时，随着渣量的增加，金属熔池的深度变浅，这是由于渣量增加导致渣池变深，因而使炉渣处于熔融及过热状态，从而消耗的热量增加，那么分配给维持金属熔池的熔融及过热状态的热量就大大减少。渣量过多会使金属熔池体积变小、液态金属温度过低，从而影响钢锭的质量。

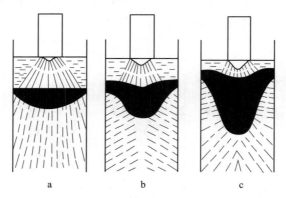

图 4-52　渣池深度变化时电极熔化和金属熔池形状变化特点
a—深渣池；b—中等渣池；c—浅渣池

4.5.3.2　熔化速度控制

　　除此之外，自耗电极熔速也影响着电渣重熔钢锭的凝固质量。在冶炼某些合金元素含量较高的钢种时，凝固过程中总是不可避免会发生元素偏析，严重影响铸锭的各项性能。例如 GH4169 高温合金，在该合金中添加了适量的 Al、Ti、Nb，以此来提高合金的各项性能；但是这些元素极易在凝固过程中产生偏析，尤其是 Nb 元素，其会生成大量的 Laves 相。Laves 相为脆性相，对合金性能危害极大，并且难以去除。因此，减少高温合金在凝固过程中的元素偏析是许多研究者的工作重点，而元素偏析的本质原因是局部凝固时间（LST）过长，而在电渣重熔过程中，局部凝固时间在某种程度上取决于电渣过程中自耗电极的熔化时间（熔速）。

张福利等[84]关于电渣重熔过程中熔速对 GH4169 合金凝固组织的影响进行了研究，使用 φ300mm 结晶器进行了电渣重熔实验，发现在电渣重熔过程中，随着熔速的增加，铸锭中心部位与 R/2 处（R 为半径）的二次枝晶间距先减小后增大，而在铸锭边部的枝晶间距是逐渐增大的；在重熔过程中 Laves 相析出量随着熔速的增加而增加。实验结果表明，在使用 φ300mm 结晶器进行 GH4169 合金电渣重熔时，当熔速≤3.5kg/min 时，铸锭会得到较为理想的凝固组织。

4.5.3.3　强化冷却

A　高效水冷结晶器

上小节已经提到，最佳熔速与电渣重熔的操作工艺也有一定关系，例如与水冷结晶器的冷却能力有一定关系。

如图 4-53 所示，电渣重熔过程中铸锭到结晶器冷却水之间的传热过程可分为以下几个阶段：

（1）渣壳内部的传导传热。

（2）渣壳与结晶器之间气隙内的辐射传热和传导传热。

（3）结晶器壁内部的传导传热。

（4）水垢内部的传导传热。

（5）冷却水内部的对流传热。

因此，从铸锭侧面到冷却水之间总的传热系数为：

$$h_{iw} = \cfrac{1}{\cfrac{\delta_s}{k_s} + \cfrac{1}{h_r + \cfrac{k_g}{\delta_g}} + \cfrac{\delta_m}{k_m} + \cfrac{\delta_d}{k_d} + \cfrac{1}{h_w}} \qquad (4\text{-}33)$$

式中　h_{iw}——铸锭侧面到冷却水之间总的传热系数；

　　　　h_r——气隙内的辐射传热系数；

　　　　h_w——冷却水内部的对流传热系数；

　　　　δ_s——渣壳厚度；

　　　　δ_g——气隙厚度；

　　　　δ_m——结晶器内壁厚度；

　　　　δ_d——水垢厚度；

　　　　k_s——渣壳导热系数；

k_g——气隙内气体导热系数；

k_m——结晶器内壁导热系数；

k_d——水垢导热系数。

渣池侧面与结晶器内冷却水之间的总传热系数具有同样的形式。

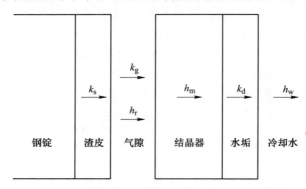

图 4-53　电渣锭与结晶器冷却水之间传热过程示意图

另外，考虑到电渣重熔结晶器直径较大，可以近似认为结晶器内冷却水强制对流传热时，对流传热系数 h_w 与冷却水的流速 v 具有如下关系：

$$\overline{h}_w = 0.664 k Pr^{0.343} \left(\frac{v_\infty}{\gamma L}\right)^{1/2} \tag{4-34}$$

式中　$\overline{h}_w$——平均对流换热系数；

k——冷却水的导热系数，

Pr——普朗特准数；

v_∞——冷却水的来流速度；

γ——冷却水的运动黏度；

L——结晶器轴向长度。

由式（4-34）可以看出，冷却水的流速越大，冷却水的对流传热系数越大，进而从铸锭侧面到冷却水之间总的传热系数越大。

因此，可以通过调整结晶器的结构来适当提高冷却水的流速，从而改善铸锭的凝固组织。图 4-54a 为普通电渣重熔水冷结晶器的示意图，可以看出其结构较为简单，冷却水从下部进水口进入结晶器，然后从上部出水口流出结晶器，在流动过程中产生冷却效果。图 4-54b 为改进后的高效水冷结晶器，与普通水冷结晶器相比，这种高效水冷结晶器沿纵向分成了两层，外层又沿横向分成两个空间，冷却水从下部进水口进入结晶器外层后，首先填充外层下部空间，然后进入结晶器内部，在沿着内层向上流动的同时产生冷却效果，冷却结束后流入结晶器外层上部空间，最后从出水口流出结晶器。

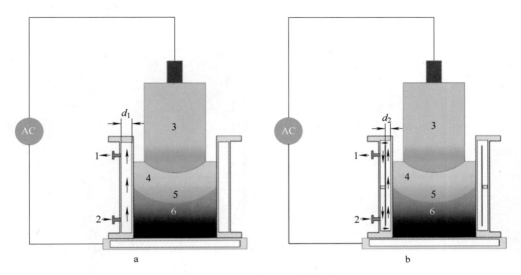

图 4-54　电渣重熔结晶器结构
a—传统结晶器；b—高效结晶器
1—出水口；2—进水口；3—自耗电极；4—熔渣；5—熔池；6—铸锭

分析图 4-54 可知，两种不同结构的结晶器相比，在冷却水流量相等情况下，由于 d_2 明显小于 d_1，所以冷却水的流速图 4-54a 中明显大于图 4-54b，从而可以明显提高结晶器的冷却能力。

采用两种不同结构的结晶器电渣重熔之后，铸锭的各项参数对比如图 1-10 所示。与常规冷却方式相比，采用超快冷却方式后，在电极熔化速度相同时，超快冷却方式的局部凝固时间明显降低，这有利于减轻铸锭内部的合金元素偏析，同时改善铸锭的表面质量；采用超快冷却方式后，电极最佳熔化速度增加，这有利于提高电渣重熔的生产效率。

B　增加二次冷却

对抽锭式电渣重熔，可增加二次冷却（气雾等）来达到改变冷却速率的目的，这对大型和特大型铸锭的制备具有重要意义。

新日铁八幡厂采用二次喷雾冷却时，取得了较好的效果，通过金属熔池的硫印显示实验，比较了采用二次喷雾冷却和不采用二次喷雾冷却时的金属熔池深度，如图 4-55 所示[85]。这主要是因为在采用二次喷雾冷却时，其铸坯侧表面传热系数可高达 5000W/($m^2 \cdot K$)[86]，可以有效地加强冷却效果，减小熔池深度，提高内部结晶质量。

东北大学设计研发的特厚板坯电渣炉增加二次气雾冷却技术，助力舞阳钢铁公司自主研发了 150～350mm 厚全系列水电用特厚板等优质产品（详见本书 9.3.2）。

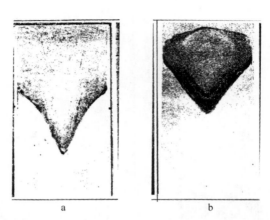

图 4-55　新日铁八幡厂是否采用二次喷雾冷却时熔池形状的比较

a—无二次喷雾冷却；b—采用二次喷雾冷却

4.5.3.4　渣皮厚度调控

渣皮厚度对铸锭的凝固质量也有重要的影响。当电渣重熔的工艺制度合理时，金属熔池上部会有圆柱段，即钢锭侧面的凝固点在渣金界面以下一段距离，如图 4-56 所示。熔池上升过程中由于金属熔体有一定的过热度且明显高于渣的熔化温度，因此在接触到凝固的渣皮时会使部分渣皮重新熔化，保证渣皮薄而均匀，金属在这层渣皮的包裹中凝固，铸锭表面会十分光洁，如图 4-57 所示。因此，金属熔池是否有圆柱段是判断 ESR 钢锭表面质量的一个基本依据。实践表明，为使 ESR 钢锭表面光洁，$H_{ms} \geqslant 10mm$。

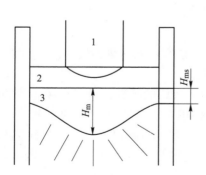

图 4-56　电渣重熔金属
熔池形状示意图

1—电极；2—渣；3—钢液

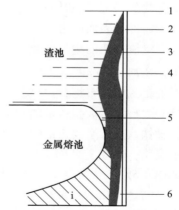

图 4-57　渣皮变化过程示意图

1—渣池表面；2—结晶器内壁；3—凝固
渣壳；4—可能存在的收缩气隙；
5—重熔化的渣；6—气隙

A　电渣重熔铸锭表面缺陷

电渣重熔铸锭表面可能出现的缺陷主要包括以下几种[35]。

a　波纹

若金属熔池没有圆柱段，甚至渣金界面依靠结晶器壁附近的金属已经凝固，则随着液面的上升渣皮不能重新熔化，因而形成局部的厚渣壳。这一过程的重复进行就形成了内表面呈波纹状的渣皮，钢锭表面也随之形成波纹状。

b　重皮或漏渣

这类缺陷主要出现在铸锭的中上部，尤其是抽锭式电渣重熔工艺，这类缺陷更易出现。这类缺陷出现的原因很多，但整体来说可以分为两方面：首先渣金界面温度过高，导致渣皮破裂或被完全熔化；其次是渣系的物理性质不合理，如熔点较低、渣皮塑性和强度较差等。

c　凹陷或铸锭不饱满。

这类缺陷主要出现在 Al_2O_3 含量较高的渣系中，此时与结晶器内壁接触的渣皮中含有大量高熔点的纯 Al_2O_3，从而容易导致铸锭产生凹陷。

B　调控措施

为防止电渣重熔的铸锭表面出现上述缺陷，可从以下几个方面进行调控。

a　选择合适的冶炼制度

渣金界面的温度分布决定了结晶器内壁附近的温度场，从而影响渣皮厚度。相关研究[87]表明，渣皮厚度是渣池温度和渣系的函数，若渣系条件保持不变，则渣皮厚度就是渣池温度的函数。通过调整电流或电压来适当提高渣池温度，即可获得薄而均匀的渣皮，从而保证电渣重熔铸锭的表面质量。但是需要注意，若渣池温度过高，则容易导致金属熔池变深，从而不利于铸锭沿着轴向凝固结晶，会导致其内部质量变差；另外，渣池温度过高，还容易导致铸锭表面产生重皮和漏渣的缺陷。

b　选择合适的渣系

在电渣重熔尤其是抽锭式电渣重熔的过程中，铸锭与结晶器之间会存在不同程度的相对运动，从而使金属熔池和渣池中的温度场产生波动，影响渣皮厚度的均匀性。因此，可以选择黏度较低且稳定性好的渣系，从而获得薄而均匀的渣皮，保证铸锭的表面质量；反之，若选择黏度稳定性差的渣系，则随着温度场的扰动，其黏度容易产生突变，从而导致铸锭表面出现渣沟、波纹、重皮或漏渣等缺陷。另外，还需要注意固态渣皮的塑性、强度、摩擦系数等力学性能，以防止出现重皮或漏渣等缺陷。

4.5.3.5　新技术在电渣重熔凝固控制中的应用

A　导电结晶器技术（CCM）

Medovar 等对比了传统电渣重熔和液态金属电渣工艺对金属熔池形状的影响。图 4-58 为不同工艺熔炼铸锭的金属熔池形状。由于液态金属电渣工艺没有自耗电极，渣池中心处没有过热的液态金属，因此可以降低中心处金属熔池的深度。同时，由于导电结晶器的使用，使渣池侧壁的温度升高，进而使铸锭侧壁处的温度升高，金属熔池圆柱段的高度增加，金属熔池更加浅平。由于电渣重熔过程中铸锭的凝固方向与金属熔池的形状密不可分，液态金属电渣工艺熔炼铸锭的凝固方向更趋于轴向，进而可以改善铸锭的力学性能[88]。

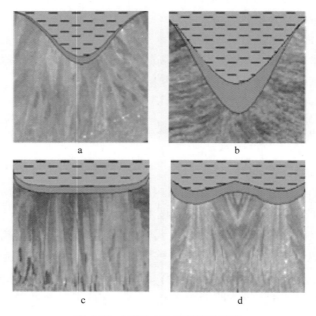

图 4-58　不同工艺金属熔池形状
a—ESR 低熔速；b—ESR 高熔速；c—CCM-ESR 低熔速；d—CCM-ESR 高熔速

Holzgruber 等在 Breitenfeld Edelstahl AG 特殊钢公司，利用直径为 780mm 导电结晶器进行了传统电渣重熔和 CCM-ESR 实验[89]。通过实验发现，采用 CCM-ESR 工艺后金属熔池更加浅平，减轻了铸锭的元素偏析。此外，通过研究不同流经自耗电极和导电体的电流分配发现，当流经导电体的电流与流经自耗电极的电流相等时铸锭的表面质量最好，如图 4-59 所示。

东北大学进行了单电源双回路 CCM-ESR 重熔过程，供电方式对金属熔池影响的研究。采用导电结晶器后，金属熔池明显变得更为浅平，如图 4-60 所示。

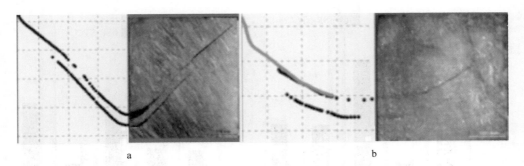

图 4-59　传统电渣重熔和导电结晶器电渣重熔的熔池形状

a—传统电渣重熔；b—双电源双回路电渣重熔

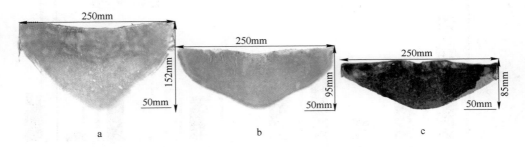

图 4-60　不同导电方式电渣重熔铸锭金属熔池形状

a—抽锭电渣重熔（ESRW）；b—上电源双回路（ESR-STCCM-U）；

c—下电源双回路（ESR-STCCM-D）

此外，东北大学还对不同供电方式对电渣重熔高温合金铸锭的元素偏析进行了研究。图 4-61 为不同熔炼方式电渣重熔 $\phi260mm$ GH4169 铸锭元素宏观偏析率波动的结果[90]。通过对比可知，采用导电结晶器电渣重熔后，铸锭元素的宏观偏析率波动低于传统电渣重熔（非导电结晶器）。

图 4-62 为不同导电方式电渣锭的元素微观偏析比的结果。从图 4-62 中可以看出，传统电渣重熔铸锭中心处 Nb、Al、Ti、Mo、Cr、Mn、C 元素的微观偏析比分别为 2.44、1.06、1.92、1.27、1.10、1.74、1.67，而这些元素在导电结晶器电渣重熔铸锭中心处的微观偏析比分别为 2.09、1.02、1.53、1.19、1.03、1.53、1.02。采用导电结晶器电渣重熔能降低元素的微观偏析。

B　磁控电渣重熔

Kompan 采用气氛保护的磁控电渣炉进行了钛合金的重熔，外置磁场为轴向磁场，通过实验获得了不同磁感应强度下的金属熔池形貌，如图 4-63 所示。其

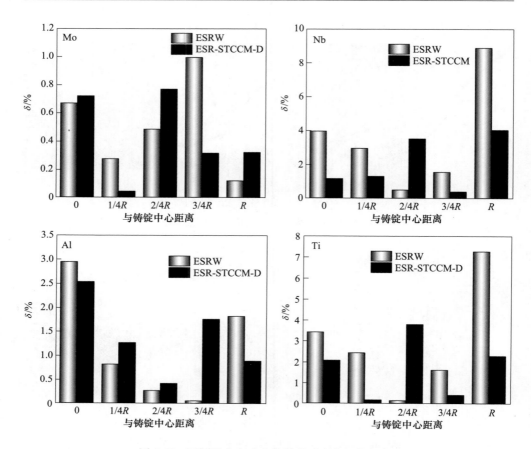

图 4-61　不同导电方式电渣锭的元素宏观偏析率

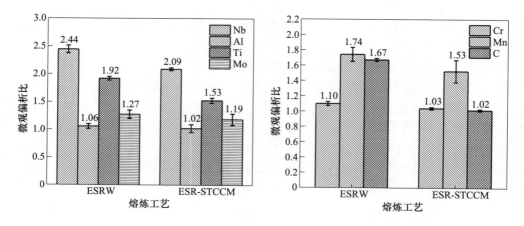

图 4-62　不同导电方式电渣锭的元素微观偏析比波动

结果表明，轴向磁场的施加能够使金属熔池浅平化，从而有利于获得合金成分更加均匀，凝固组织轴向生长的电渣锭。同时，还获得了不同磁感应强度下的宏观组织形貌，如图 4-64 所示。其结果表明，未施加磁场时凝固组织为粗大且沿着与轴向呈 45°方向生长的柱状晶，而施加 0.08T 轴向脉冲磁场后，柱状晶开始细化并开始趋向于沿轴向生长；当将轴向脉冲磁场提高至 0.22T 时，重熔锭凝固组织的整个纵截面呈现出近等轴晶组织。

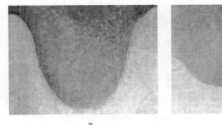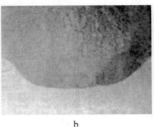

图 4-63　不同磁场下钛合金锭的金属熔池形貌

a—B=0T；b—B=0.06T；c—B=0.1T

图 4-64　不同轴向磁场下钛合金锭的宏观组织

a—B=0；b—B=0.08T；c—B=0.22T

上海大学钟云波等[81]也开展了磁控电渣重熔轴承钢的研究。其通过研究不同重熔电流强度和外加横向磁场的磁感应强度对轴承钢重熔锭的金属熔池、凝固组织和性能等的影响，实验结果表明：工频电渣重熔过程中施加横向静磁场可使金属熔池浅平化，如图 4-65 所示。

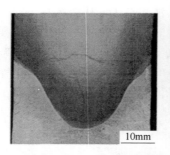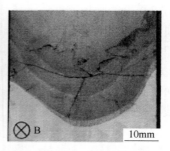

图 4-65　有无外加横向静磁场下的金属熔池形貌

C　移动电极和旋转电极

除了以上所述，采用移动电极熔炼钢锭的方法是一种很有前景的方案，例如，在生产矩形钢锭时，带着结晶器的小车使一根或一组自耗电极沿着钢锭截面的长边方向往复移动，在多电极电渣炉冶炼时分别调节各支电极的功率也能获得相似的效果。使用这样的工艺冶炼矩形钢锭效果特别好，可使输入炉渣的功率从一个电极向其他电极周期性的变化，同样得到了移动电极的效果。王芳等[76] 通过数值模拟的方式，计算了自耗电极在水平振动时，不同振幅和频率条件下电渣重熔中各物理场和金属液滴的大小及分布状况，结果表明：电极振动可以改变熔滴的滴落频率，熔滴变小，数量增多，从而增大自耗电极的熔化速度，而金属熔池会变得浅平，有利于凝固质量的控制，如图 4-66 和图 4-67 所示。

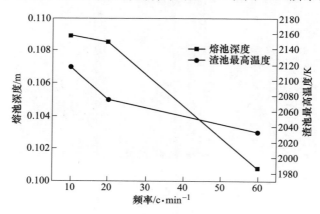

图 4-66　不同水平振动频率时渣池
最高温度以及熔池深度的变化

俄罗斯南乌拉尔国立大学对旋转电极电渣重熔技术进行了研究。图 4-68 为传统电渣重熔和旋转电极电渣重熔的流体力学特征对比图。与传统电渣重熔不同，旋转电极电渣重熔电极端部呈平面状，金属熔滴在离心力的作用下几乎平行

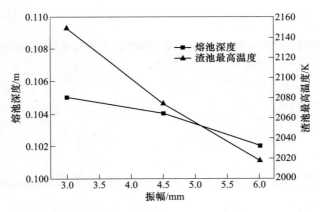

图 4-67　不同水平振动振幅时熔池
深度与渣池最高温度的变化

地飞离电极端部，使金属熔池底面接近水平，更好地保证铸锭的轴向结晶。铸锭的低倍组织无缺陷，在高度和截面上的化学成分均匀性更好。

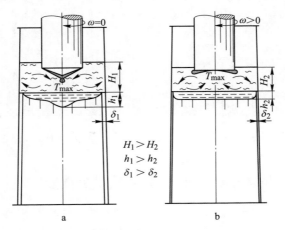

图 4-68　传统电渣重熔（a）和旋转电极
电渣重熔（b）的流体力学特征对比图

Demirci 等[91]研究了不同电极转数对旋转电极电渣重熔 S235JR 和 H13 钢金属熔池形貌的影响。研究结果表明：对比传统电渣重熔，自耗电极旋转后，渣皮厚度明显减薄，金属熔池显著变浅。对应重熔 S235JR 过程，随着电极转数增大（0→20r/min→50r/min），金属熔池不断变浅，如图 4-69 所示；对应重熔 H13 过程，随着电极转数增大（0→20r/min→50r/min），金属熔池先明显变浅后又略有变深，如图 4-70 所示。

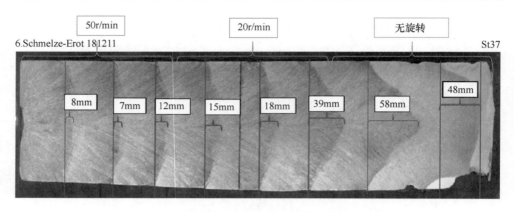

图 4-69   旋转电极电渣重熔 S235JR 过程不同转数下的金属熔池形貌

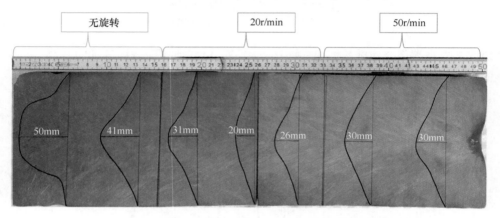

图 4-70   旋转电极电渣重熔过程 H13 不同转数下的金属熔池形貌

4.6   电渣钢典型品种的洁净度、凝固质量及性能

电渣重熔中金属的熔化、精炼、结晶、成型等过程在水冷结晶器内同时进行，由于金属材料被炉渣有效地精炼，使金属中的非金属夹杂物、有害元素、有害气体大量去除，从而获得较高纯净度的熔铸件。同时，由于液态金属在水冷结晶器内快速结晶，金属的组织致密、成分均匀，电渣锭的低倍组织也得到改善，一般模铸钢锭中常见的发纹、疏松、缩孔、夹渣、偏析等缺陷基本清除，从而使电渣锭的冶金质量改善，材料性能提高[92]。

4.6.1   电渣钢的洁净度

4.6.1.1   电渣钢中非金属夹杂物的含量

电渣重熔方法对提高金属的纯净度是十分有效的[35,93]，表 4-16 ~ 表 4-18 列出了几种材料在电渣重熔前后的非金属夹杂物含量和金相评级的结果。通过测定钢中非金属物含量，夹杂物总含量比熔炼前降低了 $1/3 \sim 1/2$，而且夹杂物分布均匀、细小、金相评级显著降低。

表 4-16 Cr-Ni 结构钢电渣重熔前后的非金属夹杂物

钢 种	工 艺	非金属夹杂物含量/%	金相评级平均值/级	
			氧化物	硫化物
30CrMnMo	熔炼前	$\dfrac{0.00500 \sim 0.00510}{0.00509}$	1.0	1.5
	熔炼后	$\dfrac{0.00291 \sim 0.00409}{0.00410}$	0.5	0.5
CrNiMo	熔炼前	0.0119	2.0	1.0
	熔炼后	$\dfrac{0.00420 \sim 0.00860}{0.00570}$	0.5	0
30CrNi3Mo	熔炼前	$\dfrac{0.01500 \sim 0.01800}{0.01650}$		
	熔炼后	$\dfrac{0.00530 \sim 0.00770}{0.00635}$	0.5 ~ 1.0	0.5
20CrMnSiNiA	熔炼前	0.01175		
	熔炼后	0.00285		

注：分子为最小值和最大值，分母为平均值。

表 4-17 不锈耐热钢电渣重熔前后的非金属夹杂物

钢 种	工 艺	非金属夹杂物含量/%	金相评级平均值/级	
			氧化物	球状夹杂物
4Cr12Ni8Mn8MoVNb	熔炼前	$\dfrac{0.0087 \sim 0.0111}{0.0099}$	$\dfrac{1.0 \sim 4.5}{2.90}$	$\dfrac{0.5 \sim 3.0}{0.83}$
	熔炼后	$\dfrac{0.0028 \sim 0.0074}{0.0052}$	$\dfrac{0.5 \sim 1.0}{0.52}$	0.5
Cr15Ni15Mo3Nb	熔炼前	$\dfrac{0.0074 \sim 0.0140}{0.0107}$	$\dfrac{0.5 \sim 3.5}{2.73}$	$\dfrac{0.5 \sim 3.5}{2.17}$
	熔炼后	$\dfrac{0.0062 \sim 0.0097}{0.0076}$	0.50	0.50

注：分子为最小值和最大值，分母为平均值。

表 4-18　滚珠轴承钢电渣重熔前后的非金属夹杂物

钢　种	工　艺	非金属夹杂物含量/%	金相评级平均值/级		
			氧化物	硫化物	球状夹杂物
GCr15A	熔炼前	0.0165	2.69	2.27	1.40
	熔炼后	0.0050	1.03	0.75	0.46
GCr15SiMnA	熔炼前	0.0100	2.06	2.37	1.53
	熔炼后	0.0070	1.04	1.05	0.29

　　金属材料的冶金质量和使用寿命，不仅与夹杂物含量有关，而且与夹杂物颗粒大小及其分布是否均匀有关。一般来说，夹杂物呈聚集状、颗粒粗大时，对金属材料的冶金质量和使用寿命不利。电渣重熔不仅降低了钢中非金属夹杂物的含量，而且使夹杂物颗粒变得细小、分布均匀（见图 4-71），从而提高了金属材料的冶金质量和使用寿命。

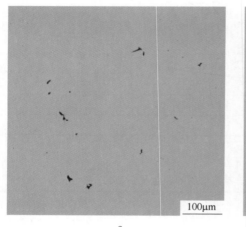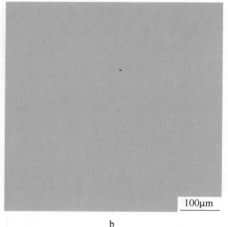

100μm　　　　　　　　　　　　　　　100μm

a　　　　　　　　　　　　　　　　　b

图 4-71　电渣熔前后非金属夹杂物图片

a—电渣熔炼前；b—电渣熔炼后

4.6.1.2　电渣钢中有害气体的含量

　　电渣重熔时，铸件自下而上的轴向结晶有利于气体的排除，气体含量变化见表 4-19[94]。

　　由表 4-19 中可以看出，经电渣重熔后钢中的氧含量一般可降低 30% ~ 60%，氢含量也有所降低，而氮含量的减低与否，则与所炼钢种不同而异。钢中的氧主要是依靠夹杂物的上浮而减少，氮和氢可能是由于不断生长着的结晶表面形成气泡，而气泡穿过钢-渣界面，再浮升到渣池表面而进入气相。

表 4-19 电渣熔炼前后钢中气体含量的变化

钢 种	工 艺	气体含量/%		
		O_2	N_2	H_2
0Cr18Ni9	电渣熔炼前	0.00349	0.07568	0.00113
	电渣熔炼后	0.00222	0.02725	0.00087
1Cr14Ni19W2Nb	电渣熔炼前	0.00569	0.05268	0.00105
	电渣熔炼后	0.00256	0.06070	0.00097
18CrNiW	电渣熔炼前	0.00550	0.01130	
	电渣熔炼后	0.00308	0.00760	
20CrNi2Mo	电渣熔炼前	0.00110	0.00410	
	电渣熔炼后	0.00100	0.00390	
30CrMnMo	电渣熔炼前	0.00298	0.01620	
	电渣熔炼后	0.00196	0.01420	

当钢中不含有形成稳定氮化物的元素时，则氮的去除比较容易；当钢中含有形成稳定氮化物元素如 Ti、Nb 时，它们和氮结合形成难熔的氮化钛或氮化铌（TiN、NbN），则不再可能以气泡状态排出了。氮化物与氧化物夹杂不同，它具有较高的熔点和较小的表面能，在钢中弥散分布，因而不能聚结，故极易夹混于晶轴之间的空隙内，使之上浮困难。所以在重熔 1Cr18Ni9Ti、1Cr14Ni19W2Nn 等类含 Ti、Nb 钢时，氮去除困难。

4.6.1.3 电渣钢中的有害元素含量

S 和 P 元素的含量影响着钢的冶金质量。表 4-20 列出了电渣重熔钢中的 S、P 含量的变化。由表 4-20 可以看出，电渣重熔钢中硫含量可降至 0.0018% ~ 0.01%，去硫率可达 33% 以上。电渣重熔能显著地去硫，是由于气相中的氧使硫化物氧化生成气体而去除的结果。另外，由于去磷是放热反应，电渣重熔的高温低 FeO 炉渣，对于去磷不利，故去磷的效果不大，甚至会出现回磷现象[95]。

表 4-20 电渣重熔前后硫、磷含量的变化　　（质量分数,%）

钢 种	S			P		
	电渣重熔前	电渣重熔后	变化率	电渣重熔前	电渣重熔后	变化率
G20CrNi2Mo	0.0041	0.0018	−56	0.010	0.010	0
18CrNWA	0.015	0.007	−53	0.012	0.013	+8
GCr15	0.006	0.002	−67	0.008	0.0012	+33
W18Cr4V	0.015	0.010	−33	0.024	0.025	+4
球墨铸铁	0.032	0.0055	−83	0.456	0.448	−2

由表 4-21 可见，电渣钢的硫含量均小于或等于 0.003%，磷含量均小于或等于 0.010%；而电炉钢的硫、磷含量均偏高[96]。

表 4-21　18Cr2Ni4WA 电渣钢与电弧炉钢的硫、磷含量分析结果　　（质量分数，%）

直径/mm	电渣钢		电炉钢	
	S	P	S	P
400	0.001	0.006	0.005	0.010
300	0.002	0.008	0.004	0.010
270	0.001	0.009	0.005	0.013
130	0.003	0.010	0.003	0.007
300	0.002	0.008	0.002	0.010
170	0.001	0.009	0.012	0.015
280	0.001	0.007	0.002	0.009
160	0.001	0.010	0.016	0.014
170	0.002	0.007	0.005	0.012
160	0.003	0.009	0.003	0.010
180	0.002	0.009	0.016	0.015

4.6.1.4　电渣钢的致密性及低倍组织

电渣重熔后，钢的密度增加、夹杂物含量降低、低倍组织得到改善。电渣重熔过程自上而下快速轴向结晶的结果，基本上消除了普通铸锭时常见的缩孔、疏松、夹杂物聚集、偏析等缺陷，如表 4-22 和图 4-72 所示[97]。

表 4-22　电渣重熔 5CrNiMo 钢的冶金质量

项　　目	夹杂物级别	
	氧　化　物	硫　化　物
GB 11880—1989	≤2.5 级	≤2.5 级
电渣重熔工艺	按 TB/T 2451—1993 评级，球状夹杂物 1 级	
电炉工艺	平均 1.91 级	平均 1.83 级

图 4-72 是电渣重熔钢的低倍组织图片，其铸锭各部位质地纯洁、组织致密。经电渣重熔后，钢的密度一般提高 0.33%~1.37%。

表 4-23 为几种钢重熔前后的密度变化数据，电渣重熔后钢的密度增加，且均匀致密。表 4-24 是合金结构钢 20Cr3MoWA 的电渣重熔铸锭与普通熔炼法的锻件在不同部位所测量的密度数据。

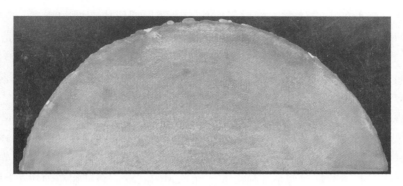

图 4-72　电渣重熔钢的低倍组织

表 4-23　电渣重熔前后钢的密度变化　　　　　(g/cm³)

钢种	GCr15A	2Cr13	Cr17Ni2	Cr28	1Cr18N19Ti
重熔前	7.824	7.736	7.689	7.622	7.825
重熔后	7.850	7.809	7.735	7.727	7.921

表 4-24　不同取样位置的密度　　　　　(g/cm³)

项　目	电渣重熔铸锭			锻　坯	
取样部位	锭边	锭心	锭身	锻坯边	锻坯心
密度	7.882	7.874	7.903	7.875	7.865

4.6.1.5　电渣锭表面质量

　　在合理的电渣工艺制度下，金属熔池具有圆柱部分，即钢锭侧面的凝固点在渣/金界面以下一段距离，这样熔池上升过程中由于金属液体有一定的过热度且明显高于渣的熔化温度，因此在金属液体上升接触到凝固的渣皮时会使部分凝固的渣皮重新熔化，使渣皮薄而均匀，金属在这层渣皮的包裹中凝固，电渣锭表面会十分光洁[98,99]，如图 4-73 所示。另外，渣皮的存在能减少径向传热，有利于形成轴向结晶条件。

　　若金属熔池没有圆柱部分，甚至渣/金界面依靠结晶器壁附近的金属已经凝

图 4-73　电渣锭表面质量

固，则随着液面的上升渣皮不能重新熔化，因而局部形成弯曲的渣壳。随着渣壳变厚冷却强度降低，金属熔池的温度升高，在上升过程中又使凝固的渣壳部分重新熔化，形成局部薄渣壳。这一过程的重复进行就形成了内表面的波纹状渣皮，钢锭表面也随之形成波纹状。因此，金属熔池即钢锭侧面凝固前沿位置是否具有圆柱部分，是判断能否获得光滑电渣锭的基本判据。

熔渣的熔点低、黏度小和导热系数大，有利于改善电渣锭的表面质量：一方面，这样的渣系传热效果好，渣池温度分布比较均匀，特别是径向的热流较大，容易使金属熔池侧面保持较大的供热，从而保证熔池具有足够的圆柱高度；另一方面，熔点低、流动性好的渣系容易形成薄而均匀的渣皮，而且在渣池中凝固的渣壳容易被上升的金属熔池重新部分熔化，从而达到改善电渣锭表面质量的目的。

使用生渣料和预熔渣料对重熔钢锭的表面质量也有不同程度的影响。在使用金属电极生渣料重熔时，电渣钢锭的底部由于渣料没有完全熔化，使得渣池的化学成分也不均匀，造成不同的电渣锭成型效果；因此，电渣锭底部容易出现厚渣皮，并且底部的成型性不好，局部容易缺"肉"。而采用预熔渣进行生产，熔化的渣料成分都是非常一致的，因此钢锭下部的成型性较好，如图 4-74 所示。

图 4-74　采用预熔渣重熔的钢锭底部质量

4.6.2　电渣钢的凝固质量

4.6.2.1　化学成分

金属的性能主要决定于其内在组织与结构，而组织结构又受金属的固有化学成分和一定的生产工艺过程控制。保证化学成分合格是对任何一种冶炼方法的最基本要求。表 4-25 列举了滚珠轴承钢、合金结构钢、高速钢、铬钢、铬镍不锈钢的化学成分数据[100]。

表 4-25 不同钢种电渣重熔前后化学成分的变化

钢种	分析对象	化学成分（质量分数）/%											
		C	Si	Mn	Cr	Ni	Mo	W	V	Ti	Al	S	P
GCr15	电极	0.99	0.25	0.30	1.44							0.006	0.008
	重熔锭	0.99	0.25	0.28	1.45							0.002	0.012
	改变值	0	0	-6.67	+0.69							-66.67	+50
12Cr2Ni4A	电极	0.13	0.28	0.45	1.55	3.55						0.010	0.020
	重熔锭	0.13	0.23	0.40	1.56	3.58						0.006	0.020
	改变值	0	-17.9	-11.1	+0.6	+0.8						-40.0	0
W18Cr14V	电极	0.75	0.24	0.24	4.23	0.26		17.40	1.20			0.015	0.24
	重熔锭	0.75	0.22	0.24	4.25	0.26		17.10	1.20			0.010	0.25
	改变值	0	-8.3	0	+0.5	0		-1.7	0			-33.3	+4.2
GH33	电极	0.05	0.45	0.30						2.65	1.00	0.007	0.010
	重熔锭	0.05	0.47	0.30						2.52	0.85	0.004	0.010
	改变值	0	+4.4	0						-4.9	-15.0	-42.9	0
3Cr14NiMoN	电极	0.34	0.70	0.42	14.2	0.50					0.132	0.004	0.0067
	重熔锭	0.33	0.73	0.43	14.1	0.50					0.001	0.004	0.0038
	改变值	+3.0	-4.3	-2.4	0.70	0.00					+99.2	0.00	+43.3

由表 4-25 可以看出，在电渣重熔过程中，碳、镍、铬、钨、钼、钒等元素，基本上无烧损，重熔前后上述元素在钢中含量稳定，锰含量的变化值不大，硅元素的烧损与钢中含铝、钛与否有关，若钢中不含铝、钛元素，则硅元素烧损较大，一般可达 10%~15%；若钢中含铝、钛元素时，硅元素由于受到活泼性更大的铝、钛元素的保护，烧损量减少，当渣料组成中 SiO_2 含量高时，还会产生增硅的现象[101~105]。

将 ϕ125mm Cr20Ni25Mo4.5Cu 电渣锭在铸锭中部位置使用线切割横向切取 10mm 厚的圆片，按照心部、1/2 半径处（R/2）和边缘分别切取若干 10mm× 10mm×10mm 试样。将试样抛光后在 10% 草酸溶液中电解腐蚀。其中，电解电压为 3.5V，电解时间为 40s[106]。

图 4-75 为电渣锭的边缘、R/2 处和心部的金相组织。可以看出，三个位置的组织均为发达的树枝晶，并且枝晶间分布有少量析出相。

表 4-26 为不同部位一次枝晶、二次枝晶间距，不难发现一次、二次枝晶间距均为心部>R/2 处>边缘。电渣重熔时，钢液在铜质内壁的水冷结晶器中冷却成型，因此电渣锭边缘冷却速度极快，导致枝晶发育不完全。在铸锭 R/2 处，凝固速率降低，形成比较粗大枝晶；而在心部，凝固速率进一步降低，钢液凝固时间增加，形成粗大的枝晶组织。

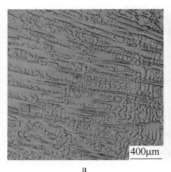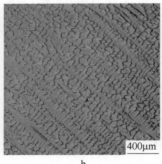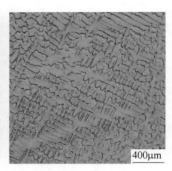

a　　　　　　　　　　　b　　　　　　　　　　　c

图 4-75　不同部位枝晶形貌

a—边缘；b—$R/2$；c—中心

表 4-26　不同部位一次、二次枝晶间距　　　　　　　　（μm）

位　　置	一次枝晶间距 λ_1	二次枝晶间距 λ_2
中心	344. 65	46. 42
$R/2$ 处	215. 93	38. 37
边缘	164. 85	28. 51

　　通过能谱仪（EDS）分别测定了边缘、$R/2$ 和心部三个位置处二次枝晶干和枝晶间元素的含量，每个位置测 10 个点的成分，取其平均值；然后计算偏析系数 k（k=枝晶间元素平均成分/枝晶干元素平均成分），结果见表 4-27。

表 4-27　904L 电渣锭枝晶的化学成分分析

位置	区　　域	Ni	Cr	Mo	Si	Mn
边缘	枝晶干（质量分数）/%	23. 72	20. 77	3. 85	0. 62	1. 39
	枝晶间（质量分数）/%	23. 76	21. 09	4. 90	0. 65	1. 43
	偏析系数 k	1. 00	1. 02	1. 37	1. 05	1. 03
$R/2$ 处	枝晶干（质量分数）/%	24. 03	20. 33	4. 16	0. 69	1. 13
	枝晶间（质量分数）/%	24. 00	22. 01	6. 83	0. 72	1. 30
	偏析系数 k	1. 00	1. 08	1. 64	1. 04	1. 15
中心	枝晶干（质量分数）/%	24. 24	20. 90	4. 20	0. 60	1. 37
	枝晶间（质量分数）/%	23. 85	21. 70	7. 43	0. 65	1. 47
	偏析系数 k	0. 98	1. 04	1. 70	1. 08	1. 07
平均偏析系数 k_{ave}		0. 99	1. 05	1. 57	1. 06	1. 08

　　σ 相是一种硬脆的高 Cr、Mo 含量金属间化合物，它的析出会降低钢的韧性、

塑性；同时因其富 Cr，在其周围往往出现贫铬区，从而使钢的耐腐蚀性能降低。
σ 相主要在枝晶间和晶界处析出，如图 4-76 所示。

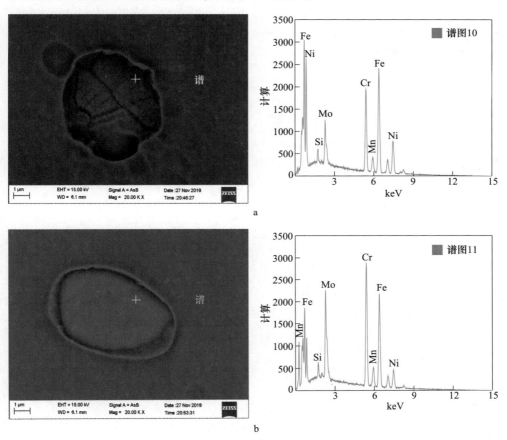

图 4-76 904L 析出相形貌

a—圆球形析出；b—椭球形析出

图 4-76 为 904L 铸态组织中分布在枝晶间的析出相形貌，可以发现析出相主
要呈圆球形或椭球形。对部分析出相进行 EDS 点扫描，发现析出相富含 Cr、Mo
元素，而 Ni 元素比较贫乏，按照文献中的报道，904L 凝固过程中随着温度的降
低部分 σ 相会转化 Laves 相。

4.6.2.2 合金内部组织均匀性

合金组织的不均匀性对其性能影响很大，例如奥氏体镍铬钢等，在这类钢中
如存在铁素体相的不均匀分布和氮化物的聚集，将使其塑性降低而导致穿孔困
难，同时造成钢管质量差，在内表面上不同程度地存在折叠和裂纹等严重缺陷。

图 4-77 为奥氏体镍铬钢普通钢锭和电渣铸锭中的铁素体从边缘到中心的分布情况，普通铸锭中铁素体相从边缘到中心一直在升高；而经电渣重熔后，铁素体分布基本上均匀。由于铁素体的均匀分布，再加上钢中非金属夹杂物含量的降低，颗粒变细，分布均匀，没有粗大的聚集状态夹杂物存在，使这类钢经电渣重熔后穿孔性能得到大大改善。

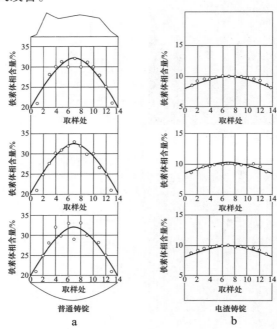

图 4-77   奥氏体镍铬钢普通钢锭（a）和电渣铸锭（b）中的
铁素体从边缘到中心的分布

由图 4-78~图 4-83 相比可见，18Cr2Ni4WA 电渣钢的组织更致密，非金属夹杂物含量更少，晶粒更细小，组织偏析更小[108]。

图 4-78   电渣钢的显微组织形貌

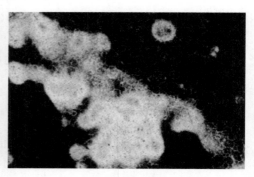

图 4-79   电炉钢的显微组织形貌

图 4-80 电渣钢的晶粒形貌

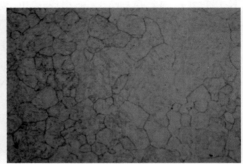
图 4-81 电炉钢的晶粒形貌

图 4-82 电渣钢的微观偏析形貌

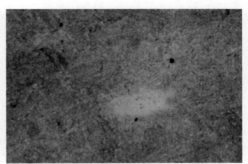
图 4-83 电炉钢的微观偏析形貌

高速钢中的碳化物不均匀性是影响其质量的主要原因。特别是大断面刀具，往往由于碳化物的不均匀分布不能满足技术条件的要求，表 4-28 是高速钢重熔前后碳化物不均匀性的比较。由表 4-28 中可以看出，在较小锻压比的情况下，重熔后比重熔前高速钢的碳化物不均匀性降低了 3~4 级。

表 4-28 高速钢重熔前后的碳化物不均匀性比较

工 艺	碳化物不均匀性					
	直径 140mm		直径 120mm		直径 60mm	
	锻压比	评级	锻压比	评级	锻压比	评级
重熔前	4.65	10	6.25	10	25.0	7
重熔后	2.00	7	2.8	6	11.0	3

4.6.2.3 断口处显微组织

电渣钢的断口检验中发现，在纵向折断的纤维断口的基底上，常夹杂着一些大小不一，与钢锭轴呈一定角度分布的平坦区。对于这种断口性质和形成原因，目前还了解得很少，叫法也很多，如"铸造层状""木纹状""冰糖状""贝壳状""电渣铸态断口"等，这种断口统称为电渣铸态断口，一般是指断口中的平坦区。

通过扫描电子显微镜对 3Cr14NiMoN 塑料模具钢进行室温拉伸试验，其宏观形貌及中心纤维区微观形貌如图 4-84 所示。

　　　　　　　a　　　　　　　　　　　　　　　　b

图 4-84　3Cr14NiMoN 塑料模具钢的室温拉伸试样断口形貌

a—宏观形貌；b—微观形貌

3Cr14NiMoN 塑料模具钢的断口附近具有明显的塑性变形，图 4-84a 中断口形貌存在颈缩现象、呈杯锥状，且断口表面呈纤维状，颜色灰暗，均具有韧性断口的宏观特征。图 4-84b 中存在大面积的韧窝，从而可以断定 3Cr14NiMoN 塑料模具钢的室温拉伸断口都是韧性断口。该断口有大量的长条形准解离特征韧窝带，这是由于塑性变形能力不够而导致韧窝无法分离，出现了一个大韧窝内部团聚多个小型浅韧窝的现象，甚至还存在的光滑解离面和部分沿晶分离，属于典型的局部准解离断裂。

4.6.3　电渣钢的热处理及性能

4.6.3.1　电渣熔铸空心管坯的热处理和性能

取 PCrNi3MoV 钢外径为 360mm，内径为 110mm，长度为 630~1620mm 的电渣熔铸空心管坯，其热处理工艺见表 4-29，铸造空心管坯与电渣锻造炮管性能见表 4-30[109]。

由表 4-30 可知，电渣熔铸空心管坯的综合机械性能较好，尤其是低温冲击韧性更好。这主要是由于电渣熔铸空心管坯内外表面都进行冷却，金属熔池浅，树枝晶间距小，共晶碳化物小而分散，其性能接近或达到了经锻造的电渣实心锭水平。

表 4-29　铸造空心坯的热处理工艺

处理方式	温度/℃	保温时间/h	冷却方式
一次正火	920±5	4	空冷
二次正火	890±5	3	空冷
淬火	880±5	3	水冷
回火	600±5	5	空冷

表 4-30　铸造空心管坯与锻造炮管性能

部　位		$\sigma_{0.1}$/MPa	σ_b/MPa	δ/%	ψ/%	α_k/MJ·m^{-3}
电渣熔铸	口部	1108.36	1223.33	14.5	45.16	0.398
（空心坯）	尾部	1133.57	1234.80	14.83	52.83	0.497
电渣锻造	口部	1234.80	1352.40	13.50	53.00	0.279
（炮管）	尾部	1190.70	1352.40	14.00	52.50	0.249

4.6.3.2　电渣重熔炉底辊的热处理和性能

GH132 钢经过常规热处理后铸件力学性能见表 4-31，满足同材质锻件性能要求[110]。

表 4-31　时效处理后试样力学性能

试样	距心部位置/mm	R_m/MPa	$R_{p0.2}$/MPa	A/%	ψ/%	a_K/J·cm^{-2}
a	0	736	551	14.42	24.53	73.1
b	50	742	553	12.35	34.98	—
c	85	745	567	20.13	33.5	—
d	100	755	574	11.44	26.8	92.1

GH132 合金轴向拉伸试样抗拉强度平均值为 745MPa，冲击韧性平均值为 82.0J/cm^2，从电渣锭的表面到心部，抗拉强度、抗弯强度、冲击韧性逐渐降低，但是合金力学性能的方向性不明显。

4.6.3.3　电渣重熔轴承钢的热处理和性能

电渣重熔 G20CrNi2Mo 轴承钢热处理（见表 4-32）后，分别进行拉伸试验和冲击试验，如表 4-33 所示[111]。

按照《渗碳轴承钢技术条件 GB 3203—82》，对于 G20CrNi2Mo 轴承钢，其末端淬透性应符合，如在距端面 $d=1.5$mm，硬度值为 $41 \sim 48$HRC；$d=9.0$mm，硬度值大于等于 30HRC。由表 4-34 可以看出，G20CrNi2Mo 轴承钢电渣锭完全满足技术要求。当 $d \geq 20$mm 时，3 个试样的硬度值均在 30HRC 左右，说明淬透性良好。

表 4-32　　G20CrNi2Mo 轴承钢电渣锭热处理工艺

热处理	工　　艺
正火	在 920℃±10℃ 均匀加热 60min 后空冷
淬火	在 920℃±20℃ 均匀加热至少 45min 后油淬
深冷	深冷 -80℃ 以下，保持 60~120min
回火	在 160℃±10℃ 均匀加热至少 120min

表 4-33　　G20CrNi2Mo 轴承钢电渣锭的力学性能

试样	R_m/MPa	$R_{p0.2}$/MPa	A/%	ψ/%	A_{KV}/J
1 号	1240	1035	16	68	169
2 号	1325	1105	15	75	184
3 号	1275	1080	15	71	163
GB 3203—82	>980	—	13	45	≥63

表 4-34　　G20CrNi2Mo 轴承钢电渣锭的淬透性（硬度）　　　（HRC）

与淬火端距离 /mm	1 号			2 号			3 号		
	上侧	下侧	平均值	上侧	下侧	平均值	上侧	下侧	平均值
1.5	42.4	41.7	42.1	41.8	41.6	41.7	41.5	43.3	42.4
3.0	42.1	41.4	41.8	41.5	41.6	41.6	41.5	42.5	42.0
5.0	38.6	37.8	38.2	38.1	37.7	37.9	37.3	38.7	38.0
7.0	34.4	34.0	34.2	33.8	34.1	34.0	33.7	35.0	34.4
9.0	32.2	32.1	32.2	32.2	31.5	31.9	32.3	32.9	32.6
11	29.8	30.2	30.0	31.0	30.1	30.6	30.1	32.1	31.1
13	28.9	29.0	29.0	29.6	30.0	29.8	30.6	31.6	31.1
15	28.9	29.0	29.0	29.0	29.3	29.2	28.8	30.4	29.6
20	28.7	28.9	28.8	29.3	29.9	29.6	28.7	30.4	29.6
25	29.1	29.7	29.4	29.3	29.4	29.4	28.9	29.4	29.2
30	29.2	29.8	29.5	29.4	29.2	29.3	28.9	29.4	29.2
35	21.5	26.0	23.8	27.3	27.3	27.8	27.5	28.9	28.2

　　不同工艺下 GCr15 轴承钢的安全疲劳极限见表 4-35，电渣重熔后其安全疲劳极限最佳[112]。

表 4-35　　不同工艺下 GCr15 轴承钢的安全疲劳极限

熔炼方法	安全疲劳极限/MPa
LF+VD	980
VIM+VAR	1158
ESR	1164

4.6.3.4 电渣重熔塑料模具钢的热处理和性能

以 3Cr14NiMoN 塑料模具钢为例，淬火温度为 1020℃（油淬），根据试样保温 30min，再回火 2 次，每次保温 2h，第一次回火后冷却到室温立即第二次回火，空冷，该工艺曲线如图 4-85 所示。

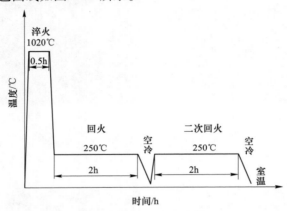

图 4-85　3Cr14NiMoN 塑料模具钢工艺曲线

实验钢的力学性能见表 4-36，退火硬度为 171~186HBW，符合易切削硬度要求[113]，珠光体组织成功软化，从而获得良好的切削加工性能。

表 4-36　3Cr14NiMoN 塑料模具钢的力学性能

硬度			无 V 形缺口试样			有 V 形缺口试样			室温拉伸				
退火 HBW	淬火 HRC	回火 HRC	冲击功 /J	GB 冲击韧性 /J·cm^{-2}	ATSM 冲击韧性 /J·m^{-1}	冲击功 /J	GB 冲击韧性 /J·cm^{-2}	ATSM 冲击韧性 /J·m^{-1}	弹性模量 E /MPa	屈服强度 $R_{p0.2}$ /MPa	抗拉强度 R_m /MPa	延伸率 A /%	断面收缩率 Z /%
171	57.1	51.07	317.0625	452.95	31706.25	11.102	13.88	1110.2	194835	1389	1779	10.84	31.22

冲击试样断口形貌图（无 V 形缺口）如图 4-86 所示。观察 200 倍断口表面存在大量的、有一定高度的纤维"小峰"，这是塑性变形过程中微裂纹不断扩展、相互连接的结果，也是韧性断裂的特征；观察 3000 倍断口形貌可以发现，断口都存在大面积抛物线状的撕裂韧窝，且同一断口表面韧窝拉长方向一致，因此可以判断冲击断口均属于韧性断口。

图 4-87 为冲击试样断口形貌图（有 V 形缺口）。从 200 倍断口形貌可知，断口表面存在少量的纤维"小峰"，凹凸程度明显；观察 3000 倍断口形貌不难发现，断口大面积呈现河流花样，可以找到大面积的解理台阶，几乎找不到韧窝。经过对 V 形缺口冲击断口形貌分析，确定断口均为脆性断口。

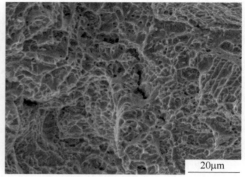

图 4-86　冲击试样断口形貌图（无 V 形缺口）

a—放大 200 倍；b—放大 3000 倍

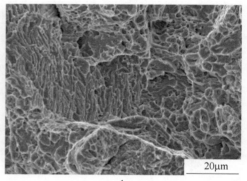

图 4-87　冲击试样断口形貌图（有 V 形缺口）

a—放大 200 倍；b—放大 3000 倍

首先观察图 4-88a 可以发现，断口附近都有明显的塑性变形，断口外貌都有颈缩现象、呈杯锥状，且断口表面呈纤维状，颜色灰暗，均满足韧性断口的宏观特征。

4.6.3.5　电渣熔铸冷轧辊的热处理和性能

电渣熔铸冷轧辊的热处理由等温退火、调质、淬火和低温回火组成。与普通轧辊相比，特点是[114]：

（1）因电渣熔铸水冷结晶器强制冷却，使熔铸辊内应力较大，因此需及时退火，否则易产生裂纹，使辊坯报废。

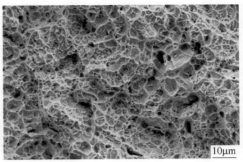

图 4-88 室温拉伸试样断口形貌图

（2）白点是造成一般冷辊坯报废的重要原因。普通锻制辊坯等温退火时，需要在 650℃ 左右长时间扩散氢气。

以 φ500mm×3960mm 9CrMoVSiCo 冷轧辊为例，热处理工艺有以下几种。

（1）等温退火：等温退火在车底式煤气炉内进行，退火工艺如图 4-89 所示。退火后辊身硬度为 230~266HB。

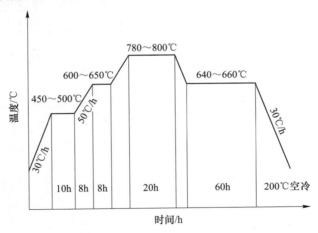

图 4-89 等温退火工艺

（2）调质处理：调质工艺如图 4-90 所示。

（3）淬火与低温回火（最终热处理）：电渣重熔冷轧辊最终在工频退火机床上进行 930~950℃ 喷水淬火，然后放入 130℃ 油炉内回火 100h，其辊身表面硬度 >95HB。9CrMoV 及 9Cr2MoVSiCo 熔铸冷轧辊按上述调质工艺处理，检验结果见表 4-37。

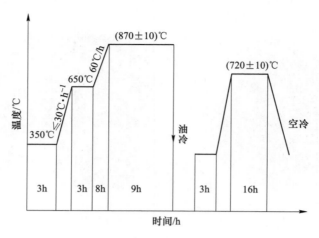

图 4-90　调质工艺

表 4-37　三种冷轧辊调质组织检验结果

名　　称	显　微　组　织
电渣熔铸辊 9Cr2MoVSiCo	均匀的粒状珠光体，并有少量大颗粒的碳化物
电渣熔铸辊 9Cr2MoV	均匀细小的球状珠光体，少量大颗粒碳化物聚集成堆
锻造辊 9Cr2MoV	球状珠光体和少量细片珠光体

调质工艺：890℃、2h 油淬，700℃、3h，300℃出炉空冷。调质后的机械性能见表 4-38。

表 4-38　三种冷轧辊调质后的机械性能

名　　称	试样取向	σ_b /MPa	σ_s /MPa	δ /%	ψ /%	a_K（梅式）/MPa	a_K（无缺口）/MPa	σ_M /MPa	f /mm	硬度 HB
9Cr2MoVSiCo 熔铸辊	纵向	855	680	22.0	40.0	3.6	>29.4	1725	23	207
	横向	890	695	19.5	37.0		>29.3	1740	20	228
9Cr2MoV 熔铸辊	纵向	912	787	17.0	41.0	6.5	>30	1720	21.5	241
	横向	895	775	16.7	38.2	7.0	>30	1730	23.5	241
9Cr2MoV 锻造辊	纵向	1030	870	17.0	45.0	4.4	>30	2070	23	262
	横向	1035	860	14.0	34.5		16.0	2100	21	286

按最终热处理工艺处理后，辊身表面的机械性能和硬度（熔检结果）见表 4-39。表 4-39 中最终热处理工艺为：890℃、40min 油淬，140℃、3h 空冷。

ϕ500mm×3690mm 电渣熔铸冷轧辊热处理后进行了试车试验，对有关使用技术指标进行了测定，其原始表面硬度见表 4-40。

表 4-39 两种冷轧辊的辊身表面机械性能和硬度（熔检）

名　称	试样取向	机械性能				淬硬层深度 /mm	辊身表面硬度 HB
		a_K（梅式）/MPa	a_K（无缺口）/MPa	σ_M/MPa	f/mm		
9Cr2MoVSiCo	纵向	0.25	0.2	570	3.0	>15	92
电渣辊	横向	0.37	1.0	945	2.0	>15	92
9Cr2MoV	纵向	0.37	1.2	375	5.0	>15	90
锻造辊	横向	0.40	0.75	510	2.0	>15	90

表 4-40 辊身原始表面硬度

辊别	硬度 HB								
电渣熔铸辊		97	96	96	95	97	96	97	97
锻造辊	95	97	96	97	98	97	97	97	96

由表 4-40 可以看出，电渣辊和锻造辊一样表面硬度较高而且均匀，与国内外同钢种锻造辊相比硬度落差小。

生产试车证明，电渣熔铸辊的轧制辊耗达到了锻造辊的中等水平。抗事故性能（指因轧制事故轧辊的磨损）较锻造辊差。其原因可能是熔铸辊一次碳化物未经破碎，颗粒大而且不均匀所造成。

4.6.3.6 电渣熔铸曲轴的热处理和性能

42CrMoA 电渣钢熔铸件的热处理方式如下[115]。

（1）预备热处理：920℃退火 3h，炉冷至 600℃以下，进行空冷；900℃正火 2.5h，空冷。

（2）调质热处理：870℃淬火 2.5h，油冷 30min 空冷；580℃回火 3.5h，空冷。图 4-91 所示为热处理和调质工艺图。

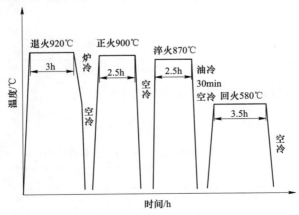

图 4-91 热处理和调质工艺

从表 4-41 中可以看出，电渣熔铸钢的性能均达到同材质锻件标准，不同取样位置的力学性能性能变化不大。这也再次说明电渣熔铸钢具有各向同性；锻钢强度相对较低，而塑性略好。

表 4-41　电渣钢不同取样位置性能以及锻钢的性能

项目	取样位置		R_m/MPa	$R_{p0.2}$/MPa	A/%	Z/%	A_{KV}/J	硬度 HB
电渣钢	上部	纵向	960	850	16.5	54.5	85	311
		横向	985	875	14.5	53	76	320
	中部	纵向	960	870	15.5	55.5	82	308
		横向	965	875	17	53.5	83	319
	底部	纵向	955	865	15.5	53	79	313
		横向	960	840	13.5	56.5	75	322
	1/2 半径处	纵向	975	880	16.5	55	82	309
	变化范围		955~985	840~880	13.5~17	53~56.5	75~85	308~322
锻钢			955	800	17	62.5	73	295
JB/T 6396—92			900~1100	≥650	≥12	≥50	≥35	—

根据表 4-42 中的数据可以看出，在应力为 850MPa、应力比 $R = -1$ 条件下，铸件寿命高于锻件。在应力为 750MPa、应力比 $R = 0.1$ 条件下，铸件寿命仍高于锻件。这说明，铸件的疲劳性能高于锻件。

表 4-42　42CrMoA 钢疲劳试验

状态	热处理工艺	应力/MPa	疲劳试件编号	循环寿命	R
电渣件	预处理+调质	850	1 号	404	-1
		780	2 号	65677	0.1
锻件	预处理+调质	850	1 号	318	-1
		780	2 号	32593	0.1

4.6.3.7　不同热处理制度下电渣钢的力学性能

ϕ480mm 37CrNi3MoVE 棒材的化学成分见表 4-43[116]。

表 4-43　37CrNi3MoVE 钢棒材的化学成分　　　　（质量分数,%）

炉号	C	Mn	P	S	Cr	Ni	Mo	V	Al	Cu	Ti
A 炉	0.364	0.36	0.003	0.002	1.32	3.63	0.37	0.13	0.050	0.05	0.001
B 炉	0.404	0.46	0.004	0.002	1.48	3.86	0.46	0.19	0.055	0.05	0.001

　　由表4-44可知，同炉号抗拉强度、屈服强度随回火温度的升高而降低；同炉号锻材的断面收缩率随回火温度的升高呈现升高趋势；同炉号锻材的冲击功随回火温度的升高而升高；不同炉号相同热处理制度下，A炉号的综合力学性能优于B炉号。

表 4-44　　不同热处理制度下 37CrNi3MoVE 钢棒材的力学性能

炉号	热处理制度	R_m/MPa	R_e/MPa	A/%	Z/%	−50℃时 A_{KV2}/J
A炉	890℃正火-860℃淬水-610℃回火	1242	1147	17	60	85/86/93
	890℃正火-860℃淬水-630℃回火	1196	1105	15	62	98/100/88
	890℃正火-860℃淬水-650℃回火	1173	1083	15.5	62	96/100/117
	900℃正火-880℃淬水-620℃回火	1237	1144	15	63	85/93/88
	900℃正火-880℃淬水-640℃回火	1160	1070	16.5	65	98/95/98
	900℃正火-880℃淬水-660℃回火	1060	918	18	65	113/112/140
B炉	890℃正火-860℃淬水-630℃回火	1213	1069	16	62	74/70/70
	890℃正火-860℃淬水-650℃回火	1146	941	16	55	82/80/84
	930℃正火-910℃淬水-630℃回火	1307	1131	14	56	44/44/47
	930℃正火-910℃淬水-650℃回火	1219	1016	15.5	59	58/59/57

参 考 文 献

［1］姜周华，董艳伍，耿鑫，等. 电渣冶金学［M］. 北京：科学出版社，2015.

［2］荻野和巳. エレクトロスラグ再溶解スラグについて［J］. 日本金属学会会报，1979，18（10）：684~693.

［3］梁连科，岳桂菊，胥志宏，等. CaO-Al₂O₃-SiO₂ 三元系共晶及同分化合物组成电导率和导热系数的测定［J］. 金属学报，1988，24（S2）：29.

［4］李正邦，张家雯，林功文，等译. 电渣重熔译文集2［M］. 北京：冶金工业出版社，1990.

［5］郭仲文，王翠香，梁连科. 含 CaF₂ 熔渣挥发率的研究［J］. 东北工学院学报. 1987，8（3）：381.

［6］王俭，彭育强，毛裕文，译. 渣图集［M］. 北京：冶金工业出版社，1989.

［7］Mills K C, Keene B J. Physicochemical properties of molten calcium fluoride-based slags［J］. International Metals Reviews，1981，26（1）：21~69.

［8］Eisenhüttenleute V D. Slag atlas［M］. Düsseldorf：Verlag Stahleisen GmbH，1995.

［9］李正邦. 电渣熔铸［M］. 北京：国防工业出版社，1981.

［10］Mitchell A, Burel B. The phase diagram of CaF₂-Al₂O₃ electroslag fluxes［J］. Journal of Iron Steel Institute，1970，208（4）：407~412.

［11］Duckworth W E, Hoyle G. Electroslag refining［M］. London：Chapman and Hall Ltd，1969.

[12] 陈艳梅，赵俊学，樊君，等. 电渣重熔过程中渣成分变化的研究 [J]. 特殊钢，2010，31（6）：7~9.

[13] Nafziger R H. Liquidus phase relations in portions of system CaF_2-CaO-MgO-Al_2O_3 in an inset atmosphere [J]. High Temperatures. 1975，7（1）：17~22.

[14] 陈家祥. 炼钢常用数据图表手册 [M]. 北京：冶金工业出版社，1984.

[15] 王常珍. 冶金物理化学研究方法 [M]. 北京：冶金工业出版社，1982.

[16] 荻野和巳，原茂太. フッ化カルシラムを主成分とするESR用フラックスの密度，表面張力，電気伝導度 [J]. 鉄と鋼，1977，63（13）：2141~2146.

[17] 奚新国. 表面张力测定方法的现状与进展 [J]. 盐城工学院学报，2008，21（3）：1~4.

[18] 于军胜，唐季安. 表（界）面张力测定方法的进展 [J]. 化学通报，1997，60（11）：11~15.

[19] 刘香莲. 激光衍射法测量液体的表面张力及界面张力 [J]. 北京联合大学学报，2006，20（4）：79~83.

[20] 江龙. 胶体化学概论 [M]. 北京：科学出版社，2002.

[21] 陶然. 电渣重熔过程熔滴行为的数值模拟以及含氟渣系界面性质研究 [D]. 沈阳：东北大学，2012.

[22] 姜周华. 电渣冶金的物理化学及传输现象 [M]. 沈阳：东北大学出版社，2000.

[23] 俞景禄. CaO-SiO_2-MgO-Al_2O_3-CaF_2 系最佳组成精炼渣的脱硫和去夹杂能力 [J]. 钢铁，1989，2（1）：17~21.

[24] 梁连科，杨怀. 电渣重熔用渣的物理化学及其应用译文集 [M]. 沈阳：东北大学出版社，1989.

[25] Yanwu Dong, Zhouhua Jiang, Yulong Cao, et al. Effective thermal conductivity of slag crust for ESR slag [J]. ISIJ International，2015，55（4）：904~906.

[26] Plotkowski A，Barbadillo J，Krane M J M. Characterisation of the structure and thermophysical properties of solid electroslag remelting slags [J]. Materials Science and Technology，2016，32（12）：1~15.

[27] 邱天禹. 抽锭式电渣重熔渣系高温力学性能研究 [D]. 鞍山：辽宁科技大学，2016.

[28] 陈艳梅，赵俊学，路晓涛，等. CaF_2 渣系失重与成分变化的试验研究 [J]. 钢铁研究学报，2010，22（12）：15~17，47.

[29] 巨建涛，吕振林，焦志远，等. CaF_2-SiO_2-CaO 渣系的非等温挥发行为 [J]. 过程工程学报，2012（4）：82~88.

[30] 梁洪铭，赵俊学，张振强，等. 电渣重熔过程炉渣中氟化物挥发的研究 [J]. 特殊钢，2012（5）：1~3.

[31] 王珺，李光强，杨雪萍，等. 电渣重熔过程中渣成分变化及钢中氧含量预测 [J]. 钢铁研究学报，2015，27（6）：18~23.

[32] Holzgruber W，Holzgruber H. Development trends in electroslag remelting. In：Medovar L ed. Medovar Memorial Symposium [C]. 2001：71~77.

[33] 王宾，陈涛，李艳丽. 电渣重熔渣系选择的工艺探索 [J]. 四川冶金，2001，（5）：3~6.

[34] 王文洋，王晓飞，黄开元，等. 轧辊电渣锭表面质量改善 [J]. 特钢技术，2015，84（3）：

43~45.

[35] 耿鑫, 姜周华. 电渣重熔大型板坯的质量控制 [J]. 材料与冶金学报, 2011, 10 (3): 86~90, 94.

[36] 林军福, 闫崇榜. 电渣重熔渣系和渣量对重熔钢锭表面质量及电耗的影响 [J]. 天津冶金, 2018 (1): 22~23.

[37] 赵林, 金东国, 高建军, 等. Mn18Cr18N 护环钢电渣重熔工艺的研究 [J]. 大型铸锻件, 1997 (3): 22~27.

[38] Yu G, Emel Yanenko. The mechanism of formation of corrugations on the surface of ESR ingots [J]. Refining by Remelting, 1974 (1): 100.

[39] 姜周华, 姜兴渭, 梁连科, 等. 电渣重熔过程传热特性的实验研究 [J]. 东北工学院学报, 1988 (2): 62~67.

[40] Kusamichi T, Ishii T, Makion T, et al. Effect of slag composition on heat transfer and electrical characteristics in electroslag remelting process. In: Inouye M, ed. Proc. of the 7th Intern Conf. on Vaccum Metallurgy [C]. Japan: Tokyo, 1982: 1503.

[41] 姜周华, 姜兴渭. 电渣重熔系统渣池发热过程的数学模拟 [J]. 东北工学院学报, 1988, 9 (1): 63.

[42] Zheng D L, Li J, Shi C B, et al. Effect of TiO_2 on the crystallisation behaviour of CaF_2-CaO-Al_2O_3-MgO slag for electroslag remelting of Ti-containing tool steel [J]. Ironmaking & Steelmaking, 2018, 45 (2): 135~144.

[43] 刘树杰. 电极插入深度对电渣重熔过程的重要性 [J]. 材料与冶金学报, 2011, 10 (S1): 73~76.

[44] 黄希枯. 钢铁冶金原理 [M]. 北京: 冶金工业出版社, 2002.

[45] 耿鑫, 姜周华, 刘福斌, 等. 电渣重熔过程中夹杂物的控制 [J]. 钢铁, 2009, 44 (12): 42~45, 49.

[46] 傅杰. 电渣重熔过程中氧化物夹杂变化规律及渣池的电弧放电现象 [D]. 北京: 北京科技大学, 1964.

[47] 陈青. 电渣重熔中去除夹杂物的一些考虑 [J]. 科技传播, 2011 (13): 20~22.

[48] Shi C B. Deoxidation of electroslag remelting (ESR)-a review [J]. ISIJ International, 2020, 60 (6): 1083~1096.

[49] Burja J, Tehovnik F, Godec M, et al. Effect of electroslag remelting on the non-metallic inclusions in H11 tool steel [J]. Journal of Mining and Metallurgy, Section B: Metallurgy, 2018, 54 (1): 51~57.

[50] 董履仁, 刘新华. 钢中大型非金属夹杂物 [M]. 北京: 冶金工业出版社, 1991.

[51] Cho W D, Fan P. Diffusional dissolution of alumina in various steelmaking slags [J]. ISIJ International, 2004, 44 (2): 229~234.

[52] Bui A H, Ha H M, Chuang I S. Dissolution kinetics of alumina into mold fluxes for continuous steel casting [J]. ISIJ International, 2005, 45 (12): 1856~1863.

[53] 于昂. 含氟渣系对电渣钢中夹杂物的影响及电渣重熔过程熔滴行为的数值模拟研究 [D]. 沈阳: 东北大学, 2013.

[54] Yanwu Dong, Zhouhua Jiang, Ang Yu. Dissolution behavior of alumina-based inclusions in CaF_2-Al_2O_3-CaO-MgO-SiO_2 slag used for the electroslag metallurgy process [J]. Metals, 2016, 6 (11): 273.

[55] 成田贵一, 尾上俊雄, 石井照朗, 等. エレクトロスラグ融解用酸化物系スラグの冶金学的検討 [J]. 鉄と鋼, 1978, 64 (10): 1568~1577.

[56] Shi C B, Yu W T, Wang H, et al. Simultaneous modification of alumina and MgO·Al_2O_3 inclusions by calcium treatment during electroslag remelting of stainless tool steel [J]. Metallurgical and Materials Transactions B, 2017, 48 (1): 146~161.

[57] Schneider R S E, Molnar M, Gelder S, et al. Effect of the slag composition and a protectiveatmosphere on chemical reactions and non-metallicinclusions during electro-slag remelting of a hot-worktool steel [J]. Steel Research International, 2018, 89 (10): 1800161.

[58] 陈冲, 李红菊. 电渣精炼去除铝中夹杂物的研究 [J]. 特种铸造及有色合金, 2019, 39 (2): 206~209.

[59] Chong Chen, Jun Wang, Da Shu, et al. Removal of non-metallic inclusions from aluminum by electroslag refining [J]. Materials Transactions, 2011, 52 (12): 2266~2269.

[60] Shi C B, Wang H, Li J. Effects of reoxidation of liquid steel and slag composition on the chemistry evolution of inclusions during electroslag remelting [J]. Metallurgical and Materials Transactions B, 2018, 49 (4): 1675~1689.

[61] Rehak C B, Kasik I, Karnovsky M. A contribution to the behavior of non-metallic inclusions in electroslag remelting process. Conf. on Vacuum Metallurgy and Electroslag Remelting Processes [C]. Leybold-Heraeus GmbH, 1976: 147.

[62] 张家雯, 熊轶. 电渣重熔酸性渣的研究及应用 [J]. 特殊钢, 1998, 19 (3): 6~9.

[63] 吴彬, 姜周华, 董艳伍, 等. 电渣重熔过程钢的洁净度控制 [J]. 辽宁科技大学学报, 2018, 41 (05): 23~32.

[64] 伊东裕恭, 日野光兀, 万谷志郎. 溶鉄のMg脱酸平衡 [J]. 鉄と鋼, 1997, 83 (10): 623~628.

[65] 张新法, 董艳伍, 姜周华. 保护气氛电渣重熔爆炸和窒息事故安全对策. 全国特种冶金技术学术会议 [C]. 2014: 259~262.

[66] 耿鑫, 姜周华, 李万明, 等. 板坯电渣重熔保护气氛罩的工艺优化研究. 全国电渣冶金技术学术会议 [C]. 2012: 242~248.

[67] 方大成, 姚曼, 许久军, 等. 凝固科学基础 [M]. 北京: 科学出版社. 2013.

[68] 师昌绪. 凝固科学技术及其在国民经济与国防建设中的作用. 香山科学会议第 211 次学术讨论会论文集 [C]. 北京, 2005: 25.

[69] 马幼平, 许云华. 金属凝固原理及技术 [M]. 北京: 冶金工业出版社, 2014.

[70] Choudhury A, Jauch, Lwenkamp H. Primary structure and internal properties of conventional and electroslag remelted ingots with diameters of 2000mm and 2300mm resp. Proceedings the 5th international conference on vacuum metallurgy and electroslag remelting processes [C]. 1976: 233~237.

[71] Kurz W, Fisher D J. Translated by Li Jianguo (李建国), Hu Qiaodan (胡侨丹). Fundamen-

tals of Solidification（凝固原理）［M］. Beijing：High Education Press，2010.

［72］ Jia L, Yu L, Sun W, et al. Effect of solidification rates on microstructures and segregation of IN718 alloy ［J］. Chin J Mater Res. 2010, 24（2）：118~122.

［73］ Niimi T, Miura M, Matumoto S, et al. An evaluation of electroslag remelted ingot（Ⅱ）. In：Hiroshi Nakano, ed. Proceedings of the 4th international symposium on electroslag remelting processes ［C］. The iron and steel institute of Japan. 1973：322~336.

［74］ Takada T, Fukuhara Y, Miura M. An evaluation of electroslag remelted ingot. In：Proceedings of the 2th international symposium on electroslag remelting processes ［C］. 1969：310~316.

［75］ Holzgruber H, Holzgruber W. ESR Development at Inteco. Medovar Memorial Symposium ［C］. Kiev：E O Paton Electric Welding Institute，2001：41~48.

［76］ 王芳，任冬冬，王强，等. 水平振动电极电渣重熔过程多物理场和凝固过程研究. 第十届中国钢铁年会暨第六届宝钢学术年会论文集 ［C］. 北京：冶金工业出版社，2015：1516~1520.

［77］ Chumanov I V, Chumanov V I. Technology for elelctroslag remelting with rotation of consumable electrode ［J］. Metallurgist, 2001, 45（3）：125~128.

［78］ Mitchell A, Hemandez-Morales B. Electromagnetic stirring with alternating current during electroslag remelting ［J］. Metallurgical and Materials Transactions B, 1989, 21（4）：723~731.

［79］ Miyazawa K, Fukaya T, Aaai S, et al. The Effect of an Externally Imposed Magnetic Field on the Behavior of a Laboratory Scale ESR System ［J］. Transactions of the Iron and Steel Institute of Japan, 1985, 25（5）：386~393.

［80］ Kompan Y Y, Protokovilov I V. Magnetically-Controlled Electroslag Melting（MEM）of Multicomponent Titanium Alloys ［M］. Springer Netherlands, 2004.

［81］ Feng M L, Zhong Y B, Qiufang W U, et al. Study on the Electroslag Remelting of Bearing Steel in Static Magnetic Field ［J］. Journal of Iron and Steel Research, International, 2012, 19（sl）：363~368.

［82］ Куделькин В П, и др. Применение ультразвука при ЭШП сталей и сплавов. В кн.：Сб. трудов 3-й Всесоюзной конференции по ЭШП ［J］. Наукова думка, киев, 1968：1~9.

［83］ Тагеев В М, Смирнов Ю. Д Предотвращение образования, усов. при кристаллизации стали с помощью редкоземельных элементов ［J］. Сталь, 1967：10~13.

［84］ 张福利，张晓峰，李程. 熔速对电渣重熔 GH4169 合金凝固组织的影响 ［J］. 河北冶金，2018（12）：17~22.

［85］ 広瀬豊，大河平和男，清水高治，等. スラズ型 40t ESR における精錬効果と品质につい て ［J］，鉄と鋼，1977，63（13）：2208~2223.

［86］ Massahi R. Developments and trends in the design of fluid systems for continue casting machines ［J］. Iron and Steel Review, 2001, 133（4）：63~67.

［87］ Yanwu Dong, Zhouhua Jiang, Zhengbang Li. Investigation on solidification quality of industrial-scale ESR ingot ［C］. TMS2009-International Symposium on Liquid Metal Processing and Casting ［C］. Santa Fe, New Mexico, 2009：36~43.

［88］ Medovar L B, Tsykulenko A K, Saenko V Y, et al. New electroslag technolegies. Proceedings of

Medovar Memorial Symposium [C]. Kyiv, Ukraine, 2001: 49~60.

[89] Holzgruber H, Holzgruber W, Scheriau A, et al. Investigation of the implications of the current conductive mold technology with respect to the internal and surface quality of ESR ingots. Proceedings of the 2011 International Symposium on Liquid Metal Processing & Casting [C]. Nancy, France, 2011: 57~64.

[90] 曹海波. 导电结晶器电渣重熔易偏析合金的数学物理模拟与实验研究 [D]. 沈阳: 东北大学, 2007.

[91] Demirci C, Mellinghoff B, Schlüter J, et al. Results of the new generation ESR (electroslag remelting) unit with rotating electrode, designed by SMS Mevac GmBH. Proceedings of the liquid metal processing and casting conference [C]. UK: Birmingham. 2019: 117~130.

[92] 姜周华, 董艳伍, 耿鑫, 等. 电渣冶金学 [M]. 北京: 科学出版社, 2015: 4~7.

[93] 李正邦, 张家雯, 车向前. 电渣重熔钢中非金属夹杂物含量及成分的控制 [J]. 钢铁研究学报, 1997 (2): 11~16.

[94] 刘瑞军. G20CrNi2Mo 轴承钢洁净度及性能研究 [D]. 沈阳: 东北大学, 2013.

[95] 刘仕业. 抽锭电渣重熔轴承钢 GCr15 渣系开发 [D]. 鞍山: 辽宁科技大学, 2015.

[96] 王培科, 王维发, 王星, 等. 18Cr2Ni4WA 电渣钢与电炉钢的组织与性能 [J]. 理化检验: 物理分册, 2016, 52 (7): 443~445.

[97] 杨兵. 电渣熔铸 5CrNiMo 钢的力学性能研究 [J]. 金属热处理, 2004 (6): 24~28.

[98] 赵林, 金东国, 姜周华, 等. Mn18Cr18N 护环钢电渣重熔工艺的研究 [J]. 大型铸锻件. 1997 (3): 22~27.

[99] 姜周华, 刘喜海, 赵林, 等. Mn18Cr18N 护环钢电渣重熔技术开发 [J]. 特殊钢, 1999, 20 (增刊): 82~84.

[100] 张晓峰, 张福利, 王卓, 等. 电磁电渣对 GCr15 轴承钢铸锭质量的影响 [J]. 河北冶金, 2019 (11): 26~30.

[101] 于英斌. 30CrMnSiA 钢化学成分与机械性能关系的探讨 [J]. 兵器材料科学与工程, 1987 (6): 34~39.

[102] 赵海东, 陈列, 严清忠, 等. 电渣重熔对 GCr15 轴承钢化学成分和夹杂物特性的影响 [J]. 特殊钢, 2016, 37 (4): 44~48.

[103] 黄通伟, 白德忠. 高强度高韧性钢的电渣重熔 [J]. 兵器材料科学与工程, 1986 (5): 34~39.

[104] 王齐铭, 张燕荣, 胡凯, 等. 电渣重熔工艺对 30CrMnSiA 钢质量的影响 [J]. 钢铁研究, 2000 (2): 23~24, 35.

[105] 王信才. GH3030 合金电渣重熔 Al、Ti 成分控制分析 [J]. 特钢技术, 2006 (2): 7~9.

[106] 牛增辉. Ce 对超级奥氏体不锈钢 904L 洁净度、偏析和热变形行为的影响 [D]. 沈阳: 东北大学, 2018.

[107] Tehovnik F, Burja J, Arh B, et al. Precipitation of phase in superaustenitic stainless steel UHB 904L [J]. Metabk, 2017, 56 (1-2): 63~66.

[108] 王培科, 王维发, 王星, 等. 18Cr2Ni4WA 电渣钢与电炉钢的组织与性能 [J]. 理化检验 (物理分册), 2016, 52 (7): 443~445, 460.

［109］房荣富. 热穿孔法电渣熔铸空心管坯的质量和性能［J］. 兵器材料科学与工程，1990（4）：31~36，61.

［110］王大威，田雨，王安国，等. 电渣熔铸 GH132 合金炉底辊工艺及组织性能［J］. 材料与冶金学报，2011，10（S1）：52~54.

［111］刘瑞军. G20CrNi2Mo 轴承钢洁净度及性能研究［D］. 沈阳：东北大学，2013.

［112］车晓健，杨卯生，唐海燕，等. 高性能 GCr15 轴承钢中夹杂物控制与疲劳性能［J］. 钢铁，2018，53（5）：82~91，107.

［113］叶永生，李明珠，张丽娟. 碳素工具钢和低合金工具钢中碳化物微细化热处理工艺［J］. 金属加工（热加工），2016（7）：13~14.

［114］李朝华. 9Cr2Mo 大型冷轧辊辊坯研制［J］. 大型铸锻件，2008（2）：15~17，24.

［115］张亚龙. 电渣熔铸隔膜泵曲轴关键工艺与材料力学性能研究［D］. 北京：机械科学研究总院，2010.

［116］王守文. 37CrNi3MoVE 电渣圆钢管坯生产和性能的研究［J］. 中国重型装备，2016（1）：2~34.

5 电渣重熔的典型特殊钢品种

5.1 合金结构钢

5.1.1 合金结构钢概述

合金结构钢是一类在碳素结构钢中添加一种或数种其他合金元素、用于制造承受各种载荷的零件和构件的钢材，其应用领域包括机械制造、汽车、拖拉机、造船、航空、建筑等。由于合金结构钢含有一定的合金元素，所以具有比碳素钢更好的性能，特别是热处理性能、回火稳定性和淬透性，在热处理后其显微组织为均匀的贝氏体、索氏体或极细的珠光体，具有较高的屈服强度、抗拉强度和疲劳强度，还有足够好的塑性和韧性。

5.1.1.1 合金结构钢的成分

合金结构钢中加入的合金元素含量一般不大于5%，特殊情况下可以多至5%~10%[1]。通常加入的合金元素有铬、钼、硅、镍、锰、钨、钒、硼、铌、钛等。合金元素的加入对钢中的基本相、热处理后的性能以及最后钢材的力学性能都会产生影响[2~7]。钛通过在钢基体以固溶或碳氮化物析出的方式来强化基体，Nb 在高温时通过 NbC、NbN 钉扎作用阻止铁素体、珠光体等组织的长大，从而细化晶粒，Si 能提高回火稳定性，因此能够提高材料的强度和硬度。

国外合金钢的研发和生产起步较早，发展较快，产生了一批高性能的合金结构钢；而我国合金钢的起步较晚，随着合金钢的技术发展也开发出了高性能的合金结构钢。表 5-1 为国内外高性能合金结构钢的对比。

表 5-1　国内外高性能合金结构钢性能对比

钢　　号		试样毛坯尺寸/mm	抗拉强度 R_m/MPa ≥	屈服点 σ_s/MPa ≥	伸长率 A/% ≥	断面收缩率 Z/% ≥	冲击吸收功 A_{KU2}/J ≥
中国[8]	42CrMo	25	1080	930	12	45	63
	20CrMnMo	15	1180	885	10	45	55
	37CrNi3	25	1130	980	10	57	47
	45CrNiMoVA	试样	1470	1330	7	35	31
	25SiMn2MoV	试样	1470		10	40	47

钢 号		试样毛坯尺寸 /mm	抗拉强度 R_m/MPa ≥	屈服点 σ_s/MPa ≥	伸长率 A/% ≥	断面收缩率 Z/% ≥	冲击吸收功 A_{KU2}/J ≥
德国[9]	58CrV4	≤16	1320~1570	1080	7	40	21（A_{KV}）
		41~100	900~1100	700	12	50	35
	35NiCr18	41~100	1270~1470	1030	7	35	34
	30CrNiMo8	≤16	1250~1450	1050	9	40	35
		41~100	1100~1300	900	10	45	40
国际[9]	36CrNiMo6	≤16	1200~1400	1000	9		35（A_{KV}）
		40~80	1000~1200	800	11		45
	51CrV	≤16	1100~1300	800	9		30
		40~80	900~1100	700	12		20~30
美国[10]	4340（Ni-Cr-Mo 钢）	25.4	1910 参考值	1724 参考值	11 参考值	39 参考值	20 参考值
日本[10]	SNCM616（Ni-Cr-Mo 钢）		1180		14	40	78（A_{KV}）
	SNCM630（Ni-Cr-Mo 钢）		1080	885	15	45	78（A_{KV}）

5.1.1.2 合金结构钢的种类

合金结构钢可分为普通合金结构钢和特殊用途结构钢。普通合金结构钢包括低合金高强度钢、低温用钢、超高强度钢、渗碳钢、调质钢和非调质钢，特殊用途结构钢包括弹簧钢、滚珠轴承钢、易切削钢、冷冲压钢等，用途十分广泛，遍布各行各业，而且性能也不尽相同。按照碳含量，合金结构钢可以分为：（1）碳含量小于 0.2% 的 HSLA 钢（高强度低合金钢），合金元素含量一般在 2% 以下且在热轧状态下使用；（2）碳含量为 0.15%~0.25%，合金含量在 5% 以下的表面硬化钢；（3）碳含量大于 0.2%，经淬火回火处理的调质钢[11]。根据合金元素的组合分类，合金结构钢又可分为锰钼系钢、硅锰钼系钢、铬锰系钢、铬钒系钢、铬锰钒硅系钢、硅锰硼系钢等。

此外，随着微合金化技术的发展，在低合金结构钢的基础上迅速发展起来一种微合金化高强度低合金钢，简称微合金钢，由于其优异的性能发展迅速，应用于能源、化工、国防和制造行业。微合金钢的碳含量通常小于 0.1%，合金元素含量在 0.01%~0.12% 之间，铌的添加量为 0.015%~0.05%，钒的添加量为 0.08%~0.12%，钛的添加量为 0.1%~0.2%。其他元素的控制范围基本与低合金钢相同[12]。

5.1.2　对合金结构钢性能的要求

合金结构钢的应用十分广泛，自然对性能的要求也就千差万别，例如用于舰船的船体不仅要求其具有高的强度，较好的韧性，最关键的具有良好的耐腐蚀性能；在机械制造行业，齿轮是不可或缺的，用于制作齿轮的钢材除了强度和韧性之外，还要具有良好的抗疲劳性能和耐磨性能，表 5-2 为部分行业对合金结构钢性能要求的情况。

表 5-2　部分行业对合金结构钢的性能要求

行业	用途	使用环境	性能要求	具体钢号
石油化工	石化加氢设备	高温、高压、腐蚀性气体	良好的高温性能、抗氢脆性能、抗蠕变性能等	42CrMo、30CrMo、2.25Cr-1Mo-0.25V 等
机械制造	齿轮	高速、摩擦、长时间使用	耐磨、抗疲劳性能、抗点蚀性能、耐冲击性能	日本：SCM420、SCM880 美国：Cr-Ni-Mo 系 法国：Ni-Mo 系
矿山机械	挖掘机斗齿	巨大的冲击、表面的凿削磨损	高硬度良好的耐磨性能、较高的韧性	40Cr、40CrMo 等
武器制造	大口径火炮身管	温差巨大、高压、火药残留腐蚀	高的强度、良好的低周疲劳性能、低的韧脆转变温度	Cr-Ni-Mo-V 中碳低合金钢系
机械制造	高速列车车轴	复杂的受力状态、极大的冲击载荷	高的强度韧性、高的表面硬度、良好的抗疲劳性能	欧洲：34CrNiMo6、30CrNiMoV12、EA1N、EA4T 日本：S38C 中国：DZ1、DZ2 等
汽车制造	悬挂弹簧	频繁的冲击作用	良好的韧塑性和疲劳抗性	60SiMnA、55SiMnVB、55SiCr 等
油气开采	钻杆	极大的弯曲、扭转、冲击作用、频繁的摩擦、富含 H_2S 的腐蚀	耐 H_2S 腐蚀、耐磨、高的强度、良好的冲击韧性	20CrMo、20Ni2Mo、35CrMo 等
汽车制造	曲轴	弯曲和扭转的复合应力	良好的淬透性、高的强度韧性、良好的冲击韧性	40Cr、42CrMo、50MnB 等

5.1.3 合金结构钢的生产方法

早期合金钢主要采用电炉冶炼，随着炼钢技术的发展和炉外精炼技术的出现，在转炉之前进行铁水预处理，在转炉之后进行 LF、VD、RH 等精炼流程，大大提高了转炉钢水的质量，图 5-1 为日本 HSLA 钢的生产流程。转炉冶炼合金钢的好处显而易见：成本低，冶炼周期短，产量大。对于废钢资源丰富的地区，也有采用合金废料通过电炉冶炼→精炼炉精炼的短流程生产[13]，图 5-2 为电炉短流程生产长型材的生产工艺流程[14]。

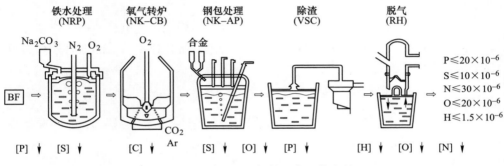

图 5-1 日本 HSLA 钢的生产工艺流程

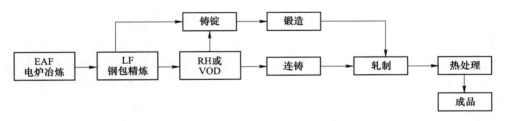

图 5-2 短流程合金结构钢的生产工艺流程

事实上，上述工艺仅用来生产要求不是特别高的普通级别合金结构钢，随着电渣重熔技术发展和对电渣钢的优异性能认识，成分复杂、合金元素种类多、容易偏析的合金结构钢普遍采用电渣重熔技术作为终端冶炼工艺。电渣重熔合金钢的工艺并不复杂，是一种比普通炉外精炼效果更好的精炼技术，图 5-3 为长流程生产电渣合金钢的典型工艺。

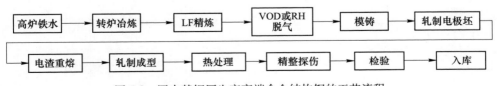

图 5-3 国内某钢厂生产高端合金结构钢的工艺流程

5.1.4　电渣重熔合金结构钢的工艺

大多数的合金结构钢成分并不复杂，虽然含有的合金元素种类较多，但其含量往往较低，在电渣重熔过程中一般常用的渣系，比如三七渣、622 和 433 渣系均具有较好的控制钢中非金属夹杂物的作用，可以满足其冶炼和常规质量要求。但对于成分特殊，在电渣重熔过程中容易发生成分改变的钢种，比如含 B 的钢种，对渣系的要求则比较严格，要求渣系中严格控制易与 B 发生反应的氧化物组元，对容易供氧的活性氧化物，如 SiO_2、FeO、MnO 等含量都要进行严格控制。

在合金结构钢凝固质量控制方面，目前主要体现在自耗电极的熔化速度控制上。前人在统计大量生产数据基础上，认为合理的熔化速度与结晶器直径和熔池深度之间有以下的关系：

$$V_m = \alpha_0 D_m^{1.23} \tag{5-1}$$

式中　α_0——经验系数，与熔池深度有关，对合金结构钢而言，α_0 可以选择为
　　　　0.05~0.06；

　　　V_m——电极熔速；

　　　D_m——放电直径。

下面是国内生产 30CrMnSi 合金结构钢的典型生产工艺，采用 CaF_2-Al_2O_3-MgO 三元渣系，3t 结晶器，结晶器直径 610mm，自耗电极直径 450mm，正常重熔期冶炼电压 60~66V，电流 12~14kA，自耗电极直接化渣。为了防止化渣期钢中 Si、Mn 成分发生烧损，在化渣期加入适量的 Si-Mn 合金粉，正常重熔期全程采用铝粒脱氧，降低熔渣的氧化性，冶炼全程熔速均匀控制，总冶炼时间控制在 6.5h 左右。重熔后电渣锭表面光洁，如图 5-4 所示，无麻点、渣沟及表面裂纹等质量缺陷，补缩情况良好。

该电渣锭锻造成 240mm×260mm 方形坯料后，进行低倍组织检验，其评级结果见表 5-3；结果表明，该电渣钢凝固质量较好，锻后只有一般疏松为 0.5 级，完全消除了中心疏松和锭型偏析等内部质量问题。

表 5-3　30CrMnSi 锻后坯料的低倍组织评级结果　　　　　　　（级）

编　号	一般疏松	中心疏松	锭型偏析	其他
290075-1A	0.5	0	0	0
290075-1B	0.5	0	0	0
290075-2A	0.5	0	0	0
290075-2B	0.5	0	0	0

图 5-4 30CrMnSi 电渣锭表面质量

该电渣炉在生产 38CrMoAl 时，可以采用 CaF_2-Al_2O_3-MgO 渣系 130kg，72~86V 高电压化渣，电流 2.0~4.0kA；正常重熔期电压控制在 60~68V，电流 11.5~13kA，冶炼全程时间控制在 7.5h 左右。控制电渣重熔熔炼时间，主要是依据钢中成分情况以及其偏析倾向，制定出比较合理的熔速，根据熔速计算总的冶炼时间。

另外，针对具体钢种在电渣重熔过程中容易出现的问题，也需要采取一些措施，隆文庆[15]在探究提高 15CDV6 低合金钢工艺性能时，使用孕育处理的电渣重熔工艺，同时提高了钢材的强度和韧性，表 5-4 为三种冶炼方法 15CDV6 钢材的性能对比。周千学[16]对电渣重熔的 10CrNiMoV 钢板尾部韧性偏低的问题进行研究发现，通过使用优质的渣料、重熔全过程的氩气氛围保护、清理电极表面的氧化层并刷涂 Al 粉等措施以改进电渣重熔工艺，最后提升了尾部韧性。马群[17]等人发现改善 34CrNiMo6 含硫电渣钢中 B 类夹杂物超标，严重影响了钢材性能，通过使用氩气氛围保护和改变渣系组成，使 B 类夹杂物得到明显改善。

5.1.5 电渣重熔合金结构钢的质量和性能

电渣重熔钢锭的质量在一定程度上能够代表后续的钢材质量。电渣锭的表面质量问题可以通过优化工艺制度，例如调整前期熔化时的电压、电流，使其与冷却速度相匹配；调整充填比来改变熔池形状，从而使电渣锭的表面质量得到改善。在提高表面质量的同时也要兼顾内部质量，内部质量主要体现在钢的洁净度、气体及凝固组织等方面。

表 5-4　三种冶炼方法钢材的力学性能对比[15]

冶炼方法	力　学　性　能				
	屈服强度 $\sigma_{0.2}$ /MPa	抗拉强度 σ_b /MPa	伸长率 /%	断面收缩率 /%	冲击韧性 /kJ·m^{-2}
电弧炉	1010	1090	15	50	510
	1030	1120	15	52	520
电弧炉+电渣重熔	1050	1110	19	60	730
	1060	1130	20	61	750
孕育处理的电渣重熔	1110	1150	22	66	970
	1120	1180	23	68	980

　　事实上，电渣重熔工艺对重熔钢锭的洁净度、晶粒细化程度、组织的致密度等方面都有巨大提升。赵洛凯等[18]发现工程机械用 30CrNi3MoV 钢经过重熔后，锻态的晶粒得到细化，而且贝氏体组织明显比未经电渣重熔时更加细密，同时经过调质处理后重熔钢材的综合性能更佳，表 5-5 为重熔与非重熔的实验钢性能对比。常立忠等[19]研究了低合金钢经过重熔和有氩气保护重熔后钢锭的质量，发现不论是在空气中重熔还是在氩气保护中重熔，其夹杂物都明显减小，而且有保护气氛钢锭的夹杂物更细小，其平均尺寸要比在空气中重熔钢锭中的夹杂物还要小 1/3，相应的钢锭的强度和韧性也有提升，性能更加优异。徐飞[20]等对钢锭在重熔前后，不同部位的夹杂物数量与大小的分布都进行了研究，发现钢锭近表面部分和尺寸较大的夹杂物去除效果更优，表 5-6 和表 5-7 分别为重熔前后不同部位的夹杂物数目和大小对比。巨建涛等[21]研究发现，42CrMoA 曲轴用钢在经过电渣重熔时使用不同的渣系会有不同的夹杂物去除效果，表 5-8 为重熔时不同渣系对夹杂物去除效果对比。由表 5-8 可知，重熔后夹杂物的尺寸明显减小，大于 $10\mu m$ 的大颗粒夹杂物基本全被除去，同时夹杂物的分布更加弥散，其中四元渣系的夹杂物平均尺寸最小且分布最弥散。通过 SEM 和 EDS 分析结果发现，使用不同渣系会导致电渣锭含有的夹杂物种类不同，改变渣系组成能够控制夹杂物的尺寸和种类。

表 5-5　调质态 30CrNi3MoV 钢的力学性能对比

项　目	抗拉强度 /MPa	屈服强度 /MPa	伸长率 /%	断面收缩率 /%	-40℃冲击吸收 能量/J	布氏硬度 HBW
电渣重熔钢	1064	981	17.5	61.5	105	308
非电渣重熔钢	1145	1059	16.5	59.5	87	325
使用要求	≥1050	≥945	≥15	≥55	≥35	301~336

表 5-6 夹杂物数目对比 （个/mm²）

试样部位	重熔前	重熔后
中心处	50	15
3/4 半径处	17	17
近表面处	86	11

表 5-7 夹杂物大小对比

夹杂物尺寸 $S/\mu m^2$	重熔前/个	重熔后/个
$S<0.1$	72	26
$0.1<S<0.5$	67	15
$0.5<S<1.0$	9	2
$S>1.0$	5	0

表 5-8 不同渣系电渣重熔后钢中的夹杂物尺寸分布

指 标		电渣重熔前	电渣重熔后			
			二元渣系	三元渣系	四元渣系	五元渣系
夹杂物尺寸分布/%	$0\sim3\mu m$	60.23	83.17	85.63	89.04	76.31
	$3\sim6\mu m$	22.48	13.29	9.88	9.45	17.94
	$6\sim10\mu m$	10.67	3.54	4.49	1.51	5.36
	$>10\mu m$	6.62				0.39
平均尺寸/μm		7.64	3.02	3.48	2.39	4.32
夹杂数/个·mm⁻²		36	72	66	54	74

5.2 轴承钢

5.2.1 轴承钢概述

5.2.1.1 轴承钢的成分

1905 年，德国首先研制出 GCr15，由于其性能优良，因此在此后的半个世纪一直被作为轴承材料。轴承钢属于高碳铬合金钢，合金元素种类少、含量低，主要包括铬、硅、锰、镍、钼、钒等，通过热加工处理可以得到适用于不同性能的优质轴承钢。

为了形成足够的碳化物以增加钢材的耐磨性，含碳量不能太低。除了渗碳钢外，一般轴承钢的含碳量控制在 0.95%~1.15%，属于过共析成分，在淬火和低温回火后能得到高硬度、高接触疲劳强度和高耐磨性；但过高的含碳量会增加碳化物的不均匀性并且会形成网状碳化物，使钢材的力学性能降低。铬是轴承钢的主要化学成分，能够提高淬透性，减少过热倾向，提高低温回火稳定性。硅、锰在轴承钢中主要提高淬透性。镍在渗碳轴承钢中能使钢的韧性和塑性有所提高，可以提高钢对疲劳的抗力和减小钢对缺口的敏感性。钼在轴承钢中能提高淬透性和热强性，防止回火脆性，增加在某些介质中的抗蚀性。钒在轴承钢中提高强度和屈服比，特别是提高比例极限和弹性极限，降低热处理时钢的脱碳敏感性。

5.2.1.2　轴承钢的分类

轴承钢的分类方法多样，根据使用状况可分为滚动轴承钢、滑动轴承钢两类，按照工艺及特性可分为：全淬透轴承钢、渗碳轴承钢、不锈轴承钢、高温轴承钢、中碳轴承钢及无磁轴承合金。

全淬透轴承钢又称高碳铬轴承钢，钢的工作温度范围为 -40~130℃，经过高温回火的全淬透轴承钢零件的工作温度可升至 250℃。此钢种作为轴承钢的主体，我国轴承用钢的占有量高达 90%，成分要求严格，其典型钢种为 GCr15、GCr15SiMn 等。

渗碳轴承钢的工作温度范围为 -40~140℃，最典型的钢种是 G20CrMo、G20CrNiMo、G20CrNi2Mo、G20Cr2Ni4、G10CrNi3Mo、G20CrMn2Mo 等。我国渗碳轴承用钢的占有量仅为 3%，而美国的渗碳轴承用钢占轴承用钢的 30%。渗碳轴承钢的典型牌号及其成分见表 5-9。

表 5-9　渗碳轴承钢典型牌号及其成分

牌　号	化学成分（质量分数）/%						
	C	Si	Mn	Cr	Ni	Mo	Cu
G20CrMo	0.17~0.23	0.20~0.35	0.65~0.95	0.35~0.65	≤0.30	0.08~0.15	≤0.25
G20CrNiMo	0.17~0.23	0.15~0.40	0.60~0.90	0.35~0.65	0.40~0.70	0.15~0.30	≤0.25
G20CrNi2Mo	0.17~0.23	0.25~0.40	0.55~0.70	0.45~0.65	1.60~2.00	0.20~0.30	≤0.25
G20Cr2Ni4	0.17~0.23	0.15~0.40	0.30~0.60	1.25~1.75	3.25~3.75	≤0.08	≤0.25
G10CrNi3Mo	0.08~0.13	0.15~0.40	0.30~0.70	1.00~1.40	3.00~3.50	0.08~0.15	≤0.25
G20Cr2Mn2Mo	0.17~0.23	0.15~0.40	1.30~1.60	1.70~2.00	≤0.30	0.20~0.30	≤0.25
G23Cr2Ni2Si1Mo	0.20~0.25	1.20~1.50	0.20~0.40	1.35~1.75	2.20~2.60	0.25~0.35	≤0.25

不锈轴承钢的工作温度范围为 -60~300℃，最典型的钢种是 9Cr18、9Cr18Mo 等。此钢分为高碳铬轴承钢和中碳铬轴承钢，与一般的轴承钢相比，不锈轴承钢不仅具有优质的材料，而且制造工艺精密，使不锈轴承钢具有优良的抗锈、抗腐蚀性能。这类钢广泛应用于机械强度要求高的食品和医疗器械领域。不锈轴承钢的典型牌号及其成分见表 5-10。

表 5-10　不锈轴承钢的典型牌号及其成分

牌 号	化学成分（质量分数）/%								
	C	Si	Mn	P	S	Cr	Mo	Ni	Cu
G95Cr18	0.90~1.00	≤0.80	≤0.80	≤0.035	≤0.020	17.0~19.0	—	≤0.25	≤0.25
G65Cr14Mo	0.60~0.70	≤0.80	≤0.80	≤0.035	≤0.020	13.0~15.0	0.50~0.80	≤0.25	≤0.25
G102Cr18Mo	0.95~1.10	≤0.80	≤0.80	≤0.035	≤0.020	16.0~18.0	0.40~0.70	≤0.25	≤0.25

高温轴承钢又称耐热轴承钢，钢的工作温度范围为 300~500℃，最典型的钢种是 8Cr4Mo4V、G13CrMo4NiV 等。此钢在高温下具有良好的硬度和耐磨性，且具有较高的抗疲劳强度及抗腐蚀性。这类钢广泛应用于航空、航天、军事及高温抗冲击轴承领域。高温轴承钢的典型牌号及其成分见表 5-11。

表 5-11　高温轴承钢的典型牌号及其成分

牌 号	化学成分（质量分数）/%							
	C	Si	Mn	Cr	Mo	P≤	S≤	N≤	C≤
8Cr4Mo4V	0.75~0.85	≤0.35	≤0.35	3.75~4.25	4.0~4.5	0.015	0.008	0.2	0.2
G13CrMo4NiV	0.11~0.15	0.10~0.25	0.15~0.35	4.0~4.25	4.0~4.5	0.015	0.01		

中碳轴承钢主要用于轮毂及齿轮等位置，最典型的钢种是 50CrNi、50CrVA、65Mn、37CrA 等，此钢主要用于挖掘、起重、大型机床等设备上的大型轴承。

无磁轴承合金具有高硬度高强度的特点。目前美国 NASA 正在开发低密度、低模量、耐高温、耐腐蚀的轴承类合金，GNiTi40 的密度为 6.7g/cm³，弹性模量只有 95GPa，抗腐蚀性能仅次于陶瓷材料。未来轴承类合金将有可能在航天、军事领域得到大面积推广，并且成为一种新型的划时代材料。

5.2.2　对轴承钢质量的要求

轴承一般由外套圈、内套圈、滚动体及保持器组成。轴承工作环境较为复杂，要承受很高的交变应力及其很大的瞬间冲击。因轴承要适用于高应力、循环接触疲劳应力及其磨损等工作环境，故轴承需要具备高抗磨损性、抗塑性变形性、轴承尺寸精确、稳定性强、可靠性强、使用寿命长等特点，表 5-12 为轴承的使用环境及其对钢材的质量要求。

表 5-12　轴承的使用环境及其对钢材的质量要求

轴承使用环境	轴承钢具有的特性	对轴承钢质量的要求
高负荷	高抗形变强度，良好的抗塑性变形和抗冲击性能	硬度高且均匀，淬透性和淬硬性好、弹性模量高、韧性好

轴承使用环境	轴承钢具有的特性	对轴承钢质量的要求
高速回转	较小的摩擦、磨损、高的回转精度、尺寸精度	高耐磨强度，高纯净度、组织均匀，易加工，高精度
长期使用	较长的使用寿命，不易失效	接触疲劳强度高
空气、润滑油其他介质侵蚀	一定的耐蚀性	耐腐蚀

为确保轴承质量可靠，对轴承钢的质量要求有以下几项。

5.2.2.1　确保轴承钢的纯洁度

轴承钢的纯洁度是指轴承钢中非金属夹杂物的含量，非金属夹杂物越多，则轴承钢的纯洁度越低。随着对钢材研究的不断深入，发现钢中的夹杂物会破坏钢的连续性，导致轴承钢的疲劳强度降低，使轴承的寿命大幅度削减。按照国家标准 GB/T 18254—2016，轴承钢中非金属夹杂物的合格级别见表 5-13，电渣轴承钢中非金属夹杂物的评级往往能够达到更高水平。

表 5-13　轴承钢中非金属夹杂物合格级别

冶金质量	A		B		C		D		DS
	细系	粗系	细系	粗系	细系	粗系	细系	粗系	
	合格级别/级，不大于								
优质钢	2.5	1.5	2.0	1.0	0.5	0.5	1.0	1.0	2.0
高级优质钢	2.5	1.5	2.0	1.0	0	0	1.0	0.5	1.5
特级优质钢	2.0	1.5	1.5	0.5	0	0	1.0	0.5	1.0

5.2.2.2　轴承钢的化学成分要求

轴承钢的化学组成决定着钢材的结构组织和机械性能，对钢的用途有决定性的作用。轴承钢的氧含量往往是衡量其纯洁度的重要标志，优质钢要求磷含量低于 0.025%，硫含量低于 0.020%，氧含量不高于 12×10^{-6}；而特级优质钢则要求磷、硫含量低于 0.015%，氧含量不高于 6×10^{-6}。通常来说，轴承钢的氧含量越低其质量越好、寿命越长。另外，轴承钢中残余元素含量越低越好，按照 GB/T 18254—2016 标准，轴承钢中残余元素含量要求见表 5-14。

5.2.2.3　轴承钢的低倍组织要求

轴承钢的 C、Cr 含量较高，在液态金属凝固时容易出现偏析现象。为了确保轴承钢性能的稳定，需保证轴承钢的低倍组织不能出现疏松、中心疏松及偏析现象。

表 5-14 轴承钢中残余元素含量

冶金质量	化学成分（质量分数）/%										
	Ni	Cu	P	S	Ca	O①	Ti②	Al	As	As+Sn+Sb	Pb
	不大于										
优质钢	0.25	0.25	0.025	0.020	—	0.0012	0.0050	0.050	0.04	0.075	0.002
高级优质钢	0.25	0.25	0.020	0.020	0.0010	0.0009	0.0030	0.050	0.04	0.075	0.002
特级优质钢	0.25	0.25	0.015	0.015	0.0010	0.0006	0.0015	0.050	0.04	0.075	0.002

① 氧含量在钢坯或钢材上测定。
② 牌号 GCr15SiMn、GCr15SiMo、GCr18Mo 允许在三个等级基础上增加 0.0005%。

5.2.2.4 轴承钢的显微组织均匀性要求

轴承钢的显微组织要求不能出现碳化物网状、带状、液析。轴承钢中有网状碳化物会导致其冲击韧性降低、结构组织不均匀，在淬火中出现裂纹。碳化物液析硬而脆，危害性等同于脆性夹杂物。碳化物网状能够降低轴承钢的韧性，导致组织不均匀、淬火时容易发生开裂和变形。碳化物带状对退火、淬火、回火及其接触疲劳强度有不利影响。

5.2.2.5 轴承钢的内部质量和表面质量

轴承钢的内部质量由宏观、微观质量两部分组成，轴承钢的宏观质量一般要求钢材内部不允许有夹杂、白点、开裂及气泡等缺陷。明确规定：必须控制轴承钢的钢材内部的偏析、疏松等缺陷，内部组织必须致密。轴承钢的微观质量一般要求钢材组织致密、均匀，纯洁度高。轴承钢的表面质量一般要求避免出现裂纹、夹渣、结疤等缺陷问题，防止对轴承的性能和寿命造成影响，轴承的制作过程必须按照标准进行。

5.2.3 轴承钢的生产方法

轴承钢的生产工艺决定着其内在质量的好坏。在实际生产过程中有很多因素限制着轴承钢的质量，如夹杂物的数量、大小及分布状态，氧的含量，成分偏析等；此外，碳化物的状态对轴承钢的质量影响极为严重。轴承钢的生产工艺流程大致可分为电炉熔炼、转炉熔炼和特种熔炼三种。电炉流程：电炉、二次精炼、连铸及轧制；转炉流程：高炉、铁水预处理、转炉、二次精炼、连铸、轧制；特种熔炼的方法诸多，如真空感应熔炼、电渣重熔、电子束熔炼等。

国外生产轴承钢的企业很多，其中瑞典、日本和德国在轴承钢的生产方面居于世界领先水平，国际上著名的轴承钢生产企业包括瑞典 SKF，日本的山阳、川崎、爱知以及美国的铁姆肯（Timken）等，日本的轴承钢产量大，钢的氧含量低

于 7×10^{-4}%，甚至有些厂家将氧含量降至 4×10^{-4}%，几乎与真空重熔轴承钢的氧含量接近，并且轴承钢的寿命也不断升高。国内轴承钢生产企业较多，轴承钢以品质高、产量大著称，这不仅标志着轴承钢工艺的成熟，同时也彰显出我国的冶金实力。国内外普通轴承钢生产工艺对比见表 5-15。

表 5-15　国内外普通轴承钢的生产工艺流程

企 业	工 艺
瑞典 SKF	EAF（双壳炉）→除渣→感应搅拌→ASEA-SKF→3.5t 模铸
日本山阳[22]	SNRP 工艺：90tEAF→LF→RH→连铸（立式 370mm×470mm、拉速 0.65m/min）/模铸
日本川崎[23]	TBM→BOF→LF→RH→CC（400mm×560mm）
日本爱知[24]	80tEAF→真空除渣→LF→RH→CC
日本大同[25]	MRAC-SSS 工艺：70tEAF→LF→RH→CC（370mm×470mm）→轧制
日本神户[25]	高炉→铁水预处理→转炉（氧气顶吹）→排渣→钢包精炼（电磁搅拌、真空脱气）→连铸
新日铁[22]	MURC 工艺：高炉→铁水预处理→转炉（氧气顶吹）→RH→CC（350mm×5000mm）
美国 Timken[23]	120tEAF-LF-CC（280mm×375mm）
德国蒂森[24]	140tTBM→RH→喂丝→CC/IC
兴澄特钢[22]	EBT→LF（高碱度精炼渣）→VD→CC（300mm×340mm）
大冶特钢[22]	高炉→EAF/120tBOF→LF→VD/RH→软吹氩→CC
西王特钢[26]	80tUHP（铁水热装率>70%）→80tLF→80tVD→CC→轧制
北满特钢[27]	UHPEAF→LF→VD→CC

目前生产性能优良、具有特色用途的铁路轴承、航空航天轴承，采用电渣重熔或者真空电弧重熔等特种冶金技术生产，其典型企业的生产工艺流程见表5-16。

表 5-16　国内电渣轴承钢的生产工艺流程

公司名称	生产工艺流程
西宁特钢[28]	60t EAF→LF→VD→连铸→ESR
大冶特钢[22]	高炉铁水+废钢→60t 电弧炉→LF→RH→模铸、连铸→ESR→热轧/热锻工艺
抚顺特钢	30t EAF 电弧炉或真空感应炉→LF 精炼→VD→模铸→保护气氛、加压电渣/电渣→轧制；50t UHP→AOD→LF 精炼→VD→连铸→保护气氛、加压电渣/电渣→轧制

5.2.4　电渣重熔轴承钢的工艺

疲劳性能是轴承钢最重要的性能之一，而夹杂物和碳化物偏析是影响轴承钢疲劳性能的重要因素，因此这两个方面是轴承钢制备过程中必须关注的要点。

对于普通工艺冶炼的轴承钢，钢中氧含量是一个重要考察指标；而对于电渣重熔轴承钢来说，无论自耗电极中氧含量高低，电渣重熔后轴承钢中氧含量基本可控制在 $(10\sim25)\times10^{-4}\%$ 范围，而最终氧含量又与自耗电极表面质量、渣系种类及其质量、充填比、重熔参数控制等多种因素密切相关，无论如何，电渣轴承钢的氧含量都要比普通连铸工艺钢的氧含量高。另外，电渣重熔后，电渣轴承钢中氧含量都呈增加的趋势，电渣后钢中氧含量与自耗电极中氧含量又有一定的遗传规律。

电渣重熔轴承钢常用渣系见表 5-17，重熔过程中常采用 Al 或者 Ca-Si 进行脱氧。

表 5-17 电渣重熔轴承钢的渣系

序号	成分（质量分数）/%				
	CaF_2	CaO	MgO	Al_2O_3	SiO_2
1	70	—	—	30	
2	65	—	5	30	—
3	75	5		20	
4	50	20	—	30	
5	60	5		33	<1

大冶特钢采用电渣炉生产 G23Cr2Ni2Si1Mo 大功率风电机组用轴承钢，结晶器直径 1050mm，自耗电极直径 800mm，采用 CaF_2-Al_2O_3-CaO-MgO 四元渣系，严格控制 SiO_2 小于 1.0% 及 FeO 小于 0.03% 等杂质含量，并采用氩气气氛保护技术，控制炉内氧含量<0.01%，最终生产出氧含量仅为 $6.5\times10^{-4}\%$ 的超洁净电渣轴承钢，其夹杂物评级见表 5-18。

表 5-18 非金属夹杂物评级结果 （级）

类型	A		B		C		D		Ds
	粗系	细系	粗系	细系	粗系	细系	粗系	细系	
标准要求	≤1.0	≤2.0	≤1.0	≤2.0	≤0.5	≤0.5	≤1.0	≤1.0	≤1.5
1 号	0.5	0	0	0	0	0	0.5	0.5	0.5
2 号	0	0	0	0	0	0	0.5	0.5	0
3 号	0	0	0.5	0	0	0	0.5	0.5	0.5

5.2.5 电渣重熔轴承钢的质量和性能

轴承钢是首先采用电渣重熔冶炼方法的钢种之一。在国际上，目前对于高品质轴承钢生产工艺，电渣重熔与真空熔炼仍是最主要的两条技术路线，另外的还有大气熔炼和真空脱气等方法。我国受早期沿用苏联技术体系的传统影响，对于高可靠性轴承，一般多采用电渣重熔钢。由于电渣重熔钢质量稳定，在我国轴承行业具有很高的认同度，一般要求高可靠度及长寿命的轴承，均首选电渣重熔钢，表 5-19 是电渣重熔与其他冶炼方法的材质水平对比。

表 5-19　电渣重熔与其他冶炼方法的材质水平对比　　（质量分数，%）

冶炼方法	非金属夹杂物			氧含量
	A	B+C	合计	
大气熔炼法	0.02~0.09	0.03~0.06	0.07~015	$(30~60)×10^{-4}$
真空脱气法	0.02~0.06	<0.03	0.08	$(10~25)×10^{-4}$
真空熔炼法	<0.05	<0.02	<0.06	$<8×10^{-4}$
电渣重熔法	<0.02	<0.03	<0.05	$(15~25)×10^{-4}$

电渣重熔钢的突出优点是：（1）非金属夹杂物显著减少且颗粒细小、分布均匀；（2）具有很高的成分均匀性和组织致密性；（3）一般没有缩孔、疏松等缺陷，钢锭表面光洁；（4）热塑性好。表 5-20 为 GCr15 和 GCr15SiMn 普通熔炼钢和电渣钢的密度比较，经过电渣重熔后 GCr15 和 GCr15SiMn 密度更大，说明其钢中缩孔、疏松等缺陷更少，钢锭质量更好。

表 5-20　GCr15 和 GCr15SiMn 普通熔炼钢和电渣钢的密度比较　　（g/cm³）

钢种	普通熔炼钢	电渣钢
GCr15	7.824	7.850
GCr15SiMn	7.769	7.804

氧含量是国内外轴承钢生产企业非常关注的问题。轴承钢中的氧大多以氧化物的形式存在，因此钢中氧含量的高低标志着钢中夹杂物数量的多少。夹杂物的尺寸、性质及其分布状态都直接影响轴承的使用寿命。瑞典 SKF 公司及日本山阳公司针对氧含量对轴承钢的疲劳寿命做出深入研究，结果表明：氧含量降低，轴承的疲劳寿命增加，图 5-5 为钢中氧含量与轴承疲劳寿命的关系。从图 5-5 中可以看出，在相同氧含量的情况下，采用电渣重熔冶炼的轴承钢的寿命高于其他冶炼工艺。

李中友[29]针对攀枝花长城特殊钢公司渗碳轴承钢 G20CrNi2MoA 采用 "电炉+真空处理+电渣"生产试制的工艺控制钢中的氧、夹杂物及碳化物带状组织等问题进行了研究，经过电渣重熔 G20CrNi2MoA 渗碳轴承钢的氧含量为（27~30）×10⁻⁴%，并形成稳定化生产 $\phi80mm$ 和 $\phi120mm$ 型材的能力，其中 $\phi80mm$ 型材碳化物带状组织实际控制为 0.5~1.0 级，$\phi120mm$ 型材带状碳化物为 0.5~2.0 级；除 Ds 夹杂物类型外，各类非金属夹杂物评级之和≤2.0 级。

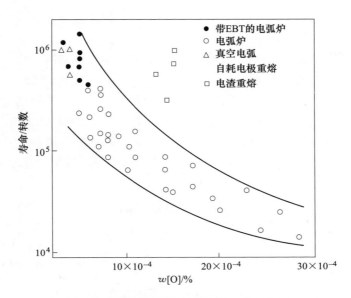

图 5-5 钢中氧含量与轴承疲劳寿命的关系

大冶特钢采用保护气氛电渣炉生产 G23Cr2Ni2Si1Mo 风电机组用轴承钢，其力学性能见表 5-21。

表 5-21 G23Cr2Ni2Si1Mo 风电机组用轴承钢的力学性能

试样编号	抗拉强度/MPa	断后伸长率/%	断面收缩率/%	冲击吸收功/J
1	1460	14.5	42	62
2	1451	13.0	42	65

5.3 高速钢

5.3.1 高速钢概述

高速钢是一种高碳高合金莱氏体钢，成分复杂，具有高硬度、高耐磨性和高耐热性的特点，又称为锋钢或白钢，是美国 F. W. Taylor 和英国 M. White 于 1898 年制造出来的[30]。在世界范围内，高速钢的产量比较大，用途比较广，且具有良好的工艺性能，所以经常用来制成复杂的薄刃和耐冲击的金属切削刀具，也常用来制成高温轴承和冷挤压模具等。

5.3.1.1 高速钢的分类

根据高速钢性能的区别[31]，可将其分为：（1）低合金高速钢（HSS-L）；（2）通用型高速钢（HSS）；（3）高性能高速钢（HSS-E）。根据高速钢所含合金元素的不同[32]，可将其分为：（1）钨系高速钢；（2）钼系高速钢；（3）钨钼系高速钢。

通用型高速钢是目前世界上产量最大、应用最多的高速钢，约占高速钢总产量的 80% 以上。一般用于切削普通的钢铁材料，切削速度可达 25~40m/min，是制造形状复杂、尺寸精度高、受冲击载荷大的条件下工作刀具的主要材料。高性能高速钢又称为特种高速钢，其硬度（包括高温硬度和抗回火软化性）和耐磨性显著高于通用型高速钢。按照化学成分的差异，高性能高速钢又可以分为高碳高速钢、高钒高速钢、高钴高速钢、含铝高速钢 4 类。典型的高速钢成分见表5-22。

表 5-22　高速钢的典型成分

牌　号	化学成分（质量分数）/%									
	C	W	Mo	Cr	V	Si	Mn	P	S	Co
W18Cr4V	0.70~0.80	17.5~19.0	≤0.30	3.80~4.40	1.00~1.40	0.20~0.40	0.10~0.40	≤0.030	≤0.030	—
W6Mo5Cr4V2	0.80~0.90	5.50~6.75	4.50~5.50	3.80~4.40	1.75~2.20	0.20~0.45	0.15~0.40	≤0.030	≤0.030	—
W9Mo3Cr4V	0.77~0.87	8.50~9.50	2.70~3.30	3.80~4.40	1.30~1.70	0.20~0.40	0.20~0.40	≤0.030	≤0.030	—
W2Mo9Cr4V 2	0.97~1.05	1.40~2.10	8.20~9.20	3.50~4.00	1.75~2.25	0.20~0.55	0.15~0.40	≤0.030	≤0.030	—
9W19Cr4V	0.90~1.00	17.5~19.0	≤0.30	3.80~4.40	1.00~1.40	≤0.40	≤0.40	≤0.030	≤0.030	—
W12Cr4V4Mo	1.20~1.40	11.5~13.0	0.90~1.20	3.80~4.40	3.80~4.40	≤0.40	≤0.40	≤0.030	≤0.030	—
W6Mo5Cr4V2Co5	0.87~0.95	5.90~6.70	4.70~5.20	3.80~4.50	1.70~2.10	0.20~0.45	0.15~0.40	≤0.030	≤0.030	4.50~5.00
W6Mo5Cr4V3Co8	1.23~1.33	5.90~6.70	4.70~5.30	3.80~4.50	2.70~3.20	≤0.70		≤0.030	≤0.030	8.00~8.80

5.3.1.2　高速钢的应用

高速钢经过热处理后可以获得优异的性能，常温下其宏观硬度可以达到 63~70HRC，耐热性好；在 550~660℃ 高温下，宏观硬度仍能保持在 60HRC 以上，耐磨性好，并且还具有良好的韧性。因为其良好的综合性能，所以应用非常广泛，在特殊钢中占有相当重要的地位。高速钢主要用于制造切削速度高、负荷重、工作温度高的各种切削工具，如车刀、铣刀、滚刀、刨刀、拉刀、钻头、丝锥等，也可用于制造要求耐磨性高的冷热变形模具、高温弹簧、高温轴承等。

5.3.1.3　我国高速钢的发展现状

与西方发达国家相比，我国高速钢的研究和开发相对较晚。由于我国含有丰富的钨、钼、钒等资源，所以能够为高速钢的生产和研发提供相当大的优势。

我国高速钢的研制开始于 1900 年，新中国成立之后，我国高速钢才开始发展起来。进入 21 世纪以来，我国高速钢的产量保持快速的增长趋势，根据相关学者的统计，2000~2019 年中国高速钢产量如图 5-6 所示[33,34]。总体来说，我国的高速钢行业正在逐步进入成熟期。

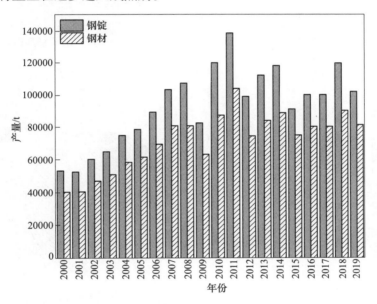

图 5-6　2000~2019 年中国高速钢总产量

现在，我国不仅成为高速钢的主要供应国，而且还是高速钢刀具的生产大国。但是，与国外先进企业相比，我国的高速钢还存在一些差距，主要集中在生产布局、产品结构、品种质量等方面，具体表现为以下几个方面：

（1）工艺和装备比较落后，尺寸精度低，表面质量差，力学性能差别大，使用寿命达不到预期。

（2）高速钢的规格和系列不全，国外制造的高速钢规格有很多，从直径 1mm 线材到直径 300mm 大断面材都有，而国内的大断面材和扁钢材极少，线材也较少[35]，如图 5-7 所示。

（3）不同档次高速钢的质量参差不齐，造成了进口产品高档次、出口产品低档次的局面。按照工业生产要求，应该结合质量和用途，将其分为高、中、低档配套供应。图 5-8 是我国和发达国家各类高速钢钢种的比例对照[36]。

（4）国外高速钢企业多为专业集中化生产，而我国相对比较分散，由于高速钢种类繁多，所以总体竞争力不强。

我国发展高速钢的当务之急是要采用一些先进技术，如熔融还原冶炼、电渣连续浇铸、加孕育剂形核和粉末高速钢等，同时进一步提升产业集中度，生产过程依照国际标准生产[37]。

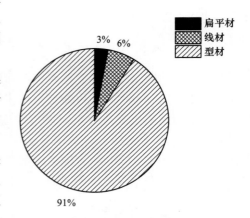

图 5-7　我国生产不同规格高速钢的比例

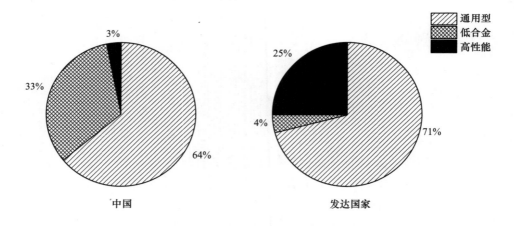

图 5-8　中国和发达国家各类高速钢钢种的比例对照

5.3.2　对高速钢质量的要求

这些年来，高速钢在刀具材料的使用上不断减少，并且这种趋势会继续下降；但高速钢在齿轮刀具、拉刀、螺纹刀的应用依然较广，且占有最重要的地位。所以需要不断优化工艺，开发新技术，改善其性能，才能巩固高速钢在刀具应用方面的地位。

高速钢的化学成分、碳化物的尺寸和分布等，都会明显影响高速钢的加工性能和使用性能，以下分别加以介绍。

5.3.2.1 化学成分对高速钢性能的影响

高速钢的化学成分非常复杂，含有大量的 C、W、Mo、Cr、V 等合金元素，少量的 Co、Al 等合金元素，以及微量的 P、S、O 等杂质元素，见表 5-23，这些元素对高速钢的加工性能和使用性能均有不同程度的影响。

表 5-23 化学成分对 M2 高速钢性能的影响[38,39]

元素	对高速钢的作用
C	强化固溶体，提高淬透性，和其他碳化物形成元素形成碳化物
W	主要作用是形成碳化物；在淬火过程中，原始碳化物 W_6C 会溶解一部分，溶解入基体的 W 在回火时又会以 W_2C 的形式析出一部分，产生析出硬化，另一部分溶解入基体的 W 则可以提高钢的高温硬度和抗回火性
Mo	与 W 的作用类似，形成的碳化物也类似，但 Mo 原子量为 W 的一半，所以可用 1% 的 Mo 代替 2% 的 W，用 Mo 代替部分 W 后能够提高高速钢的强度和韧性，Mo 对高速钢热导率的影响比 W 小
Cr	提高耐腐蚀性、耐氧化性、淬透性和耐磨性，凝固过程中形成的主要碳化物为 Cr_6C 和 $Cr_{23}C_6$；淬火过程中，这些碳化物基本都可以溶解进入基体，从而提高基体稳定性
V	提高硬度、红硬性和耐磨性，细化晶粒，降低钢的过热敏感性。在高速钢中主要以 VC 型碳化物的形式存在，V 含量的变化会影响碳化物中其他元素的含量，比如增加 V 含量会促使碳化物中 Cr 含量增加，W、Mo 含量减少
Co	固溶到基体中，能够明显提高高速钢的热稳定性及二次硬度，增加热导率，减小摩擦系数；但是若含量过高，则会恶化韧性
Al	固溶到基体中，能够提高高速钢的硬度和热稳定性，还可以改善高速钢的切削性能
P	在凝固和加热过程中，容易在晶界偏聚，从而导致钢材出现冷脆问题

5.3.2.2 碳化物尺寸和分布对高速钢性能的影响

碳化物作为高速钢中的重要组成部分，对高速钢的性能有着关键性的作用。高速钢之所以具有较优异的硬度、耐磨性能以及高温力学性能，主要就是基于碳化物的作用[40]。

碳化物的尺寸会显著地影响高速钢的加工性能和使用性能，而影响高速钢碳化物尺寸的因素主要包括：（1）高速钢的组成成分，尤其是碳化物形成元素的含量越高，碳化物的生成数量就越多，其尺寸也会越容易增加；（2）冷凝速度，冷凝速度越快，形核率越大，生成的一次碳化物就会越小，最终碳化物的尺寸也会越小；（3）热加工温度和热加工变形量，适当降低加工温度并增大加工变形量，可以促使碳化物尺寸变得更加细小；（4）热处理温度和热处理时间，在对电渣锭进行热处理时，温度越高、时间越长，碳化物颗粒就越容易长大。碳化物的分布也会显著地影响高速钢的加工性能和使用性能，这主要与铸态组织的均匀程度和热加工变形量有关。

为了改善碳化物尺寸和分布对高速钢性能的影响，国内外普遍采用电渣重熔的方法作为高速钢的终端冶炼工艺。另外，为了避免大尺寸碳化物的析出，改善碳化物分布的均匀性，还可以采用粉末冶金、喷射成型、孕育剂处理、添加稀土元素、低温浇铸的方法冶炼高速钢，这些方法可以极大地改善高速钢的使用性能和使用寿命。

5.3.3　高速钢的生产方法

高速钢的生产方法主要有四种：铸造法、粉末冶金法、喷射成型法以及电渣重熔法。

5.3.3.1　铸造法制备高速钢

传统铸造法一般用于制造普通的刀具钢、模具钢和轧辊钢。采用这种方法冶炼高速钢时，钢液的凝固速度非常慢，所以晶粒粗大，容易形成晶间碳化物；再结晶过程还会引起碳的偏析，使冶炼出的钢发生晶界脆化，韧性降低，给钢的锻、轧等热加工造成困难；在高温环境下，对其进行锻打还会引起开裂，成材率低。

铸造法制备的高速钢有严重的偏析，包括合金元素和凝固组织偏析，可以对其进行退火和淬火，以减轻这种缺陷。铸造法的优点在于设备要求低，成本低廉；但铸造法制备的高速钢晶粒粗大、元素偏析和碳化物偏析的问题非常严重，适当改变工艺（如添加电磁搅拌、机械搅拌、孕育处理、变质处理、合金化等）可以减轻这些问题，但想要冶炼出性能优异的高速钢，还有很长的路要走。

5.3.3.2　粉末冶金法

与铸造法不同，粉末冶金法可以有效地细化晶粒，均匀组织。不论钢材的截面尺寸大小，都能够从根本上解决偏析问题，其制备的高速钢适用于制造钻头、拉刀、螺纹刀具、滚刀等复杂刀具。

粉末冶金法制备高速钢有很多工艺，如热等静压、冷压烧结、热压烧结、粉末注射烧结和等离子烧结[4]等方法。粉末冶金法制备高速钢的过程一般分为两个步骤，首先是气体雾化制粉，然后是粉末成型，其基本的工艺流程如图5-9所示[42]。

粉末冶金制备的高速钢，生成的碳化物尺寸细小且分布均匀，还可以实现高合金化，从而有利于高速钢的强度、韧性、耐磨性、硬度等力学性能的提高。同

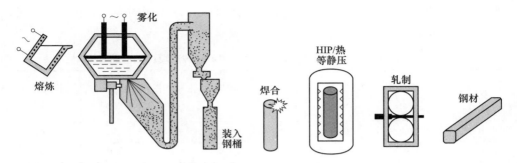

图 5-9　粉末冶金制备高速钢的工艺流程

时，粉末冶金合金高速钢具有各向同性，可以保证其工作寿命和稳定性等使用性能，还可以减少在热处理过程中的变形和应力，从而降低晶粒长大趋势。

采用粉末冶金法制备高速钢时也有不足，其工艺要求高且过于繁琐，工序长，工艺参数难以控制，设备成本高，技术操作困难，人员素质要求高，从而限制了粉末冶金法的工业化推广。

5.3.3.3　喷射成型法制备高速钢

喷射成型法是利用高压的惰性气体将液态金属雾化，再将弥散型液滴喷射到收集器上，最终会形成连续致密的坯件，通常这些坯件都是有一定形状的。喷射成型法生产高速钢的过程通常包括五个阶段：金属释放阶段、雾化阶段、喷射阶段、沉积阶段和凝固阶段，其工艺流程比粉末冶金短，成本更低，产品成型率高，有利于细化晶粒，适合制造高合金钢高速钢。

但是，该方法的缺陷也很明显，沉积态的坯件会存在一些缺陷，且较为疏松，需要采用挤压、热/冷轧或热等静压等方式将其致密化，熔滴发生过喷或颗粒发生溅射都会对高速钢的性能产生影响。目前，该项技术仍然处于研发阶段。

5.3.3.4　电渣重熔制备高速钢

采用电渣重熔工艺生产高速钢时，因为水冷结晶器的作用，所以钢液的凝固速率比传统的铸造法快，有利于改善碳化物的尺寸和分布，减轻碳化物的偏析问题。另外，自耗电极端部形成的金属熔滴在形成以及滴落过程中，会受到液态渣层的精炼作用，有利于去除其中的非金属夹杂物和有害元素，明显提高高速钢的洁净度。所以，电渣重熔工艺已经成为国内外很多企业生产高速钢的主要技术。

5.3.4　电渣重熔高速钢的工艺

如前所述，电渣重熔工艺已经成为国内外大部分企业生产高速钢的主流技术，但是，为进一步提高电渣重熔高速钢的各项性能和降低其生产成本，不同企业在具体生产工艺上会有不同的特点。美国西莫茨厂采用不同的充填比，生产了直径为 406mm 的 M2 高速钢，生产数据见表 5-24[43]。

表 5-24　美国西莫茨厂电渣重熔 M2 高速钢两种充填比工艺的对比

充填比	钢锭直径 /mm	电极直径 /mm	熔化速度 /kg·h⁻¹	电流 /A	输入功率 /kW	熔池深度 /mm	比电耗 /kW·h·t⁻¹
0.25	406	203	322	10.300	395	381	1227
0.66	406	330	318	9.000	270	203	849

由表 5-24 的生产数据可见，电渣重熔 M2 高速钢，填充比由 0.25 提高到 0.66 后，电流可减少 14.4%，输入功率减少 31.6%，而熔速基本不变，重熔每吨 M2 高速钢可节电 378kW·h。另外，采用大充填比工艺后，金属熔池形状趋于浅平，一次枝晶趋于轴向，宏观偏析问题得到改善。

由于高速钢中合金含量高，偏析倾向大，国内的高速钢电渣生产也以小锭型为主，表 5-25 是河冶科技电渣重熔生产高速钢的基本参数及供电参数[44]。

表 5-25　电渣重熔高速钢的相关参数

参　　数	数　　值
结晶器尺寸/mm	$\phi400×1000$
电极尺寸/mm	$\phi310$
渣层厚度/mm	177
电极插入深度/mm	15
熔速/kg·min⁻¹	5.0
重熔电流/kA	10
重熔电压/V	37

经过电渣重熔后，电渣锭铸态组织由铁素体基体和莱氏体共晶包组成。从图 5-10a 可知，靠近中心区域出现了柱状晶特征，形成的莱氏体共晶包直径为 100~400μm，尺寸差异较大（见图 5-10b）。靠近铸锭边缘处，沿热流方向的生长趋势更加显著，共晶包直径为 50~200μm，其尺寸比中心区域的更加均匀（见图 5-10c、d）。受到水冷结晶器激冷作用的影响，铸锭边缘的冷却速度较快，该处易形成一次枝晶臂和二次枝晶臂较为细小的柱状晶组织。而靠近铸锭心部，沿径向的冷却强度减弱，冷却速度减小，形成的枝晶组织相对粗大。

为改善电渣重熔高速钢钢锭的凝固组织，可以采用向金属熔池中添加孕育剂的方式来增加形核质点，从而细化电渣重熔高速钢钢锭的晶粒尺寸。苏联在电渣重熔 P18 高速钢时加入了 Ti、Ce 以及 Ti+Ce 作为孕育剂，对铸锭性能的影响见表 5-26[45]。

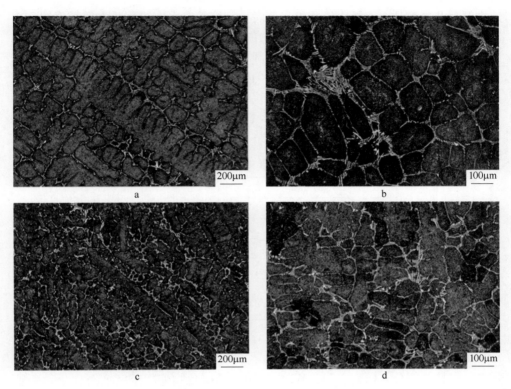

图 5-10　铸锭不同位置的金相组织形貌

a, b—靠近中心；c, d—靠近边缘

表 5-26　加孕育剂对电渣重熔高速钢性能的影响

孕育剂	回火硬度/HRC	稳定极限/℃	强度/MPa
不加	64.5~65.5	626~630	980.66~980.66
Ti	63.3~63.5	603~610	980.66~980.66
Ce	65.2~65.5	635~610	1000.27~1088.54
Ti+Ce	65~65.5	635~610	1166.99~1235.64

5.3.5　电渣重熔高速钢的质量和性能

电渣重熔作为一种生产高速钢的工艺，其对高速钢质量的影响主要是基于以下几个方面。

5.3.5.1　碳化物

采用传统的铸造法制备高速钢，是将熔化的钢液直接浇铸至模型中，其冷凝速度慢；与之相比，采用电渣重熔工艺时，钢液是在水冷结晶器内部凝固的，冷凝速度较快，所以高速钢生成的碳化物的尺寸较小。另外，采用电渣重熔工艺时，钢液的冷凝过程具备一定的方向性和对称性，所以有利于改善凝固组织的均匀性和对称性，从而有利于碳化物的均匀分布。

苏联第聂伯特种钢厂电渣重熔 P18 高速钢，成品钢材碳化物不均匀度和电弧炉工艺相比显著下降，碳化物呈均匀的网状分布，没有粗大的碳化物聚集现象，碳化物不均匀度对比数据见表 5-27[46]。

表 5-27　不同方法制备 P18 高速钢碳化物不均匀度比较

熔炼方法	直径/mm		锻压比	碳化物不均匀度/级
	钢材	铸锭		
电弧炉	120	300	6.25	10
电渣重熔	120	200	2.80	6
电弧炉	60	300	25.0	7
电渣重熔	60	200	11.0	3
电弧炉	140	300	4.65	10
电渣重熔	140	200	2.0	7

注：按苏联国家标准 5952-51 评级。

日本特殊钢公司研究表明，M2 电渣铸锭的碳化物偏析带宽度及碳化物颗粒度普遍比普通 M2 铸锭小[47]，如图 5-11 所示。

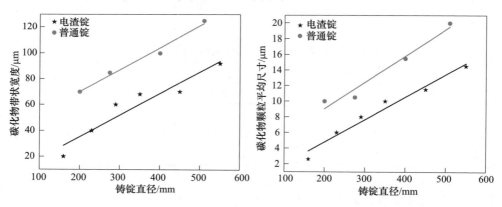

图 5-11　电渣重熔及普通方法熔炼的 M2 铸锭尺寸对碳化物带状宽度及碳化物颗粒的影响

邵青立等[48]研究了不同电渣锭尺寸条件下压缩比和成材尺寸对碳化物不均匀度的影响，如图 5-12 所示。从图 5-12 中可以看出，压缩比越大，碳化物不均匀度越低；在同样压缩比的条件下，电渣锭的锭型尺寸越小，碳化物不均匀度越低；而同样的锭型，成材尺寸越小，则碳化物不均匀度越低。

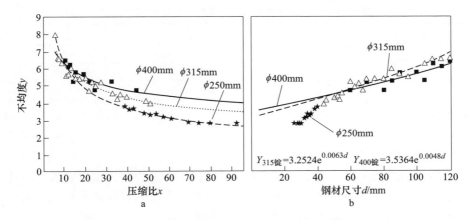

图 5-12 压缩比 (a) 和成材尺寸 (b) 对 M2 高速钢碳化物不均匀度的影响

另外，需要说明，由于水冷结晶器和底水箱的作用，钢液外部和下部的冷却效果好，冷凝速度快，而心部和上部的冷却效果较差，冷凝速度慢。另外，C、W、Mo、Cr、V 等碳化物形成元素多为正偏析元素，容易聚集在钢液凝固前沿。因此，相对而言铸锭心部及上部碳化物尺寸较大，数量较多，而外部和下部碳化物的尺寸较小，数量较少，尤其是对于大尺寸的锭型，这种现象更为明显。

5.3.5.2 洁净度

电渣重熔不仅是一种熔炼工艺，更是一种精炼工艺，采用这种工艺可以有效地减少钢液中的夹杂物和有害元素，提高钢液的洁净度。

采用传统铸造法生产高速钢时，钢液在浇铸到模型中后，非金属夹杂物主要通过聚集、长大，然后上浮至钢液表面去除。但是，由于铸模的温度较低，所以一次枝晶会沿着铸锭的径向生长，从而阻止夹杂物的上浮，使夹杂物滞留在钢锭内部，尤其是对于细长或形状不规则的锭型，这种现象更为明显，夹杂物基本无法排除。

采用粉末冶金和喷射成型的方法生产高速钢时，无法去除其中的夹杂物，而且在制粉或喷射的过程中，还存在被氧化污染的可能性。

电渣重熔法生产的高速钢总的去夹杂率约为 86%，在电极熔化至熔滴形成阶段去除率约为 53%，熔滴穿过渣池的过程中去除率约为 28%，而金属熔池中夹杂物上浮过程中去除率约为 5%[49~51]。同时，电渣重熔还可以使钢中夹杂物明显细化，弥散分布。表 5-28 为不同工艺生产的 T1 高速钢夹杂物的对比，采用的检测方式为塔形磁粉探伤实验；可以看出，与普通大气下熔炼和真空电弧重熔相比，电渣重熔钢锭中夹杂物的含量明显更低[52]。

表 5-28　不同方法熔炼 T1 高速钢塔形磁粉探伤实验

熔炼方法	钢锭部位	夹杂物频率	夹杂物严重性/个
大气下熔炼法	上	0.67	96.3
	下	0.54	49.8
真空电弧重熔法	上	0.19	1.71
	下	0	0
电渣重熔法	上	0	0
	下	0	0

与传统铸造法、粉末冶金法和喷射成型法相比，采用电渣重熔法熔炼高速钢时，金属的熔化和凝固环境较为纯净：重熔过程是在液态渣层的保护下，所以可以避免大气对钢液的污染，防止大气向钢液传递 H、N、O 等杂质元素。另外，电渣重熔过程中渣池的温度非常高，通常在 1700℃ 以上，自耗电极端部附近的熔渣温度甚至可以达到 1900℃，促进了一系列物理化学反应，可以有效地去除钢中 Pb、Sn、As、Sb、Bi 等较易挥发的杂质元素，提高材料的纯净度。电渣重熔高速钢在去除 Zn、As、Pb 方面不逊于真空电弧重熔，见表 5-29。

表 5-29　T1 高速钢电渣重熔和真空电弧重熔后微量杂质元素含量

（质量分数,%）

重熔方法	取样位置	Cu	Zn	As	Pb
电渣重熔法	上	0.1	0.02	0.029	0.001
	中	0.1	0.02	0.029	0.001
	下	0.1	0.02	0.031	0.001
真空电弧重熔法	上	0.08	0.022	0.033	0.001
	中	0.08	0.022	0.031	0.001
	下	0.09	0.020	0.030	0.001

综上所述，采用电渣重熔工艺后，高速钢铸锭中的夹杂物和有害元素含量可以明显降低。若采用保护气氛电渣重熔工艺或真空电渣重熔工艺冶炼高速钢，则夹杂物和有害元素的含量会更低，提高钢材纯净度的效果会更明显。

5.3.5.3　宏观组织

在电渣重熔过程中，铸锭上方存在液态金属熔池和持续发热的渣池，既可以保温又可以保证有足够的液态金属填充凝固过程中因收缩产生的缩孔，所以可以有效地消除一般铸锭常见的疏松和缩孔。同时，由于结晶器和底水箱的强制水冷，钢液的凝固只是在很小的体积内进行，所以铸锭不容易产生疏松和缩孔。若采用保护气氛电渣重熔或真空电渣重熔工艺时，钢液中的氮、氢气体也易于排除，钢锭的组织会更加致密、均匀。

5.3.6　电渣重熔高速钢新技术

高速钢中合金元素含量高，在生产过程中容易发生元素偏析而造成碳化物粗大，分布不均。越大的锭型，其中的碳化物问题越严重。为了解决或者减轻碳化物问题，在满足使用需求条件下，尽量生产小尺寸的高速钢铸锭是一种有效的方法。奥地利 Holzguber[53] 在 Acciaier Valbuna 进行了大量的试验，开发出快速电渣重熔技术，对直径为 100～300mm 的小型钢锭，熔速提高到 300～1000kg/h，使熔速与结晶器直径之比约为 3~10。快速电渣重熔（ESRR）的原理如图 5-13 所示，采用"T"型结晶器，重熔大断面电极，在结晶器壁上嵌入导电元件，使电源电流通过自耗电极→渣池→导电元件→返回变压器，如此改变了结晶器内的热分配。

由于钢-渣界面基本上没有电流通过，或者电流通过较少，也就基本不发热，同时钢-渣界面远离电极端头，使得金属熔池的温度大幅度降低，减弱了

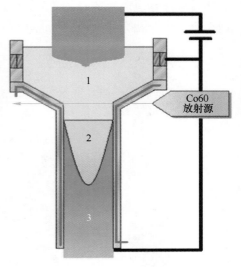

图 5-13　电渣快速重熔原理
1—自耗电极；2—渣池；
3—导电元件

金属熔池深度与输入功率的关系。此外，铸坯自"T"型结晶器中抽出，在空气中受空气对流冷却。而固定式结晶器重熔时，铸坯收缩与结晶器内壁形成气隙对冷却不利。

为了更好地掌握这一技术，奥地利 Inteco 公司进行了大量的试验[54~56]。快速电渣重熔（ESRR）生产 ϕ145mm 铸坯，获得较高的熔速。重熔渣系采用 CAF_3 及 CAF_4（70%CaF_2-30%CaO-30%Al_2O_3，在 1600K 时，CAF_3 与 CAF_4 渣的电导率分别为 2S^{-1}/cm 及 2.5S^{-1}/cm），而与以往通用 ANF-6 渣（70%CaF_2-30%Al_2O_3，电导率为 3.5Ω^{-1}/cm）比较，这两种渣的电导率降低，使重熔电效率显著提高。熔池深度与凝固系数（ESRR 重熔 M2 钢，铸坯直径 160mm）在熔速达到300kg/h时加 FeS 测得熔池呈"V"型，熔池深度约 147mm，计算出凝固系数 $C = 37mm/min^{1/2}$。当熔速 V_M 提高到 600kg/h，熔池呈"U"型，熔池深度约 189mm，凝固系数 $C = 46mm/min^{1/2}$。标准电渣重熔 ESR 的凝固系数 $C = 30~35mm/min^{1/2}$，连铸凝固系数 $C = 25~38mm/min^{1/2}$。因 ESRR 具有高的凝固系数 C，从而在增大熔速条件下，铸坯内部组织仍是致密、均匀、无疏松、无缩孔的；所生产的钢种

有马氏体耐热钢 AISI402、奥氏体不锈钢、AISI304L、高速工具钢 M7、超级合金 INC0718、高温耐磨合金 WN14980。ESRR 铸坯表面光洁，无需清理可直接热加工。

2002 年，奥地利 Inteco 公司在电渣快速重熔的基础上增加一套自动控制装置，实现了连续电渣快速重熔（CC-ESRR）技术。根据钢水液面检测信号来控制两个驱动辊和四个导向辊，可以实现自动连续拉坯，其原理如图 5-14 所示。

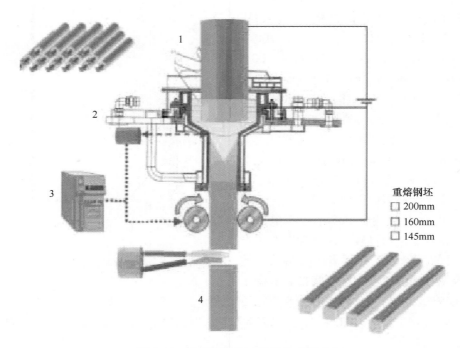

图 5-14　连续电渣快速重熔技术原理

1—电极；2—Co-60 金属液位传感器；3—控制系统；4—在线切割

李万明等开展了双极串联抽锭电渣重熔生产 M42 高速钢的试验，并在铸锭抽出结晶器后加入了气雾冷却，增加铸锭的冷却效果，其原理如图 5-15 所示。试验结果表明，与直接采用双极串联固定式结晶器的电渣重熔工艺相比，抽锭和气雾冷却可以使电渣重熔过程的熔池深度降低 16.5%，使金属熔池凝固时的两相区宽度减小，并使金属熔池的结晶角减小了 6.5%；有效地减小高速钢碳化物的不均匀度和碳化物颗粒度，在相同锻压工艺条件下的碳化物合格率明显提高。两种工艺条件下生产的 M42 高速钢材的碳化物形貌及分布如图 5-16 所示，可见抽锭和二次气雾冷却获得铸锭中的大颗粒碳化物明显减少，碳化物不均匀度降低，碳化物颗粒更加细小弥散。

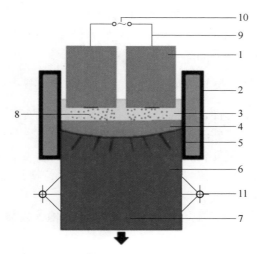

图 5-15 双极串联联合二次
气雾冷却抽锭电渣技术

1—自耗电极；2—结晶器外壁；3—渣池；4—熔池；5—结晶器内壁；6—铸锭；
7—抽锭；8—金属液滴；9—短网；10—交流电源；11—气雾冷却

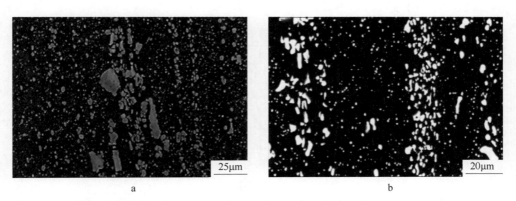

图 5-16 两种工艺条件生产的 M42 高速钢材 1/2 半径位置的碳化物形貌
a—双极串联固定结晶器工艺；b—双极串联+二次气雾冷却+抽锭电渣工艺

5.4 轧辊钢

5.4.1 轧辊钢概述

轧辊是轧机上使材料产生连续塑性变形的部件，是决定轧机效率和轧材质量的重要消耗部件，主要由辊身、辊颈和轴头三部分组成。辊身表面的工作层是实际参与轧制金属的部分；辊颈安装在轴承中，并通过轴承座和压下装置把轧制力传给机架；轴头通过连接轴与齿轮座相连，将电动机的转动力矩传递给轧辊。轧辊利用一对或一组轧辊滚动时产生的压力来轧碾钢材，它主要承受轧制时的动静载荷、磨损和温度变化的影响。

5.4.1.1　轧辊的类型及用途

轧辊是轧机的关键部件，轧机的类型不同，对轧辊的性能要求和采用的轧辊也不尽相同。一般来说，轧辊可以有如下的分类方法：

按产品类型分有带钢轧辊、型钢轧辊、线材轧辊等。

按轧辊在轧机系列中的位置分有开坯辊、粗轧辊、精轧辊等。

按轧辊功能分有破鳞辊、穿孔辊、平整辊等。

按轧辊材质分有铸钢轧辊、铸铁轧辊、锻造轧辊、硬质合金轧辊、陶瓷轧辊等。

按制造方法分有铸造轧辊、锻造轧辊、堆焊轧辊、镶套轧辊等。

按所轧钢材状态分有热轧辊、冷轧辊。

按照轧辊的结构形式，可以分为整体轧辊和复合轧辊等。

轧辊种类很多，常用的轧辊品种有铸钢轧辊、铸铁轧辊和锻造轧辊三大类，其主要特点和用途见表5-30[57]。

表 5-30　轧辊的主要类型及用途

轧辊类型		辊身硬度 HS	辊颈抗拉强度 /MPa	主　要　用　途
铸钢轧辊	铸钢	30~70	500~1000	大、中型型钢开坯和粗轧机架，板带轧机粗轧机架，支撑辊
	半钢	35~70	300~700	大、中、小型型钢中间及精轧机架，板带钢工作辊
	石墨钢	35~60	500~900	大、中、小型型钢粗轧机
	高铬钢	70~80		带钢粗轧后架，精轧前架
	工具钢	80~90		
铸铁轧辊	冷硬铸铁	55~85	150~220	板材、线材、型材、管材精轧机架
	无界冷硬铸铁	55~85	150~220	板材、型材、型材、管材中轧、精轧机架，板材钢精轧机架
	球墨铸铁	35~80	300~700	型材、型材、管材粗、中轧机架
	高铬铸铁	60~95		小型型材、线材轧机精轧机架，带钢预精轧机架
	特殊铸铁	75~95		小型、线材、管材预精轧，精轧

续表 5-30

轧辊类型		辊身硬度 HS	辊颈抗拉强度 /MPa	主 要 用 途
粉末冶金轧辊	碳化钨	80~90		小型、线材精轧机架，冷轧小型钢材
	工具钢	80~90		小型、线材精轧机架，带钢精轧机架
锻钢轧辊	热轧辊	35~60	500~1100	开坯，大型粗轧机架，冷轧小型钢材
	冷轧辊	75~105	700~1400	冷轧带钢工作辊，型材，焊管成型辊
	支撑辊	40~70	700~1400	冷、热板带轧机
	锻造半钢及白口铁	35~70	500~1000	大、中、小型粗、中、精轧机架

5.4.1.2　轧辊材质的发展及合金元素的作用

轧辊的品种和制造工艺随冶金技术的进步和轧钢设备的演变而不断发展。19世纪下半叶含碳量为 0.4%~0.6% 普通铸钢轧辊相继诞生。20 世纪初期合金元素的使用和热处理的引入显著改善铸钢和锻钢热轧辊和冷轧辊的耐磨性和强韧性。

轧辊材质中的 C 主要是与合金元素生成碳化物，碳含量低时，组织中碳化物数量减少，轧辊的硬度和耐磨性差。随着碳含量的增加，工作层硬度增大，但材料的脆性也增大，轧辊使用时易产生裂纹和剥落。Si 的主要作用是提高钢的回火稳定性，提高轧辊的耐冲击性能。Cr 和 Mo 都是稳定碳化物的元素，根据成分不同生产不同类型的碳化物，起到提高性能的作用。Ni 是形成和稳定奥氏体的主要合金元素，具有阻止晶粒长大、使钢不易过热、提高淬透性和回火稳定性作用。Mn 具有扩大奥氏体相区、降低马氏体开始转变温度的作用，而 V 有细化晶粒的作用，特别是能降低感应淬火的过热敏感性，也可以通过形成碳化物使淬火硬度有所提高。

典型的碳化物类型及形态见表 5-31，由表 5-31 可知，MC 型碳化物硬度较高，具体碳化物的硬度见表 5-32。因此，高合金含量是轧辊材质的发展方向，如图 5-17 所示。

表 5-31　轧辊材质中碳化物的形态和硬度[58]

轧 辊	碳化物类型	形态	硬度 HV
高镍铬轧辊	Fe_3C	网状	840~1100
高铬铸铁轧辊	Cr_7C_3	菊花状	1200~1600
	$M_{23}C_6$	粒状（二次）	1200
高速钢轧辊	MC	粒状	3000
	M_2C	棒状和羽毛状	2000
	M_6C	鱼骨状和细板条状	1500~1800

表 5-32   一些碳化物的硬度值

碳化合物	TiC	VC	WC	NbC	Cr$_7$C$_3$	Mo$_2$C	Fe$_3$C
硬度 HV	3200	2600	2400	2400	1600~1800	1500	1340

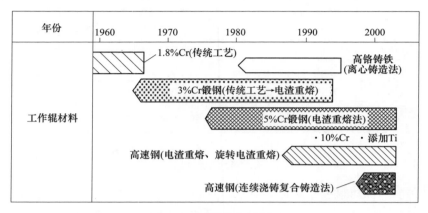

图 5-17   轧辊成分的发展

5.4.2 对轧辊钢的性能要求

随着工业社会的发展，冶金领域的轧机不断向高速化和大型化的方向发展，轧制速度的提高及轧制负荷的增加，对轧辊质量及性能提出了越来越高的要求。对热轧辊而言，要求它具有更高的抗冲击负荷及抗热冲击的能力，在热应力和反复负荷作用下，要求它具有更高的抗疲劳性能。对冷轧辊而言，所轧制产品表面光洁度要求不断提高，除了要求其具有足够的表面硬度及淬透深度、保证耐磨性以外，要求轧辊成分及组织高度均匀、金属致密，确保轧辊表面硬度均匀以保证轧制产品的表面光洁度。总体上来说，轧辊的性能要求可以概括为以下内容。

5.4.2.1 强度和硬度

辊身工作层是轧辊的工作部位，往往承担高温、高压、高应力的直接作用。因此，工作层要求具有较高的强度和硬度，这就要求提高轧辊钢的纯净度、降低非金属夹杂物周围的应力集中，改善钢锭中合金元素的偏析，提高组织致密度及成分均匀度。

5.4.2.2 耐磨性

耐磨性与轧辊的使用寿命、生产成本及产品质量密切相关，而轧辊的耐磨性与其强度和硬度有很大关系。研究表明，提高锻钢冷轧辊的铬含量可以增加辊面强度，铬的合金化及其化合物能够增加淬硬层深度和硬度。

5.4.2.3　抗事故性能

抗事故性能是指轧辊在使用过程中的抗热裂、抗剥落、抗热冲击性能。轧机在轧制过程中，由于卡钢、叠轧、打滑等事故会造成轧辊表面摩擦加剧产生瞬时温升，容易造成局部过热和组织性能改变，导致轧辊表面裂纹而失效，不仅影响产品质量，而且影响生产节奏。

5.4.2.4　经济性

在轧辊的性能满足要求的条件下，轧辊的经济性，即轧辊的生成成本、使用成本等是企业生产必须考虑的重要问题。通过提高热处理技术来增加硬度，提高冶炼和浇铸技术来提高组织致密度，这些措施在提高轧辊强度和可靠性的同时，也增加了轧辊的耐磨性，增加淬硬层深度可以减少冷轧辊的重处理次数和费用。

5.4.3　轧辊钢的生产方法

一般来说，高铬铸铁轧辊采用普通铸造或者离心铸造方法进行生产。锻造轧辊，尤其是锻造冷轧辊，世界各国普遍采用电渣重熔的方法进行生产。早期的轧辊材质以 Cr2 为主，而且当时的轧机对轧辊尺寸要求较小，电渣重熔的轧辊完全能够满足要求。但近年来，随着轧机不断向高速化和大型化方向发展，对轧辊的性能和尺寸都提出了更高的要求，目前应用比较普遍的是 Cr5 系列冷轧辊，并逐渐向 Cr6，甚至 Cr8 的材质发展。由于轧辊尺寸大、合金含量增加，电渣重熔在元素偏析和碳化物控制方面的问题逐渐凸显，成为高品质高合金轧辊制造亟待解决的难题。

事实上，轧辊工作层一般以磨损失效为主，因此要求工作层具有较高的耐磨性；而辊芯和辊颈一般要求具有较高的强韧性，以保证轧辊工作过程中的安全可靠性。然而，轧辊的耐磨性和强韧性是一对矛盾，高硬度可以提高耐磨性，但是强韧性降低，强韧性提高，硬度降低，耐磨性变差，因此整体单一材料无法同时满足耐磨性和强韧性的要求，复合材料是解决上述问题的有效途径，是未来轧辊的发展方向。

高速钢复合轧辊，由于工作层和辊芯的材质不同，并且保持了高速钢高耐磨性、高抗表面粗糙性等优异的性能，受到了广泛的关注，是未来轧辊的发展方向。目前，乌克兰、俄罗斯、德国、保加利亚、日本、欧美、巴西和波兰等国家和地区的轧机纷纷采用高速钢复合轧辊，而我国对高速钢复合轧辊的使用还比较少。

高速钢复合轧辊生产方法较多，如欧洲、美国和韩国采用 VSP（Vertical Spun Process）立式离心工艺，日本多采用卧式或斜式离心工艺，新日铁采用 CPC 法、日立制铁采用电渣焊法，英国采用喷射沉积法，乌克兰、瑞典和美国国家轧辊公司采用 ESS LM 法，还有如热等静压法、自蔓延合成法、ESR 法、机械组合法[59]、表面堆焊法等。下面对其中的几种方法进行介绍。

（1）日本采用一种旋转电渣熔铸法制造高速钢复合轧辊[60]，此法示意图如图 5-18 所示[61]。在结晶器中间放入一根作为复合轧辊芯的材料，与结晶器同心且一起旋转。管状的高速钢自耗电极处于结晶器和芯棒之间进行电渣重熔，形成包覆在芯棒周围的轧辊外部工作层，此工艺成功与否的关键是芯部与外部工作层结合处是否熔合好。据报道该结合处显微组织致密、无偏析和裂纹。拉伸试验表明：结合层具有足够的强度，完全能经受热处理及轧制服役的考验。其缺点是成本较高，难以制造较大的轧辊。

（2）离心铸造法，轧辊芯部大多采用灰铁、球铁，用离心铸造法将高铬铸铁或高速钢结合在其表层制成复合轧辊。但在制造高碳型高速钢轧辊时，因碳化物与钢液有密度差，在

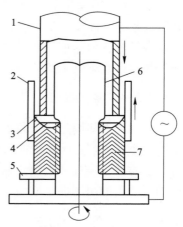

图 5-18　旋转电渣熔铸
生产复合轧辊示意图
1—电极；2—结晶器；3—渣池；4—金属
熔池；5—底板；6—芯部；7—外层

离心力作用下容易出现碳化物偏析；辊芯部分是特厚大断面凝固，铸造组织粗大，辊芯强度无法大幅度提高，并且离心铸造法对工艺参数和化学成分的要求较高。

（3）连续铸造法（Continuous Pouring Process for Cladding，CPC），是向垂直竖立的芯棒与环形水冷结晶器之间的缝隙浇入作为工作层的液态金属，一边凝固，一边从结晶器下部以间歇方式抽出轧辊，如图 5-19 所示。这种方法是集材料、工艺、设备、自动控制于一体的高新技术，目前世界上只有新日铁和日立两家成功地用于工业化生产。在这一连续铸造过程中，为了保证完好的熔合，以高频方式向固态的芯部材料及液态金属供给热量。

采用连续铸造法生产轧辊，辊芯是预先制好的，可以根据强度要求选择锻钢辊芯材料；外层钢液在结晶器中凝固，显微组织细小，碳化物形态好。连续铸造轧辊性能比离心轧辊性能提高约 40%，其关键技术是在断续拉锭过程中实现外层材料与芯棒的冶金结合。

（4）乌克兰开发了一种新的电渣液态浇铸复合轧辊的制造方法[63]，称为ESSLM 法，其原理如图 5-20 所示。此法可以在轧辊芯部材料周围覆着一层工作层，覆着层的厚度在 20~100mm 范围内，覆着层的材料可以是铸铁、高速钢、工具钢、不锈钢、镍基高温合金以及其他金属，所制成的复合轧辊可用做冷轧辊、热轧辊或连铸辊。

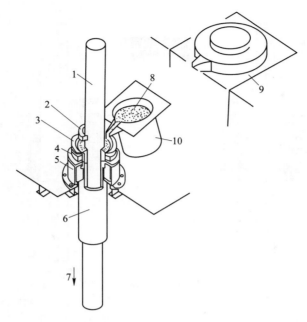

图 5-19 CPC 方法示意图

1—芯层材料；2, 4—感应线圈；3—中间包；5—水冷模具；6—外层材料；
7—抽锭方向；8—熔融金属；9—熔炉；10—浇铸炉

水冷模不仅可以使钢液凝固成复合层，同时其上部的导电环可以作为非自耗电极，依靠它向渣池提供电能，以补充不断消耗的热能。芯轴表面很薄的一层被熔化，需要液态金属来填充，在芯轴与铜模之间形成复合层。填充的钢液可以是连续的或者按预先设定的程序逐步加入，钢液把渣排挤至顶部，并占据渣原来的位置与芯轴熔化的部分形成复合层。在复合过程中渣绕着芯轴不停旋转，促进了温度场和化学成分的均匀性，同时避免了偏析。在复合过程中，熔合并凝固的部分从铜模中被拉出[64]。

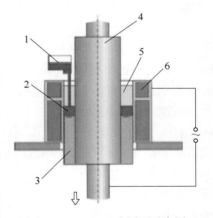

图 5-20 ESSLM 法原理示意图

1—中间包；2—金属熔池；3—镀层；
4—轧辊；5—渣池；6—结晶器

这项技术与日本的 CPC 方法基本相同，图 5-21 为两种方法的原理的比较，方法上最大的不同在于 CPC 方法在中心芯棒的上端使用感应线圈对其进行预热，而 ESSLM 方法使用渣阻热对芯棒进行加热。

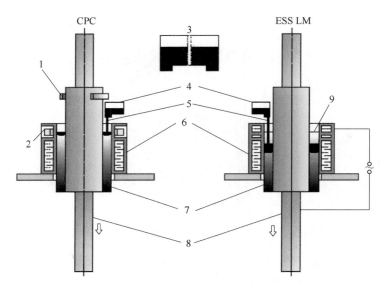

图 5-21　CPC 方法与 ESSLM 方法的原理比较

1—预热感应线圈；2—加热钢液感应线圈；3—熔炼炉；4—中间包；
5—钢液；6—水冷结晶器；7—型壳材料；8—型芯材料；9—渣池

　　ESSLM 法的最大优点是效率高，为传统覆层方法的 10 倍，可达 200~800kg/h，电耗约 1000kW · h/t。另一个优点是可采用的表层金属材料品种范围广；还有熔合层结合好，组织致密，整个覆着层化学成分均匀。

　　（5）热等静压法（HIP），是在高温高压下把工作层金属的冶金粉末与芯棒烧结在一起[65,66]，这种方法只应用于小直径轧辊的制造。文献［67］报道了用 HIP 法制造高镍铬耐磨铸铁轧辊，通过调整高镍铬铸铁粉末的粒度及组成，可容易地控制其碳化物，轧辊的弯曲强度、拉伸性能、抗热裂性和断裂韧性都优于用常规方法生产的轧辊。

　　（6）喷射铸造法，该方法用冷的惰性气体的气流把钢水雾化喷涂在接收器的表面并迅速凝固[68]。对钢液的喷射过程可采用氮气雾化，形成细小的金属液滴，接收器将这些细小液滴截获，接收器上很大的表面积可快速吸收热量，使液滴迅速凝固。接收器不断旋转使金属液滴均匀地喷在其表面，得到要求的形状。喷射过程中由于雾化与迅速冷却相结合，使其非常适合于成分复杂的高合金钢，如高速钢制品的生产，可以细化晶粒，限制偏析和碳化物长大[68]。

　　这种技术是为了制造冷轧或热轧用的复合轧辊而开发的。接收器作为辊颈及辊身芯部，喷射沉积而形成轧辊的工作层。这一技术的关键是表层和芯部的熔合以及高性能轧辊材料的发展。喷射铸造法制造的轧辊工作层组织与锻造轧辊相当，用该法制造的高铬铸铁轧辊及高速钢工作辊在冷轧及热轧中使用都表现出较好的性能；其不足之处在于，轧辊组织不够致密，存在空洞，而且生产成本较高，工艺复杂，不利于轧辊的大批量生产。

几种制备复合轧辊的方法比较见表 5-33。

表 5-33 几种铸造复合轧辊方法比较[69]

项 目	铸 造 方 法				
	离心铸造	CPC	旋转电渣熔铸	ESSLM	喷射成型
外层材料成分变化的适应性	差	强	差	强	强
外层材料的洁净度	低	低	高	高	低
外层材料的致密度	低	一般	一般	一般	高
外层金属生产的复杂程度	易	易	难	易	难
芯部材料成分变化的适应性	差	强	强	强	强
内外层结合的强度	低	高	高	高	低
内外层厚度均匀性	不好	好	不好	好	好
内外层间有无相互渗透	有	无	有	有	无
设备复杂程度	简单	复杂	复杂	简单	复杂
生产工艺的复杂程度	简单	复杂	复杂	简单	复杂
生产率	最高	低	低	高	低
成本	低	低	高	低	高

5.4.4 电渣重熔轧辊钢的工艺

电渣重熔生产轧辊钢的工艺流程为：（炼钢）EAF+LF+VD→浇铸电极棒、退火、精整→（特冶）电渣重熔、退火、精整→（锻造）加热、锻制成材、冷却、退火、精整→探伤、检验→合格入库。

电极棒直径为 740mm；电渣锭直径为 900mm；采用 CaF_2-CaO-Al_2O_3-MgO-SiO_2 五元渣系，渣量 400kg，具体参数见表 5-34，选择试验的钢种是成分与 Cr5-A 相近的 Cr5-AN 钢。

表 5-34 工业化试制 Cr5-AN 钢的电渣重熔参数

渣系	渣量/kg	电极直径/mm	电渣锭质量/kg	结晶器直径/mm	平均熔速/kg·h^{-1}
五元渣系	400	740	9300	900	660

在直径 260mm 锻棒上取样分析，进行定量金相分析，并统计夹杂物的尺寸分布。图 5-22 为试样中夹杂物尺寸分布的结果，从图中可以看出，五元渣系重熔后，钢中夹杂物大部分以小于 5mm 的小尺寸为主，大尺寸夹杂物所占的比例较小。图 5-23 为夹杂物在钢中的面积占比。

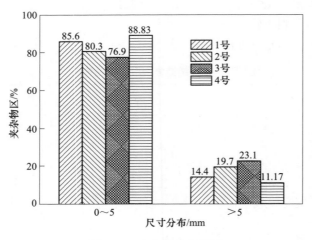

图 5-22　夹杂物分布结果

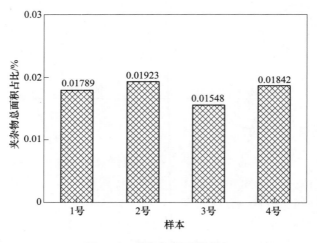

图 5-23　夹杂物总面积占比

图 5-24 是试样中最大夹杂物的尺寸情况，从图中可以看出，与之前使用的三七渣相比，五元渣系重熔后钢中最大夹杂物尺寸得到明显降低。结合图 5-22 和图 5-23 的结果，可以说明，五元渣系在夹杂物尺寸、含量等方面控制得更好。

对钢中夹杂物的评级结果见表 5-35。从表 5-35 中可以看出，五元渣系重熔后钢中夹杂物级别得到明显的降低，无 C 类夹杂物，其他各类夹杂物均小于 0.5 级。表 5-35 中 5 号和 6 号为现场原用三七渣系重熔后，钢中非金属夹杂物的评级结果，钢中非金属夹杂物级别明显要比五元渣系要高。由此可见，五元渣系更有利于保证电渣钢的洁净度，从而提高产品质量。

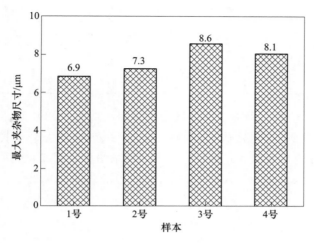

图 5-24　最大夹杂物尺寸

表 5-35　夹杂物评级

试样	A/级		B/级		C/级		D/级		渣系
	细系	粗系	细系	粗系	细系	粗系	细系	粗系	
1	0.5	0	0.5	0	0	0	0.5	0	S2
2	0.5	0	0.5	0	0	0	0.5	0	S2
3	0.5	0	0.5	0	0	0	0.5	0	S2
4	0.5	0	0.5	0	0	0	0.5	0	S2
5	0.5	0	1.0	0	0	0	1.0	0	S1
6	0.5	0	1.0	0	0	0	1.0	0	S1

　　在此基础上，针对高碳系列冷轧辊用钢 MC5 开展了试验工作，主要考察渣系对钢中气体含量的影响，采用 $CaF_2-Al_2O_3$ 二元渣系和 $CaF_2-CaO-Al_2O_3-MgO-SiO_2$ 五元渣系开展了冷轧辊用 MC5 高碳钢的电渣重熔实验研究，实验的基本参数见表 5-36，电渣锭化学成分的分析结果见表 5-37。从钢锭化学成分的分析结果可以看出，两种渣系对钢中元素的影响程度相近，没有发现明显的元素烧损倾向，因此从元素烧损角度看两种渣系是相当的。

表 5-36　实验参数

编号	渣系	渣量 /kg	电极直径 /mm	钢锭质量 /kg	结晶器直径 /mm	平均熔速 /kg·h⁻¹
1	二元渣系	500	800	12888	950	660
2	五元渣系	450	800	12913	950	660

表 5-37　电渣锭中的化学成分　　　　　（质量分数，%）

编号	C	Mn	P	S	Si	Ni	Cr	Mo	V	Al	Ti
1	0.86	0.32	0.015	0.002	0.61	0.39	5.19	0.27	0.16	0.006	0.005
2	0.85	0.32	0.015	0.002	0.62	0.39	5.16	0.26	0.15	0.008	0.005

表 5-38 是重熔前后钢中气体含量变化情况。从表 5-38 中可以看出，两种渣系对于钢中氧含量的控制是基本相同的，重熔后钢中氧含量较自耗电极中略有降低或者基本持平；而在氮含量的控制上五元渣系明显好于二元渣系；在钢中氢含量的控制上，五元渣系与二元渣系基本相当，但二元渣系略好于含有 CaO 的五元渣系。

表 5-38　重熔前后钢中的气体含量变化　　　　　（质量分数，%）

编号	N		H		O	
	电极棒	电渣锭	电极棒	电渣锭	电极棒	电渣锭
1	107×10^{-4}	186×10^{-4}	0.5×10^{-4}	0.4×10^{-4}	12×10^{-4}	10×10^{-4}
	—	—	—	0.4×10^{-4}	11×10^{-4}	10×10^{-4}
2	100×10^{-4}	119×10^{-4}	0.9×10^{-4}	0.4×10^{-4}	12×10^{-4}	9×10^{-4}
	98×10^{-4}	131×10^{-4}	0.7×10^{-4}	0.8×10^{-4}	10×10^{-4}	11×10^{-4}

表 5-39 为电渣重熔后钢中非金属夹杂物的评级结果。从评级结果可以看出，五元渣系重熔后钢中夹杂物级别仍然好于二元渣系重熔后的结果，而且二元渣系重熔后钢中出现了粗系的 D 类夹杂物，因此其洁净度水平还是较低的。这一试验结果进一步证实，若以去除非金属夹杂物为主，五元渣系对高碳系列冷轧辊用钢的电渣重熔也是适用的。

表 5-39　非金属夹杂物级别评定结果

编号	非金属夹杂物/级							
	A		B		C		D	
	细系	粗系	细系	粗系	细系	粗系	细系	粗系
1	0.5	0	0.5	0	0	0	1.5	0.5
2	0.5	0	0.5	0	0	0	1.0	0

5.4.5　电渣重熔轧辊钢的质量和性能

电渣重熔轧辊钢具有良好的组织和机械性能，主要表现在以下几个方面：

（1）金属纯净度高。电渣重熔可以有效控制钢中有害气体氧、氮及非金属夹杂物。以 60Cr2SiMoV 钢为例，氧气转炉钢经电渣重熔后脱硫率达 77.2%，钢中的氧去除率为 83%，非金属夹杂物去除率为 40.8%，见表 5-40。

表 5-40　电渣重熔钢的纯净度

生产企业	钢状态	钢种	硫（质量分数）/%	非金属夹杂物总量/%	钢中气体（质量分数）	
					O	N
国外企业	氧气转炉钢	60Cr2SiMoV	0.007~0.015	0.0071	$(91~97)×10^{-4}$	$(70~74)×10^{-4}$
	电渣重熔钢		0.002~0.003	0.0041	$(15~17)×10^{-4}$	$(60~61)×10^{-4}$
国内企业 1	电渣重熔钢	MC5	0.002~0.003	0.0079	$(11~16)×10^{-4}$	$(91~104)×10^{-4}$
国内企业 2	电渣重熔钢	MC5	0.002~0.003	0.011	$(10~12)×10^{-4}$	$(98~107)×10^{-4}$

（2）组织致密。电渣重熔 85CrMoV7 钢锭的铸态密度（$7.821~7.831g/cm^3$）甚至高于电炉钢锻材（$7.819g/cm^3$），并且铸锭不同部位的密度基本均匀。

（3）成分和组织均匀。电渣重熔过程因结晶器的强制冷却作用，铸锭的枝晶间距缩小 1/3~1/2，因此电渣重熔轧辊用钢不仅成分宏观分布均匀，见表 5-41，显微偏析也大为减小，见表 5-42。

表 5-41　C-Cr-Mo-V 轧辊用电渣重熔的化学成分　（质量分数,%）

编号	试样	C	Mn	P	S	Si	Ni	Cr	Mo	V	Al	Ti
1	头部表层	0.86	0.32	0.015	0.002	0.61	0.39	5.19	0.27	0.16	0.006	0.005
	头部 1/2 半径	0.88	0.32	0.016	0.002	0.61	0.39	5.20	0.27	0.16	0.005	0.005
	头部心部	0.87	0.32	0.015	0.002	0.60	0.39	5.20	0.26	0.16	0.005	0.005
	尾部表层	0.85	0.32	0.015	0.002	0.62	0.39	5.15	0.26	0.15	0.020	0.008
	尾部 1/2 半径	0.86	0.32	0.015	0.002	0.62	0.39	5.11	0.25	0.14	0.021	0.008
	尾部心部	0.86	0.32	0.014	0.002	0.62	0.39	5.12	0.25	0.14	0.021	0.007
2	头部表层	0.85	0.32	0.015	0.002	0.61	0.39	5.16	0.26	0.15	0.005	0.005
	头部 1/2 半径	0.87	0.32	0.016	0.002	0.60	0.39	5.19	0.28	0.16	0.008	0.006
	头部心部	0.85	0.32	0.015	0.002	0.59	0.39	5.24	0.28	0.16	0.007	0.005
	尾部表层	0.85	0.32	0.015	0.002	0.62	0.39	5.13	0.26	0.15	0.016	0.004
	尾部 1/2 半径	0.86	0.32	0.015	0.002	0.62	0.39	5.19	0.26	0.15	0.015	0.005
	尾部心部	0.86	0.32	0.015	0.002	0.62	0.39	5.14	0.26	0.15	0.015	0.005

表 5-42　C-Cr-Mo-V 轧辊钢显微偏析比较

对比内容	电渣重熔锭	普通铸锭
Cr_{max}/Cr_{min}	1.34	1.63
Mo_{max}/Mo_{min}	1.98	2.26

（4）机械性能改善。电渣重熔可以改善轧辊钢的塑性及韧性，以 0.85%C-Cr-Mo-V 轧辊钢为例，锻压加工后轧辊辊身直径为 400mm；经过电渣重熔后，该钢的各项性能指标全面提高，如图 5-25 所示。

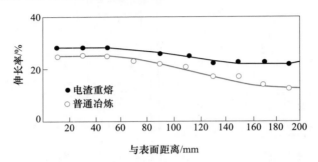

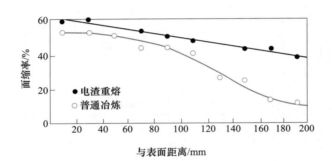

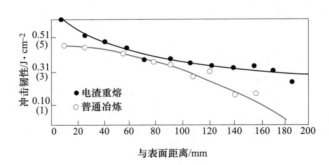

图 5-25　不同方法生产的 0.85%C-Cr-Mo-V
轧辊钢塑性及韧性对比

（5）抗疲劳性能提高。电渣重熔轧辊在承受反复交变负荷条件下，表现出更好的抗疲劳性能。

（6）淬透性提高。由于电渣重熔钢的宏观缺陷及非金属夹杂物少，显微偏析小，严格的热处理制度可使碳化物颗粒化，残余奥氏体马氏体化，从而增大电渣钢轧辊的淬硬深度，并可以提高轧辊的使用性能，如图 5-26 所示。

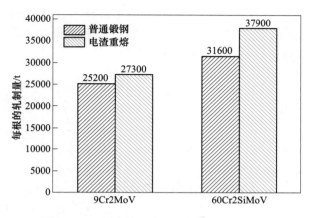

图 5-26 不同方法生产的冷轧辊轧制量对比

5.5 模具钢

5.5.1 模具钢概述

模具工业是国家发展的基础工业，"现代工业，模具领先"已成为制造行业的共识，模具工业水平的高低已成为衡量国家制造业水平的重要标志之一。随着现代化工业的发展，模具已广泛应用于汽车、航空、军工、家电、机械、电气等各行各业，其中 60%~80% 的零部件产品需要依靠模具加工成型[70]。模具材料的选择是生产高品质模具的关键环节和制约因素。长期以来，凭借优异的综合性能、低廉的价格和便于回收利用等优点，钢材成为模具材料的首要选择。模具钢按照用途可以分为塑料模具钢、热作模具钢和冷作模具钢。

塑料模具钢是一种用于塑料制作的模具钢。按成分、热处理制度和性能的不同可以分为渗碳型、预硬型、调质型、时效硬化型、整体淬硬型和耐蚀型塑料模具钢[71,72]。

热作模具钢适宜于制作对金属进行热变形加工的模具用途的合金工具钢，可以根据成分、性能和用途的区别进行分类[73,74]。按照热作模具钢的合金元素含量分类，第一类是低合金热作模具钢，如 5CrNiMo 和 4Cr3Mo2V1 系列钢等，这类热作模具钢具有较好的耐急冷急热性和冲击韧性；第二类是中合金热作模具钢，如 H13、H12 和 4Cr3Mo3SiV 系列钢等，这类钢具有高强度和高硬度，当工作温度达到 600℃ 时，仍具有很好的强韧性以及热稳定性、淬透性等；第三类是高合金热作模具钢，如 W9Mo3Cr4V 等 W 系列钢等，这类热作模具钢具有高强硬度和抗回火稳定性，由于钨、钼元素具有抵抗高温的能力，它们的高含量使其更适合在高温条件下工作。

冷作模具钢是指使金属在冷态下变形的模具用钢，用于制造冷冲模、冷镦模、冷挤压模、拉丝模等类型模具的主要模具材料，可以分为以下几个类别[75]：（1）碳素工具钢；（2）低合金工具钢；（3）高碳高铬冷作模具钢；（4）高速钢；（5）基体钢。

5.5.2　性能要求

5.5.2.1　塑料模具钢

随着塑料产品的大型化、复杂化、精密化，对塑料模具钢的性能要求越来越高。为了加工出复杂的型腔结构，模具钢需要有优良的切削加工性能、电火花切割性能和焊接性能；为了保证高的加工精度和表面粗糙度，模具钢还需要有优良的镜面抛光性能和耐磨性，而它们都与回火硬度有关，此外还需要有低的热膨胀系数；为了保证模具的寿命，增大疲劳强度，模具钢必须有足够的强度、韧性，此外还需要优良的耐腐蚀性能和高的耐磨性。

A　切削加工性能

随着塑料产品的形状越来越复杂，生产周期越来越短，塑料模具钢需要有足够的切削加工性能，从而保证模具的精度，满足生产周期越来越短的要求。而影响切削性能的主要因素是硬度，通常硬度在 170～230HBW 切削加工性能最佳[76]。而用来切削的模具钢一般都是退火态，因此国内钢厂常常要求 4Cr13 模具钢退火后的硬度不超过 230HBW[77]。

B　电火花切割性能

注塑模具的凹形腔一般使用电火花切割法进行切割加工，而电火花切割过程中注塑模具钢表面会产生硬化层；当硬化层过深时，就会对后续的抛光过程带来困难，因此注塑模具钢需要有优良的电火花切割性能，以防止放电加工过程中生成厚的硬化层[78]。

C　焊接性能

某些塑料模具的局部服役条件严苛，可能受到较为严重的腐蚀或者磨损，这时就需要在局部焊接耐磨或耐蚀材料，另外在损坏后可能需要补焊修复，这就要求模具钢具有较好的焊接性能。通常焊接性能可以使用碳当量 C_0 来表示，C_0 计算用式（5-2），当 $C_0 \leqslant 0.4$ 时，焊接性能优良；当 $0.4 \leqslant C_0 \leqslant 0.6$ 时，焊接性能较差；当 $C_0 \geqslant 0.6$，焊接性能不好[79]。显然耐蚀模具钢焊接性能不好，需要尽量避免焊接。

$$C_0 = [C] + \frac{[Mn]}{6} + \frac{[Cr] + [Mo] + [V]}{5} + \frac{[Ni] + [Cu]}{15} \qquad (5-2)$$

D　镜面抛光性

高质量塑料产品的表面一般十分平整而光滑，这就要求使用的塑料模具型腔

具有低的粗糙度 Ra，例如，注塑模型腔表面一般要求 $0.1\mu m \leqslant Ra \leqslant 0.25\mu m$，而光滑面塑料模具常常要求 $Ra < 0.01\mu m$[80]。为了达到粗糙度的要求，通常需要对模具型腔进行抛光，而良好的抛光性能是抛光后塑料模具钢的粗糙度 Ra 更低，此外抛光性能好的模具钢在抛光加工后还可以获得好的耐蚀性，并且脱模更加容易，从而缩短塑料的生产周期。良好的镜面抛光性能要求模具钢具有高的硬度、细小的晶粒度、高的纯净度、组织致密而均匀、夹杂物形态良好、无纤维方向性[81]。

E 耐磨性与硬度

随着塑料生产工艺复杂化，尤其是热固性塑料的高硬度颗粒固体填充剂使用越来越多，塑料模具钢的服役条件变得更为严苛，磨损导致模具型腔表面粗糙度增大、加工精度下降成为了模具失效的主要原因，常见的塑料模具磨损类型有机械磨损、氧化磨损和腐蚀磨损。决定耐磨性的重要指标就是耐磨性能，这就要求塑料模具钢在热处理后具有足够高的硬度，硬度高则耐磨性好，同时硬度高了相应地抛光性能也会有所提高。

F 热膨胀系数

塑料模具在工作时要承受塑料流体的高温，工作结束后又要降温，难免会发生热胀冷缩现象，低的热膨胀系数可以使模具工作时热变形量小，加工精度好，同时还可以减小温度反复改变造成的热应力，增强热疲劳性能，从而提升模具寿命。影响热膨胀系数的因素有定容比热容、熔点和材料内部原子间的结合力等[82]。

G 强度与韧性

塑料模具尤其是热固性注塑模具在服役过程中会承受巨大的压力，一般注射成型压力高达 $25\sim45MPa$，而闭模压力则是高达注射压力的 $1.5\sim4$ 倍，这就要求塑料模具钢具有足够的抵抗变形、断裂和裂纹的能力，也就是强度和韧性要配合好。据大量研究表明，细化晶粒是一种有效地提升强度和韧性的方法[83,84]。

H 耐腐蚀性能

熔融状态下的聚氯乙烯 PVC、氟塑料和添加阻燃剂的 ABS 塑料等材料会在模具型腔内释放氯化氢、氟化氢和二氧化硫气体等腐蚀性气体[85,86]，它们不仅会对模具型腔产生侵蚀，还会在潮湿的空气通道处形成卤素离子和氢离子腐蚀型腔，导致加工精度大大下降，甚至还可能会造成腐蚀磨损或者因腐蚀应力开裂导致模具失效报废。以前通过在型腔内表面镀铬，或者在局部腐蚀严重的地方焊接不锈钢，由于效果不理想，甚至造成模具的力学性能下降而逐渐被淘汰，目前用来应对腐蚀性服役条件的模具全部使用马氏体不锈钢系列来制作，这类钢又称为耐蚀塑料模具钢。

5.5.2.2　热作模具钢

为了使模具能够高效长寿地工作，对热作模具钢提出了相应的性能要求，如红硬性、良好的强韧性、淬透性、耐磨性、抗热疲劳性、导热性和抗高温氧化性等[87,88]。

A　红硬性

红硬性是热作模具钢的一项重要指标，是指模具在 500~600℃ 高温的条件下，依然具备必要的硬度可以抵抗软化。良好的强度使热作模具钢在高温环境下服役时承受较大负荷以及冲击、扭转、弯曲等复杂应力下保持足够的强度，不易产生变形；仅强调强度没有意义，需要针对工况和韧性进行优化匹配。良好的韧性满足热作模具钢可以长期反复承受冲击载荷的作用，不易产生开裂和变形。不同种类的合金元素及其含量、热处理工艺的选择对钢的强度和韧性有重要的影响，可以通过优化成分设计并且进行合理的热处理，使热作模具钢的强度和韧性达到最佳的匹配，得到良好的强韧性，从而防止模具发生脆断而损坏。

B　淬透性

淬透性是指在规定条件下，表征试样淬硬深度和硬度分布的材料特性。淬透性是材料本身的固有属性，表征了钢在淬火时形成马氏体的能力。大型热作模具钢具有组织和性能的整体均匀性需要较好的淬透性来保证，改善钢的淬透性可以通过调整钢中碳的含量、合金元素的种类和选择合适的冷却介质的方法。

C　抗磨损性

热作模具钢需要具有良好的抗磨损能力，这是因为热作模具钢在高温下工作，往往伴随着大量的摩擦，润滑剂常常因为各种复杂的原因失效，最终导致模具磨损严重。一般来说，模具的硬度越高耐磨性越好。另外，影响模具的磨损状况因素还有材料的组成、热稳定性和力学性能等。

D　耐热疲劳性

周期性急冷急热的工作条件导致模具疲劳损坏的情况时常发生，限制了模具的使用寿命，因此热作模具钢必须具有优秀的耐热疲劳性能。为了抑制热疲劳裂纹的产生，需要提高热作模具钢的等向性和纯净度，加入合金元素可以提高其高温性能和热稳定性。

E　高温抗氧化性

良好的导热性使模具内热量能够尽快向外传导，避免模具工作温度过高，产生熔损现象。由于热作模具钢通常在氧化气氛中工作，模具表面高温氧化后脱落的氧化物会加速模具的磨损，缩短模具的使用寿命。同时模具表面发生脱碳，导致机械性能降低。优化热作模具钢成分设计，添加合适的合金元素，可以提高模具的导热性和高温抗氧化性。

5.5.2.3 冷作模具钢

根据模具的设计、加工制造过程和使用过程，对模具材料有两方面的性能要求，一是冷作模具钢应该具有的使用性能，二是冷作模具材料具有的工艺性能[89]。

A 使用性能

由于模具材料在加工和使用过程中受到不同载荷的作用，致使模具构件发生失效。针对模具的失效形式分析，冷作模具钢使用的基本性能有以下几种。

a 具有良好的耐磨性

冷作模具在工作时，模具与坯料之间直接接触，存在压应力的作用，产生很大摩擦力，在这种摩擦力的作用下就要求模具表面粗糙度小和硬度高，否则模具表面会有划痕，这些划痕容易与坯料表面咬合，造成机械破损或者磨损。模具的耐磨性取决于钢的成分、组织和性能，提高钢的硬度，有利于提高钢的耐磨性。为提高冷作模具的抗磨损能力，通常要求硬度应高于工件硬度的30%~50%；材料的组织要求为回火马氏体或下贝氏体，其上分布着细小、均匀的粒状碳化物。

b 具有较高的强度

强度是模具所有零部件完成正常工作的基本保证，它是材料抵抗变形和破坏的能力，也是冷作模具的设计和材料选择极为重要的依据，主要包括拉伸屈服点、压缩屈服点，其中压缩屈服点对冷作模具冲头材料的变形抗力影响最大。为了获得高的强度，不仅要合理选择材料，更重要的是通过适当的热处理工艺进行强化，使其达到材料使用的规定要求。

c 具有足够的韧性

从冷作模具的工作条件考虑，对受冲击载荷较大、易受偏心弯曲载荷或有应力集中的模具等，都要求韧性较高。对一般工作条件下的冷作模具，通常受到的是小能量多次冲击载荷的作用，在这种载荷作用下模具的失效形式是疲劳断裂，所以不必追求过高的冲击韧性值，而是要提高多冲疲劳抗力。

d 具有良好的抗疲劳性能

从几乎所有的冷作模具（如冷镦、冷挤、冷冲）长期工作的过程看，都会受交变载荷的作用，从而发生疲劳破坏，所以要求该钢具有较高的疲劳抗力。

e 具有良好的抗咬合能力

当冲压材料与模具表面接触时，在高压摩擦下润滑油膜破坏，此时，被冲压件金属"冷焊"在模具型腔表面形成金属瘤，从而在成型工件表面划出划痕。

咬合抗力就是对发生"冷焊"的抵抗能力。影响咬合抗力的主要因素是成型材料的性质和润滑条件。

　　B　工艺性能要求

　　冷作模具钢在制成模具零部件过程中，需要进行各种加工，这就对模具有一定工艺性能的要求。模具钢具有的工艺性能主要包括可锻性、可切削性、可磨削性、热处理工艺性等。

　　a　具有良好的锻造性能

　　模具的零部件在加工制作时，毛坯料都会进行锻压加工，这不仅能使坯料的内部组织缺陷得到改善，形成流线状的组织，改善切削加工性能，而且能减少模具的机械加工余量，所以锻造质量的好坏对模具质量有很大影响。

　　良好的锻造性能的要求是变形抗力低，塑性好，锻造温度范围宽，锻裂、冷裂及析出网状碳化物的倾向性小。

　　b　具有良好的切削加工性能

　　对切削加工性能的要求是切削力小，切削用量大，刀具磨损小，加工表面光洁。对于模具钢，大多数切削加工都较困难。为了获得模具良好的切削加工性，需要正确进行热处理；对于表面质量要求极高的模具，往往选用含 S、Ca 等的易切削模具钢。

　　c　具有良好的磨削加工性能

　　为了达到模具的尺寸精度和表面粗糙度的要求，许多模具零件必须经过磨削加工。对于磨削性能的要求是对砂轮质量及冷却条件不敏感，不易发生磨伤与磨裂。

　　d　具有好的热处理工艺性

　　热处理工艺性主要包括淬透性、淬硬性、回火稳定性、氧化脱碳倾向、过热敏感性、淬火变形与开裂倾向等。通常，由热处理工艺引起的变形、开裂问题，可以通过控制加热方法、加热温度、冷却方法等热处理工序来解决；由材料特性引起的变形、开裂问题，主要是通过正确选材、控制原始组织状态和最终组织状态来解决。

5.5.3　生产方法

　　图 5-27 和图 5-28 分别是抚顺特钢公司和奥地利百禄公司的模具钢生产工艺流程图。从图 5-27 和图 5-28 中可以看出，国内外特钢企业冶炼生产模具钢的主要工艺流程为：电弧炉（→AOD）→LF→VD/VOD→电渣重熔/真空自耗→锻造/轧制。其中，电渣重熔工艺生产的电渣锭由于具有成分和组织均匀、结构致密等优点，使得电渣重熔已经成为模具钢冶炼工艺流程中的关键环节，甚至逐渐成为很多特钢企业制备高品质模具钢的必备生产工艺。

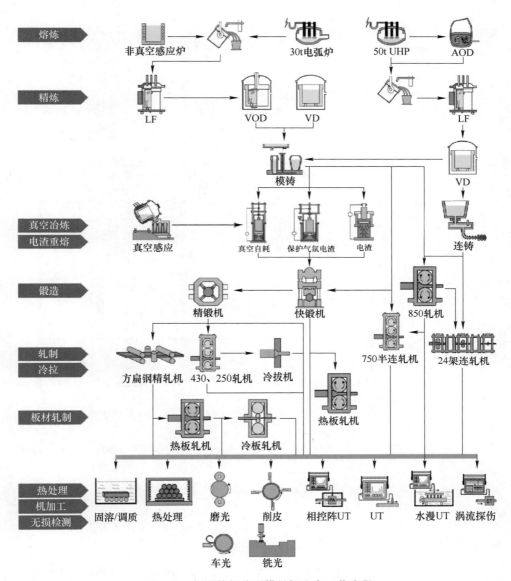

图 5-27 抚顺特钢公司模具钢生产工艺流程

5.5.4 电渣重熔工艺

5.5.4.1 传统电渣重熔

刘承志等[90]采用 4.3t 扁结晶器电渣炉制备了 D2 冷作模具钢，D2 钢的标准成分和内控成分要求见表 5-43。电渣重熔的工艺参数和供电制度分别见表 5-44

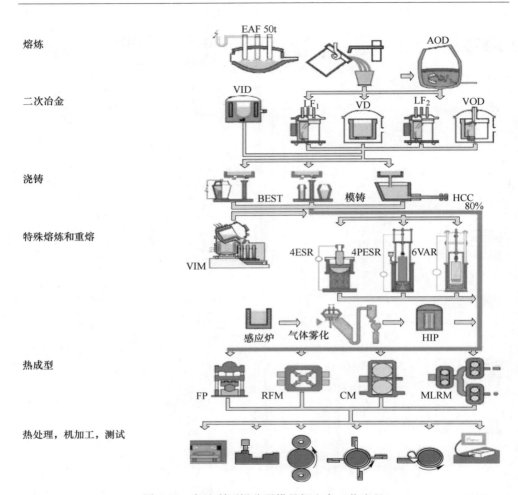

熔炼

二次冶金

浇铸

特殊熔炼和重熔

热成型

热处理，机加工，测试

图 5-28　奥地利百禄公司模具钢生产工艺流程

和表 5-45。其中，在化渣期采用 φ300mm 石墨电极进行化渣，在冶炼期按照 30g/5min 制度向渣中添加铝粉进行脱氧。

表 5-43　D2 钢的标准成分和内控成分要求　　　　（质量分数，%）

元素	C	Si	Mn	Cr	Mo	V	P	S
标准成分	1.4~1.6	≤0.6	≤0.6	11~13	0.7~1.2	≤1.1	≤0.03	≤0.03
内控成分	1.5~1.6	0.1~0.4	0.15~0.45	11~12	0.7~0.9	0.9~1.1	≤0.03	≤0.03

5.5.4.2　双臂交替电渣重熔

魏正龙等[91]采用具有双臂交替功能的 5t 电渣炉分别制备了尺寸为 φ700mm×2000mm 和 φ600mm×2000mm 的 H13 钢电渣锭。

表 5-44 D2 冷作模具钢电渣扁锭工艺参数

项　目	参　数
自耗电极尺寸/mm	200×600
扁结晶器上口尺寸/mm	848×390
扁结晶器下口尺寸/mm	895×455
渣系	70%CaF_2-30%Al_2O_3
渣量/kg	90

表 5-45 D2 冷作模具钢电渣扁锭供电制度

阶　段	电压/V	电流/A	时间/h
化渣期	75~80	≤5500	0.5
冶炼期	90~93	8000~9000	6
	87~90	7500~8500	2
	84~87	7000~8000	1
	81~84	6500~7500	至结束
补缩期	75	6000→0	1/3

A 自耗电极的制备

采用 2t 中频电炉生产自耗电极，自耗电极和电渣锭的规格要求见表 5-46。

表 5-46 自耗电极和电渣锭的规格要求

规格/mm	电渣锭质量/t	电极直径/mm	电极长度/mm	电极数量/支	电极质量/t
φ700×2000	1.4~1.6	≤0.6	≤0.6	11~13	0.7~1.2
φ600×2000	1.5~1.6	0.1~0.4	0.15~0.45	11~12	0.7~0.9

B 渣系

选择 70%CaF_2-30%Al_2O_3 二元渣系。为保证电渣锭的产品质量，所用渣料要求萤石粉的 $w(CaF_2) \geqslant 95\%$，工业氧化铝粉的 $w(Al_2O_3) \geqslant 97\%$，使用前将渣料在 700~750℃连续烘烤 6h 以上，以保证渣料中结晶水质量分数不超过 0.05%。

C 化渣工艺制度

采用石墨电极在结晶器中化渣的方式进行固渣起弧，化渣电压控制在 62~72V，化渣电流控制在 6100~6400A，化渣期供电制度见表 5-47。

表 5-47 化渣期供电制度

结晶器直径/mm	化渣电压/V	化渣电流/A	化渣时间/min
700	67~72	6100~6400	45
600	62~66	6100~6400	45

D　电渣重熔供电制度

电渣重熔过程的最佳供电制度见表 5-48。其中，ϕ700mm H13 电渣锭的最佳电压和电流组合为 74V 和 13600A，ϕ600mm H13 电渣锭的最佳电压和电流组合为 70V 和 13600A。

表 5-48　电渣重熔最佳供电制度

结晶器直径/mm	化渣电压/V	化渣电流/A
700	74	13600
600	70	13600

5.5.4.3　保护气氛电渣重熔

张腾方[92] 采用保护气氛电渣重熔工艺生产了含氮 4Cr13 塑料模具钢。实验设备为密闭性良好的保护气氛电渣炉。自耗电极利用 50kg 多功能真空感应炉进行冶炼，不同炉次的钢种设计成分见表 5-49。

表 5-49　含氮 4Cr13 塑料模具钢设计成分　　　　　（质量分数，%）

编号	C	Si	Mn	Cr	Mo	N
1	0.40	0.45	0.60	13.00	1.00	0.00
2	0.40	0.45	0.60	13.00	1.00	0.05
3	0.40	0.45	0.60	13.00	1.00	0.10
4	0.40	0.45	0.60	13.00	0.00	0.10
5	0.40	0.45	0.60	13.00	1.00	0.15

将锻造后的自耗电极在氮气保护气氛下进行电渣重熔，冶炼使用的保护气氛电渣炉如图 5-29 所示。选用 60%CaF_2-20%CaO-20%Al_2O_3 渣系进行冶炼，部分工艺参数见表 5-50，得到的电渣锭质量约为 35kg。

表 5-50　含氮 4Cr13 塑料模具钢保护气氛电渣重熔工艺参数

项　目	参　数
自耗电极直径/mm	80
结晶器直径/mm	130
渣系	60%CaF_2-20%CaO-20%Al_2O_3
渣量/kg	3.5
氮气流量/$m^3 \cdot h^{-1}$	3.6
冶炼时间/h	1
平均电压/V	30
平均电流/A	2000

图 5-29　保护气氛电渣炉

5.5.5　质量和性能

5.5.5.1　电渣重熔热作模具钢

采用 2.5t 双臂交替式电渣炉冶炼的 H13 热作模具钢的夹杂物数量和面积统计结果见表 5-51 和表 5-52[93]。从表 5-51 可以看出，在电渣重熔前后，夹杂物数量没有明显变化，但是夹杂物面积明显减少，由电渣重熔前的 199.87$\mu m^2/mm^2$ 减小至 138.27$\mu m^2/mm^2$，减少了 30.82%。从表 5-52 可以看出，与电渣重熔前的试样相比，大尺寸夹杂物数量有所减少，10~20μm 的夹杂物数量由 12 个/mm^2 减少到 5 个/mm^2。与此同时，电渣重熔后 1~3μm 的夹杂物数量增加。电渣重熔在去除氧化物夹杂的同时还会产生新的夹杂物，形成的新生夹杂物尺寸小；由于钢的凝固速度很快，新生小尺寸夹杂物在较短时间内来不及长大上浮到渣金界面炉渣吸附而留在钢液中，使得小尺寸夹杂物数量有所增加。

表 5-51　电渣重熔前后 H13 钢夹杂物的数量和面积

项　　目	夹杂物数量/个·mm^{-2}	夹杂物面积/$\mu m^2 \cdot mm^{-2}$
电渣重熔前	135	199.87
电渣重熔后	135	138.27

表 5-52　电渣重熔前后 H13 钢夹杂物的尺寸分布

夹杂物直径/μm	$1 \leqslant d < 3$	$3 \leqslant d < 5$	$5 \leqslant d < 10$	$10 \leqslant d < 20$	$d \geqslant 20$
电渣重熔前/个·mm^{-2}	86	20	17	12	1
电渣重熔后/个·mm^{-2}	94	21	14	5	2

采用电渣重熔技术工业化冶炼的 HD-I 热作模具钢电渣锭的低倍检测结果见表 5-53[94]。从表 5-53 中可以看出，HD-I 钢电渣锭的中心疏松、锭型偏析、边缘点状偏析的级别均为 0 级，一般疏松的级别为 1.0 级，说明电渣重熔技术能够获得较好的模具钢低倍组织。

表 5-53　HD-I 钢电渣锭的低倍检测结果　　　　　　　　　　（级）

一般疏松	中心疏松	锭型偏析	边缘点状偏析
1.0	0	0	0

对电渣重熔后的国产 H13 钢和瑞典 8407 钢两种热作模具钢的退火态硬度、调质态硬度、冲击功分别进行测试[95]。NADCA#207—2003 标准规定，H13 钢的退火硬度不高于 235HB，最优值为不高于 205HB。国产 H13 钢和瑞典 8407 钢退火硬度分别为 212HB 和 209HB，两者均满足 NADCA 标准，瑞典 8407 钢的硬度更接近最优值。NADCA#207—2003 标准规定，H13 钢调质后的硬度为 42~50HRC，最优值为 44~46HRC；同时，标准要求优质钢的冲击功不低于 10.85J/cm^2，高级优质钢的冲击功不低于 13.56J/cm^2。国产 H13 钢和瑞典 8407 钢的调质态硬度分别为 48.1HRC 和 44.0HRC，两者均满足 NADCA 标准，但国产 H13 硬度稍高，瑞典 8407 钢的调质硬度符合最优值。对国产 H13 钢和瑞典 8407 钢分别进行冲击试验，测得国产 H13 钢的冲击功为 13.58J/cm^2，瑞典 8407 钢的冲击功为 14.60J/cm^2，两者均满足高级优质钢的要求，但瑞典 8407 钢的冲击性能优于国产 H13 钢。

5.5.5.2　电渣重熔塑料模具钢

电渣重熔 4Cr13 塑料模具钢经过热处理后的硬度和表面粗糙度分别见表 5-54 和表 5-55[96]。5 种 4Cr13 钢试样分别记为 A、B、C、D、E。其中，A、B、C 为欧洲不同钢厂的产品，D、E 为国内钢厂的产品。从表 5-54 可以看出，A、B 的硬度值较为均匀，硬度值的极差仅为 1.0~1.2HRC；D、E 的硬度值偏低，且极差较大。在表 5-55 中，Ra 是平均线的轮廓偏离量的算术平均值，Rz 是 5 个单独测量区域从波峰到波谷的平均间距值，Rz_{max} 是整个测量区域内的最大波谷值，Rt 是整个测量区域内的波峰和波谷之间高度最大差值。从表 5-57 可以看出，A、B 的抛光效果较佳，C、D、E 抛光后在其表面局部区域出现深浅不一的麻点现象。从测试结果中可知，A、B 产品的硬度和抛光性能均达到较佳水平，表明电渣重熔和热处理后，当硬度均匀适当时，4Cr13 塑料模具钢具有优良的抛光效果。

表 5-54 4Cr13 钢的硬度值 （HRC）

产品	试样				极差	平均值
	1 号	2 号	3 号	4 号		
A	39.5	39.0	39.2	40.0	1.0	39.4
B	48.4	48.1	47.5	48.7	1.2	48.2
C	48.3	44.3	43.7	45.7	4.6	45.5
D	27.8	28.0	31.2	26.8	4.4	28.5
E	33.0	31.8	37.3	34.5	5.5	34.2

表 5-55 4Cr13 钢的表面粗糙度测定结果 （μm）

产品	Ra	Rz	Rz_{max}	Rt
A	0.20	1.2	1.2	1.3
B	0.22	1.2	1.3	1.5
C	0.26	1.5	2.6	2.6
D	0.24	1.5	1.8	2.0
E	0.24	1.4	1.7	1.9

5.5.6 模具钢电渣重熔新工艺

5.5.6.1 抽锭式 T 型导电结晶器电渣重熔

臧喜民等[97]采用双极串联抽锭式 T 型结晶器电渣重熔工艺生产了 718 塑料模具钢板坯。双极串联抽锭电渣重熔板坯锭的基本原理如图 5-30 所示，其过程为：在 T 型水冷结晶器中加入液态炉渣，当自耗电极、炉渣、金属熔池通过短网与变压器形成供电回路时，由于熔渣电阻较大会产生大量的热量，将金属电极熔化；金属液滴从电极端部滴落，穿过渣池汇聚于金属熔池，在水冷结晶器的强制冷却下逐渐凝固形成电渣锭；当金属液位检测装置检测到熔池液面后，抽锭电极开始逐渐下降熔化，使电渣锭被连续地拉出结晶器。

自耗电极为 1950mm × 150mm × 4400mm 的 718 塑料模具钢连铸坯，化

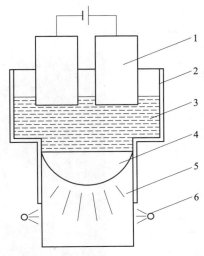

图 5-30 双极串联抽锭电渣重熔原理[26]

1—自耗电极；2—T 型结晶器；3—渣池；

4—金属熔池；5—电渣锭；6—二次冷却装置

学成分见表 5-56。试验采用 L6 渣系，其成分见表 5-57，熔点是 1320℃，电渣重熔工艺参数见表 5-58。生产的电渣锭尺寸为 2000mm×320mm×4000mm，钢锭质量为 20t，吨钢平均电耗 1220kW·h，试验过程如图 5-31 所示。

表 5-56　自耗电极的化学成分　　　　　（质量分数,%）

C	Mn	Si	P	S	Cu	Cr	Mo	Ni
0.352	0.89	0.51	0.013	0.013	0.1	1.74	0.44	1.04

表 5-57　L6 渣系的化学成分[26]　　　　　（质量分数,%）

CaF$_2$	CaO	MgO	Al$_2$O$_3$	SiO$_2$
48	16	2	26	8

表 5-58　718 塑料模具钢抽锭式电渣重熔工艺参数

项　目	参　数
自耗电极尺寸/mm	1950×150×4400
板坯电渣锭尺寸/mm	2000×320×4000
电极插入深度/mm	30
熔速/kg·min^{-1}	42.7
拉速/mm·min^{-1}	8.5
二冷风量/L·h^{-1}	18.5
平均电压/V	92
平均电流/A	26000

图 5-31　双极串联抽锭电渣炉

对抽锭式 T 型导电结晶器电渣重熔
冶炼的 20t 718 塑料模具钢进行取样分
析，分别在板坯锭的上、中、下三个位
置的横截面上取 45 个试样进行成分检
验，取样示意如图 5-32a、b 所示。

分别在电渣头部（1 剖面）和尾
部（3 剖面）取样进行成分检验，钢锭
中 Cr、Mo、Ni 元素基本没有变化，易
氧化元素 Mn、Si 的含量有一些变化，
变化量和趋势如图 5-33 所示。图 5-33a
显示重熔初期钢锭中的 Mn 含量低于电
极中的 Mn 含量，这是由于重熔初期渣
的氧化性较强，渣中 MnO 的活度较低，
使得电极中的 Mn 被氧化。随着重熔时
间的增加，由于不断往渣中加入脱氧剂
Al，渣的氧化性逐渐降低，同时渣中
MnO 的活度也不断升高，使得钢中的
Mn 不再被氧化。在重熔后期甚至出现
了"回锰"现象，即渣中 MnO 被还
原，导致钢锭上部的 Mn 含量略有
增加。

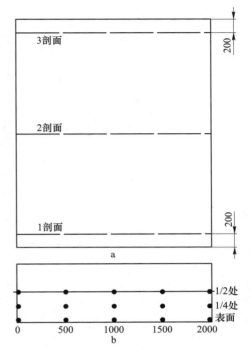

图 5-32 板坯钢锭取样位置示意图
a—低倍样；b—成分样

图 5-33b 显示钢锭中 Si 元素含量变化趋势，从图中可以看出整个重熔过程中
Si 的含量始终小于电极中的 Si 含量，重熔后期钢锭中的 Si 含量高于重熔初期。
这说明整个重熔过程中的渣的氧化性始终较强，脱氧剂加入不足，使得整个过程
中电极中的 Si 都在被烧损。同时，重熔过程中渣的氧化性是不断降低的，因此
重熔后期钢锭中 Si 含量高于重熔初期。

图 5-34 是 20t 抽锭式 T 型导电结晶器电渣重熔 718 塑料模具钢电渣锭中部的
横截面低倍组织，按 GB/T 226—1991 标准，其结果为一般疏松、中心疏松、点
状偏析均小于 0.5 级。这种优良的低倍组织主要归功于双极串联供电致使渣池中
高温区在两电极中间，渣池中高温区远离金属熔池，有利于获得浅平的金属熔池
形状，对提高电渣锭内部低倍质量十分有利。

5.5.6.2 固定式导电结晶器电渣重熔

Li 等[98]采用一种新型固定式导电结晶器电渣重熔工艺生产了 H13 热作模具
钢。新型固定式导电结晶器电渣炉结构与工作原理图如图 5-35 所示。与传统电

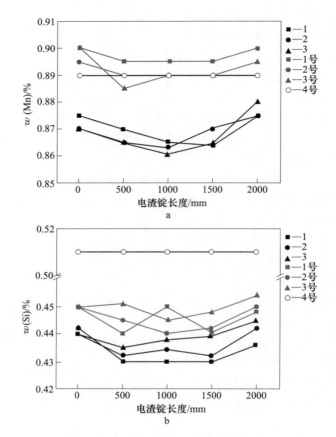

图 5-33　钢锭中 Mn 和 Si 元素含量分布

a—Mn 含量分布；b—Si 含量分布

1—1 剖面边界处；1 号—3 剖面边界处；2—1 剖面 1/4 处；
2 号—3 剖面 1/4 处；3—1 剖面中心处；
3 号—3 剖面中心处；4 号—元素初始含量

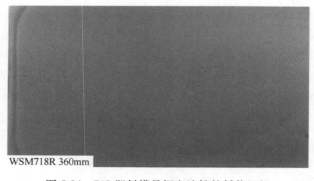

图 5-34　718 塑料模具钢电渣锭的低倍组织

渣重熔相比，新型固定式导电结晶器电渣炉在结晶器和底水箱之间安置了绝缘体，而且结晶器和底水箱通过电缆线分别与电源连接。与传统电渣重熔过程单一的电流流向不同，固定式导电结晶器电渣重熔过程包括多个电流回路：一是电源→自耗电极→渣池→金属熔池→重熔钢锭→底水箱→电源；二是电源→自耗电极→渣池→结晶器→电源；三是电源→自耗电极→渣池→金属熔池→重熔钢锭→结晶器→电源。与抽锭式导电结晶器电渣重熔相比，本装置的结晶器为一个整体，设备简单，成本较低。此外，由于结晶器固定，在冶炼过程中随着铸锭的生长，结晶器壁面的发热区始终在移动，有利于导电结晶器使用寿命的延长。

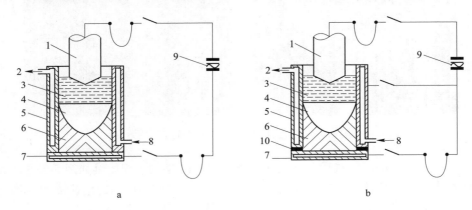

a   b

图 5-35   固定式导电结晶器电渣炉示意图
a—传统电渣炉；b—新型固定式导电结晶器电渣炉
1—自耗电极；2—出水口；3—渣池；4—金属熔池；5—结晶器；
6—电渣锭；7—底水箱；8—进水口；9—电源；10—绝缘体

固定式导电结晶器电渣重熔制备 H13 钢现场冶炼如图 5-36 所示。电渣重熔采用 55F 渣系。在电渣炉上端口处放置一个简易气体保护装置，冶炼全程通入氩气，氩气流量为 20L/min。固定式导电结晶器电渣重熔 H13 钢生产过程中的工艺参数见表 5-59。

表 5-59   固定式导电结晶器电渣重熔 H13 钢的工艺参数

参　　数	数　　值
自耗电极直径/mm	220
电渣锭直径/mm	350
自耗电极插入深度/mm	10
渣料质量/kg	24
重熔电流/A	5500
熔化速率/kg·h^{-1}	190

图 5-36　固定式导电结晶器电渣重熔现场图

采用 ϕ350mm 固定式导电结晶器电渣重熔 H13 钢的表面质量如图 5-37 所示，图中箭头指示的位置是电流流向改变的分界线，即重熔中后期的电流流向全部由导电结晶器经过，而不再通过底水箱支路。从图 5-38 中可以看出，导电方式转变后，H13 电渣锭的表面更加光滑平整，且未发现裂纹、夹渣、折皮、褶皱等明显缺陷。经过测量，电渣锭表面的渣皮厚度薄而均匀，其厚度只有 1.92mm，见图 5-38。因此，固定式导电结晶器电渣重熔生产的 H13 电渣锭表面质量较好，从而可以减少后续加工工序，提高金属的成材率。

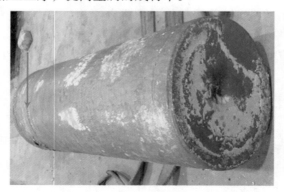

图 5-37　H13 热作模具钢电渣锭表面形貌

图 5-39 是 ϕ350mm 固定式导电结晶器电渣重熔 H13 热作模具钢电渣锭上部的低倍组织。经低倍检验可以发现，H13 电渣的结晶方向明显，组织均匀致密，

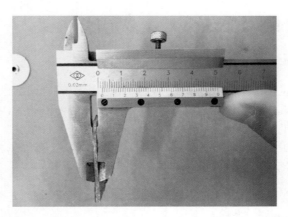

图 5-38 固定式导电结晶器电渣重熔 H13 钢的渣皮厚度

无疏松、缩孔等低倍缺陷；柱状晶与轴向的夹角为 20°~25°，说明导电结晶器电渣重熔工艺获得的电渣锭柱状晶夹角明显小于传统电渣重熔工艺，新工艺生产的电渣锭凝固组织更加优异。

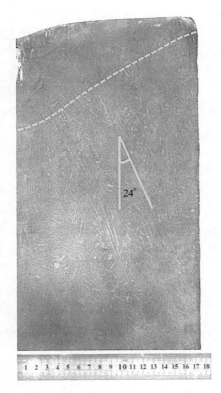

图 5-39 H13 热作模具钢电渣锭的低倍组织

5.6　特种不锈钢

5.6.1　不锈钢概述

　　作为一种耐腐蚀的钢种，不锈钢在生产和生活中的应用渐渐趋于广泛。马氏体、奥氏体和铁素体是其三类基体组织，据此不锈钢可以分为四大类：铁素体不锈钢、双相不锈钢、奥氏体不锈钢和马氏体不锈钢。

　　需要经过电渣重熔工艺冶炼的主要是一些特种不锈钢，包括马氏体不锈钢、沉淀硬化马氏体不锈钢、奥氏体不锈钢、超级奥氏体不锈钢、高氮奥氏体不锈钢、双相不锈钢、超级双相不锈钢等。

5.6.1.1　马氏体不锈钢

　　马氏体不锈钢中的 $w[Cr]=13\%\sim18\%$，$w[C]=0.1\%\sim1.0\%$，可以通过热处理工艺来调整其力学性能，是一类可硬化的不锈钢[99]。这类钢主要包括 Cr13 型马氏体不锈钢和高碳不锈轴承钢 95Cr18 等。由于马氏体不锈钢的 $w[Cr]>12\%$，造成钢的电极电位明显升高，大大提高耐蚀性。但钢中碳质量分数比较高，钢的硬度、强度、耐磨性明显提高，耐蚀性能下降。马氏体不锈钢可以应用于对力学性能要求较高，对耐蚀性能要求较低的产品中。马氏体不锈钢在经淬火后硬度较高，不同温度的回火可以达到不同强韧性组合的效果，主要应用在蒸汽轮机叶片、外科手术器械和餐具等[100]。马氏体不锈钢可以根据化学成分的不同分为马氏体铬不锈钢和马氏体铬镍不锈钢两类；根据组织和强化机理的不同分为马氏体不锈钢、马氏体和半奥氏体（或者半马氏体）沉淀硬化不锈钢及马氏体时效不锈钢等[101]。

5.6.1.2　奥氏体不锈钢

　　奥氏体不锈钢是常温下具有奥氏体组织的不锈钢，在工业上应用比较广泛[102,103]。比较常见的是 $w[Cr]=18\%$、$w[Ni]=9\%$ 的 18-8 型不锈钢，这样的配比有利于得到单相奥氏体和提高钢的电极电位。06Cr19Ni10、06Cr18Ni9Ti、12Cr18Ni9 都属于 18-8 型不锈钢。在 18-8 型不锈钢基础上添加 Ti、Nb 可以消除晶间腐蚀；添加 Mo 有利于提高钢在盐酸、硫酸中的耐蚀性；添加 S、Ca 等可以改善钢的切削性。若奥氏体不锈钢中的碳质量分数较高，则奥氏体在冷却时容易分解形成 $(Cr,Fe)_{23}C_6$，不能保持单一的奥氏体状态，所以奥氏体不锈钢中 $w[C]$ 应该小于 0.1%[104]。奥氏体不锈钢没有磁性且具有良好的塑性和韧性，但强度较低，不能通过相变强化，只能通过冷加工强化。奥氏体不锈钢具有很好的耐蚀性，同时也具有优异的抗氧化性和力学性能，其在氧化性、弱氧化性、中性介质中耐蚀性比铬不锈钢强很多，室温以及低温下韧性、塑性及焊接性也是铁素体不锈钢远远不能比拟的[105]。由于奥氏体不锈钢具有良好的综合性能，故广泛应用于各行各业。

5.6.1.3 超级奥氏体不锈钢

超级奥氏体不锈钢是为解决普通奥氏体不锈钢耐蚀性以及强度偏低等不足而问世的，是高品质特种不锈钢发展的重要方向之一。与普通奥氏体不锈钢相比，超级奥氏体不锈钢含有更高质量分数的 Cr、Ni、Mo、N 等元素，904L、S31254（254SMO）和 S32654（654SMO）为三类典型钢种，其强韧性、屈服强度比普通奥氏体不锈钢高 50%~100%；在 600℃ 以下服役环境中具有良好的组织稳定性；在高浓度氯离子介质、低速冲刷、高温氯盐等极端恶劣环境中，具有优异的耐局部腐蚀、抗应力腐蚀和耐高温腐蚀性能[106,107]。特别是 S32654，在腐蚀性极为苛刻的服役环境中可与高耐蚀镍基合金相媲美，且成本优势显著。因此，作为不锈钢"塔尖"的超级奥氏体不锈钢，S32654 以超级的耐腐蚀性能、优良的综合力学性能和相对低廉的成本优势备受青睐，已成为节能环保、海洋工程、石油化工等重点领域相关的高端装备制造业最为经济适用的关键材料之一。然而，超级奥氏体不锈钢是不锈钢中技术水平要求最高、制造难度最大的一类品种，冶炼过程要求将氧硫等有害元素及夹杂物控制到极低的水平；由于合金质量分数高，凝固过程铸锭的中心元素偏析和析出十分严重；热加工过程二次相析出敏感、变形抗力大、高温塑性差，极易出现边裂和中心开裂等情况。目前国际上只有极少数企业掌握了超级奥氏体不锈钢的核心制备技术。

超级奥氏体不锈钢的发展经历了三个阶段（见表 5-60）：20 世纪 30 年代，为解决在硫酸介质中普通奥氏体不锈钢耐蚀性差的问题，法国和瑞典首先开发出 4.5% Mo 的 904L，接着美国研发出 2.5% Mo 的 20#合金，广泛应用于化学和造纸工业。到 20 世纪 70 年代，为解决烟气脱硫装置和含氯设备中严重的腐蚀问题，美国 Allegheny 公司研制出了 AL-6X 合金，但其热加工过程易析出金属间相。为此，1976 年瑞典 Avesta 公司研制出了含 N 的 254SMO，N 的加入推迟了金属间相析出，在含氯化物介质和较高温度服役环境中表现出了良好的耐局部腐蚀和耐应力腐蚀性能，同时由于 N、Cr、Mo 等元素的固溶强化作用，其强度得到了显著提升。20 世纪 80 年代后，基于理论计算等手段，发现一定含量的 Mn，再配合较高含量的 Cr、Mo，可进一步提高 N 溶解度。瑞典 Avesta 公司成功开发出了含 7% Mo 的 654SMO，与含 6% Mo 的 254SMO 相比，其耐蚀性和强度都明显提高，一定程度上能与镍基合金 C-276 相媲美[108,109]。

国外在超级奥氏体不锈钢的开发和应用上，具备较为完善的材料设计和服役性能数据资料，且保密性极强。我国该类材料的研发起步较晚，到目前为止，仅实现了 904L 和 S31254 的国产化，并且 S31254 制备与加工过程还存在很多瓶颈问题，而合金质量分数更高的 S32654 还处于研发阶段。

表 5-60 超级奥氏体不锈钢的发展历程

年代	牌号	化学成分（质量分数）/%						研究进展
		Cr	Ni	Mo	Cu	Mn	N	
20 世纪 30 年代	904L	20.5	25.5	4.5	1.5	—	—	解决普通奥氏体不锈钢在硫酸介质中耐蚀性差的问题
	20#	20.0	35.0	2.5	3.5	—	—	应用于化学和造纸工业
20 世纪 70 年代	AL-6X	20.0	25.0	6.0	—	≤2.0	—	解决含氯设备和烟气脱硫装置点蚀和晶间腐蚀问题，但热加工过程易析出金属间相
	254SMO （S31254）	20.5	18.0	6.0	0.7	—	0.2	N 推迟金属间相析出，在含氯介质中耐点蚀、缝隙腐蚀和应力腐蚀性能良好，Cr、Mo、N 固溶强化作用，使强度明显提升
20 世纪 80 年代	654SMO （S32654）	24.5	22.5	7.3	0.5	3.0	0.5	一定含量 Mn，配合较高含量 Cr、Mo，使 N 溶解度提高，一定程度上耐蚀性能优于 C-276

5.6.1.4 奥氏体-铁素体双相不锈钢

双相不锈钢具有奥氏体+铁素体双相组织，两种相的组织含量各占一半，一般较少的相含量也能达到30%以上，故双相不锈钢同时具备铁素体不锈钢和奥氏体不锈钢的各自优点，将铁素体不锈钢具有的高强度和耐氯化物应力腐蚀性能与奥氏体不锈钢具有的优良韧性和焊接性结合在一起，使得双相不锈钢作为可焊接的结构材料得到快速发展。自20世纪80年代以来，双相不锈钢已发展为和马氏体型、奥氏体型和铁素体型不锈钢并列的一个钢类，并且双相不锈钢还具有优异的耐孔蚀性能，也是一种节镍不锈钢[110]。

5.6.1.5 铁素体/马氏体耐热钢

铁素体/马氏体耐热钢在服役之前的组织为回火马氏体组织，经长时高温服役后，马氏体组织发生回复，甚至再结晶，部分或者全部转变成铁素体组织。代表钢种为 P122，P92，P91[111]。铁素体/马氏体耐热钢有较高的高温蠕变强度、抗氧化性和耐水汽腐蚀的能力，且其导热率高，热膨胀系数低，对热应力疲劳不敏感，通常用来制作汽轮机叶片、轮盘、轴、紧固件等。但铁素体/马氏体耐热钢含有较多的铬、铝、硅等元素，造成其高温强度较低，室温脆性较大，焊接性能差等，如 1Cr13SiAl，1Cr25Si2 等，一般用于制作承受载荷较低而要求有高温抗氧化性的部件。近年来很多学者在已有钢种基础上研发新型耐热钢，以求进一步提高铁素体/马氏体耐热钢的许用温度。目前研究 9%Cr 系耐热钢，其发源于

9Cr-1Mo 钢（T91）。20 世纪 50～70 年代期间，比利时 Liege 冶金研究中心在 T9 钢基础上研究出"超级 9%Cr 钢"，然后又通过增加钢中 Mo 含量并添加少量的 V，Nb 等合金元素，开发出 EM12 钢，但该钢的塑韧性达不到服役要求。同时期，日本也通过增加钢中 Mo 含量，开发出 HCM9M 钢[112]。而美国通过降低 C 含量并添加微量的 Nb，V 以及 N 作为强化元素，成功开发了著名的 T91 钢，实现了耐热钢发展史上的一次重大跨越，大幅提高了铁素体耐热钢的服役温度[113]，使得主蒸汽温度由 538℃ 升至 566℃。目前 T91 耐热钢已成为最广泛使用的钢种，并成为研究开发服役温度更高的钢种的研究基准。1986 年，日本和欧洲又在 T91 基础上成功开发出性能更加优越的 T/P92 钢和 T/P122 钢[114]。为了不断提高耐热钢的服役温度和服役寿命，通过在 T91 钢中添加各种有益的合金化元素，各国仍在积极开发性能更加优异的铁素体/马氏体耐热钢品种。

5.6.1.6　奥氏体耐热钢

奥氏体耐热钢含有较多的 Ni、Mn、N 等奥氏体形成元素，相比于铁素体/马氏体耐热钢，其抗腐蚀性能好；同时，由于其合金元素含量高，强化作用明显，高温蠕变性能远优于铁素体耐热钢，但是冶炼成本高，热导率低，热膨胀系数高以及抗疲劳性能差等制约了其广泛的应用。奥氏体耐热钢应用最广泛的是 18Cr-8Ni 和 25Cr-20Ni 两类钢。18Cr-8Ni 耐热钢中有 TP304H、TP321H、TP316H、TP347HGF、Super304H 等系列，目前常用的奥氏体耐热钢均是在 18Cr-8Ni 基础上，利用合金化的方法逐渐发展而来。20 世纪 70 年代后，在原奥氏体性 HGrade 耐热钢的基础上通过工艺改进或成分优化，开发了 TP347HFG、Tempalpy A-1、Super304H 等一系列高温性能优异的耐热钢。TP347HFG 耐热钢是日本在 TP347 耐热钢的基础上改进工艺而开发的新钢种，其化学成分没有差别，只是晶粒更为细小，细晶强化和固溶强化的作用更强，使该钢具有优良的高温蠕变性能和抗疲劳性能。Tempalpy A-1 耐热钢是日本钢管公司通过优化 18Cr-8Ni 奥氏体耐热钢中的 Ti、Nb 等元素而开发出的高温高强奥氏体耐热钢。Super304H 是日本住友钢铁公司开发的综合性能优异的钢种，应用多元合金化、弥散强化和细晶强化等理论开发的新型奥氏体耐热钢，其具有良好的耐腐蚀性能、高温持久强度、组织稳定性等，但高铬高镍，导致其成本高[115]。有的学者通过提出"以氮代镍"来降低成本，并研制出 NF709R，SAVE25 以及镍基合金 HR6W 等，其具有优良的抗蒸汽氧化和抗烟气腐蚀性能，同时具有优良的高温力学性能、组织稳定性及加工性能，成为了主要的耐热钢候选材料。

5.6.2　质量要求

5.6.2.1　马氏体不锈钢性能要求

马氏体不锈钢多用于制造在高温及低温下工作的机器零件[116]，如蒸汽发电机、切割工具、海上采油平台等[117]。低中碳马氏体不锈钢（主要指 Cr13 系马氏体不锈钢）应用于制作刀剪、模具、弹簧、电机叶片等；而高碳马氏体不锈钢用于制作不锈钢工具、医疗器械、轴承等[118]。1Cr17Ni2 在保留铁素体不锈钢耐蚀性的同时，还具有马氏体不锈钢的高强度，所以该钢可用于制作大型水轮发电机组和船用电机的轴、螺栓等专用材料[119]。根据以上的应用领域，对马氏体不锈钢要求的基本性能可总结为以下几项：

（1）硬度。鉴于医疗器械、滚动轴承在实际工作中受力复杂，为了保证不锈钢在长期工作中保持形状不变形和尺寸精度，模具钢的硬度一般需要达到 45HRC 以上，空调压缩机里阀片钢的硬度也要达到 400HV 以上，所以硬度是马氏体不锈钢最基本的性能要求。

（2）耐磨性。随着生产工艺的复杂化和精细化，模具在生产过程中会受到很大的摩擦力，严重影响模具的使用寿命。为了提高模具的利用率，延长其寿命，可以通过合适的成分设计以及热处理制度达到良好耐磨性的要求[120]。

（3）强度。强度可以被视作表征材料断裂抗力的性能指标，模具注射成型压力较大，闭模压力常常是注射压力的 2 倍，有的高达 4 倍。模具经常在工作期间因为材料的强度不够而发生型腔边缘塌陷、断裂等危险。而阀片在服役环境中需要的强度更大，只有控制好钢中的碳质量分数、晶粒大小等，才能使马氏体不锈钢满足在不同服役环境下的强度要求[121]。

（4）耐蚀性。很多塑料原料都是有机物，在熔融状态下会释放腐蚀性气体，腐蚀已经抛光的模具型腔表面；在模具多次使用之后，腐蚀情况更加严重，会在表面形成腐蚀坑，造成最终产品不合格率较高[122]。对于阀片而言，压缩机的工作温度较高，此时润滑油在高温条件下与水发生化学反应，导致工作环境劣化，阀片表面结碳，加速阀片的断裂，降低阀片的使用寿命[123]。所以马氏体不锈钢对耐腐蚀性能的要求非常高。

（5）淬透性。良好的淬透性可以使马氏体钢的截面硬度均匀，提高使用性能。如果钢的淬透性不好，会造成材料的表面和内部组织、硬度、性能有较大差距，达不到使用要求，缩短使用寿命。无论是轴承钢、阀片钢，还是模具钢等，材料在使用前都要进行热处理，这要求马氏体不锈钢的热稳定性较好，淬透性较好[124]。

（6）耐热性。压缩机里的阀片的工作温度有的高达 300℃，塑料成型的温度一般在 150~350℃ 之间，随着高速成型机械的出现，过高的温度容易使材料局部热量积累，造成热变形以至于精度降低。所以，对于部分被使用在高温环境下的马氏体不锈钢，应保证其具有较高的耐热性能。

（7）切削加工性。很多材料在加工之后形状复杂，需要进行不同的深加工制备成所需的形状。为了使马氏体不锈钢在切削过程中具有良好的尺寸精度，必须保证其切削性能。通常情况下，硬度、夹杂物尺寸数量以及内部组织都会影响马氏体不锈钢的切削加工性能。

（8）抛光性能。对于阀片钢、轴承钢、模具钢而言，都要求具有良好的抛光性能。阀片钢的制备加工有一个滚筒抛光的过程，将大量钢球、石灰和磨料放在倾斜的罐状滚筒中，通过滚筒转动使钢球与磨料随机碰撞来达到去除表面缺陷而减少表面粗糙度的目的。模具要求型腔表面光滑，保证塑料制品容易脱模和具有一定的外观美感。不锈钢的冶金质量、组织、硬度和抛光技术都会影响抛光性能。

（9）抗疲劳性。阀片在循环应力或者循环应变作用下，容易在一处或者几处产生局部永久性累积损伤，经一定循环次数后产生疲劳裂纹萌生、进而裂纹亚稳扩展及最终失稳扩展。疲劳为低应力循环延时断裂，即具有寿命的断裂，其断裂应力水平往往低于材料的抗拉强度，甚至低于屈服强度。疲劳属于脆性断裂，正是由于一般疲劳的应力水平比屈服强度低，所以无论韧性材料还是脆性材料，在疲劳断裂前均不会发生塑性变形及预兆。因此，为了使马氏体不锈钢的使用寿命提高，要求马氏体不锈钢具有良好的抗疲劳性[125]。

5.6.2.2 超级奥氏体不锈钢性能要求

A 均匀腐蚀性能

随着合金质量分数的不断提高，超级奥氏体不锈钢的耐腐蚀性能更加优异。图 5-40 为几种不锈钢在含有硫酸和卤化物环境中的等腐蚀曲线图，曲线中腐蚀速率界限为 0.1mm/a，超级奥氏体不锈钢的耐均匀腐蚀性能远高于传统不锈钢，并且合金质量分数更高的 S32654 表现出更优异的耐均匀腐蚀性能。因此，超级奥氏体不锈钢在极端苛刻的服役环境中具有广泛的应用前景。

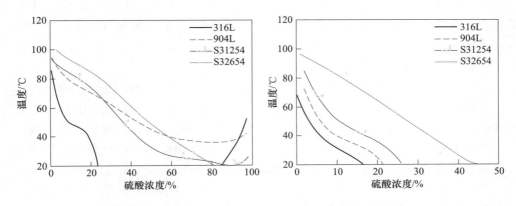

图 5-40 奥氏体不锈钢在 H_2SO_4 环境中的等腐蚀曲线

B 点腐蚀和缝隙腐蚀性能

点腐蚀和缝隙腐蚀是不锈钢最常见的腐蚀形式。这两种类型的腐蚀均可在短时间内使材料发生高度局部腐蚀，造成局部穿孔。在高酸浓度、高温的服役环境中，点腐蚀速率和缝隙腐蚀速率均会显著提高。材料的耐局部腐蚀性能主要取决于其中 Cr、Mo、N 的质量分数。表 5-61 为几种不锈钢的点蚀当量指数（PREN = [Cr] + 3.3×[Mo] + 16×[N]），可以看出超级奥氏体不锈钢的 PREN 值显著高于传统不锈钢，说明其耐点腐蚀性能更为优异。高质量分数的 Cr 有利于金属表面钝化；Mo 能在钝化膜表层形成含钼化合物，该层膜具有阳离子选择性并能抑制侵蚀性阴离子，促进钝化膜次表层铬氧化物的生长；N 能使钝化膜次表层进一步富钼，提高钝化膜的稳定性和致密性[126]。Cr、Mo、N 三种元素的综合作用使超级奥氏体不锈钢具有优异的耐局部腐蚀性能。

表 5-61 奥氏体不锈钢点蚀当量指数

钢种	成分（质量分数）/%			PREN
	Cr	Mo	N	
304	18.5	—	—	19
316L	17.0	2.5	0.1	27
904L	20.5	4.5	—	35
S31254	20.5	6.0	0.2	44
S32654	24.5	7.3	0.5	56

一般地，通过测定材料的临界点蚀温度（Critical Pitting Corrosion Temperature，CPT）和临界缝隙腐蚀温度（Critical Crevice Corrosion Temperature，CCT）来衡量其耐点腐蚀和耐缝隙腐蚀性能。图 5-41 为几种奥氏体不锈钢和镍基合金的 CPT 和 CCT 值。由图 5-41 可以看出，凭借高质量分数的 Cr、Mo、N 元素，超级奥氏体不锈钢 S32654 具有优异的耐点腐蚀和耐缝隙腐蚀性能，可与镍基合金 Inconel 625 和 C-276 相媲美。

C 综合力学性能

超级奥氏体不锈钢是为解决传统奥氏体不锈钢强度不足而问世的。钢中高质量分数的 Cr、Mo、N 等元素的固溶强化作用显著提升了钢的强度，大量的 Ni 又保证该类钢具有较高的塑性。随着合金元素质量分数的提高，超级奥氏体不锈钢表现出了明显优于传统不锈钢的力学性能，其强韧性和屈服强度比普通奥氏体不锈钢高 50%~100%。高合金 S32654 的力学性能甚至优于镍基合金 Inconel 625 和 C-276（见图 5-42）[127]。凭借着优异的耐腐蚀性能和综合力学性能，超级奥氏体不锈钢有望替代部分镍基合金应用于极端苛刻的服役环境，如图 5-43 所示。

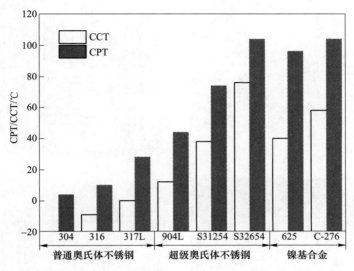

图 5-41 奥氏体不锈钢及镍基合金的 CPT 和 CCT 值

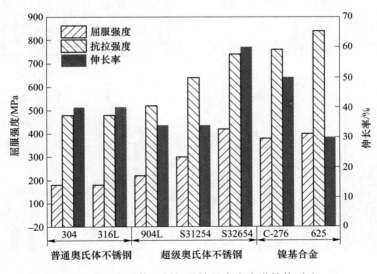

图 5-42 奥氏体不锈钢及镍基合金力学性能对比

5.6.2.3 双相不锈钢性能要求

双相不锈钢主要由铁素体和奥氏体相组成，是一类集优良耐腐蚀、高强度和易于加工等很多优异性能于一体的钢种。其物理性能介于奥氏体不锈钢和铁素体不锈钢之间，在石化、运输、造纸和建筑等行业具有广阔的应用前景。双相不锈

图 5-43　超级奥氏体不锈钢典型应用领域

钢具有以下优异性质：

（1）优异的耐氯化物应力腐蚀和耐孔蚀性能。

（2）良好的腐蚀疲劳和磨损腐蚀性能。

（3）综合力学性能优异，有较高的强度和疲劳强度，双相不锈钢的强度远高于奥氏体不锈钢，如图 5-44 所示。

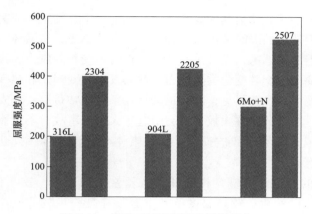

图 5-44 几种不锈钢钢种的屈服强度

（4）良好的焊接性能。

（5）材料成型性能优良。

由于双相不锈钢具有高的强度、良好的韧性，良好的可焊性，优异的耐腐蚀性能等特点，所以如果用 2205 双相不锈钢代替 904L，用 2507 双相不锈钢代替 254SMo，不仅可以大量节约镍资源，而且还可以为企业大幅度降低材料成本，如图 5-45 所示。

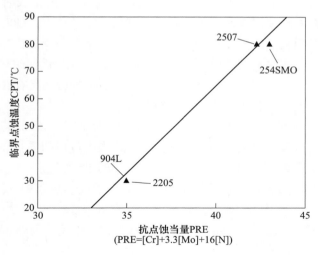

图 5-45 几种不锈钢的抗点蚀性能

5.6.2.4 耐热钢性能要求

铁素体/马氏体耐热钢、奥氏体耐热钢等常用在高温高压工况下，尤其动构件还有高转速、高应力等条件，承受自重应力、离心应力，传递扭矩，承受自重引起的弯矩，因旋转振动引起的高频率附加应力，中心孔壁的应力集中，开、停机以及其他原因造成的瞬时冲击振动和扭应力等。总之，铁素体/马氏体耐热钢、奥氏体耐热钢等工况恶劣，尤其是动构件工作时承受着高应力、高温度的双重作用，此外，还要承受交替变化的热应力，使其发生蠕变损伤和热疲劳损伤或者两者的作用相互叠加。由此可见，耐热钢的运行条件非常苛刻，其安全性及可靠性非常重要，一旦某部分构件失效，将会引起重大安全事故，不仅影响企业的生产效率而且会造成人员和财产的损失。对铁素体/马氏体耐热钢、奥氏体耐热钢，一般要求应具有以下性能：

（1）优异的高温长时蠕变性能和持久塑性变形能力。铁素体/马氏体耐热钢、奥氏体耐热一般在较高温度条件下服役并且一旦装备成功，服役时间很长；为了提高其服役寿命，节约企业成本，一般要求材料需满足一定许用应力、一定时间条件下的蠕变断裂强度和持久塑性变形能力[128]。

（2）抗高温氧化腐蚀性能。铁素体/马氏体耐热钢、奥氏体耐热钢在高温高压工况下服役，一定离子浓度的超临界状态水、腐蚀性烟气及高温空气等作为主要腐蚀介质，容易对材料造成严重的腐蚀；而腐蚀层的反复形成、剥落，会影响材料的热传导率及堵塞管道，引起材料局部过热和压力过高，导致材料失效和管道爆裂[129]。

（3）组织稳定性能。材料的组织结构决定其性能，高温长时间服役条件下组织稳定性对材料的使用寿命至关重要。在服役温度条件下，随时间延长，材料的组织发生晶粒粗化及第二相粒子的长大粗化，甚至有害相的析出等，破坏材料的组织稳定性，加快材料的失效[130]。为了提高铁素体/马氏体耐热钢、奥氏体耐热钢的服役寿命，在材料服役温度条件下，各种析出相应稳定存在或长大粗化较慢且基体组织稳定存在，不发生回复再结晶等。

（4）良好的冷热加工性能。一系列复杂冶炼生产工艺后的铸锻件，经过一定的冷热加工工艺成型得到耐热工件。为了保证加工过程的顺行，材料应具有合适的硬度、淬透性等[131]，以保证材料良好的冷热加工性能。

（5）良好的焊接性能。总体设备不同部分的温度、热集中、腐蚀环境不同，会选用不同材料，不可避免地存在异种钢焊接和同种钢焊接[132,133]。为了保证焊缝处的强度及组织稳定性，铁素体/马氏体耐热钢、奥氏体耐热钢应具有良好的同种和异种钢焊接性能[134]。

（6）优异的抗热疲劳性能。据有关研究，很多动力高温工件的失效，主要是由高温蠕变疲劳和热疲劳引起的，而耐热钢较低的热导率和高热膨胀系数是造成蠕变疲劳和热疲劳的主要原因。

在生产具体的工件时，需根据工件服役工况条件，进行材料的选择。材料的选择，要综合考虑各方面性能，如果某一方面性能有短板，必然会对总体设备的生产和运行等造成不利影响，甚至安全隐患。

　　为了满足耐热材料的上述性能要求，必须对其质量提出严格要求。钢锭内部的有害元素质量分数、易氧化元素质量分数、非金属夹杂物、凝固组织的疏松、缩孔、偏析和组织不均匀等均可能导致铸锻件报废。钢中的有害元素和非金属夹杂物是影响铸锻件质量的两个主要因素，选择合适的冶炼和浇铸方法是成功实现生产优质钢锭的关键环节。因此在耐热钢和耐热合金的冶炼生产时，需对钢水的纯净度及凝固过程进行控制[135]。铸锻件的内部组织均匀性也是决定大锻件产品质量的重要因素，从广义来讲，锻件的组织均匀性涉及其内部化学成分、相组成与力学性能等方面。在钢铁冶炼工业中有所谓的"尺寸效应"，即在相同的冶炼条件下，随着铸件尺寸的增加，心部的凝固条件变差，存在明显的元素偏析。元素的偏析造成元素在铸件中分布不均匀，可能直接导致回火转变过程中组织的差异，而回火组织直接决定着耐热钢的性能[136]。元素的偏析会造成部分元素的贫化带，也有可能在高温长时间作用下，贫化带会成为裂纹的扩展源[137]。为了减少偏析，除了要严格控制钢液中化学成分外，必须注意浇铸过程中钢液的凝固过程。

5.6.3　电渣重熔工艺

5.6.3.1　特种不锈钢电渣重熔工艺概述

　　电渣重熔的工艺、渣系组成直接关系着叶片钢等马氏体不锈钢中的 S 和夹杂物含量等冶炼质量。渣系的熔点应低于合金熔点 $100 \sim 150℃$，黏度较低以获得较好流动性，较高的碱度以利于脱硫。比较常用的渣系是以 CaF_2 为基础，配合适当的 Al_2O_3、CaO 等氧化物[138,139]。不同组元发挥的作用不同[140,141]，例如，CaF_2 可以降低渣的熔点、黏度和表面张力；Al_2O_3 可以降低电导率，减少能耗；CaO 可以提高碱度，改善脱硫效果。因此，有必要研究不同渣系对该钢种冶金质量的影响。

　　国内高氮钢生产主要针对火力发电机用的护环钢 Mn18Cr18N，该钢种是继 50Mn18Cr4WN 之后开发的一种具有更高的强度同时具有抗应力腐蚀能力强的新型护环钢。我国在 20 世纪 80 年代中后期引进了该钢种并开始了试制工作。该护环钢锻件的制造工艺一般为：电弧炉（或 VOD）制造电极→电渣重熔→热锻制坯→机械加工→热处理→冷变形强化→精加工交货。在"七五"和"八五"期间，国家曾组织了一重集团、二重集团等企业与科研院所联合攻关研制出了 Mn18Cr18N 护环钢（相当于 P900）[142]。20 世纪 90 年代，一重、二重和上重所生产的护环均通过了国家鉴定。其中，一重与东北大学合作[143,144]，采用电弧炉冶炼→氮气保护浇铸→常压下电渣重熔的生产工艺，冶炼出多件氮含量 0.48% ～

0.64% 的高氮 Mn18Cr18N 护环钢，全部交付哈尔滨电机有限公司并用于 300MW 和 200MW 汽轮发电机组，其所有性能指标达到了美国西屋电气公司标准并于 1996 年通过国家机械工业部鉴定。Balachandran G 等[145]在常压下利用真空感应熔炼和电渣重熔工艺小规模地制备了成分均匀的 Mn18Cr18N 高氮奥氏体不锈钢，其氮含量最高为 0.86%，钢中的 O、S 含量控制得很好，对高氮不锈钢制备的工艺参数进行了讨论，并对其性能进行了测试。

核电主管道用奥氏体钢 316LN 等钢种由于具有铸锭吨位大、碳含量要求低、氮含量控制范围窄等特点，所以在电渣重熔过程中尤其要控制好以下环节：（1）自耗电极的制备采用 EAF→VOD→IC 工艺路线，并严格控制钢种成分和洁净度以及电极的铸锭质量；（2）重熔过程要采用低碳的渣料，防止增碳；（3）重熔过程要注意脱氧并防止增硅；（4）氮及其他成分的精确控制；（5）熔化速度和表面质量控制。

目前国外的生产企业，例如奥地利 Boehler 特钢公司，意大利 SDF 公司，英国谢菲尔德铸锻公司，日本铸锻公司（JCFC）以及韩国斗山重工和建设公司（DHI）均采用保护气氛电渣炉冶炼生产 9%~12%Cu 耐热钢。虽然采用电渣重熔生产，需要制备自耗电极，支付重熔费用和增加电渣重熔装备等成本，生产总费用及单位基建投资增加，由于加工过程中的成材率提高、废品率降低，因而获得了显著的经济效益。电渣重熔钢锭的冶炼质量高、性能好、成分和组织均匀，产品的使用寿命长，从而也获得了显著的经济效益。国内生产耐热钢的企业很多，而在生产大型 9%~12%Cr 耐热钢企业中，由于装备及生产技术限制等，导致国内尚未大批量商业化生产大型耐热钢铸锭。

以目前最具商业前景的 COST-FB2 大型耐热钢铸锭生产为例，国外普遍采用保护气氛电渣冶炼生产。国内企业的保护气氛电渣炉吨位小，冶炼出的铸锭小，无法满足电厂使用要求；而大吨位电渣炉大多无保护气氛装置，导致冶炼铸锭成分偏差较大，而无法满足企业要求。为了解决这一问题，二重重型装备有限公司在 2019 年引进 125t 纯保护气氛电渣炉，着手生产 COST-FB2 铸锭，为实现超超临界发电机组全面国产化作出了积极努力。但 COST-FB2 具有低 Al、低 Si、低 O 含量，并且主要的高温强化元素 B 具有化学活性高、元素控制范围窄等特点，导致电渣重熔冶炼 COST-FB2 钢具有很大难度。电渣重熔过程中，熔渣的化学成分、冶炼气氛等均对冶炼铸锭的化学成分具有重要影响，目前国内企业尚未成功生产大型 COST-FB2 电渣锭。为了实现国家节能减排目标及国内大量亚临界、超临界机组的更新升级，我国对超超临界 COST-FB2 电渣锭的需求会大幅增加。为了尽早实现 COST-FB2 电渣锭的国产化，东北大学特殊钢冶金研究所进行了大量的电渣重熔 COST-FB2 钢的基础研究。

高压锅炉管用耐热钢 SUPER304H、S30432 等钢种，由于其具有常见脱氧元素 Al、Si 等含量很低的要求，而且与 304H 钢比较，S30432 钢添加了强化元素 Cu、Nb、N 和 B，降低 Mn 和 Si 的含量，所以在电渣重熔此类钢种时尤其要控制好以下环节：（1）自耗电极的制备采用 EAF→LF→VOD→IC 工艺路线，并要严格控制钢种成分、洁净度以及电极的铸锭质量；（2）重熔过程要注意脱氧，适宜采用 Al 和 Si-Ca 复合脱氧剂；（3）N、B 含量及其他成分的精确控制；（4）熔化速度和表面质量控制。

5.6.3.2 COST-FB2 钢熔渣成分设计

根据 B_2O_3 对熔渣物理化学性能影响的分析，可知：熔渣中加入 1% 左右的 B_2O_3 时，熔渣的物理化学性能适合电渣重熔冶炼 COST-FB2 钢。使用表 5-62 中熔渣进行 1550℃ 渣-钢平衡实验。

表 5-62　设计的熔渣成分　（质量分数，%）

编号	CaF_2	CaO	Al_2O_3	MgO	SiO_2	B_2O_3
1	55	20	22	3.0	0.0	0.5
2	55	20	22	3.0	1.0	1.0
3	55	20	22	3.0	2.0	1.3
4	55	20	22	3.0	3.0	1.7

采用分析纯化学试剂 $w(CaO) \geqslant 97\%$，$w(MgO) \geqslant 98\%$，$w(CaF_2) \geqslant 98.5\%$，$w(Al_2O_3) \geqslant 98.5\%$，$w(B_2O_3) \geqslant 98\%$，$w(SiO_2) \geqslant 98\%$ 进行渣料预熔；完全混匀的粉料放入内衬 0.2mm 厚钼片的石墨坩埚中，然后放入 $MoSi_2$ 炉恒温加热预熔。在加热过程中，炉内温度用 B 型双铂铑热电偶连续测温，直到炉内温度达到预定温度 1723K（1450℃）。为了保证熔渣成分均匀，在 1450℃ 保温 50min，然后炉冷至室温。实验设备示意图如图 5-46 所示。

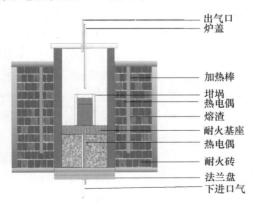

图 5-46　$MoSi_2$ 炉示意图

　　称取 600g 真空感应炉冶炼的 COST-FB2 钢锭，具体成分见表 5-63，放入内衬 0.2mm 钼片的氧化镁坩埚中。然后将氧化镁坩埚放入石墨坩埚中并放入 $MoSi_2$ 炉恒温带，如图 5-46 加热过程中使用 B 型双铂铑热电偶进行连续测温，直到温度达到设定温度 1823K（1550℃）。低温阶段，10℃/min 升温，温度达到 673K（400℃）时，开始通入氩气，其中底部通入 3L/min 氩气（标态），顶部通入 6L/min 氩气（标态），通入氩气主要目的是防止钢的氧化。在温度达到 873K 时，打开冷却水，同时降低升温速率至 8℃/min。

表 5-63　冶炼的 COST-FB2 钢的典型成分　　　（质量分数，%）

C	Si	Mn	B	Al	Cr	Mo	Co	O	Ni	Nb	N	Fe
0.136	0.0495	0.34	0.010	0.003	9.36	1.48	1.28	0.0028	0.16	0.06	0.021	其余

　　在温度达到 1823K 时，使用石英管抽取 0 号钢样，作为原始钢样的成分。在 0 号钢样取出后，将 100g 上述预熔破碎渣分 5 次加入氧化镁坩埚中。为了研究渣-钢平衡反应时间，需对不同反应时间的钢和渣取样分析。反应时间在渣料全部加入后开始计时（加渣时间共约 50s，不予考虑），然后在反应时间为 20min，40min，60min 时取渣样和钢样，并分别标记为 1 号，2 号，3 号。熔渣采用水冷铜管粘取，钢样采用内径为 4mm 的石英管抽取，抽取后立即水冷处理。

　　采用直读光谱仪（ARL-4460）测定实验过程中抽取钢样的主要合金元素含量；氮氧联合分析仪（LECO TC-500）分析钢样中 N，O 含量；HIR-944B 红外碳硫分析仪分析钢样中的 C，S 含量；钢样中的 B，Si，Al 含量送至北京钢研纳克钢铁材料分析检测中心（CISRI）采用 ICP-AES 和 ICP-MS 等进行分析。渣钢平衡反应过程钢样中的主要合金元素（Cr，Mo，Co，Ni，Nb，V，Mn）含量等均在目标范围内。B，Si，Al 含量随反应时间的变化，如图 5-47 所示。

　　通过图 5-47 设计的 1 号熔渣中 B 含量随渣钢反应时间增加，先降低后快速稳定，而 2 号~4 号熔渣的渣钢反应中，B 含量随渣钢反应时间增加，而保持稳定。对 Si 含量来说，使用 1 号熔渣，渣钢反应中 Si 含量随反应时间增加快速减少，在渣钢反应 40min 时，Si 含量稳定，而在使用 2 号~4 号熔渣的渣钢反应中，Si 微量烧损，且其含量快速达到稳定；对 Al 含量分析，在使用 1 号~4 号熔渣的渣钢反应中，Al 含量均随反应时间增加而增加，在反应 40min 时，Al 含量稳定。通过上述分析，渣钢反应 60min 时，渣钢之间反应处于平衡状态。

　　设计的 1 号熔渣钢中的 B 含量微量烧损（0.0092%），但仍在目标范围内；平衡状态 Al 含量接近控制范围上限并且 Si 在渣钢反应初期即大量烧损，造成铸锭轴向分布不均，不适合电渣重熔冶炼合格的 COST-FB2 铸锭。设计的 2 号~4 号熔渣在该实验条件下，钢中 B 含量随渣钢反应时间增加保持稳定，Si 含量在反应开始微量烧损后，快速保持稳定，因此适合电渣重熔冶炼 COST-FB2 铸锭。

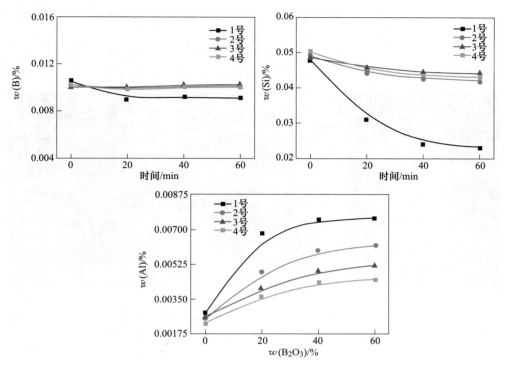

图 5-47 渣钢反应时钢中 B, Si 和 Al 含量随时间变化

5.6.3.3 电渣重熔 COST-FB2 钢

电渣重熔过程中使用的电极成分见表 5-64。保护气氛电渣重熔冶炼时, 不断吹入高纯氩气 (99.999%), 氩气压力为 0.1MPa, 实验过程中用氧浓度探测仪不断检测炉内的 O_2 浓度, 保证 O_2 浓度在 0.04% (体积分数, 炉内的 O_2 浓度控制下限)。

表 5-64 电渣重熔实验使用的电极成分　　　　(质量分数,%)

C	Si	Mn	B	Al	Cr	Mo	Co	O	Ni	Nb	N	Fe
0.132	0.048	0.348	0.0098	0.004	9.49	1.54	1.27	0.0028	0.15	0.058	0.024	Bal.

简易保护气氛电渣重熔实验中, 则不断吹高纯氩气 (99.999%), 氩气流量为 24L/min (标态), 在结晶器上口形成保护气氛气膜, 阻碍空气中的氧进入炉内。实验过程中不断用氧浓度探测仪检测熔渣液面上方的氧浓度, 保证氧气浓度在 0.5% (体积分数, 炉内控制下限)。

电渣重熔实验中使用的熔渣成分为上述设计的 2~4 号熔渣, 其中 2 号熔渣进行了常规非保护气氛、简易保护气氛及完全保护气氛电渣重熔实验。而 3 号和 4 号熔渣进行了简易保护气氛电渣重熔实验。

使用 2 号炉渣进行的传统电渣重熔，简易保护气氛电渣重熔，保护气氛电渣重熔铸锭如图 5-48 所示，具体的电渣重熔操作工艺参数见表 5-65。

　　　　　　a　　　　　　　　　　　　　　b　　　　　　　　　　　　　　c

图 5-48　2 号熔渣不同工艺冶炼的铸锭

a—传统电渣重熔；b—简易保护气氛电渣重熔；c—保护气氛电渣重熔

表 5-65　不同电渣重熔工艺的实验条件

结晶器直径/mm		125	125	140
电极直径/mm		75	75	95
熔渣质量/kg		3.2	3.2	3.2
工艺	实验条件	传统电渣	简易保护气氛电渣	保护气氛电渣
	熔速/kg·min⁻¹	1.2	1.2	1.2~1.4

对铸锭轴向解剖，其轴向 B，Si 和 Al 含量的分布如图 5-49 所示。

从图 5-49 可以看出：传统电渣重熔采用 2 号熔渣时，铸锭中的 B，Si 和 Al 含量均不能控制在目标范围内，B 在冶炼初期即大量烧损；Si 含量随冶炼时间增加持续减少；而 Al 含量变化不明显，如图 5-49a 所示。简易保护气氛电渣重熔冶炼的铸锭中 Si 在初期大量烧损，随冶炼时间增加烧损量逐渐降低，最后稳定在 0.022%左右，而 B 含量不烧损，含量稳定在 0.01%左右，满足电渣重熔冶炼 COST-FB2 钢对铸锭中 B 含量的要求；Al 含量变化不明显，稳定在 0.006%左右。其中，B，Si 和 Al 含量均控制在目标要求范围内，但 Si 的宏观偏析明显，如图 5-49b 所示。因此，对简易保护气氛电渣重熔设备，2 号熔渣并不适用。

采用完全气氛保护电渣冶炼的铸锭中，Si 烧损量很小，且 Si 含量在烧损部分后很快达到稳定，在 0.036%左右波动；B 含量稳定在 0.01%左右，保持稳定，

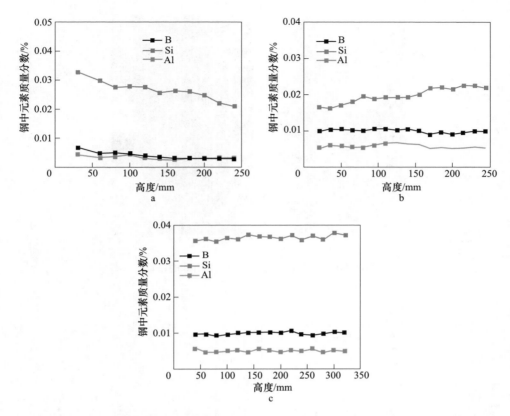

图 5-49　使用 2 号熔渣不同电渣重熔工艺铸锭轴向 B，Si 和 Al 含量的变化规律
a—传统电渣重熔；b—简易保护气氛电渣重熔；c—保护气氛电渣重熔

不发生烧损；Al 含量变化不明显，其含量稳定 0.006% 左右。铸锭中的 B，Si 和 Al 含量均控制在目标范围内，且 Si 有少量烧损，在冶炼过程中能够快速达到稳定，如图 5-49c 所示。因此，2 号熔渣适合采用保护气氛电渣重熔冶炼生产 COST-FB2 铸锭。

3 号和 4 号熔渣仅采用简易保护气氛电渣重熔冶炼实验，冶炼的铸锭如图 5-50 所示，铸锭轴向 B，Si 和 Al 含量变化规律如图 5-51 所示。

从图 5-51 可以看出：铸锭轴向 B，Si 和 Al 含量均在目标范围内。Si 烧损量少且能快速达到平衡。其中，使用 3 号熔渣的电渣锭中 Si 含量稳定值在 0.036%，B 含量在 0.01% 左右波动，Al 含量波动较小稳定在 0.006% 左右，如图 5-51a 所示。使用 4 号熔渣时，Si 烧损量少，且能快速稳定在 0.038% 左右；B 含量微量烧损，稳定在 0.0095% 左右；Al 含量变化不明显，稳定在 0.006% 左右，如图 5-51b 所示。因此在用简易保护气氛电渣重熔冶炼 COST-FB2 钢时，使用 3 号和 4 号熔渣是合理的。

图 5-50　简易保护气氛电渣重熔冶炼的铸锭

a—3 号熔渣；b—4 号熔渣

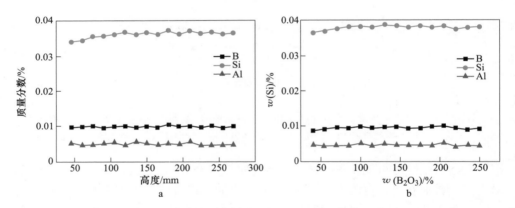

图 5-51　简易保护气氛电渣锭中轴向 B，Si 和 Al 含量的变化

a—3 号熔渣；b—4 号熔渣

5.6.3.4　1Mn18Cr18N 高氮护环钢电渣重熔工艺

针对电渣重熔 1Mn18Cr18N 高氮护环钢的工艺特点，结合氮含量的控制新技术和补缩模型的计算和分析，根据适合该钢种的新渣系和新工艺制度，进行了以下的重熔生产。

A　工业生产供电制度及脱模后铸锭形貌

生产炉号分别为：540-0016，540-0017 和 540-0018 共三炉，ϕ1000mm 的 1Mn18Cr18N 高氮护环钢的电渣锭。

图 5-52~图 5-54 分别为 540-0016，540-0017 和 540-0018 的三个炉次电渣重熔过程供电制度和脱模后铸锭照片。

图 5-52　540-0016 炉次脱模后钢锭

图 5-53　540-0017 炉次脱模后钢锭

图 5-54　540-0018 炉次脱模后钢锭

　　从现场生产实际情况可以看出，新渣系和新工艺下供电制度过渡平稳，补缩阶段采用了抛物线形（多段控制）降低电流。整体来看，渣皮较薄且均匀，渣皮/铸锭分离得好；铸坯表面较光滑，在其表面并未发现裂纹、夹渣、折皱等明显缺陷，减少了后续加工工序并提高了金属的成材率。

　　B　1Mn18Cr18N 高氮护环钢相关分析

　　对电渣重熔后铸锭进行表面研磨，表面磨好后的形貌如图 5-55 所示。铸锭质量好，并有较高的成才率。

　　现场采用抛物线形（多段控制）降低电流补缩效果明显优于直线形降流方式。从电渣锭头部切除 75mm 端口形貌（见图 5-56）中可以看出，与头部距离 75mm 处仍然有缩孔印记，但是已经接近缩孔末端，这与模拟结果基本一致。

　　电渣锭的头、尾部化学成分见表 5-66。从表 5-66 中可以看出，三个炉次的电渣重熔 1Mn18Cr18N 高氮护环钢锭的化学成分发生如下变化：除了 540-0016 炉号头部 Mn 含量（质量分数为 18.74%）略低于尾部 Mn 含量（质量分数为 19.42%）外，其他各炉号的头尾各元素的偏差小，元素分布均匀，S、P 含量低，N 含量控制好且分布均匀。

图 5-55 表面磨后的电渣锭（尺寸 φ805mm×3578mm）

图 5-56 电渣锭头部切除 75mm 后的端面形貌

表 5-66 电渣钢锭头尾部化学成分分析结果 （质量分数,%）

炉号	部位	C	Mn	S	P	Si	Ni	Cr	Mo	V	Al	Ti	N
540-0016	头部	0.08	18.74	0.002	0.020	0.37	0.16	18.91	0.03	0.06	0.004	0.01	0.63
	尾部	0.08	19.42	0.002	0.02	0.34	0.16	18.81	0.03	0.06	0.004	0.01	0.64
540-0017	头部	0.08	19.48	0.002	0.02	0.39	0.16	18.86	0.03	0.07	0.04	0.007	0.63
	尾部	0.08	19.58	0.002	0.02	0.39	0.16	19.16	0.03	0.07	0.005	0.005	0.66
540-0018	头部	0.08	19.43	0.002	0.020	0.38	0.16	18.81	0.03	0.07	0.001	0.008	0.66
	尾部	0.08	19.48	0.002	0.020	0.37	0.16	19.11	0.03	0.07	0.004	0.005	0.65

5.6.4　电渣重熔不锈钢的质量和性能

5.6.4.1　4Cr15 马氏体不锈钢的质量和性能

4Cr15 马氏体不锈钢的洁净度要求比较高，其组织中的非金属夹杂物要求含量较低。电渣重熔工艺（ESR）可以有效控制凝固过程，通过改变自耗电极的熔速来改善电渣锭的宏观组织和微观组织，主要表现为钢中的夹杂物进一步去除，以及晶粒明显细化。

分别在 4Cr15 原始铸锭的上下部和电渣锭（采用 AF7 渣系）的上下部取样，经镶嵌、湿磨、抛光之后，使用奥林巴斯 DSX500 光学数码显微镜和 Image Pro Plus 6.0 软件对试样的夹杂物数量、尺寸及分布进行统计，结果见表 5-67。

表 5-67　电渣重熔前后钢锭中的夹杂物尺寸分布情况

取样部位		尺寸分布/%						平均直径 /μm	单位面积 夹杂物数量 /个·mm⁻²
		0.5~1.0 μm	1.0~1.5 μm	1.5~2.0 μm	2.0~3.0 μm	3.0~5.0 μm	>5.0 μm		
电渣 重熔前	上部	52.43	16.71	7.36	9.03	11.63	2.84	1.57	758
	下部	64.93	11.82	2.79	8.33	9.02	2.62	1.31	812
	平均值	58.68	14.27	5.09	8.68	10.33	2.73	1.43	784
电渣 重熔后	上部	69.01	19.59	4.68	3.77	1.82	0.95	0.98	574
	下部	68.88	19.15	5.31	3.85	1.77	0.94	0.98	483
	平均值	68.95	19.37	3.81	1.80	0.95		0.98	529

对比电渣前后钢锭中的夹杂物尺寸变化，可以得到电渣前铸锭中的夹杂物平均直径为 1.43μm，钢中单位面积夹杂物数量为 784 个/mm²；电渣重熔之后，电渣锭中的夹杂物平均直径为 0.98μm，单位面积夹杂物数量为 529 个/mm²。电渣后钢中的夹杂物直径比电渣前减小约 1/3，单位面积夹杂物数量也明显减少。

图 5-57 为电渣重熔前后钢锭中不同尺寸夹杂物的占比示意图。铸坯经过电渣重熔后，0.5~1μm 夹杂物所占比例达到 70%，小于 1.5μm 夹杂物所占比例高达 90%；相比于电渣重熔之前的铸坯，夹杂物尺寸明显变小。这是因为电渣重熔过程中液态金属与渣池充分反应，尺寸稍大的夹杂物较容易去除。电渣锭凝固过程中，钢液结晶自下而上，有利于大尺寸夹杂物上浮。

5.6.4.2　叶片钢的质量和性能

罗通伟等[146]在国内某厂采用电炉+VOD+电渣重熔+ 825mm 轧制工艺流程，生产成品规格 φ80~160mm 叶片钢的力学性能和夹杂物情况见表 5-68 和表 5-69。

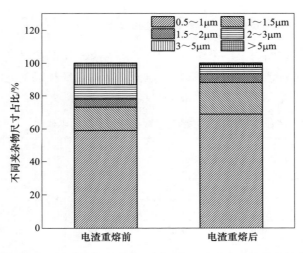

图 5-57　电渣重熔前后钢中不同平均尺寸夹杂物的分布情况

表 5-68　叶片钢力学性能和夹杂物情况

钢　种	炉号	力学性能						夹杂物/级		δ_F/%	$E_{\delta F}$
		$\sigma_{0.2}$/MPa	σ_b/MPa	δ_S/%	ψ/%	A_K/J	硬度 HB	塑性	脆性		
1Cr12Mo	1327	680	810	21	71	>147	246	1.0	1.5	>5	8.64
	1483	685	800	20	67	128	240	0.5	1.5	<5	6.84
	1031	675	810	19	66	140	242	1.0	2.0	<5	6.54
	1268	685	820	19	68	118	246	0.5	1.5	<5	7.12
2Cr12NiMo1W1V	1498	810	990	17	55		298	2.0	1.0	<5	7.69
	1221	810	970	16	53		284	1.0	0.5	<5	5.82
	843	820	970	16	54		282	1.5	3.0	>5	7.88
	456	800	965	16	59		288	0.5	1.5	<5	9.16
1Cr12Ni2W1Mo1V	448	815	970	16	60	110	299	0.5	1.0	<5	5.88
	931	835	980	17	61	115	302	0.5	1.0	<5	4.78
	1448	860	1020	18	60	95	310	1.0	1.5	<5	4.48

表 5-69　0Cr17Ni4Cu4Nb 的力学性能

项目 固溶处理	热处理工艺 1020~1060℃快冷	$\sigma_{0.2}$/MPa	σ_b/MPa	δ_S/%	ψ/%	硬度 HB
480℃时效	固溶处理后，470~480℃空冷	≥1310	≥1180	≥10	≥40	≥375
550℃时效	固溶处理后，540~560℃空冷	≥1060	≥1000	≥12	≥45	≥331
580℃时效	固溶处理后，570~590℃空冷	≥1000	≥865	≥13	≥45	≥302
620℃时效	固溶处理后，610~630℃空冷	≥930	≥725	≥16	≥50	≥277

5.6.4.3　1Cr21Ni5Ti 双相钢的质量和性能

陈德利等[147]在国内某厂采用电弧炉+VOD 精炼+6t 保护气氛电渣炉工艺流程冶炼的 10 炉 ϕ590mm1Cr21Ni5Ti 双相钢电渣锭上,自底垫端向充填端采取 5 点取样进行化学成分分析,统计结果见表 5-70。

表 5-70　1Cr21Ni5Ti 电渣锭的化学成分分析结果的平均值　　　（质量分数,%）

取样位置	C	Al	Ti	Ni	Cr
第 1 点	0.092	0.05	0.45	5.38	20.80
第 2 点	0.090	0.04	0.47	5.40	20.85
第 3 点	0.091	0.05	0.49	5.40	20.84
第 4 点	0.092	0.05	0.50	5.42	20.82
第 5 点	0.090	0.05	0.52	5.41	20.86

在相当于钢锭的头、中、尾部的 ϕ150mm 成品棒材上取样,分别进行气体含量分析,结果见表 5-71。由表 5-71 可知,保护气氛电渣重熔脱氧效果较好,氧含量从 0.0045% 降低至平均 0.0024%;N、H 含量几乎没有变化;钢锭头、中、尾部气体含量差别不大。

表 5-71　1Cr21Ni5Ti 成品棒材气体含量分析结果的平均值　　　（质量分数,%）

取样位置	O	N	H
头部	0.0019	0.0080	0.00018
中部	0.0018	0.0075	0.00017
尾部	0.0019	0.0079	0.00018

将 ϕ590mm 电渣锭经多火次锻造成 ϕ150mm 棒材,在相当于钢锭的头、中、尾部的 ϕ150mm 成品棒材上取机械性能试样,经固溶处理后进行拉伸及冲击试验,经固溶处理+脆化处理后进行脆化倾向试验,试验数据统计结果见表 5-72。可见,本材料的力学性能结果稳定,尤其是脆化性能远远高于其设计指标。

表 5-72　电渣锭经多火次锻造后头、中、尾部的机械性能

取样位置	拉伸性能				冲击性能 A_{KU} /J·cm^{-2}	脆化性能 A_{KU} /J·cm^{-2}
	R_m/MPa	$R_{p0.2}$/MPa	δ_S/%	ψ/%		
头部	785	480	24.0	66.0	190	160
中部	800	485	24.0	65.0	200	158
尾部	790	480	23.5	65.0	185	163

挑选同样来自国内某厂 10 炉采用普通电渣炉大气下冶炼 1Cr21Ni5Ti 的冶金质量进行对比,两者电极成分以及渣系基本相同。但普通电渣重熔冶炼过程中向渣中均匀加入铝粉脱氧,各项指标的统计结果见表 5-73,除表 5-73 列出的指标外,其他指标(低倍组织、高倍组织、纯净度、拉伸性能)两者基本相同。

表 5-73 普通电渣炉生产的 1Cr21Ni5Ti 各项检测统计结果的平均值

位置	化学成分(质量分数)/%			气体(质量分数)/%		冲击性能 A_{KU} /J·cm^{-2}	脆化性能 A_{KU} /J·cm^{-2}
	C	Al	Ti	O	N		
头部	0.090	0.11	0.59	26×10^{-4}	82×10^{-4}	175	59
中部	0.089	0.08	0.40	23×10^{-4}	79×10^{-4}	163	65
尾部	0.085	0.09	0.36	25×10^{-4}	83×10^{-4}	170	76

5.6.4.4 254SMO 超级奥氏体不锈钢的质量和性能

罗利阳等[148]采用中频感应炉+AOD 精炼+电渣重熔工艺生产了 1mm 厚 254SMO 超级奥氏体不锈钢冷轧板,并通过与进口冷轧板进行化学成分(见表 5-74)、常温力学性能、腐蚀性能对比分析来评价国产板材的各项性能。

表 5-74 254SMO 钢的化学成分 (质量分数,%)

项目	C	S	P	Si	Mn	Cr	Ni	Mo	Cu	N
国产	0.012	<0.0050	0.018	0.350	0.302	19.91	17.78	6.30	0.680	0.190
进口	0.014	<0.0050	0.020	0.443	0.216	20.50	18.00	6.23	0.747	0.185
标准要求	≤0.020	≤0.010	≤0.030	≤0.8	≤1.00	19.50~ 20.5	17.5~ 18.5	6.0~ 6.5	0.5~ 1.0	0.18~ 0.22

国产及进口 254SMO 超级奥氏体不锈钢冷轧板常温力学性能测试结果见表 5-75。由表 5-75 可以看出,国产板材的各项力学性能指标均达到 ASME SA240 标准要求,与进口板材的性能相当。

表 5-75 254SMO 冷轧板的常温力学性能

项 目	$R_{p0.2}$/MPa	R_m/MPa	A/%
国产	350~360	715~725	58.5~57.5
进口	344~357	727~727	58.0~60.0
标准要求	≥300	≥650	≥35

一般通过耐点蚀指数(PREN)、临界点蚀温度 CPT、临界缝隙腐蚀温度 CCT 三项指标评价不锈钢耐点蚀及缝隙腐蚀性能。一般而言,PREN 值越高,不锈钢的耐点蚀性能越好。国产及进口 UNS S31254 合金冷轧板 PREN 值计算结果见表 5-76,两者基本相当。

表 5-76　国产及进口两种板材 PREN 值

项　　目	PREN
国产	43.74
进口	44.02

表 5-77 为 CPT 及 CCT 测试结果。由表 5-77 可以看出，在 6%FeCl₃+1%HCl 溶液中，国产板材 CPT 与进口板材相当，CCT 略高于进口板材，两者的耐点蚀及缝隙腐蚀性能基本相当。

表 5-77　两种板材 CPT、CCT 测试结果　　　　　　　　　（℃）

项目	CPT	CCT
国产	65	50
进口	65	45

5.6.4.5　汽轮机转子用钢 COST-FB2 的质量和性能

汽轮机转子材料，在其寿命内会经过多次的启动和停机，在这种工作状态下材料会发生较大的交变应力幅值的低周疲劳；同时汽轮机在自身重力及叶片自转形成的离心力等条件下，都会让转子长时间保持高周疲劳。材料的疲劳性能对机组的安全与寿命评估具有重要意义。COST-FB2 钢的疲劳性能如图 5-58 所示。

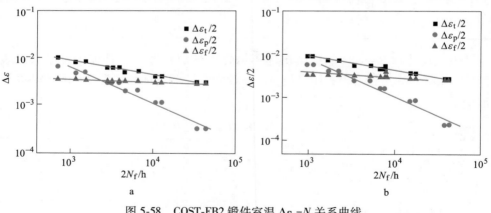

图 5-58　COST-FB2 锻件室温 $\Delta\varepsilon_f$-N_f 关系曲线

a—$R=-1$；b—$R=0.1$

从图 5-59 可以看出：COST-FB2 钢能够满足超超临界转子 620℃ 工况下的疲劳强度及频繁低温启动时的疲劳强度。

在工程实践中常用规定的蠕变速率确定蠕变极限。汽轮机、锅炉设备零部件

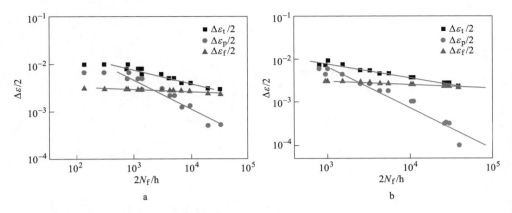

图 5-59　COST-FB2 钢锻件在 620℃ $\Delta\varepsilon_f - N_f$ 关系曲线

a—$R=-1$；b—$R=0.1$

的工作时间一般规定为 10^5 h。用于汽轮机、锅炉设备的耐热钢，其稳态蠕变极限是以 10^6 h 变形为 1% 时的应力来计算零部件的强度。COST-FB2 钢在不同温度下的稳态蠕变速率随应力的变化[149]，如图 5-60 所示。

从图 5-60 可以看出：COST-FB2 钢在高温下的稳态蠕变速率随应力的增加而增加，且当应力超过 150MPa 后，快速增加，持久寿命大大降低。因此，COST-FB2 钢在 620℃ 使用下，其服役应力应 <150MPa。

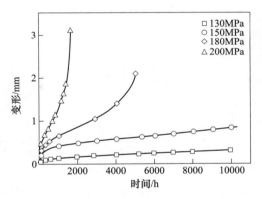

图 5-60　COST-FB2 钢在 620℃ 下
不同应力-稳态蠕变速率曲线

5.6.4.6　铁素体耐热钢 G115 和 P92 的质量和性能

工业生产的 G115 和 P92 钢大口径管在 650℃ 的高温持久性能实验结果，如图 5-61 所示[140]。从图 5-61 可以看出：650℃ 时 G115 钢的持久寿命高达 40000h，是相同条件下 P92 钢的 1.5 倍。从目前的公开资料及文献可以看出：G115 钢是目前热强性较好的马氏体耐热钢。

在耐热钢中加入铬、铝、硅和稀土元素等，它们与氧形成一层完整致密具有保护性的氧化膜。在金属表面施加涂层也是提高钢材抗高温氧化能力的重要方法，如在耐热钢表面渗铝、渗硅或铬铝、铬硅共渗都有显著的抗氧化效果。G115 和 P92 钢在 650℃ 蒸汽环境下长时间的腐蚀增重结果如图 5-62 所示。

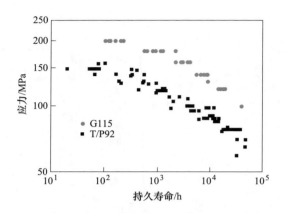

图 5-61　G115 和 P92 钢在 650℃的持久性能

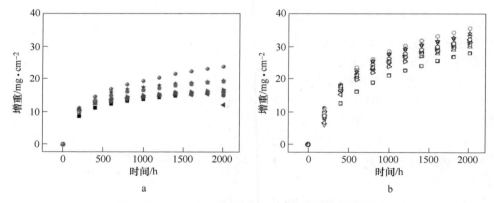

图 5-62　G115 和 P92 钢在 650℃的抗蒸汽腐蚀性能
a—G115 钢；b—P92 钢

从图 5-62 可以看出：G115 钢的抗蒸汽氧化腐蚀性能优于 P92 钢，其本质原因是 G115 钢基体与内外的氧化层会形成一层薄的富铬氧化层。这一氧化层可减缓或阻碍铁原子从基体向外扩散，同时减缓和阻止氧原子从外部向基体扩散，降低了 G115 钢的氧化动力学。

5.7　高温合金

5.7.1　高温合金概述

高温合金是指以铁、镍、钴为基，能在 600℃以上的高温及一定应力作用下长期工作的一类金属材料；具有较高的高温强度，良好的抗氧化和抗腐蚀性能，良好的疲劳性能、断裂韧性等综合性能。高温合金为单一奥氏体组织，在各种温度下具有良好的组织稳定性和使用可靠性[151,152]。基于上述性能特点，并且高温合金的合金化程度较高，又被称为"超合金"，它是广泛应用于航空、航天、石油、化工、舰船的一种重要材料[153]。

按基体元素分类，高温合金分为铁基、镍基、钴基等高温合金。这三种基体元素本身金属特性各有不同，导致了以三种元素为基的合金的性能特点和应用范围的不同[154]。铁基合金承受的最高温度小于850℃，主要用于较低温度下工作的部件；钴基合金约为950℃，主要用于燃气涡轮机的导向叶片等高温部件；相对于铁基合金和钴基合金而言，镍基合金具有如下特点[153]：（1）稳定的奥氏体结构，其原子的自扩散激活能相对较高，因而具有更高的高温性能；（2）化学稳定性强，使其具有高温抗氧化性能；（3）合金化能力强，在容纳更多强化元素的同时可以保持优良的组织稳定性，使合金化的选择范围更为宽广。正是由于镍基合金的优良特性，该合金目前能承受的最高温度达到1100℃。

按制备工艺高温合金可分为变形高温合金、铸造高温合金和粉末高温合金。其中，变形高温合金用途最广泛，主要用于制造航空发动机、舰艇和工业用燃气轮机的涡轮盘、高压压气机盘、封严盘和燃烧室等高温部件，还可用于制造航天飞行器、火箭发动机、核反应堆、石油化工设备及煤的转化等能源转换装置[155]。

国外高温合金牌号按各开发生产厂家的注册商标命名，合金牌号和相应注册商家见表5-78。

表 5-78　高温合金牌号与注册商家

合金牌号	注 册 商 家
CMSX	Cannon-Muskegon Corporation（佳能-穆斯克贡公司）
Discaloy	Westinghouse corporation（西屋公司）
Gatorize	United Aircraft Company（联合航空公司）
Haynes	Haynes Stellite Company（汉因斯·司泰特公司）
Hastelloy	Cabot Corporation（钴业公司）
Incoloy	Inco Alloys International，Inc（国际因科合金公司）
Inconel	Inco Alloys International，Inc（国际因科合金公司）
Mar-M	Martin Marietta Corporation（马丁·马丽塔公司）
Multiphase	Standard Pressed Steel Co（标准压制钢公司）
NimoniC	Mond Nickel Company（蒙特镍公司）
René	General Electric Company（通用电气公司）
REP	Whittaker Corporation（惠特克公司）
Udmit	Special Metal，Inc（特殊金属公司）
Unitemp	Universal-Cyclops Steel Corporation（宇宙-独眼巨人钢公司）
Vitallium	Howmet Corporation（豪梅特公司）
Waspaloy	Pratt & Whitney Company（普拉特-惠脱尼公司）

我国高温合金牌号的命名考虑到成型方式、强化类型与基体组元,采用汉语拼音字母符号作前缀,后接阿拉伯数字。

变形高温合金以"GH"表示,后接4位阿拉伯数字,前缀"GH"后的第一位数字表示分类号:1和2表示铁基或铁镍基高温合金;3和4表示镍基合金;5和6表示钴基合金。其中单数1、3和5为固溶强化型合金,双数2、4和6为时效沉淀强化型合金。"GH"后的第2、3、4位数字表示合金的编号,如GH4169,表示时效沉淀强化型的镍基高温合金,合金编号为169。

铸造高温合金采用"K"作前缀,后接3位阿拉伯数字。"K"后第1位数字表示分类号,其含义与变形合金相同,第2、3位数字表示合金编号,如K418,表示时效沉淀强化型镍基铸造高温合金,合金编号为18。

粉末高温合金牌号以"FGH"作前缀,后接阿拉伯数字表示。焊接用的高温合金丝的牌号表示用前缀"HGH",后接阿拉伯数字。近年来,随着成型工艺的发展,新的高温合金大量涌现,在技术文献中常常见到"MGH""DK"和"DD"等作前缀的合金牌号,它们分别表示机械合金化粉末高温合金、定向凝固高温合金和单晶铸造高温合金。

5.7.2 质量要求

5.7.2.1 主要合金元素作用

高温合金中各种合金元素的作用见表5-79。

表 5-79 高温合金中合金元素及其作用[156]

作　用		铁基	钴基	镍基
固溶强化		Cr, Mo	Nb, Cr, Mo, Ni, W, Ta	Co, Cr, Fe, Mo, W, Ta
稳定面心立方点阵		C, W, Ni	Ni	
形成碳化物	MC 型	Ti	Ti	W, Ta, Ti, Mo, Nb
	M_7C_6 型		Cr	Cr
	$M_{23}C_6$ 型	Cr	Cr	Cr, Mo, W
	M_6C 型	Mo	Mo, W	Mo, W
碳氮共渗		C, N	C, N	C, N
促进普通碳化物的析出		P		
形成 γ′相		Al, Ni, Ti		Al, Ti
形成 η 相		Al, Zr		
提高 γ′相的溶解度				Co
硬化析出/金属间化合物		Al, Ti, Nb	Al, Mo, Ti, W, Ta	Al, Ti, Nb
提高抗氧化性		Cr	Al, Cr	Al, Cr

续表 5-79

作　用	铁　基	钴　基	镍　基
改善耐热腐蚀性	La，Y	La，Y，Th	La，Y，Th
提高抗硫化性	Cr	Cr	Cr
改善蠕变性能	B		B
提高断裂强度	B	B，Zr	B
导致晶界偏析			B，C，Zr
易于加工		Ni，Ti	

除主要的合金元素外，高温合金还含有多种微量元素。微量元素对高温合金性能有极大的影响，对有害元素（S、Se、Te、As、Sb、Bi、Pb 和 Ag）要严格限制，对有益元素（B、Mg、Hf、Zr 和稀土元素）需更深入研究并严格控制其含量。

5.7.2.2　冶炼质量要求

鉴于高温合金用途的重要性，因此对其质量要求非常严格，检测项目之多是其他金属材料所没有的。对高温合金冶炼要求的内部质量有化学成分、合金组织、力学性能等，见表 5-80。

表 5-80　高温合金的检查项目

项目	检 测 条 件	检 测 项 目
化学成分		主元素和微量元素，气体含量（O、H、N）
合金组织	低倍，高倍，高温下组织稳定性	晶粒度，断口分层，疏松，晶界状态，夹杂物大小和分布，纯净度
力学性能	室温，高温，蠕变与疲劳交互作用下，铸态、加工态或热处理态、高温长期时效后	拉伸和冲击韧性，高温持久及蠕变性能；硬度；高周和低周疲劳；抗氧化性和抗热腐蚀性能；硬度

现代高温合金化程度很高，微量元素较难以控制，同时含有 Al、Ti 等较活泼元素，熔炼时它们易氧（氮）化烧损，生成夹杂物进而影响钢的纯净度；密度差异大的元素（W、Mo、Nb、Al 和 Ti）并存会引起偏析和组织的不均匀；气体含量要求严格，热加工性能差等。

因此，对高温合金冶炼的质量要求有如下几点：

（1）严控主要合金元素和微量合金元素的含量。

（2）最大程度减少有害元素和气体含量。高级高温合金中，$[O]$、$[N]$ 必须小于 $10 \times 10^{-4}\%$；同时，如果 $[S]$、$[P] < 5 \times 10^{-4}\%$，合金性能可显著提高。

（3）实现超纯净度熔炼，消除大于临界缺陷尺寸的夹杂物。

（4）控制宏观偏析，高温合金的合金化程度极高，应严控凝固过程的成分宏观偏析，避免宏观缺陷。

（5）控制晶粒大小和形态。通过电渣重熔等方法，使晶粒沿某一方向择优生长，并且晶界接近平行与主应力轴，尽量消除横向晶界的有害影响，从而改善其高温蠕变断裂寿命和断裂塑性。

5.7.3　生产方法

高温合金超纯净熔炼的目标是消除大于临界缺陷尺寸的夹杂物，氧、氮及硫的含量低于液相线温度的溶解度，这样可以在不改变合金主要成分的情况下提高其使用性能。国内外高温合金的熔炼方法包括单炼、双联及三联工艺。

（1）单炼工艺，如 AAM（电弧炉熔炼），AIM（感应炉熔炼），VIM（真空感应炉熔炼），PAF（等离子电弧炉熔炼），PIF（等离子感应熔炼）。

（2）双联工艺，常见的有 VIM+ESR 或者 VIM+VAR。

（3）三联工艺，如 VIM+ESR+VAR 或者 VIM+VAR+ESR。电渣重熔金属作为第三次真空自耗重熔的自耗电极，主要是保证合金具有很低的气体含量；同时保证真空自耗重熔过程具有稳定的工艺过程，减少"白斑"缺陷。

国内外高温合金的熔炼设备主要有电弧炉、感应炉、真空感应炉、真空自耗炉和电渣炉、电子束炉和等离子电弧炉等。真空感应熔炼技术出现后，由于其对控制易氧化元素烧损及合金中气体含量等方面的优势，成为高温合金熔炼的一种重要方法，尤其是对 Ni 含量大于 40% 以上的高端镍基合金的冶炼，通常采用两步法（VIM+ESR 或者 VIM+VAR）和三步法（VIM+ESR+VAR 或者 VIM+VAR+ESR）两种工艺路线。

5.7.3.1　真空感应熔炼（VIM）

真空感应炉是高温合金熔炼使用的必备设备，其工作原理是在真空环境下利用（中频）电磁感应在金属材料中产生涡流热使材料熔化，通过电磁搅拌，熔炼成精准控制化学成分的金属材料。熔炼过程中，发生真空脱气（O、N、H）、低熔点有害元素挥发、分解与浮选等物理化学反应。

真空感应熔炼炉的优点可归纳为：

（1）精准的合金成分控制。

（2）防止合金元素烧损与氧化。

（3）去除低熔点的有害微量元素。

（4）降低溶解在钢中的气体含量。

（5）电磁搅拌使合金熔体均匀，偏析降低。

（6）重熔回收并净化高温合金返回料。

　　然而，真空感应熔炼炉也存在工艺缺点，例如高温下合金熔体与耐火材料坩埚反应，难以脱硫，制备的铸锭内部有缩孔、疏松等。

　　在双联或三联工艺路线中，真空感应熔炼是高温合金熔炼的第一步工序，主要目的是制备化学成分符合标准要求的电极棒，然后进一步通过电渣重熔、真空自耗重熔制备成分合格、尺寸合适的铸锭。

　　国内外对真空感应熔炼过程中提高高温合金纯净度的技术开展了较多研究工作，提出了陶瓷过滤、氧化钙坩埚精炼、电磁搅拌、旋转铸锭、复合熔盐净化、电磁软接触成型净化等工艺措施。

5.7.3.2　电渣重熔（ESR）

A　电渣重熔的突出优点

（1）产品洁净度高，显著降低合金中非金属夹杂物、硫的含量。

（2）组织致密，成分均匀，具有良好的热加工塑性，允许更小的加工压缩比。

（3）减少了成分偏析，消除铸锭中疏松、孔洞等冶金缺陷。

（4）通过熔渣覆盖不与空气接触，降低元素烧损和空气污染。

（5）电渣重熔时在水冷结晶器与钢锭之间形成薄而均匀的渣壳，保证了钢锭的表面光洁。

B　电渣重熔的缺点

（1）熔渣 CaF_2 分解的氟化合物（HF、SiF_4、CF_4、SF_6 等）污染。

（2）存在活泼元素烧损等。

（3）由于渣皮阻碍散热的效应，熔池较深，超大锭型尺寸受限。

　　与普通电渣炉相比，保护气氛电渣炉（IESR）采用惰性气体（如氩气）作为保护气体，隔断合金熔体与大气（主要是氧气）的接触，避免了合金中 O、N、H 含量的增加和活泼元素 Al、Ti 等的烧损。导电结晶器的抽锭式电渣炉（ESRR-CCM），在降低元素偏析及夹杂物含量方面也取得了较好的结果。

5.7.3.3　真空电弧重熔（VAR）

　　真空电弧重熔也称真空自耗重熔，是在无渣及真空条件下，金属电极在直流电弧的高温作用下迅速熔化并在水冷铜结晶器内进行再凝固。当液态金属以薄层形式形成熔滴通过近 5000K 的电弧区域，向结晶器中过渡以及在结晶器中保持和凝固的过程中，发生一系列的物理化学反应，使金属得到精炼，从而达到净化金属、改善结晶结构、提高性能的目的。因此，真空电弧重熔法的实质就是借助于直流电弧的热能把已知化学成分的金属自耗电极在真空下进行重新熔炼，并在水冷铜结晶器内凝固成锭以提高其质量的熔炼过程。

真空电弧重熔的突出优点包括：

（1）去除或减少合金中的有害气体（如 O、N、H）。

（2）降低有害低熔点微量元素（如 Bi、Ag、Sb 等）含量。

（3）避免非金属夹杂物污染。

（4）减轻化学元素偏析，减少铸锭中心缩孔、疏松，改善非金属夹杂物的形态与分布。

（5）由于 He 冷却效果，熔池较浅，可以生产大尺寸、大吨位的金属锭。

真空电弧重熔的工艺缺点包括：铸锭表面使用前需扒皮，去除表面富集的杂质元素；无脱硫能力；仅能生产圆锭；尚未彻底解决黑斑、白斑及年轮状偏析等。

表 5-81 为铁镍基和镍基高温合金熔炼工艺对比。

表 5-81　铁镍基和镍基高温合金熔炼工艺对比

项　目	VIM	ESR	VAR
工作环境	真空（10^{-2}Pa）	大气/保护气氛	
电流类型	直流	交流/低频交流	
热源	电磁感应热	渣阻热	电弧
熔池表面温度/℃	<1600	<1700	<1750
是否有渣	可有	有	无
熔炼高温合金的应用	最广泛	非常多	非常多
去除气体能力	好	差	好
去除低熔点微量元素能力	好	无	好
去除非金属夹杂物能力	好	极好	一般
白斑		无	有
减低偏析能力		好	极好
其他		极好的脱硫和去除大颗粒非金属夹杂物能力	更大的锭型

5.7.3.4　工艺路线选择

高温合金的生产，熔炼是其中重要的工艺环节，合金的质量和性能的提高都与熔炼工艺的不断革新密切相关。高温合金材料可通过多种工艺熔炼，如大气下电弧炉、感应炉及真空感应炉中进行一次熔炼。采用真空自耗炉、电渣重熔炉、电子束重熔炉、等离子炉重熔和真空自耗双电极重熔炉等对合金母材进行二次重熔冶炼。

选择合适的工艺路线的重要依据：

（1）根据合金成分特点，是否存在 Al、Ti 较活泼元素，易氧（氮）化烧损，并生产夹杂物影响合金的纯净度；成分中是否同时存在 Al、Ti、W、Mo 和 Nb 等密度相差较大的元素时，会引起偏析和组织不均匀；微量元素如 B、Zr 和 Ce 等都与氧的亲和力大，极易氧化而难以保证适宜的含量。

（2）合金对气体和夹杂物含量的要求。

（3）材料热加工性、生产经济性和材料的力学性能要求，见表 5-82。

表 5-82 一些典型镍基、铁基高温合金的熔炼工艺路线[156,157]

熔炼工艺路线	合金牌号
EFM	GH030、GH1035、GH2036、GH4033、GH3039、GH1140
IM	GH3030、GH3044
EFM+ESR	GH3030、GH1035、GH35A、GH2036、GH3039、GH4033、GH1140、GH1015、GH2132、GH2135、GH3128、GH3333
EFM+VAR	GH3039、GH3044、GH4033、GH2132、GH2135
IM+ESR	GH4033、GH3044、GH3128、GH4037、GH2135、GH2132、GH3333、GH1131、GH1138、GH4043、GH2136
VIM+VAR	GH4169、GH33A、GH4037、GH105、GH80A、GH4118、GH4738、GH4141、GH4698、GH4220、GH4302、GH2901、GH4761、GH2130、GH4049
VIM+ESR	GH4169、GH3170、GH80A、GH4037、GH4049、GH4146、GH4118、GH4698、GH4302、GH2135、GH4761、GH2130、GH4141、GH500、GH4099
VIM+ESR+VAR	GH4169、GH2706

5.7.4 高温合金电渣重熔工艺

5.7.4.1 渣系

高温合金电渣重熔的常用渣系一般是以 CaF_2 为基础，配入适当的 Al_2O_3、CaO、MgO、TiO_2 等氧化物组成。其中，CaF_2 能降低渣的熔点、黏度和表面张力，但 CaF_2 电导率较高，且易造成环境污染；CaO 能增大渣的碱度，提高脱硫效率，并降低渣的电导率，但 CaO 吸水性强，易向合金中带入氢和氧；Al_2O_3 能明显降低渣的电导率，减少电耗，提高生产率，但 Al_2O_3 会使渣的熔点和黏度升高，并降低渣的脱硫效果；MgO 能防止渣池吸氧及渣中变价氧化物向金属熔池传递供氧，但 MgO 易使熔渣的黏度提高；TiO_2 能抑制含钛高温合金中钛的烧损，但 TiO_2 是变价氧化物，会向金属熔池传递供氧。

A 渣系对高温合金脱硫行为的影响

绝大部分高温合金对硫含量的要求十分严格，并希望尽可能降低硫含量。例如，在冶炼 GH690 合金时，要求必须将硫含量降低到 $10×10^{-4}\%$ 左右[158]。

提高高温合金脱硫率的有效措施有以下几项。

（1）对常规大气下的电渣重熔过程，由于有气化脱硫的作用，因此在渣系碱度合理的情况下，电渣重熔高温合金的脱硫效果较为显著。例如，在大气下采用 CAF60 渣系（组成为 CaF_2：CaO：Al_2O_3 = 60：20：20）电渣重熔 GH4169 合金时，硫含量由 $18×10^{-4}\%$ 降低到 $6×10^{-4}\%$[159,160]。

（2）对有惰性气体保护的电渣重熔过程，由于气化脱硫无法进行，高温合金中脱除的硫会在熔渣中积累，从而对脱硫效果产生不利影响。因此，为了获得较好的脱硫效果，必须在保证较高渣系碱度的情况下，电渣重熔过程时向熔渣中添加适当脱硫剂。例如，在有惰性气体保护下电渣重熔 GH4169 合金，当均采用 CAF60 渣系时，没有向渣中添加脱硫剂的合金最终的硫含量为 $9×10^{-4}\%$，而向渣中添加金属钙作为脱硫剂的合金最终的硫含量仅为 $3×10^{-4}\%$[159,160]。

B　渣系对高温合金表面质量的影响

渣系对高温合金表面质量也有重要的影响。电渣重熔高温合金经常出现的表面缺陷有渣沟、波纹状表面、腰带缺陷、分流眼等[161,162]。调整电渣重熔渣系的成分可以改变其熔点等物性参数，从而有利于电渣锭的凝固成型，减少表面缺陷的产生[163]。

对含钛高温合金的电渣重熔过程，为了满足渣系熔点低于合金熔点 100～150℃ 这一工艺要求，应选择合适的渣系组成以获得较低熔点的渣系。电渣重熔最常用的渣系以 CaF_2-Al_2O_3-CaO 为基。如图 5-63 所示，在三元系中，在 CaF_2 和 $C_{12}A_7(12CaO \cdot 7Al_2O_3)$ 所连直线附近的液相线温度较低，通常低于 1500℃，而且越靠近 CaF_2 方向液相线温度越低，初晶成分在靠近 CaF_2 侧以 CaF_2 为主，靠近 $C_{12}A_7$ 侧以 $C_{11}A_7F(11CaO \cdot 7Al_2O_3 \cdot CaF_2)$ 为主，这两个初晶化合物熔点均较低。由于这条线附近 CaO：Al_2O_3 = 1：1，所以大多按此原则设计三元渣系[164]。例如苏联开发的 ANF-8 渣系，成分为 $60\% CaF_2$-$20\% Al_2O_3$-$20\% CaO$，其熔点为 1240～1260℃[165]。

此外，通过少用 TiO_2 引弧剂、控制渣中 TiO_2 的含量、采用较高的电流功率充分化渣以提高渣温等措施，可基本消除锭身出现的渣沟、分流眼、波纹状及腰带状缺陷[161,162]。

对于高温合金，渣系的选择要遵循以下原则：

（1）较低的熔化温度 1200～1300℃。

（2）较高的电导率，大于等于 $3.01/(\Omega \cdot m)$（1600℃）。

（3）较低的黏度，小于等于 $0.2 Pa \cdot s$（1600℃）。

（4）尽可能低的氧化性，$w(FeO+MnO) \leqslant 0.2\%$，$w(SiO_2) \leqslant 0.8\%$。

（5）根据 Al、Ti 含量选择不同的 Al_2O_3、TiO_2 含量。

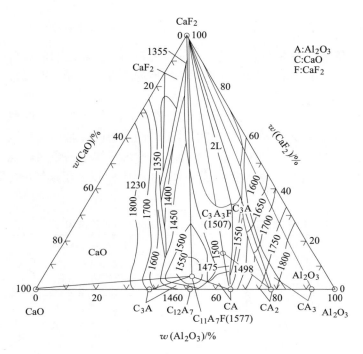

图 5-63　CaF$_2$-CaO-Al$_2$O$_3$ 三元系相图

（6）三元、四元或五元等多元渣系，见表 5-83 和表 5-84。

表 5-83　高温合金电渣重熔常用渣系[156]

渣系	成分（质量分数）/%				熔点/℃
	CaF$_2$	CaO	MgO	Al$_2$O$_3$	
1	70	0	0	30	1320~1340
2	80	0	0	20	1320~1340
3	60	20	0	20	1240~1260
4	70	15	0	15	1240~1260
5	84	0	7	19	1280
6	77	0	1	26	1250

表 5-84　含铝、钛高温合金电渣重熔用渣系

渣系	成分（质量分数）/%						备　　注
	CaF$_2$	CaO	MgO	Al$_2$O$_3$	SiO$_2$	TiO$_2$	
S2059	48±3.0	20±2.0	5±0.8	22±2	≤0.6	3±0.6	适用 GH4169（1%Ti）
NEU_F53Ti	53	20	3	20	≤0.6	4	适用 GH4169、Incoloy625 等
NEU_F55Ti	55	5	3	27	≤0.6	10	适用低铝高钛高温合金

5.7.4.2　电渣钢锭的偏析

宏观偏析又称为区域偏析，是指钢锭或铸锭不同区域之间的成分差异，宏观偏析会使产品在不同部位的力学和物理性能展现出较大差异。宏观偏析一旦产生便不能消除，直接影响产品的性能。

早在 1994 年，美国已经把三次冶炼工艺作为高温合金扩大锭型、消除宏观偏析和提高冶金质量的重要举措。高温合金电渣重熔时应采用足够低的熔速，延长熔渣与金属熔体的反应时间，强化精炼效果并形成浅平的金属熔池，有利于在垂直方向的凝固，降低宏观偏析。表 5-85 为美国 ATI 公司生产大锭型高温合金的能力。

表 5-85　美国 ATI 公司生产大锭型高温合金的能力[166,167]

合金	冶炼工艺	最大锭型直径/mm		
		正常产品	要求较低产品	评估中产品
IN718	VIM+ESR+VAR	610	690	
	VIM+ESR	423	610	
	VIM+ VAR	508	686	
IN706	VIM+ESR+VAR	914	1020	
Waspaloy	VIM+VAR	610	762	
U720Li	VIM+ESR+VAR	508		610

近年来，随着电渣冶金技术的进步，导电结晶器技术[168]的运用能在冶炼高温合金时，采用较低的熔化速度，控制浅平的金属熔池，既保证较好的表面质量，又保证铸锭的凝固方向更趋于轴向，减少偏析，改善铸锭的凝固质量和力学性能。

5.7.5　质量和性能

5.7.5.1　改善钢锭质量

经电渣重熔的高温合金，钢锭质量显著提高。电渣重熔锭基本没有缩孔、疏松、偏析、内裂等冶金缺陷。与常规浇铸的钢锭相比，电渣锭的柱状晶与轴向成 30°~50°夹角，有利于去除夹杂物，改善了夹杂物分布状态。锭表面光滑，不用扒皮，可直接进行热加工。

以 GH2136 合金为例，原来用电弧炉工艺生产，采用下注法浇成 ϕ700mm 锭型，锥度为 10.8，冒口质量占整个钢锭质量的 20%，铸造成材率仅为 40%~50%；用该合金生产的涡轮盘材，往往因夹杂物裂纹使探伤废品率高达 5%~10%，有时甚至整炉报废。采用电弧炉+电渣重熔工艺生产后，该合金完全杜绝了夹杂物裂纹，改善了碳化物偏析，成材率达到了 70%~80%[153]。

　　对于凝固质量，我国已经开展大量高温合金纯净熔炼的研究工作。陈国胜等[169]对 GH4169 合金 φ508mm 锭的 VIM+IESR（保护气氛电渣重熔）+VAR 三联工艺及其冶金效果和实物质量进行研究，结果表明：较 VIM+VAR 双联工艺浇铸的电极，三联工艺 IESR 制作的电极由于没有缩孔、组织致密、纯洁度高，如图 5-64 和图 5-65 所示；VAR 冶炼的工艺稳定性显著提高，且 VAR 过程中掉块的几率将大幅度降低，因而宏观缺陷的出现率将大幅度下降。同时，由于 IESR 良好的脱硫、去氧能力，三联工艺成品锭的 S、O 含量显著下降，热塑性也明显改善。此外，纯洁度的提高，势必导致氮化物、碳化物形成核心减少，再加上工艺参数稳定性的提高，三联工艺生产的 GH4169 合金成品材中碳化物分布的均匀性也有所改善。

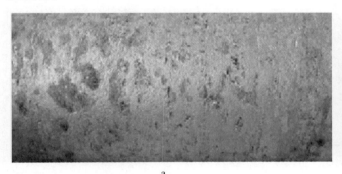

a　　　　　　　　　　　　　　　　　　　　　　b

图 5-64　VIM+VAR 双联工艺 φ508mm 钢锭的表面质量
a—锭身；b—锭上端面

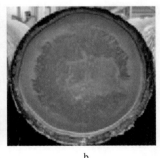

a　　　　　　　　　　　　　　　　　　　　　　b

图 5-65　VIM+IESR+VAR 双联工艺 φ508mm 钢锭的表面质量
a—锭身；b—锭上端面

　　此外，宝钢早期还研究了倒三联（VIM+VAR+IESR）工艺对 GH4169 合金性能的影响。陈国胜等对宝钢保护气氛 5t 电渣炉熔炼的 GH4169 合金中 O、S 含量对比，结果表明：VIM 过程可以有效脱氢，VAR 过程对脱硫、氧、氮的作用不大，尽管 IESR 过程脱氮效果不好，但是可以显著降低 S、O 有害元素含量，同时也说明（倒）三联工艺制备的 GH4169 铸锭同样具有纯净度高、夹杂物含量少的优点。然而，目前国内倒三联工艺使用较少。

王庆增等[170] 通过三联熔炼工艺制备出外径 508mm 的难变形高温合金 GH720Li 铸锭，显著降低了合金中的 S 含量，明显提高了铸锭的热加工塑性，为难变形高温合金细晶棒材的制备开辟了一条新的途径。此外，张北江等结合熔速精确控制技术和氩气冷却技术，采用三联熔炼工艺制备出 ϕ508mm 的自耗锭，使铸锭的二次枝晶间距降低到 100μm 水平，各主要元素的直径偏析系数缩小到 0.8~1.2，有效降低了元素偏析。

阚志等采用三联熔炼工艺制备出 ϕ920mm 的 GH4706 铸锭，其内部组织致密，无裂纹。在三联熔炼的 VIM 过程中，降低了 VIM 锭的浇铸温度，同时在 GH4706 合金再结晶温度以上进行电极棒的去应力退火；电渣重熔过程中，采用了控制重熔熔速（5~20kg/min）、渣系设计、计算仿真技术；VAR 过程中，采用了控制填充比（约为 0.75）及高温去应力退火等工艺措施。用 8000t 快锻机快锻三联铸锭生产出 ϕ750mm 的棒材。

近年来，国内外高温合金的熔炼方法及熔炼水平见表 5-86[157]。

表 5-86　近年来国内外高温合金熔炼方法及熔炼水平[157]

国外	VIR（美国 CM 公司）	O、N、S 含量为 1×10^{-6}
	VIM（CaO）坩埚	O、S 含量小于 10×10^{-6}，N 含量为 10×10^{-6}
	EBCHR	O、S 含量为 $(4\sim5)\times10^{-6}$，N 含量为 $(20\sim40)\times10^{-6}$
	VIM+ESR+VAR	—
	VIM+ESR	O 含量为 7×10^{-6}，N 含量为 60×10^{-6}
国内	VIM+电磁搅拌	S 含量小于 10×10^{-6}，O 含量为 1×10^{-6}，N 含量为 4×10^{-6}
	VIM+VAR	S 含量为 $(10\sim19)\times10^{-6}$，O 含量为 $(10\sim19)\times10^{-6}$，N 含量为 52×10^{-6}
		H 含量为 10×10^{-6}
	VIM+ESR	S 含量为 $(8\sim19)\times10^{-6}$，O 含量为 $(5\sim9)\times10^{-6}$
	VIM+VAR+ESR	S 含量为 11×10^{-6}，O 含量为 24×10^{-6}，N 含量为 65×10^{-6}
	VIM+VAR+ESR（Ar）	S 含量为 7×10^{-6}，O 含量为 5×10^{-6}，N 含量为 53×10^{-6}
	VIM（CaO）坩埚	O 含量小于 5×10^{-6}，N 含量小于 5×10^{-6}，S 含量为 3×10^{-6}

5.7.5.2　改善合金热加工塑性

采用电弧炉工艺试制 GH4037 合金时，铸锭的热加工塑性极差，无法铸造成材。改用电渣重熔工艺后，显著地改善了热加工塑性，铸造收得率可达 80%

以上[156]。

此外，电渣重熔比真空电弧炉重熔的高温合金有更宽的锻造温度范围和允许较大的变形量。如图 5-66 所示，难加工的 Udimet 700 合金由真空自耗重熔改成电渣重熔后，其热加工塑性明显提高[171]。

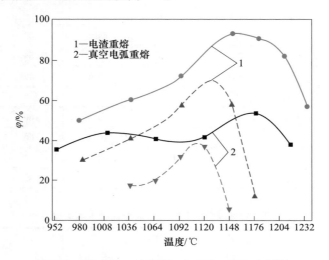

图 5-66　Hastelloyx（实线）和 Udimet700（虚线）
合金的热塑性比较

5.7.5.3　提高合金的性能

经电渣重熔后，合金的性能都会得到不同程度的提高，尤其是合金的中温拉伸塑性和高温持久寿命改善得特别明显。表 5-87 列出了采用不同冶炼工艺生产的 GH4037 合金的性能对比数据。

表 5-87　各种冶炼工艺生产的 GH4037 合金的力学性能[156]

冶炼工艺	800℃拉伸			850℃、$\sigma=196MPa$ 的持久寿命/h
	σ_b/MPa	δ/%	φ/%	
电渣重熔	720~820	5~20	9~25	70~170
电弧炉	740~800	4~15	8~18	60~80
非真空感应炉	690~780	4~8	8~10	50~120
技术条件要求指标	≥680	≥3	≥8	≥40

太钢采用"500kg 真空感应熔炼+保护气氛电渣重熔→锻造开坯→挤压荒管→冷轧钢管→热处理"流程，试制出两种 700℃先进超超临界锅炉用 In-conel617B、Inconel740H 耐热合金无缝管，其力学性能见表 5-88 和表 5-89。

表 5-88　Inconel617B 固溶强化型管材主要力学性能

来源	试验温度/℃	$R_{p0.2}$/MPa	R_m/MPa	A_{50mm}/%	Z/%	A_{KV2}/J
5520 CoB	室温	≥300	≥700	≥35	—	≥100
	700	≥185	≥400	—	—	—
	750	≥180	≥340	—	—	
太钢	室温	352	714	55.5	62	176/183/160
		357	720	58.5	64	
	700	197	475	49.5	49	—
		199	470	53.0	58	
	750	232	461	63.0	60	
		275	485	46.5	60	
	800	226	439	40.0	52	
		238	463	45.5	43	

表 5-89　Inconel740H 析出强化型管材主要力学性能

来源	试验温度/℃	$R_{p0.2}$/MPa	R_m/MPa	A/%	Z/%	A_{KV2}/J
ASME 2702	室温	≥620	≥1035	≥20	—	—
	700	≥529	≥860	—	—	
	750	≥508	≥771	—	—	
	800	≥463	≥651	—	—	
太钢	22	824	1235	29.0	41	35/35/33
	700	718	1046	28.5	36	
	750	724	1029	22.0	32	
	800	682	921	22.5	34	

　　从表 5-88 和表 5-89 中的力学性能数据来看，两种耐热合金管材性能均满足 ASME 2702 及 Nicrofer® 5520CoB 标准要求，与国外产品处于同一水平，部分数据优于国外产品。持久性能：析出强化型管材 700℃/105h 外推持久强度为 174MPa；固溶强化型管材 750℃/105h 外推持久强度 104.7MPa。

5.8　镍基耐蚀合金

5.8.1　镍基耐蚀合金概述

　　镍基耐蚀合金主要是哈氏合金以及 Ni-Cu 合金等，由于金属 Ni 本身是面心立方结构，晶体学上的稳定性使它能够比 Fe 容纳更多的合金元素，如 Cr、Mo、Al 等，从而达到抵抗各种环境腐蚀的能力；同时镍本身就具有一定的抗腐蚀能力，尤其是抗氯离子引起的应力腐蚀能力。在强还原性腐蚀环境、复杂的混合酸环境、含有卤素离子的溶液中，以哈氏合金为代表的镍基耐蚀合金相对铁基的不锈钢具有绝对的优势。

镍基合金不仅在很多工业腐蚀环境中具有独特的抗腐蚀甚至抗高温腐蚀性能，而且具有强度高、塑韧性好，可冶炼、铸造、冷热变形、加工成型和焊接等性能，被广泛应用于石化、能源、海洋、航空、航天等领域。

耐蚀合金因其良好的力学性能、加工性能及耐腐蚀性，越来越广泛地应用于各种工业领域。近年来，国家相继出台的一系列新材料发展规划，如《中国制造2025》《关于加快新材料产业创新发展的指导意见》（2016 年）、《新材料产业发展指南》（2017 年）、《新材料标准领航行动计划（2018~2020 年)》（2018 年）等，均将其作为高端装备用重点产品。

按合金基体构成的不同，高镍耐蚀合金可区分为镍基和铁镍基耐蚀合金两个基本类型。每个类型按其含有合金元素种类又可分成 9 个合金系统，详见表5-90。

表 5-90 高镍耐蚀合金分类[172]

分 类		典 型 牌 号
镍基耐蚀合金（Ni>50%）	Ni-Cu 耐蚀合金	Monel400，Monelk-500
	Ni-Cr 耐蚀合金	Inconel600（NS3102，0Cr15Ni75Fe） Inconel690（NS3105，00Cr30Ni60Fe10） Corronel230（NS3104，0Cr35Ni65Al）
	Ni-Mo 耐蚀合金	Hastelloy B（NS3201，0Mo28Ni65Fe） Hastelloy B-2（NS3202，00MoNi69Fe2） Hastelloy B-3（NS3103，00Mo29Ni65Fe2Cr2） Hastelloy B-4（NS3104，00Mo29Ni65Fe4Cr1）
	Ni-Cr-Mo 耐蚀合金	Hastelloy C（NS3303，0Cr16Ni60Mo16W4） Hastelloy C-276（NS3304，00Cr16Ni60Mo16W4） Inconel686（NS3303，00Cr21Ni56Mo16W4） Hastelloy C-4（NS3305，00Cr16Ni66Mo16Ti） Alloy59（NS3311，00Cr23Ni59Mo16） Inconel625（NS3306，00Cr22Ni60Mo8Nb3Ti） NS3301（00Cr16Ni75Mo2Ti） Hastelloy G-35（0Cr33Ni55Mo8Fe） Hastelloy C-22（NS3308，00Cr22Ni60Mo13W3）
	Ni-Cr-Mo-Cu 耐蚀合金	IlliumR（0Cr21Ni68Mo5Cu3） Hastelloy C-2000（NS3405，00Cr23Ni57Mo16Cu2） NS-35（00Cr16Ni75Mo16Cu）

续表 5-90

分　类		典　型　牌　号
铁镍基耐蚀合金（50%>Ni ≥30%，Fe+Ni≥50%）	Ni-Fe-Cr 耐蚀合金	Incoloy800（NS1101，1Cr20Ni32AlTi）
		Sanicro 30（00Cr20Ni32AlTi）
		新 13 号耐蚀合金（NS1103，00Cr25Ni35AlTi）
	Ni-Fe-Cr-Mo 耐蚀合金	新 9 号耐蚀合金（NS1301，0Cr20Ni43Mo13）
		Narloy3（00Cr21Ni40Mo13）
	Ni-Fe-Cr-Mo-Cu 耐蚀合金	Fe-Ni 基新 2 号合金（NS1401，00Cr25Ni35Mo3Cu4Ti）
		Incoloy825（NS1402，0Cr21Ni42Mo3Cu2Ti）
		Carpenter 20cb-3（NS1403，0Cr20Ni35Mo3Cu3Nb）
		Sanicro-28（00Cr27Ni31Mo3Cu）
		HastelloyG（NS3402，0Cr22Ni47Mo6.5Cu2Nb）
		HastelloyG-3（NS3403，0Cr22Ni48Mo7Cu2Nb）
		HastelloyG-30（NS3404，00Cr30Ni43Mo5.5W2.5Cu2Nb）
	Ni-Fe-Cr-Mo-Cu-N 和 Ni-Fe-Cr-Mo-N 耐蚀合金	Alloy31（Nicrofer3127hMo，NS1404，00Cr27Ni31Mo7CuN）
		Alloy33（Nicrofer33，NS1405，00Cr33Ni31MoCuN）
		NAS354N，UNSN08354（00Cr23Ni35Mo7.5N）

　　经过不断改进和发展，我国已形成了镍基耐蚀合金和铁镍基耐蚀合金等 10 个子合金系列（见表 5-91）共 76 个牌号，其中包括变形耐蚀合金 52 种、焊接用变形耐蚀合金 14 种，铸造耐蚀合金 10 种。

表 5-91　耐蚀合金牌号系列、特性及应用[173]

类别	系列	GB/T 15007—2017		美国 ASTM 牌号	特　性	用　途
		统一数字代号	中国牌号（旧牌号）			
铁镍基耐蚀合金	Ni-Fe-Cr	H08800	NS1101（NS111）	N08800 Incoloy 800	抗氧化性介质腐蚀，高温抗渗碳性良好	用于化工、石油化工和食品处理、核工程，用作热交换器及蒸汽发生器管、合成纤维的加热管以及电加热元件护套
	Ni-Fe-Cr-Mo	H01301	NS1301（NS131）		在含卤素离子氧化-还原复合介质中耐点腐蚀	湿法冶金、制盐、造纸及合成纤维工业的含氯离子环境
	Ni-Fe-Cr-Mo-Cu	H08825	NS1402（NS142）	Incoloy 825	耐氧化物应力腐蚀及氧化-还原性复合介质腐蚀	热交换器及冷凝器，含多种离子的硫酸环境；油气集输管道用复合管内衬；高压空冷器

续表 5-91

类别	系列	GB/T 15007—2017		美国 ASTM 牌号	特　性	用　途
		统一数字代号	中国牌号（旧牌号）			
铁镍基耐蚀合金	Ni-Fe-Cr-Mo-N	H01501	NS1501（NS151）		抗氯化物、磷酸、硫酸腐蚀	烟气脱硫系统、造纸工业、磷酸生产、有机酸和酯合成
	Ni-Fe-Cr-Mo-Cu-N	H01602	NS1602（NS162）		耐强氧化性酸、氯化物、氢氟酸腐蚀	硫酸设备、硝酸-氢氟酸酸洗设备热交换器
镍基耐蚀合金	Ni-Cu	H04400	NS6400（Ni68Cu28Fe）	N04400 Monel400	耐海水、稀硫酸、强碱、磷酸、脂肪酸腐蚀	造船、化工、石油、制药和电子设备及部件
	Ni-Mo	H10001	NS3201（NS321）	N10001 Hastelloy B	耐强还原性介质腐蚀	热浓盐酸及氯化氢气体装置及部件
	Ni-Cr	H06600	NS3102（NS312）	N06600 Incoloy600	耐高温氯化物介质腐蚀	热处理及化学加工工业装置
	Ni-Cr-Mo	H10276	NS3304（NS334）	Incoloy276 N10276	耐氧化性氯化物水溶液及湿氯、次氯酸盐腐蚀	强腐蚀性氧化-还原复合介质及高温海水中的焊接构件
	Ni-Cr-Mo-Cu	H06985	NS3403（NS343）	N06985 Hastelloy G-3	耐热硫酸和磷酸的腐蚀	用于含硫酸和磷酸的化工设备

　　为了促进我国重大工程项目用耐蚀合金实现国产化，使我国耐蚀合金的质量有新的突破，达到国外先进水平，全国钢标准化委员会专门组织国内有关单位的专家开展了我国耐蚀合金标准体系的研究，提出了新的耐蚀合金标准，见表 5-92。

表 5-92　我国耐蚀合金新标准

类别	标准名称	标准号	主编单位
一般产品	耐蚀合金焊管通用技术条件	GB/T 37792—2019	浙江久立特材科技股份有限公司
	耐蚀合金棒材、锻件、盘条及丝材通用技术条件	GB/T 38589—2020	东北特殊钢集团股份有限公司
	耐蚀合金焊带和焊丝通用技术条件	GB/T 37609—2019	

类别	标准名称	标准号	主编单位
通用产品	耐蚀合金无缝管	GB/T 37614—2019	宝钢特钢有限公司
	耐蚀合金焊管	GB/T 37605—2019	浙江久立特材科技股份有限公司
	耐蚀合金热轧厚板	GB/T 38688—2020	宝钢特钢有限公司
	耐蚀合金热轧薄板及带材	GB/T 38690—2020	
	耐蚀合金冷轧薄板及带材	GB/T 38689—2020	
	耐蚀合金棒	GB/T 15008—2020	东北特殊钢集团股份有限公司
	耐蚀合金锻件	GB/T 37620—2019	抚顺特殊钢股份有限公司
	耐蚀合金盘条及丝	GB/T 37607—2019	马鞍山市宁丹特种合金有限公司
	耐蚀合金焊丝	GB/T 37612—2019	东北特殊钢集团股份有限公司
	耐蚀合金焊带	GB/T 37791—2019	
专用产品	耐蚀合金小口径精密无缝管	GB/T 376101—2019	浙江久立特材科技股份有限公司
	流体输送用镍-铁-铬合金焊接管	GB/T 38682—2020	
	工业炉用铁镍基耐蚀合金无缝管	GB/T 38681—2020	
	耐蚀合金大口径无缝管	GB/T 37614—2019	上海一郎合金材料有限公司

5.8.2　质量要求

5.8.2.1　主要合金元素作用

镍是可改善镍基合金耐蚀性的元素，例如 Cr、Mo、Cu、W 等具有较高的溶解度，可容纳更多的有效元素，其他合金元素的作用见表 5-93。

表 5-93　镍基耐蚀合金中合金元素及其作用[174~180]

合金元素	作用
铬	改善镍在强氧化性介质中的耐蚀性 赋予镍以高温抗氧化性能 提高镍在高温含硫气体中的耐蚀性
钼	改善镍在还原性酸性介质中的耐蚀性 强烈提高镍基合金的耐点蚀和耐缝隙腐蚀性能
钨	改善镍基耐蚀合金耐点蚀和耐缝隙腐蚀等局部腐蚀性
铜	显著改善镍在非氧化性酸中的耐蚀性
硅	具有稳定碳化物和促进有害金属间相形成的功能 可提高合金在热浓硫酸中的耐蚀性
铌、钽	减少镍基和铁镍基耐蚀合金的晶间腐蚀敏感性 减少在焊接时的热裂纹倾向

续表 5-93

合金元素	作　用
钛	减少或抑制有害的 $M_{23}C_6$ 和 M_6C 析出，减少合金的晶间腐蚀敏感性
	也可作为时效强化元素，通过时效处理提高合金的强度
铝	作为脱氧剂残留于合金中，或为了使耐蚀合金具有时效强化有意加入
	在高温可形成致密黏附性好的氧化膜，提高合金耐氧化、耐渗碳和抗氯化的性能
氮	在铁镍基耐蚀合金中，氮可明显改善合金的耐点蚀和耐缝隙腐蚀性能

5.8.2.2 冶炼质量要求

镍基耐蚀合金的冶炼质量要求：

（1）精准控制合金主要元素和微量元素含量，特别是易氧化元素含量；部分合金含 Al、Ti、B 和 RE，且成分范围窄。

（2）降低合金中 C、Si、S 含量。部分镍基耐蚀合金要求 C、Si、S 含量在较低范围，应通过冶炼工艺，使其含量达到尽量低的水平。

（3）尽量降低合金中非金属夹杂物和有害元素含量，规避夹杂物的类型、减小尺寸、改善分布，如硫化物会降低耐点蚀和耐缝隙腐蚀性能。

（4）获得致密的组织，提高收得率，并对耐蚀性和力学性能具有重要作用。

（5）尽量控制均质化凝固，消除偏析。

（6）有害析出相的严格控制。

5.8.3 生产方法

高镍耐蚀合金主要的熔炼方法有 IM（感应炉熔炼），VIM（真空感应炉熔炼），IM+ESR，VIM+ESR，VIM+VAR 等。从有效控制 Al、Ti 含量的角度来讲，最佳的冶炼方法应该是 VIM+IESR 双联法冶炼。表 5-94 为国内某厂的镍基耐蚀合金冶炼方法。

表 5-94　国内某厂镍基耐蚀合金冶炼方法[181]

冶炼方法	典　型　合　金
EAF+LF+VOD/VHD+ESR/IESR	N06600、N08800、N08810、N08811、N08825、N08020、N08367、N06985、N08028
IM+LF+VD/VOD+ESR/IESR	N06602、N06625
IM+ESR	N04400
VIM+ESR/IESR	N05500、N06601、N06690、N09925、N07750、N06025
VIM+VAR	N10001、N10003、N10276、N06455、N10665、N10675、N07718、N06617
VIM+IESR+VAR	N07718

　　此外，现阶段高镍耐蚀合金冶炼发展的趋势为除含 Al、Ti 的沉淀硬化型合金外，从合金的特性考虑应以 AOD 冶炼工艺为主，若有条件可增加电渣工序，使 AOD+电渣成为此类合金的主导冶炼工艺。

　　王新鹏等[182]采用中频感应炉+AOD 炉精炼工艺冶炼电极，采用固定式电渣重熔工艺、单电极导电结晶器抽锭电渣重熔工艺和双极串联抽锭电渣重熔工艺以不同的熔化速度生产出 UNS N08825 合金电渣锭。

　　张玉碧[183]采用真空熔炼（VIM）+电渣重熔（ESR）冶炼时效强化型 Fe-Ni-Cr 基高温耐蚀合金，渣系组元 CaF_2-Al_2O_3-CaO-MgO，有效控制基体和微量元素成分，ESR 工艺可以进一步去除合金中的有害元素。

　　表 5-95 为三种熔炼工艺参数。

表 5-95　三种熔炼工艺参数[182]

熔炼方式	钢锭截面尺寸 /mm	钢锭等效直径 （$D_{等效}$)/mm	熔化速度 /kg·h^{-1}	熔化速度与钢锭等效直径的比值 K	结晶夹角 θ/(°)
固定式电渣重熔	ϕ360	360	280	0.77	42
双极串联抽锭电渣重熔	280×325	340	750	2.20	54
单电极导电结晶器 抽锭电渣重熔	160×160	180	400	2.20	67

5.8.4　电渣重熔工艺

　　电渣重熔工艺可以显著提高镍耐蚀合金的纯净度，改善钢锭组织结构，达到提高耐蚀性和塑性的目的。此外，电渣重熔还可以提高合金成材率，增加经济效益，生产大型铸锭等优点。

　　渣系组元成分直接关系到合金的冶金质量和电渣锭的表面质量。表 5-96 为部分耐蚀合金电渣重熔用渣系组成。

表 5-96　镍基耐蚀合金电渣重熔常用渣系

渣系	成分（质量分数)/%				
	CaF_2	Al_2O_3	CaO	TiO_2	其他
1	70	20	10	—	（SiO_2+FeO+MnO)<2.0
2	75	15	10	—	（SiO_2+FeO+MnO)<2.0
3	77	20	—	3	（SiO_2+FeO+MnO)<2.0
4	70	15	10	5	（SiO_2+FeO+MnO)<2.0

　　朱雄明等[184]采用6t 真空熔炼（VIM）+5t 保护气氛电渣重熔（IESR)+35MN 快锻机组进行了镍基耐蚀合金 N06625 管坯的研制。电渣重熔有以下工艺特

点：（1）较低的恒熔速控制，以减轻 Nb、Mo 等元素偏析，保证电渣锭的组织均匀性；（2）选用专用的五元预熔渣，进一步脱硫、去除夹杂物，提高电渣锭的纯净度；（3）保护气氛电渣炉，全程采用氩气保护，可以有效地减少易氧化元素 Al、Ti 的烧损，减轻偏析。

王新鹏进行了 UNS N08825 合金电渣重熔工艺对凝固组织控制的影响。抽锭电渣重熔工艺的冷却条件优于传统固定式电渣重熔工艺。在冶炼高镍耐蚀合金时，可以将电极的熔化速度与钢锭的等效比值提高到 2.0 以上。双极串联抽锭电渣重熔工艺具有更好的凝固条件。

5.8.5 质量和性能

5.8.5.1 电渣重熔镍基耐蚀合金棒材

经电渣重熔后显微纯度的改变导致了 Hastelloyx 合金力学性能的改善（见表 5-97），电渣重熔合金的断裂强度更均匀。电渣重熔合金的韧性在高温时得到改善，其热塑性大大增加（见图 5-66）。

表 5-97 **Hastelloyx 合金棒材力学性能的变化**[171]

重熔方法	误差	σ_b/MPa	σ_s/MPa	δ/%	ψ/%
电渣重熔	平均①	3.301	1.682	0.31	1.1
	一般②	13.706	12.460	2.9	2.4
真空电弧重熔	平均	-3.613	-1.682	-0.25	-1.14
	一般	21.182	14.329	4.7	3.90
两种工艺平均性能		672.715	301.523	50	54.30

①实验数据平均误差；②一组数据内出现最多的误差。

5.8.5.2 电渣重熔镍基耐蚀合金圆坯

A N06625 合金

朱雄明等[184]采用 6t 真空熔炼（VIM）+ 5t 保护气氛电渣重熔（IESR）+ 35MN 快锻机组进行了镍基耐蚀合金 N06625 管坯的研制。

镍基耐蚀合金 N06625 电渣锭化学成分见表 5-98，其中 S 含量小于 10×10^{-4}%，O 含量小于 30×10^{-4}%，N 含量小于 50×10^{-4}%；非金属夹杂物及晶粒度的分析结果见表 5-99，满足产品技术性能指标要求。

将试样按照 ASTM A262 C 法进行测试，敏化制度为 675℃保温 1h 后空冷，放置于（65±0.2）% HNO_3 溶液中，浸蚀 48h；经测试，试样在 5 个试验周期内的平均腐蚀率满足 0.06mm/月的要求（见表 5-100）。

表 5-98　N06625 合金电渣锭的化学成分　　　（质量分数,%）

项目		C	Si	Mn	P	S	Cr	Ni	Mo	Al	Ti	Nb+Ta	Fe	O	N
标准要求		≤ 0.10	≤ 0.50	≤ 0.50	≤ 0.015	≤ 0.015	20.0~ 23.0	≥ 58.0	8.0~ 10.0	≤ 0.40	≤ 0.40	3.15~ 4.15	≤5.0		
炉号	172125	0.010	0.12	0.02	0.005	0.0006	21.42	63.07	8.56	0.25	0.25	3.41	2.86	0.0022	0.0039
	172126	0.011	0.12	0.02	0.005	0.0005	21.45	63.00	8.48	0.26	0.25	3.40	2.94	0.0024	0.0036
	172127	0.013	0.18	0.03	0.005	0.0008	21.60	63.11	8.45	0.26	0.24	3.35	2.83	0.0019	0.0043

表 5-99　N06625 电渣锭的非金属夹杂物及晶粒度　　　（级）

项目		A		B		C		D		Nb(C，N) 晶粒度	
		粗系	细系	粗系	细系	粗系	细系	粗系	细系		
标准要求		≤1.0	≤1.0	≤1.0	≤1.0	≤1.0	≤1.0	≤1.0	≤1.0	≤1.0	≥3.0
炉号	172125	0.0	0.0	0.0	0.5	0.0	0.0	0.0	0.5	2.5	5.5
	172126	0.0	0.0	0.0	0.5	0.0	0.0	0.0	0.5	2.0	5.0
	172127	0.0	0.0	0.0	0.5	0.0	0.0	0.0	0.5	2.0	6.0

表 5-100　晶间腐蚀　　　（mm/月）

炉号	第一个周期	第二个周期	第三个周期	第四个周期	第五个周期	平均值
172125	0.039	0.031	0.043	0.040	0.065	0.044
172126	0.043	0.033	0.041	0.045	0.054	0.043
172127	0.032	0.033	0.034	0.034	0.034	0.032

采用真空感应炉+电渣重熔+热锻的工艺生产 N06625 镍基耐蚀合金管坯，其化学成分精确稳定，纯净度较高，夹杂物、晶粒度、晶间腐蚀等均能达到技术标准要求。

B　NS334 合金

NS334 合金冶炼的主要难点是碳、硅及氮、氢、氧气体的控制。采用真空感应炉冶炼可有效控制气体；而电渣重熔工艺能明显改善合金的热加工性和塑性，使夹杂物细小且均匀分布，并因其凝固速度较慢，可减少锭型偏析。孙魁平等[185]采用真空感应+电渣重熔工艺冶炼，冶炼 φ280mm 电渣锭。

冶炼的电渣锭表面光滑，化学成分达到了 GB/T 15010—94 标准控制的最佳要求。该合金成品经固溶处理后，室温力学性能完全达到 GB/T 15010—94 的标准要求，见表 5-101。同时，该合金的腐蚀性能优异，见表 5-102。

表 5-101 NS334 合金的室温力学性能

项 目	晶粒度/级	R_m/MPa	$A/\%$
6D60871	7	820~830	70
6D60862	6~7（5），6~7	785~795	65~80
6D60864	6~7，6~7（5）	790	65~70
GB/T 15010—94	实测值	≥690	≥30

表 5-102 NS334 合金的腐蚀速率 （mm/a）

介质	Green Deagh	ASTM 28A	ASTM 28B	10% HNO₃	65% HNO₃	10% H₂SO₄	50% H₂SO₄	1.5% HCl	10% HCl	10%H₂SO₄+ 1%HCl	10%H₂SO₄+ 1%HCl（90℃）
合金 NS334	0.6604	4.2672	1.397	0.4826	19.05	0.5842	6.096	0.2794	6.0706	2.2098	1.0414

5.8.5.3 电渣重熔耐蚀合金板坯

洛阳双瑞特种装备有限公司[186]采用中频感应炉+AOD 精炼的方式冶炼规格为 90mm×320mm×3500mm 的电极，拼焊成两支规格为 90mm×1320mm×3500mm 的电渣重熔用电极。先采用双极串联、T 型结晶器抽锭电渣重熔方式冶炼 UNS N08825 合金扁锭 200mm（厚）×1250mm（宽）×3000mm（长），单重 6t。

UNS N08825 合金扁锭的表面质量如图 5-67 所示。电渣板坯表面整体比较光滑，无裂纹，下部存在局部的皮下夹渣缺陷，表面修磨量小于 3mm，表面质量符合热轧要求。

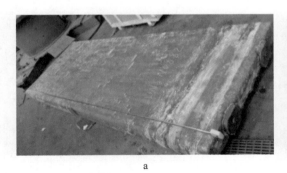 

a b

图 5-67 UNS N08825 合金板坯整体（a）和坯修磨后（b）的表面质量

沿 UNS N08825 合金扁锭厚度方向取样，进行结晶组织分析，如图 5-68 所示。合金板坯无疏松、白亮带、皮下气泡、翻皮、白点、轴心晶间裂纹、内部气泡、非金属夹杂物及夹渣、异金属夹杂物等缺陷。

图 5-68　UNS N08825 合金板坯的低倍组织

电渣扁锭由边缘细等轴晶区与中间柱状晶区两部分组成，其中细等轴晶区约占 7 %，柱状晶区约占 93%，心部无粗大的等轴晶区，柱状晶生长方向与轴向的夹角约为 40°，该夹角小于电渣锭结晶组织的理想夹角 45°。试验结果表明：采用抽锭电渣重熔工艺生产的 UNS N08825 合金电渣扁锭具有较好的组织结构，热轧板性能良好，见表 5-103。

表 5-103　UNS N08825 合金热轧板的性能

项目	$R_{p0.2}$/MPa	R_m/MPa	A/%	晶间腐蚀	晶粒度/级
热轧板	270、255	620、625	45.0、45.0	ASTM A262 C 法，腐蚀速度 0.0244mm·月$^{-1}$	6.0
ASMESB 424 标准	≥241	≥586	≥30		

宝钢特钢[187]采用真空感应或电炉工艺冶炼厚度 290mm 电极，采用美国 CONSAC 公司 10t 保护气氛电渣炉，冶炼电渣 N08810 扁锭（厚度 350mm，宽度 1250mm），单重 7t。

电渣扁锭表面质量较好，没有渣沟、重皮等常见的缺陷。在电渣扁锭头部和尾部分别取钻样，分析结果表明：电渣扁锭的化学成分满足标准要求，且头尾成分控制均匀性较好，见表 5-104。

表 5-104　N08810 电渣扁锭的化学成分　　　（质量分数,%）

项　目		C	Ni	Cr	Fe	Mn	Al	Ti	Si	S	Cu
标准要求		0.05~0.10	30~35	19~23	≥39.5	≤1.5	0.15~0.6	0.15~0.6	≤1.0	≤0.015	≤0.75
899-0250	头部	0.06	30.35	19.27	余	0.07	0.26	0.33	0.32	0.002	0.02
	尾部	0.07	30.05	19.26	余	0.09	0.24	0.29	0.32	0.002	0.02

通过低倍腐蚀（见图 5-69）可以看到，电渣扁锭整体晶粒较大（尺寸可达 10mm 以上），为典型的铸态组织形貌；在靠近表面的部位环绕着由较细小的晶粒组成的细晶区，该区域厚度约为 20mm；再向内则是相当粗大的枝晶区域，该

区域占据了扁锭的绝大部分；在扁锭横截面四个角的区域有明显的三角区，三角区内部晶粒较细，在三角区周围则是粗大的晶粒组织。

图 5-69 UNS N08810 合金板坯的低倍组织

N08810 电渣扁锭在边缘区、过渡区、中心区均存在少量的析出相，类型主要为初生碳化物（TiC、碳化铬）、氮化物（TiN）、碳氮化物（TiCN、碳氮化铬），TiC、TiCN 大多分布在晶粒内部，形态上为边缘规则的块状，碳化铬多为球状（见图 5-70）；对晶界析出相的能谱分析发现，晶界连续或半连续相为初生 TiC，呈长条状。

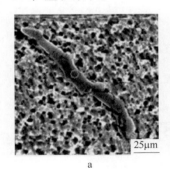 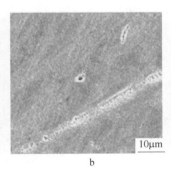 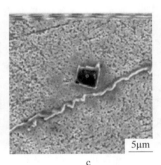

a   b   c

图 5-70 UNS N08810 合金电渣扁锭中的析出相
a—碳化钛；b—碳化铬；c—碳氮化钛

N08810 合金电渣扁锭在板带 2800mm 初轧机直接轧制开坯，从轧制过程可以看出，轧制过程中没有出现边部开裂的现象，电渣锭表面未见裂纹，轧制过程未见异常，表现出了良好的塑性。轧制的板坯通过表面清理、切割定尺后，到轧机上重新轧制成不同规格的钢板，钢板经过热处理、酸洗等工序加工成型，其表面质量、组织及力学性能满足 ASTM B409 标准要求，见表 5-105。

表 5-105　N08810 合金钢板的组织及力学性能

厚度/mm	炉号	R_m/MPa	$R_{p0.2}$/MPa	$A_{4.52}$/%	晶粒度
任意厚度	ASTM B409	450	170	30	5 级或更粗
8	899-0250	550	250	53	3.0~5.0

参 考 文 献

[1] 唐联耀. 异形型腔类零件高速铣削加工工艺技术研究 [D]. 长沙：湖南科技大学，2014.

[2] 孙琦琳. 浅析合金元素在钢中的作用 [J]. 河北煤炭，2010（1）：59~60，70.

[3] 熊辉辉. 钢中碳化物析出及其界面行为的第一性原理研究 [D]. 上海：上海大学，2019.

[4] Tsai S P, Jen C H, Yen H W, et al. Effects of interphase TiC precipitates on tensile properties and dislocation structures in a dual phase steel [J]. Materials Characterization，2017，123（1）：153~158.

[5] Tirumalasetty G K, Huis M A, Fang C M, et al. Characterization of NbC and (Nb, Ti) N nanoprecipitates in TRIP assisted multiphase steels [J]. Acta Materialia，2011，59（19）：7406~7415.

[6] 付立铭，单爱党，王巍. 低碳 Nb 微合金钢中 Nb 溶质拖曳和析出相 NbC 钉扎对再结晶粒长大的影响 [J]. 金属学报，2010，46（7）：832~837.

[7] 陈英. 新型高强度弹簧钢 52CrMnB 材料性能及其合金元素的作用 [J]. 重型汽车，2010（4）：27~29.

[8] 大冶特殊钢股份有限公司、冶金部信息标准研究院、上海五钢（集团）有限公司. GB/T 3077—1999：合金结构钢 [S].

[9] 林慧国. 袖珍世界钢号手册 [M]. 北京：机械工业出版社，2003.

[10] 邓召义，等. 新编世界钢铁牌号手册 [M]. 北京：机械工业出版社，1995.

[11] 汪学瑶. 当代合金结构钢的发展 [J]. 特殊钢，1994，15（6）：21~42.

[12] 张希旺. 微合金钢 Q345 的 CCT 曲线及断裂韧性研究 [D]. 长沙：中南大学，2008.

[13] 裴颖脱. 含稀土 40Cr 结构钢转炉冶炼工艺及性能研究 [D]. 天津：天津大学，2016.

[14] 唐怀光. 两种不同组织 Q690 级低合金高强钢的磨损性能研究 [D]. 马鞍山：安徽工业大学，2016.

[15] 隆文庆. 提高 15CDV6 低合金钢工艺性能的探讨 [J]. 四川冶金，2001（3）：27~30.

[16] 周千学. 10CrNi5MoV 钢板尾部韧性偏低原因分析 [J]. 武钢技术，2017，55（5）：29~33.

[17] 马群，孙常亮，冯桂萍，等. 改善 34CrNiMo6 含硫电渣钢 B 类夹杂物的工艺实践 [J]. 特殊钢，2017，38（1）：39~41.

[18] 赵洛凯，要玉宏. 工程机械用 30CrNi3MoV 钢的热处理与组织性能 [J]. 金属热处理，2019，44（7）：125~130.

[19] 常立忠，杨海森，李正邦. 氩气保护对低合金钢电渣重熔锭质量的影响 [J]. 特殊钢，2009，30（4）：59~60.

[20] 徐飞，李殿凯，王刘涛，等. 电渣重熔对 42CrMo 钢中夹杂物的影响及 CCT 曲线研究 [J]. 工程科学学报，2016，38（S1）：201~205.

[21] 巨建涛，张倩，焦志远，等. 精炼渣对曲轴钢电渣过程夹杂物的影响 [J]. 材料与冶金学报，2013，12（4）：254~259.

[22] 宗男夫，张慧，张兴中. 国内外高品质轴承钢洁净化与均质化控制技术的进展 [J]. 轴承，2017（1）：48~53.

[23] 王升千. GCr15 轴承钢低倍检验孔洞的形成机理及控制研究 [D]. 北京：北京科技大学，2016.

[24] 刘浏. 轴承钢产品质量与生产工艺研究 [J]. 河南冶金，2003，11（3）：11~15，23.

[25] 魏果能，许达，俞峰. 高质量轴承钢的需求、生产和发展 [C] // 孙继洋编. 中国特殊钢年会 2005 论文集. 北京：中国金属学会特殊钢分会，2005：110~116.

[26] 付鹏冲，李文双，朱林林. 超低氧含量 GCr15 轴承钢夹杂物控制 [J]. 山东冶金，2015，37（6）：23~25.

[27] 任辉耀，郑春云. UHP EAF-LF-VD 低氧轴承钢生产工艺的改进 [J]. 黑龙江冶金，2010，30（1）：11~12.

[28] 王治钧，袁守谦，陈列，等. LF-VD 精炼过程中 GCr15 钢中夹杂物的行为 [J]. 钢铁研究学报，2012，24（2）：11~15.

[29] 李中友. G20CrNi2MoA 渗碳轴承钢生产工艺的探讨 [J]. 特钢技术，2010，64（3）：10~13.

[30] 邓玉昆，陈景榕，王世章. 高速工具钢 [M]. 北京：机械工业出版社，2002.

[31] 王维青. 硅影响 M2 高速钢中碳化物形成和转变的研究 [D]. 重庆：重庆大学，2012.

[32] 胡强. 短流程稀土改性电渣重熔再生高速钢组织及性能 [D]. 武汉：华中科技大学，2019.

[33] 冯唯伟. 含氮与稀土 M2 高速钢碳化物特性研究 [D]. 秦皇岛：燕山大学，2013.

[34] 吴立志. 中国高速钢的发展 [J]. 河北冶金，2015（11）：1~8.

[35] 赵发忠. 中国高速工具钢的现状和发展建议 [J]. 特殊钢，1998，19（4）：36~38.

[36] 宋维达. 河北的高速钢 [J]. 河北冶金，2001（6）：37~39.

[37] 李正邦. 发展我国高速钢的战略分析 [J]. 特殊钢，2006，40（1）：1~6.

[38] 戴起勋. 金属材料学 [M]. 北京：化学工业出版社，2005.

[39] 李正邦. 熔融还原法冶炼高速钢 [J]. 中国钨业，2007，22（1）：11~15.

[40] 高楚寒，葛思楠，李万明，等. 高速钢碳化物偏析的研究现状 [J]. 中国冶金，2019，29（5）：1~5.

[41] 徐桂丽，黄鹏，孙溪，等. 高速钢制备和热处理工艺的研究现状及发展趋势 [J]. 中国材料进展，2020，39（1）：70~77.

[42] 刘宗昌，计云萍，林学强，等. 三评马氏体相变的切变机制 [J]. 金属热处理，2010，35（2）：1~5.

[43] Luchok J, Roberts R J. In: Saito T ed. Proceedings of the 4th international symposium on elec-

troslag remelting processes ［C］. The Iron and Steel Institute of Japan, 1973: 149~157.

［44］肖志霞，李海鹏，冯建航，等. 电渣重熔 M2 高速钢铸锭的组织均匀性 ［J］. 钢铁研究学报，2018，30 （7）：529~535.

［45］李正邦，张家雯，林功文. 电渣重熔译文集 （2） ［M］. 北京：冶金工业出版社，1990.

［46］Лейбензон С А, Трегубенко А Ф. Пронзводство Стали Метом Злектрошлакового Переплава, Металлургиздат ［J］. Москва，1962：144~150.

［47］Goro Yuasa. Proceedings of the 4th international symposium on electroslag remelting processes ［C］. Tokyo：The Iron and Steel Institute of Japan, 1973：229~239.

［48］邵青立，谢志彬，张国平. 电渣重熔锭的直径和压缩比对 M2 高速钢碳化物不均度的影响 ［J］. 特殊钢，2015，36 （3）：21~22.

［49］耿鑫，姜周华，刘福斌，等. 电渣重熔过程中夹杂物的控制 ［J］. 钢铁，2009，44 （12）：42~45，49.

［50］文甜洁，张立峰. 电渣重熔中夹杂物穿越渣/熔滴界面行为 ［J］. 中国冶金，2018，28 （S1）：34~40.

［51］Yanwu Dong, Zhouhua Jiang, Ang Yu. Dissolution behavior of alumina-based inclusions in CaF_2-Al_2O_3-CaO-MgO-SiO_2 slag used for the electroslag metallurgy process ［J］. Metals，2020，6 （11）：273.

［52］钟挹秀，高银露，知水. 电渣重熔、真空电弧重熔、电子束重熔 GCr15 钢的凝固及其组织 ［J］. 钢铁，1981 （1）：19~24.

［53］Holzguber W. New electroslag technologies. In：Medovar B I et al. Medova Memorial Symposium ［C］. Kiev：Naukova Dumka，2001：71.

［54］Alghisi D, Milano M, Pazienza L. The electroslag rapid remelting process under protective atmosphere of 145mm billets. In：Medovar B I et al. Medova Memorial Symposium ［C］. Kiev：Naukova Dumka，2001：97~112.

［55］Holzgruber W, Holzgruber H. Production of high quality billets with the new electroslag rapid remelting process ［J］. MPT International，1996，19 （5）：48~50.

［56］Anon. High quality billets by electroslag rapid remelting ［J］. Steel Times International，1997，21 （7）：20~25.

［57］https：//baike. baidu. com/item/%E8%BD%A7%E8%BE%8A/10801905？fr=aladdin

［58］刘海峰，刘耀辉. 高速钢复合轧辊的研究现状及进展 ［J］. 钢铁研究学报，1999，11 （5）：67~71.

［59］符定梅，符寒光. 复合轧辊制造技术的研究进展 ［J］. 大型锻铸件，2006 （2）：48~52.

［60］Shimizu M, Shitamura O, Matsuo S, et al. Development of high performance new composite roll ［J］. ISIJ International，1992，32 （11）：1244~1249.

［61］王贵明，李德福. 半高速钢复合冷轧工作辊的性能及制造 ［J］. 特种铸造及有色合金，1998 （2）：27~30.

［62］曹玉龙. 电渣重熔法制备双金属复合轧辊研究 ［D］. 沈阳：东北大学，2018.

［63］Medovar B I, Medovar L B, Chernets A V, et al. Electroslag surfacing by liquid metal 2a new way for HSS2 rolls manufacturing ［J］. Mech. Work. Steel Process. Conf. Proc. 1997，34：

83~87.

[64] Medovar L B, Tsykulenko A K, Saenko V Ya, et al. New electroslag technologies [J]. Medovar memorial symposium, 2001: 49~60.

[65] Mitsuo Hashimoto, Seizi Otomo, Kouichiro Yoshida, et al. Development of high-performance roll by continuous pouring process for clading [J]. ISIJ International, 1992, 32 (11): 1202~1210.

[66] 宫开令, 董雅军, 高春利. 高速钢复合轧辊的研制及生产 [J]. 钢铁, 1998, 33 (3): 67.

[67] Kawai N, Furuta S, Notomi K. New roll steel made from gas atomized adamite steel and high chromium iron powders [J]. Kobe Steel Engineering Reports, 1985, 35 (3): 77~80.

[68] Yoshio Ikawa, Tetsu Itami, Ken Yumagai, et al. Spray deposition and its application to the production of mill rolls [J]. ISIJ International, 1990, 30 (9): 756~763.

[69] 陈慧敏, 陈跃, 魏世忠. 高碳高钒高速钢复合轧辊的研究进展 [J]. 重型机械, 2004 (2): 12~15.

[70] 李大鑫, 张秀棉. 模具技术现状与发展趋势综述 [J]. 模具制造, 2005 (2): 1~4.

[71] 耿鸿明. 铜元素对耐蚀性塑料模具钢性能的影响 [D]. 上海: 上海大学, 2007.

[72] 王晶. 模具材料的分类及其应用 [J]. 工程技术, 2010, 23 (3): 59~60.

[73] 程先华. 热作模具钢合金化及其强机制 [J]. 上海金属, 2001, 23 (2): 1~4.

[74] 陈再枝, 蓝德年. 模具钢手册 [M]. 北京: 冶金工业出版社, 2002.

[75] 王海东. 镁对冷作模具钢组织和性能的影响研究 [D]. 沈阳: 东北大学, 2014.

[76] 叶永生, 李明珠, 张丽娟. 碳素工具钢和低合金工具钢中碳化物微细化热处理工艺 [J]. 金属加工 (热加工), 2016 (7): 13~14.

[77] 陈融冰. 4Cr13 模具钢制备工艺的探讨 [D]. 大连: 大连理工大学, 2009.

[78] 鲁思渊. 热处理工艺对 Cr13 型塑料模具钢组织与耐蚀性影响研究 [D]. 北京: 清华大学, 2015.

[79] 耿鸿明. 铜元素对耐蚀性塑料模具钢性能的影响 [D]. 上海: 上海大学, 2007.

[80] 王飞. 氮含量对 4Cr13 耐蚀塑料模具钢组织和性能影响的实验研究 [D]. 沈阳: 东北大学, 2014.

[81] 潘振鹏, 冯颖璋. 塑料模具材料的研制与应用 [J]. 金属热处理, 1999 (1): 22~25.

[82] 张博. 金属元素热膨胀系数的评估与计算 [D]. 湘潭: 湘潭大学, 2014.

[83] 徐慧. H13 钢高温淬回火后奥氏体晶粒度对强韧性的影响 [J]. 热加工工艺, 2015 (12): 226~229.

[84] 罗鸿, 尹钟大, 朱景川, 等. 晶粒尺寸对 18Ni 马氏体时效钢力学性能的影响 [J]. 材料科学与工艺, 2000, 8 (1): 59~62.

[85] 张先鸣. 国外耐腐蚀性塑料模具钢实物质量分析及探讨 [J]. 模具材料及热处理技术, 2016 (2): 84~86.

[86] 孙秀华. 国外耐蚀塑料模具钢解剖及质量探讨 [J]. 模具制造, 2017 (6): 80~82.

[87] 胡艺耀. 含铝新型热作模具钢的组织和力学性能研究 [D]. 昆明: 昆明理工大学, 2016.

[88] 高海龙. 新型 3% Cr 热作模具钢组织与力学性能研究 [D]. 西安: 西安建筑科技大

学，2017.

[89] 王海东. 镁对冷作模具钢组织和性能的影响研究 [D]. 沈阳：东北大学，2014.

[90] 刘承志，赵鸿燕. 电渣模具扁钢 D2 的试制 [J]. 天津冶金，2004（2）：6~7.

[91] 魏正龙，陈雪梅，谭兵. 铝型材挤压用大直径电渣模具钢的研制 [J]. 工程技术研究，2018（6）：161~163.

[92] 张腾方. 新型含氮耐蚀塑料模具钢性能研究 [D]. 沈阳：东北大学，2013.

[93] 李长荣，王春琼. 电渣重熔控制 H13 钢中夹杂物研究 [J]. 现代机械，2011（5）：70~71.

[94] 徐咏梅，杨云志，高峰，等. 模具钢 HD-I 的试制 [J]. 特钢技术，2014，20（1）：17~19.

[95] 刘超，姜方，崔娟，等. 高品质电渣重熔 H13 钢的组织与力学性能研究 [J]. 特钢技术，2015，21（1）：13~16.

[96] 管迎春，唐国翌，叶强. 耐蚀镜面塑料模具钢 4Cr13（1.2083）质量的分析 [J]. 特殊钢，2006，27（5）：55~57.

[97] 臧喜民，邓鑫，李万明，等. 抽锭电渣重熔 718 塑料模具钢板坯锭的新工艺 [J]. 材料与冶金学报，2016，15（1）：39~42.

[98] Li X, Jiang Z H, Geng X, et al. Numerical simulation of a new electroslag remelting technology with current conductive stationary mold [J]. Applied Thermal Engineering, 2019（147）：736~746.

[99] 袁彩梅，王国强. 马氏体不锈钢的研究与应用 [J]. 机械工程与自动化，2012，9（4）：99~101.

[100] 杨长强. 油气田、刀具、工具和医疗用途的马氏体不锈钢 [J]. 不锈钢，2014，7（4）：37~38.

[101] 杨志勇，刘振宝，梁剑雄，等. 马氏体时效不锈钢的发展 [J]. 材料热处理学报，2008，29（4）：1~7.

[102] 赵进刚，张宝伟，王明林. 高强度奥氏体不锈钢的发展 [J]. 材料开发与应用，2005，20（4）：38~40.

[103] 杜存臣. 奥氏体不锈钢在工业中的应用 [J]. 化工设备与管道，2003，40（2）：54~57.

[104] 王志文，张而耕. 奥氏体不锈钢使用中值得注意的几个问题 [J]. 化工机械，2002，29（6）：363~366.

[105] 李荣. 抗酸性腐蚀的奥氏体不锈钢 [J]. 上海金属，2016，23（5）：23~25.

[106] 熊云龙，娄延春，刘新峰. 不锈钢材料研究的新进展 [J]. 热加工工艺，2005（5）：51~53.

[107] 陆世英. 超级不锈钢和高镍耐蚀合金 [M]. 北京：化学工业出版社，2012.

[108] Olsson J, Wasielewska W. Applications and experience with a superaustenitic 7Mo stainless steels in hostile environments [J]. Materials and Corrosion, 1997, 48（12）：791~798.

[109] Wallen B, Liljas M, Stenvall P. A new high-molybdenum, high-nitrogen stainless steel [J]. Materials & Design, 1992, 13（6）：329~333.

[110] 张豪，董飞，陈继志. 双相不锈钢研究进展 [J]. 材料开发与应用，2008，23（2）：

57~60.

[111] 张长松，刘锦，苏俊. （超）临界锅炉用 E911 钢管的性能评定试验 [J]. 江苏冶金，2006（3）：31~36.

[112] Fujimitsu Masuyama. History of Power Plants and Progress in Heat Resistant Steels [J]. ISIJ International，2001，41（6）.

[113] Jia X，Dai Y. Microstructure in martensitic steels T91 and F82H after irradiation in SINQ Target-3 [J]. Journal of Nuclear Materials，2003，318（3）：207~214.

[114] Sedmak A，Swei M，Petrovski B. Creep crack growth properties of P91 and P22 welded joints [J]. Fatigue & Fracture of Engineering Materials & Structures，2017，40（1）：316~322.

[115] Ha V T，Jung W S. Evolution of precipitate phases during long-term isothermal aging at 1083K（810℃）in a new precipitation-strengthened heat-resistant austenitic stainless steel [J]. Metallurgical & Materials Transactions A. 2012，43（9）：3366~3378.

[116] Mesa D H，Toro A，Sinatora A，et al. The effect of testing temperature on corrosion-erosion resistance of martensitic stainless steels [J]. Wear，2003，255（1~6）：139~145.

[117] Totten G E. Corrosion behavior of plasma nitrided and nitrocarburised supermartensitic stainless steel [J]. Journal of Materials Science，2013，19（6）：63~65.

[118] Vanderschaeve F，Taillard R，Foct J. Discontinuous precipitation of Cr_2N in a high nitrogen, chromium-manganese austenitic stainless steel [J]. Journal of Materials Science，1995，30（23）：6035~6046.

[119] 夏书敏，刘超英，张贞明. 淬火与回火间的时效对 1Cr17Ni2 钢组织及屈服强度的影响 [J]. 金属热处理，2002，27（7）：24~26.

[120] 郭俊卿，陈溃霞. 塑料模具材料选用原则及应用 [J]. 塑料工业，2007，35（6）：233~234.

[121] 吴晓春，周青春. 钼在模具钢中的应用 [J]. 钼在钢中的应用国际研讨会，2012，2（3）：23~25.

[122] 赵鹏翔. 管线钢及模具钢腐蚀行为研究 [D]. 郑州：郑州大学，2014.

[123] 孙振海，范雪萍，李鹏冲. 制冷压缩机阀片断裂失效分析 [J]. 制冷与空调，2013，2（7）：80~82.

[124] 李传械. 马氏体不锈钢铸件生产中的几个问题 [J]. 铸造纵横，2011，13（2）：50~51.

[125] Toribio J，Gonzalez B，Matos J C. Fatigue crack propagation in cold drawn steel [J]. Materials Science & Engineering A，2017，468（1）：267~272.

[126] Palit G C，Kain V，Gadiyar H S. Electrochemical investigations of pitting corrosion in nitrogen-bearing type 316LN stainless steel [J]. Corrosion，1993，49（12）：977~991.

[127] 孙彬涵. 高钼高氮超级奥氏体不锈钢时效析出行为和耐腐蚀性能研究 [D]. 沈阳：东北大学，2013.

[128] Huang J L，Zhou K Y，Xu J Q，et al. Probabilistic creep rupture life evaluation of T91 alloy boiler superheater tubes influenced by steam-side oxidation [J]. Materials and Corrosion，2014，65（8）：786~796.

[129] Ennis P J，Quadakkers W J. Mechanisms of steam oxidation in high strength martensitic steels

　　　　　　[J]. International Journal of Pressure Vessels and Piping, 2007, 84（1~2）: 75~81.

[130] Yang X, Sun L, Xiong J, et al. Effect of aging temperature on the microstructures and mechanical properties of ZG12Cr9Mo1Co1NiVNbNB ferritic heat-resistant steel [J]. International Journal of Minerals, Metallurgy, and Materials, 2016, 23（2）: 168~175.

[131] 宁保群, 严泽生, 付继成, 等. T91 铁素体耐热钢强化新途径 [J]. 材料导报, 2009, 23（4A）: 72~76.

[132] 沈赛. T91/T22 异种钢焊接接头组织及性能研究 [D]. 徐州: 中国矿业大学, 2019.

[133] Chen G, Zhang Q, Liu J, et al. Microstructures and mechanical properties of T92/Super304H dissimilar steel weld joints after high-temperature ageing [J]. Materials & Design, 2013（44）: 469~475.

[134] Zhang Q, Wang J, Chen G, et al. Microstructures and mechanical properties of T92/Super304H dissimilar steel weld joints [J]. The Chinese Journal of Nonferrous Metals, 2013, 44（2）: 469~475.

[135] 杨建春. 30Cr2Ni4MoV 钢低压转子钢水超纯净化工艺研究与实践 [D]. 秦皇岛: 燕山大学, 2013.

[136] 周健, 马党参, 刘宝石, 等. H13 钢带状偏析演化规律研究 [J]. 钢铁研究学报, 2012, 24（4）: 47~52.

[137] Östberg G. A review of present knowledge concerning the influence of segregates on the integrity of nuclear pressure vessels [J]. International Journal of Pressure Vessels & Piping, 1997, 74（2）: 153~158.

[138] 赵鸿燕. 渣系对 Ar 气保护电渣重熔 Ni-Cr-Co 基高温合金质量影响 [C]. 全国电渣冶金技术学术会议, 2012: 23~24.

[139] Busch J D, Debarbadillo J J, Krane M J M. Flux entrapment and titanium nitride defects in electroslag remelting of INCOLOY alloys 800 and 825 [J]. Metallurgical and Materials Transactions A, 2013, 44（12）: 5295~5303.

[140] 李正邦. 电渣冶金的理论与实践 [M]. 北京: 冶金工业出版社, 2010: 68~70.

[141] 杨晓利, 杨玉军, 张玉春, 等. 渣系组成对 GH2150 合金电渣重熔的影响 [C]. 中国高温合金年会, 2011: 78~79.

[142] Han W X, Yang K, Qi R C, et al. Dynamic mechanical behavior of 0Cr17Mn14Mo2N stainless steel during hot deformation [J]. Acta Metallurgica Sinica, 2000, 13（2）: 465~469.

[143] 姜周华, 张颖, 刘喜海, 等. 电渣重熔 Mn18Cr18N 钢锭温度场的数学模型 [J]. 东北大学学报, 1997, 18: 132~135.

[144] 姜周华, 刘喜海, 张颖, 等. 电渣重熔 Mn18Cr18N 钢液态热塑性与组织的关系 [J]. 钢铁研究学报, 1998, 10（6）: 37~40.

[145] Balachandran G, Bhatia M L, Ballal N B, et al. Processing nickel free high nitrogen austenitic stainless steels through conventional electroslag remelting process [J]. ISIJ International, 2000, 40（5）: 478~483.

[146] 罗通伟, 陈晋阳, 洪泉富. EAF+VOD+ESR+825mm 轧机流程试制 12% Cr 型叶片钢 [J]. 特殊钢, 2005, 26（2）: 45~47.

[147] 陈德利, 王海江, 徐朋. 抚钢保护气氛电渣炉冶炼 1Cr21Ni5Ti 不锈钢生产实践 [C]. 第十七届全国炼钢学术会议文集. 2013: 1337~1341.

[148] 罗利阳, 王新鹏, 杨俊峰. 国产 UNSS31254 超级奥氏体不锈钢冷轧板的组织和性能 [C] //2015 年全国高品质特殊钢生产技术交流研讨会论文集, 2015: 144~148.

[149] 周斌, 高振桓, 李清松, 等. 超超临界汽轮机转子 FB2 材料性能及蠕变组织演化规律研究 [J]. 东方汽轮机, 2016 (1): 42~49.

[150] 刘正东, 陈正宗, 何西扣, 等. 630~700℃超超临界燃煤电站耐热管及其制造技术进展 [J]. 金属学报, 2020, 56 (4): 539~548.

[151] 郭建亭. 高温合金材料学 [M]. 北京: 科学出版社, 2008.

[152] Reed R C. The superalloys: fundamentals and applications [M]. Cambridge University Press, 2006.

[153] 黄乾尧, 李汉康. 高温合金 [M]. 北京: 冶金工业出版社, 2000.

[154] 陈国良. 高温合金学 [M]. 北京: 冶金工业出版社, 1988.

[155] Wahll M H, Maykuth D J, Hucek H J. Handbook of superalloy [M]. Ohio: Battelle Press, 1979.

[156] 牛建平. 纯净钢及高温合金制备技术 [M]. 北京: 冶金工业出版社, 2009.

[157] 王晓峰, 周晓明, 穆松林, 等. 高温合金熔炼工艺讨论 [J]. 材料导报, 2012, 26 (4): 108~115.

[158] 李守军, 胡尧和, 梅洪生, 等. GH690 镍基高温合金的脱硫 [J]. 钢铁研究学报, 2003, 15 (7): 317~322.

[159] 陈希春, 王飞, 史成斌, 等. 电渣重熔工艺对 GH4169 脱硫的影响 [J]. 钢铁研究学报, 2012, 24 (12): 11~16.

[160] 陈希春, 王飞, 史成斌, 等. 镍基高温合金中硫的危害及电渣重熔脱硫实验研究 [J]. 材料与冶金学报, 2012, 11 (4): 252~257.

[161] 陆锡才. 高温合金电渣重熔锭表面缺陷的分析 [J]. 特殊钢, 2002, 23 (4): 54~57.

[162] 陆锡才. 高温合金中钛对 ESR 锭表面成形性的影响 [J]. 铸造, 2002, 51 (6): 378~380.

[163] 杨晓利, 杨玉军, 张玉春, 等. 渣系组成对 GH2150 合金电渣重熔的影响 [J]. 钢铁研究学报, 2011, 23 (S2): 52~55.

[164] 姜周华. 电渣冶金的物理化学及传输现象 [M]. 沈阳: 东北大学出版社, 2000.

[165] 李正邦. 电渣熔铸 [M]. 北京: 国防工业出版社, 1981.

[166] 李嘉. IN718 合金的凝固偏析行为研究. [D]. 沈阳: 中国科学院金属研究所, 2010.

[167] Moyer J M, Jackman L A, Adasczik C B, et al. Advances in triple melting superalloys 718, 706, 720 [C]. USA: TMS, 1994: 39~48.

[168] Holzgruber H, Holzgruber W, Scheriau A, et at. in Proceedings of the 2011 International Symposium on Liquid Metal Processing and Casting, Nancy (2011): 57.

[169] 陈国胜, 刘丰军, 王庆增, 等. GH4169 合金 VIM+PESR+VAR 三联冶炼工艺及其冶金质量 [J]. 钢铁研究学报, 2011, 23 (增2): 134~137.

[170] 王庆增, 陈国胜, 张月红, 等. VIM+PESR+VAR 三联工艺 GH720Li 合金的冶金质量

　　　　[C]. 第十三届中国高温合金年会大摘要文集，360~364.

[171] Kirk F A, Goodwin C S. ESR production of high speed steels [M]. Iron and Steel Institue & Sheffied Metallurgical and Engineering Association, Sheffied, Pubulished by The Metal Society, London, 1973: 61.

[172] 康喜范. 镍及其耐蚀合金 [M]. 北京：冶金工业出版社. 2016.

[173] 栾燕. 我国耐蚀合金标准体系的现状与发展 [J]. 中国标准化，2019，(S1)：154~159.

[174] 陆世英，康喜范. 镍基和铁镍基耐蚀合金 [M]. 北京：化学工业出版社，1989.

[175] 康喜范. 中国材料工程大典∥第 2 卷. 钢铁材料工程（上）[M]. 北京：化学工业出版社，2003：487~647.

[176] Friend W Z. Corrosion of nickel and nickel-base alloys [M]. New York：John and Sons, Inc. , 1980.

[177] Davis J R. Nickel, cobalt and their alloys [M]. OH：ASM Intemational Materials Park，2004：1~92，125~160，291~304.

[178] John Everhart. engineering properties of nickel and nickel alloys [M]. New York：Plenum Press. 1971.

[179] 陆世英，康喜范. 不锈耐蚀合金与锆合金 [M]. 北京：能源出版社，1983.

[180] 刘建章. 核结构材料 [M]. 北京：化学工业出版社. 2007.

[181] 王志刚. 抚顺特钢的镍基合金产品研发及其工程应用 [C]. 中国第一届超级奥氏体不锈钢及镍基合金国际研讨会. 北京，2014.

[182] 王新鹏，陈帅超，宁天信. 铁镍基耐蚀合金凝固组织控制研究 [J]. 材料开发与应用，2016，10 (5)：59~63.

[183] 张玉碧，赵永涛，汤安. 时效强化型 Fe-Ni-Cr 基高温耐蚀合金冶金工艺及热处理研究 [J]. 稀有金属，2016，40 (9)：882~890.

[184] 朱雄明，罗通伟，肖健，等. 镍基耐蚀合金 N06625 管坯的研制 [J]. 特钢技术，2017，23 (4)：25~28.

[185] 孙魁平，胡传顺，李光辉，等. 镍基耐蚀合金 NS334 的研制 [J]. 中国冶金，2007，17 (5)：33~36.

[186] 王新鹏，罗利阳，陈帅超，等. 耐蚀合金板材生产流程优化研究 [J]. 特钢技术，2015，21 (1)：35~37.

[187] 马天军，徐文亮，童英豪，等. 镍基耐蚀合金电渣扁锭工艺研究与实践 [J]. 钢铁研究学报，2011，23 (S2)：13~16.

6 全密闭可控气氛电渣重熔新技术

6.1 可控气氛电渣技术概述

世界电渣冶金技术的发展历史可大致分为三个阶段。第一个阶段是 1935~1959 年，是电渣冶金技术的成型阶段，由于相关企业的垄断，此阶段电渣冶金技术发展缓慢。第二个阶段是 1960~1980 年，是电渣冶金技术迅速发展的阶段；在此期间，世界上电渣炉的数量以及生产能力显著增加，产品品种不断扩大，工艺技术渐趋成熟。第三个阶段是 1980 年至今，由于传统的电渣重熔工艺存在的生产效率低、电耗高、氟化物污染环境、电渣过程吸气、大型钢锭偏析严重等问题一直没有得到很好地解决，而且随着经济和社会的不断发展，对材料质量的要求越来越高，所以电渣冶金工作者在传统电渣重熔技术的基础上不断创新和发展，开发了电渣重熔领域的大量新技术，促使该技术进入工艺多样化、质量高级化、控制自动化的发展阶段。

传统的电渣重熔炉都是在大气下进行冶炼，此类设备制造成本低、操作方便，但是电渣重熔后的钢锭中容易出现元素烧损、增氢、增氧等一系列问题。研究表明，重熔合金中的氧含量主要取决于三方面：首先，主要脱氧元素的浓度和该脱氧元素的氧化物在渣中的活度；其次，渣池上的氧分压也会产生一定的影响；此外，金属中的活泼元素会与渣系的相关组元发生反应，从而引起合金元素含量的变化。气氛环境对传统电渣重熔过程的影响如图 6-1 所示，合金中活泼金属元素与渣系中相关组元的反应主要包括式（6-1）~式（6-5）。

$$\{O_2\} + 2Fe \Longrightarrow 2(FeO) \tag{6-1}$$

$$2(FeO) + [Si] \Longrightarrow (SiO_2) + 2[Fe] \tag{6-2}$$

$$3(FeO) + 2(Al) \Longrightarrow (Al_2O_3) + 3[Fe] \tag{6-3}$$

$$3(SiO_2) + 4(Al) \Longrightarrow 2(Al_2O_3) + 3[Si] \tag{6-4}$$

$$3(Si) + 2(Al_2O_3) \Longrightarrow 3(SiO_2) + 4[Al] \tag{6-5}$$

为了降低电极氧化对钢中元素含量的影响，在过去的几十年中，不得不在熔炼过程中向渣池里加入脱氧剂（Al、Ca-Si、Fe-Si 和 Mg 等）对熔渣进行连续脱氧。但是这种方法存在着较大的问题，比如，很难保证脱氧剂添加的均匀

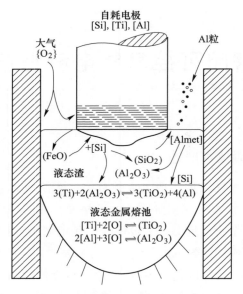

图 6-1　气氛环境对电渣重熔过程的影响

性，而且添加脱氧剂之后还会导致熔渣组分改变，从而使重熔锭中的易氧化元素含量随着电渣锭的不断长大持续变化，导致成分的不均匀，甚至出格报废。

针对上述问题，电渣冶金工作者开发了几种可控气氛电渣重熔技术：

（1）惰性气体（氩气、氮气）或干燥空气保护电渣重熔技术。

（2）加压电渣重熔技术。

（3）真空电渣重熔技术。

采用可控气氛电渣重熔技术后，可以完全避免电极的氧化、基本避免材料中 Ti、Zr、Al、Si 等易氧化元素的氧化烧损，并且特别有利于含 Al、Ti 窄成分高温合金材料的制备，可以获得高洁净度的钢锭。

另外，针对传统电渣重熔控制方式落后及不能实现全自动控制的问题，东北大学经过多年的技术研发，成功开发了具有智能化功能的全密闭可控气氛电渣重熔技术和装备，该装备可以实现一键式操作，即开始熔炼、正常熔炼及补缩熔炼全程由计算机自动完成，不需要人工干预，该系统还具有自主学习功能，将根据钢种及近期熔炼实际情况，对多种工艺参数进行智能化调节，以达到有利于铸锭凝固质量控制的目的。如图 6-2 所示，该装备采用框架式结构，集智能化控制、同轴导电、电极称重、炉内气氛监控等多项技术于一体，是目前最先进的可控制气氛电渣重熔装备。

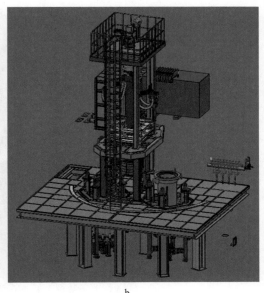

a　　　　　　　　　　　　　　　　b

图 6-2　具有智能化可控气氛电渣炉
a—实物图；b—效果图

6.2　惰性气体（氩气、氮气）或者干燥空气保护电渣重熔技术

在电渣重熔过程中由于钢中活泼元素氧化，一般采用惰性气体（氩气、氮气）或者干燥空气保护电渣炉。这种炉型的基本原理是将熔炼系统中温度较高的电极及液态渣池表面与氧气隔离开来，大部分炉型主要采用氩气保护，而对于含氮钢则可以采用氮气保护，这样既可以减少氮的损失，也可以节省昂贵的氩气。干燥空气保护电渣炉适合于重熔对氢比较敏感的钢种，特别是大型钢锭。图 6-3 是东北大学开发的实验室小型全密闭保护气氛电渣炉。

表 6-1 是采用同一渣系，在不同氩气流量条件下电渣重熔 1Cr21Ni5Ti 钢后金属中 Ti 烧损情况。从表 6-1 中可以看出，氩气流量越大，则钢中的 Ti 越容易得到很好的保护，从而有效避免烧损[1]。

表 6-1　氩气流量对电渣重熔 1Cr21Ni5Ti 钢前后 [Ti] 的影响

氩气流量/L·min⁻¹	电渣重熔后锭大头 Δ[Ti]（质量分数）/%			电渣重熔后锭小头 Δ[Ti]（质量分数）/%		
	最大值	最小值	平均值	最大值	最小值	平均值
15	-0.35	-0.26	-0.30	-0.31	-0.23	-0.25
25	-0.29	-0.20	-0.23	-0.25	-0.16	-0.18
35	-0.20	-0.12	-0.17	-0.16	-0.09	-0.11
45	-0.18	-0.10	-0.16	-0.15	-0.07	-0.10

图 6-3　实验室小型保护气氛电渣炉

表 6-2 是宝钢特钢采用惰性气体保护电渣重熔 GH4169 合金的化学成分情况[2,3]，从表 6-2 中可知，电渣重熔前后，该合金成分几乎没有大的变化，电渣锭头尾成分分布均匀，即使易烧损元素的分布也非常均匀，这是传统电渣重熔无法做到的。

表 6-2　GH4169 合金氩气保护电渣重熔前后的化学成分对比　（质量分数,%）

项目	元素	C	Si	Mn	Mo	Al	Ti	Nb	B
电渣重熔前	电极	0.027	0.08	0.12	3.01	0.61	1.01	5.04	0.0040
电渣重熔后	锭头部	0.029	0.13	0.12	3.00	0.50	0.99	5.03	0.0039
	锭尾部	0.029	0.12	0.12	2.99	0.48	0.99	5.04	0.0038

采用氩气保护电渣重熔前后 GH4169 合金中 O、S 含量变化见表 6-3。由表 6-3 可以看出，经过氩气保护电渣重熔后，O、S 含量均有大幅度的降低，其中 S 含量从平均 $40 \times 10^{-4}\%$ 降低至 $14 \times 10^{-4}\%$，降低幅度达到 65%；O 含量从平均 $20 \times 10^{-4}\%$ 降低至 $6 \times 10^{-4}\%$，降低幅度达到 70%，可见氩气保护电渣重熔对提高材料的洁净度、去除杂质含量非常有利。

表 6-3　氩气保护气氛下电渣重熔前后 O、S 含量变化　　　（质量分数,%）

元素	S			O		
	最大值	最小值	平均值	最大值	最小值	平均值
电极（电渣重熔前）	50×10^{-4}	15×10^{-4}	40×10^{-4}	35×10^{-4}	11×10^{-4}	20×10^{-4}
电渣锭（电渣重熔后）	19×10^{-4}	8×10^{-4}	14×10^{-4}	9×10^{-4}	5×10^{-4}	6×10^{-4}

生产纯钛时，往往先将海绵钛压块，然后用真空焊接的方法做成电极，之后才能进行真空电弧熔炼。在 1961~1963 年苏联的研究者就报道了采用电渣重熔的方法制备海绵钛电极[4]。

鉴于惰性气体保护电渣重熔对易氧化元素保护的良好效果，研究者开始尝试采用惰性气体保护电渣重熔方法生产纯钛及其合金。该试验在德国 ALD 公司的惰性气体保护电渣重熔炉内进行，重熔锭直径为 170mm，熔渣组成为工业纯的 CaF_2 和 2%~9% 的金属钙，结果见表 6-4。乌克兰顿涅茨克国立技术大学和美国拉特罗布钢铁公司的联合研究结果表明，惰性气体电渣重熔钛的纯净度与碘化物提纯钛相当，氧含量小于 0.03%、氮含量小于 0.005%、氢含量小于 0.003%、碳含量小于 0.01%。乌克兰巴顿电焊研究所同样也得到了令人振奋的结果。

表 6-4　电渣重熔海绵钛的化学成分结果　　　（质量分数,%）

元素	电渣锭 1				电渣锭 2				电渣锭 3				电渣锭 4				标准要求
	电极	底部	中部	顶部	电极	底部	中部	顶部	电极	底部	中部	顶部	电极	底部	中部	顶部	
C	60~150	50	60	60	60~100	100	60	60	80~90	80	—	60	80	70	70	70	≤1000
O	600~900	70	650	600	700~1300	1300	1050	800	500~1300	1200	—	900	900	700	600	60	≤1800
N	100~150	180	170	170	80~160	180	170	140	70~160	140	—	160	120	100	100	100	≤300
H	76~94	25	24	24	34~42	35	30	26	36~41	26	—	27	24	18	12	15	≤150
F	—	60	60	50	—	60	60	60									

此外，生产高温合金时，若对其质量要求较为严苛，也会用到保护性气氛电渣炉。

目前国外优质涡轮盘用 Inconel 718 镍基高温合金要求用真空感应熔炼+（氩气保护）电渣重熔+真空自耗重熔的三联工艺冶炼。较真空感应熔炼浇铸的电极，用氩气保护的电渣重熔锭制作的电极无缩孔、组织致密、纯洁度高，将白斑出现的几率降到最低；另一方面，真空自耗重熔过程中电流、电压、熔速、熔滴、电极驱动等工艺参数的稳定性显著提高，也可大幅降低黑斑出现的几率。同时钢锭表面质量明显改善。此外，采用真空感应熔炼+氩气保护的电渣重熔+真空自耗重熔三联工艺冶炼后，材料的 S、O 含量和夹杂物数量明显减少，可显著提高合金的疲劳性能和持久蠕变性能[5]。

此外，宝钢采用真空感应熔炼+真空自耗重熔+氩气保护的电渣重熔三联工艺冶炼高品质 Inconel 718 镍基高温合金，该工艺可显著降低合金中 S、O 含量和夹杂物数量，其中 O、S 含量在各熔炼工艺的数值见表 6-5。从表 6-5 中可以看出，VIM 和 VAR 过程中 S 含量几乎没有变化，O 含量略有降低；而经过保护气氛电渣重熔后，合金中 O、S 含量均有显著降低，都达到 $10 \times 10^{-4}\%$ 以下，尤其是 O 含量最低值达到 $2 \times 10^{-4}\%$。

表 6-5　三联工艺各工序 O、S 含量的数值　　　（质量分数,%）

工序	S			O		
	最大值	最小值	平均值	最大值	最小值	平均值
VIM	20×10^{-4}	10×10^{-4}	15×10^{-4}	28×10^{-4}	10×10^{-4}	18×10^{-4}
VAR	19×10^{-4}	10×10^{-4}	14×10^{-4}	19×10^{-4}	10×10^{-4}	13×10^{-4}
ESR（Ar）	9×10^{-4}	4×10^{-4}	7×10^{-4}	7×10^{-4}	2×10^{-4}	5×10^{-4}

采用三联工艺时，冶炼采用普通电渣和保护气氛电渣重熔对 GH4169 合金中一些元素的含量变化对比见表 6-6。从表 6-6 中可以看出，传统电渣重熔 GH4169 合金 C、Al、Ti 的头尾偏差数值明显大于保护气氛电渣重熔，而 S、O、N 含量经过保护气氛电渣重熔后都有不同程度的降低，尤其是 S 和 O 含量降低幅度较大，可见保护气氛对合金中杂质含量控制起到了非常好的效果。

表 6-6　三联工艺时采用普通电渣重熔和气氛保护电渣重熔合金元素含量对比

（质量分数,%）

工艺	ΔC	ΔAl	ΔTi	S	O	N	S_{VAR}	O_{VAR}	N_{VAR}
ESR	0.004	0.06	0.09	11×10^{-4}	24×10^{-4}	65×10^{-4}	15×10^{-4}	14×10^{-4}	54×10^{-4}
ESR（Ar）	0	0.02	0.01	7×10^{-4}	5×10^{-4}	53×10^{-4}	14×10^{-4}	13×10^{-4}	52×10^{-4}

6.3　加压电渣重熔技术

目前，加压电渣重熔技术主要用于一些高氮含量材料的制备，如高氮不锈钢、模具钢等。在介绍加压电渣炉之前，首先需要了解高氮不锈钢：当钢中 N 含量达到或者超过钢基体本身的饱和溶解度时，就可以将这种钢称为高氮钢。氮作为钢中的间隙元素，通过与其他合金元素（Mn、Cr、Mo、V、Nb 和 Ti 等）的协同作用，能改善钢的多种性能，包括强度、韧性、蠕变抗力、耐磨性能、耐腐蚀性能等。

一般认为，根据 N 在奥氏体不锈钢中的含量，可将含氮奥氏体不锈钢分为控氮型（$w(N) = 0.05\% \sim 0.10\%$）、中氮型（$w(N) = 0.10\% \sim 0.40\%$）和高氮型（$w(N)$ 在 0.40% 以上），而铁素铁、马氏体不锈钢中的 $w(N)$ 大于 0.08% 时，便可被称为高氮钢。N 加入奥氏体不锈钢中，除了部分替代贵重的镍外，主要是作为固溶强化元素提高奥氏体不锈钢的强度，大约超过同系列钢性能的 1.3 ~ 3 倍，而且并不显著损害钢的塑性和韧性，显著提高其耐腐蚀性能，特别是耐局部腐蚀，如耐晶间腐蚀、点腐蚀和缝隙腐蚀等。

研究表明，0.1%N 可以使铁素体不锈钢的屈服强度增加40MPa，但会使其脆性转变温度提高 70~100℃，N 对钢的强化作用主要是通过淬火-回火工艺后，钢中形成了弥散的氮化物来实现的。与碳化物相比，氮化物更稳定、更细小，从而提高屈服强度，改善冲击韧性和改善高温性能。此外，还有一些钢也可以称为高氮钢，见表 6-7。

表 6-7 高氮钢的分类、含氮量、主要钢种及其性能特点

分类	$w(N)/\%$	主要钢号	性能特点
奥氏体不锈钢	<1.20~2.80	Cr18Mn11N	室温强度显著提高，低温冲击韧性明显改善
		Cr18Mn12Si2N0.7	持久强度提高而断裂韧性不明显下降
		Cr25Mn11Si3N	优良的耐蚀性，抗应力腐蚀
		Cr15Ni4Mo2N	奥氏体化稳定
铁素体不锈钢	0.08~0.60	Cr12MoVN	高温蠕变改善，蒸汽透平叶片工作温度提高 873K
高速工具钢	<0.20	W6Cr5V2N	结晶组织细小
		W5Cr5V2N	氮化物弥散分布，不易聚集
		W2Cr6V2N	热硬性强，黏着系数低
热作模具钢	0.02~0.16	55NiCrMoV7N	结晶组织细小
		3Cr4Mo2VN	易加工，强度及韧性改善
		30WCrMoVN	工作温度提高 973K
冷作模具钢	0.05~0.60	55CrVMoN	工作温度提高 773K
结构钢	0.05~0.20	38CrNi3MoVN	韧性改善，脆性转折温度明显下降

通常，高氮钢中 N 含量超过了常压下基体对 N 的饱和溶解度，因此常规的方法一般不适用于制备高氮钢。目前高氮钢的制备方法主要包括热等静压法、加压感应熔炼法、反压铸造法、高压电渣重熔法、高压等离子熔炼法、粉末冶金法等。其中高压电渣重熔法是制备大锭型高氮钢的一种有效方法，目前已被广泛地应用。

N 易在高氮钢凝固过程中偏析和析出形成气孔，从而导致产品报废。研究表明：提高体系的氮分压，不仅可显著提高氮在合金体系不同相中的溶解度，而且

可有效抑制高氮钢凝固过程中 N 的偏析和析出，因此高氮钢的熔炼和凝固常在加压条件下进行。用加压电渣炉冶炼高氮钢是一种在压力条件下进行冶炼高氮钢的方法，也是目前商业化生产高氮钢的有效方法。1980 年德国 Krupp 公司建成了世界上第一台 16t 加压电渣重熔炉（PESR），其原理如图 6-4 所示，熔炼室氮压力高达 4.2MPa，生产的电渣锭直径为 1m，重量为 16t，主要用于生产发电机护环用高氮奥氏体不锈钢。德国的加压电渣重熔炉的合金化方式是在冶炼过程中不断向渣池中加入氮化合金，由于生产工艺不稳定，再加上氮合金化技术方式的不完善，造成钢锭中元素分布不均匀，尤其是氮元素，有时必须进行二次重熔，成品合格率较低。

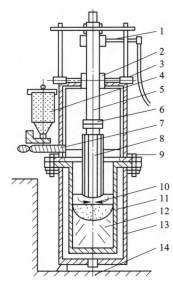

图 6-4　加压电渣炉示意图
1—导电接头；2—密封装置；3—丝杠传动；
4—合金及渣料仓；5—导电杆；6—电极卡头；
7—合金及渣加料系统；8—自耗电极；
9—水冷炉壳；10—渣池；11—铜结晶器；
12—铸锭；13—水套；14—冷却水进口

　　1996 年德国 VSG 公司建成了 16t 和 20t 的 2 台加压电渣炉，如图 6-5 所示，熔炼室运行压力达 4.2MPa，最大生产铸锭直径 1m 重 20t。在德国研制的加压电渣炉上设有合金添加装置，可以在保持炉内压力条件下，向渣池中添加氮化合金颗粒，如 Si_3N_4（25% ~ 30%N）、FeCrN（8% ~ 10%N）和 CrN（4% ~ 10%N）等以实现高氮钢的生产。德国利用这些加压电渣炉生产的典型产品有：无镍奥氏体不锈钢 P900（X5CrMnN18-18）和 P2000（X5CrMnN16-4-3）用于制造大型发电机用护环。无镍奥氏体不锈钢用于人工合成骨质材料以及外科和牙科用材料，用于制造不锈轴承和滚珠丝杠的马氏体不锈钢。

　　20 世纪 90 年代，日本国家材料研究所（NIMS）研制了 1 台 20kg 加压电渣炉实验装置[6]，系统最大压力为 5MPa，实验时控制在 4MPa，采用复合电极方式进行氮合金化，并开发出了 23Cr-4Ni-Mo-N 系耐海水腐蚀系列高氮不锈钢。

　　东北大学研制成功了 100kg 加压电渣重熔炉，设计最高工作压力为 7.0MPa，目前实验阶段的冶炼压力为 2 ~ 3.5MPa。利用加压电渣重熔工艺制备 5 种不同的高氮奥氏体不锈钢。在电渣重熔过程中二次电压为 41V，电流为 1500 ~ 2500A，渣系选 ANF-6（70%CaF_2-30%Al_2O_3）或 63%CaF_2-17%CaO-15%Al_2O_3-2%SiO_2-3%MgO，渣量 3 ~ 3.5kg，采用 99.99%工业氮气。表 6-8 是加压电渣炉生产的高氮不

图 6-5 德国 VSG 公司的加压电渣炉

a—16t; b—20t

锈钢钢锭的化学成分,通过加压电渣重熔方法可以熔炼出 N 含量达到 1.21% 的高氮不锈钢。

表 6-8 加压电渣重熔高氮奥氏体不锈钢的化学成分

钢种	压力/MPa	化学成分(质量分数)/%								
		Cr	Mn	C	Si	S	P	Mo	Ni	N
Cr18Mn18N	2	20.13	16.51	0.10	0.54	0.012	0.020	—	—	1.0
Cr22Mn16N	2.1	21.22	15.92	0.12	0.49	0.003	0.023	—	—	1.21
18Cr18Mn2MoN	2.1~3	18.34	18.36	0.068	0.50	0.008	0.024	2.13	—	0.93
18Cr18Mn2MoN	2.3~3	18.56	18.20	0.069	0.48	0.009	0.025	—	—	0.93
P2000	3.0	17.06	13.18	0.042	0.75	0.009	0.021	3.37	—	0.79
23Cr2MoNi4N	3.2	21.33	—	0.026	0.72	0.010	0.019	2.05	4.00	0.88

加压电渣炉除主要用于上述含氮不锈钢的冶炼外,还用于含氮模具钢的冶炼。奥地利百禄公司利用加压电渣重熔(PESR)工艺,成功开发出了性能优异的含氮 M303、M333(0.1%N)和 M340(0.2%N)耐蚀塑料模具钢,纯净度更高,组织更均匀细小,同时具有最佳的抛光性能以及极佳的耐腐蚀性能、良好的韧性、加工性能和尺寸稳定性,满足了高端耐蚀镜面塑料模具市场需求,其成分见表 6-9。

表 6-9　奥地利百禄公司含氮耐蚀塑料模具钢的典型成分　　（质量分数,%）

钢种	C	N	Cr	Si	Mn	Mo	Ni	其他
M303	0.28	0.1	14.5	0.3	0.65	1.0	0.85	
M333	0.28	0.1	13.5	0.3	0.3	—	—	
M340	0.55	0.23	17.3	0.45	0.33	1.0	0.46	V0.10

加压电渣重熔存在很多不足，除生产成本较高外，还有：（1）为了获得较高的氮含量，须采用复杂且费用昂贵的方法来制造复合电极，同时要根据熔化速度在高压下连续不断地添加高氮合金粉末，而且必须配备非常完善的测量和控制系统以保证 N 的均匀分布并且结果具有重复性；（2）即使在高压下熔炼，向渣中添加氮化物时也会因形成氮气而使渣沸腾，扰乱了熔炼过程，导致电极端部的液态金属膜暴露于氮气中，导致由于液态金属吸收的氮量和溶解的氮量处于无法控制的状态，使重熔锭中的氮含量分布不均匀；（3）有时为了得到满足要求的成分均匀性，必须进行两次重熔；（4）为了改善锭中氮分布的状况而使用氮化硅合金时，硅元素会进入钢中，这对某些品种钢来说是不允许的；（5）成品合格率相对较低，因为在开始熔化成液相期间，只要熔池深度不足，就不可能使添加的中间合金与基体金属进行均匀地熔混；（6）该工艺仅能生产一些尺寸规格锭子，不能生产近于成品形状的铸件、棒材或厚板等。

6.4　真空电渣重熔技术

众所周知，在高真空条件下熔炼金属，可以使所熔炼材料中 H、O、N 等气体含量或较易挥发的杂质元素（如 Pb、Sn、As、Sb、Bi 等）含量大幅度降低，提高材料的纯净度。另外，真空条件下隔绝了空气，避免材料中的元素在大气条件下熔炼的二次氧化，特别是可以精确控制与 O、N 亲和力强的活性元素如 Al、Ti、B、Zr 等的氧化和烧损，提高元素的收得率。最后，还可以促进有气态产物产生的化学反应，进而达到特定的冶炼效果。

高温合金对纯净度及均匀性要求很高，目前高温合金大部分都是采用真空电弧重熔技术作为终端冶炼工艺，真空电弧重熔具有材料的纯净度高、气体含量极低、成分可精确控制、铸锭组织致密、成分较均匀等优点。由于真空电弧重熔采用真空条件下电弧加热，没有熔渣参与精炼反应，因此对脱硫不利，且铸锭易形成白斑及年轮状偏析，表面质量差。此外，真空电弧炉若控制不好，电弧容易击穿结晶器，进而造成爆炸等事故。

电渣钢具有成分均匀、组织致密、夹杂物弥散分布且颗粒细小、钢锭表面光洁等优点，并且电渣炉是通过渣阻热来加热和熔化电极的，相对真空电弧炉而言比较容易控制，安全系数较高，所以电渣重熔是多种材料制备的重要手段。但传统电渣重熔炉都是在大气下进行，钢中气体含量不容易控制，且钢中易氧化元素容易烧损，成分难以控制。

真空电渣炉是在普通电渣炉、气体保护电渣炉和真空电弧炉基础上发展起来的一种新型冶炼设备[7]。真空电渣炉的设备结构与保护气氛及加压电渣炉类似，即在电渣炉结晶器上方配有一个真空气密闭保护罩和相应的真空泵系统，工作真空度为 1~1000Pa。

真空电渣炉保留了真空电弧炉、普通电渣炉、气体保护电渣炉的优点，克服了它们的缺点，使高温合金的冶金质量得到了非常大的改善。如纯净度高，气体含量较低，并且消除了重熔金属的白点及年轮状偏析，元素没有烧损等，钛的烧损量微乎其微，而普通电渣炉钛的烧损量可达 30%~50%[8]，能够避免从大气中吸氧。

德国 Leybold 公司在 20 世纪 90 年代，综合了真空电弧重熔 VAR 与传统电渣重熔炉的优点，开发出真空电渣重熔设备 VAC-ESR[9]，并用该设备重熔了 Inconel 718 镍基高温合金；由于高真空条件下，氟化物渣系与渣中的氧化物反应更加剧烈，因此真空电渣重熔采用 $CaO-Al_2O_3$ 系的无氟渣，电渣重熔前后渣的成分变化见表6-10。Inconel 718 合金成分变化见表6-11，Al、Ti 含量基本不变，Mg 含量在标准范围。

表 6-10　真空电渣重熔前后渣的化学成分变化　　（质量分数,%）

渣组元	渣含量		变化量
	真空电渣重熔前	真空电渣重熔后	
Al_2O_3	45.00	43.70	-1.30
CaO	45.00	45.00	0
MgO	4.30	3.70	-0.60
TiO_2	5.00	6.40	1.40
SiO_2	0.15	0.17	0.02

表 6-11　真空电渣重熔前后 Inconel 718 合金的化学成分　　（质量分数,%）

元素	合金成分		变化量
	自耗电极	重熔锭	
C	0.028	0.028	0
Co	0.18	0.18	0
Cr	18.94	18.97	0.03
Fe	17.20	17.20	0

元素	合金成分		变化量
	自耗电极	重熔锭	
Mg	0.0081	0.0053	−0.0028
Mn	0.08	0.08	0
Mo	3.02	3.02	0
Nb	5.31	5.32	0.01
Ni	53.24	53.24	0
P	0.010	0.007	−0.003
S	0.008	0.007	−0.001
Si	0.13	0.13	0
Ti	0.95	0.93	−0.02
V	0.03	0.03	0
Al	0.66	0.67	0.01
Cu	0.07	0.07	0

我国真空电渣冶金技术起步较早，李正邦院士最先介绍了真空电渣炉。20世纪 60 年代，我国抚顺特钢和本钢先后各建成一台 200kg 真空电渣重熔设备，由于当时真空处理技术水平的局限性，并且受到设备密封效果等因素的影响，不能达到理想的冶金效果，于 20 世纪 70 年代末相继拆除。2005 年，沈阳金属研究所申报了"一种低氧低夹杂物铜铬合金触头的生产方法"的专利，专利说明该方法结合了真空感应电炉熔炼与真空电渣重熔两种技术，被称为双联技术[10]。目前，我国已经成功研发出真空电渣重熔装备，无论在工艺设计、装备研发等方面都达到较高水平，并在一些高端材料制备方面开展了应用，取得了重要成果。2015 年以来东北大学特殊钢冶金研究所开发了多台 50~300kg 小型真空电渣炉并取得成功，应用于新产品开发等研究试验工作。

对于 50kg 真空电渣炉，自耗电极直径 100mm，结晶器直径 150mm，可以根据钢种要求采用递减功率控制，电压由 37V 降低至 32V，电流由 2.6kA 降低至 1.8kA；根据熔炼工艺需要，最低真空度可低至 10Pa，实际冶炼真空度维持在 1000~2000Pa，具体设备如图 6-6 所示，所熔炼的铸锭如图 6-7 所示。

由于真空电渣炉制备的材料纯净度高，铸锭表面光洁，不需额外加工即可进入后道工序等优点，所以已经成为制备高端材料的重要手段，并且未来在有色金属行业具有较大的发展空间。

图 6-6　50kg 真空电渣炉

图 6-7　50kg 真空电渣炉熔炼的铸锭形貌

6.5　可控气氛电渣炉关键技术

6.5.1　系统硬件配置

系统设计充分考虑现场的强磁干扰，由工业控制计算机及液晶显示屏作为上位机监控站，PLC 作为下位机，构成一个二级监控系统，如图 6-8 所示。

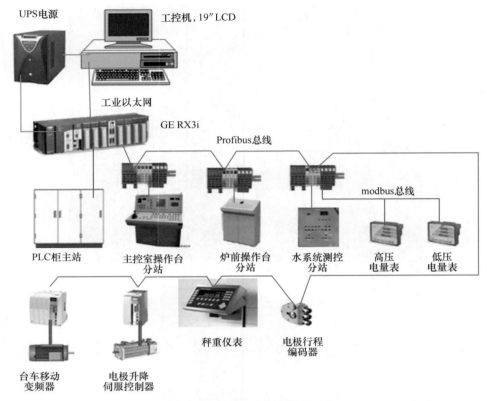

图 6-8 保护气氛电渣炉智能化控制技术结构框图

以 PLC 为核心的基础检测与控制级承担 I/O 点的过程逻辑控制、物理量采集以及故障诊断，实现电渣熔炼实时控制。系统采用最先进的现场总线（Profibus）通讯结构将一个主站（位于电控室）、三个分站（分别位于主控室操作台、炉前操作台和水系统电控箱）、一台变频器、一台伺服驱动器以及称重智能仪表连接起来，解决现场与电控室（PLC 系统）距离较远及操作台信号线多的问题。PLC 的数字量输出加接继电器（信号指示灯除外）将熔炼炉座的工艺及渣系配方、参数的设定数据下载至 PLC 的存储器内，以确保在上位计算机故障时，熔炼能继续进行；PLC 预留有通信接口，用于与外界计算机的联网。

上位管理监控级通过 Profibus 与 PLC 系统通信，实现设定控制策略，获得实时数据，监视整个设备的运行状态，以及重熔过程中各个参数的变化趋势。

6.5.2 同轴导电技术

在电渣重熔中，熔化电极材料所需要的热量主要是由电流经过渣池产生的电阻热提供的。当使用单电极时，电流从电极通过渣池流向铸锭，由于熔渣的电阻率相对较高，所以与渣池中的电功率相比，电极和铸锭中的电损耗很小。此外，由于电流只能在闭合的导电回路中流动，因此必须在电极→熔渣→铸锭的外部存在包含必要电源的导电回路。

为消除直流电的电解效应，电渣重熔过程中一般采用交流电进行操作。但是，采用交流供电时，在电渣炉中的二次导体周围必然存在着交变的电场和磁场，处于磁场中的铁磁体将产生感生涡流，引起额外能量损失，一方面增加了电渣炉能量消耗，降低了效率；另一方面还使电渣炉的钢铁结构部件发热，影响了其使用寿命和安全性等技术经济指标[11]。另外，磁场与熔池中的电流相互作用产生电磁力，还会导致熔体流动和界面波动[12,13]，影响钢锭的凝固过程。因为用于更大钢锭横截面的电流必须相应更高，所以随着设备尺寸的增大，这种影响会变得越来越大。为了尽可能消除这种影响，大型设备通常使用频率大大低于市电频率的交流电操作，例如在 $2\sim5Hz$ 之间，在这种非常低的频率下，对结构部件的加热效果比较轻微；同时，电流返回导体可放置在远离熔化位置的地方，以便在电流导体之间的熔化区域不会产生太大的感应电流。然而，这种熔化电源最大的缺点是必须配备昂贵的变频器。

如果用大型电渣重熔设备生产大型电渣锭时，也在工频的条件下操作，则必须遵守上述条件。比如，尽可能降低整个电渣炉设备的感应系数是非常必要的，因为补偿无功功率所需的电容器组会抵消更简单电源系统的成本优势。如果电流返回导体沿着电极、结晶器和铸锭的一侧布置，并且与电极、结晶器和铸锭表面非常接近，则相比于具有远程返回导体的情况，由沿垂直方向的返回电流产生的横向磁场会增大。由于存在洛伦兹力，该磁场对电极具有破坏性影响；此外，还可能导致渣池中存在额外的作用力和流动。

对上述不利于电渣重熔过程的物理效应，可以通过一种完全同轴的供电方式来解决。具体来说，回流导体应该是管状导体的形式，以便能够将电极、熔渣和铸锭封闭起来。然而，考虑生产成本和技术要求，可以将这种管状导体细分为几个径向对称分布的单个电流导体，有些情况下，即使只有两个径向对称布置的单个电流导体，仍然可以认为是准同轴布置。

1969 年康萨克公司为德国一家特殊钢厂设计了 4 根导电回路的同轴布置电渣炉，奠定了现代电渣炉设备的基础，如图 6-9 所示。目前，国内外电渣炉制造商普遍采用 4 根对称并相互平行的导电立柱供电，称为 100% 高效率的完全同轴设计，图 6-10 为国内某厂 20t 同轴导电电渣炉。国外研究人员认为，带有 4 根对称分布的导电立柱的结构，优于两根导电立柱的同轴导电和一般平行布线的导电结构，可以有效地消除重熔过程中散乱磁场对金属熔池的扰动，避免偏析及斑点等缺陷的形成。此外，由于同轴电渣炉网路的感抗和压降损失小，磁场损失也相对较小，因此具有良好的节电效果，国外先进电渣炉的平均冶炼电耗一般为 $1100\sim1300kW\cdot h/t$。

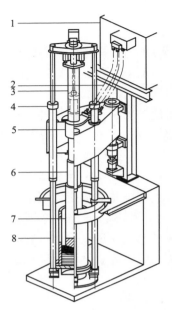

图 6-9　4 根导电柱的同轴布置电渣炉

1—饱和电抗器电源；2—电缆；3—夹持器；

4—电极支撑油缸；5—滑动触点；6—假电极；

7—电极；8—回路总线

图 6-10　20t 同轴导电电渣炉

北满特钢于 1979 年从联邦德国莱堡尔德-海拉斯公司引进一台 10t 单相、单支臂、双熔位电渣炉。从此，二次供电系统采用"同轴设计"的概念开始引入中国。

多年来，研究者针对电渣重熔过程的数值模拟都是在理想状态进行，很少考虑电渣过程实际电路及周围环境的影响；对于传统的电渣炉实际情况受导电回路及周围环境影响很大，其导电回路如图 6-11 所示，而同轴回路设计则可以大大降低这种不良影响，其简单结构如图 6-12 所示。

图 6-13 为不同电流返回方式下磁感应强度分布，相应的曲线为该工况下电极圆周表面路径上磁感应强度的映射值，圆周起点为 x 轴正电极半径处。由于趋肤效应，涡电流趋向于电极表面，故取一薄壁圆筒（圆心为电极轴线）作为电极模型进行分析，图 6-14 为电极圆周的涡流密度分布，圆周起点为 x 轴正电极半径处[14]。

分析结果表明，单导线返回电流时在电极表面分布的磁感应强度最大值为 8.205mT，最小值为 5.315mT，相差 35.22%；双导线返回电流时最大值为 6.764mT，最小值为 5.867mT，相差 13.26%；四导线返回电流时最大值为

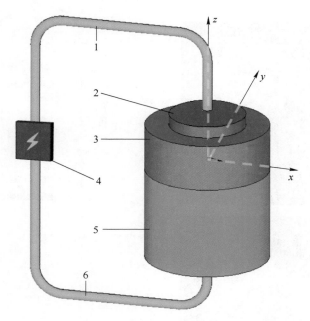

图 6-11　传统电渣炉实际短网布置

1—上短网；2—电极；3—渣池；4—变压器；5—钢锭；6—下回路

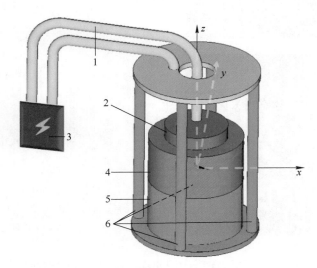

图 6-12　同轴导电电渣炉短网布置

1—上短网；2—电极；3—渣池；4—变压器；5—钢锭；6—回路短网

6.436mT，最小值为 6.063mT，相差 5.8%。电极表面在单导线返回电流时产生的涡流密度最大值为 264.15A/m^2，最小值为 48.578A/m^2；双导线返回电流时最

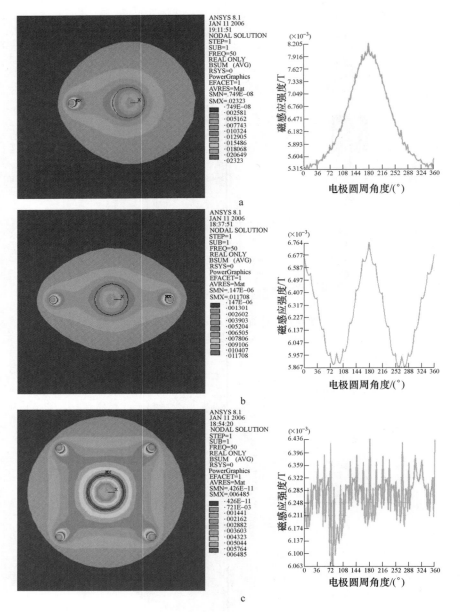

图 6-13　磁感应强度分布云图和电极圆周磁感应强度的计算结果

a—单导线；b—双导线；c—四导线

大值为 235.55A/m²，最小值为 120.11A/m²；四导线返回电流时最大值为 215.55A/m²，最小值为 209.21A/m²。由此可见，采用结构对称的炉型可以获得均匀的磁场和涡流密度，有利于电渣重熔的进行。

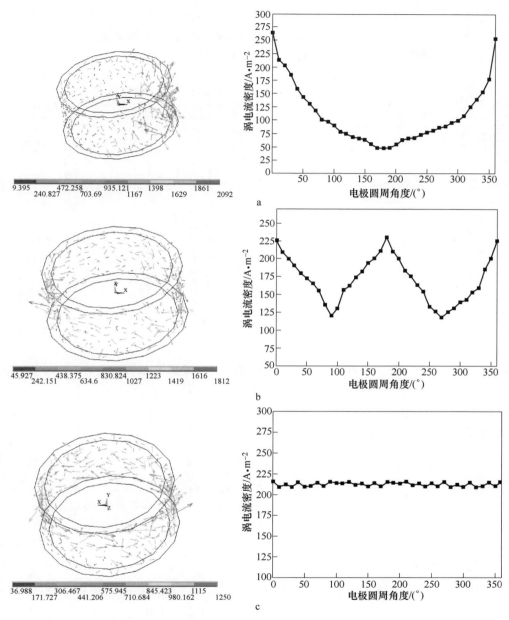

图 6-14　电极圆周的涡流密度分布

a—单导线；b—双导线；c—四导线

图 6-15 揭示了电渣重熔短网布置对熔体内电磁场、流场及熔池深度的实际影响，直观表明了同轴导电布置对电渣过程的有利影响。传统电渣重熔过程渣金界面附近的金属熔池圆柱段在结晶器周向的高度并不一致，造成金属熔池在周向

的深度不同，从而影响元素偏析及表面质量；而同轴导电布置情况下，这种情况大大改善，对于元素偏析倾向性强的材料以及表面质量要求较高的材料，采用同轴导电电渣炉进行熔炼，有利于提高最终产品质量。

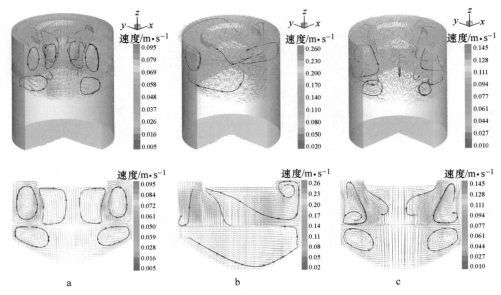

图 6-15　短网布置对电渣重熔过程流场及金属熔池的影响
a—传统理想模型；b—传统实际情况；c—同轴导电布置

6.5.3　电极熔化速度控制技术

最早期的电渣重熔基本靠手动调节电极的升降来进行熔炼，近年来，随着计算机自动化水平的提高，计算机自动控制逐渐应用到电渣炉的熔速控制中。总的来说，电渣重熔过程中的熔速控制可以分为两类：恒功率控制和递减功率控制。

6.5.3.1　恒功率控制

A　恒功率控制的类型

所谓恒功率控制就是在正常重熔期内（不包括造渣期和填充期），全程始终控制预先选定的重熔电压（U_{ESR}）和重熔电流（I_{ESR}）为恒定值，即保证变压器的输出功率（P_{ESR}）恒定。

根据控制形式的不同，可将恒功率控制分为恒电流控制和恒电压控制两种。

a　恒电流控制

该系统由操作人员预设了供电系统的输出电压（U_{ESR}），重熔电流（I_{ESR}）则取决于电极位置及渣阻形成的电路电阻。在电渣重熔过程中，通过调整电极位置使电流值按预设的电流曲线运行。

b 恒电压控制

该系统是操作人员预设了系统的输入电流（I_{ESR}），熔池电路的电压（U_{ESR}）则取决于电极位置及渣阻形成的电阻。在电渣重熔过程中，保持熔池电压按预设的电压曲线运行。

恒电流控制和恒电压控制的功率调整都是依靠改变电极插入渣池的深度来实现的，其优点是不需要增加称重系统，缺点是会因电极位置的变化而引起渣池温度分布的改变[15]。

B 恒功率控制的特点

a 实际输入渣池的功率不断增加

电渣重熔是依靠电流经过渣池所产生的电阻热来加热和熔化电极的，而渣池的输入功率可由式（6-6）、式（6-7）表示：

$$U_{SR} = U_{ESR} - \sum \Delta U \tag{6-6}$$

$$P_{SR} = I_{ESR} \cdot U_{SR} \tag{6-7}$$

式中 U_{SR}——炉口电压，V；

    U_{ESR}——重熔电压（变压器二次侧名义电压），V；

    $\sum \Delta U$——电渣炉系统阻抗电压总压降，V；

    I_{ESR}——重熔电流，A；

    P_{SR}——渣池的输入功率，W。

随着电渣重熔的进行电极长度不断减小，导致电极上的电阻压降特别是感抗压降不断降低（因为电感 L 正比于回路面积），因此 $\sum \Delta U$ 不断降低，如图 6-16 所示。根据电渣炉不同，每米电极的压降为 0.8~1.2V，所以炉口电压 U_{SR} 会相应增加，从而渣池实际的输入功率会相应地增加。

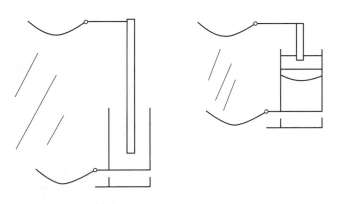

图 6-16 电渣重熔过程中电极缩短后感抗下降示意图

　　b　系统的散热能力不断降低

　　由上述分析可知，恒功率控制时，渣池的实际输入功率不断增加。但是，整个系统的散热能力在不断降低。

　　在熔炼开始阶段，由于造渣和电极吸热，以及底水箱和结晶器的冷却效果，所以系统散热能力非常强。随着熔炼进行，底水箱对铸锭的冷却效果会减弱，此外，电渣炉的结晶器一般是上小下大的形式，随着钢液面的上升，结晶器的散热面积不断缩小，所以系统的散热能力不断减弱。基于此，以恒功率的形式控制时，渣池温度、熔池深度及电极熔化速度均不断增加。

　　鉴于上述恒功率控制电极熔速的特点，在实际生产中，铸锭可能会出现一定的问题，比如：铸锭头尾的化学成分偏差较大，最后阶段温度高，元素烧损比较严重，特别是含 Al、Ti 等易氧化元素的钢种；由于金属熔池深度变化大，结晶质量存在差异；钢锭表面质量不均匀，下部质量差，上部质量好。

6.5.3.2　递减功率控制

　　A　递减功率控制的类型

　　为了保证铸锭上下不同部位的组织和成分均匀一致，有必要采用递减变压器输出功率（P_{ESR}）的控制方式，使渣池的输入功率（P_{SR}）随系统散热能力的变化而不断地调整。根据功率递减幅度的不同，可将递减功率控制分为恒熔速控制和恒熔池控制两种。

　　a　恒熔速控制

　　根据传热学理论计算、生产数据统计、现场检测组合的办法，确定需要递减的功率大小以保证重熔过程熔化速度恒定。由于结晶器上下部分的散热能力存在差异，所以在恒熔速控制时金属熔池的深度也是递增的。但是，相比于恒功率控制，其递增幅度较小，对铸锭质量的影响较轻，使铸锭上下的组织和成分更加均匀。

　　b　恒熔池控制

　　根据传热学理论计算、生产数据统计、现场检测组合的办法，确定需要递减的功率大小以保证重熔过程熔池深度恒定。为满足该条件，在重熔前期功率递减幅度必须更大，以保证重熔过程中熔化速度也是递减的，这是获得优质铸锭，尤其是优质大型铸锭的必要条件。

　　图 6-17 和图 6-18 分别为恒熔速控制和恒熔池控制中关键参数的变化情况。

　　B　递减功率控制的方法

　　根据递减功率控制方法的不同，可将其分为恒电流调电压、恒电压调电流、同时调电压和电流三种。但是在实际重熔过程中，考虑到电压数值较小，对功率的调整能力有限，所以一般不采用恒电流调电压的方式，而采用后两种方式。

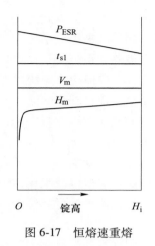

图 6-17 恒熔速重熔

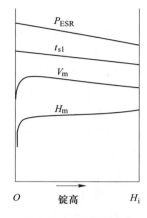

图 6-18 恒熔池重熔

a 恒电压调电流方案

由于传统电渣炉大多不能实现有载无级调压，因此在设备不作改动的条件下，只能采用降低电流的方式来递减功率（重熔过程中，炉口电压 U_{SR} 实际上是递增的，因此要保持功率 P_{ESR} 递减，重熔电流 I_{ESR} 递减幅度将很大）。由下式可知：

$$L_{em} = \frac{A_{eff}}{\rho_{sl}} \times \frac{U_{SR}}{I_{ESR}} \tag{6-8}$$

由于 I_{ESR} 大幅度递减，两极间距 L_{em} 要大幅度递增。为了保持电流稳定，必须使 $H_S > L_{em}$。渣量将要大幅度的增加，一种方法是开始造渣时增大渣量，另一种方法是在重熔过程补加渣量。但是，渣量大幅度增加不利于前期熔速的提高，整个过程热损失增加，电耗大幅度增加，因此，这种控制方式不太合理。

若采用高电阻率渣系和中间换电压挡的办法，也可在一定程度减轻控制难度，但不是根本办法。

b 同时调电压和调电流保持渣阻恒定

在保证 U_{SR}/I_{ESR} 比值基本不变的前提下，同时按比例降低电压和电流，达到功率递减的目的。这种控制方式克服了第一种方式电流变化幅度过大、要求渣池深度过大而不经济的问题，可以基本保持电极在渣池中插入位置不变。但是，实现这种控制方式的前提是变压器二次侧电压必须有载可调（无级或有级）。

近年新建的电渣炉基本都是采用有载无级调压的变压器，这有利于过程的稳定性及电渣锭质量的提高。

6.5.3.3 熔化速度实时监控控制

上述两种电渣重熔过程控制方式都存在一定的缺点和不足，熔化速度容易发生波动而影响电渣钢质量，而单从供电参数等信息的反馈根本无法识别。

先进的电渣重熔过程熔速控制采用对自耗电极实时称重的方式进行，并根据实际熔速与设定熔速的比较做出系统功率的调整方向。电极称重系统主要用于称量自耗电极在熔化过程中剩余的质量，一方面，电极称重系统与计算机控制系统相配合，可实现恒熔速或恒熔池深度控制；另一方面，电极称重系统可对熔炼工艺进行量化，如准确反映熔化过程何时结束，以及结束前自动将电流补缩等[16]。

由此可见，对于恒熔速控制和恒熔池深度控制的电渣重熔过程来说，电极称重系统作为电极熔化速度的检测手段是非常重要的。但是，在电渣重熔过程中，机械传动、电磁干扰，甚至保护气氛电渣炉的气体压力及真空电渣炉的真空度等因素均会影响称量数据。所以，设计高精度的电极称重装置以及采用何种形式的传感器可以克服机械部件间的摩擦力，提高称重系统的测量精度，便于实现远程控制等一直是相关工作者关心的问题。

称量检测系统可以采用梅特勒称量传感器和美国梅特勒智能仪表实现剩余电极质量称量。智能仪表信息经现场总线（Profibus）传送到 PLC 系统，利用程序计算熔化质量及熔化速率。在智能化控制系统中，工艺控制模型根据反馈的熔化速率瞬时调节工艺参数，并指导供电系统随之改变供电功率，从而实现电极熔化速度与工艺模型预定熔化的匹配控制。

智能化控制系统在熔炼时根据所熔炼的钢种不同自动选择适合的熔炼工艺参数，并将熔炼工艺参数导入到工艺控制窗口中，操作人员可以根据情况调节控制，其中对电渣钢凝固质量的控制最关键的就是自耗电极的熔化速度。熔速控制采用串级控制方案。电子秤用于称量电极剩余质量，其传感器信号进入电子秤二次仪表，二次仪表通过 Profibus 总线将信号送入计算机系统。计算机系统完成实际熔化速度的计算，并将计算结果与设定熔化曲线比较，经智能控制算法确定输出熔化电流给定值，此为主控制环。PLC 系统通过对饱和电抗器工作电压触发脉冲的控制及实际一次电流反馈，形成电流闭环控制，从而保证熔炼过程的电流恒定控制（严格地说是保证熔炼按设定熔化曲线控制），此为副环，电流控制过程也可按手动设定控制。

熔速控制组成框图如图 6-19 所示。熔速控制原理如图 6-20 所示。

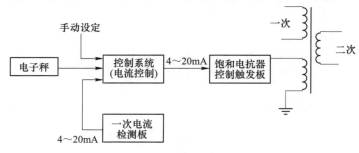

图 6-19　熔速控制组成框图

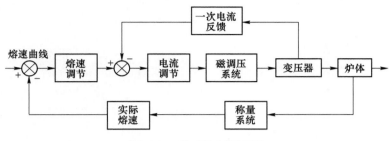

图 6-20 熔速控制原理图

6.5.4 摆动控制调节电极插入深度技术

决定电渣锭质量的关键在于维持熔速的稳定,而重熔过程中渣阻的变化对电极熔速的稳定控制有很大的影响。为了得到稳定的熔速,需要控制自耗电极插入渣池的深度,以此来维持渣阻稳定[17]。

若电极插入熔池的深度过浅,则可能会造成拉弧现象,使熔渣中的气体含量增加,增加易氧化元素的烧损,从而影响到铸锭的气体和夹杂物含量;同时,还可能使电极和渣面之间产生放电现象,破坏电渣过程的稳定性,增大钢锭的偏析程度。若插入深度过深,则会增加电极与结晶器壁的放电效果,从而使电极末端呈锥形,金属液滴不能随机地从电极上滴落,导致钢锭的不均匀;同时,在结晶器与电极的双重冷却作用下,会增加渣皮厚度,加剧熔池弯月面冷却效果的不均匀程度,导致钢锭表面质量不稳定,产生皱皮、裹渣等缺陷。若电极稳定在熔渣的浅埋入区域,此时电极的极间距最大,金属熔滴经过渣池的有效行程也大,熔滴的渣洗效果充分,不仅可以获得良好冶金效果,而且可以最大限度地将电能转化为冶炼的热能,提高电渣炉的熔炼生产效率[18]。同时,此时还会出现摆动现象,将摆动幅度控制在一定的范围内,就可以既保证电极浅埋,又维持渣阻稳定。

6.5.4.1 电流摆动控制技术

电流摆动控制技术原理如图 6-21 所示。

首先设定一个与初始电压相对应的初始设定电流 I_{sp},按合适的采样周期 T_s 检测当前的实际电流 I_c,再与设定电流比较,确定电流摆动幅度 ξ,并设定摆动幅度的上限值 a 和下限值 b,且 $a>b$,则存在三种情况:若实际电流在设定电流附近摆动,且 $b \leqslant \xi \leqslant a$,则表示设定电流合适,电极插入的深度也合适,故保持当前的设定电流;若电流摆动幅度 $\xi<b$,则表示设定电流 I_{sp} 偏大,电极插入太深,没有产生摆动,故减小设定电流,直到满足 $b \leqslant \xi \leqslant a$;若电流摆动幅度 $\xi>a$,

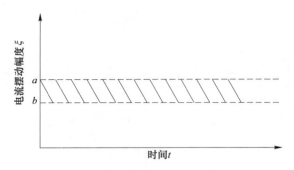

图 6-21　电流摆动控制技术原理示意图

则表示设定电流偏小，电极插入太浅，可能要脱离渣面，摆动幅度过大，故适当增大设定电流，直到满足 $b \leqslant \xi \leqslant a$ [17]。

　　以邢台机械轧辊公司 10t 电渣炉为例。投产初期，采取功率递减工艺控制熔炼速率，但是未对二次电流进行摆动控制，对 20 支电渣锭进行统计分析，结果见表 6-12，钢锭的探伤合格率为 85%，且还有 20% 的辊坯有未超标缺陷，1 级品率为 75%。改进了控制工艺后，在熔炼功率递减的基础上，采取了二次电流摆动控制，电渣锭质量得到明显改善，同样对 20 支电渣锭进行统计分析，结果见表 6-13，采取新工艺后，探伤合格率达到 95%，1 级品率达到 90%，电渣锭表面质量明显改善，熔化速度趋于稳定一致[18]。

表 6-12　未用二次电流摆动控制冶炼的 10t 电渣锭质量

炉号	材质	探伤情况	表面质量	等级品/级	冶炼周期/h	炉号	材质	探伤情况	表面质量	等级品/级	冶炼周期/h
9-221	XT-30C	合格	差	3	15.5	9-231	XT-30C	合格	差	1	15.0
9-222	XT-30C	合格	良	1	14.5	9-232	XT-30C	不合格	良	1	13.0
9-223	9Cr3MoV	合格	良	1	14.0	9-233	XT-30C	合格	良	1	14.0
9-224	9Cr3MoV	合格	良	1	13.0	9-234	XT-30C	不合格	差	3	17.5
9-225	9Cr3MoV	不合格	良	1	14.0	9-235	XT-30C	合格	良	1	15.0
9-226	XT-30C	合格	良	1	16.0	9-236	XT-30B	合格	差	3	16.0
9-227	XT-30C	合格	差	3	16.0	9-237	XT-30B	合格	良	1	14.0
9-228	XT-30C	合格	差	3	14.5	9-238	XT-30B	合格	良	1	14.0
9-229	XT-30C	合格	差	3	14.5	9-239	XT-30B	合格	良	1	14.5
9-230	XT-30C	合格	良	1	14.5	9-240	XT-30B	合格	良	1	13.0

表 6-13　用二次电流摆动控制冶炼的 10t 电渣锭质量

炉次	材质	探伤情况	表面质量	等级品/级	冶炼周期/h	炉次	材质	探伤情况	表面质量	等级品/级	冶炼周期/h
9-351	XT-50C	合格	差	3	15.0	9-361	XT-50C	合格	良	1	15.0
9-352	XT-50C	合格	良	1	14.5	9-362	XT-50C	合格	良	3	15.5
9-353	XT-30A	合格	良	1	15.0	9-363	86CrMoV7	合格	良	1	14.0
9-354	XT-30A	合格	良	1	14.5	9-364	86CrMoV7	合格	良	1	15.0
9-355	XT-30A	合格	良	1	15.0	9-365	86CrMoV7	合格	良	1	15.0
9-356	XT-30A	合格	良	1	15.0	9-366	86CrMoV7	合格	良	1	16.0
9-357	XT-50C	合格	良	1	15.0	9-367	XT-50C	合格	良	1	14.0
9-358	XT-50C	合格	良	1	14.5	9-368	XT-50C	合格	良	1	15.0
9-359	XT-50C	合格	差	1	15.0	9-369	XT-50C	合格	良	1	14.5
9-360	XT-50C	合格	良	1	14.5	9-370	XT-50C	合格	良	1	15.5

由此可见，电渣重熔过程中，若采用电流摆动控制技术，对电极熔化速度的控制以及电渣锭的质量，都有很好的效果。

6.5.4.2　电压摆动控制技术

电压摆动控制技术原理如图 6-22 所示。

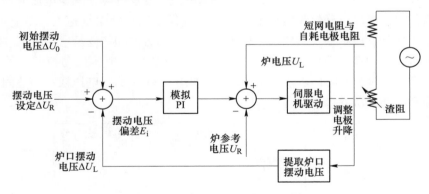

图 6-22　电压摆动控制技术原理示意图

在重熔过程中，通过调节炉口摆动电压，进而控制自耗电极插入渣池的深度，维持渣阻稳定[19]。首先提取炉口摆动电压 ΔU_L，以及来自电网波动电压（初始摆动电压）ΔU_0，$\Delta U_0 - \Delta U_L$，就是去除电网波动电压后的炉口摆动电压信号；再与摆动电压设定值 ΔU_R 比较，获得摆动电压偏差值 E_i，作为模拟 PI 控制器的输入；求和放大器对模拟 PI 控制器的输出、炉电压 U_1 和炉参考电压 U_R 进行运算，作为伺服电机驱动设备的输入，进而驱动自耗电极升降，实现摆动控制，从而维持渣阻稳定[17]。

随着自耗电极不断熔化，熔炼电流递减，为了维持渣阻稳定，炉口电压必须随之下降，图 6-23 示出了在整个重熔过程的三个阶段（化渣期、熔炼期、补缩期）炉口电压的变化趋势。

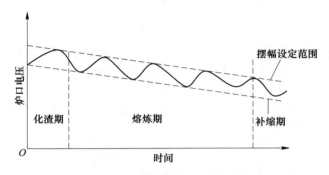

图 6-23　电渣炉的炉口电压曲线

6.5.4.3　可控气氛电渣重熔摆动控制及电极插入深度技术

PLC 系统完成电压摆动值测量和渣阻摆动值测量。测量电压摆动值和渣阻摆动值主要是由于消除一次电压波动而引起的炉口电压波动，从而有效测量因电极插入熔池深度而引起的电压摆动，通过控制电极的慢速升降，减少电压波动而控制电极的插入深度，确保瞬时恒渣阻熔炼，这样可以加快熔炼速度，节省电能，提高钢锭质量。PLC 系统的输出，即为伺服电机的方向和速度给定。

通过手动切换，即可选择渣阻控制（手动设定）和电压摆动控制（手动设定电压摆动范围）。电压摆动控制组成框图如图 6-24 所示，电压摆动与渣阻协同控制原理框图如图 6-25 所示。

图 6-24　电流摆动控制组成框图

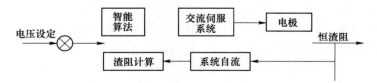

图 6-25　电压摆动与渣阻协同控制原理框图

6.5.5 炉内氧浓度在线监控技术

电渣重熔过程一般在大气下进行，就钢中氧含量而言，电渣重熔钢比真空电弧重熔钢等经过真空处理的高。因此，有效地控制电渣重熔钢中的氧含量显得尤为重要。

电渣锭中氧的来源很复杂，主要与自耗电极中的原始氧含量、自耗电极表面生成的氧化铁皮、造渣材料中带入的不稳定氧化物和直接从大气中通过熔渣转移到金属环熔池的氧有关。

可控气氛电渣重熔过程熔炼室气氛环境控制系统由一台气体流量计、一个压力传感器、一个氧含量传感器、一台气动调节阀以及抽真空系统构成，实现结晶器内真空或者保护性气氛的控制。在熔炼前的各项准备工作结束后，熔炼室密封后，由 PLC 系统控制抽真空，达到预定真空度后，即可进行真空电渣重熔操作。如果是保护气氛熔炼，抽真空结束后，PLC 通过模入通道检测氩气压力、氩气流量，并与炉内氧浓度传感器所测氧含量对比，根据情况调节控制气体压力，通过模出通道控制调节阀（气动）开度。另外，为防止氩气浓度超标对人体造成危害，PLC 通过模入通道检测炉周围氧含量的方法，监测氩气浓度。在罩内、炉口及炉下部各安装一台氧含量传感器来实现氧含量的检测与报警。

6.6 可控气氛电渣重熔技术实施效果

风电作为一种清洁的可再生能源已经成为世界各国优先发展的重要能源之一，近些年，全球装机容量迅速增加，单机容量不断向大型化、高效化的方向发展。风电轴承是风电机组中服役条件最苛刻，维护成本最高，要求使用寿命（至少 20 年）最长的关键部件之一。大功率风电机组用轴承则是风电机组产业链上的主要瓶颈，国内可以生产 3MW 以下陆上风电轴承，但 3MW 以上基本无法提供。氧含量往往是轴承钢使用寿命及洁净度水平的一个重要衡量指标，一般电渣钢氧含量均在 $20 \times 10^{-6} \sim 30 \times 10^{-6}$，即使采用保护气氛熔炼，渣系选择不合适，氧含量也不会低于 15×10^{-6}。在东北大学与大冶特殊钢等共同承担的科技部"863"计划"大功率风电机组用轴承钢关键技术开发"项目中，采用东北大学研发的渣系，进行了 6MW（全球 5MW 以上陆上风电机组仅有 2 座）大功率风电机组用齿轮箱轴承环件及主轴轴承的试制，图 6-26 是一台 6MW 风电机组用主轴轴承，其中氧含量达到了 6.5×10^{-6}。

另外，中航上大高温合金材料有限公司采用智能化全密闭可控气氛电渣重熔技术熔炼的 GH625 高温合金铸锭头尾 Al、Ti 含量偏差仅 0.01% 和 0.02%。宝钢应用全密闭可控气氛电渣重熔技术后钢中的氢含量达到基本不增加的显著效果，电渣重熔前后钢的氧含量增加量大幅度降低，见表 6-14。

图 6-26　6MW 风电机组用主轴轴承

表 6-14　电渣重熔前后钢中的气体含量变化　　　（质量分数,%）

编号	H		O	
	电极棒	电渣锭	电极棒	电渣锭
896-0091	$0.5×10^{-4}$	$0.4×10^{-4}$	$12×10^{-4}$	$10×10^{-4}$
	—	$0.4×10^{-4}$	$11×10^{-4}$	$10×10^{-4}$
898-0133	$0.9×10^{-4}$	$0.4×10^{-4}$	$12×10^{-4}$	$9×10^{-4}$
	$0.7×10^{-4}$	$0.8×10^{-4}$	$10×10^{-4}$	$11×10^{-4}$

Schneider 等[20]也开展了保护气氛电渣重熔 X37CrMoV5-1 热作模具钢的研究，电渣炉频率为 4.5Hz，结晶器直径 165mm，电渣炉最大电流 5kA，最高电压 100V，重熔渣系及过程参数见表 6-15 和表 6-16。

表 6-15　渣系的化学成分　　　（质量分数,%）

渣系	CaF_2	CaO	Al_2O_3	SiO_2	MgO
3C3A	31.5	29.5	33.5	1.5	3
3C3A-N_2	31.5	29.5	33.5	1.5	3
3C3A1S	29	27	30.5	10	3
4C4A	14.5	37.5	41.5	1.5	4
3A	68	—	30	2	—

表 6-16　电渣重熔过程的工艺参数

渣系	气氛	渣量/kg	电流/kA	电压/V	熔速/kg·h⁻¹	插入深度/cm
3C3A	空气	5	3.5	60~62	63	1
3C3A-N_2	N_2	5	3.0	61~62	50	0.5

续表 6-16

渣系	气氛	渣量/kg	电流/kA	电压/V	熔速/kg·h⁻¹	插入深度/cm
3C3A1S	空气	5	2.9	74~75	51	1
4C4A	空气	5	2.8	65~67	62	0.5
3A	空气	6	4.0	60~63	57	0.5

重熔后各炉次钢中 Al、O 和 S 的检测结果见表 6-17。从表 6-17 的数据可以看出采用相同渣系氮气保护条件下，钢中的 Al 烧损量最少，但对脱硫有一定的影响。采用低氟渣系，由于渣系的黏度大、熔点高，并且吸收溶解夹杂物能力强，所以钢中 O 含量最低。

表 6-17 采用不同工艺重熔后钢中 Al、S 和 O 含量 （质量分数,%）

渣系	Al	S	O
电极	0.018	13×10^{-4}	13×10^{-4}
3C3A	0.059	4×10^{-4}	11×10^{-4}
3C3A-N_2	0.065	9×10^{-4}	11×10^{-4}
3C3A1S	0.015	6×10^{-4}	12×10^{-4}
4C4A	0.053	4×10^{-4}	8×10^{-4}
3A	0.016	8×10^{-4}	24×10^{-4}

电渣重熔后各炉次夹杂物情况如图 6-27 所示。从图 6-27 中可以看出，采用保护气氛电渣重熔后夹杂物有所下降，排除了气氛环境的影响外，渣系对钢中夹杂物的类型及含量控制影响很大；采用 3A 渣系后，钢中几乎仅剩下氧化物类夹杂物，氧硫化物和硫化物夹杂几乎全部去除。

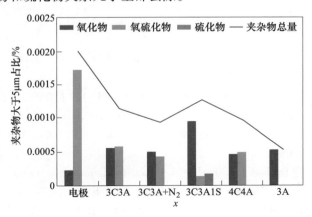

图 6-27 电渣重熔前后钢中夹杂物含量及组成变化

　　李连鹏等[21]也研究了采用保护气氛电渣重熔 GH4033 合金的冶金质量情况，并与普通电渣重熔的相应结果进行了对比，其中元素的烧损情况见表 6-18。由表 6-18 可以看出，电渣重熔后 C 烧损量为 0.001%~0.003%；Si 含量有所增加，尾部增加较多，增量为 0.06%；Al 含量烧损幅度较大，头尾烧损量分别为 0.11% 和 0.08%；Ti 含量烧损较小，绝对值为 0.02%~0.08%。表 6-19 是普通电渣重熔和保护气氛电渣重熔 GH4033 合金的部分结果对比，可见在大气下的普通电渣重熔 GH4033 合金中 C、Si、Al、Ti 头尾不均匀，偏差较大，O、N 含量较高；保护气氛电渣重熔后，成分均匀性得到明显改善，钢锭头尾成分偏差较小，O、N 含量也有不同程度降低。与 Schneider 等的研究对比可知，除了气氛环境会影响电渣钢中成分烧损及分布外，渣系对电渣钢成分控制也起到关键作用。

表 6-18　EF+ESR（Ar）冶炼 GH4033 合金中成分含量平均值　　　（质量分数,%）

冶炼方式	位置	C	Si	Al	Ti
EF+LF+VOD/VHD	—	0.040	0.14	0.95	2.58
ESR（Ar）	头部	0.037	0.15	0.84	2.56
	尾部	0.039	0.20	0.87	2.51

表 6-19　普通电渣重熔和保护气氛电渣重熔 GH4033 合金的部分成分含量与变化对比

（质量分数,%）

工艺	ΔC	ΔSi	ΔAl	ΔTi	O	N
ESR（Ar）	0.001	0.02	0.04	0.02	24×10^{-4}	120×10^{-4}
ESR	0.003	0.04	0.13	0.06	42×10^{-4}	138×10^{-4}

参 考 文 献

[1] 王海江，徐朋，杨松. 氩气流量、渣系和加 Al 粉对 1Cr21Ni5Ti 钢保护气氛重熔锭［Ti］的影响［J］. 特殊钢，2015，36(6)：23~25.

[2] 陈国胜，曹美华，周奠华，等. 保护气氛电渣重熔 GH4169 合金的冶金质量［J］. 航空材料学报，2003，23(10)：88~91.

[3] 陈国胜，周奠华，金鑫，等. 全封闭 Ar 气保护电渣重熔 GH4169 合金［J］. 特殊钢，2004，25(3)：46~47.

[4] Armantrout C E, Dunham J T, Beall R A. Properties of wrought shapes formed from electroslag-melted titanium［J］, The Science, Technology and Application of Titanium, 1970：67~74.

[5] 杜金辉，邓群，曲敬龙，等. GH4169 合金盘锻件制备技术发展趋势［J］. 钢铁研究学报，2011，23(S2)：130~133.

[6] Katada Y, Sagara M, Kobayashi Y, et al. Fabrication of high strength high nitrogen stainless steel with excellent corrosion resistance and its mechanical properties [J]. Materials and Manufacturing Processes, 2004, 19(1): 19~30.

[7] 李正邦. 21世纪电渣冶金的新进展 [J]. 特殊钢, 2004, 25(5): 1~5.

[8] 牛建平, 杨克努, 管恒荣, 等. 真空冶金现状及其应用前景 [J]. 真空, 2002 (6): 7~13.

[9] Holzgruber W, Holzgruber H. Development Trends in Electroslag Remelting. In: Medovar B L. ed. Medovar Memorial Symposium [C]. Kiev. E O Paton Electric Welding Institute, 2001: 71.

[10] 王亚平, 周志明, 蒋鹏. 一种低氧低夹杂物铜铬合金触头的生产方法. 中国专利, 2003101051303 [P], 2005.

[11] 刘福斌, 臧喜民, 姜周华, 等. 基于有限元电磁场分析的电渣炉结构优化 [J]. 东北大学学报 (自然科学版), 2009, 30(2): 229~232.

[12] 姜周华. 电渣冶金的物理化学及传输现象 [M]. 沈阳: 东北大学出版社, 2000.

[13] Dilawari A H, Szekely J. A mathematical model of slag and metal flow in the ESR process [J]. Metallurgical Transactions B, 1977, 8(1): 227~236.

[14] 刘福斌. 电渣炉大电流导体的电磁场数值模拟 [D]. 沈阳: 东北大学, 2005.

[15] 陆锡才. 电渣重熔与熔铸 [M]. 沈阳: 东北大学出版社, 1999.

[16] 王健. 一种新型全自动称重真空自耗电弧炉的研制 [J]. 钛工业进展, 2008, 25(3): 34~37.

[17] 张莉, 王京春, 王锦标. 电渣炉的两种摆动控制原理分析与应用 [J]. 冶金自动化, 2006, 30(2): 53~55.

[18] 霍振全, 常立忠, 梁素霞. 10t电渣炉冶炼工艺与二次电流摆动控制的应用 [J]. 特殊钢, 2006, 27(6): 54~56.

[19] 马善凯. 关于电渣炉表面摆动控制问题的研究 [J]. 燕山大学学报, 1995, 19(2): 121~123.

[20] Reinhold S, Schneider E, Molnar M, et al. Effect of the slag composition and a protective atmosphere on chemical reactions and non-metallic inclusions during electro-slag remelting of a hot-work tool steel [J]. Steel Research International, 2018, 89 (10): 1800161.

[21] 李连鹏, 邢宝富, 关旭东, 等. 一种镍基高温合金保护气氛电渣重熔大锭冶金质量的研究 [C]. 中国金属学会, 冶金工业出版社, 2015: 237~239.

7 半连续电渣重熔实心钢锭技术

7.1 国内外半连续电渣重熔实心钢锭技术发展概况

7.1.1 国外半连续电渣重熔技术的发展状况

苏联快速电渣重熔技术是在早年 T 型结晶器多流电渣重熔（Multiple Strand T mould ESR）[1]基础上发展起来的，"镰刀-斧头"厂采用多流电渣重熔，同时抽出 4 根 150mm 的轴承钢 GCr15 方坯[2]。

美国 Consarc 公司采用多流电渣重熔技术同时抽出 3 根 M2 高速钢坯。在文献［3~5］介绍了这一技术，当时着眼点是用大断面铸锭作为电极，一次重熔出多根小断面铸坯，省去开坯工艺，而重熔速度提高幅度有限。

奥地利 W. Holzgubel[6]在 Acciaier Valbuna 进行了大量的试验，开发出快速电渣重熔技术，对 100~300mm 小型钢锭，熔速提高到 300~1000kg/h，使熔速与结晶器直径之比为 3~10。其原理如图 7-1 所示，采用 T 型结晶器，重熔大断面电极，在结晶器壁上嵌入导电元件，使电源电流通过自耗电极→渣池→导电元件→返回变压器，如此改变了结晶器内的热分配。钢-渣界面基本上没有电流通过，也就是基本不发热，同时钢-渣熔面远离电极端头，使得金属熔池的温度大幅度降低，减弱了金属熔池深度与输入功率的关系。此外，铸锭自 T 型结晶器中抽出，在空气中受空气对流冷却。而固定式结晶器重熔时，铸锭收缩与结晶器内壁形成气隙对冷却不利。

快速电渣重熔（ESRR）生产 ϕ145mm 电渣锭，获得较高的熔速 v_M，渣系采用 CAF3（32%CaF$_2$-30%CaO-3%MgO-32%Al$_2$O$_3$-3%SiO$_2$）及 CAF4（40%CaF$_2$-30%CaO-30%Al$_2$O$_3$，在 1600K 时，渣电导率分别为 $k=2\Omega^{-1}/cm$ 及 2.5Ω^{-1}/cm）；而与以往通用 ANF-6 渣（70%CaF$_2$-30%Al$_2$O$_3$，$k=3.5\Omega^{-1}/cm$）比较，渣电导率降低，使重熔电效率显著提高。熔池深度与凝固系数（ESRR 重熔 M2 钢，锭径 160mm）在 v_M 达到 300kg/h 时加 FeS 测得熔池呈 V 形，熔池深度约 147mm，计算凝固系数 $C=37$mm/min$^{1/2}$。当熔速 v_M 提高到 600kg/h，熔池呈 U 形，熔池深度约 189mm，凝固系数 $C=46$mm/min$^{1/2}$。标准电渣重熔 ESR 的凝固系数 $C=30~35$mm/min$^{1/2}$，连铸凝固系数 $C=25~38$mm/min$^{1/2}$。因 ESRR 具有高的凝固系数 C，从而在增大熔速条件下，铸坯内部组织仍是致密、均匀、无疏松、无缩孔的，

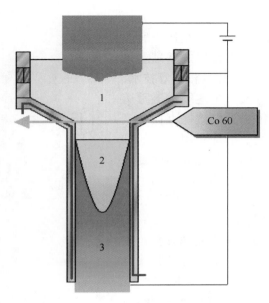

图 7-1 电渣快速重熔原理
1—渣池；2—金属熔池；3—铸锭

生产的钢种有马氏体耐热钢 AISI402、奥氏体不锈钢 AISI304L、高速工具钢 M7、超级合金 INC0718、高温耐磨合金 WN14980（见表 7-1）。ESRR 铸锭表面光洁，无需清理可直接热加工。

表 7-1 不同快速电渣重熔的工艺参数

工艺	电流/kA	电压/V	重熔速度/kg·h^{-1}	渣系	气氛	脱氧剂
重熔 AISI402	8.4	71	560	CAF3	N_2	0.03%Al
重熔 AISI304L	9.2	69	600	CAF3	N_2	0.03%Al
重熔 WN14980	8.6	67	370	CAF4	N_2	0.03%Al

2002 年，奥地利 Inteco 公司在电渣快速重熔的基础上增加一套自动控制装置，实现了连铸电渣快速重熔（CC-ESRR）技术。根据钢水液面检测信号来控制两个驱动辊和四个导向辊，可以实现自动连续拉坯。

7.1.2 国内半连续电渣重熔技术的发展状况

国内的抽锭电渣炉主要用来生产大直径的重熔钢锭，较少生产直径小于 300mm 的钢锭。早年，我国冶金工作者曾开发过快速电渣重熔技术，由于用金属探尺测金属液位，金属探尺信号受液滴带电滴落干扰，滤波问题未最后解决而搁置。

2002 年，东北大学钢铁冶金研究所在结合电渣重熔和连铸技术优点的基础上采用双极串联、液位检测、连续拉坯等技术，在国内首次成功地开发出半连续电渣重熔实心钢锭技术[7]，解决了电渣锭直径小于300mm 时，熔速很慢、冶炼费用很高的难题。通过对 90mm×90mm 重熔方坯质量的低倍、高倍、夹杂物检验等分析表明，该技术生产方坯的表面质量和内部质量良好，其基本原理如图 7-2 所示。

2007 年起，在实验室研究基础上，东北大学联合国内多家钢铁企业将半连续电渣重熔实心钢锭技术进行工业化生产应用[7,8]；先后攻克 300mm×340mm（280mm×325mm）×6000mm 电渣方坯、ϕ600mm×6000mm、ϕ800mm×6500mm 电渣圆坯半连续电渣重熔关键技术，实现了"提高质量、提高效率、降低成本"的目的。

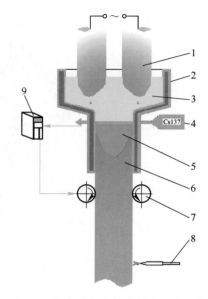

图 7-2　半连续电渣重熔技术基本原理
1—自耗电极；2—水冷 T 型结晶器；
3—渣池；4—金属液面检测装置；
5—金属熔池；6—重熔方坯；7—拉坯机构；
8—切割装置；9—计算机控制系统

7.2　半连续电渣重熔实心钢锭技术数值模拟

7.2.1　模型参数

本节以半连续电渣重熔镍基高温合金 GH4169 实心钢锭凝固过程中多场耦合行为为研究对象，采用 UDF 自编程数值模拟方法，基于二维轴对称 T 型结构有限元模型，借助于 ANSYS 商业软件中 Fluent 模块，利用实验测得的数据，实现不同电流和不同导电方式工艺下钢锭凝固过程的模拟计算[9]。

基本假设、控制方程和边界条件见 3.2 节，物性参数和工艺条件见 3.3.4 节；半连续抽锭过程采用动网格技术处理，详见 3.2.3 节。

7.2.2　重熔电流对多场耦合行为的影响

数值模拟实验室规模电渣炉在大气气氛下重熔 GH4169 合金，考察了不同重熔电流（3500A、4300A、5000A）下电渣锭中多物理场的变化规律。电渣重熔过程中，熔渣是唯一的发热源，熔渣产生的焦耳热大小和分布会影响整个渣池温度分布，进一步影响钢锭的质量。因为焦耳热不能全部用来熔化电极，根据公式可知，焦耳热大小与渣的电导率和给定实验电流的大小有关。由于使用同一渣系，电导率相同。电流太大，产生热量过多会使凝固变慢，耗时较长；电流太小，产生热量过少，凝固过快（见表7-2）。

表 7-2　不同重熔电流的工艺参数

T型结晶器直径/mm	电渣锭直径/mm	电极直径/mm	渣池深度/mm	电流/A
330	250	200	110	4300
330	250	200	110	3500
330	250	200	110	5000

7.2.2.1　电磁场

图7-3是重熔电流3500A、4300A、5000A下的磁场强度。从图7-3可以看

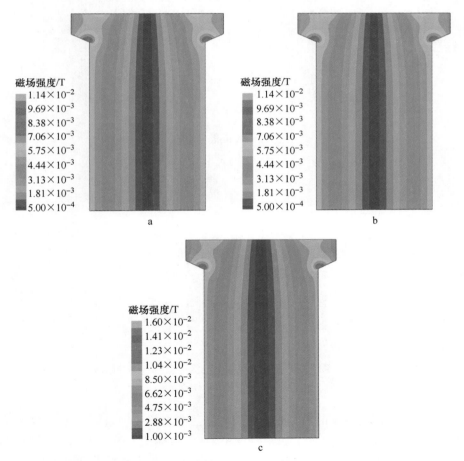

图 7-3　半连续电渣重熔过程中电流对磁场强度的影响

a—3500A；b—4300A；c—5000A

出，随着电流的增大，磁场强度的最大值不断增大，最大值都出现在 T 型结晶器变径处。此外，随着电流增大，磁场强度的增长趋势也呈线性变化。

图 7-4 中随着电流的变大，电流密度的最大值也会随之变大，且电流密度的增幅也是呈线性变化。当电流为 3500A 时，电流密度为 $1.62 \times 10^5 \mathrm{A/m^2}$；电流为 5000A 时，电流密度为 $2.31 \times 10^5 \mathrm{A/m^2}$。

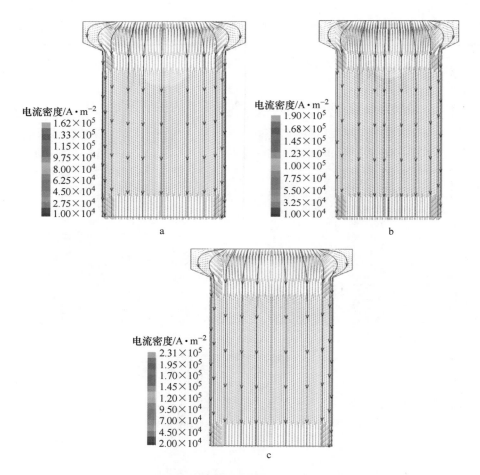

图 7-4　半连续电渣重熔过程中电流对电流密度的影响
a—3500A；b—4300A；c—5000A

图 7-5 为不同电流下的焦耳热分布，焦耳热主要集中在渣区，并且靠近电极端面热量最高。随着电流的增大，焦耳热增加，根据式（7-1）可知，当渣的电导率不变时焦耳热的变化与电流密度的平方成正比。因此电流为 3500A 时，焦耳热为 $7.36 \times 10^7 \mathrm{W/m^3}$；电流为 5000A 时，焦耳热为 $1.71 \times 10^8 \mathrm{W/m^3}$。

$$Q = \frac{J \times J}{\delta} \tag{7-1}$$

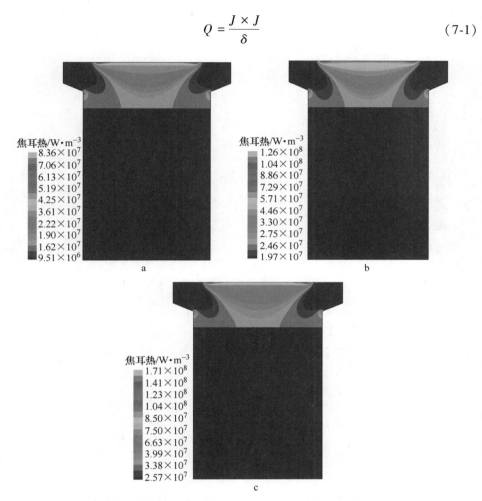

图 7-5 半连续电渣重熔过程中电流对焦耳热分布的影响

a—3500A；b—4300A；c—5000A

图 7-6 是电流 3500A、4300A、5000A 时的洛伦兹力数据。从图 7-6 中可以看出，洛伦兹力最大值均出现在 T 型结晶器变径处，且最大值都在不断地变大，洛伦兹力最大值为 $2.28 \times 10^3 \mathrm{N/m^3}$。根据流线的疏密可以看出，受电流密度影响，洛伦兹力在钢锭顶部和渣池区域都有一定弧度，在钢锭区域洛伦兹力流线都趋于水平。需要注意的是，在任何部位洛伦兹力是不随时间变化的，因为它是变化的电流与磁场的相互作用产生的。

7.2.2.2 流场和温度场

图 7-7 为电流 3500A、4300A、5000A 下的流场。渣池内有两个方向相反的旋

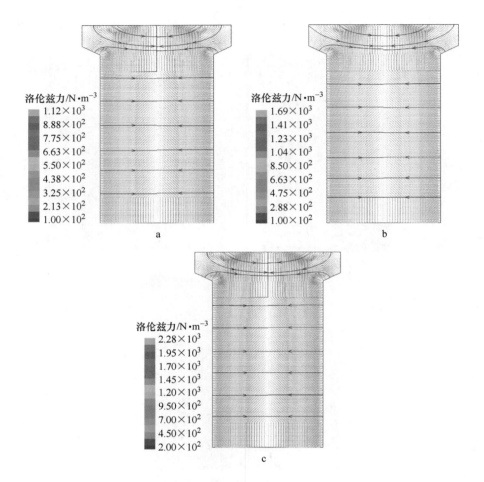

图 7-6　半连续电渣重熔过程中电流对洛伦兹力的影响

a—3500A；b—4300A；c—5000A

涡。渣池中部区域因受洛伦兹力的影响，流体运动轨迹为逆时针。结晶器侧壁受水冷作用，侧壁处的流体在重力驱动下形成一个顺时针旋涡。金属熔池中的结晶器侧壁也有一个顺时针旋涡。溶质因受结晶器侧壁循环水冷却而向下运动。钢锭底部的热浮力和溶质浮力将流体托起。金属液体向上运动，由于侧壁有换热，熔池内的液体便向四周流动。

　　图 7-8 为不同电流下的温度场。随着电流增大，最高温度不断升高，渣池中的最高温度出现在电极下端，且渣/金界面温度均随径向距离增加而降低。3500A时，温度最大值约为 1780K；4300A 时，温度最大值约为 1810K；5000A 时温度最大值约为 1900K。

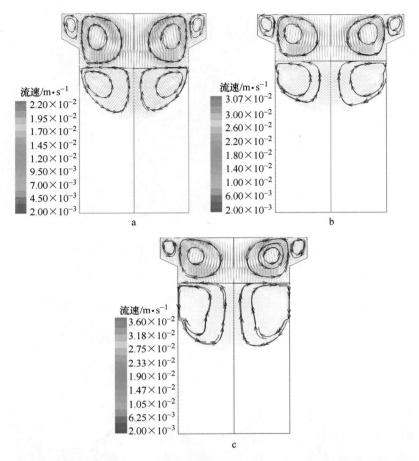

图 7-7 半连续电渣重熔过程中电流对流场分布的影响

a—3500A；b—4300A；c—5000A

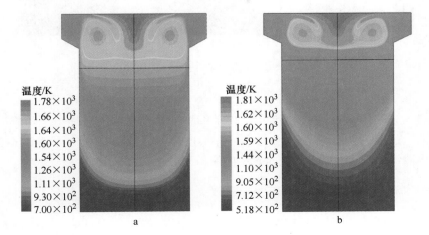

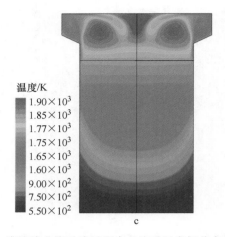

图 7-8　半连续电渣重熔过程中电流对温度场分布的影响

a—3500A；b—4300A；c—5000A

7.2.2.3　熔池形状

图 7-9 为半连续电渣重熔在不同重熔电流下计算的熔池形状图。

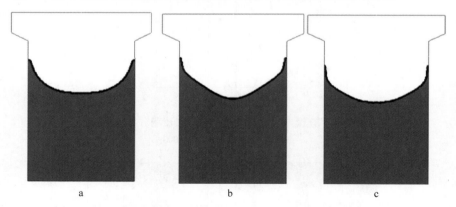

图 7-9　半连续电渣重熔过程中电流对熔池形状的影响

a—3500A；b—4300A；c—5000A

图 7-10a 中可以看出，熔池随着电流的增加逐渐变深。这是由于随着电流增大，洛伦兹力也会变大并且强化了搅拌力度，促使熔池变深。图 7-10b 数据显示，熔池深度从 3500A 时 101mm 增加到 5000A 时 125mm。

7.2.3　导电方式对多场耦合行为的影响

基于 T 型导电结晶器的优点，将 T 型导电结晶器（current-conductive mould，

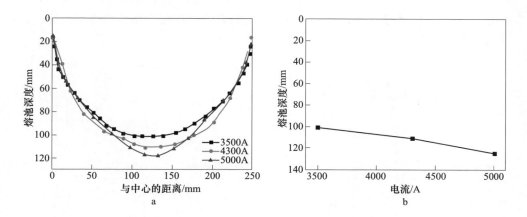

图 7-10 半连续电渣重熔过程中熔池深度对比
a—熔池深度；b—熔池最深点

CCM）电渣重熔凝固过程多场耦合行为与 T 型结晶器传统电渣重熔凝固过程进行对比，分析 T 型导电结晶器电渣重熔凝固过程多场耦合行为特征（见表 7-3）。

表 7-3 ESR 与 CCM-ESR 模拟工艺参数

T 型结晶器直径/mm	钢锭直径/mm	电极直径/mm	渣池深度/mm	电流/A
330（ESR）	250	200	110	4300
330（CCM-ESR）	250	200	110	2150（电极） 2150（结晶器）

7.2.3.1 电磁场

图 7-11 是 T 型导电结晶器电渣重熔体系（CCM-ESR）的磁场强度分布。对于 T 型导电结晶器（单电源双回路）而言，当电流从结晶器侧壁流入渣池后，与来自自耗电极的电流汇合，总电流会大于任意一条路径上的电流。磁场强度的最大值没出现在导电侧壁所在区域内，而是出现在 T 型结晶器变径处，最大值为 1.0×10^{-2} T，磁场强度最小值位于自耗电极以下的轴线部位。磁场强度与到中心轴线的距离和电流大小有关，T 型导电结晶器两条电流回路上的电流值均小于传统 T 型结晶器电流路径上的电流。所以在渣池区域内，传统 T 型结晶器磁场强度（1.4×10^{-2}T）略大于 T 型导电结晶器磁场强度；钢锭区域内，T 型导电结晶器内电流汇合后与传统 T 型结晶器电流相等，且与中心轴线的距离也相等，所以磁场强度在两种不同工艺下没有差别。

　　从图 7-12 中可以看出，对 T 型导电结晶器而言，受电流路径的影响，双方向电流在 T 型结晶器变径处汇合。电流密度最大值出现在 T 型结晶器变径处，约为 $2.0 \times 10^5 \, \mathrm{A/m^2}$。

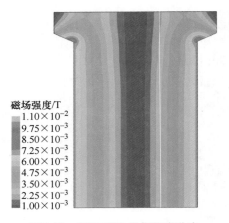

图 7-11　CCM-ESR 磁场强度分布

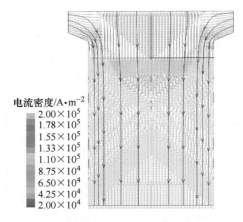

图 7-12　CCM-ESR 电流密度分布

　　图 7-13 为 T 型导电结晶器的电磁力分布，电磁力的方向与电流密度方向相互垂直，满足左手定则。对于 T 型导电结晶器而言，电磁力的最大值出现在 T 型结晶器处变径处，最大值为 $2.0 \times 10^3 \, \mathrm{N/m^3}$，略大于传统结晶器电磁力（最大值为 $1.63 \times 10^3 \, \mathrm{N/m^3}$）。

　　图 7-14 为 T 型导电结晶器电渣重熔焦耳热分布，通过控制渣池内的电流分配比，发现在渣池内的电流密度较传统的略大，导致发热量增加。在电极正下方和 T 型结晶器变径处附近的焦耳热值较大，最大值为 $1.30 \times 10^8 \, \mathrm{W/m^3}$。

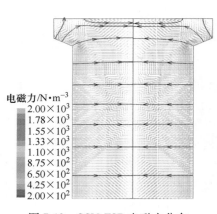

图 7-13　CCM-ESR 电磁力分布

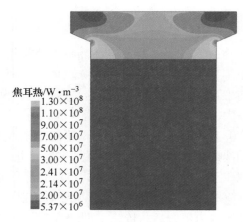

图 7-14　CCM-ESR 焦耳热分布

7.2.3.2 温度场和流场

图 7-15 为 T 型导电结晶器流场，在渣池内存在两个流场旋涡，流场最大值出现在 T 型结晶器导电侧壁处，最大值为 0.01m/s。受电流路径的影响，渣池内流场主要驱动力为电磁力。在渣金界面上方出现一个逆时针旋涡，这是受到结晶器冷却循环的作用，因为侧壁导电的原因，此时冷却边界较小，所以逆时针旋涡较小；靠近渣金界面下方的钢锭区域出现一个大的顺时针旋涡，这是因为钢液在重力、热浮力、溶质浮力和结晶器冷却水冷却能力共同作用下形成的。钢锭区域内的洛伦兹力都是水平垂直中心轴线，且数值比渣池区域小得太多，所以钢锭内的洛伦兹力可以忽略。

图 7-16 为 T 型导电结晶器模拟计算的温度场，温度场较传统 T 型结晶器的比较均匀，这是因为电磁力搅动区域比较大所导致的。温度最高值位于电极下方靠近导电侧壁处，且温度变化梯度较大，由于流场的搅拌加速了渣池热量的传输，温度最大值约为 1700K。

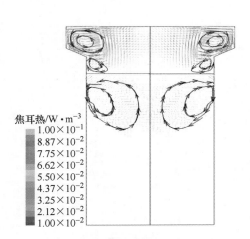

焦耳热/W·m⁻³

1.00×10^{-1}
8.87×10^{-2}
7.75×10^{-2}
6.62×10^{-2}
5.50×10^{-2}
4.37×10^{-2}
3.25×10^{-2}
2.12×10^{-2}
1.00×10^{-2}

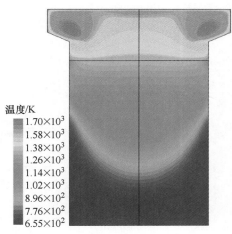

温度/K

1.70×10^{3}
1.58×10^{3}
1.38×10^{3}
1.26×10^{3}
1.14×10^{3}
1.02×10^{3}
8.96×10^{2}
7.76×10^{2}
6.55×10^{2}

图 7-15　CCM-ESR 流场流线矢量图　　　　图 7-16　CCM-ESR 温度场分布

7.2.3.3 熔池形状对比

图 7-17 是 T 型结晶器电渣重熔（ESR）和 T 型导电结晶器电渣重熔（CCM-ESR）的流场流线、相分布和液相率分布。从图 7-18 可以看出，T 型导电结晶器电渣重熔的熔池形状比 T 型结晶器电渣重熔的熔池形状要浅平。这是因为一部分电流从 T 型导电结晶器侧壁流入，导致流经自耗电极的电流降低，即渣池中心处的温度降低，靠近结晶器侧壁处熔渣的温度升高，渣池区域温度分布较均匀，导致金属熔池从"窄 U 形"逐渐向"宽 U 形"转变。

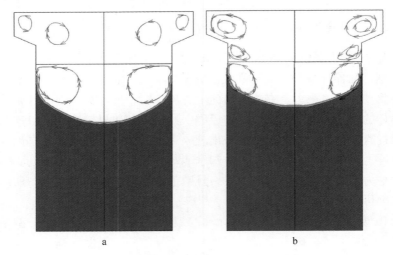

图 7-17　ESR 与 CCM-ESR 流线、相分布和液相线分布
a—ESR；b—CCM-ESR

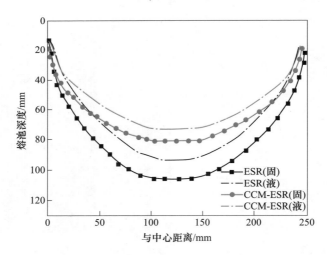

图 7-18　ESR 与 CCM-ESR 熔池形状对比

7.3　半连续电渣重熔实心钢锭核心技术

7.3.1　曲面锥度强化冷却技术

7.3.1.1　结晶器锥度对半连续电渣重熔过程影响分析

抽锭是半连续电渣重熔技术的基础特征，熔炼过程中自耗电极和钢锭均向下移动，钢锭向下移动由一套底水箱抽锭机构来实现。抽锭式半连续电渣重熔技术

采用 T 型导电结晶器，打破了金属自耗电极直径必须小于电渣锭直径的传统规律。通常将 T 型导电结晶器分为上下两部分，上部尺寸较大的称为上结晶器，下部尺寸较小的称为下结晶器。

半连续电渣重熔过程在上结晶器内主要进行化渣、自耗电极熔化、熔融金属液滴落等过程；在下结晶器内存在渣金界面，在渣金界面以下钢水开始凝固收缩，将导致坯壳和铜板脱离接触，坯壳与结晶器之间形成气隙。同连铸结晶器一样，气隙尺寸虽小，但其热阻很大，显著降低结晶器的冷却作用，这就要求结晶器铜板有一个合适的锥度对钢液凝固收缩进行补偿，以改善结晶器的冷却作用，有利于铸坯坯壳的生长。从 T 型结晶器中连续抽出后，在空气中受对流冷却（固定式结晶器重熔时，铸锭收缩与结晶器内壁形成气隙弱化冷却），进一步提高了铸锭凝固质量，如图 7-19 所示。

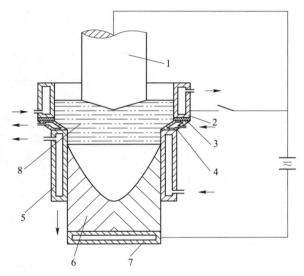

图 7-19　导电结晶器结构设计图

1—电极；2—结晶器导电段；3—绝缘层；4—结晶器过渡段；
5—下结晶器；6—铸锭；7—底水箱；8—渣池

抽锭结晶器内温度梯度非常大，结晶器出口处金属坯壳很厚甚至已接近完全凝固，钢锭经历了液-固相变收缩、固态冷却收缩的过程，钢锭凝固收缩使结晶器与钢锭之间形成较大的气隙。特别是部分奥氏体钢，其凝固分两个阶段，第一阶段由液态 L 向 L+γ 转变，由于两相密度不同而造成体积收缩，体积收缩率约为 3%；第二阶段由 L+γ 向 γ 转变时，体积收缩更加严重。一旦气隙处渣壳被拉裂将发生严重的漏钢漏渣事故，无法继续生产。

锥度大小影响均质坯壳的形成，锥度过大会在拉坯时产生很大的摩擦力，造成拉漏；锥度过小对坯壳收缩的补偿作用减弱，坯壳与铜板间隙过大，也不利于坯壳的生长。

目前普遍采用的无锥度或单锥度结晶器不适合抽锭电渣重熔工艺。单锥度结晶器的内腔尺寸的变化与结晶器长度是线性关系，它不能适应结晶器内不同区域钢液凝固特性及其收缩量的不同，因此它的锥度只能取平均值。这种平均值锥度对结晶器上口来说锥度太小，而对结晶器下口锥度又显得过大，效果均不理想。多锥度结晶器是由两个或两个以上的单锥度相连接而成，它可以克服单锥度的缺点，在不同的区域采用不同的锥度，基本能满足要求，但在两个不同锥度连接处加工较为困难，有时会出现过渡不平滑的现象。

固定式电渣重熔结晶器为脱模顺利均采用正锥度，连铸结晶器为减小气隙采用倒锥度，但抽锭电渣重熔工艺与连铸工艺之间存在很大区别：连铸坯壳很薄可以通过提高拉速减小气隙，连铸中钢水过热度很小；抽锭电渣重熔过程中拉速很慢（几乎是连铸拉速的1%），坯壳很厚，钢水过热度很大（约200℃），结晶器内温度梯度非常大，尤其是重熔电流在结晶器内产生的电磁场效应更是不同。优化抽锭结晶器锥度才能减小结晶器与钢锭之间的气隙，保证凝固质量和重熔过程顺利进行。

7.3.1.2　关键技术开发

基于上述对结晶器锥度对半连续电渣重熔过程影响的分析，东北大学特殊钢研究所提出了半连续电渣重熔用短结晶器锥度设计原则和曲面锥度强化冷却技术，以保证结晶器锥度能使坯壳均匀快速地生长，满足高效生产的要求；同时，能够完全适应结晶器内凝固铸坯的收缩，使凝固坯壳与结晶器既紧密接触，又不发生干涉，避免出现漏渣漏钢。

该技术的核心思想为：（1）确定与钢液成分和温度相关的热物性参数、力学性能参数和屈服函数；（2）建立半连续电渣重熔过程热-力耦合数学模型，综合考虑电磁场、流场和温度场，系统研究凝固坯壳的温度分布、应力分布以及结晶器铜板和坯壳之间气隙的大小；（3）考察铸坯边界的凝固收缩曲线，在此基础上进行结晶器内腔的设计。

图7-20是半连续电渣重熔实心方坯（280mm×325mm）宽面表面不同位置处的收缩曲线[10]。由图7-20可以看出，铸坯的收缩明显分为三个阶段，在距渣/金界面40mm区域内，铸坯大部分处于液相区，此时收缩是由于液相区金属温度降低，液相密度增加，但是密度变化较小，故此区域内收缩较慢；在距离渣/金界面40~225mm内，此时铸坯处于液固两相区内，铸坯内发生相变，引起较大的收缩量，收缩速度也比较快；在距离渣/金界面225mm至结晶器下口，此时液相凝固过程基本结束，铸坯主要进入固相冷却阶段，收缩速率也有所下降。

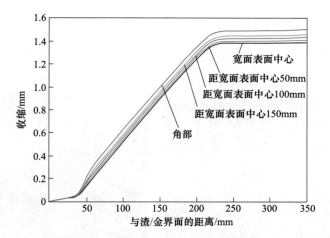

图 7-20 铸坯宽面表面不同位置收缩曲线

图 7-21 是考察铸坯边界的凝固收缩曲线，在此基础上进行结晶器内腔的设计。根据所需钢锭尺寸，定结晶器下口宽面、窄面设计内腔尺寸为 325mm 和 280mm，将得到的沿结晶器高度方向的收缩量加上 1.41mm 和 1.39mm，即可得到从结晶器出口至渣金界面的结晶器宽面和窄面到结晶器中心对称线的距离，而渣/金界面至 T 型结晶器拐角 50mm 段采取无锥度设计，即该段到结晶器中心线的距离与渣/金界面处到中心线的距离一致。

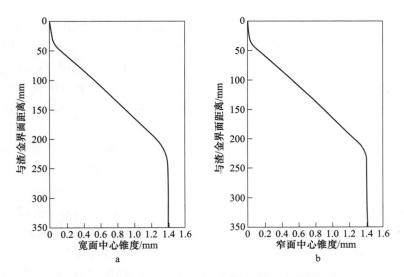

图 7-21 结晶器宽、窄面表面到结晶器中心线的距离

a—结晶器宽面；b—结晶器窄面

7.3.1.3　工艺效果

本项关键技术形成后，在国内多家特钢企业进行了应用，消除了电渣铸坯表面质量较差、易出现重皮和漏渣缺陷的现象，如图 7-22 所示。

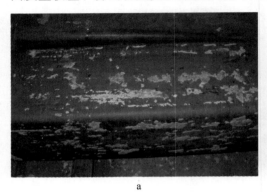 

　　　　　a　　　　　　　　　　　　　　　　　　　　　b

图 7-22　半连续电渣重熔结晶器不同锥度冷却效果

a—双锥度冷却效果；b—曲面锥度强化冷却效果

7.3.2　高精度抗干扰电磁涡流和电流信号协同检测与控制液面技术

7.3.2.1　渣/金液面检测与控制技术对半连续电渣重熔过程影响

与传统固定结晶器式电渣炉不同，由于抽锭式半连续电渣重熔实心钢锭是一边熔化自耗电极、一边向下抽锭的过程，自耗电极的不断熔化会使金属熔池液面逐渐上升；不断向下抽锭可将凝固的实心、空心钢锭抽出，以保证金属熔池液面保持在一定的高度，使电渣重熔过程处于稳定状态。渣/金液面的稳定保证了铸锭的凝固质量及安全生产（避免了漏钢、漏渣，甚至结晶器损坏），渣/金液面的检测和控制尤为重要。

目前，抽锭式半连续电渣重熔过程中渣池液面的控制方法，主要是先对钢水或熔渣液面进行测量，再根据测量的钢水或熔渣液面位置进行熔炼控制，现有的液面位置测量方法主要有热电偶法、射线法（Co60 和 Cs137）和电磁法。

奥地利 INTECO 公司的快速电渣技术（ESRR）中采用 Co60（射线法）液面检测与控制技术。射线法（Co60 和 Cs137）采用的控制装置由放射源和接收器组成，放射源的射线穿过渣池液面下的钢液面时会产生射线能量的变化，接收器接收到能量变化后，计算得到渣池液面的变化，其检测精度虽高，由于使用了放射源对操作人员有人身伤害，环保性较差。

德国 ALD 公司半连续电渣重熔结晶器采用热电偶法，其控制装置由热电偶和测量电路组成，热电偶放在固定位置上，当它接触到渣池液面时，就会检测到温度变化，从而确定液面位置。由于温度检测比较滞后，反映液面的变化不够及时，测量精度又很低，从而使熔炼渣池液面控制精度也很低，且在长期检测过程中需要经常更换热电偶，材料消耗很大。

乌克兰巴顿电焊研究所采用电磁法检测渣/金液面位置，电磁法的工作原理：将一个闭环磁系统放在各种漏磁环境下，测量变化的磁通量在具有开环磁路的变压器二次线圈中产生的电动势（EMF），根据电动势大小标定出渣/金界面的位置。采用的控制装置由左、右线圈组成，左线圈通上固定电流用来产生固定磁场；右线圈作为接收器，当渣池液面下的钢液面上下移动时，右线圈中产生感应电流，用电流的变化计算渣池液面的变化，其精度受现场干扰信号的影响很大，且投资较大，该方法的使用有较大的局限性。

7.3.2.2 关键技术开发

基于上述对渣/金液面检测和控制对半连续电渣重熔过程影响的分析，东北大学特殊钢研究所提出了高精度抗干扰电磁涡流和电流信号液面协同检测与控制技术，以保证半连续电渣重熔工艺的顺行，避免漏渣、漏钢等风险。

技术的核心思想为：（1）通过磁通量的变化信号标定分区、采集处理，使电磁检测法针对不同钢种（强磁和弱磁材料）精度更高；通过抗干扰屏蔽处理和算法优化，进一步提高渣/金液面检测精度；（2）通过针对分段式导电结晶器各层结晶器检测电流信号随渣/金位置变化的规律，提出了全新的电流信号液面位置检测；（3）提出高精度抗干扰电磁涡轮和电流信号液面协同检测与控制技术，以高精度检测窗口，反馈信号并参与控制。

ESCC-YWJC 电磁涡流液面检测仪由东北大学特殊钢研究所自主研发[11]，整套液面检测仪包含一个二次仪表，两个传感器头，一个连接电缆，用于检测结晶器内渣/金界面的高度。液面检测仪的两个传感器探头安装在外结晶器的第三层上，传感器的端头与外结晶器的内壁平齐，直接与液态金属相接触。当金属熔池的液面逐渐上涨至传感器端头时，传感器端头接触到钢液，测量的磁通量就会发生变化，在具有开环磁路的变压器二次线圈中产生的电动势也会随之变化；然后再通过二次仪表将信号进行转换，直接可以在二次仪表上显示出金属熔池液面的高度变化，用来直接监测金属熔池液面的位置，如图 7-23 所示。

电流信号液面检测控制的方法（见图 7-24），包括如下步骤：（1）当熔渣上升到与上结晶器 13 接触时，通过大电流检测元件 7 采集由大电流水冷电缆 4、上结晶器 13、熔渣 12、钢锭 8 及引锭导电底水箱 9 构成一个供电回路上的电流变化值；（2）将采集到的电流变化值送入控制器 11 作为负反馈信号；（3）控制器 11 将预先设定的电流值作为正信号，并用正信号和负反馈信号的差值通过抽锭

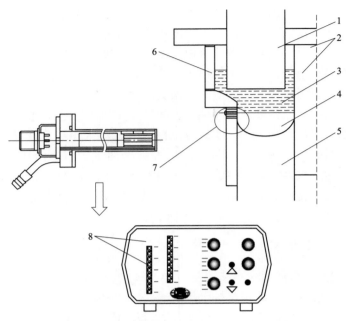

图 7-23　电磁涡轮液面检测仪的工作原理

1—自耗电极；2—内结晶器；3—渣池；4—金属熔池；5—空心钢锭；
6—外结晶器；7—液面检测仪；8—液面显示器

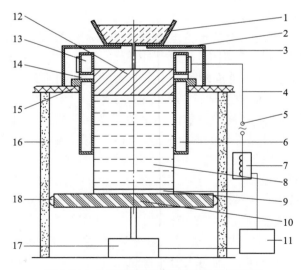

图 7-24　电流信号液面检测仪的工作原理

1—浇铸中间包；2—支架；3—钢水；4—大电流水冷电缆；5—交流电电源；6—下结晶器；
7—大电流检测元件；8—钢锭；9—引锭导电底水箱；10—抽锭平台；11—控制器；12—熔渣；
13—上结晶器；14—绝缘层；15—支撑平台；16—支撑立柱；17—抽锭电机；18—滚轮

电机 17 瞬时调整抽锭平台 10 的上下位置，使供电回路上的电流与控制器 11 中设定的电流值保持相等，控制熔炼过程中的渣池液面保持在熔炼最佳位置。

7.3.2.3 工艺效果

本项关键技术形成后，在国内多家特钢企业进行了实际应用。在生产半连续电渣重熔实心钢锭过程中，可及时准确地反映出钢水液面变化情况，液面位置检测精度由原来的 ±5mm（乌克兰电磁涡流液面检测）提高到 ±2 mm，且反馈信号直接参与控制液面过程，全过程液面检测和控制技术具有绿色环保、高精度的优势。

7.3.3 抽锭式电渣重熔新型渣系技术

传统电渣重熔渣系，如 $70\%CaF_2$-$30\%Al_2O_3$（ANF-6）、$60\%CaF_2$-$20\%CaO$-$20\%Al_2O_3$ 和 $40\%CaF_2$-$30\%CaO$-$30\%Al_2O_3$ 等，由于在冷却降温过程中产生大量结晶，导致其高温韧性很差。另外，在熔化温度附近其黏度随温度的降低会突然增加，因而称为"短渣"。抽锭式半连续电渣重熔技术制备实心钢锭时，由于结晶器与铸锭相对运动，导致抽锭摩擦力大幅度增加。若渣皮不能在抽锭过程中起到足够的润滑作用，当抽锭速度过快时容易出现漏渣或漏钢现象。

因此，传统渣系不适合用于抽锭式半连续电渣重熔实心钢锭的工艺条件。开发一种新渣系，其熔化温度较低、黏度随温度变化小、具有较好的高温塑性，在抽锭过程中起到润滑作用以减少摩擦力、防止漏渣和漏钢问题的出现，同时保证钢锭具有良好的内外表面质量是目前急需解决的问题。

7.3.3.1 渣系对抽锭式半连续电渣钢锭质量的影响因素研究

作为电渣渣系，为满足各项技术经济指标的要求，必须从相图、界面张力、黏度、电导率、密度、热容、蒸汽压、透气等物理化学性质进行综合考虑，才能选出合理的渣型。对结晶器与铸锭做相对移动的电渣重熔过程，半连续电渣重熔用渣系的选择需要考虑更多的因素。

A 渣系对表面质量的影响

半连续电渣重熔过程中，由于抽锭容易产生渣池中温度场波动，这种温度场的变化频繁发生，对渣皮厚度的均匀性将产生不利影响。因此，对渣系熔点及黏度要求也较固定式熔炼更严格，要求这种渣系具有适当的熔点、适当低的黏度及良好的黏度稳定性，如图 7-25 所示。

以相图为基础，选择出熔点等合适的熔渣基本组成。较低的熔点有利于及早形成渣池，有利于渣-金反应。另外，低熔点、低黏度的渣，有利于在钢锭表面形成均匀的薄层渣壳，从而提高电渣锭的表面质量。但渣系熔点太低，会使渣皮

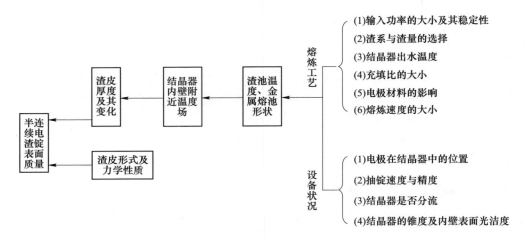

图 7-25　影响电渣锭表面质量的因素

太薄，有时会破裂，反而使钢锭表面质量下降，甚至会造成漏钢现象，不利于电渣过程的稳定。

　　为进一步提高钢锭的表面质量，克服工艺参数波动的影响，应开发熔点适当、黏度随温度变化平缓的渣系，即长渣系。

　　B　渣系对夹杂物含量的影响

　　为了提高铸锭的内部质量，就要尽量降低其中的夹杂物的含量和尺寸，因此要求熔渣具有较强的夹杂物吸收和溶解能力。

　　C　渣系对渣池热效率和电耗的影响

　　半连续电渣重熔技术连续生产制备特长型铸锭时，由于整体短网回路闭合面积较大，导致电耗增加。熔渣的电导率对电渣重熔过程电耗有重要影响，电导率高的渣系有利于提高渣池的热效率，降低电耗。随着渣系中萤石（CaF_2）含量的增加，电导率提高；当 CaF_2 含量降低时，电导率则降低。而炉渣中结构相对复杂的氧化物，如 Al_2O_3、SiO_2 含量增加，则会显著降低渣的电导率。

7.3.3.2　关键技术开发

　　基于上述对渣系对半连续电渣重熔过程钢锭质量影响的分析，东北大学特殊钢研究所提出半连续电渣重熔专用渣系设计原则，以保证半连续电渣重熔用渣系既能满足传统的脱硫、去除夹杂物、控制元素均匀性、低污染等经济计算指标要求，同时能够保证电渣锭的表面质量、降低电耗，满足绿色、高品质、高效低成本生产。

　　东北大学特殊钢研究所提出半连续电渣重熔用渣系设计原则的核心思想

为：（1）以 CaF_2-CaO-MgO-Al_2O_3 四元渣为基础，通过改变成分和添加其他组元 SiO_2（8%~14%）和 Na_2O（0~3%），使渣系具有合适的熔化温度，黏度随温度变化平稳，即趋向于"长渣"的特性，以获得良好的铸锭表面质量[12]；（2）通过提高 CaO 的含量，提高渣系碱度，降低渣中 SiO_2 的活度及其氧化性，抑制易氧化元素的烧损，CaO/SiO_2 质量比为 2.5~5.0；（3）采用低氟渣系，降低电耗和生产成本，提高生产率，减少环境污染。

从图 7-26 可以看出：新渣系 L1 含有 8%SiO_2，由于硅氧阴离子聚合程度大，结晶能力差，即使冷却到液相线温度以下仍能保持过冷液体的状态。因此 L1 渣系在温度降低时，质点活动能力逐渐变差，黏度只是平缓上升，属于长渣系，这一特点更有利于电渣重熔铸锭表面成型质量。

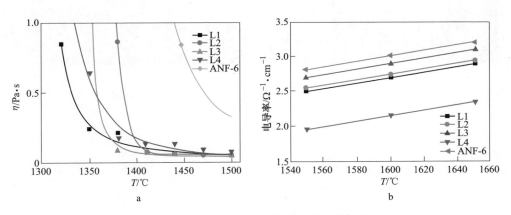

图 7-26　渣系黏度和电导率随温度变化曲线

a—黏度；b—电导率

此外，L1 渣系电导率远低于 ANF-6 渣，并且随温度的升高电导率增加。这验证了 CaF_2 含量与电导率的关系：随着 CaF_2 含量不断降低，渣系的电导率不断降低，而渣壳的有效导热系数也会随 CaF_2 含量的降低而明显降低，这样还可降低高温锥体高度，减少用渣量，并且减少径向热损失，从而可以明显降低和生产成本，提高生产率。

7.3.3.3　工艺效果

本项关键技术形成后，国内多家特钢企业应用于开发生产半连续电渣重熔实心铸锭过程中，既能满足传统的脱硫、去除夹杂物（见表 7-4）、控制元素均匀性、低污染等经济计算指标要求，同时能够保证半连续电渣重熔铸锭的表面质量（见图 7-27），降低电耗，满足绿色、高品质、高效低成本生产。

表 7-4　夹杂物的定量金相分析结果

试样	夹杂物分布/%			最大夹杂物当量直径/μm	夹杂物总数/个	总面积/μm²	夹杂物面积占比/%
	0~2μm	2~5μm	>5μm				
自耗电极	63.4	34.0	2.6	6.50	1975	1410	0.94
ESCC 铸锭	82.8	16.8	0.4	5.27	1873	837	0.59

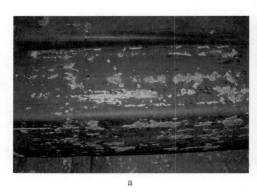

图 7-27　半连续电渣重熔渣系优化前后钢锭的表面质量
a—优化前；b—优化后

7.3.4　浅平金属熔池控制技术

7.3.4.1　浅平金属熔池对铸锭凝固质量影响

　　电渣重熔工艺参数决定重熔钢锭的组织结构，从而影响铸锭的力学性能和使用性能。电渣重熔过程中，通过调整工艺参数控制熔池形状和两相区的宽度，进而控制局部凝固时间（*LST*）、金属结晶取向、枝晶间距，最终控制电渣重熔钢锭的凝固质量，故金属熔池的控制技术在电渣重熔过程尤为重要，如图 7-28 所示。

　　传统电渣重熔过程中，温度与电效率之间存在特定关系，铸锭表面质量和内部质量互为矛盾。输入功率小，熔速低，金属熔池浅，两相区窄，局部凝固时间短，内部组织均匀趋向于沿轴向生长；但表面质量差，成材率低，严重时无法进行后续

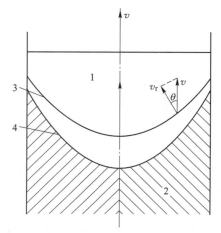

图 7-28　重熔锭凝固过程示意图
1—液相；2—固相；
3—液相等温界面；4—固相等温界面

加工。输入功率高，熔速高，表面质量好；但金属熔池深，两相区宽，局部凝固时间长，成分、组织易偏析，枝晶趋向于沿径向生长，大锭型质量无法保证，如图 7-29 所示。

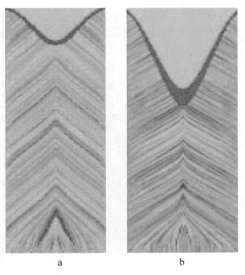

图 7-29　重熔锭凝固过程示意图
a—浅熔池；b—深熔池

乌克兰巴顿电焊研究所和奥地利 INTECO 公司采用双电源双回路导电结晶器来实现浅平金属熔池控制技术。其原理：特殊的电流路径能够增强控制渣池和金属熔池之间热分配的能力，通过调节两个回路的功率分配，可以调节结晶器壁附近渣池和金属熔池的温度分布，有利于形成浅平的金属熔池和增加熔池的圆柱段高度，从而可以在大幅度降低熔化速度的情况下，仍能保证铸锭的表面质量；同时，由于熔池变浅，结晶趋于轴向，凝固偏析问题得到显著改善，铸锭内部质量提高，从而彻底解决了内部质量和表面质量相互矛盾的问题。

然而，这种双电源双回路方案无法在传统电渣炉上进行改造应用，因为传统电渣炉的空间布置有限，无法再增加供电变压器，而且最主要问题是双电源在使用过程中，两个电源的供电会发生干扰，电流分配的调节难度较大，同时影响冶炼操作和设备安全性。

7.3.4.2　关键技术开发

基于上述浅平金属熔池形状及其对半连续电渣重熔铸锭质量影响的探讨，东北大学特殊钢研究所提出了单电源双回路浅平金属溶池控制技术[13~15]。该技术的核心思想为：（1）使用一个电源，共有两个回路：一路供给自耗电极，经过渣池、金属熔池和底水箱返回变压器；另一路供给导电结晶器，也是经过渣池、金属熔池和底水箱返回变压器；（2）建立协调工艺条件、数学模型和浅平金属熔池控制的量化关系；（3）为了提高通过结晶器的电流比例，在变压器与自耗电极的导电回路中增加一个可调节的电抗器。当电抗器的阻抗增加时，由于其回路阻抗增加，导致通过电极回路的电流减小，结晶器回路的电流增加，从而起到调节结晶器电流和电极电流比例的作用，实现电流合理控制浅平金属熔池，如图 7-30 所示。

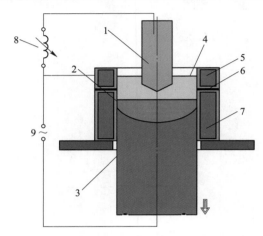

图 7-30　单电源双回路导电结晶器半连续电渣重熔原理

1—自耗电极；2—金属熔池；3—铸锭；4—熔渣；5—导电结晶器；
6—绝缘材料；7—结晶器；8—电抗器；9—变压器

金属熔池形状和两相区的宽度被视为衡量铸锭凝固质量的重要标准。从金属熔池和两相区的宽度可以看出，采用单电源双回路导电结晶器技术后，在铸锭中心处两相区的宽度明显小于传统电渣重熔，因此可以预测单电源双回路电渣重熔铸锭的局部凝固时间较短，铸锭的凝固质量较好。传统电渣重熔的铸锭偏析程度要比导电结晶器电渣重熔铸锭严重得多，如图 7-31 和图 7-32 所示。

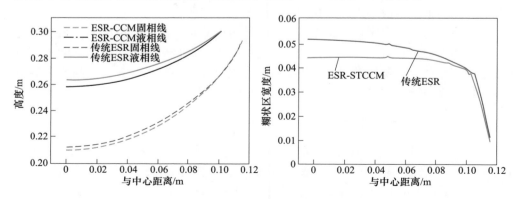

图 7-31　金属熔池形状和两相区宽度

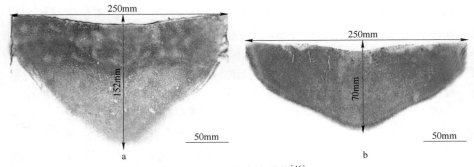

图 7-32　金属熔池形状[16]

a—ESRW；b—ESRW-CCM

通过对铸锭进行硫印实验，发现单电源双回路金属熔池更加浅平，仅为70mm；抽锭电渣重熔金属熔池为152mm。

7.3.4.3　工艺效果

本项关键技术形成后，国内多家特钢企业应用于开发生产半连续电渣重熔钢锭，在大幅度降低熔化速度的情况下，仍能保证铸锭的表面质量。同时，由于熔池变浅，结晶趋于沿轴向发展，凝固偏析问题得到显著改善，铸锭内部质量提高。

7.4　半连续电渣重熔实心钢锭技术产品性能

7.4.1　半连续电渣重熔 W9Mo3Cr4V 小方坯产品质量

7.4.1.1　表面质量

图 7-33 为 W9Mo3Gr4V 半连续电渣重熔 90mm×90mm 小方坯在拉速为0.03m/min 时，没有振动的情况下铸坯的表面质量[7]。整体来看铸坯表面比较光滑，在铸坯表面并未发现裂纹、夹渣、折皮等明显缺陷。与质量好的连铸小方坯比较还有待提高，其表面经轻微修磨后即可使用。

图 7-33　铸坯表面质量

　　根据多炉生产实验总结，认为半连续电渣重熔小方坯表面质量的好坏主要与输入功率、渣系、稳定的拉速、结晶器表面状况等因素有关。输入功率小，渣皮厚，钢锭不饱满，甚至会出现凝固的渣层逐渐向内扩展，造成表面"缺肉"现象；输入功率大，渣皮较薄，铸坯成型饱满，但输入功率过大其表面渣壳被烫破，反而会使表面质量恶化。输入功率的稳定也很重要，随着功率的波动结晶器上的渣圈有时厚有时薄，相应的铸坯表面也就留下了不同深浅的沟痕，所以输入功率既要合适又要稳定。液态熔渣的性能也是十分重要的，其性能主要包括熔渣的熔点、黏度、电导率以及渣的韧性等，韧性差的渣经常会出现渣皮被拉断现象，严重时会导致局部漏钢、漏渣。

7.4.1.2　铸坯内部夹杂物分析比较

　　除了碳化物以外，非金属夹杂物也是高速钢的一项重要技术指标。从图7-34和表7-5中可以看出，W9Mo3Cr4V半连续电渣重熔小方坯的内部夹杂物明显少于自耗电极，与传统电渣重熔工艺生产的钢锭基本相同。图7-34为自耗电极、传统电渣重熔钢锭、半连续电渣重熔小方坯内部夹杂物尺寸及分布照片。

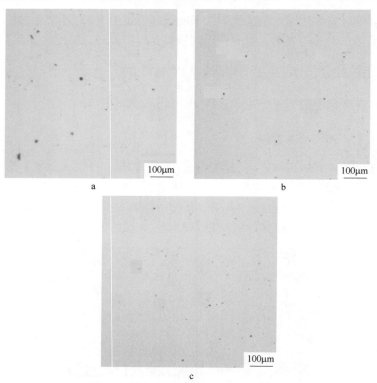

图7-34　自耗电极（a）、传统电渣重熔（b）和半连续
电渣重熔（c）钢锭内部夹杂物的比较（×100）

表 7-5　半连续电渣重熔方坯与自耗电极的夹杂物尺寸比较　　（个）

夹杂物直径/μm	视场中夹杂物数量		
	自耗电极	传统电渣重熔铸坯	半连续电渣重熔方坯（90mm×90mm）
<2	311	135	95
2~5	308	139	72
5~10	101	65	50
>10	82	47	48

表 7-5 为采用相同自耗电极在同熔速下不同工艺生产的钢锭夹杂物情况比较，半连续电渣重熔方坯各尺寸范围的夹杂物均少于自耗电极，与传统电渣重熔工艺基本相同。

7.4.1.3　低倍分析

检验试样为半连续电渣重熔工艺生产的 W9Mo3Cr4V 小方坯，将试样的检验面在平面磨床上磨平后送中国科学院金属研究所进行低倍检验，按 GB/226—1991 标准检验，其结果为一般疏松、中心疏松、点状偏析均小于 1.0 级，无气泡、白点、夹渣等低倍缺陷。铸态试样低倍组织如图 7-35a（横截面）和图 7-35b（纵截面）所示，纵向低倍组织为柱状枝晶。

图 7-35　铸坯低倍组织

a—横截面；b—纵截面

可见，半连续电渣重熔后的铸坯低倍组织质量优异，各种缺陷均小于 1.0 级，符合 GB 1979—80《结构钢低倍组织缺陷评级图》的要求。这主要归功于采用双极串联技术将渣池中高温区上移至两电极中间，减弱了熔化速度与熔池深度的必然关系，在较大熔速下仍能获得良好的内部质量。另外，下部小方坯的快速冷却也是一个主要因素。

7.4.1.4　半连续电渣重熔 W9Mo3Cr4V 小方坯显微组织

如图 7-36 所示，沿 90mm×90mm 铸态小方坯横截面方向，在方坯的边部，中部和心部分别取样，观察其微观组织由外向内的变化情况。

铸态 90mm×90mm 小方坯试样，根据 GB/T 6394—2002《金属平均晶粒度测定法》标准（以下晶粒度分析也是按照此标准）并且经晶界重建后分析，边部、中部、心部晶粒度分别为 7 级、5.9 级、5.6 级，属细晶粒，如图 7-36 所示。

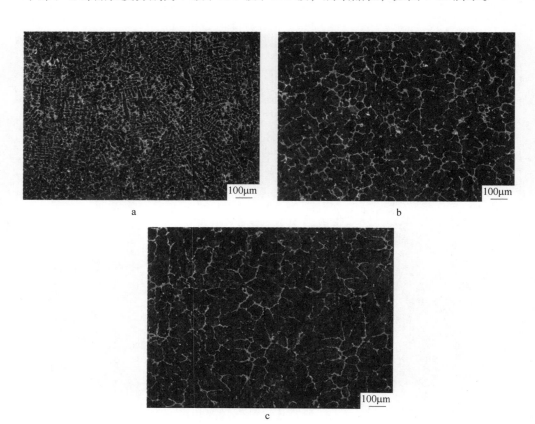

图 7-36　半连续电渣重熔小方坯晶粒度检测（×100）
a—边部；b—中部；c—心部

对半连续电渣重熔钢锭而言，最外层由于过冷度较大，冷却速度较快，晶粒最细小；从表层往里是柱状晶区，晶粒变大；中心部位由于冷却速度相对缓慢形成中心等轴晶粒，晶粒最大。

放大至 500 倍时，可以清晰地看见共晶莱氏体和二次碳化物，其余的黑色部分为基体，如图 7-37 所示。

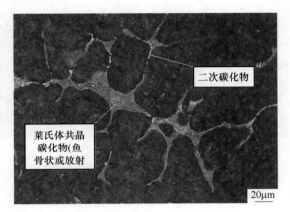

图 7-37　半连续电渣重熔小方坯碳化物形态（×500）

7.4.1.5　半连续电渣重熔小方坯与自耗电极及传统电渣重熔钢锭的组织比较

A　半连续电渣重熔小方坯与自耗电极的铸态组织比较

将重熔前的铸态 120mm×60mm 电极和采用半连续电渣重熔工艺生产的 90mm×90mm 小方坯取样进行比较，分析其碳化物形态和晶粒度的变化。

按照《钢的共晶碳化物不均匀度评定法》在半连续电渣重熔小方坯和铸态电极上分别取样。

将观察结果进行比较，可以看出半连续电渣重熔小方坯样品中晶粒度（见图7-38b）明显小于自耗电极样品（见图7-38a），即由于半连续电渣重熔工艺的快速凝固获得了更好的铸态组织。对碳化物而言，重熔后网状组织更加细薄均匀，在其后热加工中更容易被打碎而形成较好的锻、轧态组织。

B　半连续电渣重熔小方坯同传统电渣重熔钢的铸锭组织比较

图 7-39a~c 是相同熔速下传统电渣重熔钢锭由外层向心部的铸态组织试样，图 7-39d~f 是半连续电渣重熔小方坯由外层向心部的铸态组织试样。

半连续电渣重熔与传统电渣工艺不同部位的晶粒度列于表 7-6 中，可以看出，半连续电渣重熔的晶粒度级别高，其晶粒小，碳化物网络细薄，在后续加工中容易打碎。

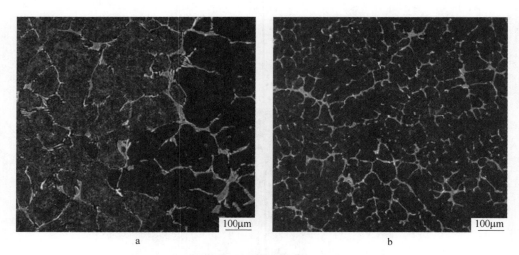

图 7-38　自耗电极和半连续电渣重熔钢锭组织（铸态）（×100）

a—自耗电极；b—电渣锭

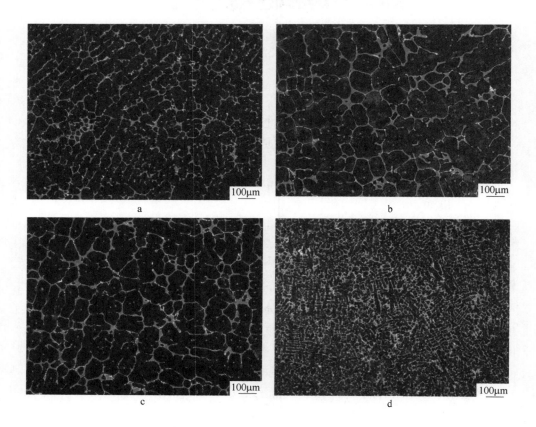

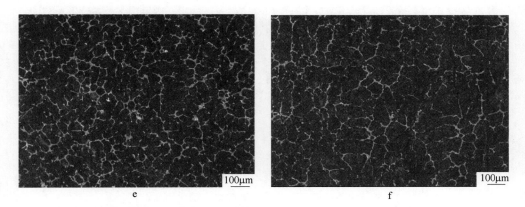

图 7-39　传统电渣工艺与半连续电渣重熔工艺试样的晶粒度比较（×100）

a~c—传统电渣工艺；d~f—半连续电渣重熔工艺

表 7-6　半连续电渣重熔工艺与传统电渣重熔工艺铸坯各部位的晶粒度比较

（级）

部位	传统电渣重熔工艺	半连续电渣重熔工艺
边部	5.3	7
中部	4.8	5.9
心部	5	5.6

7.4.1.6　半连续电渣重熔小方坯锻后同某厂圆坯料内部组织的比较

碳化物尺寸及分布一直是高速钢工作者研究的重点课题，为了进一步研究半连续电渣重熔工艺生产的小方坯内部碳化物的状况，将半连续电渣重熔小方坯分别锻造成 ϕ40mm、ϕ30mm、ϕ20mm 圆坯，然后制备试样进行研究。同时将 ϕ40mm 圆坯与某厂生产的 ϕ40mm 圆坯进行内部碳化物尺寸及分布比较。

A　半连续电渣重熔小方坯锻后碳化物比较研究

将 90mm×90mm 方坯加热到 1200℃，保温 1h 后，在精锻机上沿轴向锻造，按照某高速钢生产厂家的规格分别锻造成 ϕ40mm、ϕ20mm 圆坯。

从锻造圆坯上取试样进行球化退火，升温后在 880℃ 保温 1h，然后再以 25℃/h 的速度冷却，580℃ 出炉空冷。

将试样在 100~2000 号砂纸上打磨，再抛光、腐蚀，然后在光学显微镜下观察其显微组织，放大 100 倍观察内部碳化物分布和均匀度及其量的多少。图 7-40 是半连续电渣重熔锻后退火得到的 ϕ40mm 和 ϕ20mm 圆坯试样组织，其碳化物不均匀度分别为 3 级、1 级。

图 7-40　两种钢坯（半连续电渣重熔）碳化物（×100）

a—φ40mm；b—φ20mm

B　半连续电渣重熔小方坯锻后与某厂 φ40mm 产品碳化物比较

某厂 φ40mm 产品生产流程如图 7-41 所示，将试样在 100~2000 号砂纸上打磨，再抛光、腐蚀，然后在光学显微镜下观察其显微组织，放大 100 倍观察内部组织的碳化物分布和均匀度及其量的多少。图 7-42a 为某厂 φ40mm 钢坯试样组

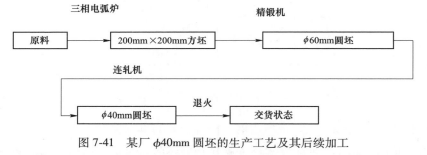

图 7-41　某厂 φ40mm 圆坯的生产工艺及其后续加工

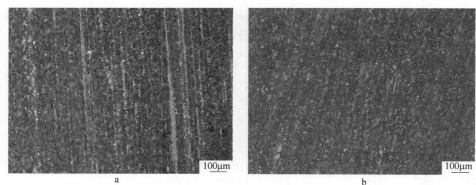

图 7-42　碳化物对比（×100）

a—某厂工艺；b—半连续电渣重熔工艺

织，其碳化物不均匀度为 4 级。

通过某工厂生产的 $\phi40mm$ 圆坯和半连续电渣重熔工艺生产的同规格圆坯的内部碳化物评级比较可知，半连续电渣重熔圆坯的内部碳化物分布更均匀、尺寸更细小，产品的性能更优异。

对于半连续电渣重熔工艺和某厂工艺热变形后所得不同尺寸的钢坯，其碳化物的若干参数列于表 7-7 中。从表 7-7 中可以看出，半连续电渣重熔生产的两种规格圆坯碳化物不均匀度的基本趋势为变形量越大，碳化物不均匀度越小，即碳化物越均匀，组织越好。虽然某厂 $\phi40mm$ 圆坯的锻轧比为 31.8，但是其内部碳化物相比半连续电渣重熔工艺生产的产品仍然不均匀，而半连续电渣重熔的同规格产品的锻轧比只有 6.4。由此可见，半连续电渣重熔的优越性是很明显的。

表 7-7　半连续电渣重熔工艺和某厂工艺生产不同尺寸钢坯的碳化物比较

钢坯直径/mm	碳化物不均匀度/级	碳化物数量的多少	锻轧比
20（半连续电渣重熔工艺）	1	少	25.8
40（半连续电渣重熔工艺）	3	较多	6.4
40（某厂生产）	4	多	31.8

7.4.2　半连续电渣重熔铸坯工业产品质量

7.4.2.1　半连续电渣重熔铸坯的表面质量

图 7-43 为某厂采用半连续电渣重熔技术生产方坯，方坯的规格为 300mm×

图 7-43　某厂生产的半连续电渣重熔方坯

340mm×6000mm。图 7-44 为采用半连续电渣重熔技术生产圆坯，该圆坯的尺寸规格为 φ600mm×6000mm。半连续电渣重熔工艺生产的方坯、圆坯表面质量均优于传统电渣重熔工艺，有些好的铸坯可以与连铸坯表面质量相媲美。

图 7-44　某厂生产的半连续电渣重熔圆坯

7.4.2.2　半连续电渣重熔铸坯的内部质量

现场生产过程中，生产钢种和检验项目见表 7-8。

表 7-8　生产钢种和检验项目

钢种	炉号	锭型尺寸/mm	检验项目	说　明
GCr15	D20700004	300×340	低倍、碳偏析指数 非金属夹杂物（锻打后）	钢的碳偏析情况分别在试片横截面的中心 C_0、1/2 半径 C_1、边缘 C_2，钻样分析 C 的成分
20MnCr5	D20700007	300×340	低倍、碳偏析指数 非金属夹杂物（锻打后）	
20G	D20700008	φ600	低倍、碳偏析指数	

A　低倍

图 7-45 为半连续电渣重熔方坯低倍检测图片，图 7-46 为 20G 钢半连续电渣重熔圆坯低倍检测图片。

厂家按 GB/226—1991 标准检验，其结果为一般疏松、中心疏松、点状偏析均小于 1.0 级，无气泡、白点、夹渣等低倍缺陷。

B　碳偏析

碳偏析检测结果见表 7-9。

图 7-45　半连续电渣重熔方坯低倍

a—GCr15；b—20MnCr5

图 7-46　20G 钢半连续电渣重熔圆坯低倍

表 7-9　碳偏析检测结果

钢种	中心 C_0	1/2 半径处 C_1	1/2 半径处碳偏析指数	边缘 C_2	边缘碳偏析指数
GCr15	0.937	0.988	1.05	0.988	1.05
20MnCr5	0.184	0.192	1.04	0.194	1.05
20G	0.197	0.199	1.01	0.199	1.01

C　非金属夹杂物

将圆坯和方坯锻打后进行夹杂物检测，其结果见表 7-10。

表 7-10　非金属夹杂物检测结果　　　　　　（级）

钢种	A 细系	A 粗系	B 细系	B 粗系	C 细系	C 粗系	D 细系	D 粗系	备注
GCr15	0.5	0.5	0.5	0.5	0	0	0.5	0	电渣
20MnCr5	1.0	0	0.5	0	0	0	0.5	0.5	电渣
SKF3 B10001	2	1.5	1.5	0.5	0.5	0.5	1	0.5	标准
GB/T 18254—2002	2.5	1.5	2	1	0	0	1	1	标准

　　经厂家技术中心按照国家相关标准对半连续电渣重熔工艺生产的 300mm×340mm 方坯和 ϕ600mm 圆坯的低倍、夹杂物、碳偏析情况进行了检验。从检验结果来看，内部一般疏松、中心疏松、点状偏析均小于 1.0 级，无气泡、白点、夹渣等低倍缺陷；夹杂物评级符合国家标准和瑞士的 SKF3 标准。

　　表 7-11 为自耗电极和 12Cr1MoVG 半连续电渣重熔铸锭夹杂物的比较，半连续电渣重熔工艺生产的各尺寸范围铸锭的夹杂物均少于自耗电极。表 7-12 为非金属夹杂物检测结果，夹杂物评级符合国家标准。

表 7-11　夹杂物的定量金相分析结果

项目	夹杂物分布/%			最大当量直径/μm	夹杂物总数/个	总面积/μm^2	夹杂物面积占比/%
	0~2μm	2~5μm	>5μm				
自耗电极	63.4	34.0	2.6	6.50	1975	1410	0.94
ESCC 铸锭	82.8	16.8	0.4	5.27	1873	837	0.59

表 7-12　非金属夹杂物检测结果

项目	A 细系	A 粗系	B 细系	B 粗系	C 细系	C 粗系	D 细系	D 粗系	DS
尾部	1	0	1	0	0	0	0.5	0.5	1
头部	1	0	0.5	0	0	0	1	0.5	1
标准要求	≤1.5	≤1.5	≤1.5	≤1.5	≤1.5	≤1.5	≤1.5	≤1.5	

7.5　半连续电渣重熔实心钢锭技术典型应用

　　半连续电渣重熔实心钢锭技术集成的多项核心技术[17~19]，在国内多家特钢企业成功应用，在技术装备、冶金质量和经济效益等方面取得了多重突破。该工艺彻底攻克 300mm×340mm（或者 280mm×325mm）×6000mm 电渣方坯、ϕ600mm×6000mm、ϕ800mm×6500mm 电渣圆坯的抽锭式半连续电渣重熔关键技术，达到 $w[\mathrm{O}] \leqslant 17 \times 10^{-4}\%$，$w[\mathrm{H}] \leqslant 1 \times 10^{-4}\%$ 高洁净度，夹杂物优于国家标准和瑞士 SKF3 标准的控制水平，低倍组织的一般疏松、中心疏松、点状偏析均小于 1.0 级，无气泡、白点、夹渣等低倍缺陷；生产效率提高 60%，成材率提高 10%，如图 7-47 所示。

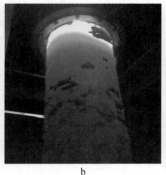

a   b   c

图 7-47　半连续电渣重熔生产的方坯和圆坯

a—300mm×340mm 电渣方坯；b—φ600mm 电渣圆坯；c—280mm×325mm 电渣方坯

参 考 文 献

[1] Hoyle G. Production of Small Ingots and Hollows by ESR. Proceedings of electroslag refining [C]. Shemeld：Iron and Steel Institute and Shemeld Metallurgical and Engineering Association, 1973：136.

[2] Holzgruber W. New ESR-technology for new and improved products. Proceeding of the 7th International Conference on Vacuum Metallurgy [C]. Tokyo：Proceeding of the 7th International Conference on Vacuum Metalllurgy 1982：1452.

[3] 李正邦. 电渣熔铸理论与实践 [M]. 北京：高新技术应用出版社，1996：255.

[4] 李正邦. 电渣炉原理与工艺 [M]. 北京：高新技术应用出版社，1996：214.

[5] 李正邦. 特种冶金技术 [J]. 特殊钢，2002，23（6）：1~4.

[6] Holzguber W. New Electroslag technologies. Medova memorial symposium [C]. Kiev：Naukova Dumka，2001：71.

[7] 臧喜民. 电渣连铸技术的开发及工艺研究 [D]. 沈阳：东北大学，2007.

[8] 刘福斌. 电渣连铸过程的数学模拟及铸坯质量控制 [D]. 沈阳：东北大学，2009.

[9] 张文超. GH4169 电渣重熔凝固过程的偏析行为研究 [D]. 沈阳：东北大学，2019.

[10] 朱付雷. 抽锭式电渣重熔炉结晶器优化设计 [D]. 沈阳：东北大学，2011.

[11] 姜周华，邓鑫，臧喜民. 一种液态电渣连铸渣池液面的控制装置及方法：中国，ZL201010257807 [P]. 2010.

[12] 姜周华，陈旭，刘福斌，等. 一种用于抽锭式电渣重熔制取空心锭的低污染节能渣系：中国，ZL201310239951. X [P]. 2013.

[13] 董艳伍，姜周华，曹海波，等. 确定单电源双回路电渣重熔过程中工艺参数的装置及方法：中国，ZL201510911525. 5 [P]. 2015.

[14] 刘福斌，姜周华，余嘉，等. 一种导电结晶器电渣重熔控制铸锭凝固组织方向的方法：中国，ZL201610871586.8 [P]. 2016.

[15] 姜周华，刘福斌，李星，等. 一种导电结晶器电渣重熔制备 H13 钢的方法：中国，ZL201610874041.2 [P]. 2016.

[16] 曹海波. 导电结晶器电渣重熔易偏析合金的数学物理模拟与实验研究 [D]. 沈阳：东北大学，2007.

[17] 臧喜民，姜周华，张天彪. 在 T 形结晶器中采用双极串联电渣重熔的固态启动方法：中国，ZL200610046626.1 [P]. 2006.

[18] 姜周华，臧喜民，张天彪. 连铸式电渣炉：中国，ZL200620089551.0 [P]. 2006.

[19] 姜周华，臧喜民，张天彪，余强. 一种导电结晶器：中国，ZL200720010214.2 [P]. 2007.

8 半连续电渣重熔空心钢锭技术

8.1 半连续电渣重熔空心钢锭技术国内外发展概况

8.1.1 空心钢锭的生产方法

近年来，我国核电、火电、水电、石化等能源领域的迅速发展，所需要的筒形大锻件的尺寸越来越大，直径可达 4000mm 以上，最大可达到 6000mm，而且对质量要求越来越高。此外，大口径的无缝厚壁管、特厚壁管的需求也不断增加，一方面要求更大的尺寸和重量，对质量要求也更高；另一方面要求生产成本要低[1]。

大型空心锻件的制造方法归纳起来可分为两大类，见表 8-1。第一类是以空心钢锭为原坯，直接进行锻造或环轧加工，可省去镦粗和冲孔两道工序，减少锻造加热火次以降低加工成本，而且钢锭成材率高，是制备大型空心锻件的技术发展趋势。第二类是以实心钢锭为原坯，先要进行镦粗、冲孔和拔长等锻造工序，由于加工工序较长，产生的能耗较高，钢锭成材率较低，而采用厚钢板卷制焊接成型法的焊缝质量难以保证。

表 8-1　大型筒体的制造方法及比较[2]

分类	方法	优点	缺点	综合评价
空心钢锭	内芯铸造法	方法简单，成本低	内表面容易产生裂纹；靠近钢锭内表面易形成 A 形偏析	良
	无芯铸造法	凝固质量好，成本低	操作难度大，技术不成熟	良
	离心浇铸法	工艺简单，生产成本低	有铸造缺陷，产品质量低	中
	电渣重熔法	工序简单，成材率高，产品质量高，生产成本低	技术难度大，需要精确的自动控制系统	优
实心钢锭	锻造镗孔成型法	产品性能较好	工艺复杂，生产成本高，成材率低	中
	水平钻孔法	产品质量好	采用机械加工，工作量极大，材料浪费严重	差
	自由锻成型法	工艺简单	材料浪费大，生产成本高	中
	厚板卷制焊接法	工艺简单，材料利用率高	焊缝质量难以保证，只能用于质量要求不高的场合	差

目前空心大锻件的传统制备方法都是采用普通实心钢锭先经镦粗和冲孔成为空心锻件后再进行后续加工，然而会因为镦粗和冲孔工序造成大量的材料浪费，同时钢锭经过多次反复加热，多次锻造变形，容易导致钢锭内部组织粗化，影响产品性能，尤其对超大型空心锻件来说，不易保证产品的精度和材质的均匀性。空心钢锭的生产技术就是适应这种要求而产生的。传统的实心钢锭生产空心锻件与采用空心钢锭生产空心锻件的锻造工艺比较见表 8-1，与以普通实心钢锭为原坯相比，以空心钢锭为原坯有如下的优点：

（1）以空心钢锭为原坯生产筒形锻件可省去镦粗和冲孔两道加工工序，同时也可减少加热锻造火次，这样不仅操作方便而且可以节省工时、能源和提高材料利用率。

（2）空心钢锭在凝固过程中是受到内外同时冷却的，提高了冷却强度和冷却速度，更可以减轻铸锭的凝固偏析程度，比普通钢锭的成分均匀性更好。

（3）采用空心钢锭可以在不增加设备改造投资的情况下，提高现有设备的最大加工能力。例如生产某筒形件需 300t 的实心钢锭进行加工，若采用空心钢锭直接进行锻造，则只需 255t 的空心钢锭即可满足要求。

8.1.2　电渣重熔空心钢锭技术

根据上文分析，空心钢锭将在大型高质量空心锻件和高性能厚壁管的生产中具有非常广阔的发展前景。从表 8-1 不难看出，采用电渣重熔法生产的空心钢锭具有凝固质量好、工序简单、成材率高和成本低等显著优点，具有很强的竞争力和应用前景。

采用电渣重熔方法生产的空心钢锭，会使组织更加致密均匀，经实验验证，相同外径的空心钢锭比实心钢锭的二次枝晶间距更小[3]；经力学性能测试，电渣重熔空心钢锭的力学性能与传统电渣实心钢锭经锻造后的力学性能几乎接近。

20 世纪 60~70 年代，Klein[4] 提出采用固定式结晶器电渣重熔技术生产空心钢锭，如图 8-1a 所示，此项技术需要重熔前在结晶器中固定一个芯棒，芯棒起到空心钢锭的成型作用，随着空心钢锭的逐渐凝固，芯棒也会被凝固在空心钢锭中；乌克兰巴顿电焊研究所 Paton[5,6] 提出采用移动结晶器电渣重熔技术生产空心钢锭，如图 8-1b 所示，该技术不同于固定式芯棒，而是将芯棒设计成可移动的，钢锭在芯棒的作用下凝固形成空心钢锭，芯棒随着空心钢锭的逐渐凝固不断向上移动，最终空心钢锭凝固完毕时，芯棒正好与空心钢锭完全脱离。

采用固定芯棒是生产空心锭最简单方法，设备简单，无需抽锭装置，早期电渣重熔空心锭曾采用此法。但这种装置最明显的缺点是：使用非金属芯棒，会使熔铸空心管坯材料被污染；使用固定式水冷金属芯棒，当重熔锭冷至 1000℃ 以下时，如果芯棒不可以分解，则无法脱出。芯棒只有用机械加工方法来镗掉，不但

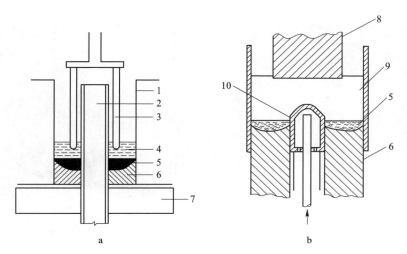

图 8-1 电渣重熔空心钢锭示意图

a—固定式结晶器；b—移动式结晶器

1—水冷结晶器；2—水冷金属芯棒（固定）；3—中空电极；4—渣池；5—金属熔池；

6—中空锭；7—水冷底板；8—电极；9—熔渣；10—固定式或移动式芯棒

制造一个空心锭必须损失一个芯管，而且后续机加工耗时巨大，浪费材料也是很不经济的，在工业上无推广价值。移动式芯棒方法的开发很好地解决了这一问题，在电渣重熔过程中，芯棒与凝固的空心钢锭是有相对运动的，因此当空心钢锭全部凝固完成时会与芯棒完全脱离，因此芯棒是可以重复使用的。然而，这种方法也有很难克服的弊端，因为重熔过程受很多因素的影响，一旦控制不稳定，极易发生漏钢漏渣甚至将芯棒"抱死"，同样导致芯棒报废。

美国 Haynes 公司与乌克兰巴顿电焊研究所 Lev Medovar 合作开发不同生产方法的电渣重熔空心钢锭，在实验室电渣重熔出哈氏合金 G-50、C-276 以及合金 718 空心钢锭。Haynes 公司最终采用多支电极直径为 100mm、抽锭式方法生产出了合金 718 空心钢锭，获得了良好的表面质量和致密的组织。后来由于此工艺缺少经济性，该公司没有将此项技术推广商业化[7]。

1975 年，乌克兰 NKMZ 公司在 EShP-20SV 电渣重熔炉，可生产出 ϕ1200/600mm 和 ϕ1300/750mm 两种规格的空心钢锭 12~16t，用于制备辊套[8]，如图 8-2 所示。乌克兰 Azovmash 公司在 ESC（Electroslag Casting）方法基础上加以改进，成功生产出 ϕ710/310mm 的空心钢锭，USh-100 电渣炉奠定了电渣重熔空心钢锭设备的基本结构[9]，如图 8-3 所示。

1988 年，我国成都无缝钢管厂利用 3t 电渣炉，采用抽锭式电渣重熔方法试制过空心管坯，该电渣炉变压器为单相交流，容量为 1800kV·A，二次电压共八级可调，最大电流 18000A，支臂行程 4000mm。抽锭装置为直流电机驱动，通过差

a　　　　　　　　　　　　　　　　b

图 8-2　NKMZ 公司生产的 φ1200/600mm（a）和 φ1300/750mm（b）电渣空心钢锭

动减速机与四根丝杆实现快慢速升降，快速
1540mm/min，慢速 1.74~17.4mm/min，最大工
作行程 4000mm，铜质内外结晶器组装固定并位
于托架上，空心钢锭通过引锭板与底水箱和抽
锭装置相连接，实现抽锭操作，如图 8-4 所示。
分别采用外径/内径为 φ374/134mm 结晶器试抽
了低合金钢，采用 φ400/140mm 结晶器试抽了
1Cr18Ni9Ti 钢，在抽锭的前期或中期发生了漏
钢或抱死内结晶器等问题。1989 年采取降功率
控制熔速、抽速措施，经过多次试验成功制成
5 支 φ386/136mm×（1150~1500）mm 1Cr18Ni9Ti
不锈钢空心管坯[10]。该过程所用的铜质外结晶
器规格为 φ400mm×450mm，水层 35mm，总高
584mm；铜质内结晶器规格 φ146.6/130mm×
409mm，锥度 4.06%。自耗电极由三组电极组
成，一组为 3 支 φ55mm×（1800~2000）mm 小电
极，三组均匀分布，极心圆直径 272mm，引锭
板 φ940mm×（18~20）mm。

　　试制的 1Cr18Ni9Ti 不锈钢空心管坯内表面
光滑但外表面质量较差，分析其主要原因是由
于金属电极组直接在结晶器中起弧造渣影响了

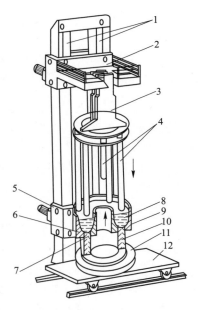

图 8-3　Azovmash 公司生产的
φ710/310mm 空心电渣钢锭

1—立柱；2—电极夹头；3—假电极；
4—自耗电极；5—结晶器台车；
6—外结晶器；7—内结晶器；8—渣池；
9—金属熔池；10—空心钢锭；
11—底水箱；12—行走台车

钢锭下部表面质量，在交换电极时产生了明显的渣沟，上部功率偏大出现了漏渣
和横向撕裂，该缺陷需经单侧剥皮后才能消除。可见，采用抽锭式电渣重熔工艺

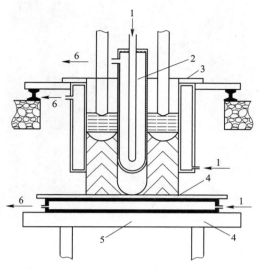

图 8-4 电渣抽炼空心管坯工艺布置简图
1—进水；2—内结晶器；3—外结晶器；4—抽锭台；5—底水箱；6—出水

生产空心管坯难度较大，不易掌握，极易发生漏钢、漏渣或"抱死"内结晶器等问题。掌握起抽时间和起抽速度尤其关键，过早抽锭会导致抽漏，过晚抽锭可能发生抱死内结晶器的危险。

该工艺技术操作较为复杂，锻造电极费用较高，而且重熔过程中钛烧损较大，空心管坯上部质量差，因此有待进一步研究改进。然而，空心管坯经轧管后检验证明，产品质量好，金属利用率提高，由此得到结论，抽锭式电渣重熔工艺生产空心管坯技术可用于特殊用途产品的研制。

20 世纪 90 年代，法国 HTM 公司应用乌克兰巴顿电焊研究所的电渣重熔技术成功生产出 CY17.4 高强马氏体不锈钢空心钢锭[11]。采用的电渣炉形式是抽锭式的，熔炼制度为熔化速度 700kg/h、电流 15.5kA、电压 65V，8 支外径为 ϕ126mm× 5500mm 的电极同时重熔，制备出了 ϕ670/370mm×1900mm 的空心钢锭，如图 8-5 所示。重熔的空心钢锭具有良好的表面质量，经检测夹杂物含量均在标准范围内。

近年来，采用双极串联的电渣重熔空心钢锭技术得到了商业应用，即采用偶数个电极（通常为 6 或 8）进行重熔，多支电极同时与电源相连，内、外结晶器均是固定式的，采用抽锭的方式是向下抽拉底水箱，钢液逐渐凝固形成空心钢锭。双极串联和单电极电渣重熔系统的区别是增加了一根电极，将底水箱与变压器相连的电流回路上移，与自耗电极的卡头连接，可大大降低网路的电抗，从而使电耗显著下降。采用双极串联重熔设备及采用这种方法获得的空心钢锭如图 8-6

图 8-5　φ670/370mm×1900mm 空心电渣钢锭

所示，在此种电流回路会造成电极熔化速率的不平衡，会影响重熔工艺，增加电渣炉炉体设计的复杂性。然而，经过多次努力，最终结合经济和电渣重熔空心钢锭技术，2011 年由俄罗斯 Energomash 公司技术中心设计的电渣炉生产的空心钢锭外径达到 0.96m，长度 9.5m，该钢锭可用于核电站等关键部件，然而所需要的自耗电极长度约为 20m，整个炉体的高度远远超过 20m，如图 8-7 所示。

a   b

图 8-6　双极串联电渣重熔设备（a）以及重熔得到的空心钢锭（b）

由此可见，自耗电极越长，所需要的电渣炉设备越高，则厂房也需建设得越高，耗资巨大，交换电极的出现可以很好地解决这一问题。然而，交换电极又带来新的问题，在交换电极时，由于暂时没有电极向渣池供热，空心锭内外冷却导致渣池温度迅速下降，交换电极处的钢锭表面出现很深的渣沟，严重时冷却速度过快导致内结晶器被钢锭抱死，无法继续生产。乌克兰巴顿电焊研究所 Ksendzyk

图 8-7 Energomash 公司建造的电渣炉

等[12,13]在抽锭式电渣重熔空心钢锭技术的基础上，提出了加入导电结晶器的理念，同时在内、外结晶器上导电，增加了一个变压器→自耗电极→渣池→金属熔池→导电结晶器→变压器的回路，其原理图如图 8-8 所示。

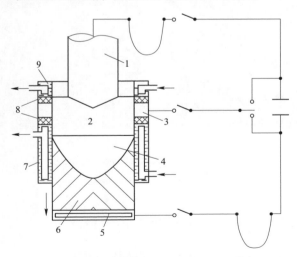

图 8-8 导电结晶器电渣重熔的原理图

1—自耗电极；2—渣池；3—导电体；4—金属熔池；5—底水箱；
6—电渣锭；7—结晶器；8—绝缘体；9—水冷环

　　L. Medovar 等在实验室采用 $\phi 350/115mm$ 内、外结晶器导电，$\phi 90mm$ 自耗电极重熔出空心钢锭，并且与传统抽锭式电渣重熔相同直径的空心钢锭的表面质量相对比，两者基本一致。同时采用这种多回路的电渣重熔空心钢锭过程产生的渣皮非常薄且均匀，几乎接近 1mm；而传统电渣重熔空心钢锭产生的渣皮超过 3mm 厚。与此同时，在此工艺的基础上还进行了交换电极的实验，即在电极交换过程中，导电结晶器会持续向渣池提供热量以保持渣池温度，避免因渣池温度骤降而导致的渣沟。将不交换电极和交换电极处空心钢锭内部质量进行对比，将空心钢锭经纵向剖开，如图 8-9 所示。图 8-9b 是经交换电极重熔的空心钢锭，交换电极处已在图中做标记。实验获得的电渣空心锭表面光滑，没有明显的缩松、缩孔、波纹，组织致密，没有发现大颗粒夹杂物、夹渣等缺陷。然后，还分析了空心锭中非金属夹杂物的形态和分布，非金属夹杂物弥散分布，且小于 $5\mu m$，主要为锰硫化物、氧化铝和硅酸盐，但含量都非常少，几乎可以忽略。由此证明，新开发的电渣重熔空心钢锭技术打破了传统的制备技术，可以通过交换电极来减小电渣炉设备的整体高度，以降低生产成本，而且得到的空心钢锭表面和内部质量均与传统电渣重熔空心钢锭相差无几[14]。

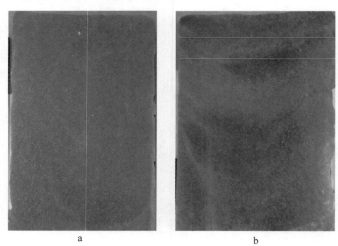

a　　　　　　　　　　　　　b

图 8-9　电渣重熔空心钢锭纵向截面宏观组织

a—未交换电极；b—交换电极

8.2　半连续电渣重熔空心钢锭技术数值模拟

8.2.1　电渣重熔空心钢锭过程多物理场耦合数学模型

　　本节模型控制方程见 3.2.2 节，金属熔滴处理见 3.2.4 节，其他处理如下[15]。

8.2.1.1 边界条件（见图 8-10）

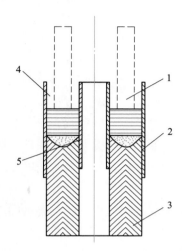

图 8-10　边界条件设置示意图

1—电极端面；2—外结晶器；3—铸锭底部；4—自由渣面；5—内结晶器

A　电场边界条件

（1）电极端面的边界条件由电流密度的通量确定，有：

$$-\sigma\frac{\partial\varphi}{\partial z} = \frac{I}{\pi R_e^2} \tag{8-1}$$

式中　φ——电势，V；

　　　I——电流，A；

　　　R_e——电极半径，mm。

（2）自由渣面的电势通量为 0，有：

$$\frac{\partial\varphi}{\partial n} = 0 \tag{8-2}$$

（3）对于渣池与内外结晶器侧壁接触面、铸锭与结晶器侧壁接触面，有：

$$\frac{\partial\varphi}{\partial n} = 0 \tag{8-3}$$

（4）铸锭底部标量电势为 0，有：

$$\varphi = 0 \tag{8-4}$$

B　磁场边界条件

（1）在电极端面和铸锭底部之间电流是连续的，而磁场是由电场激发出来的，所以在电极端面和铸锭底部的磁场也是连续的，通量为 0，有：

$$A_x = A_y = \frac{\partial A_z}{\partial z} = 0 \tag{8-5}$$

（2）自由渣面的磁感应强度的通量为 0，有：

$$\frac{\partial A_x}{\partial x} = \frac{\partial A_y}{\partial y} = \frac{\partial A_z}{\partial z} = 0 \tag{8-6}$$

（3）对于渣池与内结晶器侧壁接触面、铸锭内结晶器侧壁接触面，有：

$$\frac{\partial A_x}{\partial x} = \frac{\partial A_y}{\partial y} = \frac{\partial A_z}{\partial z} = 0 \tag{8-7}$$

（4）对于渣池与外结晶器侧壁接触面、铸锭外结晶器侧壁接触面，有：

$$A_x = A_y = A_z = 0 \tag{8-8}$$

C　温度场边界条件

（1）为了简化考虑电极的熔化过程，假设电极端面具有 30K 的过热度，有：

$$T = T_1 + \Delta T \tag{8-9}$$

式中　T——电极温度，K；

　　　T_1——液相线温度，K；

　　ΔT——过热度，K。

（2）假设自由渣面和空气通过辐射换热，辐射系数为 0.8。

（3）对于渣池与内外结晶器侧壁接触面、铸锭与内外结晶器侧壁接触面以及铸锭底部传热方式为对流传热。

D　流场边界条件

（1）电极端面为速度入口。

（2）渣池表面为自由滑移边界条件，有：

$$\frac{\partial v}{\partial n} = 0 \tag{8-10}$$

（3）对于渣池与内外结晶器侧壁接触面、铸锭与结晶器侧壁接触面，则认为是无滑移壁面，有：

$$v = 0 \tag{8-11}$$

（4）渣池和金属熔池界面为无滑移边界条件，有：

$$v = 0 \tag{8-12}$$

（5）铸锭底部设置为出流边界。

8.2.1.2　几何模型及网格划分

A　几何模型

本节研究的电渣重熔空心钢锭的数值模拟主要的研究对象分为渣池和铸锭，

并对其电磁场、温度场以及流场进行分析。依据实验室的工艺条件，利用 CAD 软件建立了 $\phi300/100mm$ 的三维几何模型。由于整个模型具有轴对称性，所以为了简化计算，取 1/4 三维模型进行计算讨论，如图 8-11 所示。

B　网格划分

划分网格对于模型的建立显得尤为重要，因为网格越小越细计算精度就越好，但是计算时间与规模也会相应地增长。本节采用 FLUENT 计算的物理场相对较多，并且具有 C 语言编写的 UDF 函数，经过综合考虑，使用软件 ICEM CFD 四面体网格对 1/4 三维模型进行网格划分，网格类型为六面体结构化网格，网格大小为 4mm，共包含 1013596 网格，如图 8-12 所示。

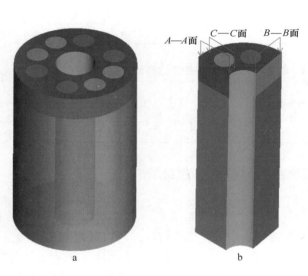
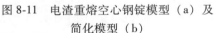

图 8-11　电渣重熔空心钢锭模型（a）及
简化模型（b）

图 8-12　电渣重熔空心
钢锭模型网格

8.2.1.3　材料的物性参数与工艺参数

本研究采用模型为 $\phi300mm$、长 100mm，渣料为 CaF_2-CaO-Al_2O_3-SiO_2 渣系，利用 Mn18Cr18N 钢种进行模型验证。在验证准确性之后，对其电磁场、温度场、流场进行计算与分析；同时观察熔滴行为，计算局部凝固时间，并对整个电渣重熔空心钢锭体系的热平衡进行计算与分析。然后基于该模型，讨论不同渣高、熔速、电极布置等不同工艺参数对电磁场、流场和温度场的影响，以确定最佳的工艺参数并用于指导实验和现场生产过程。主要物性参数和工艺参数见表 8-2~表 8-5。

表 8-2　Mn18Cr18N 钢的化学成分　　　　　（质量分数,%）

C	Si	Mn	Cr	Al	V	Mo	W	N	S	P
0.126	0.427	19.526	22.056	0.001	0.135	0.023	0.041	0.5314	0.029	0.019

表 8-3　渣系的物性参数

物性参数	电导率 /$\Omega^{-1} \cdot m^{-1}$	黏度 /Pa·s	密度（1873K） /$kg \cdot m^{-3}$	导热系数 /$W \cdot (m \cdot K)^{-1}$	热容 /$J \cdot (kg \cdot K)^{-1}$
数值	180	0.02	2800	10.46	1250

表 8-4　钢种的物性参数

物性参数	导热系数 /$W \cdot (m \cdot K)^{-1}$	密度（固/液） /$kg \cdot m^{-3}$	热容 /$J \cdot (kg \cdot K)^{-1}$	固/液相线温度 /K	凝固潜热 /$J \cdot kg^{-1}$	电导率 /$\Omega^{-1} \cdot m^{-1}$
Mn18Cr18N	33.2	7188/6384	829	1596/1710	2.6×10^5	7.1×10^5

表 8-5　电渣重熔空心钢锭的工艺参数

结晶器尺寸/mm		输入电流/kA	电极数/根	电极直径/mm	渣池深度/mm
直径	长				
300	100	5	8	55	90

8.2.2　电渣重熔空心钢锭过程多物理场耦合模拟结果

8.2.2.1　模型验证

由于国内外对电渣重熔空心钢锭工艺研究起步较晚,所以针对本模型验证所用的数据比较少。因此,利用本模型对 Mn18Cr18N 钢进行计算,将计算得到的金属熔池形状与实验的金属熔池形状进行对比验证。前期的预备实验中主要包括几个步骤,化渣过程、浇渣过程、重熔过程、抽锭过程,如图 8-13 所示。

在某次实验过程达到稳定之后出现漏钢情况,此时增加抽锭速度使熔渣等迅速漏出,冷却一段时间后得到金属熔池形状。剖开铸锭后能够看到完整的金属熔池形状,由于钢液还有残余并未完全漏出,所以实际的金属熔池深度比看到的要深。在对空心钢锭经过打磨、腐蚀之后,观察到枝晶生长的方向,沿此方向进行分析,得出实际金属熔池的形状,如图 8-14 所示。图 8-15 是模型计算的金属熔池形状,图 8-16 是计算的固液相线与实验的金属熔池形状对比,发现熔池线基本在固液相线之间,模型基本准确。

8.2.2.2　电磁场计算结果

电渣重熔空心钢锭体系整个电位分布如图 8-17 所示。

图 8-13 电渣重熔空心钢锭的生产流程

a—化渣过程；b—浇渣过程；c—重熔过程；d—抽锭过程

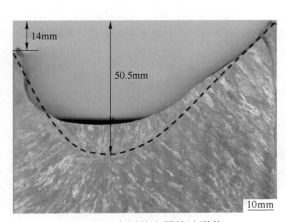

图 8-14 实际的金属熔池形状

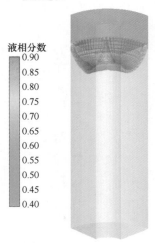

图 8-15 模型计算的金属熔池形状

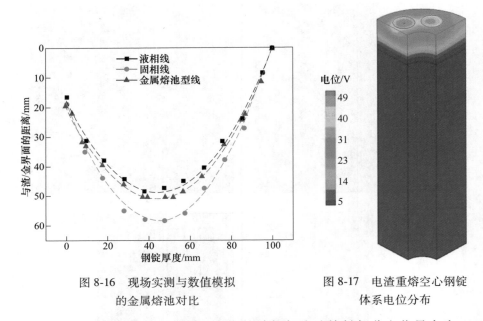

图 8-16　现场实测与数值模拟　　　　　图 8-17　电渣重熔空心钢锭
的金属熔池对比　　　　　　　　　　　体系电位分布

　　从图 8-17 中显示的结果来看，电极的端部与渣池接触部分电位最大为 49V，并且电极下部的渣池处存在较大的电位梯度，从渣池到渣/金界面电位逐渐变小，渣/金界面处电位几乎为 0。对比 *A—A* 截面和 *B—B* 截面，*A—A* 截面电极下部的渣池处电位梯度要比 *B—B* 截面更大。电渣重熔空心钢锭体系的电压降主要分布在渣池内，渣池是整个体系的热源。

　　电流密度分布如图 8-18 所示。从图 8-18 中可以看到，由于集肤效应电流在外表面沿着轴向运动，最大值出现在电极端部四周与渣池接触部分，最大值是 $1.8 \times 10^5 A/m^2$，并且相比于其他区域大很多，其他部分分布则相对均匀，所以电极熔化的主要热源位置是在渣池与自耗电极相接触的区域。

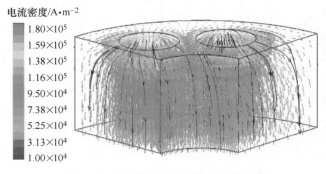

图 8-18　电渣重熔系统电流密度的分布

图 8-19 是焦耳热分布图，焦耳热的最大值出现的部位与电流密度相同，最大值为 $1.80 \times 10^8 \, W/m^3$，$A$—$A$ 截面电极下部的渣池处焦耳热要比 B—B 截面更大。同时，外电极处焦耳热值区域较内电极区域更大，这是由于内部电极熔化速度快，导致内电极与外电极的间距变大，电流更容易从外电极流入，这样外电极电流密度变大，焦耳热就会更大。渣池中焦耳热在其他部分区域与电流密度分布一致，焦耳热同样也有助于电极的熔化。

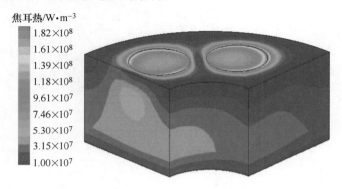

图 8-19   渣池焦耳热分布

磁感应强度分布如图 8-20 所示，整个电渣重熔空心钢锭体系磁场强度的分布都是从中心向外辐射，并且其与电流密度的方向符合安培定则。磁感应强度大小正比于电流密度，磁感应强度最大值为 $6.17 \times 10^{-3} \, T$，其他区域磁感应强度大小由于受到集肤效应的影响与其到中心轴线的距离成正比，接近轴心线处磁感应强度相对较小。

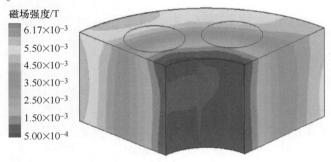

图 8-20   磁场强度分布

电磁力的分布如图 8-21 所示，电磁力分布较大位置处与磁感应强度相同，同样在电极角处，电磁力的方向是指向中心轴线的斜下方，将电磁力可以分解为一个轴向分量和一个径向分量，径向分量是熔渣径向流动的驱动力，轴向分量使熔渣沿轴向运动，并且电磁力的方向、磁感应强度方向、电流密度方向三者符合左手定则。可见，电磁力是渣池中熔渣运动的主要驱动力，能够使渣池流动更加充分，有利于熔渣的运动，并增加与电极和熔渣的接触，从而使精炼效果更加显著，温度分布也相对均匀。

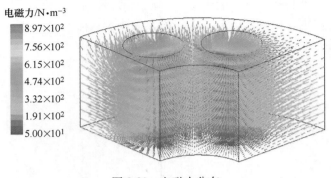

图 8-21　电磁力分布

8.2.2.3　温度场及流场计算结果

电磁力是渣池运动的主要驱动力，事实上，熔渣的运动主要由浮力和电磁力共同影响。流场分布如图 8-22 所示，渣池中的最大流速为 0.33m/s。从图 8-22 中可以看到电极下方速度场，由于熔滴在此处下落，所以此处的流动速度相对较大，同时周围熔渣在熔滴的带动下速度也相对较大；电极下方熔渣流动方向为中

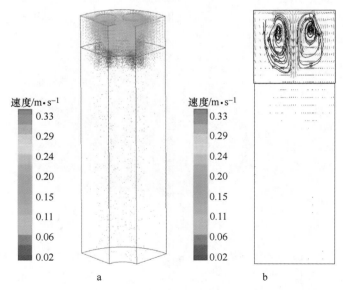

图 8-22　渣池速度场分布

a—三维速度分布矢量图；b—C—C 面速度分布矢量图

间向下，四周向上，呈现出两个相反方向的涡流状，这是因为中心的熔滴流动的方向竖直向下，熔滴附近的熔渣流动受电磁力的影响沿四周向上运动。而在结晶器壁面处存在着方向向下的涡流流动，则是因为受到浮力的作用较大。金属熔池中熔渣的流动方向刚好与上部的渣池相反，存在着方向向下的涡流流动，同样呈现涡流状，这是上部的熔滴与熔渣在渣/金界面处再向上流动所引起的金属熔池中熔渣的流动，此时金属熔池中熔渣受浮力的影响较大，电磁力对其影响较小。

　　图 8-23 是电渣重熔空心钢锭体系渣池温度分布，由于渣池处焦耳热较大，所以渣池的温度要比铸锭区域大得多。从图 8-23 中可以清晰地看到，渣池中电极下端的两侧渣池温度较高，这是因为熔滴经过渣池的过程中渣池温度降低，把高温区推向两侧，此处焦耳热较高，所以电极更容易熔化。由于电极的分布不均匀，A—A 截面和 B—B 截面的温度分布不同，A—A 截面温度较高，最大值为 2056K；B—B 截面温度最大值为 2020K，B—B 截面是没有电极提供焦耳热的，只有依靠就近的电极提供，所以其高温区的面积和大小要比 A—A 截面小很多。

　　图 8-24 是铸锭温度场的分布，温度分布呈现阶梯状，从渣/金界面处到铸锭底部逐渐减小，铸锭底部及其附近区域温度最低。在渣/金界面处的温度场，A—A 截面的高温区域面积略大于 B—B 截面，这是因为 A—A 截面只能依靠就近电极提供热量，因此温度稍低。

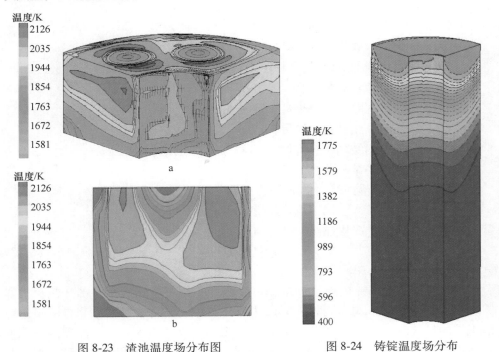

图 8-23　渣池温度场分布图　　　　　　　　图 8-24　铸锭温度场分布
a—渣池温度场；b—C—C 截面温度场

8.2.2.4　热平衡计算与分析

电渣重熔空心钢锭的传热行为会影响其凝固质量以及整个能量的利用率，所以电渣重熔空心钢锭的热平衡问题一直是研究人员关注的热点。电渣重熔空心钢锭体系的主要热源就是渣池中产生的焦耳热，这些能量主要用于自耗电极的熔化、自由渣面热损失、底水箱热量散失、内外结晶器热损失等。各个部分之间的关系用下式计算：

$$Q_T = IU_s \tag{8-13}$$

式中　Q_T——渣池焦耳热流量，kW；

　　　I——重熔电流，A；

　　　U_s——渣池的电压，V。

$$Q_d = m \cdot C_p \cdot \Delta T \tag{8-14}$$

式中　m——电极熔化速度，kg/s；

　　　C_p——钢的液相质量热容，J/(kg·K)；

　　　ΔT——熔滴穿过渣池升高的温度，K。

$$Q_T = Q_{se} + Q_d + Q_r + Q_b + Q_{si} + Q_{so} + Q_{ii} + Q_{io} \tag{8-15}$$

$$Q_{sg} = Q_a + Q_{ii} + Q_{io} + Q_i \tag{8-16}$$

式中　Q_{se}——自耗电极预热和熔化消耗热流量，kW；

　　　Q_d——熔滴吸收热流量，kW；

　　　Q_r——自由渣面热流量，kW；

　　　Q_b——底水箱热流量，kW；

　　　Q_{si}——渣池内结晶器热流量，kW；

　　　Q_{so}——渣池外结晶器热流量，kW；

　　　Q_{ii}——钢锭内结晶器热流量，kW；

　　　Q_{io}——钢锭外结晶器热流量，kW；

　　　Q_{sg}——渣/金界面热流量，kW；

　　　Q_a——熔滴带入金属熔池热流量，kW；

　　　Q_i——钢锭的凝固显热，kW。

$$\eta = Q_{se}/Q_T \tag{8-17}$$

式中　η——热效率，%。

电渣重熔空心钢锭热流分布如图 8-25 所示，图中数据表示各部分热流占输入功率的百分数，具体结果见表 8-6。从表 8-6 中可以清晰地看到，电渣重熔空心钢锭的热效率为 27.4 %，说明热效率很低，这是因为内、外结晶器的作用使渣池损失了大量的能量，结晶器带走的热量共有 35.75kW，所以减少结晶器冷却水带走的热量是提高电渣重熔空心钢锭热效率的一种有效措施。

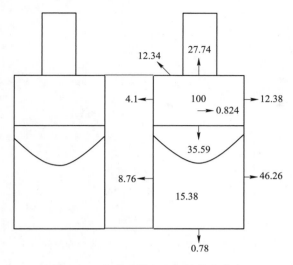

图 8-25 电渣重熔空心钢锭热流分布

表 8-6 热平衡计算结果

项目	热流量/kW	占输入功率的分数/%	项目	热流量/kW	占输入功率的分数/%
Q_T	50	100	Q_{si}	2.05	4.1
Q_{se}	13.87	27.74	Q_{so}	6.19	12.38
Q_d	0.412	0.824	Q_{ii}	4.38	8.76
Q_r	6.17	12.34	Q_{io}	23.13	46.26
Q_b	0.39	0.78	Q_i	7.69	15.38

8.2.2.5 局部凝固时间

局部凝固时间是电渣重熔空心钢锭凝固过程中的一个重要参数，它是指钢锭在固液两相区凝固所消耗的时间，是评定电渣重熔空心钢锭铸态组织的重要判据。局部凝固时间取决于重熔速率以及固液两相区的距离，具体的计算公式如下：

$$LST = (Z_L - Z_S)/v_r \qquad (8-18)$$

式中　LST——局部凝固时间，s；

　　　Z_L——固相线位置，m；

　　　Z_S——液相线位置，m；

　　　v_r——熔速，kg/s。

根据式（8-18）计算 Mn18Cr18N 钢的局部凝固时间，如图 8-26 所示，在钢锭中心的局部凝固时间最长，内、外结晶器附近局部凝固时间最短。这是因为在内、外结晶器附近由于冷却水的作用，冷却强度较大，钢锭中心处冷却强度较小，冷却速度较慢。

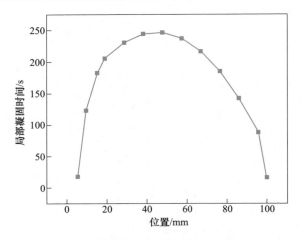

图 8-26　电渣重熔空心钢锭局部凝固时间

8.2.2.6　熔滴行为

熔滴形成与滴落的过程如图 8-27 所示，自耗电极因为受到焦耳热的作用逐

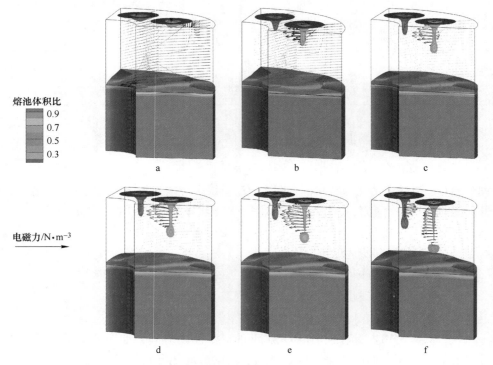

图 8-27　熔滴行为及电磁力

a—t_0；b—$t_0+0.5$s；c—$t_0+0.59$s；d—$t_0+0.62$s；e—$t_0+0.65$s；f—$t_0+0.72$s

渐开始熔化。从图 8-27 中可以清晰地看到，重熔开始后在自耗电极底部熔化成液膜；由于受到电磁力和重力作用，金属液滴逐渐聚集到电极中心，此时熔滴已经聚集成小液滴；随后熔化的钢液越来越多，小液滴变成大液滴；之后，当电磁力、重力和浮力的影响大于表面张力时，金属液滴开始滴落；熔滴到达渣/金界面进入金属熔池，然后凝固成空心钢锭。当前工艺条件下，熔滴从开始熔化到进入金属熔池整个过程共用时 1.01s，以后的每一个熔滴都是间隔一段时间按照同样的过程进入金属熔池中。

VOF 模型的使用可以追踪金属熔滴的运动过程，表 8-7 为熔滴的基本信息，熔滴穿过渣/金界面时的半径、温度和速度分别为 5.1mm，2019K 和 0.33m/s。熔滴穿过渣/金界面时的半径和速度可由式（8-19）和式（8-20）计算，计算结果为 6.1mm 和 0.38m/s，由此可见模拟结果和理论值基本吻合。熔滴在渣池中的停留时间为 0.29s，在这段时间内熔滴能从渣池中吸收更多的热量，停留时间越长，吸收热量越多。

表 8-7　熔滴信息

参　数	数值	参　数	数值
熔滴半径 D/m	0.0051	最终速度 $v_{\mathrm{va}}/\mathrm{m \cdot s^{-1}}$	0.33
熔滴在渣中停留时间 τ/s	0.29	最终温度/K	2019

$$r_{\mathrm{d}} = \sqrt{\frac{2.04\gamma}{g\Delta\rho}} \tag{8-19}$$

$$\begin{cases} v_{\mathrm{t}} = \sqrt{A/B} \\ A = \left[\Delta\rho/(\rho_{\mathrm{d}} + 0.5\rho)\right]g \\ B = 3/8\, \dfrac{C_D}{r_{\mathrm{d}}}\, \dfrac{\rho}{\rho_{\mathrm{d}} + 0.5\rho} \end{cases} \tag{8-20}$$

式中　r_{d}——熔滴半径，mm；

ρ——熔渣的密度，$\mathrm{kg/m^3}$；

v_{t}——最终速度，m/s；

g——重力加速度，$\mathrm{m/s^2}$；

$\Delta\rho$——密度差，$\mathrm{kg/m^3}$；

ρ_{d}——熔滴的密度，$\mathrm{kg/m^3}$。

8.2.3　电渣重熔空心钢锭过程凝固组织模拟

8.2.3.1　模型建立

本节研究的空心钢锭为筒形柱体，空间是轴对称的。为简化计算，取整个环形柱体的 1/16 作为研究对象，因此首先在 Solid Work 中建立一个三维有限元轴对称的几何模型，如图 8-28 所示。模型是护环钢 Mn18Cr18N，模型的相关参数见表 8-3 和表 8-4[16]。

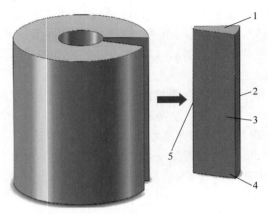

图 8-28　有限元实体模型

1—渣/金界面；2—空心钢锭外侧面；3—空心钢锭纵剖面；4—空心钢锭底面；5—空心钢锭内侧面

8.2.3.2　初始条件及边界条件

在凝固的初始阶段，假设初始温度是钢的液相线温度，边界条件分为渣/金界面、轴对称中心、钢锭内外侧面、钢锭底部，控制方程见表 8-8。

表 8-8　数学模型初始条件及边界条件

初始条件或边界条件	数值或控制方程
渣/金界面	$-k\dfrac{\partial T}{z} = h_{m}(T_{sl} - T)$
钢锭纵剖面	绝热
钢锭侧面	$h_{la} = f(z)$　　如图 8-29 所示
钢锭底面	$-k\dfrac{\partial T}{\partial z} = h_{b}(T - T_{b})$

T_{sl} 和 T_{b} 分别为渣池的平均温度和结晶器底部冷却水的平均温度；h_{sm}、h_{la} 和 h_{b} 分别为渣/金界面的传热系数、钢锭内外侧面的综合传热系数和钢锭底部的传热系数，k 为钢锭导热系数。

其中，钢锭内外侧面的综合传热系数 h_{la} 是一个随到渣/金界面的距离而变化的函数，如图 8-29 所示。在金属熔池的温度最高，钢液不会发生凝固，熔池与结晶器之间也不会产生气隙，传热系数较大；随着远离渣/金界面，在结晶器的冷却作用下，钢锭侧面开始凝固，钢锭与结晶器之间开始产生气隙，气隙降低了结晶器的冷却作用，传热系数迅速下降；随着钢锭的进一步凝固，由于钢锭凝固收缩而产生的气隙不断增加，传热系数继续缓慢下降，最后逐渐趋于平稳。空心钢锭同时受内、外结晶器的冷却作用，一方面，钢锭凝固收缩与外结晶器产生的气隙迅速增大，气隙越大温度梯度越小，而钢锭凝固向内收缩会与内结晶器越靠越紧，气隙越来越小，钢锭受内结晶器冷却作用增大；另一方面，内结晶器直径小于外结晶器直径，因此内结晶器的总冷却面积必然小于外结晶器，因此外结晶器的冷却强度相对较大。其中内、外结晶器冷却强度不一致时占主导就会造成靠近内外侧壁的枝晶生长速度不一致，最终会导致金属熔池的最深处会偏向另一侧。本实验通过内外结晶器合理的锥度匹配设计，适当减小了内结晶器的冷却作用，以防止内结晶器被"抱死"，这样也客观地缩小了内外侧壁传热系数的差距，以保证内外侧壁的枝晶生长速度基本一致。

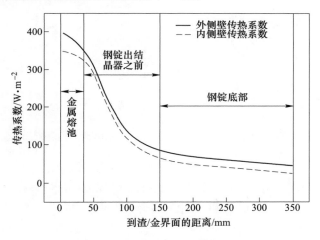

图 8-29　空心钢锭内外侧面传热系数

8.2.3.3　材料物性参数的计算

本研究中的 Mn18Cr18N 钢可以分解成 Fe-C、Fe-Mn、Fe-Cr、Fe-N、Fe-Si、Fe-P、Fe-S 多个二元合金，Mn18Cr18N 钢的物性参数根据 Pro CAST 热力学数据库采用 Scheil Model 模型计算得出，导热系数、黏度、热熔、密度随温度变化关系如图 8-30 所示。计算得出 Mn18Cr18N 钢的固液相线温度分别为 $T_s = 1323℃$，$T_1 = 1437℃$。

8.2.3.4　形核参数的计算

元胞自动机法采用连续形核的方法来处理液态金属的非均质形核现象，用高斯分布函数描述形核质点密度随温度的分布关系，晶粒生长的模型考虑了枝晶生长动力学和择优生长方向<100>晶向，枝晶生长动力学系数的计算参数见表 8-9。

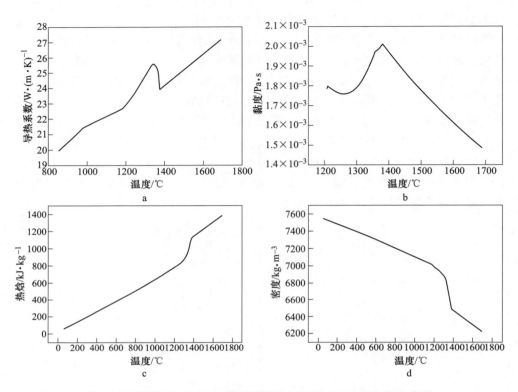

图 8-30　采用 Scheil model 模型计算得出的 Mn18Cr18N 钢物性参数

a—导热系数；b—黏度；c—热熔；d—密度

表 8-9　枝晶生长动力学系数的计算参数

元素	成分（质量分数）/%	平衡分配系数	液相线斜率/℃·%⁻¹	液相扩散系数/m²·s⁻¹	Gibbs-Thomson 系数/K·m
C	0.093	0.106	−91	$7.9×10^{-9}$	$3.0×10^{-7}$
Mn	19.87	0.753	−19	$2.0×10^{-9}$	$3.0×10^{-7}$
Cr	19.38	0.803	−27	$5.0×10^{-9}$	$3.0×10^{-7}$
N	0.510	0.772	−250	$2.4×10^{-9}$	$3.0×10^{-7}$
Si	0.480	0.580	−666	$2.4×10^{-9}$	$3.0×10^{-7}$
P	0.034	0.060	−34	$4.7×10^{-9}$	$3.0×10^{-7}$
S	0.001	0.025	−40	$4.5×10^{-9}$	$3.0×10^{-7}$

由 ASTM 标准 $N_v = 0.8N_A^{3/2} = 0.5659N_L$ 计算得出最大晶粒密度 n_{max}，根据计算得出枝晶尖端生长系数 a_2 和 a_3，最大过冷度 ΔT_{max} 和标准偏差过冷度 ΔT_σ。由于

钢锭表面和熔体中形核条件存在差异，因此分别用面形核和体形核参数来描述，具体参数见表8-10。

表 8-10 形核和枝晶生长参数

形核参数	a_2	a_3	n_{max}	ΔT_{max}	T_σ
面形核	0	7.13×10^{-6}	1.98×10^7	0.5	0.1
体形核	0	7.13×10^{-6}	7.07×10^{10}	2	1

8.2.3.5 电渣重熔空心钢锭过程凝固组织模拟结果及模拟验证

A 钢锭纵截面凝固过程模拟结果

电渣重熔空心钢锭在不同时刻的凝固组织如图8-31所示。从图中可以观察到在重熔的不同阶段形成了三种晶区，包括激冷细晶区、柱状晶区、等轴晶区，凝固钢锭上部的曲面代表凝固界面。晶粒结构取决于G/R值，其中G为温度梯度，R为凝固速度，当G/R值较低时有利于等轴晶的形成，当G/R值较高时有利于柱状晶的形成[17]。

在重熔的初期，当电极熔化后形成熔滴逐渐滴落至底水箱表面，与底水箱最先接触的一层迅速受到强烈的激冷而凝固。此时凝固界面前沿存在很大过冷度，G/R比值较小易形成等轴晶，且底水箱表面和结晶器侧壁可作为非均质形核基底，因而在结晶器侧壁附近大量形核，并同时向各个方向生长。邻近的晶粒很快彼此碰撞，无法继续生长，便在表面形成很薄的一层细等轴晶区。此时金属熔池形状浅平，随着渣/金界面的上涨，凝固高度也随之增加，热量从底水箱大量传出，轴向具有较大的温度梯度，因此G/R值很大，底面出现柱状晶区，如图8-31a所示。

随着重熔的进行，渣/金界面继续上涨，凝固潜热不断放出，使细晶区前沿的熔体温度升高，此时凝固界面前沿温度梯度较大，成分过冷区较小，凝固前沿的一部分细晶粒以枝晶状生长。由于电渣重熔具有热流定向性，其中一次枝晶方向与热流方向相反的枝晶优先生长，并垂直于液相线，因此钢锭内外侧有倒V形的柱状晶区，凝固潜热的释放使其他枝晶前沿的熔体温度升高，从而抑制其他晶粒的生长，使得这些优先生长的枝晶形成具有一定择优取向的柱状晶，如图8-31b、c所示。在重熔的前期，渣/金界面的上涨速度快于钢锭的凝固速度，随着渣/金界面的上涨，金属熔池深度也不断增大，圆柱段高度也有所增加。但是，当凝固高度达到空心钢锭壁厚的1.5倍时，熔池的形貌基本不再发生很明显的变化，表明已经达到重熔稳定阶段，此时渣/金界面的上涨速度与钢锭的凝固速度基本达到平衡，如图8-31d、e所示。随着渣/金界面的上涨，金属熔池与内、外结晶器侧壁的接触面积逐渐增大，由于内、外结晶器的冷却不同，使整个钢锭的

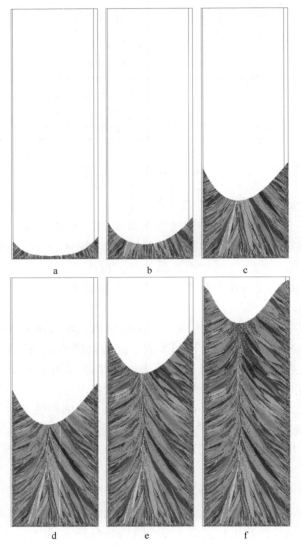

图 8-31　空心钢锭凝固组织形成过程

a—t = 250s；b—t = 500s；c—t = 1200s；d—t = 2000s；e—t = 2500s；f—t = 3500s

冷却强度也不同，外结晶器的冷却面积大，冷却强度强，因此靠近外结晶器侧壁的钢液凝固得要比靠近内结晶器侧壁的快，使靠近内结晶器侧壁的圆柱段高度较宽，如图 8-31f 所示。

B　Mn18Cr18N 空心钢锭凝固模型验证

a　金属熔池形状及枝晶生长形貌

本节采用电渣重熔制备的 Mn18Cr18N 钢作为对比验证对象。在电渣重熔稳定期时，迅速提高抽锭速度，使结晶器中的钢液和熔渣漏出，待钢锭冷却后便得到金属熔池的形状。沿钢锭纵向剖开得到金属熔池形状，经测量金属熔池的深度为 50.5mm，枝晶生长角度为 46°，凝固前沿圆柱段高度为 14mm；模拟计算得到金属熔池深度为 53mm，枝晶生长角度为 46°，凝固前沿圆柱段高度为 14mm。除此之外，模拟计算得到的靠近内外结晶器侧壁的柱状晶生长趋势与实际钢锭凝固过程中柱状晶的生长形貌基本一致。由此说明，在晶粒结构、柱状晶生长方向及柱状晶向等轴晶转变的模拟结果与实验结果基本相符合，如图 8-32 所示。

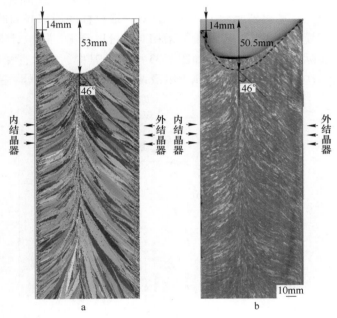

图 8-32　金属熔池形状及枝晶生长形貌对比
a—模拟结果；b—实测结果

b　二次枝晶间距

分别在空心钢锭距底面 100mm 处的内表面、1/4 壁厚处、1/2 壁厚处、3/4 壁厚处和外表面切取 10mm×10mm×5mm 的试样共 5 个（1 号、2 号、3 号、4 号、5 号），所有试样经砂纸湿磨后抛光，采用质量分数为 10% 的草酸溶液进行电解腐蚀。应用金相显微镜（OM）结合 Image-Pro Plus 6.0 分析软件测量得到二次枝晶间距，表 8-11 为电渣锭二次枝晶间距测量结果。电渣空心锭中二次枝晶间距最大值为 61.75μm，最小值为 34.8μm。

表 8-11　空心锭的二次枝晶间距与局部凝固时间

试样	1 号	2 号	3 号	4 号	5 号
二次枝晶间距/μm	34.8	56.64	61.75	51.96	43.21
局部凝固时间/s	14.5	132	148	72	15

采用与文献相同的方法，计算得到 Mn18Cr18N 钢的 β_1 和 β_2 分别为 1.267 和 0.235，得到 $\lg\lambda$ 与 $\lg LST$ 的线性关系为：

$$\lg\lambda = 1.267 + 0.235\lg LST \tag{8-21}$$

根据电渣锭温度分布的数值模拟结果，可获得固相线和液相线，在实验试样相对应的位置取点计算得到两相区宽度，计算所取试样的局部凝固时间和二次枝晶间距，将数值模拟结果与实际测量结果相对比可以看出，模拟计算得到的二次枝晶间距均与实际测量基本吻合，如图 8-33 所示（其中，D 为直径）。靠近电渣锭内外侧壁的二次枝晶间距小，越靠近电渣锭中心，二次枝晶间距越大。

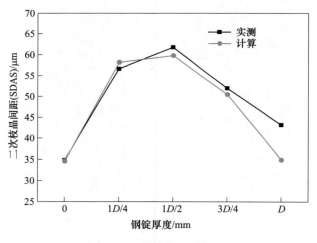

图 8-33　二次枝晶间距的对比

C　工艺参数对空心钢锭凝固组织的影响

电渣重熔是一个极其复杂的过程，受到多种因素的影响，尤其是对钢锭的凝固组织的影响。然而，要得到各参数最优的组合，反复试验成本必然非常昂贵，也会消耗大量的人力物力，造成不必要的浪费。因此，本节根据实际实验条件建立数学模型，再利用数值模拟分析各种工艺条件对电渣重熔的影响，以不断调整工艺参数，得到各个参数与电渣锭凝固组织的关系。本节分别考察了不同电极熔化速度、结晶器冷却条件、钢锭底部冷却条件对电渣重熔空心钢锭凝固组织的影响。

a 电极熔化速度

电极熔化速度是电渣重熔过程最重要的工艺参数，熔速的变化会影响钢锭的温度场与熔池的形貌，从而影响钢锭的凝固组织。增加电极熔化速度，渣/金界面上升的速度也随之增加，因此以渣/金界面的上升速度来表述熔化速度对凝固组织的影响，渣/金界面的上升速度与熔化速度的对应关系见表 8-12。

表 8-12 渣/金界面的上升速度与熔化速度的对应关系

渣/金界面上升速度/mm·s^{-1}	熔化速度/kg·min^{-1}	与熔化速度匹配的抽锭速度/mm·min^{-1}
0.067	1.97	4.0
0.083	2.44	5.0
0.092	2.70	5.5

图 8-34 为不同熔化速度下钢锭凝固微观组织。从图 8-34 中可以看出，随着渣/金界面的上升速度的增加，金属熔池的深度也逐渐加深，圆柱段高度也随之增加。这是由于电极熔化速度越快，渣/金界面上升速度越快，金属熔池中由熔滴带来的热量相对越多，在冷却条件不变的情况下，凝固速度远小于电极熔化速度，因此熔化的金属熔滴越聚越多，熔池内的热量不能及时地传递出去（温度仍然很高），最终导致金属熔池变深。除此之外，由于金属熔池与结晶器侧壁接触的面积相对增加，这样就使金属熔池侧壁的热量散失得越快，金属熔池中的温度梯度 G 增大，倒 V 形柱状晶与轴向夹角增大。随着熔化速度的增加，金属熔池不断加深，且枝晶生长角度也不断增加。当熔化速度为 0.083mm/s 和 0.092mm/s 时，也就是熔化速度为 2.44kg/min 和 2.70kg/min 时金属熔池深度为 41.2mm 和 45mm；经计算枝晶生长角度为 40° 和 44°，且金属熔池的两侧都具有一定高度的圆柱段，说明在这两种熔化速度下，均可以保证有良好的钢锭表面质量的同时，也可以获得良好的内部质量。当熔化速度为 0.067mm/s 时，也就是熔化速度为 1.97kg/min 时，得到的金属熔池深度最浅且圆柱段最短，不利于钢锭表面质量，这一结论将在实验室电渣重熔实验中加以验证。

b 结晶器冷却条件

本节研究了三种不同内外结晶器冷却强度组合，以研究冷却强度对凝固组织的影响，如图 8-35 所示。其中，$h_{外}$ 为外结晶器侧壁传热系数，$h_{内}$ 为内结晶器传热系数。从图 8-35 中可以看出，当 $h_{外}-h_{内}=20W/(m^2·K)$ 时，外结晶器侧壁的传热系数大于内结晶器传热系数的 $20W/(m^2·K)$ 时，说明内外结晶器的冷却强度差异最小，如图 8-35a 所示，靠近内结晶器一侧的柱状晶生长速度小于靠近外结晶器一侧，最终使金属熔池最深处略偏向于内结晶器一侧 3mm；当 $h_{外}-h_{内}=-100W/(m^2·K)$ 时，也就是内结晶器的传热系数大于外结晶器的传热系数 $100W/(m^2·K)$ 时，电渣锭两侧的枝晶生长速度几乎一致，金属熔池的最

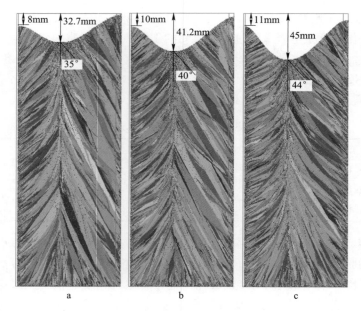

图 8-34　熔化速度对电渣锭凝固微观组织的影响

a—v = 0.067mm/s；b—v = 0.083mm/s；c—v = 0.092mm/s

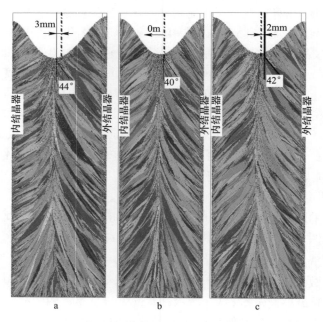

图 8-35　内外结晶器冷却强度对电渣锭微观组织的影响

a—$h_外 - h_内$ = 20W/(m² · K)；b—$h_外 - h_内$ = -100W/(m² · K)；c—$h_外 - h_内$ = -250W/(m² · K)

深处位于电渣锭厚度方向的中心，如图 8-35b 所示；当 $h_{外} - h_{内} = -250W/(m^2 \cdot K)$ 时，也就是内结晶器的传热系数大于外结晶器传热系数的 $250W/(m^2 \cdot K)$ 时，内结晶器的冷却强度更大，则靠近内结晶器的柱状晶生长速度稍快，长度更长，金属熔池的最深处略微向外结晶器一侧偏移，金属熔池的最深处偏离电渣锭厚度方向的中心 2mm，如图 8-35c 所示。

c　电渣锭底部冷却条件

图 8-36 给出了不同的底部传热条件下电渣锭的凝固微观组织分布，随着结晶器底部传热系数的增大，金属熔池深度、枝晶生长角度、圆柱段高度基本不变，但是对底部柱状晶的高度影响较大。随着底部传热系数的增加，底部冷却强度增大，底部传热增大，轴向的热流发展，晶轴方向与热流方向平行的晶体生长加快，其他条件不变的情况下，底部柱状晶高度增大。电渣重熔过程可以通过改变工艺得到希望的柱状晶组织沿纵向生长[18,19]，以获得良好的性能。当底部传热系数为 $500W/(m^2 \cdot K)$ 时，由底部生长的柱状晶最高，为 150mm，约占整个电渣锭高度的 40%。由此说明，通过增加底部冷却强度，柱状晶组织更趋于沿着轴向生长，有利于提高整个材料的组织性能。但是，底部传热系数的影响会随着电渣锭高度的增加逐渐减弱，因此当其高度超过直径的 1.5 倍时，基本就不再受底部冷却条件的影响。

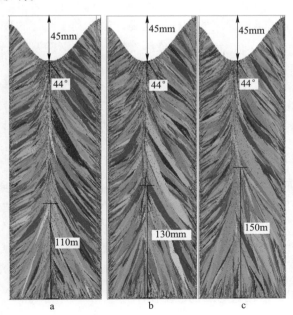

图 8-36　底部传热对电渣锭凝固微观组织的影响

a—$h = 300W/(m^2 \cdot K)$；b—$h = 400W/(m^2 \cdot K)$；c—$h = 500W/(m^2 \cdot K)$

d　最优工艺参数

根据上述模拟的不同工艺条件下空心钢锭凝固组织的生长形貌，得到了熔化速度、结晶器冷却条件、底水箱冷却条件对金属熔池深度、枝晶生长角度、圆柱段高度、金属熔池最深处偏离壁厚中心以及钢锭底部柱状晶生长高度的影响规律。通过对这些数值进行对比分析，得出一套匹配合理的工艺参数，见表 8-13。

表 8-13　不同工艺条件下电渣锭各物理量的数值

工艺参数	$v/\mathrm{mm \cdot s^{-1}}$			$h_{外}-h_{内}/\mathrm{W \cdot (m^2 \cdot K)^{-1}}$			$h_{底}/\mathrm{W \cdot (m^2 \cdot K)^{-1}}$		
	0.067	0.083	0.092	20	−100	−250	300	400	500
金属熔池深度/mm	32.7	41.2	45				45	45	45
枝晶生长角度/(°)	35	40	44	44	40	42	44	44	44
圆柱段高度/mm	8	10	11						
金属熔池最深处偏离壁厚中心/mm				3	0	2			
底部柱状晶高度/mm							110	130	150

从表 8-13 中可以看出，随着熔化速度的增加，金属熔池的深度和枝晶生长角度也随之增加。对于抽锭式电渣重熔工艺来讲，金属熔池不易过深，否则在抽锭过程中很容易将渣皮拉断，导致漏钢漏渣现象。因此，当熔化速度为 0.092mm/s 时，金属熔池深度的圆柱段最高，最有利于钢锭的表面质量；当 $h_{外}-h_{内}=-100\mathrm{W}/(\mathrm{m^2 \cdot K})$ 时，金属熔池最深处位于空心钢锭壁厚中心，可以得到较宽的圆柱段高度，枝晶生长角度最小，更有利于钢锭表面质量；改变底部传热系数，发现底部传热系数仅对底部柱状晶的高度影响较大，随着底部传热系数的增加，底部冷却强度增大。当底部传热系数为 500W/(m² · K) 时，底部生长的柱状晶最高，且更趋于沿轴向的柱状晶组织，有利于提高整个材料的组织性能。

8.3　半连续电渣重熔空心钢锭核心技术

半连续电渣重熔空心钢锭核心技术同样采用了 7.3 节中的曲面锥度强化冷却技术、高精度抗干扰电磁涡流和电流信号协同检测与控制液面技术和抽锭新型渣系技术。

此外，由于冶炼空心钢锭的特殊需求，半连续电渣重熔过程中使用了内结晶器。内结晶器的存在，使半连续电渣重熔空心钢锭工艺变得更为复杂。

8.3.1　自耗电极蝶形布置与工艺匹配技术

8.3.1.1　自耗电极布置对半连续电渣重熔空心钢锭过程的影响

传统电渣重熔技术中的单电极存在横截面积小，无法保证大的填充比，单电极熔速较慢，能耗高等缺陷。在半连续电渣重熔空心钢锭过程中，不仅保留了电渣重熔的优点，还创新性地采用了 T 型结晶器、内外组合式水冷结晶器等关键技术和工艺。此时，自耗电极的布置对重熔工艺顺行的可靠性和安全性提出了更高的要求。

图 8-37 为半连续电渣重熔空心钢锭原理。当自耗电极同心圆与空心钢锭壁厚同心圆一致时，工艺较容易控制，但此时要结合填充比和熔速极限值进行操作；当自耗电极同心圆靠近空心钢锭外壁时，易实现较大填充比，提高熔速，但空心钢锭外壁附近温度会较高，对于某些钢种易出现漏钢漏渣的风险。

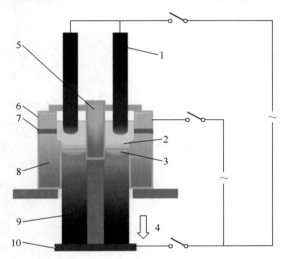

图 8-37　半连续电渣重熔空心钢锭原理
1—自耗电极；2—渣池；3—金属熔池；4—抽锭方向；5—内结晶器；
6—导电体；7—绝缘体；8—外结晶器；9—空心锭；10—底水箱

液钢在金属、渣、结晶器内壁之间的界面弯月面形状也是影响半连续电渣重熔空心锭电极布置的重要因素，如图 8-38 所示。

表面张力低的钢或合金与铜结晶器壁的界面形状是典型凹的弯月面。而影响合金表面张力的因素较为复杂，包括化学成分、黏度、密度和液相线温度。当界面形状为凹的弯月面时，金属在紧靠结晶器壁处凝固。此时，无论渣的黏度是高是低，渣很难进入金属和结晶器内壁之间进行润滑，而导致了铸锭的表面质量下降。当表面张力高时，合金与铜结晶器内壁的界面形状是典型凸的弯月面。此时，金属在靠近金属与结晶器壁之间薄的渣层处凝固。如果此处渣为液态，熔渣有很大可能流入金属和结晶器内壁之间，形成液态渣膜，使铸锭获得光洁的表面质量，并对抽锭进行润滑。

综合来看，半连续电渣重熔空心钢锭自耗电极的布置是由钢种物性参数→设

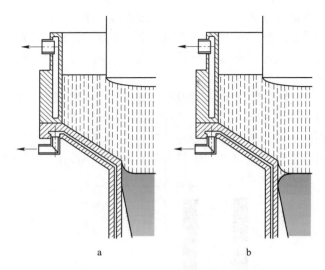

图 8-38　凹(a)或凸(b)界面弯月面形状

计熔速→设计填充比→内外结晶器形状→自耗电极布置的顺序来决定的。

8.3.1.2　关键技术开发

基于上述自耗电极布置对半连续电渣重熔过程影响的分析，东北大学特殊钢研究所提出了半连续电渣重熔空心钢锭用自耗电极布置的设计原则和技术，以保证坯壳均匀快速地生长，满足高效生产的要求。同时，能够完全适应工艺参数具有较宽的操作窗口，避免漏渣漏钢。

该技术的核心思想为：（1）确定与钢液成分和温度相关的热物性参数、力学性能参数和屈服函数；（2）建立半连续电渣重熔空心钢锭过程耦合数学模型，综合考虑电磁场、流场和温度场，系统研究凝固坯壳的温度分布；（3）考察金属熔池形状和圆周方向分布的均匀性，在此基础上提出自耗电极布置的优化设计和组装方法[19]。

两种不同电极布置下温度场的分布如图 8-39 所示[15]，由于渣池处焦耳热较大，所以渣池的温度要比铸锭区域大得多，渣池中电极下端的渣池温度较高，六电极布置和八电极布置渣池中温度的最大值分别为 2092K 和 2069K，铸锭中温度的最大值分别为 1800K 和 1745K，六电极布置中渣池和铸锭的最高温度要大于八电极布置。这是因为六电极布置中的电流更大，导致渣池中的温度升高，由于电极分布不均匀，并且 A—A 截面一侧的高温区要大于 B—B 截面的高温区，B—B 截面是没有电极提供焦耳热的，只有依靠就近的电极提供，所以其高温区的面积和大小要比 A—A 截面小很多。

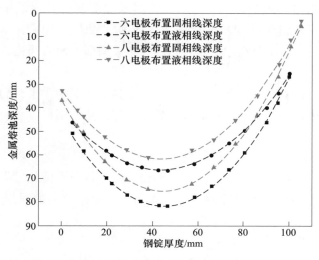

图 8-39　电极布置对金属熔池形貌的影响

　　两种电极布置下金属熔池形状如图 8-40 所示。从图 8-40 中可以看到，六电极布置金属熔池最深处为 83mm，八电极布置金属熔池最深处为 74mm，八电极布置下的金属熔池形状更为浅平。这是因为六电极布置的电极与渣-金界面之间局部电流密度和发热密度增加，导致渣池温度较高，形成的金属过深。从图 8-40 中观察金属熔池（液相分数 0.9）形貌，可以发现八电极温度和形貌分布均匀性均好于六电极。六电极圆柱段高度之差为 8mm，八电极圆柱段高度之差为 4mm，六电极圆柱段高度波动较大，会影响钢锭的表面质量。

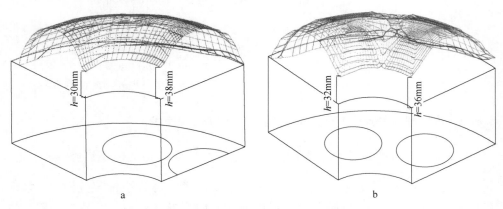

图 8-40　电极布置对金属熔池空间形貌的影响

a—六电极；b—八电极

　　图 8-41 是不同电极布置下的局部凝固时间。从图 8-41 中可以看到，在钢锭

中心的局部凝固时间最长，内、外结晶器附近局部凝固时间最短，这是因为在内、外结晶器附近由于冷却水的作用，冷却强度较大；钢锭中心处冷却强度较小，冷却速度较慢，并且在中心位置六电极布置局部凝固时间比八电极布置凝固时间要长。

综合考虑，该工况条件下，八电极布置金属形状更为浅平，局部凝固时间较短，金属熔池更均匀，有利于形成表面质量较好的空心钢锭。

8.3.1.3 工艺效果

本项关键技术形成后，国内多家特钢企业应用该技术消除了半连续电渣重熔空心钢锭过程表面质量难以控制，易出现漏渣、漏钢缺陷的现象，如图 8-42 和图 8-43 所示。

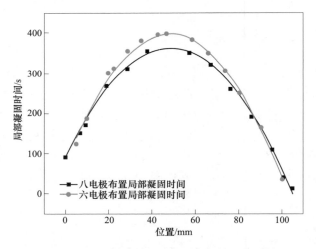

图 8-41 电极布置对局部凝固时间的影响

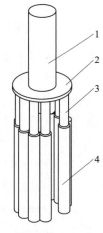

图 8-42 自耗电极布置示意图
1—水冷假电极；2—连接盘；
3—小假电极；4—自耗电极

8.3.2 内结晶器摩擦力检测与内结晶器防"抱死"技术

8.3.2.1 内结晶器摩擦力对半连续电渣重熔空心钢锭过程影响分析

电渣重熔空心钢锭过程中，在水冷内、外结晶器和水冷引锭装置构成的环形空间加入液态炉渣，将自耗电极的端部插入其中。当多支并联的自耗电极、炉渣、底水箱通过短网与变压器形成供电回路时，便有电流从变压器输出通过液态熔渣，使自耗电极的端部被逐渐加热熔化，熔化的金属穿过渣池进入金属熔池，因外结晶器中心装有水冷内结晶器，液态金属逐渐凝固，形成空心钢锭。当空心

图 8-43　半连续电渣重熔空心钢锭表面质量

钢锭达到一定高度后，开始抽锭。

　　由于水冷内结晶器的存在，使空心钢锭与实心钢锭的凝固特征产生较大的区别。空心钢锭的凝固收缩使铸锭远离水冷外结晶器的同时靠近水冷内结晶器，在内外结晶器锥度、冷却系统设计及几个工艺参数（重熔功率、熔化速度和抽锭速度等）不匹配时，将产生漏渣、漏钢，甚至水冷内结晶器被空心钢锭"抱死"，严重时导致内结晶器拉断的情况。此时，内结晶器摩擦力在线动态监测和调整抽锭式空心电渣重熔过程中内结晶器受力状态尤为重要，可避免抱死现象，确保冶炼过程顺利进行。

8.3.2.2　关键技术开发

　　基于上述内结晶器摩擦力在线动态监测对半连续电渣重熔空心钢锭过程影响的分析，东北大学特殊钢研究所提出了一种在线动态防止抽锭式空心电渣重熔内结晶器抱死的装置及方法[20]，以保证半连续电渣重熔空心钢锭工艺的顺行，避免漏渣、漏钢等风险。

　　该技术的核心思想为：（1）通过检测元件得到安装在内结晶器横梁下压力传感器采集的压力时变值信号；（2）将压力传感器采集到的压力时变值送入控制系统作为负反馈信号，控制系统将预先设定的压力值作为正信号；（3）用正信号和负反馈信号的差值，通过抽锭电机瞬时调整抽锭速度，通过交流供电电源瞬时调整自耗电极组熔化速度，使压力传感器测量值与控制系统中设定的压力值保持相等，控制熔炼过程中水冷内结晶器受到的压力保持在熔炼最佳受力值。

其调整方法有如下步骤：

（1）如图 8-44 所示，当抽锭时，水冷内结晶器 18 由横梁 3 固定，空心钢锭 14 向下移动，由于摩擦力作用，通过检测元件——压力传感器 17 采集压力的时变值；（2）将压力传感器 17 采集的压力时变值送入控制系统 16 作为负反馈信号；（3）控制系统 16 将预先设定的压力值作为正信号；用正信号和负反馈信号的差值，通过抽锭电机 12 瞬时调整抽锭速度，通过交流供电电源 5 瞬时调整自耗电极组 2 熔化速度，使压力传感器 17 测量值与控制系统 16 设定的压力值保持相等，控制熔炼过程中水冷内结晶器 18 受到的压力保持在熔炼最佳受力值。

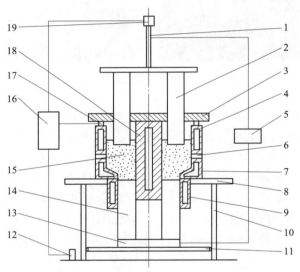

图 8-44　在线摩擦力检测与控制的工作原理

1—假电极；2—自耗电极组；3—横梁；4—水冷上层外结晶器；5—交流供电电源；6—绝缘层；
7—水冷中层外结晶器；8—结晶器平台；9—水冷下层外结晶器；10—抽锭立柱；11—抽锭平台；
12—抽锭电机；13—水冷引锭导电底水箱；14—空心钢锭；15—渣池；16—控制系统；
17—压力传感器；18—水冷内结晶器；19—电极升降驱动电机

8.3.2.3　工艺效果

本项关键技术形成后，国内多家特钢企业应用该技术解决了半连续电渣重熔空心钢锭过程内结晶器摩擦力无法在线检测和控制的情况，避免了空心钢锭抱死现象，确保冶炼过程顺利进行。

8.4　半连续电渣重熔空心钢锭技术产品性能

8.4.1　半连续电渣重熔 Mn18Cr18N 空心钢锭产品质量

8.4.1.1　表面质量

用最优的工艺进行电渣重熔 Mn18Cr18N 实验，得到的空心钢锭外观形貌如图 8-45 所示。从电渣重熔过程来看，整个抽锭过程平稳直至熔炼结束，未发生漏钢或漏渣现象，说明熔化速度与抽锭速度相匹配；从重熔得到的空心钢锭外观形貌来看，空心锭的内、外表面均较为平整、光滑，且在空心锭表面并未发现裂纹、夹渣、折皮等明显缺陷，证明采用 SiO_2 渣系适合于抽锭工艺，且供电制度与渣池深度和电极插入深度匹配良好，可以得到较高的圆柱段，最终获得空心钢锭良好的表面质量，见表 8-14。

a　　　　　　　　　　　　　　　　　b

图 8-45　电渣重熔 Mn18Cr18N 空心钢锭

a—外表面；b—上表面

表 8-14　电渣重熔空心钢锭的工艺参数

钢种	渣系	电流/kA	电压/V	渣池深度/mm	电极插入深度/mm	抽锭速度/mm·min^{-1}
Mn18Cr18N	S4	5.0	40	90	20	5.0~5.5

8.4.1.2　低倍分析

将空心钢锭分别沿横、纵截面切割后磨光表面，肉眼没有发现明显的低倍缺陷。经腐蚀后，空心钢锭的低倍组织如图 8-46 所示。

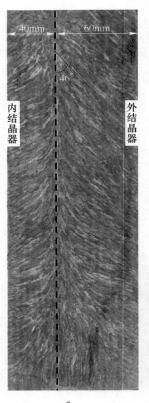

a　　　　　　　　　　　b

图 8-46　空心钢锭低倍组织图

a—纵截面；b—横截面

观察图 8-46 中横截面低倍组织，其组织均匀致密，晶粒细小均匀，无疏松、缩孔等低倍缺陷。在靠近内结晶器和外结晶器的钢锭边缘，由于受到内外结晶器的强烈冷却作用，同时结晶器侧壁又可作为非均质形核基底，会形成一层极其细小的细晶区。在细晶区的基础上，由于凝固界面前沿的温度梯度较大，成分过冷区较小，凝固前沿的一部分细晶粒以枝晶状生长，最终长成柱状晶。由于取横截面，因此柱状晶均被横向截断，便呈现出如图 8-46 的组织形貌，越靠近结晶器晶粒越均匀致密。

观察图 8-46 中的纵截面低倍组织，可以发现，空心钢锭的枝晶生长方向明显，无疏松、缩孔等低倍缺陷。从低倍组织中可以看出，柱状晶与轴向的夹角约为 46°。这是由于在电渣重熔过程中，电极的熔化和熔融金属的凝固结晶是同时进行的，金属熔滴不断向金属熔池供给液态金属，结晶器中的液态金属受到底部和侧面结晶器的强烈冷却，使得空心锭的凝固只发生在很小的体积内。金属的体积收缩可以通过金属液面的降低来得到补偿，液态金属中的气体和夹杂物也易于上浮。另外，在水冷结晶器壁上形成的固态渣皮减小了径向传热。这些条件都有利于空心钢锭获得良好的凝固组织。由于冷却条件的改善，使空心钢锭的组织更加致密。

此外，从最后凝固的位置来看，空心钢锭两侧壁生长的柱状晶相连接处不在壁厚的中心，而是偏向于靠近内结晶器（ID）一侧。造成这种现象的原因有两方面：一方面，尽管高氮护环钢有较大的收缩率，空心钢锭凝固收缩会略微偏向内结晶器一侧，然而由于设计的内结晶器具有一定的锥度，使收缩的钢锭与内结晶器之间存在一定的气隙，其换热条件与外结晶器的换热条件相似；另一方面，由于外结晶器的直径要远大于内结晶器，则外结晶器的总冷却面积也远大于内结晶器，这就使得外结晶器的冷却强度大于内结晶器，靠近外结晶器一侧则具有更大的冷却能力。由于总冷却面积的影响占主导作用，因此靠近外结晶器一侧的柱状晶的生长速度要大于靠近内结晶器一侧，使得空心钢锭最后的凝固位置偏离中心，更靠近内结晶器一侧。

8.4.1.3 化学成分及气体含量研究

在本实验所用的自耗电极和空心钢锭上取样（Mn18Cr18N 钢），采用美国热电公司 ARL4460 型直读光谱仪进行化学成分分析，采用 LECO 公司的 TC500 氮氧分析仪进行氮氧分析，HIR-944B 红外碳硫分析仪测定其碳硫成分，结果取平均值后见表 8-15 和表 8-16。

表 8-15 自耗电极和空心钢锭的化学成分 （质量分数,%）

试样	C	Si	Mn	Cr	Al	V	Mo	W	S	P
自耗电极	0.126	0.427	19.526	22.056	0.001	0.135	0.023	0.041	0.003	0.019
空心钢锭	0.113	0.472	19.071	21.157	0.002	0.134	0.025	0.041	0.002	0.018

表 8-16 自耗电极与空心钢锭的氧氮含量 （质量分数,%）

试样	T[O]	N
自耗电极	0.0079	0.5314
空心钢锭	0.00329	0.53099

对比表 8-15 和表 8-16 中自耗电极与空心钢锭的化学成分和气体含量，可见经过电渣重熔后，Mn18Cr18N 钢的成分发生如下变化：锰、铬含量略有下降，但其烧损量约为 0.02% 和 0.04%，含量仍在合金成分的标准范围内。硫含量由原来的 0.003% 下降到 0.002%，脱硫率达到了 33%。氧含量由原来的 0.0079% 下降到 0.00329%，脱氧率达到了 58%；这里的氧含量是指全氧含量，包括溶解氧和夹杂物中的氧，在电渣重熔过程中，由于未加入脱氧剂，所以氧主要以非金属夹杂物的方式去除。其他元素含量基本没有变化，尤其氮含量几乎没有变化。

经以上分析，可得出以下结论：Mn18Cr18N 钢选用 CaF_2-CaO-Al_2O_3-SiO_2 渣系进行电渣重熔时，元素的烧损很小，且可以有效地脱硫脱氧。

8.4.1.4 定量金相

在距空心钢锭顶部 60mm 处截取两片厚度为 15mm 的空心锭横截面，沿其内径到外径（壁厚 δ 方向）分别取样，大致位置为 0、$1/4\delta$、$1/2\delta$、$3/4\delta$、δ 处，得到 5 个 10mm×10mm 试样，从内径至外径依次为 J1，J2，…，J5；在自耗电极的横截面上取 1 个 10mm×10mm×10mm 的试样。

待试样制备好后，利用金相显微镜（OM）拍摄金相照片，结合 Image-Pro Plus 6.0 分析软件定量金相，统计夹杂物的数量和尺寸，分析电渣重熔前后夹杂物的变化，见图 8-47、表 8-17 和表 8-18。利用扫描电子显微镜（SEM）观察夹杂物的形貌，结合能谱分析仪（EDS）确定夹杂物的成分以及元素的分布。

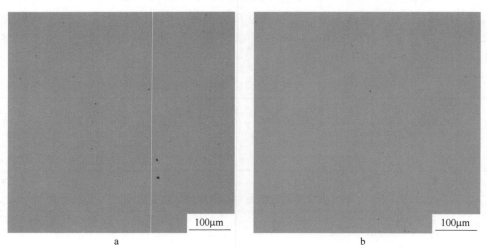

图 8-47 自耗电极和空心锭内部夹杂物的比较（×500）

a—自耗电极；b—空心钢锭

表8-17 夹杂物尺寸分布对比 （％）

样品编号		取样部位	$0<d\leqslant1\mu m$	$1\mu m<d\leqslant2\mu m$	$2\mu m<d\leqslant3\mu m$	$3\mu m<d\leqslant5\mu m$	$d>5\mu m$
自耗电极			22.68	45.96	12.54	11.74	7.08
空心锭	J1	0	33.62	43.84	15.6	6.38	0.56
	J2	$1/4\delta$	29.78	46.19	14.05	7.85	2.13
	J3	$1/2\delta$	21.43	54.08	13.27	6.12	5.1
	J4	$3/4\delta$	24.68	53.3	12.99	5.84	3.19
	J5	δ	32.44	49.32	9.46	7.43	1.35

表8-18 夹杂物统计学数据对比

样品编号		取样部位	平均直径 /μm	平均面积 /μm^2	单位面积夹杂物数量/个·mm^{-2}	夹杂物面积分数/%
自耗电极			2.43	5.21	210	0.109
空心锭	J1	0	1.62	2.89	151	0.031
	J2	$1/4\delta$	1.63	2.85	120	0.035
	J3	$1/2\delta$	1.85	4.21	83	0.042
	J4	$3/4\delta$	1.56	3.15	131	0.036
	J5	δ	1.56	2.68	126	0.034

综合分析上述图和表数据可以看出，空心锭中的夹杂物在平均直径、平均面积、单位面积的夹杂物数量和夹杂物的面积分数方面均明显小于自耗电极，电渣重熔去除自耗电极中夹杂物的效果明显。空心锭中小尺寸夹杂物较自耗电极多，大尺寸夹杂物较自耗电极少。这是因为在电渣重熔过程中，液态金属与渣池充分反应，自耗电极中的大部分夹杂物被有效去除；而且在空心锭凝固过程中，结晶自下而上，也有利于部分夹杂物的上浮去除。由于电渣空心钢锭的凝固速度快，夹杂物的长大受到抑制，细小的夹杂物不易聚合长大，从而使空心锭中的夹杂物更均匀、细小弥散。

8.4.1.5 夹杂物成分及元素分析

将上述在空心锭上取的 5 个试样 J1，J2，…，J5 通过扫描电子显微镜（SEM）观察夹杂物的形貌，并结合能谱分析仪（EDS）确定夹杂物的成分以及元素的分布[21]，如图8-48所示。

电渣锭中夹杂物主要为球形或近似球形，其主要成分为 Al_2O_3（见图8-48a），部分复合型夹杂物 Al_2O_3-MnS（见图8-48b），同时还有棒状铝酸盐夹杂物，其基体成分为 MnO-Al_2O_3，外层有 Cr_2O_3-TiN 包裹（见图8-48c）。夹杂物的成分见表8-19。

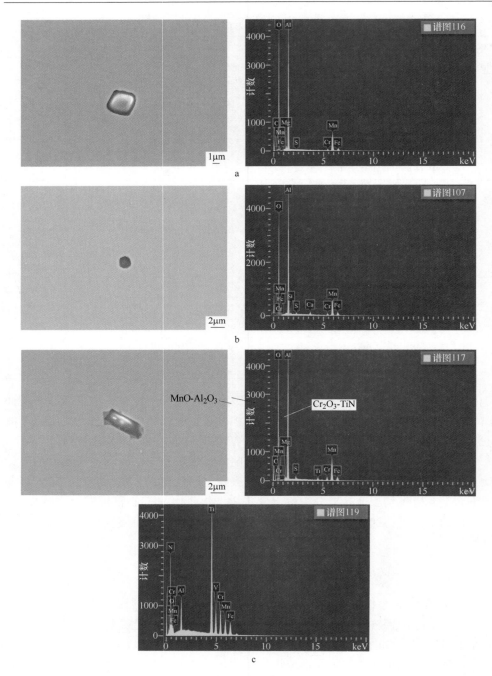

图 8-48　空心锭中夹杂物的形貌和成分

a—Al_2O_3 夹杂物的形貌及成分；b—Al_2O_3-MnS 夹杂物的形貌及成分；

c—Cr_2O_3-TiN 包裹 Cr_2O_3-MnO-Al_2O_3 复合夹杂物

表 8-19　夹杂物的主要成分含量　　　　　　　（质量分数，%）

夹杂物	N	O	Al	Ti	V	Cr	Mn
Cr$_2$O$_3$-MnO-Al$_2$O$_3$		34.95	30.03			1.74	31.05
		55.00	28.02			0.84	14.23
MnO-Al$_2$O$_3$		32.62	30.75			2.63	26.35
		52.69	29.45			1.31	12.40
MnO-Al$_2$O$_3$		31.39	25.45			4.01	32.63
		52.63	25.30			2.07	15.93
Cr$_2$O$_3$-TiN	9.35	10.62	3.15	41.76	3.55	13.82	7.90
	22.43	22.31	3.93	29.30	2.34	8.93	4.84

　　钢中的非金属夹杂物按来源可以分成外来夹杂物和内生夹杂物。一般来说，外来夹杂物颗粒较大，在钢中分布也比较集中；内生夹杂物颗粒小而且比较分散[22,23]。对于电渣钢来说，外来夹杂物是在冶炼过程中，由炉渣或自耗电极中的氧化物带入钢液中所形成的氧化物夹杂。从分析结果看，本实验的电渣锭中夹杂物尺寸很小，可以排除外来夹杂物的可能性，而主要来自内生夹杂物。内生夹杂物包括四个方面：钢液温度下降时，硫、氧等杂质元素溶解度下降而以非金属夹杂物形式出现的生成物；凝固过程中因溶解度下降、偏析而生成的产物；固态钢相变时溶解度变化生成的产物。因此，本实验钢中的绝大部分内生夹杂物是在脱氧和凝固过程中产生的。

8.4.1.6　枝晶形貌分析

　　在空心锭上取 5 个 10mm×10mm 的试样，从内径至外径依次为 1~5 号，用 10%草酸溶液电解腐蚀，通过金相显微镜（OM）在 50 倍视场下观察其枝晶形貌，拍摄金相照片，测量二次枝晶间距；通过对比，研究电渣重熔对空心锭凝固组织的影响。空心锭不同位置的试样在金相显微镜放大 50 倍视场下观察到的枝晶形貌如图 8-49 所示。

　　从图 8-49 中可以看出，空心锭中以柱状晶为主。这是由于在电渣重熔过程中，钢锭底部的冷却能力很强，造成传热的方向性强和温度梯度大，使得空心锭中柱状晶非常发达。

　　表 8-20 为空心锭不同取样部位的二次枝晶间距。从表 8-20 中数据中可以发现，从空心锭的中心到边缘，二次枝晶间距逐渐减小。这是由于电渣重熔过程中，距结晶器边缘越近冷却强度越大，局部凝固时间越短，从而导致二次枝晶间距越小。电渣锭中二次枝晶间距最大值为 61.75μm，最小值为 34.8μm。电渣重熔过程中金属自下而上凝固，凝固引起的收缩可由液态金属补充，减少疏松的产

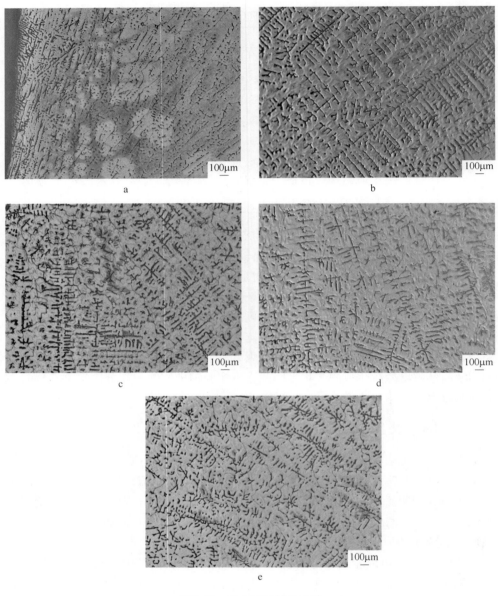

图 8-49　空心锭的枝晶形貌

a—1 号；b—2 号；c—3 号；d—4 号；e—5 号

生，组织更加致密。树枝晶的生成可归结于凝固界面的溶质偏析，电渣重熔过程中冷却速度大，溶质扩散时间短，二次枝晶间距小，表明电渣重熔有利于组织的致密性和成分均匀性。

表 8-20 空心锭的二次枝晶间距 （μm）

试样	1 号	2 号	3 号	4 号	5 号
二次枝晶间距（SDAS）	34.8	56.64	61.75	51.96	43.21

8.4.1.7 Mn18Cr18N 护环锻件的试制

通过对实验室电渣重熔的 Mn18Cr18N 空心钢锭的宏观及微观组织的研究表明，采用电渣重熔方法制备的 Mn18Cr18N 空心钢锭不仅具有良好的外表面质量，并且内部质量良好。为了更好地检验该空心钢锭的加工性能，委托国内某专业护环生产企业，将实验室电渣重熔的 Mn18Cr18N 空心钢锭用于护环锻件的试制。

以电渣重熔空心钢锭（见图 8-50a）为坯料进行锻造，可省去镦粗和冲孔工序，直接进行粗锻（见图 8-50b）；粗锻变形后空冷，在锻造过程中没有发生锻造裂纹或发生开裂现象（见图 8-50c）；接下来进行精锻成型（见图 8-50d），精

图 8-50 Mn18Cr18N 护环制备过程

a—电渣重熔空心钢锭；b—粗锻后；c—粗锻空冷后；d—精锻成型；e—机加工后；f—精加工后的成品

锻过程仍未出现裂纹；将精锻后的空心锻件加工表面，扒去外皮，如图 8-50e 所示；最终精加工至所需尺寸，制成护环锻件成品，如图 8-50f 所示。由此证明，以电渣重熔 Mn18Cr18N 空心钢锭为锻造坯料制备护环，其加工塑性好，高温可锻性好，可以大大降低锻造裂纹的产生。锻件探伤结果符合 JB/T 7030—2002 标准，固溶处理后头尾两端的冲击功（头部：342J，361J，337J，343J；尾部：327J，335J，345J，347J）满足制备高强、高韧性护环的要求。

8.4.2　半连续电渣重熔 35CrMo 空心钢锭产品质量

8.4.2.1　表面质量

工业实验通过合理的渣系选择和通过输入功率（U 和 I）来控制渣皮厚度，取得良好的效果。图 8-51 为 35CrMo 电渣重熔钢锭在拉速为 0.010m/min 时，没有振动的情况下铸锭的表面质量。整体来看铸锭表面较光滑，在表面并未发现裂纹、夹渣、折皮等明显缺陷，这样就减少了后续加工工序并提高了金属成材率。

图 8-51　电渣重熔空心钢锭的外观形貌

a—纵向；b—横向

8.4.2.2　化学成分

本试验所用 35CrMo 电极成分及铸锭的成分见表 8-21。

表 8-21　电渣锭与电极成分　　　　　　　　（质量分数，%）

取样部位	C	Si	Mn	Cr	Mo	P	S
标准要求	0.30~0.40	0.17~0.37	0.50~0.80	0.80~1.10	0.15~0.25	≤0.02	≤0.02
电极	0.34	0.32	0.63	0.93	0.21	0.010	0.005
电渣锭头部	0.34	0.30	0.63	0.93	0.20	0.009	0.003
电渣锭尾部	0.34	0.31	0.61	0.93	0.21	0.009	0.002

对比表 8-21 中自耗电极和铸锭头、尾部的化学成分，可见经过电渣重熔后，35CrMo 钢的化学成分发生如下变化：

电渣重熔后铸锭中的硅、锰含量略有下降，硅最大烧损量不超过 0.06%，锰的最大烧损量不超过 0.03%，含量仍在合金成分的控制范围内。硫含量由原来的 0.005% 下降到 0.002%～0.003%，平均去硫量约为 50%。其他元素含量基本没有变化，头尾部各元素含量的偏差较小，分布比较均匀。

35CrMo 钢用自主开发 CaF_2-CaO-MgO-Al_2O_3-SiO_2 渣系进行电渣重熔时，碳、硅、锰元素的烧损很小，但有害元素含量下降较多，特别是除硫能力强，这就充分发挥了电渣重熔工艺的优点。

8.4.2.3 低倍组织

对电渣重熔空心钢锭进行纵向和横向解剖后，将表面磨光，没有发现明显的低倍缺陷。经过腐蚀后，其低倍组织如图 8-52 所示。经低倍检验可以发现，空心钢锭组织致密，无疏松、缩孔等低倍缺陷。

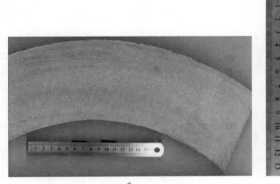

图 8-52 电渣重熔空心钢锭低倍组织
a—横向；b—纵向

电渣重熔过程中，底水箱的传热能力很强，使热流方向趋于轴向。通过渣池传导和金属熔滴带入的热量，使渣池向电渣锭传热。由于传热的方向性强和温度梯度大，使电渣锭中的柱状晶非常发达。从低倍组织中可以看出，柱状晶与轴向的夹角约为 45°。

8.4.2.4 夹杂物

表 8-22 和表 8-23 分别为电渣锭不同取样部位的夹杂物定量金相分析结果，

表 8-24 为电极不同部位的夹杂物定量金相分析结果。从表 8-22 ~ 表 8-24 中可以看出电渣锭中夹杂物的面积占比、最大当量直径均明显小于电极，电渣重熔去除夹杂物的效果明显。

表 8-22　距电渣锭底部 200mm 处夹杂物定量金相分析

径向位置	面积占比 /%	单位面积夹杂物 数量/个·mm⁻²	尺寸分布/%				最大当量直径 /μm
			0~2μm	2~4μm	4~6μm	>6μm	
1/2 壁厚	0.075	125.4	43.75	52.68	2.14	1.43	10.65
1/4 壁厚	0.071	123.6	52.35	42.21	4.32	1.12	9.51
边缘	0.066	115.3	57.16	38.55	3.61	0.68	8.64

表 8-23　距空心钢锭顶部 400mm（底部 5600mm）处夹杂物定量金相分析

径向位置	面积占比 /%	单位面积夹杂物 数量/个·mm⁻²	尺寸分布/%				最大当量直径 /μm
			0~2μm	2~4μm	4~6μm	>6μm	
1/2 壁厚	0.134	165.4	51.14	45.33	1.96	1.57	11.26
1/4 壁厚	0.102	159.6	56.28	39.03	3.43	1.26	10.03
边缘	0.095	151.3	61.31	35.35	2.89	0.55	9.18

表 8-24　电极中夹杂物定量金相分析

径向位置	面积占比 /%	单位面积夹杂物 数量/个·mm⁻²	尺寸分布/%				最大当量直径 /μm
			0~5μm	5~10μm	10~15μm	>15μm	
0	0.465	60.4	50.08	29.65	16.36	3.91	21.44
1/2 半径	0.421	54.3	54.92	30.21	11.19	3.78	20.56
边缘	0.295	43.8	57.33	31.14	8.35	2.18	17.42

图 8-53 为不同位置夹杂物尺寸分布，从图中可以看出电渣锭中夹杂物的尺寸范围集中，大部分均小于 4μm；而电极中夹杂物尺寸范围较大，大部分均小于 15μm。电渣重熔过程中液态金属与渣池充分反应，电极中大尺寸的夹杂物被有效地去除；电渣锭凝固过程中，结晶自下而上，有利于大尺寸的夹杂物上浮去除。液态金属周围的温度梯度大，夹杂物的长大受到抑制，电渣锭中夹杂物更加均匀和细小。

从空心电渣锭的中心到边缘，0~2μm 夹杂物所占比例升高，2~4μm 夹杂物所占比例下降。距结晶器边缘越近，冷却强度越大，夹杂物长大时受到的抑制作用更明显，导致夹杂物更细小。

不同位置夹杂物所占面积百分比如图 8-54 所示。空心电渣锭夹杂物面积百分比为 0.066% ~ 0.134%，明显小于电极中夹杂物所占面积百分比。电渣重熔过程中，熔融金属与熔渣接触面积大，反应充分，电极中的夹杂物被大量去除。

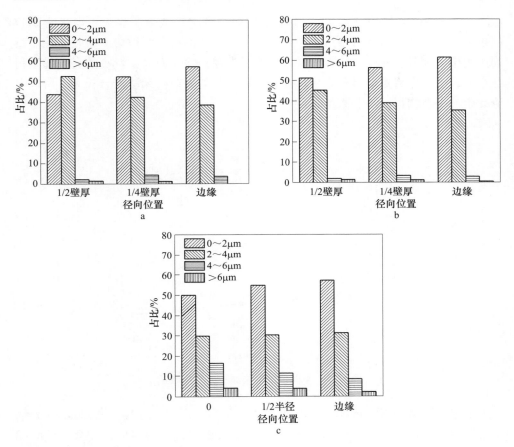

图 8-53 不同试样夹杂物尺寸分布

a—距空心钢锭底部 200mm；b—距空心钢锭底部 5600mm；c—电极

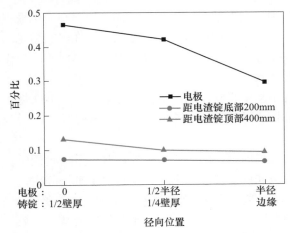

图 8-54 不同位置夹杂物面积百分比

　　从图8-55中可以看出，电渣锭中单位面积夹杂物数量明显大于电极中单位面积夹杂物数量。电渣重熔过程中，电极中大尺寸的夹杂物被熔渣吸收去除。凝固过程中，部分尺寸较大的新生夹杂物通过上浮去除，而尺寸较小的夹杂物则留在钢中；而且电渣重熔过程中冷却强度大，细小的夹杂物无法聚合长大，所以电渣锭中的夹杂物尺寸小、数量多。

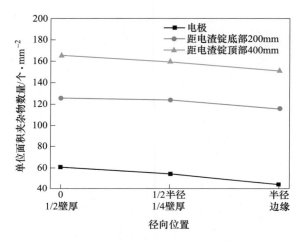

图 8-55　不同位置单位面积夹杂物数量

　　距电渣锭顶部400mm处的单位面积夹杂物数量明显大于距底部200mm处的单位面积夹杂物数量。距底部200mm处，电渣重熔过程熔速低，渣金反应时间长，对原有夹杂物去除的能力较强；同时，由于底水箱的冷却强度很大，抑制了新的夹杂物生长。

　　电渣锭中夹杂物最大当量直径为11.26μm，明显小于电极中夹杂物的最大当量直径21.44μm。电极中原始的夹杂物尺寸较大，在电极熔化末端熔滴形成过程中，夹杂物与熔渣充分接触，被熔渣吸收去除。在强烈的冷却作用下，电渣锭中新生成的夹杂物尺寸较小。

　　电渣重熔过程中从中心到边缘冷却强度逐渐增加，夹杂物平均直径减小。这主要是因为距结晶器边缘越近冷却强度越大，夹杂物长大时受到的抑制作用越明显，导致夹杂物越细小。

　　在空心钢锭头部横向试片的1/2半径处，取定量金相试样。应用金相显微镜所带的定量金相分析软件对各部位钢中夹杂物含量进行分析，如图8-56所示。

　　空心电渣锭中夹杂物主要为球形或近似球形，其主要成分为CaO-Al₂O₃（见图8-57a）和 Al_2O_3（见如图8-57b），还有部分硅酸盐（见图8-57c）和少量的TiN（见图8-57d）。在这些夹杂物中，单质的 Al_2O_3 夹杂物较少，大部分为复合

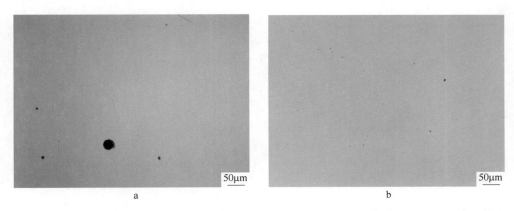

图 8-56 自耗电极和空心电渣铸锭内部夹杂物的尺寸与分布比较（×100）

a—自耗电极；b—空心电渣铸锭

类型的夹杂物。电渣重熔所用的渣为 CaF_2-CaO-MgO-Al_2O_3-SiO_2。电渣重熔初期，熔渣未完全熔化，Al_2O_3进入电渣锭中形成夹杂物。

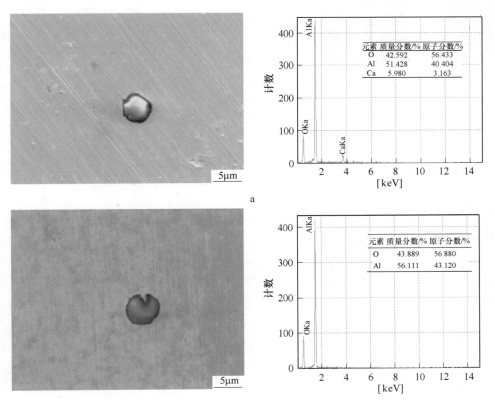

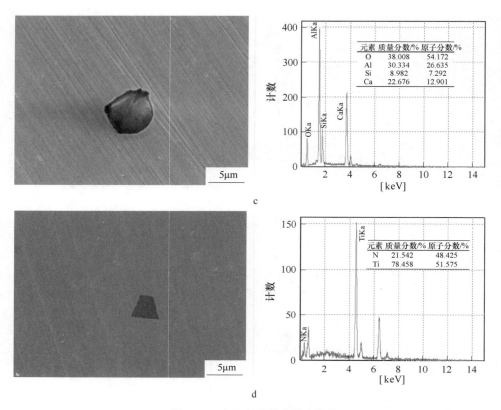

图 8-57　空心电渣锭中的夹杂物

a—CaO-Al$_2$O$_3$ 夹杂物；b—Al$_2$O$_3$ 夹杂物；c—CaO-Al$_2$O$_3$-SiO$_2$ 复合夹杂物；d—TiN 夹杂物

8.4.2.5　显微组织分析

在冷却过程中，铁素体的组织形态会受冷却速度的影响。35CrMo 钢在不同冷却速度下铁素体以不同的形貌分布在基体上，有的是分布在珠光体基体上，有的是分布于原奥氏体晶界上[25]。图 8-58 和图 8-59 分别为放大 50 倍和放大 100 倍时 35CrMo 钢在不同冷却速度下的金相显微组织。

图 8-59 中白色区域为铁素体组织，黑色区域为珠光体组织。由图 8-59a 可以看出，在慢速冷却时，铁素体组织无规则地分布于珠光体上。当冷却速度增大后，铁素体不再以无规则的块状存在，而是变为"针尖"状或无规则的小块状（见图 8-59c）。"针尖"其实是片状铁素体横截面的形貌，这类铁素体主要分布于原奥氏体晶体交界处，冷却速度越大，片状铁素体就越薄，"针尖"也就越多，越尖锐。

"针尖"铁素体的形成机制：这类铁素体是在过冷度足够大时，首先在奥氏

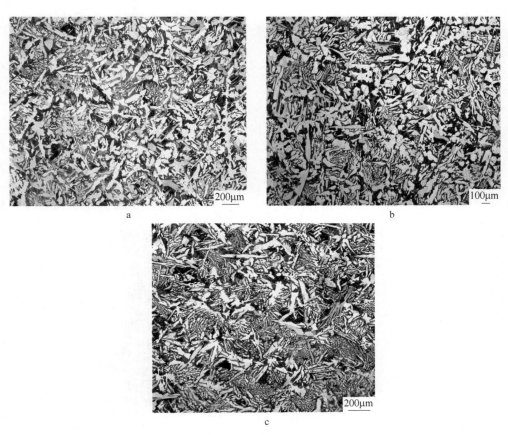

图 8-58　放大 50 倍时的显微组织

a—1/2 壁厚处；b—1/4 壁厚处；c—外壁处

体的晶界处形核和长大，长大后最初的铁素体为无规则的薄片状，然后原子以扩散的方式向奥氏体晶体内蔓延，使晶体变成大而厚的无规则块状。

变形珠光体及铁素体发生逆共析转变，生成奥氏体时碳原子扩散不够充分，就造成了奥氏体成分的不均匀性。与原铁素体相接触的区域没有得到充分的渗碳，含碳量低；原渗碳体内的碳分子没有充分地扩散出去，此区域含碳量就高。铁素体易于形成在贫碳区，在晶粒长大的过程中，奥氏体内的低碳区形成铁素体，并向奥氏体晶内生长，形成的铁素体呈薄片状，从侧面就看到了"针尖"形貌。

实际上，低碳奥氏体如果呈薄片状也可能直接形成薄片状先析铁素体形核，这种形成于奥氏体晶粒内的薄片状形核逐渐长大，最终会与晶界处的铁素体相接；形成的薄片状铁素体，其横截面为"针尖"状。

缓慢冷却为碳原子的扩散提供了充足的时间。先期形成的"针尖"铁素体

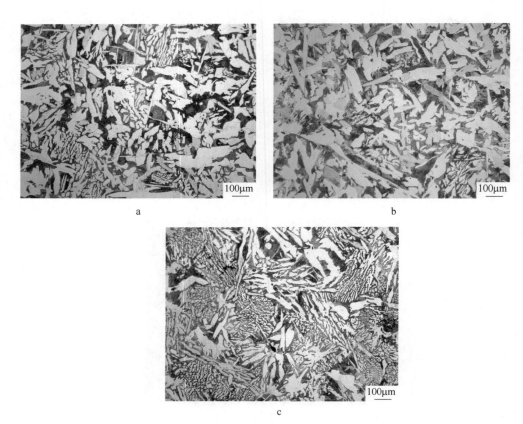

a　　　　　　　　　　　　　　　　　b

c

图 8-59　放大 100 倍时的显微组织
a—1/2 壁厚处；b—1/4 壁厚处；c—外壁处

雏形，在充分的扩散条件下变得粗大，针尖也相互融合，很多变成了块状的铁素体，原来小块铁素体也会长大成为大块的铁素体[26]。

8.5　半连续电渣重熔空心钢锭技术典型应用

该技术系统集成了高效水冷内外双 T 形结晶器、不断电交换电极制备薄壁空心坯技术、自耗电极蝶形布置、内结晶器摩擦力检测、内结晶器防"抱死"等多项技术的高成材率空心电渣重熔技术及装备，显著提高了电渣锭的凝固质量，实现了电渣重熔的近终型生产。

同时，对其关键科学问题进行了系统研究，阐明了空心电渣重熔过程基础科学问题，建立了定量指导新工艺优化和质量控制的数学模型平台，为实际生产提供坚实的理论基础。依托该集成技术[27~29]，在国内特钢企业进行了成功应用，对特长型电渣钢的表面和内部凝固质量、成材率等方面具有明显提升作用，生产电耗降低，生产效率较传统电渣重熔过程显著提高，实现了电渣重熔的近终型生产，如图8-60所示。

图 8-60 电渣重熔空心钢锭工业试验

a—电渣重熔 35CrMo 空心钢锭（外径/内径为 φ650mm/φ450mm，长度 6000mm）；
b—电渣重熔 P91 空心钢锭（外径/内径为 φ900mm/φ500mm，长度 3500mm）

参 考 文 献

[1] 张向琨，王本一，刘庄，等. 空心钢锭技术文献综述 [J]. 大型铸锻件，2000（2）：44~48.

[2] 姜周华，陈旭，董艳伍，等. 电渣冶金技术的创新与发展 [C]. 2015 年全国高品质特殊钢生产技术交流研讨会. 苏州：中国金属学会，2015：33~43.

[3] Klein H J, Venal W V, Love K L. Proceedings of the 5th International Conference on Vacuum

Metallurgy and Electroslag Remelting Processes ［C］. Germany：Munich，1976：167~171.

［4］ Klein H J，Venal W V，Love K L. Production of Electroslag Remelted Hollow Ingots ［C］. PA，Seven Springs：TMSAIME，1976：55~66.

［5］ Paton B E，Medovar B I，Latash Y V，et al. Proceedings of the 2nd International Symposium on Electroslag Remelting Technology，Part Ⅲ ［C］. 1969：34~39.

［6］ Paton B E. Patent：U. S，No. 3，721，286 ［P］. 1973.

［7］ Hodge F G，Tundermann J H. Historical development and current use of ESR at Haynes International ［C］. Medovar Memorical Symposium. Ukraine，2001：123~129.

［8］ Shabanov V B，Sviridov O V，Yu N，et al. Electroslag remelting technology at NKMZ：yesterday，today and tomorrow ［C］. Medovar Memorical Symposium. Ukraine，2001：139~143.

［9］ Anatoly Danilovich Chepurnoi. The ways of improvement of the electroslag technology in producing the main products of the machine building ［C］. Medovar Memorical Symposium. Ukraine，2001：191~196.

［10］ 赵殿玺. 电渣抽炼不锈钢空心管坯的工艺研究 ［J］. 特殊钢，1991，12 （2）：26~29.

［11］ Morizot C，Witzke S. An application of hollow ESR ingots ［C］. Medovar Memorical Symposium. Ukraine，2001：131~133.

［12］ Ksendzyk G V. US Patent 4185682 ［P］. 1980.

［13］ Ksendzyk G V. US Patent 4305451 ［P］. 1981.

［14］ Fedorovskii B，Medovar L，Stovpchenko G. ESR of hollow ingots：new approaches to a traditional problem ［C］. Proceedings of the 2011 International Symposium on Liquid Metal Processing & Casting France：Nancy，2011：97~104.

［15］ 张宇. 基于多场耦合的电渣重熔空心钢锭过程凝固行为研究 ［D］. 沈阳：东北大学，2018.

［16］ 陈旭. 电渣重熔空心钢锭过程的数学模拟和试验研究 ［D］. 沈阳：东北大学，2016.

［17］ Zhang G H，Chou K C. Simple Method for Estimating the Electrical Conductivity of Oxide Melts with Optical Basicity ［J］. Metallurgical and Materials Transactions B：Process Metallurgy and Materials Processing Science，2009，41 （1）：131~136.

［18］ Weber V，Jardy A，Dussoubs B，et al. A Comprehensive Model of the Electroslag Remelting Process：Description and Validation ［J］. Metallurgical and Materials Transactions B：Process Metallurgy and Materials Processing Science，2009，40 （3）：271~280.

［19］ Hernandez-Morales B，Mitchell A. Review of mathematical models of fluid flow，heat transfer，and mass transfer in electroslag remelting process ［J］. Ironmaking & Steelmaking，1999，26 （6）：423~438.

［20］ 姜周华，翟世先，翟海平，等. 电渣重熔空心钢锭用自耗电极组组装成套设备及自耗电极组组装方法：中国，CN108057875A ［P］. 2018.

［21］ 姜周华，翟世先，翟海平，等. 一种在线动态监测防止抽锭式空心电渣重熔内结晶器抱死装置及其调整方法：中国，CN108284213A ［P］. 2018.

［22］ 杨桂荣，王祖宽. 钢中非金属夹杂物的金相鉴定 ［J］. 河北理工学院学报，1999，21 （2）：22~26.

［23］程鹏辉，贺东风，田乃媛．我国不锈钢发展现状及展望［J］．特殊钢，2007，28（3）：50~52.

［24］丁茹．铁素体不锈钢的开发研究［J］．钢铁研究学报，2009，21（10）：1~4.

［25］雷廷权，赵连城．钢的组织转变［M］．北京：机械工业出版社，1985：58~61.

［26］崔忠圻，覃耀春．金属学与热处理［M］．北京：机械工业出版社，2008：249~250.

［27］姜周华，刘福斌，陈旭，等．一种电渣重熔大型发电机护环用空心钢锭的生产方法：中国，201410396737X［P］．2014.

［28］姜周华，刘福斌，陈旭，等．Method for Preparing Hollow Ingot for Retaining Ring of Large Generator through Electroslag Remelting：美国，US14/559，293［P］．2014.

［29］刘福斌，姜周华，余嘉，等．一种电渣重熔制备镍基高温合金空心钢锭设备与方法：中国，CN201611243779.5［P］．2016.

9 特厚板坯电渣重熔技术

电渣锭组织致密，成分均匀，在较宽的温度区间内具有良好的加工塑性，成材率可提高 9%~18%，足以抵偿全部重熔费用。电渣锭轧成钢板，性能优良，与普通钢板比较，它的横向塑性、韧性大大提高，改善了各向异性、断裂韧性、缺口敏感性，低周波疲劳指标显著改善，而且钢板还具有良好的可焊性和低温抗冷脆性。

利用电渣重熔技术生产的板坯，可以省去开坯工序，直接上板轧机，减少锻压比，节省工时。因此，电渣重熔生产大型板坯技术是生产高端模具钢、潜艇耐压壳体钢、锅炉容器钢、核电用钢等特厚板产品必要的工艺环节。

9.1 特厚板坯电渣炉概况

9.1.1 特厚板坯电渣炉国内外发展概况

在总结了前人工作的基础上，东北大学特殊钢冶金研究所为舞阳钢铁公司设计了 3 台矩形窄面双极串联抬结晶器式特厚板坯电渣炉，三相交流电经变频后变成低频（2~10Hz）供电，可生产断面为 620mm×1940mm、740mm×1960mm 和 950mm×2000mm（最大锭重为 53t）的板坯。这台电渣炉集中了低频供电、双极串联、抬结晶器、多锥度倒角结晶器、二次气雾冷却等先进工艺技术，其生产特厚板坯电渣锭的质量及截面尺寸均为世界最大，实践证明该炉型具备了所有板坯电渣炉的优越性，是目前世界上单重最大的特厚板坯电渣炉。国内外特厚板坯电渣炉具体发展情况见表 9-1 和表 9-2。

表 9-1 国内板坯电渣炉发展情况

企业名称	炉型	电源	抽锭	钢锭截面/mm×mm	质量/t
宝钢	单极	工频	无		7
鞍钢	单极	工频	无	2000×800	40
太原钢厂[1]	单极	工频	无	895×455	4.3
长城特钢[2]	单极	工频	无	762×830	5
舞钢	矩形窄面双极串联	低频	抬结晶器	2000×950	53

表 9-2 国外板坯电渣炉发展情况

企业名称	国别	炉型	电源	抽锭	钢锭截面/mm	质量/t
英国钢铁公司[3]	英国	三电极	工频	有	480×1500	15
蒂森公司[4]	德国	单极	低频	有	650×1320	20
新日铁八幡厂[5~7]	日本	双极横列	工频	有	510×2400	40
卢肯斯钢铁公司[8]	美国	单极	工频	无	760×2000	30
Paton 电焊研究所	乌克兰	双极横列	工频	有	600×1500	14

随着板坯生产能力的增长，对电渣重熔的大板坯提出了迫切的要求。例如，目前连轧机要求采用 50~70t 的板坯，在不久的将来，要求的铸锭质量要达到 90~100t。由于宽厚板轧机的建设，提出了用电渣重熔法生产 120~140t 的板坯[9]。

9.1.2 特厚板坯电渣炉的类型及特点

目前国内外特厚板坯电渣炉类型繁多，各有特色，一般是按供电方式、结晶器（铸锭）是否移动进行分类。

9.1.2.1 按供电方式分类

A 单相交流单电极板坯电渣炉

这种电渣炉主要适用于生产小断面电渣锭。其优点是电极制造和布置容易，设备简单、控制容易，但其感抗损失大，用电效率低、三相不平衡（尤其是大电渣炉）。大型板坯电渣炉存在的主要问题是熔池深度大，凝固组织质量差，中心偏析较明显等。

目前世界上采用这种炉型的主要有美国的 CONSARC 公司为美国卢肯斯钢铁公司设计的 30t 固定结晶器板坯电渣炉，该炉具有单相、单极电渣炉的全部缺点，因而重熔金属的质量不高；目前国内鞍钢铸钢公司可生产 12~40t 电渣特厚板坯锭，宝钢特殊钢分公司可生产 6~8t 电渣板坯锭，太原钢厂采用 4.3t 扁结晶器生产 D2 模具钢电渣扁锭。从生产实践看，重熔过程需采用高电压、低电流工艺，才能保证电渣锭成分合格和表面良好。

B 低频单电极板坯电渣炉

与单相交流单电极板坯电渣炉相比，这种炉型解决了感抗损失大、用电效率低和三相不平衡等问题，但仍存在熔池深度大、凝固质量差、中心偏析较明显等问题。目前世界上采用这种炉型的主要有德国 ALD 公司为德国蒂森公司建设的 50t 单电极抬结晶器式电渣炉，三相交流电经变频后变成低频（0~10Hz）供电，可生产断面为 650mm×1320mm（最大锭重为 30t）的板坯，采用交换电极方式进行生产。实践证明，采用交换电极对电渣锭的表面质量及可锻性均无明显影响。

C　双电极串联板坯电渣炉

这种炉型适合生产大型板坯，也是在实际生产中最常应用的（见图 9-1）。其优点是操作可靠和简单，感抗损失小，用电效率高，钢水过热度小，熔池浅平，结晶质量好。但其设备结构较复杂，电极制造和布置难度大，控制电极熔化同步难度大，三相不平衡。

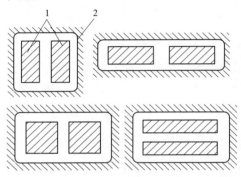

图 9-1　双极串联的电极布置方式示意图
1—自耗电极；2—结晶器

目前日本和苏联的大型板坯电渣炉多以这种炉型为主，通常使用两对电极，并且结晶器在窄面上一般是 T 型的。世界上采用这种炉型的主要有乌克兰 Paton 电焊研究所，可生产 600mm×1500mm×2000mm（锭重 14t）板坯锭；乌克兰 Paton 焊接研究所为日本新日铁八幡厂设计的 40t 双极串联、抬结晶器式板坯电渣炉，其生产的板坯凝固组织及氢含量均得到较好的控制。

目前国内有太原钢铁公司采用双电极串联电渣炉生产了超低碳 00NiCr7Mo13Ti 耐蚀合金板，不经开坯直接上板轧机；攀钢集团四川长城特殊钢有限公司 5t 双电极串联电渣炉生产 H13 大型锭，效果良好，节电效果极为显著。

实践证明：采用单相双电极串联电渣炉生产板坯功率因数高（$\cos\varphi = 0.9$），热源集中，同样功率下生产率可提高一倍，电耗降低 1/3，金属熔池浅平，有利于轴向结晶。

D　三相交流供电板坯电渣炉

由于三电极功率不平衡、传热不平衡，熔化速度差异很大，这类电渣炉美国和苏联均进行过尝试，但不成功。而英国钢铁公司采用这种炉型生产 540mm×2500mm 重达 34t 的板坯锭时，并没有发现相不平衡的严重问题。

9.1.2.2　按结晶器是否移动分类

A　结晶器固定、不抽锭式电渣炉

这种电渣炉熔炼时结晶器固定不动，也不抽锭，依靠自耗电极逐渐下降使钢锭在结晶器内逐渐形成，如图 9-2a 所示。

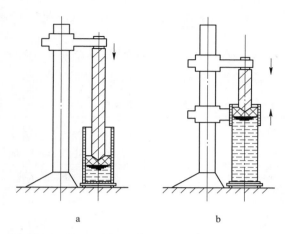

图 9-2 按结晶器和电渣锭是否移动分类

a—电渣锭和结晶器固定；b—电渣锭固定

这种炉型设备比较简单，但因其受到电极直径和结晶器断面的相互限制，以及对厂房高度要求高，因而不能或不适宜生产大型板坯电渣重熔锭。目前还采用此种方式进行生产的主要有美国卢肯斯钢铁公司的 30t 固定结晶器板坯电渣炉、Paton 电焊研究所的 14t 板坯电渣炉、攀钢集团四川长城特殊钢有限公司 5t 双电极串联电渣炉以及太原钢厂的 4.3t 扁结晶器。

B 结晶器升降式电渣炉

这种电渣炉的结晶器可随着重熔锭的增高而向上移动，而电极同时不断向下移动，锭子固定不动，如图 9-2b 所示。这种电渣炉结晶器比钢锭短，其高度可以降低，便于观察到熔炼情况，同时也有利于生产长钢锭和熔铸件。

因为移动结晶器在机械设备方面比较简单，而且移动结晶器比抽锭所需电机功率小，故大型板坯电渣炉采用移动结晶器是比较适合的。目前世界上采用此种方式进行生产的主要有德国蒂森公司的 50t 单电极抬结晶器式电渣炉、日本新日铁八幡厂 40t 双电极串联抬结晶器式板坯电渣炉、英国钢铁公司 34t 三相交流板坯电渣炉以及舞阳钢铁公司 50t 双电极串联抬结晶器式板坯电渣炉。

9.2 特厚板坯电渣重熔技术数值模拟

9.2.1 模型建立及结果

9.2.1.1 实体模型

电渣重熔过程的数值模拟主要目的是获得渣池和钢锭电场、磁场、流场和温度场的分布，所以在模拟过程中前人大多选取渣池和钢锭作为模拟对象。对于双电极串联法生产大型板坯的数值模拟，本节也只选取渣池和钢锭部分建立几何模型，并进行数值模拟。

以国内某钢厂的 20t 双电极串联大型板坯电渣炉为模拟对象，工艺参数以现场生产数据而定，具体模拟工艺参数见表 9-3。

表 9-3　工艺参数

工 艺 参 数	数值	工 艺 参 数	数值
渣池深度（下+上）/mm	50+150	拉坯速度/mm·min⁻¹	6
板坯宽度/mm	1430	电极宽度/mm	1370
窄面弧度半径/mm	600	电极厚度/mm	150
下结晶器高度/mm	400	电极间距/mm	60
板坯厚度/mm	330	渣池电压/V	60
电极插入深度/mm	15	电流/kA	25
板坯高度/mm	1000		

电渣重熔过程是一个涉及电、磁、流、热的复杂过程，在目前的商业软件中还没有一款能够同时对这些物理场进行耦合求解。本节采用顺序耦合的方法，利用 ANSYS 加 CFX 的组合方式，对双电极串联法生产大型板坯过程中的物理场进行顺序耦合计算。由于 ANSYS 采用有限元法求解，而 CFX 采用有限体积法求解，因此本模拟必须建立三维实体模型进行计算。由于整个双电极串联法生产大型板坯系统是关于 $x = 0m$ 截面对称的，为了简化计算，选取半个体系建立三维有限元模型，如图 9-3 所示。

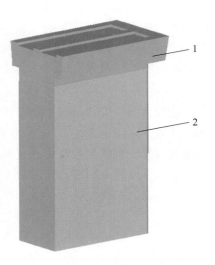

图 9-3　双极串联法生产
板坯的实体模型
1—渣池；2—铸锭

9.2.1.2　网格划分

划分网格是建立有限元模型的一个重要环节，划分网格的质量和数量将对计算的精度和计算规模产生直接影响。一般来讲，网格数量的增加，计算精度会有所提高，但同时计算规模也会相应增大。本节采用 Powerlear PR4800D Server 进行计算，由于几何模型尺寸比较大，且形状不规则，所以采用自由网格划分加局部网格细化的方法划分网格。基体尺寸为：渣池部分网格大小为 0.02m，钢锭部分网格大小为 0.025mm，渣池和电极接触面附近经局部网格细化后，网格大小为 0.005m，如图 9-4 所示。

图 9-4　有限元网格划分

9.2.1.3　模拟流程

双电极串联法生产大型板坯的过程涉及热、电、磁、流多场的耦合求解，选用 ANSYS APDL 加 CFX 顺序耦合的方式进行求解。具体方法：首先，根据现场双电极串联电渣炉的尺寸，按照 1∶1 的比例建立三维几何模型，再利用映射原则划分有限元网格。按照渣和钢的物性参数表给相应的几何体赋予物理属性，然后按照数学模型和工艺参数表给整个体系施加边界条件和初始条件，利用热电分析单元（solid 69）耦合计算整个体系的电流密度和单位体积焦耳热分布；将电流密度的计算结果导入电磁分析单元（solid 97），计算整个体系的磁感应强度和电磁力分布；最后将单位体积焦耳热作为热源和电磁力的源项带入到 CFX 中，考虑重力和温度分布不均匀产生的浮力，利用 CFX 流固共轭传热模块，采用标准 k-ε 模型，耦合计算速度场和温度场，直至收敛。具体计算流程如图 9-5 所示。

9.2.1.4　模拟结果

根据板坯电渣重熔现有的工艺参数，对板坯电渣重熔过程进行了数值模拟。计算结果包括双电极串联电渣重熔体系电场、磁场、流场和温度场的分布状况。由于板坯电渣重熔的物理模型是轴对称的，因此只取板坯的 1/2 截面为研究对象。

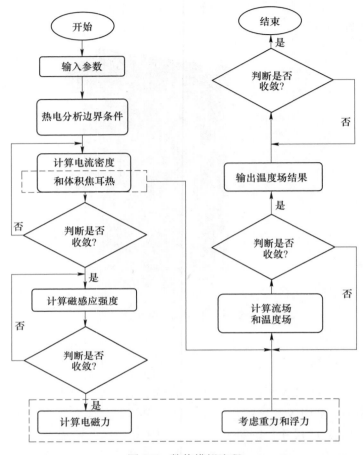

图 9-5　数值模拟流程

A　电磁场的分布

图 9-6 是双电极串联电渣炉生产大型板坯过程中，渣池和铸锭的电压分布图。从图 9-6 中可以看出，在某一时刻，渣池与左侧电极相接触的部分电压最高，最高电压值为 60V，与另一根电极相接触的部分电压最低，最低电压值为 0V。在渣池 $x=0$m 平面内，电压从一侧到另一侧是逐渐降低的，且沿 $y=0$m 平面是对称分布的。最大电位梯度出现在两根电极之间的渣池部位，在渣池的两侧和下部电位梯度是逐渐减小的，最小电位梯度出现在渣-金界面和钢锭部分，其电压为 27V 左右。根据电位分布的结果可以清楚地看出，双电极串联法生产大型板坯时渣池上部是整个体系的主要热源。

图 9-7 是双电极串联法生产大型板坯过程整个渣池电流密度分布和 $x=0$m 截面的电流密度分布。从图 9-7 中可以看出，电流主要集中在两根电极之间的渣池

图 9-6 板坯 1/2 截面的渣池和铸锭的电压分布

区域，电极下部、结晶器壁附近和渣-金界面处电流密度都比较小，两根电极之间的渣池部分电流密度分布比较均匀，电流密度约为 $1.856 \times 10^5 A/m^2$。结合图 9-7b可以看出，电流密度的最大值出现在相邻的两根电极的角部区域，最大电流密度的值为 $3.512 \times 10^5 A/m^2$；最小电流密度值出现在渣池窄面和结晶器壁接触的地方，最小电流密度值为 $9.592 A/m^2$。

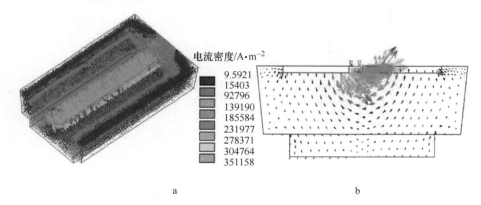

a   b

图 9-7 渣池 1/2 截面 (a) 和渣池 $x = 0m$ 截面 (b) 的电流密度分布

图 9-8 是双电极串联法生产大型板坯过程中渣池单位体积焦耳功率的分布。从图 9-8 中可以看出，两根电极之间的渣池区域单位体积焦耳功率比较大，特别是两个电极内侧的角部区域，发热率的值达到了 $3.41 \times 10^8 W/m^3$，这主要是因为电流密度值在该处最大。渣池和结晶器壁接触的部位及渣-金界面渣池的单位体积焦耳功率最小，最小值仅为 $0.51 W/m^3$；在渣池的其他部位，单位体积焦耳功

率的分布比较均匀，大小为 $8.37 \times 10^6 \mathrm{W/m^3}$。从图 9-7 中可以看出，渣池的发热部分主要分布在渣池的上部。

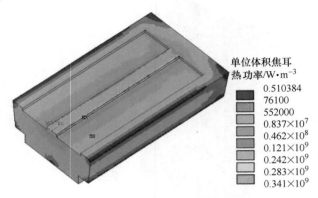

单位体积焦耳
热功率/W·m⁻³

0.510384
76100
552000
0.837×10^7
0.462×10^8
0.121×10^9
0.242×10^9
0.283×10^9
0.341×10^9

图 9-8　渣池 1/2 截面单位体积焦耳热功率的分布

图 9-9 是双电极串联法生产大型板坯过程中渣池磁感应强度的分布。从图9-9中可以看出，磁感应强度的方向是垂直于 $x = 0 \mathrm{m}$ 截面指向渣池外部的，磁感应强度方向和电流密度方向之间满足右手定则。磁感应强度较大的区域集中在两根电极之间的渣池部分，靠近结晶器壁和渣-金界面的位置，磁感应强度的值较小。磁感应强度的最大值出现在电极角部的渣池部分，最大值为 0.0164T。

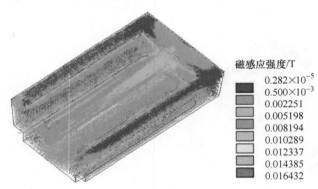

磁感应强度/T

0.282×10^{-5}
0.500×10^{-3}
0.002251
0.005198
0.008194
0.010289
0.012337
0.014385
0.016432

图 9-9　渣池 1/2 截面的磁感应强度分布

图 9-10 为双电极串联法生产大型板坯过程渣池中电磁力和 $x = 0 \mathrm{m}$ 截面渣池电磁力分布。从图 9-10 中可以看出，电磁力的方向和电流方向、磁感应强度方向满足左手定则。从图 9-10a 中可以看出，两根电极之间及其周围的渣池部分的电磁力比较大，这主要是因为电流密度和磁感应强度值在该区域较大，渣/金界面处及靠近结晶器壁的渣池部分电磁力较小。从图 9-10b 中可以看出，渣池的电磁力分布是关于 $y = 0 \mathrm{m}$ 截面对称的，且电磁力的最大值并没有出现在两根电极之

间的渣池部位，而是出现在与电极内侧角部相接触的渣池部位，这主要是因为电流密度和磁感应强度在此处达到最大，最大值为 3.13×10^{-4} N。渣池下部和靠近结晶器壁的渣池部分，电磁力的值比较小，最小值为 2.14×10^{-10} N。电磁力的方向向下且指向渣池两侧，向下的电磁力使熔渣向渣池下部流动，指向两侧的电磁力使熔渣向结晶器两侧运动。

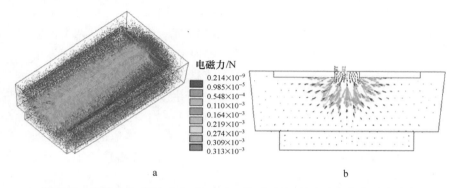

图 9-10 渣池 1/2 截面（a）和 $x = 0$ m 截面（b）的渣池中的电磁力分布

B 渣池流场和温度场的计算结果

图 9-11 是双电极串联法生产大型板坯过程中渣池的速度场分布。从图 9-11 中可以看出，在靠近 $x = 0$ m 截面的渣池部分，熔渣流动的速度比较小；在结晶器窄面附近、电极两侧和中间位置渣池的流动速度较大。熔渣流速的最大值出现在两根电极之间靠近结晶器窄面的地方。计算结果表明，渣池中熔渣的流速在 $0 \sim 0.1349$ m/s 范围内，比 Szekely[10] 和刘福斌[11] 等报道的传统电渣重熔熔池速度的分布范围 $0 \sim 0.08$ m/s 明显要大。这主要是因为在电磁力和浮力的综合作用下，

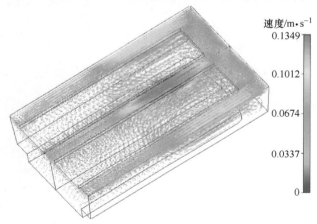

图 9-11 渣池 1/2 截面的速度场分布

渣池 $x=0$m 截面附近的熔渣向两侧的结晶器壁和下面的渣-金界面流动，而在靠近窄面结晶器壁的地方，由于电磁力作用减弱，浮力占主导作用，在浮力作用下熔渣沿结晶器壁向下流动。为了弥补结晶器中部流到结晶器两侧壁的熔渣，结晶器窄面附近的熔渣会流向渣池中部，而渣池中部流向渣池两侧的熔渣遇到结晶器壁后转向，流入到结晶器窄面附近。在上述流动趋势的作用下，围绕两根电极分别形成了一个由电极外侧流入到电极内侧的漩涡。同时，由于电极和渣池侧壁之间以及两根电极之间的距离较小，流动的较大速度也会出现在这两个区域。

　　图 9-12 是双电极串联法生产大型板坯过程渣池各截面的温度场和速度场分布。从图 9-12 中可以看出，渣池大部分区域温度的分布是比较均匀的，这主要是因为在电磁力和浮力的综合作用下，渣池中产生了强烈的湍流流动。在靠近结晶器壁的区域，渣池的温度梯度比较大，这主要是由于在水冷结晶器壁的冷却作用下，渣池向外剧烈散热。同时在两根电极的正下方，渣池的温度梯度也较大，这是因为电极的熔化要吸收大量的热，使这一区域熔渣的温度要显著降低。渣池的高温区出现在两根电极内侧、电极下方和外侧的渣池区域，结合各截面速度场和渣池发热率的分布图可知，两根电极之间的熔渣在焦耳热的作用下温度迅速升高，同时在电磁力和浮力的综合作用下，被加热的熔渣沿着电极的下部流向电极两侧，在这一区域形成一个高温区。在 $x=0$m 截面，渣池最高温度达到 2362K，比传统电渣重熔渣池的最高温度（2053K）要高，这主要是由于电流的焦耳热集中在这一区域，同时这一区域熔渣的流动速度比较小，导致热量不能有效地向周围传递。

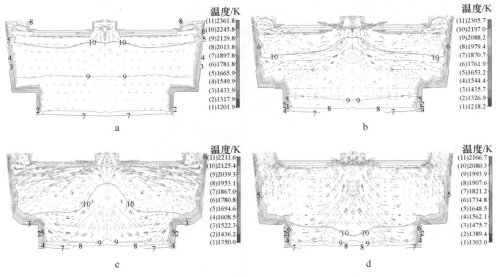

图 9-12　渣池各截面的温度场和速度场分布

a—$x=0$m；b—$x=0.2$m；c—$x=0.4$m；d—$x=0.6$m

同时从图 9-12 中可以看出，从 $x=0$m 截面到 $x=0.6$m 截面，渣池的最高温度是逐渐降低的，并且高温区的范围是在逐渐向下扩展的，使得渣池的温度分布越来越均匀。结合图 9-11 渣池的速度场分布可知，在结晶器窄面附近由于熔渣流速较大，两根电极之间熔渣产生的焦耳热能够迅速地传递到渣池的其他部分。

图 9-13 是双电极串联法生产大型板坯过程中渣池的湍流动能分布。从图 9-13 中可以看出，在 $x=0$m 截面内湍流流动主要集中在两根电极附近，渣池的下部湍流流动较弱。从 $x=0.2$m 截面到 $x=0.6$m 截面渣池的湍流流动是逐渐向下且向渣池两侧扩展的。渣池湍流动能的最大值出现在 $x=0$m 截面的两电极中间部位，最大值为 2.14×10^{-3}m^2/s^2。这一值要远远大于 Choudhary[12] 获得的传统电渣重熔的湍流动能最大值 3×10^{-4}m^2/s^2。这是因为传统电渣重熔渣池的主要发热区域为电极下部的整个渣池部位，而双电极串联板坯电渣炉的发热区域主要集中在两根电极之间的狭窄区域，电磁力和浮力将在这一区域引起强烈的湍流流动。

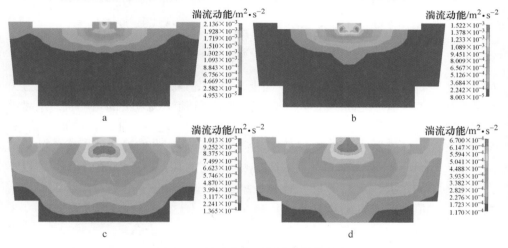

图 9-13　渣池各截面的湍流动能分布

a—$x=0$m; b—$x=0.2$m; c—$x=0.4$m; d—$x=0.6$m

图 9-14 是双电极串联法生产大型板坯过程渣池的有效导热系数与原子导热系数比值的分布。从图 9-14 中可以看出，渣池中大部分熔渣的有效导热系数都远大于原子导热系数，而且在湍流流动剧烈的位置，有效导热系数与原子导热系数的比值也较大，最大比值出现在 $x=0.6$m 截面，最大比值为 69.46，对应的有效导热系数的值为 726W/(m·K)。在靠近结晶器侧壁、渣-金界面和渣-电极界面，有效导热系数与原子导热系数的比值较小，这主要是因为在这些边界，由于熔渣和结晶器及电极之间无滑移作用，熔渣的湍流流动不剧烈所造成的。

图 9-15 是渣池中 $y=0$m 截面上 $z=1.1$m 和 1.2m 处（即离渣-金界面 0.1m 和 0.2m 处），浮力和电磁力比值的分布。图 9-15 中虚线表示浮力和电磁力比值为 1

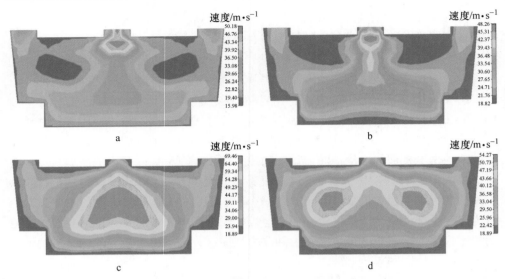

图 9-14　渣池各截面的有效导热系数与原子导热系数比值的分布

a—$x = 0$m；b—$x = 0.2$m；c—$x = 0.4$m；d—$x = 0.6$m

的直线，当 $z = 1.2$m 时，在整个 x 方向上，浮力都是大于电磁力的。由于电磁力主要集中在两根电极之间的区域，当 x 方向的坐标值小于电极的宽度时，电磁力的值比较大，所以浮力和电磁力的比值一直维持在 3 左右，曲线保持水平状态，当 x 方向的坐标值大于电极宽度时，电磁力迅速减小，此时浮力与电磁力的比值迅速增大到 50。当 $z = 1.1$m 时，由于电磁力的值要小于 $z = 1.2$m 的情况，所以浮力与电磁力的比值一直大于 50，且靠近结晶器壁时，由于电磁力减小、浮力增大，这一比值迅速增加到 350 以上。

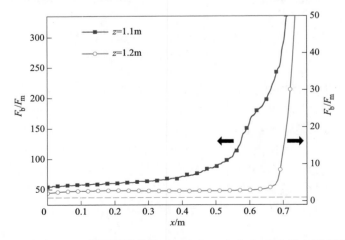

图 9-15　渣池 $y = 0$m 截面不同位置（$z = 1.1$m、1.2m）浮力和电磁力的比值

表 9-4 是表征渣池流动和传热的一些无量纲表达式。其中 M_1、M_2 分别是渣池电磁力、浮力和渣池内力的比值，两个值的大小分别是 15 和 44，由此可知渣池中的电磁力和浮力都明显大于内力，且在整个渣池中浮力是起主要作用的。N_{Re} 是渣池中内力与其黏性力的比值，即渣池流动雷诺数；根据本节的计算结果，渣池的雷诺数为 11320，为湍流流动，这也验证了选用 k-ε 标准湍流模型的正确性。N_T 是渣池中焦耳热产生的速率和热量通过对流传递速率的比值；在本模拟中，N_T 为 0.0069，远远小于 1，这说明相对于热量产生的速率，对流传热的速率是非常快的，渣池中 $x = 0.2m$、$0.4m$、$0.6m$ 截面温度分布均匀很好地验证了这一点。

表 9-4 表征渣池流动和传热的无因次表达式

无因次表达式	意 义	数值
$M_1 = \dfrac{\mu_0 H_0^2}{\rho v_0^2}$	$\dfrac{电磁力}{渣池内力}$	15
$M_2 = \dfrac{\rho \beta g \Delta T L_0}{\rho v_0^2}$	$\dfrac{浮力}{渣池内力}$	44
$N_{Re} = \dfrac{\rho v_0 L_0}{\mu}$	$\dfrac{渣池内力}{黏性力}$	11320
$N_T = \dfrac{J_0^2 / \sigma_0}{\rho C_p v_0 \Delta T / L_0}$	$\dfrac{焦耳热产生的速率}{热量传递速率}$	0.0069

注：H_0 为磁场强度，大小等于 I_0/L_0，A/m；I_0 为电流大小，A；J_0 为电流强度，大小等于 I_0/L_0^2，A/m²；L_0 为结晶器等效直径，m；ΔT 为渣池温度差，K；v_0 为渣池速度大小，m/s；σ_0 为熔渣的电导率，S/m。

C 钢锭温度场的计算结果

双电极串联法生产大型板坯过程中金属熔池形状和大小直接影响钢锭的结晶条件及表面质量，从而对其质量产生重要影响。

图 9-16 是双电极串联法生产大型板坯过程中铸锭的温度分布。从图 9-16 中可以看出，在钢锭的窄面和宽面都是角部温度低，中间温度高，这主要是因为角部离渣池的发热区域远，同时角部在宽面和窄面共同导热的作用下，温度下降快于其他部分。金属熔池最高温度为 1893.9K，金属的过热度为 97K，与传统电渣重熔的过热度 150~250K 相比，这一值是偏低的。传统电渣重熔渣池的高温区在电极的正下方，熔滴经过渣池时被显著加热，而双电极串联电渣炉，渣池的高温区位于两根电极之间的狭窄区域，电极下方熔渣的温度较低，最终导致金属熔池的温度偏低。

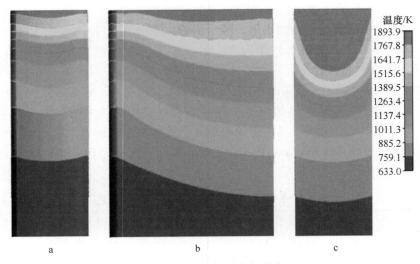

图 9-16　钢锭的温度场分布

a—窄面表面；b—宽面表面；c—窄面中心

根据前人的研究结果[13]，要获得良好的表面质量，金属熔池应该具有熔融金属段，即钢锭的凝固前沿应该在渣-金界面以下的一段距离，而且这个距离最好要大于 1cm。在生产进入稳定期后，液态金属由于具有一定的过热度，且温度明显高于熔渣的熔点，渣池侧壁凝固的渣皮会部分重新熔化，使渣皮变薄变均匀，在厚薄均匀的渣皮中形成的钢锭，表面质量将会非常好。在双电极串联法生产大型板坯的过程中，宽面和窄面的中间部位由于离渣池的发热区域较近，且导热系数适中，会形成 1.2cm 的液态金属段，表面质量非常好。但是，板坯的角部由于远离渣池发热区且向外散热过快，导致没有液态金属区，会形成褶皱，从而造成铸锭角部表面质量不理想。

图 9-17 是 $x=0$m 截面和 $y=0$m 截面金属熔池的形状。从图 9-17 中可以看出，液相线的深度为 0.245m，固相线的深度为 0.283m，且不论是 x 方向还是 y 方向，离铸锭中心越远金属熔池越浅，固液两相区也越窄。这主要是因为中心部位离渣池发热区近，而且熔滴带入的热量也主要集中在这一区域。此外，靠近结晶器侧壁的钢锭部分，由于水冷结晶器的强烈冷却作用，温度迅速降低。

D　模型验证

为了不影响工业生产，选取现场生产的 12Cr2Mo1R 钢进行钢锭表面温度的测温实验。

刚出结晶器口，铸坯表面会被一层渣皮覆盖，如果此时测温得到的温度会低于实际表面的温度。随着拉坯的继续，铸坯表面的渣皮会在重力的作用下自动脱落，此时可对表面进行测温。本实验对铸锭宽面和窄面中线位置的温度进行测

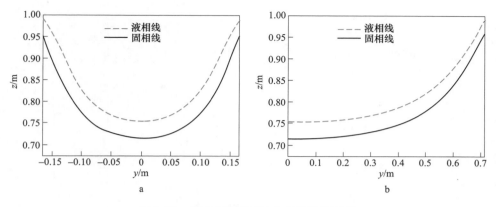

图 9-17 板坯 1/2 截面的金属熔池的形貌

a—$x = 0m$；b—$y = 0m$

定，得到的数据将和模拟值进行比较，从而验证模型的有效性。

电渣重熔进入稳定期后，利用红外测温仪测定钢锭宽面和窄面中心的温度，图 9-18 和图 9-19 分别是抽锭 2000mm 时铸锭宽面和窄面中心温度的分布。从图 9-18 和图 9-19 中可以看出，计算值和实测值是比较吻合的，误差比较小。窄面中心由于离渣池发热区比较远，所以温度要低于宽面中心的温度。当铸锭出结晶器后，由于与空气之间的辐射和对流换热作用，温度是逐渐降低的。

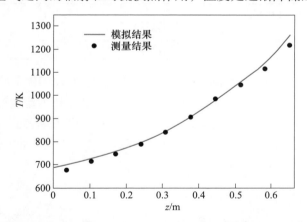

图 9-18 铸锭宽面中心实测温度和计算温度的比较

9.2.2 双电极串联法生产特厚板坯工艺参数优化模拟

双电极串联法生产大型板坯的质量，受到电渣重熔过程中各种工艺参数的影响。本节利用数值模拟的方法，改变两根电极之间的距离、渣池的深度和渣池电压，找出这些工艺参数对板坯质量的影响。

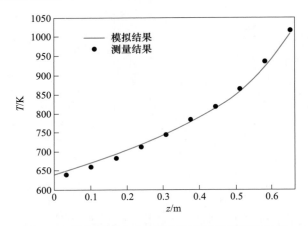

图 9-19　铸锭窄面中心实测温度和计算温度的比较

9.2.2.1　不同电极间距

在原模型中，两根电极之间的距离为 60mm，在保持功率不变的条件下，分别减小、增大电极之间的距离，探究电极间距和铸锭质量的关系。具体的工艺参数见表 9-5。

表 9-5　不同电极间距的工艺参数

电极插入深度	电极间距/mm	电极插入深度/mm	渣池电压/V	电流/kA
插入深度变浅	50	10	60	25
插入深度变深	70	21	60	25

图 9-20 是电极间距为 50mm 和 70mm 时渣池的电流密度分布。由图 9-20 可知，随着电极间距的减小，两根电极之间的电位梯度是逐渐增大的，因此电流密度也是逐渐增大的。当电极间距为 50mm 时，渣池电流密度的范围是 $2.507 \sim 4.609 \times 10^5 A/m^2$ 之间；当电极间距增大到 70mm 时，渣池中的电流密度减小到 $6.209 \sim 3.225 \times 10^5 A/m^2$ 范围内。

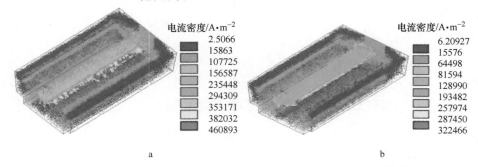

图 9-20　电极间距为 50mm（a）和 70mm（b）时渣池中的电流密度分布

图 9-21 是电极间距为 50mm 和 70mm 时，渣池单位体积焦耳热功率的分布。从图 9-21 中可以看出，两根电极之间渣池的发热率最大。由于电极间距为 50mm 时，两根电极之间的渣池部分电位梯度和电流密度都较大，从而导致这一区域的发热率也较大。电极间距为 50mm 时，电极之间渣池的单位体积焦耳热功率约为 $2.5×10^8 \text{W/m}^3$；而电极间距为 70mm 时，电极之间渣池的发热率仅为 $1.26×10^8 \text{W/m}^3$。

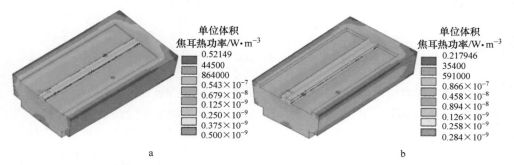

图 9-21 电极间距为 50mm（a）和 70mm（b）时渣池中单位体积焦耳热功率的分布

图 9-22 是电极间距为 50mm 和 70mm 时渣池中磁感应强度的分布。从图 9-22 中可以看出，磁感应强度方向和电流密度的方向是满足右手定则的。当电极间距为 50mm 时，由于渣池中的电流密度较大，产生的磁感应强度也较大。电极间距为 50mm 时，渣池中磁感应强度的范围为 $1.46×10^{-6} \sim 1.81×10^{-2} \text{T}$；电极间距为 70mm 时，渣池中电磁力的范围为 $1.96×10^{-6} \sim 1.57×10^{-2} \text{T}$ 之间。

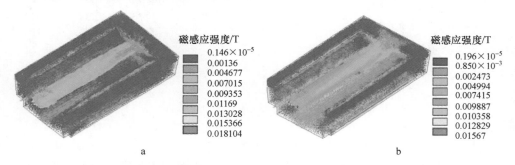

图 9-22 电极间距为 50mm（a）和 70mm（b）时渣池中磁感应强度的分布

图 9-23 是电极间距为 50mm 和 70mm 时渣池中电磁力的分布。由图 9-23 可知，电极间距为 50mm 时，渣池中电磁力的最大值为 $3.87×10^{-4} \text{N}$；当电极间距增大到 70mm 时，渣池中的电磁力最大值为 $2.87×10^{-4} \text{N}$。这主要是由于电极间距减小，两电极之间的渣池中电流密度和磁感应强度都相应地增加，因此电磁力也相应增加。

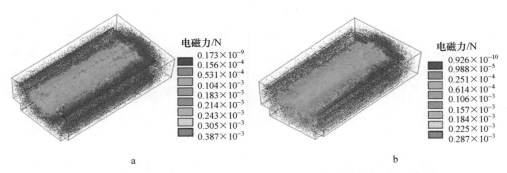

图 9-23　电极间距为 50mm（a）和 70mm（b）时渣池中电磁力的分布

　　图 9-24 是电极间距为 50mm 和 70mm 时渣池速度场的分布。从图 9-24 中可以看出，靠结晶器窄面的电极外侧两根电极和之间的渣池部分是渣池中熔渣速度较大的区域。熔渣流动的最大速度出现在两根电极之间，当电极间距为 50mm 时，熔渣最大流速为 0.144m/s；当电极间距为 70mm 时，熔渣最大速度为 0.1374m/s。虽然电极间距增大导致熔渣最大流速减小，但是熔渣速度较大的区域在向渣池中部扩展，这将使渣池的温度分布更趋均匀。

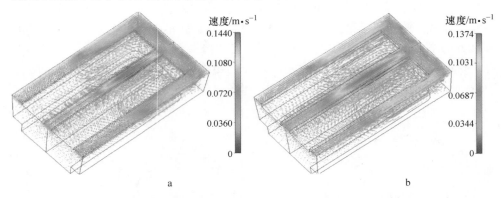

图 9-24　电极间距为 50mm（a）和 70mm（b）时渣池的速度场分布

　　图 9-25 是电极间距为 50mm 和 70mm 时渣池 $x=0$m、0.2m、0.4m、0.6m 截面的温度和速度分布。从图 9-25 中可以看出，当电极间距为 50mm 时，渣池中的最高温度为 2406K，高于电极间距为 70mm 时渣池的最高温度 2326.6K。同时电极间距为 50mm 时，渣池的高温区集中在两根电极之间和电极的下部；而电极间距为 70mm 时，渣池的高温区分布两电极之间、电极下部和电极两侧。这主要是因为电极间距减小，渣池的发热区相对集中，同时 $x=0$m 截面的流动减弱，从而导致渣池局部温度过高。

　　图 9-25 中，从 $x=0$m 截面到 $x=0.6$m 截面，渣池的温度分布是逐渐趋向均

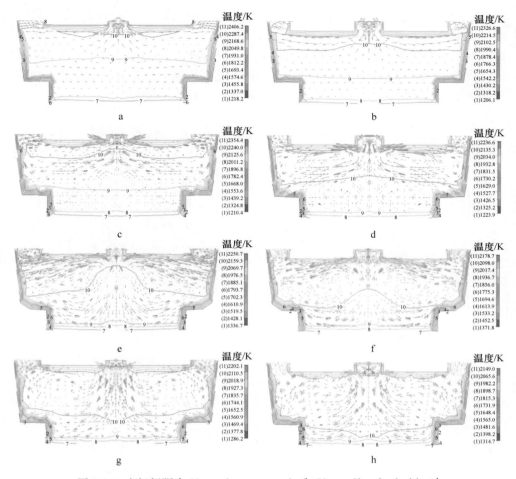

图 9-25 电极间距为 50mm (a, c, e, g) 和 70mm (b, d, f, h) 时
渣池各截面速度场和温度场分布

a, b—x=0m; c, d—x=0.2m; e, f—x=0.4m; g, h—x=0.6m

匀的, 这主要是由于该部分渣池的流动比较剧烈。比较电极间距为 50mm 和 70mm 两种情况可以发现, 在同一截面, 电极间距增大渣池的温度更加均匀。在 x=0.4m 截面, 当电极间距为 50mm 时, 两根电极之间存在少量的流速较大区域; 而电极间距为 70mm 时, 两根电极之间和电极外侧, 都存在流速较大的区域。这说明电极间距为 70mm 时, 渣池中流速较大的区域比较多, 即在大多数区域渣池的对流传热系数较大, 因此渣池的温度分布相对均匀。

图 9-26 是电极间距为 50mm 和 70mm 时钢锭的温度分布。从图 9-26 中可以看出, 钢锭的宽面和窄面都是中间温度高、两侧温度低。当电极间距为 70mm 时, 钢锭中心的最高温度为 1897K, 高于电极间距为 50mm 时的 1891K。从上面

的渣池的速度场和温度场的分析结果可知，虽然电极间距为 50mm 时渣池的最高温度比电极间距为 70mm 时高。由于电极间距增加，渣池的流动区域增多，熔渣的有效导热系数增大，渣-金界面的温度也相应升高，所以电极间距为 70mm 时钢锭表面的最高温度反而高，提高电极间距，钢锭表面的温度升高，有利于钢锭窄面表面质量的提高，但要考虑电极与结晶器壁间距离的安全间隙。

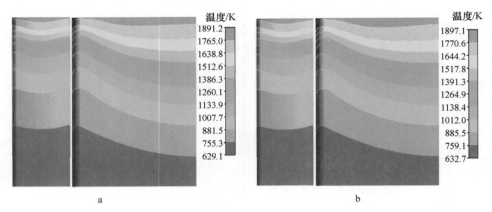

图 9-26　电极间距为 50mm（a）和 70mm（b）时铸锭的温度分布

图 9-27 是 $x=0$m 和 $y=0$m 截面的金属熔池形貌。从图 9-27 中可以看出，金属熔池的液相线深度都在 0.245m 左右，固相线的深度在 0.283m 左右，且随着电极间距的增大，金属熔池的深度有所增加，但是增加的幅度不是很大。这是由于电极间距增大，渣池温度变得更加均匀，渣-金界面的温度也有小幅升高。但是，由于整个过程的总功率保持不变，所以金属熔池的深度改变是比较小的。

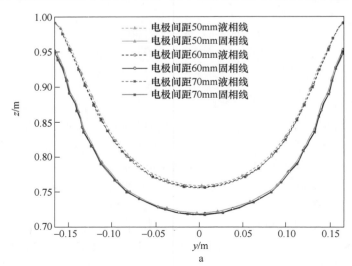

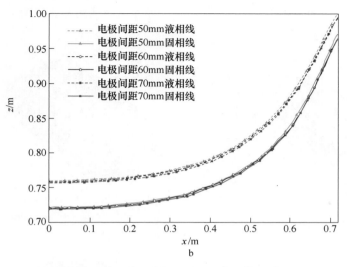

图 9-27 不同电极间距时金属熔池的形貌

a—$x = 0m$; b—$y = 0m$

9.2.2.2 不同渣池深度

单位体积渣池的输入功率是电渣重熔过程中的一个重要参数，它关系到重熔过程中渣池温度、能耗的高低和铸锭的表面质量。在结晶器形状和输入功率一定的情况下，渣池深度的改变会导致单位体积熔渣输入功率的改变。在电渣重熔的过程中，渣池中能量的损耗占总输入能量的 40% ~ 50%，且渣池深度增加能量损耗也会增加，所以找出最佳的渣池深度是非常必要的。本节在保持输入功率不变的情况下，改变渣池的深度，考察其对渣池电磁场、流场、温度场和铸锭温度场的影响。具体的工艺参数见表 9-6。

图 9-28 是渣池中电流密度的分布。从图 9-28 中可以看出，当渣池深度为 150mm 时，渣池中电流密度在 $10.01 \times 10^5 \sim 4.158 \times 10^5 A/m^2$ 之间；当渣池深度为 250mm 时，渣池中电流密度在 $2.45 \times 10^5 \sim 4.104 \times 10^5 A/m^2$ 之间，渣池深度变浅，电流密度稍有增加。

表 9-6 不同渣池深度的工艺参数

渣池深度	电极间距/mm	电极插入深度/mm	电压/V	渣池深度/mm
渣池深度变浅	60	15	60	150
渣池深度变深	60	15	60	250

图 9-29 是渣池中单位体积焦耳热功率的分布。在图 9-29 中，当渣池深度为 150mm 时，渣池中焦耳热功率的范围是 $0.54 \times 10^8 \sim 4.04 \times 10^8 W/m^3$；当渣池深度为 250mm 时，渣池中焦耳热功率的范围是 $0.05 \times 10^8 \sim 3.32 \times 10^8 W/m^3$。同时从图

中可以看出，由于渣池的深度变浅，渣-金界面离渣池的发热区更近，渣-金界面处熔渣的单位体积焦耳热是增大的。

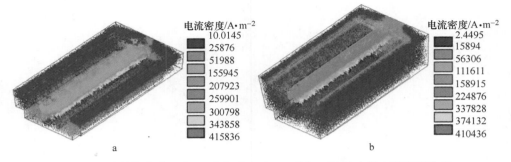

图 9-28　渣池深度为 150mm（a）和 250mm（b）时渣池中的电流密度分布

图 9-29　渣池深度为 150mm（a）和 250mm（b）时渣池中单位体积焦耳热功率的分布

图 9-30 是渣池磁感应强度的分布。在图 9-30 中，当渣池深度为 150mm 时，渣池中磁感应强度的变化范围是 $5.11×10^{-7} \sim 2.067×10^{-2}$T；当渣池深度为 250mm 时，渣池中磁感应强度的变化范围是 $2.57×10^{-6} \sim 1.593×10^{-2}$T。当渣池深度为 150mm 时，由于上部渣池的厚度变浅，渣-金界面处的磁感应强度变大。

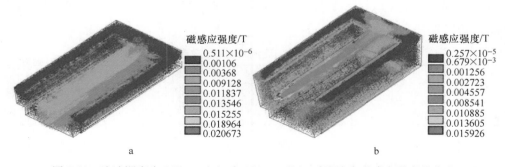

图 9-30　渣池深度为 150mm（a）和 250mm（b）时渣池中磁感应强度的分布

图 9-31 是渣池中电磁力的分布。在图 9-31 中，当渣池深度为 150mm 时，渣池中电磁力的变化范围是 $1.26\times10^{-10}\sim3.83\times10^{-4}$N；当渣池深度为 250mm 时，渣池中电磁力的变化范围是 $2.84\times10^{-10}\sim3.08\times10^{-4}$N。由此可知，渣池深度变浅，电磁力变大。

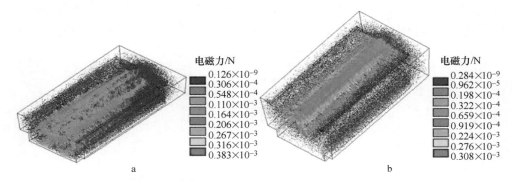

图 9-31　渣池深度为 150mm（a）和 250mm（b）时渣池中电磁力的分布

图 9-32 是渣池深度为 150mm 和 250mm 时渣池的速度分布。从图 9-32 中可以看出，当渣池深度为 150mm 时，渣池中熔渣的最大速度为 1680m/s，大于渣池深度为 250mm 时的 0.1357m/s。但在电极两侧，渣池深度为 150mm 时，熔渣的速度约为 0.084m/s；渣池深度为 250mm 时，熔渣的速度约为 0.1018m/s。这主要是由于渣池深度为 150mm 时，渣量相对较小，在电磁力和浮力的作用下，熔渣的运动速度较大。结合图 9-28 渣池 $x=0$m、0.2m 截面的速度场可以看出，渣池深度为 150mm 时，熔渣在截面内的环流作用较强，这样较少的熔渣通过电极两侧回到电极之间，因为此时电极外侧熔渣的速度较小。

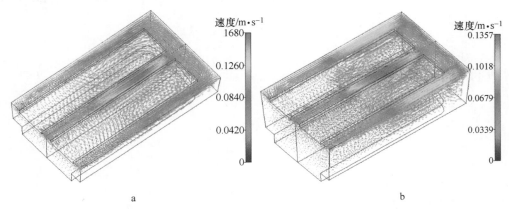

图 9-32　渣池深度为 150mm（a）和 250mm（b）时渣池的速度场分布

图 9-33 是渣池 $x=0$m、0.2m、0.4m、0.6m 截面的温度场和速度场的分布

图。从图 9-33 中可以看出，渣池深度为 150mm 时，熔渣的最高温度为 2426.2K，高于渣池深度为 250mm 时的 2311.3K。这是由于输入功率相同的情况下，前者的渣量明显小于后者，即前者渣池的单位体积功率大于后者，渣池的温度较高。此外，由于渣池深度过深，渣/金界面远离渣池发热区，使得渣池深度为 250mm 时渣-金界面的温度显著低于渣池深度为 150mm 的情况。当渣池深度为 150mm 时，由于渣池较浅，熔渣的流速较快，渣池各截面的温度分布也比较均匀。

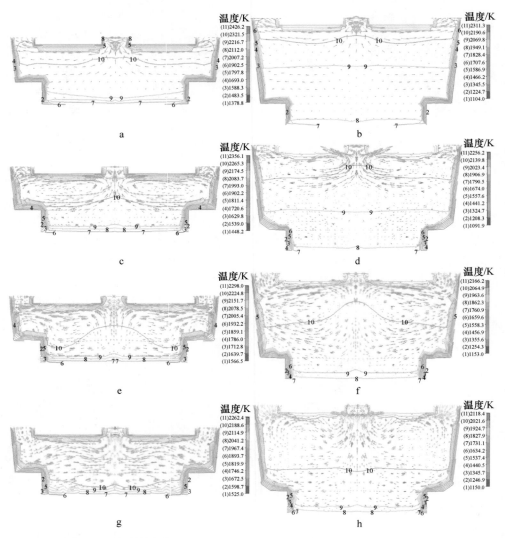

图 9-33　渣池深度为 150mm（a，c，e，g）和 250mm（b，d，f，h）时
渣池各截面速度场和温度场分布

a，b—x = 0m；c，d—x = 0.2m；e，f—x = 0.4m；g，h—x = 0.6m

图 9-34 是渣池深度为 150mm 和 250mm 时铸锭的温度分布。从图 9-34 中可以看出，当渣池深度为 150mm 时，铸锭的最高温度为 1970.8K；渣池深度为 250mm 时，铸锭的最高温度为 1848.6K，前者明显高于后者，并且与前者渣-金界面温度高于后者一致。

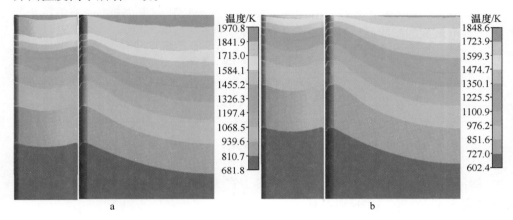

图 9-34　渣池深度为 150mm（a）和 250mm（b）时铸锭的温度分布

图 9-35 是不同渣池时，金属熔池 $x=0$m 和 $y=0$m 截面金属熔池的形貌。当渣池深度为 250mm 时，金属熔池液相线深度为 0.206m，固相线的深度为 0.257m；当渣池深度为 150mm 时，金属熔池的液相线深度为 0.289m，固相线深度为 0.322m。渣池深度为 250mm 时，金属熔池宽面和窄面都没有液态金属和结晶器壁接触；渣池深度为 150mm 时，金属熔池宽面和窄面的液态金属熔融段高度分别为 100mm 和 75mm。由此可见，渣池深度变小，金属熔池变深，铸锭液态金属熔融段也增高。

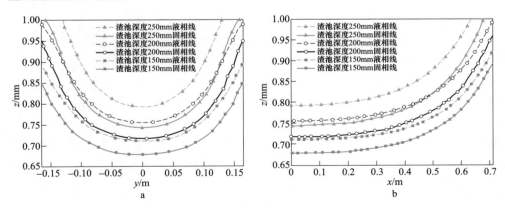

图 9-35　不同渣池深度时金属熔池的形貌

a—$x=0$m；b—$y=0$m

9.2.2.3　不同电压

在电渣过程中，电压和电流的改变对整个体系的电磁场、温度场和流场都会产生影响，合理的电压和电流对板坯电渣重熔过程十分重要。

本节保持输入功率不变，在电极间距一定的情况下，通过改变渣池电压研究电压和电流的匹配问题，具体的工艺参数见表 9-7。

表 9-7　不同渣池电压工艺参数

电压	电极间距/mm	电极插入深度/mm	渣池电压/V	电流/kA
增大电压	60	10.5	62	24.18
减小电压	60	19.5	58	25.86

图 9-36 是电压为 58V 和 62V 时渣池的电流密度分布。从图 9-36 中可以看出，在保持电极间距一定的前提下，渣池电压为 58V 时，渣池中的电流密度范围 $4.589 \times 10^5 \sim 3.501 \times 10^5 \mathrm{A/m^2}$；当渣池电压升高到 62V 时，渣池中的电流密度范围增加到 $3.497 \times 10^5 \sim 3.847 \times 10^5 \mathrm{A/m^2}$。

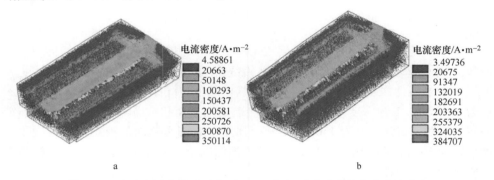

图 9-36　渣池电压为 58V（a）和 62V（b）时渣池中的电流密度分布

图 9-37 是渣池电压为 58V 和 62V 时渣池单位体积焦耳功率的分布。从图 9-37 中可以看出，电压为 58V 时，渣池最大的单位体积焦耳功率为 $2.95 \times 10^8 \mathrm{W/m^3}$，出现在与电极角部相接触的渣池部位。渣池电压为 62V 时，熔渣最大单位体积的焦耳热功率为 $4.18 \times 10^8 \mathrm{W/m^3}$，大于电压为 58V 时的情况。

图 9-38 是渣池电压为 58V 和 62V 时渣池的磁感应强度分布。从图 9-38 中可以看出，两根电极之间磁感应强度较大，渣池角部和结晶器壁接触的地方磁感应强度较小。渣池电压为 58V 时，渣池中最大磁感应强度为 0.01524T；当渣池电压为 62V 时，渣池中最大的磁感应强度为 0.01931T。

图 9-39 是渣池电压为 58V 和 62V 时，渣池中电磁力的分布。从图 9-39 中可以看出，电磁力集中在两根电极之间及其附近的区域。当电压为 58V 时，渣池中最大的电磁力为 $2.86 \times 10^{-4} \mathrm{N}$；当电压为 62V 时，渣池中最大的电磁力为 $4.10 \times 10^{-4} \mathrm{N}$。

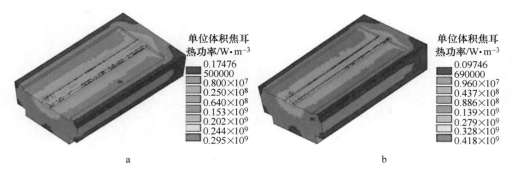

图 9-37　渣池电压为 58V（a）和 62V（b）时渣池中单位体积焦耳热功率的分布

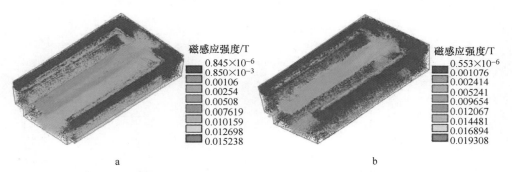

图 9-38　渣池电压为 58V（a）和 62V（b）时渣池中磁感应强度的分布

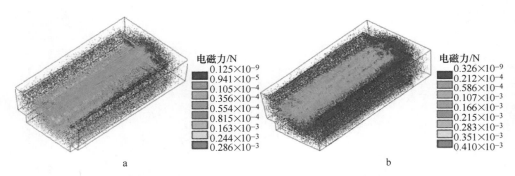

图 9-39　渣池电压为 58V（a）和 62V（b）时渣池中电磁力的分布

图 9-40 是渣池电压为 58V 和 62V 时，渣池的速度分布。从图中可以看出，电压为 62V 时，熔渣的最大运动速度为 0.1432m/s，电压为 58V 时，熔渣的最大运动速度为 0.127m/s。两种情况下渣池的速度分布比较相似，但是由于渣池电压为 62V 时，渣池中的电磁力值比较大，导致熔渣的运动速度较大。

图 9-41 是不同渣池电压下渣池各截面的速度场和温度场的分布。从图 9-41 中可以看出，两种情况下渣池对应截面的速度场和温度场分布都十分的相似。

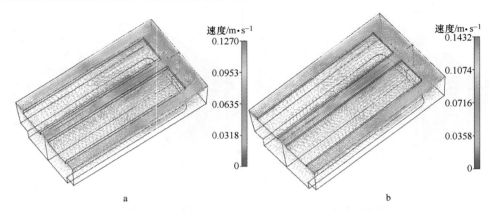

图 9-40　渣池电压为 58V（a）和 62V（b）时渣池的速度分布

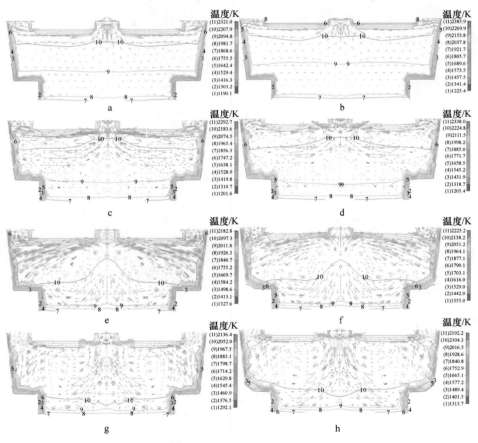

图 9-41　渣池电压为 58V（a，c，e，g）和 62V（b，d，f，h）时
渣池各截面速度场和温度场分布

a，b—x = 0m；c，d—x = 0.2m；e，f—x = 0.4m；g，h—x = 0.6m

$x=0$m 截面熔渣的流动速度较小；$x=0.2$m 和 $x=0.4$m 截面，渣池的流动逐渐变得剧烈；在 $x=0.6$m 截面可以清楚地看到，在两根电极之间和电极外侧分别存在一个流速较大的区域。渣池的最高温度出现在 $x=0$m 截面两根电极之间的区域，当电压为 58V 时，渣池的最高温度为 2321K；当电压为 62V 时，渣池的最高温度增加到 2385.9K。这是由于渣池电压为 58V 时，电极的插入深度较深，渣池焦耳热功率较小，所以渣池最高温度相应较低。在 $x=0.2$m、0.4m、0.6m 截面，由于渣池的流动速度变大，渣池的温度分布变得更加均匀。

图 9-42 是渣池电压为 58V 和 62V 时铸锭的温度分布。从图 9-42 中可以看出，当电压为 58V 时，铸锭的最高温度为 1884.2K；当电压为 62V 时，铸锭中心的最高温度增加到 1896K，铸锭窄面和宽面的高温区域都要明显多于电压为 58V 时的情况。

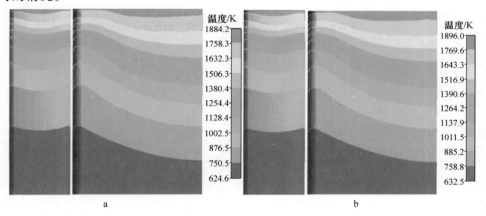

图 9-42 渣池电压为 58V（a）和 62V（b）时铸锭的温度分布

图 9-43 是不同输入电压时，$x=0$m 和 $y=0$m 截面金属熔池的形貌。从图 9-43

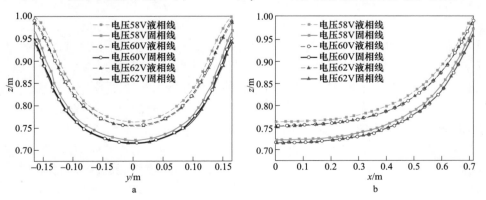

图 9-43 不同渣池电压时金属熔池的形貌

a—$x=0$m；b—$y=0$m

中可以看出，随着渣池电压的升高，金属熔池的深度以及金属熔融段的高度都是在增加的。当输入电压为58V，金属熔池液相线的深度为0.237m，固相线深度为0.278m；当输入电压升高到62V时，金属熔池的液相线深度增加到0.246m，固相线深度增加到0.284m。同时，渣池电压为58V时，金属熔池宽窄面都没有金属熔融段；当电压增加到62V时，金属熔池宽面和窄面最高金属熔融段的高度分别达到15mm和10mm。

9.2.3　最优工艺参数

表9-8是不同工艺条件下钢锭最高温度、金属熔池深度、钢锭宽面和窄面中心熔融金属段的高度值，通过对这些数值的分析，可以得到一个合理的工艺参数。

表 9-8　不同工艺条件下钢锭各物理量的数值

物　理　量	电极间距/mm			渣池深度/mm			渣池电压/V		
	50	60	70	150	200	250	58	60	62
钢锭最高温度/K	1891	1893.9	1897	1970.8	1893.9	1848.6	1884.2	1893.9	1896
金属熔池深度/mm	242	245	246	289	245	206	237	245	246
钢锭宽面中心熔融金属段高度/mm	10	12	12.5	100	12	0	1	12	15
钢锭窄面中心熔融金属段高度/mm	4.5	9	10	75	9	0	0	9	10

从表9-8可以看出，当电极间距为50mm时，钢锭的最高温度、金属熔池深度和钢锭宽面中心熔融金属段的高度都维持在一个合理的水平，但此时铸锭窄面中心熔融金属段的高度只有4.5mm，铸锭窄面将会形成褶皱，表面质量恶化。当电极间距增加到70mm时，整个渣池的温度分布更加均匀，铸锭窄面中心熔融金属段的高度达到10mm，可以保证良好的表面质量，因此增加电极间距有助于提高铸锭窄面温度。但是工业生产中，双电极串联电渣炉的电极与结晶器壁之间的距离是有严格规定的，该距离一般不能小于50mm，当这一值小于50mm时，电极容易与结晶器接触，一方面会损坏结晶器壁，严重时可能使结晶器报废；另一方面，会导致两根电极中的电流不对称，使两根电极熔化速度不同，影响整个电渣重熔过程。在现场生产中，电极间距为70mm时，电极与结晶器壁的距离已接近50mm，因此不能再增大电极间距。

对比不同渣池深度时钢锭的参数可知，当渣池深度为150mm时，钢锭的最高温度达到1970.8K，根据文献［2］的结论，当渣/金界面的温度过高时渣皮会完全被熔化，产生重皮和漏渣等表面缺陷，严重影响产品质量。铸锭宽面和窄面中心的熔融金属段高度分别达到了100mm和75mm。在现场生产中，下结晶器的高度为400mm，其中钢锭位于结晶器中的部分只有350mm，熔融金属段高度过高，拉坯时容易产生漏钢事故，严重危害操作人员和设备的安全。此外，在实际生产中为了保持钢锭成分的稳定，生产过程中不再加渣，随着拉坯过程进行，熔渣会不断被消耗。渣池深度为 150mm 时，渣量过少，电渣重熔过程的精炼效果会减弱；相反，当渣池深度为 250mm 时，渣-金界面离渣池发热区过远，铸锭宽面和窄面都没有熔融金属段存在，铸锭将会产生褶皱等表面缺陷，因此合理的渣池深度是 200mm。

保持输入功率不变，改变渣池电压可以看出，当渣池电压为 62V 时，铸锭的最高温度、金属熔池深度都维持在正常水平，钢锭宽面和窄面中心的熔融金属段高度分别达到 15mm 和 10mm，可以保证良好的表面质量；渣池电压为 58V 时，铸锭宽面中心熔融金属段高度为 1mm，窄面中心熔融金属段高度完全消失，因此钢锭会形成表面质量缺陷。由此可见，采取高电压小电流的工艺比低电压大电流的工艺更合理。现场生产中，每台变压器都有额定的输出电压，因此渣池电压不能无限制地升高，更重要的是电极插入深度的限制。在本节中，渣池电压为 62V 时电极的插入深度只有 10.5mm，在保持输入功率不变的情况下进一步增大电压，电极的插入深度会小于 10mm，此时电极端部会由于渣面的波动而裸露在空气中，这对电渣重熔过程是非常有害的，所以采用 62V 渣池电压是合适的。

综上所述，保持输入功率不变，电极间距为 70mm、渣池深度为 200mm、渣池电压为 62V 是双电极串联板坯电渣炉的最优工艺参数。

9.3 特厚板坯电渣重熔核心技术

9.3.1 低频电源及矩形窄面双电极串联供电技术

在特厚板坯电渣炉上采用了低频电源及双电极串联的供电方式，攻克了低频电源及双电极串联供电方式等多项关键技术[14]，为有效提高特厚板坯电渣重熔铸锭的内部及表面质量提供了保障。

系统研究了供电方式对特厚板坯电渣重熔铸锭质量的影响机理，利用数值模拟比较了不同供电方式对特厚板坯电渣重熔铸锭质量的影响。

（1）通过对特厚板坯电渣炉供电方式的系统研究，揭示了供电方式对特厚板坯电渣重熔铸锭质量的影响机理。与单相交流单电极板坯电渣炉相比，低频电源及双电极串联供电方式解决了感抗损失大、用电效率低、三相不平衡、熔池深度大、凝固质量差和中心偏析较明显等问题。

（2）在前人研究的基础上，从电场方程和热量传输方程出发，采用 ANSYS 软件对渣池和金属熔池温度场进行了数值模拟计算。研究表明，特厚板坯电渣重熔渣池中心的最高温度超过 1930℃，双电极串联特厚板坯电渣重熔的渣池温度场分布和单电极电渣炉的温度场分布不同，单电极电渣炉的电流密度和温度最大的区域在电极下部，而双电极串联特厚板坯电渣重熔的电流密度和温度最大的区域在两电极之间，这样的温度场分布为获得优异的特厚板坯电渣重熔铸锭质量提供了保证，如图 9-44 所示。

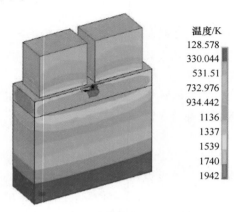

温度/K
128.578
330.044
531.51
732.976
934.442
1136
1337
1539
1740
1942

图 9-44　特厚板坯电渣重熔模型温度场

考虑到三相平衡的供电要求，在国内外首次将低频电源及矩形窄面双电极串联的供电方式在特厚板坯电渣炉上进行了有机的融合，用 1 台三相整流变压器将 35kV 降至满足工艺的二次电压，将三相交流逆变成 0.1~5Hz 的单相低频交流电，保证了三相平衡的供电要求。这在国内特大吨位电渣炉设备中首次实现了低频电源控制，可显著节省电能。

采用 2 支电极串联的重熔方式，可以实现减小短网感抗，提高功率因数；减少短网有功消耗，因此大幅度减低电耗；保证相同金属熔池深度的条件下，可提高熔化率。

如图 9-45 所示，采用 2 支电极在窄面方向双电极串联的方式，而不是通常采用的宽面方向上双电极串联。这种新的电极布置方式，电流在渣池中的分布有三种路径：电极→渣池→电极，电极→渣池→结晶器→电极，电极→渣池→熔池→渣池→电极。但第三种路径的电流比例很小，主要是前两种。由于有相当比例的电流经过结晶器铜板，所以有利于提高靠近结晶器侧面的渣池温度，即整个渣池温度更加均匀，而熔池更加浅平，使得凝固质量提高；即使在熔化速度降低的情况下，仍然能保持良好的表面质量。

图 9-45　矩形窄面双电极串联电极布置示意图

9.3.2 在线保温及二次气雾冷却等关键技术

针对铸锭头尾温差大及大厚度高合金铸锭偏析倾向严重的问题，系统研究了在线保温及二次冷却技术对特厚板坯电渣铸锭质量的影响，攻克了在线保温及二次气雾冷却等关键技术[15]，自主研发了在线保温装置和特厚板坯电渣锭气雾冷却系统，有效提高了铸锭的探伤合格率。

通过数值模拟的方法对在线保温及二次冷却技术对特厚板坯电渣锭质量进行了系统的研究。模拟计算结果表明，采用压缩空气进行二次冷却对控制电渣重熔特厚板坯的凝固过程收效不大，其原因主要是采用压缩空气二次冷却时铸坯侧表面传热系数与不采用二次冷却时铸坯侧表面传热系数相差不大。当采用二次气雾冷却时，其铸坯侧表面传热系数可高达 $5000W/(m^2 \cdot K)$，可以有效地加强冷却效果，减小熔池深度，提高内部结晶质量。采用数值模拟的方法得到的不同冷却方式下熔池深度见表 9-9。

表 9-9 不同冷却方式下熔池深度

冷却方式	液相线和渣-金界面的距离/mm	固相线和渣-金界面的距离/mm
不采用二次冷却	433	473
采用压缩空气二次冷却	429	472
采用喷雾二次冷却	388	426

自主研发了在线保温装置，以防止某些裂纹敏感性钢种在长时间电渣重熔过程中发生内部裂纹等缺陷。在结晶器的出口和引锭装置之间安装保温装置，保温装置采用对开式或卷帘式设计，可以根据钢种的需要关闭或开启保温装置。

自主研发了大型板坯电渣锭气雾冷却系统，旨在进一步加强冷却强度，获得优良的铸锭凝固组织。根据空气雾化喷嘴原理，设计了二次冷却的压力雾化系统。宽面二次冷却装置安装在上下两排气雾喷嘴，第一排喷嘴和第二排喷嘴可单独供水，窄面二次冷却装置安装在两排气喷嘴之间。喷嘴的喷射角度仍然按 13°计算，按照钢锭表面基本覆盖设置喷嘴。宽面气雾喷嘴每排 22 个，窄面气雾喷嘴每排 10 个。选用 SU11 空气雾化喷嘴，窄面要与宽面气量一致，所以窄面侧也使用 SU11 空气雾化喷嘴。宽面二次冷却装置固定在结晶器上，结晶器坐在底水箱时，宽面二次冷却装置可旋转至结晶器侧面，待钢锭抽出 350~400mm 可以将宽面二次冷却装置旋转下来，进行二次冷却。窄面二次冷却装置与宽面操作一致。二次冷却的比水量按照 0.1L/kg 计算，实际使用效果很好。

9.3.3 大型板坯电渣重熔保护气氛控制技术

开展了特厚板坯电渣重熔保护气氛控制技术研究，为有效控制钢中气体含量和易氧化元素的烧损奠定了坚实的理论基础，自主研发了将排烟功能和喷吹保护气体功能有机结合的排烟装置，保护气氛罩实体图和物理模型如图 9-46 和图 9-47 所示。

图 9-46　保护气氛罩实体图

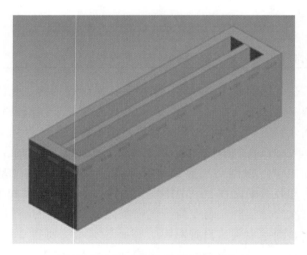

图 9-47　渣池上方气体域的物理模型

在前人研究的基础上，从基本的守恒定律和湍流控制方程出发，采用 FLUENT 软件对渣池上方的保护气体域进行了数值模拟计算。通过改变排烟口的抽风速度、氩气的喷出角度及氩气的喷吹流量，得到了气体域的流场及氩气和空气在整个气体域中浓度场的分布，为电渣炉保护气氛罩工艺参数的选取提供了理论依据。气体域中不同工艺参数下保护气体浓度场的分布如图 9-48 ~ 图 9-50 所示。

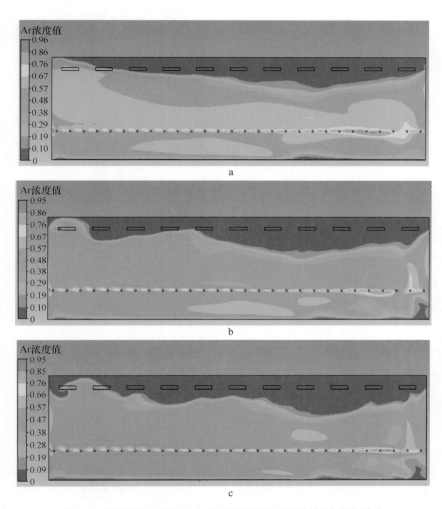

图 9-48 不同抽风速度时电极与烟罩壁之间的氩气浓度场分布

a—3m/s；b—6m/s；c—9m/s

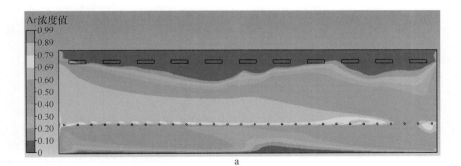

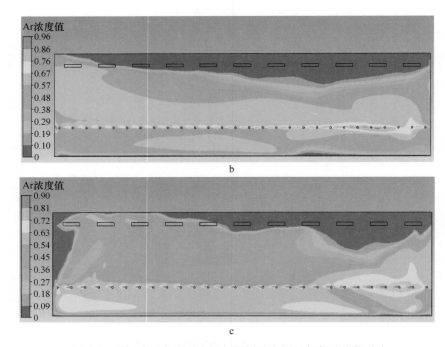

图 9-49 不同喷吹角度时电极与烟罩壁之间的氩气浓度场分布

a—45°；b—60°；c—75°

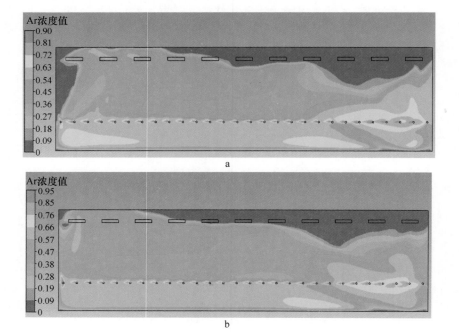

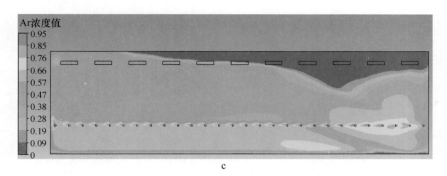

图 9-50 不同喷吹流量时电极与烟罩壁之间的氩气浓度场分布

a—40m³/h；b—60m³/h；c—80m³/h

9.3.4 电极称重技术

为了实现熔化速度的自动控制，首次在特厚板坯电渣炉上成功应用了电极称重传感器，在主熔化期各阶段真正实现了精确熔速控制。采用梅特勒-托利多生产的 4 个称重传感器实时检测自耗电极的质量，对电极熔化速度进行计算，通过对输入渣池功率的调整实现熔化速度的控制。采用梅特勒-托利多生产的 PGD 摇柱式称量传感器和 PANTHER 型称重显示仪表，称重装置设置在电极位置调整机构上方，其上安装称量传感器、防撞击举升油缸，再上层设置称重基板、电极卡持器及软连接等部件。卡装电极时由举升油缸将基板顶起一定高度使传感器离开基板，可以防止卡装电极中传感器免受撞击或冲击。卡装电极完毕后油缸下落至原位使传感器处于称重状态。

电极称重传感器在特厚板坯电渣炉上的成功应用，在主熔化期各阶段真正实现了精确熔速控制，提高了特厚板坯电渣炉整体控制技术，为获得优异结晶质量的电渣重熔特厚板坯打下了坚实的基础。

9.3.5 多锥度倒角结晶器技术

首次将 T 型结构的抽锭结晶器应用于特厚板坯电渣炉，结晶器结构设计与连铸结晶器相似，由 4 块水冷铜板组合而成。采用狭缝式水道，使用时保证水的流速在 6m/s 以上。通过流量调节，使结晶器进出口水温差控制在 3~5℃ 范围内。同时，考虑结晶器的使用寿命及铸坯的冷却效果和表面质量等问题，根据抽锭和特厚板坯的特点创新性地采用了多锥度设计。

本研究利用数值模拟得到的准确温度场结果加载在单元上进行热应力分析，对铸坯凝固过程的收缩量进行了计算，求得铸坯表面宽面中心线和窄面中心线的凝固收缩曲线，铸坯窄面中心线不同位置处的收缩曲线如图 9-51 所示，结晶器宽面锥度曲线如图 9-52 所示，结晶器窄面锥度曲线如图 9-53 所示。

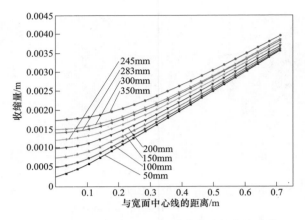

图 9-51　铸坯窄面中心线不同位置处的收缩曲线

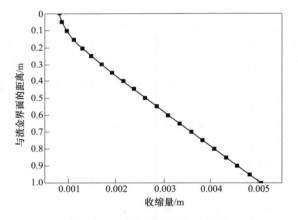

图 9-52　结晶器宽面锥度曲线

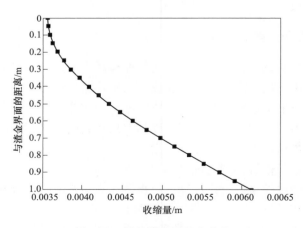

图 9-53　结晶器窄面锥度曲线

在此基础上，对结晶器宽面和窄面内腔形状采用抛物线锥度设计，能够很好地配合铸坯的凝固收缩，减少铸坯表面与结晶器壁之间的气隙，提高结晶器的冷却效果。设计得到的结晶器内腔形状如图 9-54 和图 9-55 所示。

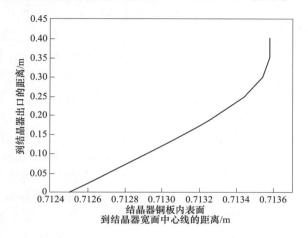

图 9-54　结晶器宽面表面到其中心线的距离

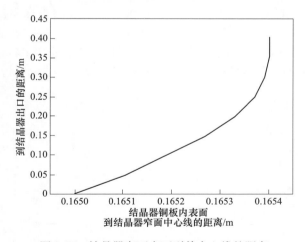

图 9-55　结晶器窄面表面到其中心线的距离

首次将液位检测装置应用到特厚板坯电渣炉上，以保证生产过程的顺利进行。为准确判断钢水液面在结晶器中的位置，选用射线法（Cs137）检测钢水液面，设计精度为±5mm。

9.3.6　电极氧化增重及钢中成分预报模型

以 12Cr2Mo1R 钢为研究对象，结合电极温度场的模拟结果和热重实验结果，得到了电极氧化增重的数学模型，通过计算得到了某一时间内渣中 FeO 的增加量。根据给定渣系中各组元的质量分数和电极母材的成分，选择铝作为脱氧剂，计算得到不同加铝量时渣-金界面处各物质的平衡质量分数，为在不同加铝量条件下进行终点成分预报以及根据钢种的成分要求选择加铝量的限制区间提供理论依据。由于被氧化的电极在冶炼过程中不断熔化，使得渣的氧化性会随着冶炼过程的进行不断升高，因此本节还计算得到了不同 FeO 含量时加铝量与各物质平衡质量分数的关系，这样就可以对整个电渣重熔过程中的加铝量进行预判，并能够相应地预报在某加铝量条件下的钢中成分，为生产现场得到上下成分均匀的电渣锭提供理论基础。

　　根据电极温度场的结果和热重动力学曲线，得到了电极氧化增重模型，并推导出了渣中 FeO 的增量与加铝时间间隔之间的关系。根据计算结果，对电极插入深度为 0.015m、电极熔化速度为 $4.09 \times 10^{-3} m/s$、所用渣的总重为 600kg 的双电极串联板坯电渣重熔过程，6min 内渣池中 FeO 的增重占渣总重的 0.2%。随 Al 加入量的增加，Si、Mn、Al、Al_2O_3 的平衡质量分数呈上升趋势，SiO_2、MnO、FeO 的平衡质量分数呈降低趋势。通过对渣-金界面处各物质的平衡质量分数随 Al 加入量的变化规律进行拟合，获得渣-金界面处各物质的平衡质量分数与加铝量的拟合曲线以及函数关系式。通过比较 Si、Mn、Al 的平衡质量分数与加铝量的拟合曲线和 12Cr2Mo1R 钢对 Si、Mn、Al 的成分要求，从 Si、Mn、Al 成分合格的角度而言，Al 的加入量占吨钢的百分比应不能超过 0.2%。图 9-56 为钢中 Si、Mn、Al 的平衡质量分数随 Al 加入量的变化规律。

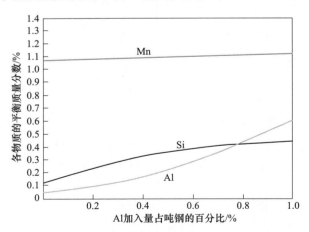

图 9-56　Si、Mn、Al 的平衡质量分数随 Al 加入量的变化规律

　　将研究的电极氧化增重及钢中成分预报模型应用于工业化生产，进行模型的推广使用，结果表明，该模型的预报结果与实际生产结果吻合较好。该模型在特

厚板坯电渣重熔技术上的应用推广，为脱氧制度的制定奠定了坚实的理论基础，解决了电渣重熔特厚板坯头尾成分偏差的技术难题。

9.4 特厚板坯电渣重熔表面质量的研究

众所周知，可以获得良好的表面质量是电渣重熔的特点之一，良好的表面质量可以减少加工工序和提高金属成材率。因此，提高电渣锭的成型质量具有重要经济效益。然而在大型板坯电渣重熔过程中，由于结晶器与铸锭间做相对的移动、铸锭收缩量较大导致结晶器与铸锭间的气隙过大以及过厚的渣皮等原因，钢锭的表面质量会有较严重的问题。电渣重熔大型板坯的表面质量一般要求光滑平整，不出现渣沟、皱皮和局部凹坑等现象。通过理论分析和试验研究发现，渣系、熔化速度、熔池的输入功率、充填比、抬结晶器速度的控制方式、结晶器状况和渣量等因素对铸坯表面质量影响较大。

9.4.1 电渣重熔特厚板坯主要表面质量问题

9.4.1.1 波纹

熔化速度不够大或功率不足时电渣锭容易出现波纹，并伴有渣皮过厚。对于截面尺寸较小的铸锭，主要发生在下部，如图 9-57 所示；对于截面尺寸较大的铸锭，则整支从上至下都有，如图 9-58 所示。

9.4.1.2 重皮或漏渣

重皮或漏渣主要出现在铸锭中上部，当渣-金界面温度过高时容易出现，如图 9-59 所示。其主要原因为：重熔后期，渣-金界面温度过高从而导致渣皮破裂或完全熔化，钢液或渣液从中流出；渣系熔点较低，渣系的塑性及强度不够，在结晶器移动过程中，由于受到滑动摩擦力而破裂；结晶器锥度较小，铸锭与结晶器间隙过大，结晶器对铸锭冷却不良；充填比过大，自耗电极与结晶器距离较小，在靠近结晶器侧滴落的熔滴带入大量热量；另外，渣量过小导致渣池温度升高，也易出现重皮或漏渣。

图 9-57　620mm×1950mm×2700mm
铸锭下部典型表面质量

图 9-58　950mm×2000mm×2800mm 铸锭典型表面质量

图 9-59　典型铸坯重皮、漏渣缺陷

9.4.1.3　凹陷或不饱满

　　渣系中 Al_2O_3 含量较高时容易出现凹陷或不饱满，与结晶器接触的渣皮中几乎全为高熔点的纯 Al_2O_3，如图 9-60 所示。

图 9-60　典型铸坯凹陷缺陷

9.4.2　电渣重熔特厚板坯表面质量的主要影响因素

9.4.2.1　渣系对铸坯表面质量的影响

A　渣皮厚度及其变化对铸锭表面质量的影响

渣皮厚度是影响电渣锭表面质量的重要因素之一。当渣皮厚度保持不变或变化很小，则锭表面成型较好且光滑；当铸锭表面的某一部分渣皮厚度发生剧变时，则会在该部位发生渣沟、重皮和漏渣等缺陷。

在大型板坯电渣重熔过程中，由于铸锭与结晶器做相对移动容易产生渣池中温度场的波动，这种温度场的频繁变化将对渣皮厚度的均匀性产生不利影响，这就要求在大型板坯电渣重熔过程中要应用具有适当低的黏度及良好的黏度稳定性的渣系。黏度低而稳定性好的渣，可获得厚度均匀的渣皮，从而有利于钢锭表面质量的提高；反之，黏度随温度变化产生突变，当渣池中温度场变化时，渣皮就会突然增厚或变薄，电渣锭表面则易出现渣沟、波纹、重皮和漏渣等缺陷。

渣-金界面的温度分布决定了结晶器内壁附近的温度场，进而影响到渣皮厚度。有文献指出[16,17]，渣皮厚度是渣池温度和渣系组元的函数，在渣系一定的情况下，则渣皮厚度为渣池温度的函数，而渣池温度值在其他条件相同时，可通过输入功率（U 和 I）来控制。

褚海明[18]研究了炉渣温度对渣皮厚度的影响，实验结果如图 9-61 所示。从图 9-61 中可以看出，要达到 2~3mm 厚的渣皮，炉渣的温度要大于 1580℃，提高炉渣温度，能获得较薄的渣皮和较光滑的钢锭表面。渣温高也会使熔化速度加快，金属熔池加深，导致电渣锭冶金缺陷的产生。炉渣温度在 1540~1580℃ 之间，渣皮厚度可达 3~6mm，随着熔化速度的降低，渣皮厚度可达 8~9mm。

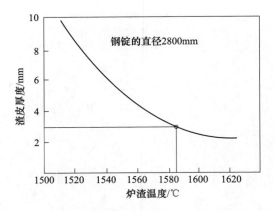

图 9-61　炉渣温度对渣皮厚度的影响

有文献指出长渣更适合于移动式结晶器电渣重熔[19]，长渣能在一定温度范围内保持流动，可获得厚度均匀的渣皮，有利于铸锭表面质量的提高；短渣随着冷却，渣系黏度发生突变，易形成厚度不均匀的渣皮和铸锭表面缺陷。渣中氟化钙含量高时易形成短渣，向渣中适量添加 SiO_2 和 MgO 有利于形成长渣。于仁波等[20]指出，在渣中添加 SiO_2 后，炉渣变"长"是由于 SiO_2 的存在导致渣的结晶性能变坏所引起的。

B　渣系力学性能对锭表面质量的影响

在大型板坯电渣重熔生产过程中，结晶器与铸锭做相对移动，固态渣皮承受来自结晶器壁和钢锭表面两方面的摩擦阻力。在这个阻力作用下，渣皮容易发生脆性断裂，使钢液或渣液从熔池中流出，形成重皮、漏渣等表面缺陷，造成铸锭表面质量恶化。因此，要求固态渣皮在高温下应有合适的摩擦系数、强度及塑性。

梁连科[21]研究了渣系成分对含 CaF_2 渣系与结晶器间的静摩擦力和动摩擦力的影响。试验结果指出，当 SiO_2 含量增加时，摩擦阻力减少；当 Al_2O_3 含量增加时，摩擦阻力增大。

于仁波等[22]指出，渣的组成和岩相结构对渣的高温力学性能有较大影响。当渣中加入适当的 Al_2O_3 和 MgO 后，渣中存在高硬度、高熔点矿相，如尖晶石和黄长石，这类矿物在高温下（1200℃）不易变形，可在渣中起强化作用，提高渣的强度；同时，渣中这些强化相的分布形态也很重要，只有当它们均匀分布且尺寸较细小时，才能使渣的强度提高。

同时文献［22］还指出，当向渣中加入 SiO_2 时容易生成易发生塑性变形的矿物、非晶质矿物和低熔物相，这些物相在高温应力作用下容易产生变形或软化，从而提高了渣的塑性变形能力；而且 SiO_2 可以抑制其他矿物的长大，使一些高硬度质点以细小弥散形式分布在基体中，改善了渣的高温强度和塑性。

基于以上考虑，可选用黏度随温度变化较小的渣系进行实验，并考虑适当添加 SiO_2、MgO 来提高 CaF_2-CaO-Al_2O_3 渣系的高温塑性和强度。

9.4.2.2 熔化速度对铸坯表面质量的影响

熔化速度过小，渣皮较厚，铸锭表面易出现波纹等缺陷；熔化速度过大时，渣-金界面温度过高，从而导致渣皮破裂或完全熔化，钢液或渣液从中流出，易出现重皮或漏渣等表面缺陷。所以，合理的熔化速度不仅决定铸锭的内部结晶质量，也是影响电渣重熔大型板坯表面质量的主要因素之一。

9.4.2.3 熔池的输入功率对铸坯表面质量的影响

熔池的输入功率不足（特别是工作电压过低），导致渣池温度偏低，将影响渣皮的厚度及其均匀性。电渣重熔过程中，电流对铸坯表面质量的影响是复杂的，迈罗奇恩科和切尔诺夫进行了详细的讨论[23,24]。一般认为电流、电压过低，熔渣温度降低，渣皮过厚造成钢锭表面凸凹不平。电流电压的波动都会引起铸坯表面质量的变化，但与电流相比，一般电压对铸坯表面质量的影响更为明显。

9.4.2.4 电极直径（充填比）对铸坯表面质量的影响

在传统电渣重熔中，一般认为，大充填比重熔，电极末端的形状由圆锥形向平面（甚至凹面）转变。由于渣面辐射热损失减少，在渣池中向电极的传热比例增加，再加上渣池电流分布和温度分布的均匀化，在相同熔速下，熔池上部圆柱段高度明显增加，熔池形状变得浅平，有利于表面质量和结晶质量的改善。然而，在移动式结晶器大型板坯电渣重熔过程中，大充填比重熔易出现重皮或漏渣等表面缺陷。Schumann 和 Ellebrecht[25]指出，在移动式结晶器操作中，建议渣池操作温度比静止方式高 25℃，而且要用低的充填比。

9.4.2.5 结晶器锥度和钢种的影响

结晶器锥度过小导致铸锭与结晶器间隙较大，结晶器对铸锭冷却不良，易出现重皮或漏渣等表面缺陷；结晶器锥度过大，铸锭与结晶器间摩擦阻力增大，渣皮易被拉漏导致钢液或渣液流出，出现重皮或漏渣等表面缺陷，严重时甚至出现铸锭不能从结晶器中脱出的情况。

在重熔不同钢种时，结晶器的锥度也应作出相应调整。这主要是因为碳含量为 0.08%~0.17% 的碳钢从液相冷却到 1495℃时将发生包晶反应式（9-1）[26]。

$$\delta_{Fe}(s) + L(l) \longrightarrow \gamma_{Fe}(s) \tag{9-1}$$

由于发生包晶反应时线收缩系数为 9.8×10^{-5}/℃，而未发生包晶反应的线收

缩系数为 $2×10^{-5}/℃$，因此包晶反应时线收缩量较大，坯壳与结晶器壁容易形成气隙，气隙的过早形成会导致收缩不均和坯壳厚度不均，在薄弱处容易形成裂纹，容易发生漏渣或重皮等表面质量缺陷。在实际生产中，在重熔碳含量为 0.16% 的 16MnR（HIC）钢时，由于结晶器锥度未作相应调整而经常发生漏渣或重皮等表面缺陷，如图 9-62 所示。在结晶器相同锥度时，在重熔不发生包晶反应的碳含量为 0.36% 的 WSM718R 钢时，其表面质量较好，未发生漏渣或重皮等表面缺陷，如图 9-63 所示。在实际生产时，要根据钢种的不同，对结晶器锥度作适当调整。

图 9-62　16MnR（HIC）钢锭典型的表面缺陷

图 9-63　WSM718R 钢锭典型的表面质量

9.4.2.6 结晶器状况的影响

结晶器圆角半径太小，角部温度梯度增大，热应力增加，使坯壳角部应力集中，超过极限就易发生裂纹。结晶器表面划伤严重，会造成铸坯传热不均匀，摩擦阻力增大，容易产生横裂纹。

9.4.2.7 抬结晶器速度控制方式的影响

在大型板坯电渣重熔生产过程中，铸坯与结晶器之间总是处于相对运动过程中，抬结晶器速度的稳定对铸坯表面质量影响也很大。抬结晶器速度突然增加，会使铸坯与渣壳之间的摩擦力瞬间增大，轻则导致渣壳破裂出现重皮或漏渣等表面缺陷，重则会使结晶器变形。所以，在抬结晶器过程中要求速度变化平缓。

9.4.2.8 渣量对铸坯表面质量的影响

渣量过小，由于渣池的热损失减小导致渣池温度升高，易出现重皮或漏渣等表面缺陷；反之，渣量过大时，渣池温度降低使铸锭下部表面质量恶化。

9.5 电渣重熔特厚板坯典型应用

9.5.1 全系列水电用特厚钢板

舞阳钢铁公司与东北大学合作研发了 150~350mm 厚全系列水电用特厚板，典型水电用特厚板及性能要求见表 9-10。

表 9-10 水电特厚板钢种和性能要求

钢种	厚度要求/mm	用途	性能要求
S355J2-Z35	240~350	水电机座环上、下环板	焊接性能，Z 向性能，−20℃冲击功
S500Q-Z35	265~305	水电机座环上、下环板，顶盖和坐环固定导叶用钢板	焊接性能，Z 向性能
A514CrQ	180~256	自升式海上风电安装平台桩腿	焊接性能，Z 向性能，−40℃冲击功

2014 年 1 月，265mm 厚 S500Q-Z35 钢板和 350mm 厚 S355J2-Z35 钢板通过了中国钢铁工业协会评审；2014 年 3 月，280mm 厚 S550Q-Z35 钢板通过了东方电气有限公司的现场评审及认证，并推荐用于制造大型水轮机组座环；2015 年 1 月，280mm 厚 S500Q-Z35 钢板、240mm 厚 S355J2-Z35 钢板中标乌东德水电站，用于制造世界单机发电量最大的巨型水轮机组座环和固定导叶；2015 年 9 月，舞阳钢铁公司生产的 260mm 厚 S500Q-Z35 钢板用于制造白鹤滩水电站项目巨型水轮机组座环。图 9-64 为舞钢电渣重熔特厚板制造的白鹤滩水电站巨型水轮机组座环实物图。

图 9-64　舞钢电渣重熔特厚板制造的白鹤滩水电站巨型水轮机组座环

截至目前，舞钢为乌东德、白鹤滩、溪洛渡和向家坝四大世界级巨型水电站累计供货特厚高端水电钢 10 万余吨。

9.5.1.1　拉伸试验

厚度 265mm S500Q-Z35 钢板拉伸试验结果见表 9-11。

表 9-11　厚度 265mm S500Q-Z35 钢板拉伸试验结果

部位	板宽位置	板厚位置	$R_{p0.2}$/MPa	R_m/MPa	A/%
头部	1/4	1/4	474	591	24.0
		1/2	465	587	23
	1/2	1/4	478	589	22
		1/2	469	587	20
尾部	1/4	1/4	472	587	19.5
		1/2	470	573	19
	1/2	1/4	483	598	23
		1/2	468	577	19

9.5.1.2　冲击试验

265mm S500Q-Z35 钢板 −20℃ 冲击试验见表 9-12。

表 9-12 厚度 265mm S500Q-Z35 钢板不同位置及方向冲击试验结果

位置		方向	$-20℃A_{KV2}/J$		
头部	板厚 1/4	纵向	134	158	145
		横向	114	134	126
		Z 向	178	142	172
	板厚 1/2	纵向	110	102	89
		横向	114	96	101
		Z 向	112	95	96
尾部	板厚 1/4	纵向	198	176	203
		横向	167	141	123
		Z 向	153	126	123
	板厚 1/2	纵向	163	144	173
		横向	163	144	173
		Z 向	142	136	140

由表 9-12 可以看出，钢板有良好的低温冲击韧性，并且头和尾、板厚 1/4 及 1/2，钢板纵向、横向及 Z 向冲击功差别不大，说明该钢有良好的各向同性。

9.5.1.3 不同温度下的冲击性能

由图 9-65 可以看出，钢板韧脆转变温度在-40℃左右。

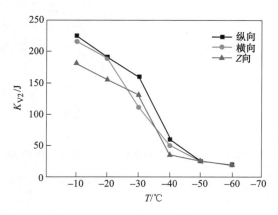

图 9-65 不同温度下的冲击性能

9.5.1.4 时效冲击性能

时效冲击性能试验结果见表 9-13。

表 9-13　厚度 265mm S500Q-Z35 钢板应变 5%时效冲击功

批号	温度/℃	缺口	方向	板宽位置	应变/%	时效冲击功/J		
	0	V 形	纵向	1/4	5	188	119	121
220306	0	V 形	纵向	1/4	5	159	240	148
	0	V 形	纵向	1/4	5	237	119	157

9.5.1.5　Z 向性能

Z 向性能试验结果见表 9-14。

表 9-14　厚度 265mm S500Q-Z35 钢板不同位置 Z 向性能

位　　置		Z/%		
头部	板宽 1/4	56	57	59
	板宽 1/2	57	53	54
尾部	板宽 1/4	57	52	53
	板宽 1/2	49	54	50

9.5.1.6　冷弯性能

冷弯性能试验结果见表 9-15。

表 9-15　厚度 265mm S500Q-Z35 钢板冷弯试验结果

位置	180°冷弯，$d=3a$
头	完好
尾	完好

9.5.1.7　模拟焊后热处理性能

模拟焊后热处理性能试验结果见表 9-16。

表 9-16　厚度 265mm S500Q-Z35 钢板模拟焊后热处理性能

炉号	厚度/mm	$R_{p0.2}$/MPa	R_m/MPa	A/%	方向	板宽位置	$-20℃A_{KV2}$/J			Z/%			180°冷弯 $d=3a$
		473	587	23.0	纵向	1/2	14	94	143	45	49	50	
12030073DZ-T	265				横向	1/2	2	111	85				合格
		478	592	26.0	纵向	1/4	10	89	109	57	51	54	
					横向	1/4	04	93	87				

注：模拟焊后热处理制度：保温 560℃，8h，升温速度 50℃/h，降温速度≤50℃/h。

9.5.2 核电站压力容器用特厚钢板

316H 奥氏体不锈钢是四代核电 600MW 示范快堆项目中关键装备所用钢材，在其钢中的铁素体、晶粒度、晶间腐蚀及钢板头、尾性能均匀性方面要求近于苛刻，以至于在材料招标期间，国外老牌核电用不锈钢生产企业拒绝投标，表 9-17 为 316H 钢的化学成分要求。

表 9-17　316H 钢的化学成分要求　　（质量分数，%）

项目	C	Si	Mn	P	S	Cr	Ni	Mo	TAl
最小值	0.04		1.0			17.0	11.5	2.5	
最大值	0.05	0.60	2.0	0.020	0.003	18.0	12.5	2.7	0.03

316H 不锈钢比 316 系列不锈钢其他钢种的 C 含量偏高，随着 C 的提高，其耐高温性能逐渐增强，所以广泛应用于制造化工、石油化工、原子能等工业的设备、容器、管道、热交换器等设备[27,28]。316H 不锈钢属于低碳钢，钢中 C 含量较低，O、Al、Si 含量的目标范围较窄，成分要求严格，给冶炼带来了很大的难度。

近年来，鞍钢股份有限公司与东北大学、辽宁科技大学合作对 316H 奥氏体不锈钢开展联合攻关，成功开发了特厚板坯电渣重熔（22t/40t 电渣炉）生产以 316H 为代表的 300 系奥氏体不锈钢成套关键技术。图 9-66 为鞍钢股份有限公司生产的 40t 特厚板坯电渣重熔 316H 铸锭实物图。

图 9-66　40t 特厚板坯 316H 铸锭

通过联合科技攻关，鞍钢股份有限公司建立了该钢种适宜的生产工艺路线并成功实现产品开发和首批合同供货，解决了该产品从无到有、国外不能供货的难题，鞍钢因此成为全球唯一一家全部依靠自有装备生产该产品的企业，如图 9-67 所示。

图 9-67　316H 成品板材

9.5.3　其他典型应用

应用东北大学为舞阳钢铁有限公司开发的 3 台特厚板坯电渣炉（见图 9-68），

图 9-68　舞钢 3 台特厚板坯电渣炉

舞钢已成功开发了四种厚度规格、最大断面尺寸为 2000mm×950mm、最大质量为 53t 特厚板坯电渣锭，其断面尺寸和重量属于世界第一，如图 9-69~图 9-71 所示。

图 9-69 舞钢生产的 950mm×2000mm×2800mm 电渣板坯

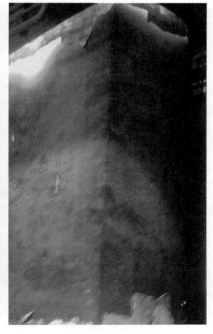

图 9-70 舞钢生产的 740mm×1970mm×2700mm 电渣板坯

图 9-71　舞钢生产的 620mm×1950mm×2700mm 电渣板坯

　　开发了大飞机用 390mm 厚 20MnNiMo 特厚板，石油化工设备用大厚度临氢钢 16MnR（HIC）和 12Cr2Mo1R 钢板；代替锻件的最大厚度可达 410mm 高端 P20、718 模具钢板等很多个钢种，产品全部填补了国内空白，替代进口，产品性能指标达到国际先进水平，见表 9-18 和图 9-72。

表 9-18　265mm WSMP20R 夹杂物评级　　　　　　　（级）

A		B		C		D	
粗系	细系	粗系	细系	粗系	细系	粗系	细系
0	0	0	0	0	0.5	0.5	0

图 9-72　260mm WSM718R 钢板抛光

电渣重熔特厚板坯新技术及其应用，填补了我国乃至世界特厚板坯电渣炉设备和工艺技术的多项空白，开发的高性能大单重特厚板产品极大支持了我国航空、石化、能源和海洋工程领域等国家重大工程和重大装备对特厚板的迫切需求，打破了国外的垄断，具有十分重要的战略意义，社会效益十分显著。

参 考 文 献

［1］刘承志，赵鸿燕. 电渣模具扁钢 D2 的试制［J］. 天津冶金，2004（2）：6~7.

［2］肖克建. 5t 电渣炉重熔工艺研究［J］. 特钢技术，2005（3）：8~12.

［3］Pocklington D N，Cartwright J V，Lane D O. The production of large high quality slabs by 3-phase electroslag refining［C］. Proceedings of Sixth International Conference on Special Melting. San Diego：American Vacuum Society，1979：727~729.

［4］Rohde L，Lohr D. Operational results of the 50 ton ESR plant of Thyssen Henrichshütte AG［C］. Proceedings of the Fifth International Conference on Vacuum Metallurgy and Electroslag Remelting Processes. Munich：Chairman of the Organising and Executive Committee，1976：177~180.

［5］Nishiwaki M，Yamaguchi T，Koba M，et al. Operation of large bifilar ESR furnace for slab production and quality of slabs and heavy plates produced［C］. Proceedings of the Fifth International Conference on Vacuum Metallurgy and Electroslag Remelting Processes. Munich：Chairman of the Organising and Executive Committee，1976：197~202.

［6］広瀬豊，大河平和男，清水高治，ケ. スラプ型 40t ESRにおけゐ精錬効果と品质つにいて［J］. 鉄と鋼，1977（13）：2208~2223.

［7］Medovar B I，Demchenko V F，Tarasevich N I，et al. Temperature Fields of Large Slab Ingots［A］. Proceedings of the Fifth International Conference on Vacuum Metallurgy and Electroslag Remelting Processes［C］. Munich：Chairman of the Organising，Executive Committee，1976：153~159.

［8］Gulya J A and Swift R A. Improved 2.25Cr1Mo pressure vessel steel through ESR［J］. Trans. ASME J，1976（11）：298~301.

［9］巴顿，密多瓦尔，等. 电渣炉［M］. 李正邦，黄桂煌，译. 北京：国防工业出版社，1983：37~51.

［10］Choudhary M，Szekely J. Modelling of Fluid Flow and Heat Transfer in Industrial-scale ESR System［J］. Ironmaking and Steelmaking，1981，8（5）：225~231.

［11］刘福斌. 电渣连铸过程的数学模拟及铸坯质量控制［D］. 沈阳：东北大学，2009.

［12］Choudhary M. A Study of Heat Transfer and Fluid Flow in The Electroslag Refining Process［D］. New York：MIT，1980.

［13］Fraser M E. Metal-Slag-Gas Reactions and Processes［J］. Electrotechnics and Metallurgy and Corrosion Division，1975（1）：199.

［14］姜周华，余强，臧喜民，等. 一种板坯电渣炉：中国，ZL200710010096. X［P］. 2007.

[15] 毕殿阁，李建立，王亚祺. 板坯电渣炉控制冷却方法：中国，ZL200910312754. X [P]. 2009.

[16] Mitchell A. Electroslag Refining [M]. London：The Iron and Steel Institute，1973：3.

[17] 付杰，陈恩普，陈崇禧，等. 电渣重熔过程中渣池内温度分布对冶金质量的影响 [J]. 金属学报，1981，17（4）：394.

[18] 褚海明. 控制大型电渣炉炉渣成分的探讨 [J]. 大型锻铸件，1985，40（1）：5~17.

[19] Evsseev P P. The physical properties of industrial CaO-Al$_2$O$_3$-CaF$_2$ system slag [J]. Automatic Welding，1967，20（11）：42.

[20] 于仁波，张祖贤，毛裕文. CaF$_2$-CaO-MgO-Al$_2$O$_3$-SiO$_2$ 电渣渣系黏度的研究 [J]. 钢铁研究学报，1989，1（2）：9~14.

[21] 梁连科. 冶金热力学及动力学 [M]. 沈阳：东北大学出版社，1990：181~182.

[22] 于仁波，张祖贤，毛裕文. CaF$_2$-CaO-MgO-Al$_2$O$_3$-SiO$_2$ 电渣渣系高温力学性能的研究 [J]. 钢铁研究学报，1991，3（1）：17~23.

[23] Medovar B I. Thermal processes in ESR [M]. Kiev：Naukova Dumka，1978.

[24] Yakuskey O S. Electroslag remelting with ingot withdrawal from the mould [J]. Steel in the USSR，1971，1（4）：24~40.

[25] Schumann R，Ellebrecht C. Metallurgical and Process Problems Related to Electroslag Remelting of Forging Ingot Large than 40 Inch Diameter and 150 Inch Length in Single Electrode Technique [C]. Proc. of 5th International Symposium on Electroslag Remelting Technology. Pittsburgh：1974，180.

[26] 干勇. 品种钢优特钢连铸 900 问 [M]. 北京：中国科学技术出版，2007：46.

[27] Mehmanparast A，Davies C M，Nikbin K. Creep-fatigue crack growth testing and analysis of pre-strained 316H stainless steel [J]. Science Direct，2016（2）：785~792.

[28] Warren A D，Griffiths I J，Harniman R L，et al. The role of ferrite in type 316H austenitic stainless steels on the susceptibility to creep cavitation [J]. Materials Science & Engineering A，2015（635）：59~69.

⑩ 特大型电渣重熔技术

10.1 特大型电渣重熔技术国内外发展概况

10.1.1 特大型电渣重熔技术概述

　　特大型电渣重熔是指可以熔炼 50~200t 电渣锭的电渣重熔技术及装备。电渣重熔在 20 世纪 50 年代末开始应用于钢锭的生产，1958 年乌克兰德聂泊尔特钢厂建成了世界上第一台 0.5t 工业电渣炉。其后，由于工业发展的需要，电渣重熔生产钢锭逐年大型化。1964 年中国在上海重型机器厂建成生产 100t 大型钢锭的三相电渣炉；同期苏联在新克拉马托儿思克重型机器厂建成生产 70t 电渣锭的电渣炉；1971 年联邦德国萨尔钢厂建成一台 165t 大型电渣炉，该电渣炉最大可生产 130 万千瓦发电机的转子锻件；1980 年中国上海重型机器厂建成一台 200t 电渣炉[1]，可生产重达 240t 的特大钢锭，是当时世界上最大的电渣炉，该电渣炉已运行四十年，为秦山核电站、三峡水电站等国家项目提供了上百只优秀钢锭。国外部分大型电渣炉基本情况见表 10-1。

表 10-1　国外部分大型电渣炉的基本情况

国家	公司	吨位/t	电渣锭直径/mm	保护气氛	布置方式	抽锭
意大利	FOMAS	125	2000	有	单电极	无
意大利	VIENNA	250	2600	有	单电极、低频	无
日本	JCFC	145	1900	有	单电极	无
日本	JSW	150	2000	有	单电极	无
韩国	斗山重工	150	2150	有	单电极、低频	无
德国	萨尔钢厂	165	2300	无	两对双电极、低频	无
德国	萨尔钢厂	145	1900	有	单电极	有
美国	伊利锻造	90	1800	无	单电极	有

　　2010 年前后，通裕重工（见图 10-1）、中国一重、中信重机等重型机械厂均新增了 80~120t 电渣炉以提高装备能力，满足高品质大型锻件的生产需求[2]。浙江电渣核材有限公司于 2012 年 7 月新建了 130t 电渣炉，用以生产第三代核电主管道、堆内构件、管板以及超超临界转子等高端大锻件[3]。2019 年中国二重从

奥地利 INTECO 公司引进了国内最大单相 125t 级大型电渣重熔炉成套设备，并于 2019 年 4 月在国机重装所属二重装备顺利冶炼了重达 110t 的核电主管道钢锭，标志着 125t 电渣炉正式投产。国内部分大型电渣炉基本情况见表 10-2。

图 10-1　通裕重工百吨级三相三电极电渣炉

表 10-2　国内部分大型电渣炉的基本情况

公 司	吨位/t	铸锭直径/mm	保护气氛	布置方式	抽锭
上海重型机器厂	200	3300	无	三组双电极串联（六电极）	有
浙江电渣核材有限公司	130	2200	有	三相三电极	有
中信重工机械股份有限公司	80		有	单电极、低频	无
中国二重	125	2100	有	单电极	无
通裕重工	100	1950	有	三相三电极	无
中国一重	120	2200	无	三组双电极串联（六电极）	有
东北特钢	100	1800	有	单电极	有
烟台台海玛努尔	120	2200	无	三组双电极串联（六电极）	有

10.1.2　电渣重熔生产大型钢锭的优势

　　电渣重熔过程是将金属的加热、精炼和凝固集中于一道工序，具有提高金属纯净度、控制凝固组织及毛坯净化三种功能，制得的工件材质纯净、成分均匀，综合性能优良。因此，相比较于模铸等其他工艺，电渣重熔在大型钢锭的生产应用中具有很多优势。

　　（1）钢锭质量好。在电渣作用下可以去除钢中大型非金属夹杂物，能够极好地脱硫，因此钢的洁净度很高；由于结晶器和底水箱的强制水冷作用，电渣锭的结晶速度大于普通铸锭和连续铸锭，故电渣重熔锭的偏析比其他方法都小；同时其轴向冷却速度远大于径向冷却速度，结晶自下而上逐次进行，组织均匀，没有缩松和缩孔。另外，由于强制水冷作用，结晶器侧面形成了一层薄而均匀的渣皮，金属在渣皮的包裹中凝固，使铸件表面十分光洁，因此电渣锭具有较高的洁净度和表面、内部质量。

（2）钢锭成材率高。电渣重熔工艺可以方便地对金属锭的头部进行补缩，因此钢锭不存在模铸锭上部有的缩孔、缩松和偏析，顺序结晶使钢锭整体质量均匀，因此不需要或只需要在头尾部进行少量切除。另外，由于电渣重熔优异的冶金质量使得电渣锭的废品率很低，这也提高了钢锭的利用率；电渣锭的利用率比普通锭高 20%~30%，而且随着锻件质量的增加，电渣锭的这个特点会更突出。

（3）电渣重熔把冶炼和铸锭两道工序合二为一，具有流程短、工艺操作简单的优势。另外，采用电渣锭生产的大锻件，由于组织致密可以减少锻压比，简化锻压和热处理工艺，降低生产成本。

10.1.3　电渣重熔生产大型钢锭的难题

虽然在生产大型钢锭方面电渣重熔有相当多的优势，但同时也面临着一些问题。

（1）大钢锭的电渣重熔至少需要几十个小时的连续熔炼，渣系无法保持稳定。其原因有：一方面，渣金之间的不断反应会降低熔渣的碱度，弱化熔渣的精炼效果；另一方面，空气中的氧和氢也会溶解于熔渣之中，并通过熔渣进入钢液，从而破坏重熔工艺的稳定和精炼效果。

（2）如图 10-2 所示，随着生产钢锭的大型化，钢锭中心区域质量会变差。这主要是因为钢锭的增大使得热量的传导变得缓慢，因而两相区变宽，导致结晶组织枝晶粗大。另外，在钢锭的末端，由于距离底水箱过远，大部分的热流不再通过底水箱而是通过结晶器壁扩散，因此在尾部会形成类似模铸钢锭的结晶组织。

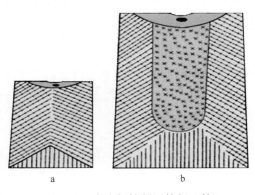

图 10-2　大小钢锭凝固特征比较

a—小电渣锭；b—大电渣锭

10.2　特大型电渣重熔技术数值模拟

10.2.1　边界条件

电渣重熔体系的坐标如图 10-3 所示，工业大型电渣炉常用大的填充比，故电极为圆柱形时，电极浸入渣池的熔化端为水平面。为了建模方便，其中的坐标原点位于渣-金界面中心位置。

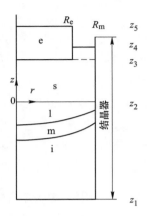

图 10-3　电渣重熔体系 r-z 坐标示意图

10.2.1.1　电场方程边界条件的确定

电场边界条件的数学描述有如下几个：

（1）电极末端表面可认为处于同一电位，当 $z = z_3$ 时，$0 \leqslant r \leqslant R_e$；$z_3 \leqslant z \leqslant z_4$ 时，有：

$$\phi = \phi_0 \qquad (10\text{-}1)$$

（2）渣-金界面可认为处于同一电位，当 $z = z_2$，$0 \leqslant r \leqslant R_m$ 时，有：

$$\phi = \phi_1 \qquad (10\text{-}2)$$

（3）在渣池自由表面，由于与大气接触，因而轴向没有电位梯度。当 $z = z_4$，$R_e \leqslant r \leqslant R_m$ 时，有：

$$\frac{\partial \phi}{\partial z} = 0 \qquad (10\text{-}3)$$

10.2.1.2　磁场方程边界条件的确定

磁场边界条件的数学描述有如下几种：

（1）穿过相界面的电场切向分量是连续的。

（2）安培环路定律表达式如下：

$$\oint H \cdot \mathrm{d}l = \int J \cdot \mathrm{d}S \qquad (10\text{-}4)$$

（3）由于轴对称，当 $r = 0$ 时，有：

$$H_\theta = 0 \qquad (10\text{-}5)$$

（4）渣自由表面，当 $z = z_4$，$R_e \leqslant r \leqslant R_m$ 时，有：

$$J_r = 0 \qquad (10\text{-}6)$$

（5）电极上部，当 $z = z_5$，$0 \leqslant r \leqslant R_e$ 时，有：

$$J_r = 0 \qquad (10\text{-}7)$$

（6）钢锭下部边界，当 $z = z_1$，$0 \leqslant r \leqslant R_m$ 时，有：

$$J_r \approx 0 \qquad (10\text{-}8)$$

10.2.1.3 流体流动方程边界条件的确定

（1）当 $r=0$，$z_2 \leqslant z \leqslant z_3$ 时，有：

$$\psi = \frac{\partial k}{\partial r} = \frac{\partial \varepsilon}{\partial r} = 0$$

$$\left(\frac{\xi}{r}\right)_0 = \frac{8}{\rho_{s,1}}\left(\frac{\psi_0 - \psi_2}{r_2^2} + \frac{\psi_1 - \psi_0}{r_1^2}\right) \bigg/ (r_2^2 - r_1^2) \qquad (10\text{-}9)$$

此处的下标 0、1、2 指 r 方向临近的网格节点。

（2）当 $z=z_4$，$R_e \leqslant r \leqslant R_m$ 时，有：

$$\psi = \frac{\xi}{r} = \frac{\partial k}{\partial z} = \frac{\partial \varepsilon}{\partial z} = 0 \qquad (10\text{-}10)$$

（3）当 $z=z_3$，$0 \leqslant r \leqslant R_e$ 时，有：

$$\psi = 0$$

$$\kappa = \varepsilon = 0$$

$$\left(\frac{\xi}{r}\right)_0 = \frac{3(\psi_0 - \psi_1)}{\rho_{s,1}r^2 (z_1 - z_0)^2} - \frac{1}{2}\left(\frac{\xi}{r}\right)_1 \qquad (10\text{-}11)$$

此处的 0 指边界网格节点、1 指 z 方向与 0 节点相邻节点。

（4）当 $z=z_2$，$0 \leqslant r \leqslant R_m$ 时，有：

$$\psi = 0$$

$$\kappa = \varepsilon = 0$$

$$\left(\frac{\xi}{r}\right)_0 = \frac{3(\psi_0 - \psi_1)}{\rho_{s,1}r^2 (z_1 - z_0)^2} - \frac{1}{2}\left(\frac{\xi}{r}\right)_1 \qquad (10\text{-}12)$$

（5）当 $r=R_e$，$z_3 \leqslant z \leqslant z_4$ 时，有：

$$\psi = 0$$

$$\kappa = \varepsilon = 0$$

$$\left(\frac{\xi}{r}\right)_0 = \frac{3(\psi_0 - \psi_1)}{\rho(r_1 - r_0)^2 r_0 r_1} - \frac{1}{2}\left(\frac{\xi}{r}\right)_1 +$$

$$\frac{\rho g^3}{4R_e \mu_{\text{eff},1}}(r_1 - r_0)(T_0 - T_1) \qquad (10\text{-}13)$$

此处的 0 指边界网格节点、1 指 r 方向与 0 节点相邻节点。

（6）当 $r=R_m$，$z_2 \leqslant z \leqslant z_4$ 时，有：

$$\psi = 0$$

$$\kappa = \varepsilon = 0$$

$$\left(\frac{\xi}{r}\right)_0 = \frac{3(\psi_0 - \psi_1)}{\rho (r_1 - r_0)^2 r_0 r_1} - \frac{1}{2}\left(\frac{\xi}{r}\right)_1 +$$

$$\frac{\rho g^3}{4 R_e \mu_{\text{eff},1}}(r_1 - r_0)(T_0 - T_1) \tag{10-14}$$

10.2.1.4　温度场边界条件

（1）在渣自由表面，当 $z = z_4$，$R_e \leqslant r \leqslant R_m$ 时，有：

$$q_{sR} + q_{sc} = h_{s\sum}(t_w + t_f) \tag{10-15}$$

$$h_{s\sum} = h_{sc} + h_{sR} \tag{10-16}$$

式中　h_{sc}——电极的对流给热系数，$W/(m^2 \cdot K)$；

　　　h_{sR}——电极的辐射给热系数，$W/(m^2 \cdot K)$。

1）渣自由表面辐射给热系数为：

$$h_{sR} = \varepsilon C_0 \left[\left(\frac{T_w}{100}\right)^4 - \left(\frac{T_f}{100}\right)^4\right] \Big/ (t_w - t_f) \tag{10-17}$$

式中　ε——渣池黑度；

　　　C_0——黑体的辐射系数，$W/(m^2 \cdot K^4)$。

2）渣自由表面对流给热系数为：

$$h_{sc} = \frac{\lambda Nu}{L} \tag{10-18}$$

式中　λ——导热系数，$W/(m \cdot K)$；

　　　Nu——努赛尔数；

　　　L——定型尺寸，m。

（2）在渣池侧表面，当 $r = R_m$，$z_2 \leqslant z \leqslant z_3$ 时，有：

$$q_{slw} = h_{slw}(t_w - t_f) \tag{10-19}$$

在电渣重熔过程中，渣池到结晶器冷却水之间的传热包括：固态渣皮、结晶器壁和冷却水。这样，从液态渣表面到冷却水之间的总传热系数可表示为[4]：

$$h_{slw} = \frac{1}{\dfrac{\delta_s}{\lambda_s} + \dfrac{\delta_m}{\lambda_m} + \dfrac{1}{h_d} + \dfrac{1}{h_w}} \tag{10-20}$$

式中　δ_s——渣皮厚度，m；

　　　δ_m——到结晶器壁距离，m；

　　　h_d——水垢传热系数，$W/(m^2 \cdot K)$；

　　　h_w——冷却水传热系数，$W/(m^2 \cdot K)$；

　　　λ_s——渣皮导热系数，$W/(m \cdot K)$；

　　　λ_m——结晶器导热系数，$W/(m \cdot K)$。

h_w 可由下面的公式求得：

$$h_w = 0.023 \frac{\lambda_w}{d_w} \left(\frac{d_w \rho_w v_w}{\mu_w}\right)^{0.8} \left(\frac{C_w \mu_w}{\lambda_w}\right)^{0.4} \tag{10-21}$$

式中　ρ_w——密度，kg/m^3；

　　　d_w——当量直径，m；

　　　λ_w——导热系数，$W/(m \cdot K)$；

　　　μ_w——黏度，$Pa \cdot s$；

　　　C_w——热容，$J/(kg \cdot K)$；

　　　v_w——流速，m/s。

（3）在结晶器内钢锭侧表面，当 $r = R_m$，$z_1 \leqslant z \leqslant z_2$ 时，有：

$$q_{iw} = h_{iw}(t_w - t_f) \tag{10-22}$$

结晶器内重熔锭侧表面的换热和渣池侧表面换热情况相近。

（4）在钢锭底表面，当 $z = z_1$，$0 \leqslant r \leqslant R_m$ 时，钢锭底面的换热和渣池侧表面换热情况相近。

10.2.1.5　金属熔滴的传热计算

详见第3章。

10.2.1.6　渣池的对流传热

在热电耦合分析中，渣池的流动作用，通过增加渣池中的导热系数来体现。将此导热系数称为有效导热系数 λ_{eff}，即：

$$\lambda_{eff} = F\lambda_{sl} \tag{10-23}$$

式中　λ_{sl}——渣池导热系数，$W/(m \cdot K)$；

　　　F——系数，由经验计算或试算确定。

10.2.1.7　金属熔池的对流传热

在热电耦合分析中，金属熔池的流动作用，通过增加金属熔池中的导热系数来体现，将此导热系数称为金属熔池的有效导热系数 λ_{effc}，即：

$$\lambda_{effc} = F\lambda_c \tag{10-24}$$

式中　λ_c——渣池导热系数，$W/(m \cdot K)$；

　　　F——系数，由经验计算或试算确定。

10.2.1.8　凝固潜热（内热源项 q_v）的处理

在两相区内，钢液凝固时会放出凝固潜热，本模型通过定义材料随温度变化的焓来考虑潜热，这就是焓方法。

熔方法（Enthalpy Method）主要特点是引入焓函数作为初始变量。

钢在相变区的平均热容：

$$C_{avg} = \frac{1}{2}(C_s + C_1) \tag{10-25}$$

固、液传输的平衡热容：

$$C^* = C_{avg} + \frac{Q_{LS}}{T_s - T_1} \tag{10-26}$$

因此，钢锭凝固的热焓为：

$$H = \int_{T_f}^{T} C_p dT = \begin{cases} \rho C_s(T - T_s), T < T_s \\ \rho C^*(T - T_s) + H_s, T_s \leqslant T \leqslant T_1 \\ \rho C_1(T - T_1) + H_{1s}, T > T_1 \end{cases} \tag{10-27}$$

式中　T_s——固相线温度，℃；

　　　T_1——液相线温度，℃。

$$T_1 = 1536 - \{90[C] + 6.2[Si] + 1.7[Mn] + 28[P] + 40[S] + 2.9[Ni]\} -$$
$$\{1.8[Cr] + 2.6[Al]\} \tag{10-28}$$

$$T_s = 1536 - \{415.3[C] + 12.3[Si] + 6.8[Mn] + 124.5[P] + 183.9[S]\} -$$
$$\{4.3[Ni] + 1.4[Cr] + 5.1[Al]\} \tag{10-29}$$

由此，得到钢的焓值变化见表 10-3。

表 10-3　不同温度下钢的焓值

$t/℃$	0	1403	1483	1700	2000
$\Delta H/\text{J} \cdot \text{m}^{-3}$	0	7.78×10^9	10.83×10^9	12.3×10^9	14.08×10^9

10.2.2　对单电极结晶器内各物理场的数值模拟

10.2.2.1　单电极电渣重熔工艺参数

单电极电渣重熔数值模拟的各工艺参数为：

（1）圆柱形结晶器 $\phi1800\text{mm} \times 4500\text{mm}$。

（2）自耗电极为 $\phi1260\text{mm} \times 1500\text{mm}$ 圆坯，钢种为 45 号钢。

（3）渣系为 $70\%CaF_2\text{-}30\%Al_2O_3$。

（4）渣池深度为 250mm，电极埋入渣池深度为 10mm。

10.2.2.2　实体模型

对单电极电渣炉，结晶器内各物理场均为轴对称分布。为计算简单，建立只有一层网格厚度的模型进行分析。模型如图 10-4 所示。

　　模型建立完毕，对各部分分配材料和单元属性，之后设定网格划分参数，采用映射网格对模型进行划分，结果如图 10-5 所示。

图 10-4　单电极电渣重熔模型　　　　　　图 10-5　单电极模型的有限元网格

10.2.2.3　模拟结果与分析

　　模拟计算完成以后，经过通用后处理器查看热电耦合模拟计算结果。

　　图 10-6 为单电极电渣重熔系统的电位场分布。从图 10-6 中可以看出，在渣池内电势向钢锭方向逐渐下降。由于渣的电阻率大，整个电渣重熔系统的电压降主要集中在渣池内，电势梯度（单位距离的电压降）最大值的位置出现在自耗电极末端角部处的渣池中，电极正下方区域的电位梯度也比较大，靠近渣池与结晶器界面的区域电位梯度非常小。因此，钢锭是一个等势体。

　　图 10-7 为单电极电渣重熔系统的热耦合温度场计算结果。从图 10-7 中可以看出，渣池中温度最高的区域在电极下部，但不是紧靠电极。考虑流动对温度场的影响后，计算结果如图 10-8 所示。

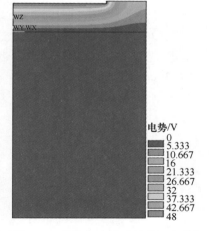

电势/V
0
5.333
10.667
16
21.333
26.667
32
37.333
42.667
48

图 10-6　单电极电渣重熔模型电位场

　　图 10-8 为单电极电渣重熔系统纵截面的电流密度矢量分布。从图 10-8 中可以看出，电流从电极与渣池接触面流进，通过渣池，最后从钢锭底部流出；当电流从横截面较窄的电极流入渣层后，由于渣的电导率很低，电流密度主要集中在

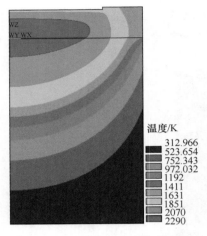

图 10-7　单电极电渣重熔模型温度场

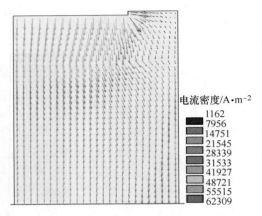

图 10-8　单电极电渣重熔模型电流密度分布

电极端头处，这为渣池产生焦耳热提供了便利条件；当电流从渣层流入钢锭，由于钢锭的高电导率，电流又重新分布。由此可以看出，电流密度的分布与电位场分布具有完全的对应性。在电极末端的角部区域，由于存在很大的电位梯度，使该区域电流密度极大，最高达到 $6.2×10^4 A/m^2$；对于电极的正下方区域，由于电流的发散，使电流密度自上而下呈现逐渐变小的趋势，该区域电流密度集中在 $4.5×10^4 A/m^2$ 左右；对于靠近结晶器的渣池区域，由于电位梯度极小，该部分的电流密度也很小，绝大部分不足 $1×10^4 A/m^2$。

　　单电极电渣重熔系统的电磁力分布如图 10-9 所示。由图 10-9 可以看出，渣池内的电磁力要略大于钢锭内的电磁力；在渣池内，电磁力的最大值在靠近电极处；在钢锭内，除了渣/金界面处，电磁力方向呈水平向内。这是由于当电流从渣层流进钢锭时，电导率变大，电流重新分布，因此电磁力在渣/金界面处产生

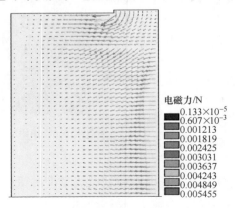

图 10-9　单电极电渣重熔模型电磁力分布

径向和轴向分量。

　　考虑到由电磁力和浮力引起的流场对模拟的影响，将热耦合分析得到的单位焦耳热和单位体积力作为源项，利用 CFX 软件进行流固共轭传热分析计算。实体模型、网格划分、材料属性与热电耦合分析相同，然后加上热源、电磁力源，再考虑浮力和重力，对耦合场进行模拟，得到的结果如图 10-10 所示。

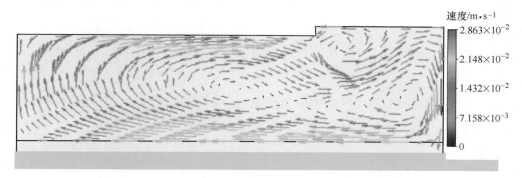

速度/m·s⁻¹

2.863×10^{-2}

2.148×10^{-2}

1.432×10^{-2}

7.158×10^{-3}

0

图 10-10　单电极电渣重熔渣池纵截面的速度场分布

　　图 10-10 给出了单电极电渣重熔系统中渣池纵截面速度场的计算结果。驱动渣池中流体运动的主要有两种力：电磁力和浮力。电磁力促使熔渣趋向于逆时针方向旋转，而浮力场促使熔渣趋向于顺时针方向旋转。在渣池本体中，浮力占据主导地位而产生顺时针的环流；在电极和结晶器中间的环状区域，由于电磁力和浮力的综合作用产生了逆时针的环流。计算得到的渣池中熔体的流速在 0 ~ 0.028m/s 范围内。

　　图 10-11 给出了渣池纵截面的温度场和速度场的计算结果。从图 10-11 中可以清楚地看到熔渣的流动对温度场分布的影响，熔渣的流动使中心区的温度比较均匀，最大的温度梯度在靠近结晶器壁附近。

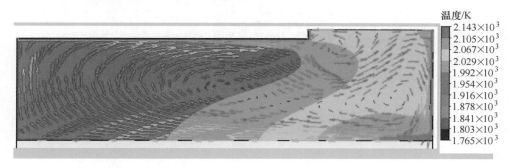

温度/K

2.143×10^{3}
2.105×10^{3}
2.067×10^{3}
2.029×10^{3}
1.992×10^{3}
1.954×10^{3}
1.916×10^{3}
1.878×10^{3}
1.841×10^{3}
1.803×10^{3}
1.765×10^{3}

图 10-11　单电极电渣重熔渣池纵截面的速度场和温度场分布

　　图 10-12 为电渣重熔系统纵截面的温度分布。图 10-12 中，1679~1765K 之间

的区域是金属熔池的两相区；可以看出电极
正下方是温度最高的区域，因为这是渣池的
主要焦耳热生成区域。虽然电极末端角部附
近区域发热密度很大，由于该区域体积较
小、生热有限，而且该部位与渣池表面直接
接触，热散失比较快，因此温度并没有明显
地高出周围区域。靠近结晶器和渣壳的部
分，由于结晶器内的强制水冷作用，温度
较低。

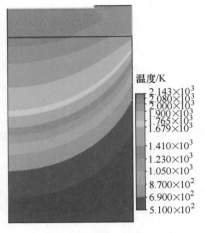

图 10-12　单电极电渣重熔
纵截面的温度场

10.2.3　四电极结晶器内各物理场的数值模拟

四电极电渣重熔数值模拟的各工艺参
数为：

（1）圆柱形结晶器 ϕ1800mm×4500mm。

（2）渣系为 70%CaF_2-30%Al_2O_3，钢种为 45 号钢。

（3）渣池深度分别为 200mm、250mm、300mm。

（4）电极为 ϕ350mm×1500mm、ϕ400mm×1500mm、ϕ450mm×1500mm 圆坯。

（5）电极插入渣池深度为 10mm、20mm、30mm。

（6）采用两个双电极串联，同侧电极相距 20mm，异侧电极相距 300mm。

四电极电渣重熔物理模型的网格划分和电位分布示意图如图 10-13 所示。

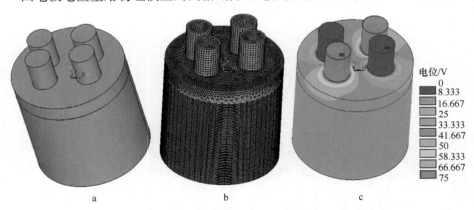

图 10-13　四电极电渣重熔的物理模型

a—物理模型；b—网格划分；c—电位分布

10.2.3.1　渣量对金属熔池深度的影响

本节研究向电渣重熔系统内输入相同功率，电极插入深度为 0.01m、电极直径为 0.35m，采用相同的供电方式，改变渣池深度对金属熔池深度的影响。

图 10-14 和图 10-15 示出了电极和渣池中的电流密度分布情况。从图 10-14 中可以看出，由于采用双电极串联方式供电，电流密度较高的地方主要集中在四个电极附近，且最高值出现在每一对电极之间。比较不同渣高的渣池中电流密度（见图 10-15），可以发现，当渣高从 0.2m 到 0.25m 再到 0.3m 时，渣池中电流密度的最大值逐渐减小，从 502.438kA/m² 到 438.243kA/m² 再到 397.439kA/m²。

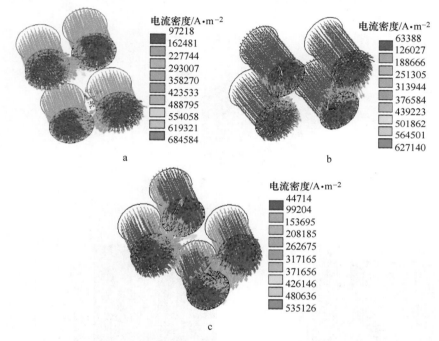

图 10-14　电渣重熔系统电极中的电流密度分布
a—渣高 0.2m；b—渣高 0.25m；c—渣高 0.3m

电渣重熔过程中，电渣最重要的作用就是产生焦耳热熔化电极，焦耳热与电渣的电导率成反比，因此低电导率电渣可以产生大量的热量熔化电极。图 10-16 示出了不同渣高的渣池中热功率密度的分布情况。由图 10-16 可以看出，热功率密度的最大值出现在电极底部与渣的交界处。随着渣高的增加，热功率密度最大值减小。当渣高为 0.2m 时，热功率密度最大值高达 1300MW/m³；渣高为 0.25m 时，热功率密度最大值达到 1260MW/m³；渣高为 0.3m 时，热功率密度最大值为 1210MW/m³。

图 10-17 和图 10-18 示出了电极和渣池内磁感应强度的分布情况。磁感应强度和电流密度的分布基本相同，电极内的磁感应强度最大，钢锭内的磁感应强度最小，渣池内的磁感应强度略小于电极。渣池内磁感应强度最大值处和电流密度

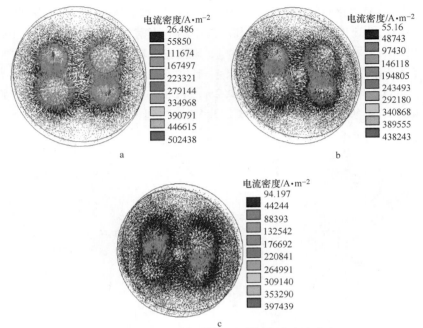

图 10-15　电渣重熔系统渣池中的电流密度分布

a—渣高 0.2m；b—渣高 0.25m；c—渣高 0.3m

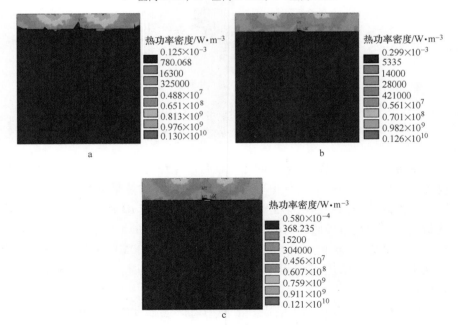

图 10-16　电渣重熔系统纵截面的热功率密度分布

a—渣高 0.2m；b—渣高 0.25m；c—渣高 0.3m

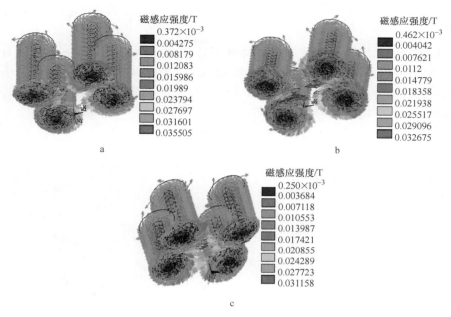

图 10-17 电渣重熔系统电极中的磁感应强度分布

a—渣高 0.2m；b—渣高 0.25m；c—渣高 0.3m

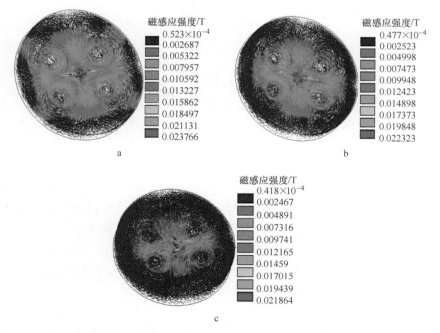

图 10-18 电渣重熔系统渣池中的磁感应强度分布

a—渣高 0.2m；b—渣高 0.25m；c—渣高 0.3m

一样，也是在每一对电极的中间处。渣池中的磁感应强度的变化范围为 $0 \sim 23.7 \times 10^{-3}\mathrm{T}$。

　　电渣重熔系统纵截面的电磁力分布如图 10-19 所示。由图 10-19 可以看出，渣池内的电磁力要远远大于钢锭内的电磁力。与单电极的电磁力分布明显不同，双电极串联渣池中的电磁力方向主要向下，按照图 10-15 和图 10-18 中电流密度和磁场的方向，电磁力的方向符合左手定则。

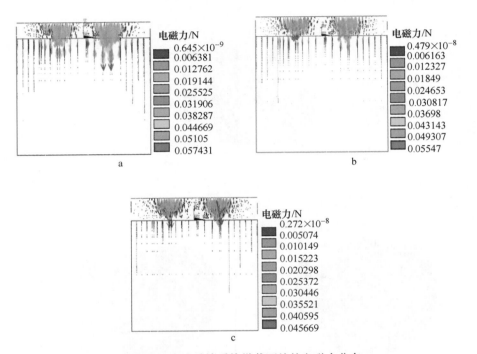

图 10-19　电渣重熔系统纵截面处的电磁力分布

a—渣高 0.2m；b—渣高 0.25m；c—渣高 0.3m

　　图 10-20a ~ c 为渣池中距离渣/金界面较远处的速度场分布。从图 10-20a ~ c 中可以看出，构成回路的电极中间的熔渣流向下面，构成回路的电极中间两侧的熔渣向上流动，补充流向下面的熔渣，其他地方的熔渣主要在水平面内流动。图 10-20d ~ f 为渣池中距离渣/金界面 2cm 处的速度场分布。由图 10-20d ~ f 可以看出，熔渣在距离渣/金界面较近的地方，主要是上面流下来的熔渣向斜向上和斜向下两个方向流动；到达结晶器壁附近后，再向上流动。

　　图 10-21 为不同渣高时电渣重熔系统纵截面的温度分布。由图 10-21 可以看出，随着渣高增加，金属熔池越来越浅。这不仅是因为热功率密度越来越小，还因为渣池增深以后，通过水冷结晶器带走的热量增多。

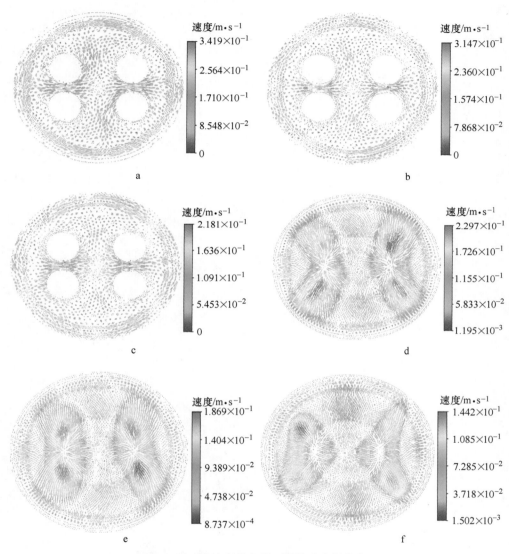

图 10-20　渣池中几个截面处的速度场分布

a—渣高 0.2m，z=0.15m；b—渣高 0.25m，z=0.2m；c—渣高 0.3m，z=0.25m；
d—渣高 0.2m，z=0.02m；e—渣高 0.25m，z=0.02m；f—渣高 0.3m，z=0.02m

图 10-22 直观地显示出了不同渣池深度时金属熔池的形状。由图 10-23 可知，渣池每加深 0.05m，金属熔池便变浅 0.05m，圆柱段高度也减小 0.01~0.02m。虽然金属熔池越浅平越好，但太浅不利于夹杂物的去除，所以本文认为取渣池深度为 0.25m 最好。

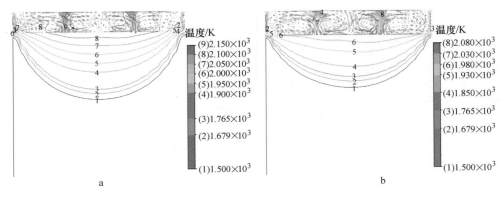

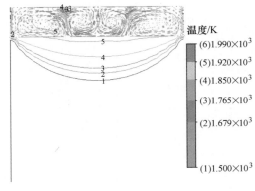

图 10-21　电渣重熔系统中纵截面的速度场和温度场分布

a—渣高 0.2m；b—渣高 0.25m；c—渣高 0.3m

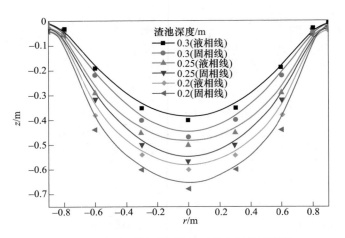

图 10-22　电渣重熔系统纵截面的金属熔池形状

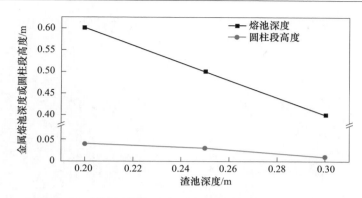

图 10-23 不同渣池深度对金属熔池深度和圆柱段高度的影响

10.2.3.2 电极插入深度对金属熔池深度的影响

本节研究向电渣重熔系统内输入相同功率，渣池深度为 0.25m、电极直径为 0.35m，采用相同的供电方式，改变电极插入深度对金属熔池深度的影响。

图 10-24 和图 10-25 示出了电极和渣池中的电流密度分布情况。从图 10-24 和图 10-25 中可以看出，由于采用双电极串联方式供电，电流密度较高的地方主

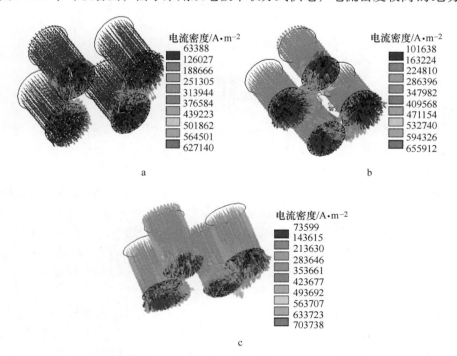

图 10-24 电渣重熔系统电极中的电流密度分布

a—电极插入深度 0.01m；b—电极插入深度 0.02m；c—电极插入深度 0.03m

要集中在四个电极附近，且最高值出现在每一对电极之间；电极中的电流密度最大值要大于渣池中电流密度最大值。

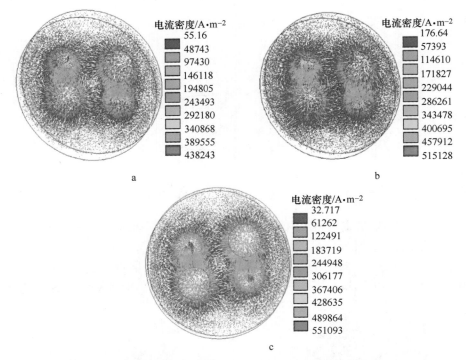

图 10-25　电渣重熔系统渣池中的电流密度分布
a—电极插入深度 0.01m；b—电极插入深度 0.02m；c—电极插入深度 0.03m

比较不同电极插入深度时渣池中的电流密度，可以发现，当电极插入深度从 0.01m 到 0.02m 再到 0.03m 时，渣池中电流密度的最大值逐渐增大，从 438243kA/m^2 到 515128kA/m^2 再到 551093kA/m^2。

图 10-26 示出了不同电极插入深度时渣池中热功率密度的分布情况。由图 10-26 可以看出，热功率密度的最大值出现在电极底部与渣的交界处。随着电极插入深度的增加，热功率密度最大值逐渐增大。当电极插入深度为 0.01m 时，热功率密度最大值高达 1260MW/m^3；电极插入深度为 0.02m 时，热功率密度最大值达到 1330MW/m^3；电极插入深度为 0.03m 时，热功率密度最大值为 1380MW/m^3。

图 10-27 和图 10-28 示出了电极和渣池中磁感应强度的分布情况。磁感应强度和电流密度的分布基本相同，电极内的磁感应强度最大，钢锭内的磁感应强度最小，渣池中的磁感应强度略小于电极。渣池中磁感应强度最大值处和电流密度一样，也是在每一对电极的中间处。渣池中的磁感应强度的变化范围为 0~53×10^{-3}T。

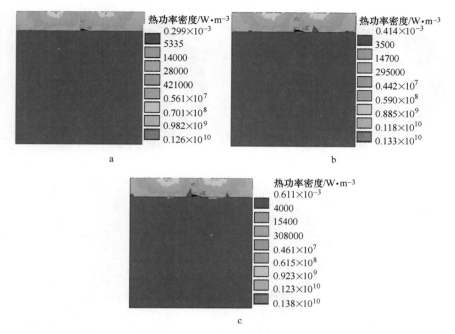

图 10-26　电渣重熔系统纵截面处的热功率密度分布

a—电极插入深度 0.01m；b—电极插入深度 0.02m；c—电极插入深度 0.03m

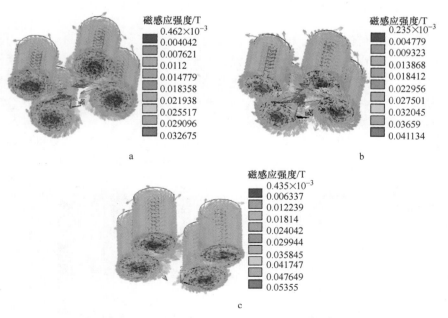

图 10-27　电渣重熔系统电极中的磁感应强度分布

a—电极插入深度 0.01m；b—电极插入深度 0.02m；c—电极插入深度 0.03m

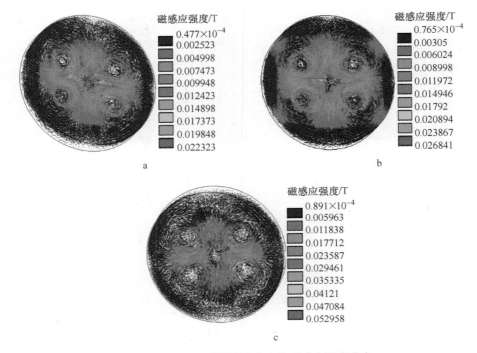

图 10-28　电渣重熔系统渣池中的磁感应强度分布
a—电极插入深度 0.01m；b—电极插入深度 0.02m；c—电极插入深度 0.03m

　　电渣重熔系统纵截面的电磁力分布如图 10-29 所示，可以看出，渣池内的电磁力要大于钢锭内的电磁力。与单电极的电磁力分布明显不同，双电极串联渣池中的电磁力方向主要向下，按照图 10-25 和图 10-28 中电流密度和磁场的方向，电磁力的方向符合左手定则。当电极插入深度从 0.01m 到 0.02m 再到 0.03m 时，电磁力最大值从 0.055N 到 0.083N 再到 0.127N。

　　图 10-30 所示为电极插入深度不同时，电渣重熔系统纵截面的温度分布。可以看出，随着电极插入深度增加，金属熔池越来越深。

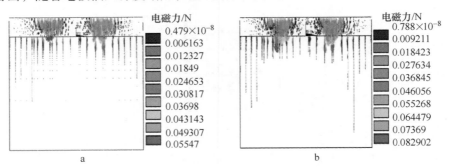

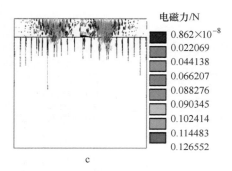

图 10-29 电渣重熔系统纵截面处的电磁力分布

a—电极插入深度 0.01m；b—电极插入深度 0.02m；c—电极插入深度 0.03m

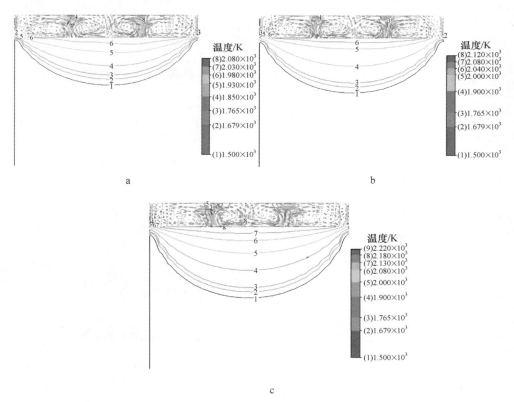

图 10-30 电渣重熔系统中纵截面的速度场和温度场分布

a—电极插入深度 0.01m；b—电极插入深度 0.02m；c—电极插入深度 0.03m

图 10-31 直观地显示出了不同电极插入深度时金属熔池的形状。由图 10-32 可知，电极插入深度每加深 0.01m，则金属熔池加深 0.08~0.1m，圆柱段高度也增加 0.01~0.02m。因此，认为取电极插入深度为 0.01m 最好。

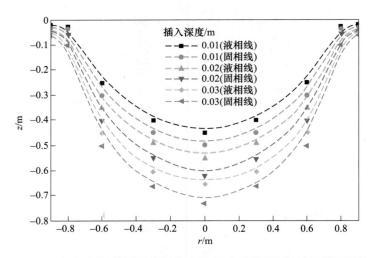

图 10-31　电渣重熔系统中不同电极插入深度时纵截面的金属熔池形状

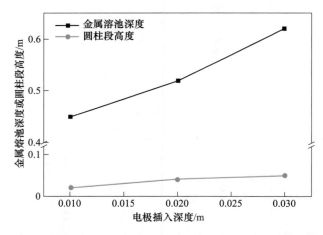

图 10-32　电渣重熔系统中电极插入深度对金属熔池深度和圆柱段高度的影响

10.2.3.3　电极直径对金属熔池深度的影响

本节研究向电渣重熔系统内输入相同功率，渣池深度为 0.25m、电极插入深度为 0.01m。采用相同的供电方式，改变电极直径对金属熔池深度的影响。

图 10-33 为电渣重熔系统纵截面的速度场和温度场分布。图 10-34 为不同电极直径时金属熔池的形状。由图 10-34 可以看出，随着电极直径增加，金属熔池越来越浅平，但圆柱段越来越高。不同电极直径对金属熔池形状的影响规律如图 10-35 所示。

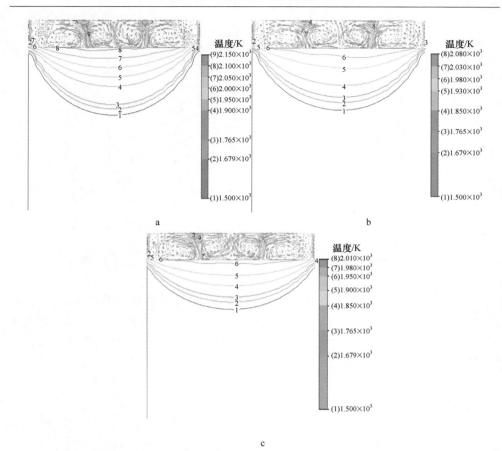

图 10-33　电渣重熔系统纵截面的速度场和温度场分布
a—电极直径 0.35m；b—电极直径 0.4m；c—电极直径 0.45m

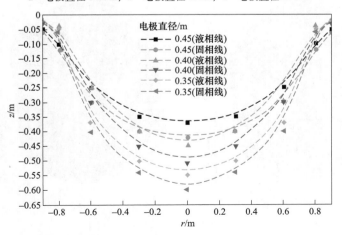

图 10-34　电渣重熔系统中不同电极直径时金属熔池的形状

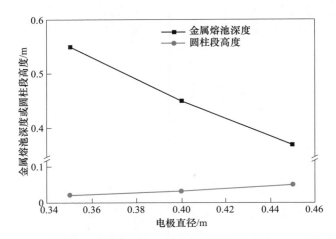

图 10-35　电渣重熔系统中电极直径对金属熔池深度和圆柱段高度的影响

由图 10-35 可知，电极直径每增加 0.05m，则金属熔池变浅 0.08 ~ 0.09m，圆柱段高度增加 0.01 ~ 0.02m。电极直径越大越好，但过大容易和结晶器产生电弧，击穿水冷结晶器，也会使金属熔池圆柱段高度过大，所以认为取电极直径为 0.45m 最好。

10.2.3.4　供电方式对金属熔池深度的影响

本节研究向电渣重熔系统内输入相同功率，渣池深度为 0.25m、电极插入深度为 0.01m，电极直径为 0.4m 时，采用不同供电方式对金属熔池深度的影响，如图 10-36 所示。

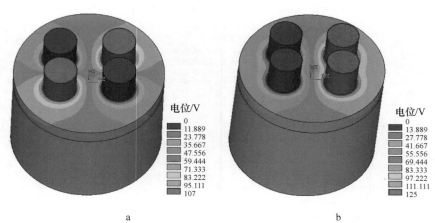

图 10-36　不同供电方式示意图

a—交叉串联供电；b—平行串联供电

图 10-37 和图 10-38 示出了电极和渣池中的电流密度分布情况。从这两个图中可以看出，不管是采用交叉串联还是平行串联供电，电流密度较高的地方主要集中在四个电极底部附近；电极中的电流密度最大值要大于渣池中的电流密度最大值。但是，比较渣池中电流密度的分布，可以发现，交叉串联供电的电流密度的较大值集中在电极端部之间的熔渣中，而平行串联供电的电流密度的较大值分散在电极端部四周的熔渣中，但最大值要比交叉串联供电的电流密度小得多。

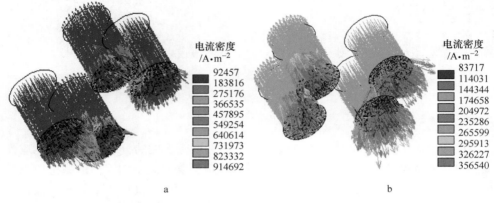

图 10-37　电渣重熔系统电极中的电流密度分布
a—交叉串联供电；b—平行串联供电

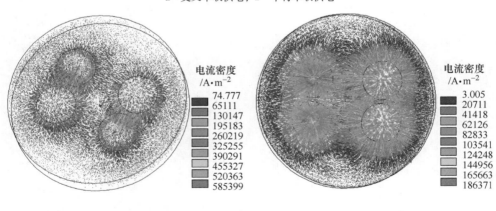

图 10-38　电渣重熔系统渣池中的电流密度分布
a—交叉串联供电；b—平行串联供电

图 10-39 示出了热功率密度的分布情况。由图 10-39 可以看出，热功率密度的最大值出现在电极端部与熔渣的交界处。交叉串联供电中产生较大热功率密度的区域较少，但最大值很大，达 1710MW/m³；平行串联供电中产生较大热功率密度的区域较大，但最大值较小，只有 174MW/m³。

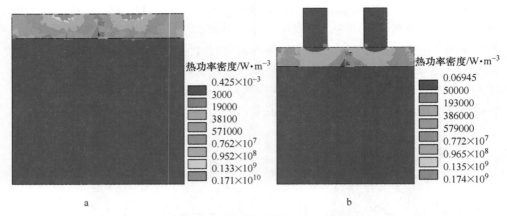

图 10-39　电渣重熔系统纵截面处的热功率密度分布
a—交叉串联供电；b—平行串联供电

图 10-40 和图 10-41 示出了电极和渣池中磁感应强度的分布情况。磁感应强度和电流密度的分布基本相同，电极中的磁感应强度最大，钢锭内的磁感应强度最小，渣池内的磁感应强度略小于电极。渣池中磁感应强度最大值处和电流密度一样，也是在每一对电极端部的中间处。交叉串联供电时每对电极产生的磁场方向相反，平行串联供电时每对电极产生的磁场方向相同。

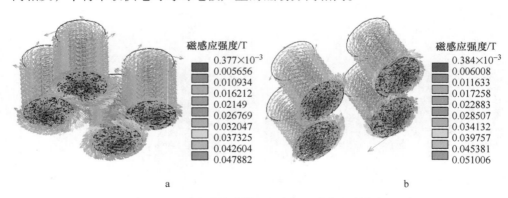

图 10-40　电渣重熔系统电极中的磁感应强度分布
a—交叉串联供电；b—平行串联供电

电渣重熔系统纵截面的电磁力分布如图 10-42 所示。由图 10-42 可以看出，渣池内的电磁力要远大于钢锭内的电磁力。与单电极时的电磁力分布明显不同，四电极时渣池中的电磁力方向主要向下。交叉串联供电时，渣池和钢锭的纵截面的电磁力分布有两个集中的区域，正好是构成回路的两对电极的中间；平行串联供电时，渣池和钢锭的纵截面的电磁力分布与交叉串联供电时相似，但在构成回

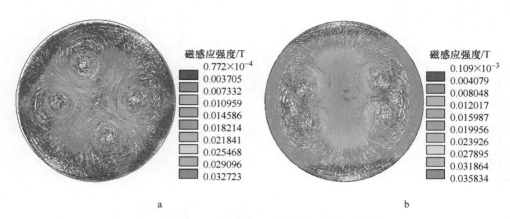

图 10-41　电渣重熔系统渣池中的磁感应强度分布
a—交叉串联供电；b—平行串联供电

路的一对电极中心处的纵截面的电磁力分布明显不同，电磁力只集中在两个电极端部的中间区域，并且方向呈发射状向下。

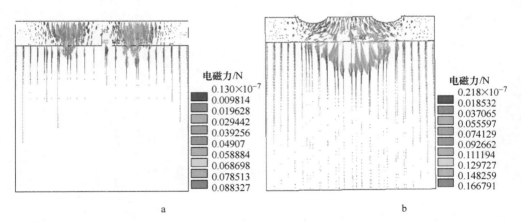

图 10-42　电渣重熔系统纵截面处的电磁力矢量分布
a—交叉串联供电；b—平行串联供电

图 10-43 为电渣重熔系统纵截面的温度分布，可以看出，平行串联供电的金属熔池较交叉串联供电的浅平。从图 10-44 可以得到，交叉串联供电时，金属熔池液相线深度为 77cm，固相线深度为 85cm；平行串联供电时，金属熔池液相线深度为 72cm，固相线深度为 80cm。因此，平行串联的供电方式要比交叉串联供电方式好。

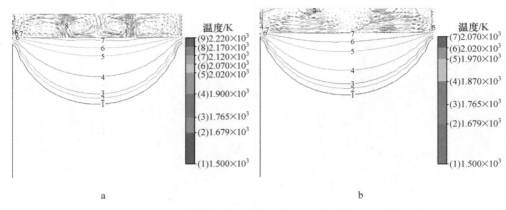

图 10-43　电渣重熔系统中纵截面的速度场和温度场分布
a—交叉串联供电；b—平行串联供电

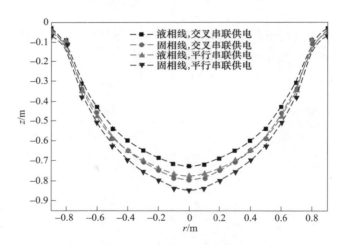

图 10-44　电渣重熔系统纵截面的金属熔池形状

10.3　特大型电渣重熔核心技术

10.3.1　三相多电极电渣重熔技术

多电极电渣重熔系统比单电极系统具有感抗小、电耗低、熔化率高等特点，目前广泛应用于生产大型钢锭。掌握多电极电渣重熔系统中电磁场、流场、温度场的分布情况对提高钢锭质量和节省电能都很重要，如图 10-45 所示。

王强等[5]采用数字模拟的方法，基于 Maxwell 方程、N-S 方程、连续性方程和传热方程，建立了耦合宏观传热、传质、对流的电渣重熔特大型钢锭的凝固过

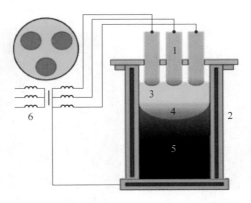

图 10-45　三相三电极电渣炉示意图

1—自耗电极；2—结晶器；3—熔渣；4—熔池；5—铸锭；6—电源

程数学模型，系统研究了不同联接方式、不同电极布置形式对电渣重熔过程电磁场、流场、温度场的分布情况和特大型钢锭凝固质量的影响规律，如图 10-46 和图 10-47 所示。

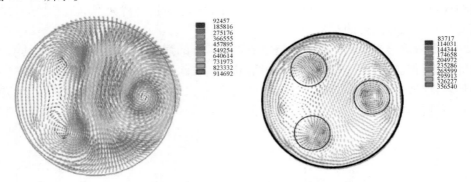

图 10-46　三相三电极电渣重熔磁场模拟结果

　　以上对不同电极布置形式对电渣重熔过程电磁场、流场、温度场分布的模拟结果可以看出，传统的单电极电渣重熔在生产大型钢锭时，由于电极直径过大，金属熔池太深，两相区较宽，影响铸锭的凝固组织；采用三相三电极进行大型钢锭电渣重熔生产时，由于金属熔池相对变浅，有利于对铸锭凝固组织的控制。因此，对于大型钢锭的生产宜采用多电极的方式。

10.3.2　强化冷却控制技术

　　在传统电渣重熔过程中，随着铸锭的升高，钢锭与底水箱间的导热性能逐渐下降；与此同时，钢锭和结晶器壁之间会形成气隙，气隙的产生使钢锭与结晶器壁之间导热性能下降。以上两方面因素均会导致钢锭向外传热的速度受到影响，

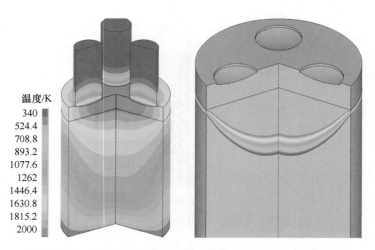

图 10-47　三相三电极电渣重熔温度场和熔池形状模拟结果

钢锭凝固速度下降，进而影响到铸锭的凝固质量，随着电渣重熔铸锭的大型化，这种现象更加严重。因此，采用强化冷却控制技术对提高特大型电渣重熔铸锭凝固质量具有非常重要的意义。

在电渣重熔大型钢锭时，大型电渣重熔钢锭的强化冷却方法是采用短结晶器抽锭并进行气雾强化冷却的方式。当结晶器与底水箱间产生的空隙可以容纳气雾冷却装置时，将气雾冷却装置安装到结晶器下方，同时打开冷却装置对暴露的钢锭表面进行强化冷却，如图 10-48 所示。

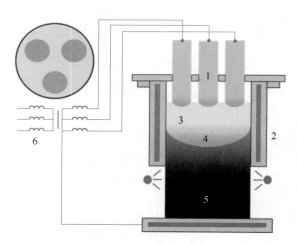

图 10-48　特大型电渣重熔强化冷却示意图

1—自耗电极；2—结晶器；3—熔渣；4—熔池；5—铸锭；6—电源

10.3.3 大型电渣重熔脱氧制度研究

在大型电渣重熔过程中，由于重熔常常经历上百小时，电极端部产生的氧化铁皮大量进入熔渣中；熔渣在长时间重熔后其物理化学性质不可避免地会发生较大改变，进而造成电渣重熔过程工艺参数波动较大，严重影响铸锭沿纵向的成分、组织以及表面质量，而且这种现象在没有保护气氛装置电渣炉上显得尤为突出。为了使电渣锭在沿纵向的质量趋于一致，针对大型电渣重熔过程脱氧制度的研究非常必要。

A 脱氧热力学简介

在冶金生产过程中，钢水脱氧处理主要有两种方式，沉淀脱氧（合金脱氧）和扩散脱氧。这两种方式的区别在于脱氧剂发生脱氧反应的位置不同。

a 沉淀脱氧

沉淀脱氧是指将脱氧剂直接加入金属熔池中，脱氧剂与自由氧及氧化物夹杂反应，生成的脱氧产物密度较小，以沉淀形态从金属熔池上浮到渣池中，以此来达到脱氧的目的。

作为目前冶炼生产使用广泛的脱氧方式之一，沉淀脱氧操作相对简单，反应速度较快，所以生产时间较短，生产效率高，同时能减少生产成本。由于反应在钢液中进行，会有部分的生成物来不及上浮而留在钢液中，脱氧剂也会有部分残留，影响钢锭的纯净度。

沉淀脱氧的反应式一般表示为：

$$x[M] + y[O] \Longrightarrow (M_xO_y) \tag{10-30}$$

$$K = \frac{a_{(M_xO_y)}}{a_{[M]}^x \cdot a_{[O]}^y} = \frac{a_{(M_xO_y)}}{[M]^x \cdot [O]^y \cdot f_{[M]}^x \cdot f_{[O]}^y} \tag{10-31}$$

按照脱氧剂生成的产物在钢液中的溶解度表示为：

$$M_xO_y \Longrightarrow x[M] + y[O] \tag{10-32}$$

$$K = \frac{a_{[M]}^x \cdot a_{[O]}^y}{a_{(M_xO_y)}} = \frac{[M]^x \cdot [O]^y \cdot f_{[M]}^x \cdot f_{[O]}^y}{a_{(M_xO_y)}} \tag{10-33}$$

其中，M 是指沉淀脱氧时使用的脱氧剂。

当钢液中的氧含量不高时，可以将式（10-33）化简为：

$$K = [M]^x \cdot [O]^y \cdot f_{[M]}^x \cdot f_{[O]}^y \tag{10-34}$$

b 扩散脱氧

扩散脱氧是将脱氧剂加入熔渣中，通过反应降低炉渣的 $w(FeO)$，使熔渣与金属熔池中的氧平衡被打破，使金属中的自由氧向渣池扩散；钢液中氧化物分解，使得氧化物夹杂的数量减少，从而达到钢液降低氧含量的目的。

由于扩散脱氧是在渣池中进行反应的，减少了脱氧剂及脱氧产物对钢液的污染。但是氧扩散需要较长的时间，所以其脱氧效率不太高，且工艺比沉淀脱氧复杂一些，成本较高。

　　B　脱氧剂种类的确定（以 316H 不锈钢为例）

　　为保证 316H 不锈钢的纯净度，尽量使用扩散脱氧方式，所以脱氧剂密度是考虑因素之一。同时也要考虑氧在钢中的活度值和使用熔渣的碱度，以这几个方面来确定本次实验的脱氧剂。

　　首先脱氧剂的密度需要与熔渣密度相近或小一些，而一般熔渣的密度在 2.6kg/m^3 左右，与其相近的常用脱氧剂为铝和硅钙混合物，它们的密度在 2kg/m^3 左右；之后，要考虑熔渣的碱度，本次使用的熔渣碱度不高，所以可以使用铝硅类脱氧剂。加入这两种物质脱氧后，也可以明显地降低钢液中氧的活度值；最后，因为本次实验钢种的易氧化元素是铝和硅，所以使用铝和硅钙混合物进行脱氧，可以增加易氧化元素的含量，对保证钢锭质量、提高钢锭的洁净度有一定的积极作用。

　　综上所述，使用纯铝粒和纯硅钙粉及两者的复合脱氧剂作为本研究的脱氧剂是比较合理的。

　　C　渣金平衡实验

　　选择 60%CaF_2-20%Al_2O_3-20%CaO，70%CaF_2-30% Al_2O_3 和 65% CaF_2-30%Al_2O_3-5%MgO 三组渣系进行脱氧制度的渣/金平衡实验。本次共进行 12 炉次的渣金平衡实验，具体的炉号安排见表 10-4。

表 10-4　316H 钢实验炉次安排

炉次	使用渣系	脱氧剂
1 号	70%CaF_2-30%Al_2O_3	无脱氧
2 号	70%CaF_2-30%Al_2O_3	硅钙粉
3 号	70%CaF_2-30%Al_2O_3	铝粒
4 号	70%CaF_2-30%Al_2O_3	复合脱氧剂
5 号	65%CaF_2-30%Al_2O_3-5%MgO	无脱氧
6 号	65%CaF_2-30%Al_2O_3-5%MgO	硅钙粉
7 号	65%CaF_2-30%Al_2O_3-5%MgO	铝粒
8 号	65%CaF_2-30%Al_2O_3-5%MgO	复合脱氧剂
9 号	60%CaF_2-20%Al_2O_3-20%CaO	无脱氧
10 号	60%CaF_2-20%Al_2O_3-20%CaO	硅钙粉
11 号	60%CaF_2-20%Al_2O_3-20%CaO	铝粒
12 号	60%CaF_2-20%Al_2O_3-20%CaO	复合脱氧剂

　　316H 不锈钢在二硅化钼电阻炉中进行渣/金平衡实验。本次实验使用的三种

渣系质量为 100g，实验前在渣中加入 0.6g 氧化铁化学试剂粉末并混合均匀，因为是在大气条件下进行冶炼的，冶炼过程中空气中的氧会对渣系有所影响，所以在实验室氩气保护气氛下冶炼时，向渣中加入氧化铁来模拟实际生产。在使用前利用烘渣炉或马弗炉对其进行烘干（烘干条件为在 600℃保温 6h）以去除渣中的水分，保证实验过程的安全性及实验结果的准确性。

实验的具体步骤如下：

（1）为防止渣中含有水分对实验结果的氧含量产生影响，并且考虑到在密闭实验环境中，室温的渣料突然升至 1600℃高温，渣中水分子易分解使钢液飞溅，所以在实验前配置好 100g 渣加上 0.6g 氧化铁，在烘渣炉内 600℃保温 6h 去除水分，并将脱氧剂等量分为三份备好。

（2）实验前将 600g 经过角磨处理去除表面氧化皮的 316H 不锈钢放入 MgO 坩埚中，在坩埚内壁衬钼片，减少渣中的氟化钙对坩埚的腐蚀造成渣中的 MgO 含量升高；之后，将其放入石墨坩埚中，再放入二硅化钼电阻炉内，在石墨坩埚的上方放置两个石墨套筒，防止在加渣过程中渣料掉入 MgO 坩埚和石墨坩埚的夹层中。

（3）电阻炉通电升温，按照二硅化钼电阻炉内设的升温制度进行升温，在 600℃时下部通氩气进行保护，防止空气对实验结果的影响。氩气的设定流量为 4L/min，在温度升至 1400℃时增大氩气流量至 5L/min，保证取样过程中炉内的气氛稳定。

（4）继续升温到 1600℃时，保温 20min，保证炉内的实验钢完全熔化，加入实验使用的渣料。

（5）继续保温 10min，保证加入的熔渣完全熔化，之后加入一份脱氧剂（总脱氧剂均分为三份）。

（6）脱氧剂与渣钢反应 20min 后，使用内径为 4mm 和 6mm 石英管吸取钢液，用钼棒蘸取渣样，分别标号为 1 号钢样、渣样。

（7）取 1 号钢样、渣样后加入第二份脱氧剂，计时 20min 后取 2 号钢样、渣样。

（8）取 2 号钢样、渣样后加入第二份脱氧剂，反应 20min 后取 3 号钢样、渣样。

（9）实验结束后，逐渐将二硅化钼电阻炉的电流降低到零，令其空冷降温，当炉温降至 800℃时关闭氩气气阀，并关掉二硅化钼电阻炉的总电源。

（10）将钢样和渣样收集标号，对其进行元素成分分析。

脱氧剂用量的确定对生产极为重要。脱氧剂用量太少会导致脱氧效果不明显，达不到降低氧量到目标值的目的；脱氧剂的用量过大，会明显改变钢液的化学成分，导致钢锭成分不合格。

　　结合钢厂用脱氧剂的量，确定了本次实验脱氧剂的实际用量。本次 316H 不锈钢渣金平衡实验脱氧剂添加方案及脱氧剂的化学成分列于表 10-5 和表 10-6。

表 10-5　脱氧剂添加方案

脱氧剂	添加量/kg·t⁻¹	添加次数/次	备　注
硅钙粉	2.0	3	将脱氧剂等分成三份
铝粒	1.8	3	
硅钙粉+铝粒	1.7 铝粒+1.0 硅钙粉	3	

表 10-6　脱氧剂的化学成分　　　　　　　　　（质量分数，%）

脱氧剂	Al	Si	Ca	杂质
铝粒	98.5			1.5
硅钙粉	1.5	59.4	34.1	5.0

　　将实验所取钢样进行车屑处理，收集长度小于 1cm 的钢屑，利用 ICAP 6300 ICP-OES 分析仪测定 Al 和 Si 的质量分数；将钢样切割成 1g 左右的钢块，表面打磨光亮，采用 Leco TC 500 N/O 分析仪（见图 10-49）测定 O 的质量分数。

　　将钼丝蘸取的渣样研磨至 74μm 并测定其中 FeO、SiO_2 和 Al_2O_3 的质量分数。

图 10-49　Leco TC 500 N/O 分析仪

D　钢样中氧质量分数的变化规律

　　将钢样中氧质量分数的检测结果归纳整理，并对各组数据画图进行比较，探究氧质量分数的变化规律。用 70%CaF_2-30%Al_2O_3 渣系和各种脱氧剂影响时钢样中氧质量分数分数变化如图 10-50 所示。

　　由图 10-50 分析得知，在无脱氧的情况下，由于渣中 FeO 的存在，渣具有氧化性，所以钢中氧质量分数随着时间增加而升高。使用三种不同脱氧剂进行脱氧时，钢液中氧的质量分数均以极快的速度下降。使用纯铝粒脱氧及复合脱氧剂脱氧时钢样中氧质量分数下降速率较快，在 40min 后氧质量分数的降低速率有所降低；使用纯硅钙粉脱氧的钢样中氧质量分数在 20~40min 时下降速度较慢，在 40min 后下降速度有所上升，但其终点氧质量分数与其他两种脱氧剂脱氧相比依然较高。使用复合脱氧剂脱氧的终点氧质量分数最低，可以达到 0.00191%；使用铝粒脱氧次之，终点氧质量分数在 0.00217%。对于 70%CaF$_2$-30%Al$_2$O$_3$ 渣系，脱氧剂对终点钢中 O 质量分数大小的影响规律为：复合脱氧>铝粒>硅钙粉>无脱氧剂。

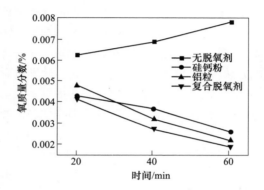

图 10-50　70%CaF$_2$-30%Al$_2$O$_3$ 渣系脱氧钢中氧质量分数随时间的变化

65%CaF$_2$-30%Al$_2$O$_3$-5%MgO 渣系下各种脱氧剂影响下的自由氧质量分数变化如图 10-51 所示。

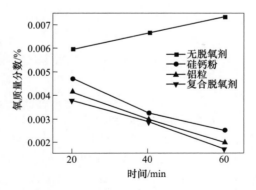

图 10-51　65%CaF$_2$-30%Al$_2$O$_3$-5%MgO 渣系下脱氧钢中氧质量分数随时间的变化

由图 10-51 分析可得，在无脱氧的情况下，由于渣的氧化性，氧质量分数依然快速上升，使用纯硅钙粉脱氧前期速率较快，到 40min 后脱氧速率下降；使用复合脱氧剂脱氧时，前期速率比纯硅钙粉脱氧速率稍慢，但到 40min 后脱氧速率增高；使用纯铝粒脱氧的脱氧速率相差不多。不使用脱氧剂时钢中的氧质量分数是这四组实验最高的，使用复合脱氧剂脱氧的终点氧质量分数最低为 0.00174%，使用纯铝粒脱氧终点氧质量分数次之（为 0.00201%）。脱氧剂对终点钢样中氧质量分数大小的影响规律为：复合脱氧>铝粒>硅钙粉>无脱氧剂。使用 65%CaF$_2$-30%Al$_2$O$_3$-5%MgO 渣系不同脱氧方式钢液终点氧质量分数均低于使用 70%CaF$_2$-30%Al$_2$O$_3$ 渣和 60%CaF$_2$-20%Al$_2$O$_3$-20%CaO 渣的终点氧质量分数。

60%CaF$_2$-20%Al$_2$O$_3$-20%CaO 渣系各种脱氧剂影响下钢样中的氧质量分数变化如图 10-52 所示。分析图 10-52 可得，在无脱氧的情况下，氧质量分数依旧上升，并且在 60min 时氧质量分数达到较高。使用脱氧剂脱氧时均有明显的脱氧效果，使用纯铝粒脱氧的速率与纯硅钙分脱氧氧质量分数降低的速率相比更大，使用复合脱氧剂脱氧时 20~40min 脱氧速率较慢，在 40min 后脱氧速率急速升高，在 60min 时氧的质量分数为 0.00217%。纯铝粒脱氧时氧质量分数为 0.00218%，与复合脱氧剂脱氧氧质量分数相等，并低于纯硅钙粉脱氧的氧质量分数。脱氧剂对终点钢样中氧质量分数大小的影响规律为：复合脱氧≈铝粒>硅钙粉>无脱氧剂。

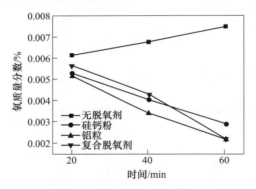

图 10-52　60%CaF$_2$-20%Al$_2$O$_3$-20%CaO 渣系下脱氧钢中氧质量分数随时间的变化

上述比较了同一渣系下使用不同脱氧剂的脱氧效果，图 10-53 是同一脱氧剂不同渣系对电渣重熔体系钢中氧质量分数的影响。

通过图 10-53 比较，当不添加脱氧剂时渣系使钢液增氧，其中使用 65%CaF$_2$-30%Al$_2$O$_3$-5%MgO 渣系时，钢中氧质量分数的增加量最低。当使用不同的脱氧剂对钢液进行脱氧，使用 65%CaF$_2$-30%Al$_2$O$_3$-5%MgO 渣系对应的钢中终点氧质量分数较其他两组渣系也是最低的。使用 65%CaF$_2$-30%Al$_2$O$_3$-5%MgO 渣系在电渣平衡实验中氧质量分数的变化速率较稳定，可以明显降低电渣锭的氧含量。

E　钢中易氧化元素质量分数的变化规律

a　钢中铝质量分数的变化规律

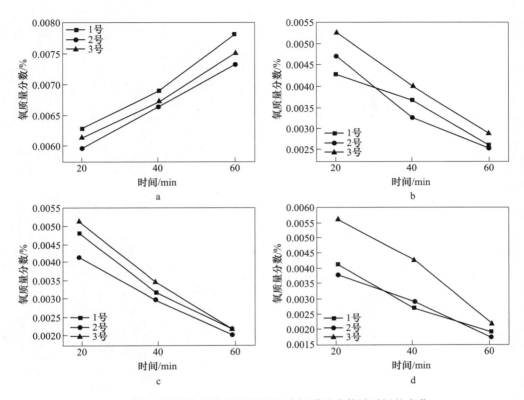

图 10-53　不同脱氧剂条件下脱氧钢中氧质量分数随时间的变化

a—无脱氧剂；b—硅钙粉；c—铝粒；d—复合脱氧剂

1 号—70%CaF_2-30%Al_2O_3 渣系；2 号—65%CaF_2-30%Al_2O_3-5%MgO 渣系；

3 号—60%CaF_2-20%Al_2O_3-20%CaO 渣系

　　通过检测实验过程中所取钢样中 Al 的质量分数数据画出折线图，得到钢中铝质量分数的变化趋势。三种渣系在不同脱氧剂下铝的质量分数如图 10-54～图 10-56 所示。

　　分析图 10-54～图 10-56 可得，不使用脱氧剂时钢中铝的烧损最严重，使用纯硅钙粉脱氧铝烧损次之，使用复合脱氧剂脱氧钢中铝质量分数最高，烧损最低。与钢液中的氧质量分数呈负相关。脱氧剂对终点钢样中铝质量分数大小的影响规律为：复合脱氧>铝粒>硅钙粉>无脱氧剂。三种渣系中复合脱氧剂的脱氧能力较强，但其终点样品的铝质量分数也较高。在生产过程中可以在合理的范围内提高终点氧质量分数，控制复合脱氧剂中铝的质量分数来达到同时脱氧降铝的目的。

　　图 10-57 是同种脱氧剂下不同渣系对钢样中铝质量分数的影响。

　　由图 10-57 明显可得，不使用脱氧剂钢中铝质量分数呈下降趋势，添加脱氧剂钢中铝质量分数呈上升趋势。使用复合脱氧剂时钢中铝含量较其他三种脱氧方

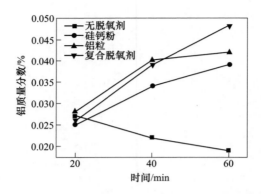

图 10-54　70%CaF$_2$-30%Al$_2$O$_3$ 渣系下脱氧钢中铝质量分数随时间的变化

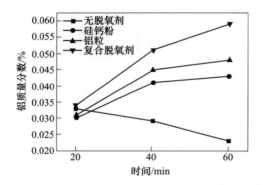

图 10-55　65%CaF$_2$-30%Al$_2$O$_3$-5%MgO 渣系下脱氧钢中铝质量分数随时间的变化

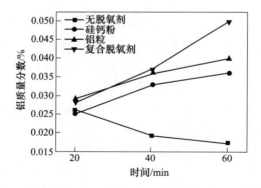

图 10-56　60%CaF$_2$-20%Al$_2$O$_3$-20%CaO 渣系下脱氧钢中铝质量分数随时间的变化

式最高，可以有效地降低铝的烧损。使用 65%CaF$_2$-30%Al$_2$O$_3$-5%MgO 渣系钢中的铝质量分数明显高于 70%CaF$_2$-30%Al$_2$O$_3$ 渣系，这是由于整个体系的低氧量造

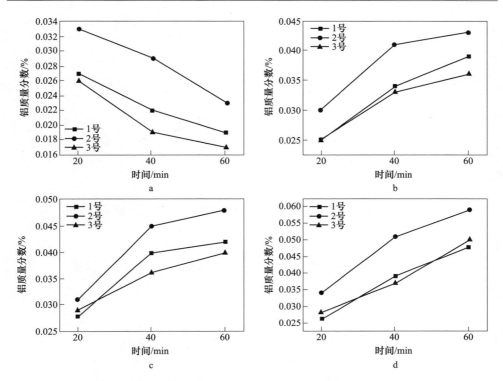

图 10-57　不同脱氧剂下脱氧钢中铝质量分数随时间的变化

a—无脱氧剂；b—硅钙粉；c—铝粒；d—复合脱氧剂

1 号—70%CaF$_2$-30%Al$_2$O$_3$ 渣系；2 号—65%CaF$_2$-30%Al$_2$O$_3$-5%MgO 渣系；

3 号—60%CaF$_2$-20%Al$_2$O$_3$-20%CaO 渣系

成的。使用这种渣系加上复合脱氧的方式可以保证钢中铝元素的烧损量大大降低，但是在生产过程中应严格控制复合脱氧剂的添加量。

  b　钢中硅质量分数的变化规律

  三种渣系在不同脱氧剂下脱氧钢中的硅质量分数如图 10-58~图 10-60 所示。

  由图 10-58~图 10-60 可知，三种渣系下脱氧钢中硅质量分数随时间的变化规律较为一致。由于不同炉次实验钢的氧与硅质量分数不完全相同，导致三种不同渣系脱氧后钢中硅质量分数有细微的差别，但是硅随时间的变化总体较平稳。使用纯硅钙粉脱氧由于向体系加入较多的硅导致钢中的硅质量分数上升，并且与其他三种脱氧方式相比硅质量分数最高。复合脱氧剂脱氧加入硅钙较少，所以钢液硅质量分数次之，钢中硅虽然增加，但是较使用纯硅钙粉脱氧钢中硅质量分数的变化更平稳，并且其与初始的硅质量分数相差较小，这有利于在冶炼过程中钢的硅质量分数沿纵向的均匀性。不使用脱氧剂的钢中硅质量分数在反应过程中持续下降，是四种脱氧方式中硅质量分数最低的。

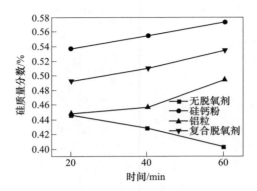

图 10-58   70%CaF$_2$-30%Al$_2$O$_3$ 渣系下脱氧钢中硅质量分数随时间的变化

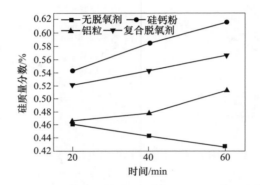

图 10-59   65%CaF$_2$-30%Al$_2$O$_3$-5%MgO 渣系下脱氧钢中硅质量分数随时间的变化

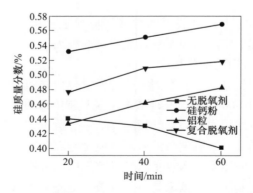

图 10-60   60%CaF$_2$-20%Al$_2$O$_3$-20%CaO 渣系下脱氧钢中硅质量分数随时间的变化

图 10-61 是同种脱氧剂下不同渣系脱氧钢中硅质量分数的比较。图 10-61 显示的规律同铝和氧的规律相同，使用 65%CaF$_2$-30%Al$_2$O$_3$-5%MgO 渣系脱氧后钢

中的硅质量分数明显高于 70% CaF₂-30% Al₂O₃ 渣系和 60% CaF₂-20% Al₂O₃-20% CaO 渣系。所以使用该渣系可以降低硅元素的烧损，如果在电渣过程中期望有较高的硅收得率，可使用含硅的脱氧剂以有效地提高硅含量。

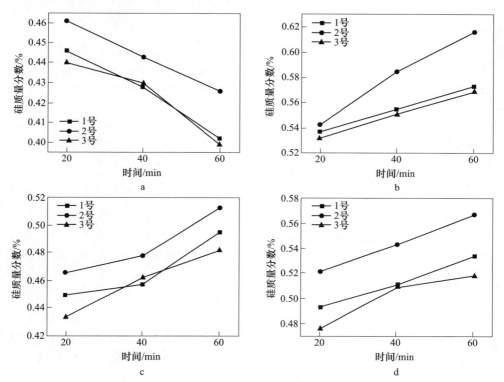

图 10-61　不同脱氧剂条件下脱氧钢中硅质量分数随时间的变化
a—无脱氧剂；b—硅钙粉；c—铝粒；d—复合脱氧剂
1 号—70%CaF₂-30%Al₂O₃ 渣系；2 号—65%CaF₂-30%Al₂O₃-5%MgO 渣系；
3 号—60%CaF₂-20%Al₂O₃-20%CaO 渣系

10.4　电渣重熔特大型铸锭产品性能及典型应用

10.4.1　核电用钢

核电用电渣重熔特大型铸锭产品主要包括三代核电主管道用 316LN 锻件等。316LN 超低碳控氮奥氏体不锈钢中含有大量的 Ni 和 Cr，使钢在室温下呈奥氏体状态，具有优异的力学性能和良好的耐蚀性，在氧化性和还原性介质中耐蚀性均较好，被广泛应用于石油化工、航海等领域，同时也作为第三代核电站（AP1000）的主管道用钢，见表 10-7 和表 10-8。

表 10-7　316LN 钢的化学成分　　　　　　（质量分数，%）

元素	C	Mn	Si	P	S	Cr	Ni	Mo	N	Co
熔炼分析	≤0.030	≤2.00	≤1.00	≤0.030	≤0.015	16.00~18.00	11.00~14.00	2.00~3.00	0.10~0.16	≤0.05
成品分析	≤0.030	≤2.04	≤1.05	≤0.030	≤0.015	15.80~18.20	10.85~14.15	1.90~3.10	0.09~0.17	≤0.05

表 10-8　316LN 钢的力学性能

试验温度	延伸强度 $R_{p0.2}$/MPa	抗拉强度 R_m/MPa	断后伸长率 A/%	断面收缩率 Z/%
室温	≥205	≥515	≥30	≥50
350℃	≥120	≥430		

　　316LN 属于超低碳控氮奥氏体不锈钢，钢中碳含量≤0.03%，氮含量 0.10%~0.16%，采用常规 EBT 初炼+LF 精炼的工艺无法进行生产，需要采用 VOD 工艺，在真空状态下利用超音速拉瓦尔氧枪向钢水中吹入氧气，发生碳氧反应，降低钢中的碳含量。

　　世界首批 AP1000 核电机组在浙江三门、山东海阳各建 2 台，作为实现第三代核电自主化的依托。AP1000 主管道是唯一没有引进国外技术核岛的关键设备，国核工程公司与中国二重签订了主管道采购合同，通裕重工为中国二重等提供了大量电渣钢作为 AP1000 主管道的材料等。图 10-62 为通裕重工生产的百吨级 316LN 电渣锭及以此为原料生产的 AP1000 主管道。

a

b   c

图 10-62 AP1000 主管道

a—百吨级电渣锭；b—AP1000 主管道；c—AP1000 主管道接口

10.4.2 转子用钢

大型超超临界汽轮发电机转子通常重几十到几百吨，以 1500~3600r/min 速度在超超临界状态的高温高压热蒸汽环境中高速旋转，并承受巨大离心力。高中压汽轮机转子承受着高应力、高温度的双重作用，使得高中压转子容易发生蠕变损伤和热疲劳损伤[6,7]。超超临界汽轮机转子的运行条件非常苛刻，在所有电站设备部件中其安全性可靠性最重要，一旦转子失效，将会引起整台机组的报废和电站的瘫痪，所以对高中压转子材料质量必须严格把关。图 10-63 为采用电渣重熔工艺生产的汽轮机高中压转子实物照片。

图 10-63 汽轮机高中压转子实物照片

625℃汽轮机转子材料的开发目标为：620℃、10 万小时持久强度大约为 100MPa；持久断裂的伸长率大于 10%；直径小于等于 1.2m 的转子锻件能淬透；屈服强度大于等于 680MPa；其他性能与应用于 600℃ 的 9%~10%Cr 转子钢相当[10]。COST-FB2 钢是目前已知的一种重要的转子用材料。COST-FB2 钢是欧洲

COST（Cooperation in Science and Technology）项目组开发的一种 9%~12%Cr 具有高温长时蠕变断裂强度的马氏体耐热钢，该钢种非常适合使用在火力发电机组中对长时高温蠕变断裂强度要求较高的部件上[11~13]。COST-FB2 钢在 COST522 项目中通过添加 Co 抑制 δ 铁素体的析出，同时增加 B 改善材料的强度并稳定主要析出强化相 $M_{23}C_6$；适当降低 Cr 含量，延迟在长时高温服役条件下 Laves 有害相的析出。通过 620℃、10 万小时的持久强度实验，COST-FB2 钢断裂强度不小于 100MPa，所以其适合服役在 32MPa、620℃ 的超超临界条件下[14,15]。

A　电渣重熔生产转子钢的优点

电渣重熔生产转子钢的优点：

（1）电渣过程去除大颗粒夹杂物效果显著，增加了转子质量稳定性和可靠性。

（2）宏观偏析小，成分均匀。

（3）微观偏析小，强度和韧性显著提高。

（4）对于含 B、N 元素的转子钢，电渣重熔能提高其均匀性。

由图 10-64 可知，日本铸锻钢公司从 2012 年开始逐渐采用电渣重熔工艺生产 9%~12%Cr 转子钢。

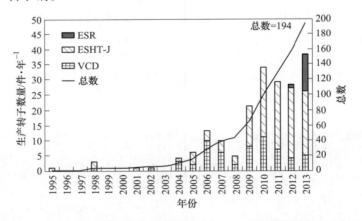

图 10-64　日本 JCFC 生产 9%~12%Cr 转子的数量

图 10-65 为电渣重熔工艺生产的 COST-FB2 转子锻件在淬火操作过程中的实物图。电渣重熔生产大铸锭时，其偏析尤为严重，选择合适的电参数和渣系，可以形成薄而均匀的渣皮和浅平的金属熔池，减轻铸锭合金元素偏析[8~10]。目前火力发电机组的装机容量越来越大，其转子的质量和直径也随之增大，而电渣重熔冶炼生产大钢锭时存在严重的易偏析元素的偏析和表面质量问题。因此，采用电渣重熔方法生产转子用大钢锭时，需要严格控制操作的工艺参数，控制金属熔池的形状并选择合适的渣系，使之与电工艺参数相匹配，保证在冶炼过程中操作的

顺行以及合格的铸锭表面质量和内部质量。

B 电渣重熔生产转子钢的"瓶颈"

由于 COST-FB2 钢同时增加 B 和 N 元素，改善材料的强度并稳定 $M_{23}C_6$ 碳化物[11]，该钢在电渣重熔过程中存在很多共性"瓶颈"问题，主要表现如下：

（1）B 和 N 含量需严格控制。B 是间隙固溶强化元素，而且能够在原奥氏体晶界附近的 $M_{23}C_6$ 碳化物聚集，在钢的蠕变变形时抑制碳化物粗化，从而显著提高材料的微观组织稳定性和蠕变持久强度[12]。但是，由于 625℃ 等级钢中都含有强化元素 N，B 和 N 会形成 BN 夹杂物，而 BN 夹杂物的形成会减少碳化物及基体的 B 含量，降低 B 的高温蠕变强化作用，同时 BN 夹杂物还会降低钢的蠕变塑性[13]。日本学者[14]研究了钢中 B 和 N 含量对形成 BN 夹杂物的影响，如图 10-66 所示，可以看出，COST-FB2 钢的 N、B 含量处于形成大量 BN 的区域。

图 10-65 COST-FB2 转子锻件在淬火操作过程中的实物图

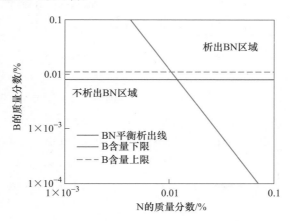

图 10-66 COST-FB2 钢中 BN 平衡图

（2）B 等易氧化元素烧损，Al、Si 和 O 等不易控制在目标范围内。目前大部分国外企业都已采用保护气氛电渣炉生产 COST-FB2 钢，虽然减少了电渣重熔过程中带入的氧含量，由于该钢中含有 $(80 \sim 110) \times 10^{-4}\%$ 的 B 而且 Al 含量极低，B 还是会和渣中的 Al_2O_3 反应而大量烧损。同时 COST-FB2 钢要求 $w(Si) \leqslant 0.10\%$、$w(Al) \leqslant 0.010\%$，而且对氧含量及夹杂物评级也有严格要求，在实际生产中既要确保 Si、Al 含量不超标，又要脱氧良好，保证 O 含量和夹杂物评价符合标准要求，难度非常大。

意大利 FOMAS Osnago 公司于 2014 年初，采用 125t 气氛保护电渣炉试生产了一支 84t COST-FB2 电渣锭，表 10-9 为其生产的 COST-FB2 电渣锭的化学成分和偏析指数。

表 10-9　首支 COST-FB2 重熔钢锭的化学成分和偏析指数

样品	质量分数/%											
	COES	CLECO	Si	Mn	P	SOES	SLECO	Cr	Mo	Ni	Al	Co
成分要求	0.11~0.15		≥0.10	0.28~0.42	≥0.015	≥0.007		9.05~9.60	1.10~1.60	0.10~0.25	≥0.010	1.15~1.45
电渣锭成分平均值	0.12		0.04	0.36	0.008	0.001		9.27	1.53	0.13	0.008	1.24
电渣锭成分最小值	0.11	0.11	0.03	0.34	0.006	0.001	0.000	9.13	1.49	0.13	0.007	1.22
电渣锭成分最大值	0.12	0.13	0.04	0.37	0.011	0.000	0.000	9.41	1.60	0.14	0.009	1.27
偏差	0.01	0.02	0.01	0.03	0.005	0.000	0.000	0.26	0.11	0.01	0.003	0.04
偏析指数	0.11	0.16	0.29	0.08	0.68		0.00	0.00	0.00	0.09	0.36	0.00

样品	质量分数/%											
	Cu	Nb	Ti	V	W	Sn	As	Sb	Ta	B	NOES	NLECO
成分要求	≥0.10	0.04~0.07		0.18~0.22	≥0.10	≥0.010	≥0.015	≥0.0015		0.008~0.11	0.015~0.30	
电渣锭成分平均值	0.03	0.06	0.0006	0.20	0.05	0.002	0.005	0.0013	0.0014	0.010	0.020	
电渣锭成分最小值	0.03	0.05	0.0006	0.20	0.02	0.002	0.004	0.0010	0.0010	0.009	0.0018	0.0019
电渣锭成分最大值	0.03	0.06	0.0007	0.21	0.10	0.002	0.006	0.0015	0.0019	0.010	0.0023	0.0021
偏差	0.00	0.01	0.0001	0.01	0.08	0.000	0.002	0.0005	0.0009	0.001	0.0005	0.0002
偏析指数	0.10	0.20	0.17	0.06	1.53	0.00	0.49	0.39	0.64	0.17	0.24	0.07

图 10-67 和表 10-10 示出了日本 JCFC 公司用 ESR 钢锭制造的 COST-FB2 转子锻件的拉伸和冲击性能试验结果。

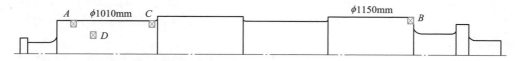

图 10-67　典型 COST-FB2 转子锻件试验取样位置

表 10-10　典型 COST-FB2 转子锻件的力学性能

试样位置	力 学 性 能					
	0.2%YS /N·mm^{-2}	TS /N·mm^{-2}	El./%	R.A./%	$A_{KU}(20℃)/J$	50%FATT/℃
A	717	853	18	58	30	45
B	712	846	18	58	21	71
C	714	849	18	55	20	72
D	694	827	17	52	17	71

参 考 文 献

[1] 向大林. 200t 级电渣炉的特点和产品评价 [J]. 大型铸锻件，2004（3）：49~54.

[2] 郭自强，姜宗营，李怀明，等. 电渣重熔技术在高品质钢锭生产中的应用 [J]. 铸造技术，2017，38(12)：2959~2961.

[3] 向大林，辜荣如，谈家宝. 130t 电渣炉的技术特点 [J]. 大型铸锻件，2014(4)：25~28.

[4] 姜周华. 电渣冶金的物理化学及传输现象 [M]. 沈阳：东北大学出版社，2000：229~230.

[5] Wang Qiang, Qi Fengsheng, Wang Fang, et al. Numerical Investigation on Electromagnetism and Heat Transfer in Electroslag Remelting Process with Triple-Electrode [J]. International Journal of Precision Engineering and Manufacturing, 2015, 16(12): 2467~2474.

[6] 赵旺初. 国外超临界机组用钢 [J]. 大型铸锻件，2006(1)：47~50.

[7] 王敬忠，刘正东，包汉生，等. 中国超超临界电站锅炉关键材料用钢及合金的研究现状 [J]. 钢铁，2015，50(8)：1~9.

[8] 董艳伍，姜周华，肖志新，等. 电渣重熔工艺参数对钢锭凝固质量的影响 [J]. 东北大学学报（自然科学版），2009，30(11)：1598~1601.

[9] 段吉超，董艳伍，姜周华，等. 工艺参数对电渣重熔过程影响的数值模拟研究 [J]. 江西冶金，2014，34(1)：5~8.

[10] 王洋洋，康爱军，王志刚，等. 重熔渣系对一种铁基高温合金电渣锭冶金质量的影响 [J]. 机械工程材料，2017，41(Z2)：92~97.

［11］ Kawano K, Wakeshima Y, Miyata T, et al. Manufacturing of COST-FB2 trial rotor forgings ［C］. Amman, Jordan, 17th International Forgemasters Meeting. Santander, Spain. 2008: 303～308.

［12］ Semba H, Abe F. Creep Deformation Behavior and Micro-structure in High Boron Containing 9%Cr Ferritic Heat-Resistant Steels ［C］. Advances in Materials Technology Proceedings from the 4th International Conference. Hilton Head Island, USA, 2004: 1229～1241.

［13］ Di Gianfrancesco A, Cipolla L, Paura M, et al. The Role of Boron in Long Term Stability of a CrMoCoB Steel for Rotor Application ［C］. Advances in Materials Technology for Fossil Power Plants: Proceedings from the Sixth International Conference. New Mexico, USA: ASM International, 2011: 342～349.

［14］ Abe F. Analysis of creep rates of tempered martensitic 9%Cr steel based on microstructure evolution ［J］. Mater Sci Eng A, 2009, 28(6): 64～70.

索　引